中国轻工业“十四五”规划教材

高等学校食品科学与工程类专业教材

食品安全与卫生

（第二版）

王　颖　易华西　主编
刘静波　主审

中国轻工业出版社

图书在版编目（CIP）数据

食品安全与卫生 / 王颖，易华西主编. -- 2 版.
北京：中国轻工业出版社，2024. 7. -- ISBN 978-7
-5184-4697-1

Ⅰ. TS201.6；R155

中国国家版本馆 CIP 数据核字第 2024FY1781 号

责任编辑：武艺雪
策划编辑：马　妍　　责任终审：劳国强　　封面设计：锋尚设计
版式设计：砚祥志远　　责任校对：晋　洁　　责任监印：张　可

出版发行：中国轻工业出版社（北京鲁谷东街 5 号，邮编：100040）
印　　刷：三河市万龙印装有限公司
经　　销：各地新华书店
版　　次：2024 年 7 月第 2 版第 1 次印刷
开　　本：787×1092　1/16　印张：22
字　　数：500 千字
书　　号：ISBN 978-7-5184-4697-1　定价：55.00 元
邮购电话：010-85119873
发行电话：010-85119832　010-85119912
网　　址：http://www.chlip.com.cn
Email:club@chlip.com.cn

230613J1X201ZBW

本书编写人员

主　　编　王　颖（黑龙江八一农垦大学）

易华西（中国海洋大学）

副 主 编　任洪林（吉林大学）

王　莉（江南大学）

韩　雪（河北农业大学）

参编人员（按姓氏笔画排序）

石嘉怿（南京财经大学）

冯小丽（中国科学院昆明动物研究所）

庄柯瑾（黑龙江八一农垦大学）

刘永峰（陕西师范大学）

何胜华（哈尔滨工业大学）

沈　琰（黑龙江八一农垦大学）

张　喆（中国海洋大学）

谭正林（湖北经济学院）

主　　审　刘静波（吉林大学）

PREFACE | 前言（第二版）

党的二十大开启了以中国式现代化全面推进中华民族伟大复兴的新征程，同时也对食品安全工作提出了新要求。党的二十大报告提出“树立大食物观”的明确要求，这是党中央基于保障国家粮食安全，顺应人民对美好生活的向往，结合世情国情粮情新变化，把握未来食物发展新趋势作出的重大战略部署。近几年，党和政府做了很多努力紧抓食品安全，食品安全问题不断向好，但仍然存在问题，老百姓仍然在食品安全方面有很多期待，仍需要再接再厉，把各项相关工作做细做实，确保人民群众“舌尖上的安全”。食品安全与卫生是对食品的原料生产到消费整条链中的各种危害及其传播规律、致病机制、防治机制与方法进行分析、评价和研究，以确保食品对人体健康没有任何负面影响的一门科学。它涉及微生物学、分析化学、毒理学等学科，是高等学校食品科学与工程专业和食品质量与安全专业重要的专业基础课。通过本课程的学习，读者能够掌握有关食品安全的基础理论、基础技术。本书也是从事食品生产、科研和管理的专业技术人员必须了解的知识领域。

本教材共分九章。第一章绪论，概括介绍了食品安全与卫生的发展历史、概念和意义；第二章食品污染与预防，介绍了食品污染的概念、分类及预防等；第三章食品添加剂及其管理，概述了食品添加剂的定义、分类、安全性和管理等；第四章食品卫生与管理，介绍了各类食品的污染来源以及预防和控制措施；第五章食源性疾病及其预防，介绍了各类引起食物中毒的病原的概念、特性及检测方法等；第六章食品安全监督管理，介绍了食品安全的监督管理体系、相关法规标准及许可和市场准入制度等；第七章食品安全性评价体系，概述了食品安全性评价的概念、国内外现状及评价方法等；第八章食品安全风险分析，介绍了风险分析的概念、内容和国内外发展历程；第九章食品卫生检验，介绍了食品卫生检验的必要性及主要检测方法等。

本书编写的具体分工如下：第一章第一节由任洪林编写，第二节由沈琰编写；第二章由王颖编写；第三章第一节和第二节由易华西编写，第三节至第七节由王莉编写；第四章第一节、第二节和第三节由易华西编写，第四节由张喆编写，第五节由谭正林编写，第六节至第九节由何胜华编写；第五章第一节至第四节由冯小丽编写，第五节和第六节由任洪林编写；第六章由石嘉怿编写；第七章由刘永峰编写；第八章由韩雪编写；第九章由庄柯瑾编写。全书由沈琰和王颖统稿。

本教材可作为高等学校食品科学与工程类相关专业的本科生教材，也可作为从事食品生产、科研、管理的科研人员的参考用书。

本书的撰写过程中参考和引用了国内外公开发表的文献，在此向原著者表示感谢。感谢王欣卉、佐兆杭、周义、宫雪、刘淑婷和屈江玲在书稿的后期整理过程中作出的贡献。

由于本书涉及内容广泛，而作者水平有限，书中难免有疏漏和不当之处，敬请读者批评指正。

编者

2024 年 1 月

PREFACE | 前言（第一版）

食品安全与卫生是对食品的原料生产到消费整条链中的各种危害及其传播规律、致病机制、防治机制与方法进行分析、评价和研究，以确保食品对人体健康没有任何负面影响的一门科学。它涉及微生物学、分析化学、毒理学等学科，是食品科学与工程专业和食品质量与安全专业的一门重要的专业基础课。通过本课程的学习，读者能够掌握有关食品安全的基础理论、基础技术。本书也是从事食品生产、科研和管理的专业技术人员必须了解的知识领域。

本教材共分为八章。第一章绪论，概括介绍了食品安全与卫生的发展历史、概念和意义；第二章食品污染及预防，介绍了食品污染的概念、分类及预防等；第三章食品添加剂及其管理，概述了食品添加剂的定义、分类、安全性和管理等；第四章食品卫生及管理，介绍了各类食品的污染来源和预防与控制措施；第五章食源性疾病及其预防，介绍了各类引起食物中毒的病原的概念、特性及检测方法等；第六章食品卫生监督管理，介绍了食品卫生的监督管理体系、相关法规标准及许可和市场准入制度等；第七章食品安全性评价体系，概述了食品安全性评价的概念、国内外现状及评价方法等；第八章食品安全风险分析，介绍了风险分析的概念、内容和国内外现状等。

本书编写的具体分工如下：第一章第一节由任洪林编写，第二节由吴澎编写；第二章第一节、第二节和第三节由王颖编写，第四节由谭正林编写；第三章第一节由刘永峰编写，第二节由李涛编写，余下章节由王莉编写；第四章第一节、第二节由易华西编写，第三节由王莉莉编写，第四节由吴秀萍编写，其余章节由何胜华编写；第五章第一节至第四节由冯小丽编写，余下章节由王晶晶编写；第六章第一节、第二节由石嘉怿编写，第三节由王丽杰编写；第七章第一节由王颖编写，第二节由杨咏洁编写，第三节由李研东编写；第八章第一节由韩雪编写，第二节由史子学编写。全书由王颖和何胜华统稿。

本教材适宜作为高等院校食品相关专业的本科生教材，也可作为从事食品生产、科研、管理的科研人员的参考用书。

本书的撰写过程中参考和引用了国内外公开发表的文献，在此向原著者表示感谢。感谢王欣卉，佐兆杭，周义，宫雪，刘淑婷和屈江玲在书稿的后期整理过程中做出的贡献。

由于本书涉及内容广泛，而作者水平有限，书中难免有疏漏和不当之处，敬请读者批评指正。

编者

2018 年 1 月

CONTENTS | 目录

第一章

01

绪　论

本章学习目标

1. 掌握食品安全与卫生的发展历程。
2. 了解食品安全与卫生的一般特性。
3. 了解食品安全与卫生的主要内容及相关术语。

第一节　食品安全与卫生发展历史

食品安全与卫生是在从食品原料生产到消费的整个过程中，对威胁人们身体健康的各种危害因素及其传播规律、致病机制、防控原理与方法进行分析、评价和研究，以确定其对人体健康有何不良影响的一门科学，也是预防医学、食品科学、公共卫生学中的一个重要分支学科，是一门应用性基础科学。随着全球性经济和贸易的发展，现代信息化社会的不断进步，食品安全问题也已不再是单纯的预防医学问题，而被赋予更大的社会科学责任。食品安全与卫生的概念、学科地位及其功能，将伴随着社会的发展而不断完善，通过强化食品卫生质量、防止食品中可能出现的有害因素损害人体健康，以食品卫生学的现代化手段来评价和保障食品安全。

1995 年 10 月 30 日颁布的《中华人民共和国食品卫生法》，总则第一条内容是“为保证食品卫生，防止食品污染和有害因素对人体的危害，保障人民身体健康，增强人民体质，制定本法”。第二条为“国家实行食品卫生监督制度”。2009 年 6 月 1 日开始实施，经 2015 年修订，2018 年、2021 年修正的《中华人民共和国食品安全法》（以下简称《食品安全法》），总则第一条规定“为了保证食品安全，保障公众身体健康和生命安全，制定本法”。采用了“食品安全监督管理”的表述。从间隔 13 年的立法名称和文本内容，可以清楚地解读到“食品安全”是在原有“食品卫生”概念基础上的升华。食品安全是粮食安全和国家安全的重要组成部分，事关民生，要全面做好食品安全工作，坚持最严谨的标准、最严格的监管、最严厉的处罚、最严肃的问责，增强食品安全监管统一性和专业性，切实提高食品安全监管水平和能力。要加强食品安全依法治理，加强基层基础工作，建设职业化检查员队伍，提高餐饮业质量安全水平，加强从“农田到餐桌”全过程食品安全工作，严防、严管、严控食品安全风险，保证广大人民群众吃得放心、安心。

一、国内外食品安全管理

食品安全是世界性问题，随着世界贸易国际化、运输快捷化的发展，食品安全问题日益受关注。食品安全问题对国家的政治稳定、经济建设、社会发展等均可产生重要的影响。2000年5月，世界卫生组织（WHO）第53届世界卫生大会通过决议，明确强调食品安全是公共卫生领域全球范围内的一个重要问题，将食品安全列为世界卫生组织的工作重点和最优先解决的领域。食品安全问题对国家经济建设、社会发展、政治稳定等均可产生重要的影响，需要各国政府采取措施，建立和完善管理体系和法规制度。

2001年6月，联合国粮农组织（FAO）和世界卫生组织联合召开了“强化国家食品安全控制体系”专家咨询会议，并于2003年颁布了《保障食品的安全和质量：强化国家食品控制体系》（Assuring Food Safety and Quality：Guidelines for Strengthening National Food Control Systems）的食品安全控制导则，取代了1976年制定的《建立有效的国家食品控制体系的准则》。突出强调“食品安全”是精髓，各国食品安全控制体系的主要目标是减少食源性疾病，保护公众健康，保护消费者免受不卫生、有害健康、错误标识或掺假的食品带来的危害，维持消费者对食品体系的信任，为国内及国际的食品贸易提供合理的法规基础。为了实现这样的目标，修订后的导则提出国家食品安全控制体系的功能框架，包括立法（食品法规体系和食品卫生标准）、管理（危险性评估与危险性管理）、监测（食源性疾病与食品污染）及实验室的能力建设等基本模式。

1949年后，“面向工农兵、预防为主、团结中西医、卫生工作与群众运动相结合”是卫生工作的四大基本方针。1953年全国开始建立卫生防疫站，食品卫生工作是卫生防疫工作的重点之一。20世纪60年代，国务院颁布《食品卫生管理条例》；1995年10月30日第八届全国人大常委会第十六次会议审议通过《中华人民共和国食品卫生法》，明确国务院卫生行政部门为食品卫生主管部门，使我国的食品卫生工作步入了法制管理阶段。至此，中央、省（自治区、直辖市）、市（区）和县四级食品安全技术保障体系基本形成。遍布全国2000多个县级以上行政区域的10余万卫生技术人员，在保障食品安全、预防和控制食源性疾病方面做出了重要的历史性贡献。

根据党中央国务院关于加强公共卫生体系建设的精神，2003年以来，中央政府和各地政府不断增加投入，加强和完善公共卫生体系建设，各地疾病预防控制中心普遍配备了与检验职能相适应的检验设备和仪器。据2005年全国食品检测资源调查结果显示，全国共有食品检验机构5630家，其中卫生部门的检测机构共有2560家，占全国的45.5%。2004年8月，卫生部颁布了《食品安全行动计划》，提出四大宏观总目标，即“控制食品污染，减少食源性疾病，保障消费者健康，促进经济发展”以及五个具体分目标，即“建立较完善的食品卫生法律法规与标准体系，建立和完善食品污染物监测与信息系统，建立和完善食源性疾病的预警与控制系统，建立加强食品生产经营企业自身管理的食品安全监管模式，建立有效保证食品安全的卫生监督体制和技术支撑体系”。此后，国家重视食品安全相关法规条例与标准的建设和更新，国家市场监督管理总局制定《食品安全风险管控清单》（市监食协发〔2024〕35号），2024年6月1日开始生效的《中华人民共和国粮食安全保障法》，以及据不完全统计2024年6月就有120项食品及相关标准正式实施（其中：代替标准25项，新增标准95项，新增标准占标准总数的79.17%），等等，都说明我国的食品安全管理逐步走入健康发展、自我更新的新时代。

二、食品安全与卫生相关学科的发展

（一）毒理学科的发展

如何提供安全营养的食品及证明食品的安全性，始终是世界各国政府努力的目标。1975年春，首届全国食品毒理培训班在上海举办，为我国食品卫生监督机构、高等医学院校及营养与食品卫生研究机构培训了一支具有较高水平检验能力的食品毒理学人才队伍。1981年食品毒理学的基础理论编入营养与食品卫生学教材当中。1994年我国以国家标准形式颁布GB 15193.1—1994《食品安全性评价程序和方法》及GB 15193.2—1994《食品毒理学实验室操作规范》（2014年进行修订），为我国食品毒理安全性评价工作进入规范化、标准化及与国际接轨提供了法规性保障。

2000年以来，在国家科技部等部门相关课题的支持下，毒理学科学发展并建立了转基因食品安全性毒理学评价、新资源食品安全性毒理学评价新技术和新方法、保健食品检验与评价技术规范，保健食品安全性毒理学评价程序和检验方法规范等新方法和新技术，使毒理学安全性评价和功能检验能力得到了进一步提高。安全性评价范围也从普通食品扩大到保健食品、新资源食品、转基因食品、农药、兽药等相关产品的急性毒性、遗传毒性、生殖发育毒性、致敏性、致癌性和慢性毒性的系统毒理学，以及保健食品申报功能的检验与评价等。

（二）食品理化学科的发展

1959以前，我国没有统一的食品理化检验方法。1978年，卫生部首次颁布《食品卫生检验方法（理化部分）》，包括原子吸收分光光度法、气相色谱法、荧光分光光度法等，使理化检验的手段和精细度有了质的飞跃。

20世纪80年代初，食品卫生检验方法（理化部分）成为国家标准（GB 5009系列），并于1996年进行系统修订，单一物质的测定方法达到165项。先后建立了二噁英、二噁英样多氯联苯（DL-PCBs）、指示性多氯联苯、氯丙醇、丙烯酰胺、有机锡和有机氯农药等持久性有毒污染物的分析方法。特别是在二噁英和多氯联苯检测技术中，采用并修改了美国环保局的多氯代二苯并二噁英及多氯代二苯并呋喃（PCDD/Fs）高分辨气相色谱-高分辨质谱法和PCBs的高分辨气相色谱-高分辨质谱法；建立了针对世界卫生组织已经规定毒性当量因子（TEF）的17个2，3，7，8位氯取代的PCDD/Fs和12个DL-PCBs的同步测定方法，并结合食品中PCDD/Fs和DL-PCBs超痕量检测技术的要求，增加了有关利用液体管理系统（FMS）进行全自动净化处理的方法，发展了全面、有效的净化技术，为满足食品中二噁英及其类似物毒性当量（TEQ）检测的需要，建立了适合我国的标准化方法，实现了检测技术的突破。在指示性多氯联苯检测技术中，建立了适用于包括GEMS/Food中规定的PCB28、52、101、118、138、153和180指示性PCBs单体的测定方法，满足了GB 2762—2005《食品中污染物限量》日常监测的技术需要。

我国食品安全国家标准GB 5009食品理化检验系列标准的不断更新与补充，充分展示了理化检验新技术的发展和应用。理化分析手段从简单的目视比色发展到原子吸收、气相色谱、液相色谱、荧光分光光度计、紫外分光光度计、质谱、红外、毛细管电泳仪等更多现代分析技术；从一般定性分析发展到能对100多种物质，甚至更多物质的定性、定量分析及对未知物的鉴别。在食品污染物检测技术发展中，注重引进现代分析技术，尤其是样品的前处理技术，如凝胶渗透色谱、固相萃取、全自动净化、固相微萃取等，突破我国食品检验中样品前处理的传统模式，使我国食品安全理化检验水平上升到新的水平。

（三）食品卫生微生物学科的发展

我国食品卫生微生物学的建立和发展，始于我国蛋品外贸中发生的沙门氏菌污染事件。1960—1962 年，我国证实了副溶血性弧菌是引起食物中毒的一种病原菌，并建立了一整套常规检验方法及生化、血清、噬菌体的分型技术。1976 年，卫生部颁布了《食品卫生检验方法（微生物学部分）》；1977 年，举办了全国食品卫生微生物学检验技术学习班，统一了食品卫生微生物检验方法，培养了一大批食品卫生微生物检验的技术骨干；1984 年，颁布了我国第一版 GB 4789《食品卫生微生物学检验》系列标准。1990 年，人民卫生出版社出版发行了《食品卫生检验方法注解（微生物学部分）》。2004—2024 年，对 GB 4789 系列标准进行了全面系统的修订，包括新的致病微生物和新的食品种类等。例如，在 GB 4789. 1—2016《食品安全国家标准　食品微生物学检验　总则》的修订文本中增加了对微生物实验室的基本要求（包括环境、人员、设备）；增加了国际食品微生物标准委员会（The International Commission on Microbiological Specifications for Foods，ICMSF）的采样方案；增加了样品检验的质量控制和检验后样品的处理，制定了新的食品中大肠杆菌 O157：H7、克罗诺杆菌等的检验方法。针对我国多年来在食源性疾病（主要指食物中毒）报告与监测方面存在的系统不健全等问题，对微生物病原引起的食源性疾病缺乏快速诊断及溯源技术等情况，在食物病原菌的危险性评估、快速检测及溯源技术，以及食源性疾病监测信息系统的建设等方面开展了一系列研究并取得了显著成果。修订后的总则文本参考世界卫生组织、美国疾病预防控制中心等食源性疾病诊断及处理的相关资料，明确了食源性疾病、食源性感染、食源性疾病暴发、散发及食物中毒等与国际接轨的科学定义；补充制定了 20 多项各类微生物性食源性疾病、化学性和有毒动植物食物中毒的判定标准及处理原则，更大程度上满足了当前公共卫生事业的需求，为标准的科学性、完整性、实用性和规范性向前跨出了一大步。在公共卫生和食品安全标准化系统性发展的同时，我国食品微生物流行监控和病原识别等方面也得到了快速发展，从而在我国食品安全领域比较充分地了解食品微生物流行本底、种类，建立了相应的法规标准。

食品安全与卫生学科在 50 年的实践发展中主要体现了以下特点：病原菌的检测、鉴定技术由传统的微生物生化鉴定延伸到生化、免疫、分子生物学与仪器自动化的多元化鉴定技术；由检验送检或抽检的食品样品发展到全国范围食品中病原菌的主动监测、食品中分离株的耐药性、脉冲场凝胶电泳（pulsed-field gel electrophoresis，PFGE）及指纹图谱等溯源技术的研究；紧跟国际热点，开展食品中重要微生物危害的安全性风险评估及生物标志物等研究。

三、食品安全领域的主要研究与进展

（一）食品安全监测体系

“十三五”期间，卫生健康系统认真贯彻落实党中央、国务院决策部署，不断强化食品安全标准、监测评估与国民营养工作，并制定了“食品安全标准与监测评估‘十四五’规划”。

1. 食品安全国家标准体系严谨性有较大提升

截至2024年3月，我国制定公布1610项食品安全国家标准，涉及2万多项食品安全指标，构建起与国际接轨的、相对完善的食品安全标准框架体系。吸纳多领域多学科专家学者，组建第二届食品安全国家标准审评委员会，修订食品安全标准管理制度。担任国际食品添加剂主持国和食品法典委员会亚洲区域协调员，提升了国际参与度。

2. 食品安全风险监测评估体系不断健全

构建起国家食品安全风险评估中心和全国31家省级监测分中心、20家专项监测参比实验室、7家食源性疾病病因鉴定实验室为支撑的监测技术网络，全国承担食源性疾病监测医疗机构达7万余家。食品污染物和有害因素监测点基本覆盖所有县（区）级行政区域，监测1100余项指标，涵盖我国居民主要消费的粮油、果蔬等30大类，构建了全国食品污染物数据库，提高了重大食源性疾病暴发识别能力。积极开展食品中各类化学物、微生物及食药物质等优先和应急项目评估40余项，风险评估对风险管理和风险交流的科学支撑作用进一步增强。

3. 推进实施国民营养计划和合理膳食行动取得阶段性成效

国家层面和24个省（自治区、直辖市）均成立营养健康指导委员会，组建合理膳食行动工作组，推进营养相关政策措施出台，国民营养健康工作体系机制初步建立；研制66项营养健康标准和技术指南，营养健康标准体系框架初步构建。

我国于2016年组织开展了第6次中国总膳食研究，在多次总膳食研究中得到了多种主要污染物［如黄曲霉毒素、铅、镉、汞、砷、六氯化苯、2,2-双（4-氯苯基）-1,1,1-三氯乙烷、新型危害物（丙烯酰胺、氨基甲酸乙酯、氯丙醇及其脂肪酸酯、三聚氰胺、邻苯二甲酸酯、双酚A、烷基酚等）、持久性有机污染物如二噁英（PCDD/Fs）、多氯联苯（PCBs）、多溴联苯醚（PBDEs）、六溴环十二烷（HBCDDs）、四溴双酚A（TBBPA）、全氟代有机物（PFAS）、多种有机磷农药、6种放射性核素］和营养素（如脂肪酸、微量元素、维生素）以及胆固醇在食物中的含量和人均日摄入量数据。综合数据来看，我国食品中的六氯化苯、2,2-双（4-氯苯基）-1,1,1-三氯乙烷均呈明显下降趋势，我国居民每人每天从膳食摄入的六氯化苯仅为3.11g，2,2-双（4-氯苯基）-1,1,1-三氯乙烷总摄入量不足农药残留联席会议（JMPR）于2000年提出的每日摄取容许量［ADI，0.01mg/kg·d（bw）］的1%，表明我国食品中有机氯农药的污染水平已降至安全限量之下；对在五氯酚钠使用地区采集的母乳和血清进行二噁英测定，结果表明，我国人体的污染程度已降低到发达国家的水平。这些资料为危险性评估和食品卫生标准的制定提供了科学依据，被世界卫生组织誉为发展中国家开展总膳食研究的典范。

（二）重要食品安全问题的研究与控制

1. 酵米面及变质银耳中毒的研究与控制

酵米面是我国自20世纪50年代起东北地区民间流传的一种粗粮细作加工方法，因家庭制作、保存不当导致的中毒和死亡屡有发生。主要表现为肝、脑、肾等实质性器官的损伤，病死率高达50%以上。随后在16个省（自治区）发现引起类似临床表现的3大类中毒食品（谷类发酵制品、变质银耳及发酵薯类制品），是迄今我国病死率最高的微生物性食物中毒之一。证实了唐菖蒲伯克霍尔德氏菌及其产生的米酵菌酸毒素是引起食物中毒和死亡的主要病因，同时提出了酵米面和变质银耳中毒诊断、预防控制等科学对策，为有效控制酵米面和变质银耳食物中毒在我国流行提供了技术支持。

2. 变质甘蔗中毒的研究与控制

变质甘蔗中毒是一种原因不明的急性食物中毒，由进食南产北运、贮存过冬而发霉变质的甘蔗而引起，主要流行于我国北方。幸存者常留有终身残疾的后遗症，典型中毒症状为中枢神经系统受损。

中国预防医学科学院卫生研究所与有关省、自治区、直辖市的卫生防疫人员合作，从可疑中毒甘蔗样品中分离出节菱孢霉菌，并分离鉴定出节菱孢霉菌的毒性代谢产物 3-硝基丙酸，从而明确了变质甘蔗的中毒病因，并在国际上首次提出 3-硝基丙酸可以引起人食物中毒，为有效预防和控制变质甘蔗的中毒提供了科学依据。

3. 肉毒毒素中毒的研究与控制

肉毒毒素中毒多发生于我国新疆等地区，死亡率较高，严重威胁群众的生命安全。该病在我国发生中毒的食品种类和潜伏期等与国外报道有很大不同。1970—1986 年，中国预防医学科学院卫生研究所与有关省、自治区、直辖市的卫生防疫人员联合对我国肉毒毒素中毒的流行病学、诊断与治疗、不同地区产毒肉毒杆菌的流行病学等特征进行了深入研究，特别是通过对肉毒毒素中毒患者临床症状的规律性研究，将中毒分为轻度、中度、重度和极重度 4 个等级，蜂蜜引发的中毒及儿童中毒可能是我国肉毒中毒的特点之一，为有效地抢救中毒患者、降低死亡率提供了重要数据和理论依据。

4. 有机氯农药残留的科学研究

中国预防医学科学院卫生研究所从 1973 年起历经 8 年，组织全国 26 个省、市、自治区的 31 个医学院校、卫生防疫站、科研部门，一同开展了食物中有机氯农药残留及其毒性研究，取得开创性、奠基性成果，这些成果至今仍是合理使用有机氯农药的重要科学依据。1977 年发布了我国第 1 个农药残留限量标准，即六氯化苯、2,2-双（4-氯苯基）-1,1,1-三氯乙烷的允许残留限量。创造性地提出肉类农药残留量的计量标准，有效保护了当时我国鸡肉、兔肉的出口贸易量。目前，GB 2763—2021《食品安全国家标准　食品中农药最大残留限量》规定了食品中 2,4-滴等 387 种农药 3650 项最大残留限量。

5. 辐照食品研究

为推广使用辐照技术作为食品保藏技术，我国于 20 世纪 80 年代初对辐照食品的安全性开展了广泛研究。鉴于世界卫生组织关于辐照食品安全评价专家咨询会议报告中缺少人体试验资料，原中国预防医学科学院卫生研究所设计、组织了 8 项近 500 人的辐照食品人体试食试验，试验结果填补了国际空白。以充分的科学数据证明 10kGy 以下辐照食品的安全性，并制定了辐照食品卫生标准（包括谷类、蔬菜、水果、肉禽类、干果类和调味品），受到世界卫生组织、联合国粮农组织和国际原子能机构（IAEA）的高度评价。此成果在卫生立法方面达到国际先进水平，大量人体资料为国际组织和其他国家所引用，为辐照技术在食品工业中的推广应用奠定了科学基础。

6. 工业废水灌溉农田的安全性评价

我国工业发展初期的 20 世纪 70 年代，因认识不足导致工业废水被作为灌溉用水，就近排入农田。对此，原中国预防医学科学院卫生研究所专家对广东茂名用于农业灌溉的工业废水中含有的有害物（如酚、镉、铬、氟等）进行了安全性评价，首次发现污水灌溉粮对动物有胚胎毒性，并制定了灌溉农田的污水水质卫生标准。卫生部门及时向各级政府部门通报，阐明工业废水的危害，国家及时做出禁用决定，防止了危害的进一步扩大。

7. 食品安全突发事件的应急处理

在我国不同的经济发展阶段或重大自然灾害面前，食品卫生科技人员都出现在食源性疾病暴发、食品安全事故的现场，为调查处理、解决问题和相应公共卫生政策的制定及修订提供专家咨询和技术支持。

（1）水灾害后的食源性疾病预防与控制　1998 年，我国南方和北方地区连续发生特大洪水，灾后疾病预防与控制工作责任重大。在灾情过后，党中央国务院提出了“确保灾后无大疫”的目标，众多食品卫生专家赶赴灾区指导工作，提出水灾后霉变粮食的有效防霉去毒方法及霉变粮食的安全利用措施，同时提出科学实用的预防食源性疾病的措施，为保障灾区人民的健康与食品安全作出了重要而积极的贡献。

（2）安徽阜阳劣质乳粉事件的调查处理　2004 年 4 月，我国安徽阜阳地区暴发出现大头婴儿的“劣质乳粉事件”，卫生部组成专家调查组，赴安徽阜阳市处理，先后赴医院、制假窝点、受害儿童家庭等现场，对事件的危害范围、劣质乳粉的质量及安全性进行评价，并对现场采集的样品进行了检测，获得了准确可靠的数据，为国务院调查组确定危害原因提供了科学数据，在卫生部提出受害儿童病因及救治方案过程中发挥了关键性作用。

（3）“苏丹红”污染食品事件的科学咨询　2005 年，英国食品标准局就辣椒等食品检出人类可能致癌物苏丹红色素而向消费者发出警告，由此引起我国媒体的广泛炒作和消费者的恐慌。中国疾病预防控制中心原营养与食品安全所迅速组织技术专家，对苏丹红的毒理学资料和食品中苏丹红检测数据等相关信息进行分析研究，完成了“苏丹红”的危险性评估报告，以卫生部 2005 年第 5 号公告向社会发布，提高了媒体和消费者对事件的科学认识。

8. 食品药物残留及耐药性风险评估

目前，全国对农药、兽药残留的研究既普遍也深入系统，明确了药物残留带来的食品安全和生物安全问题。2020 年 10 月，全国人大常委会审议通过《中华人民共和国生物安全法》，将应对微生物耐药作为生物安全的八大领域之一。微生物耐药工作上升到了国家安全和重大战略的高度。从 2016 年起，中国已经连续 8 年与世界卫生组织同步举办“提高抗微生物药物认识周”活动。通过连续多年监测发现，中国抗微生物药物主要监测指标都趋于好转，细菌耐药的形势也稳中向好。

9. 食用农产品源头治理工程

除了食品安全标准修订和相关技术的进步以外，“十三五”期间重点在食用农产品安全的源头治理、食品安全监管行动、预警与风险评估能力方面取得了明显成效，确保食品安全从源头抓起、全程控制的新局面，提升监控和风险评估能力。

（1）农产品安全的源头治理

①农药残留治理工程：主要农作物病虫害绿色防控覆盖率达到 30% 以上，专业化统防统治覆盖率达到 40% 以上，农药利用率达到 40% 以上；②兽药残留治理工程：新研发和推广低毒、低残留新兽药产品 100 种，淘汰高风险兽药产品 100 种。动物产品兽药残留合格率保持在 97% 以上；③测土配方施肥推广工程：测土配方施肥技术覆盖率达到 90% 以上，畜禽粪便养分还田率达到 60% 以上，水肥一体化技术推广面积达到 1000 万 hm^2，机械施肥面积占主要农作物种植面积的 40% 以上，主要农作物化肥利用率达到 40% 以上；④农业标准化推广工程：标准化生产示范园（场）全部通过“三品一标”（无公害农产品、绿色食品、有机农产品和农产品地理标志）认证登记，有机农产品种植基地面积达到 300 万 hm^2，绿色食品种植基地面积达到 1200

万 hm^2。“十四五”期间，新时代新阶段“三品一标”有了两个方面的新内涵：农产品“三品一标”是指“达标合格农产品”“绿色食品”“有机食品”和“农产品地理标志”，是从农产品品牌认证和培育方面促进特色产业提档升级，是从产品监督的导向出发，是政府主导的安全优质农产品公共品牌。农业生产“三品一标”是指“品种培优”“品质提升”“品牌打造”和“标准化生产”，是从生产方式角度和标准化生产方面促进特色产业提档升级，蕴含了农业全产业链的拓展增值空间，是新发展阶段农业生产全过程的行动指南；⑤农产品质量安全保障工程：完善国家农产品质量安全追溯管理信息平台，健全农产品质量安全监管体系，提高基层监管能力。

（2）食品安全监管行动计划

①食品安全监督抽检工程；②特殊食品审评能力建设；③进出口食品安全监管提升计划；④餐饮业质量安全提升工程；⑤严厉处罚违法违规行为；⑥提升技术支撑能力。

此外，还有风险监测预警、评估能力提升项目，旨在提升食品安全风险监测能力。

（三）食品安全控制技术

1. 风险评估

风险评估（risk assessment，RA）是对食品生产、加工、贮藏、运输和销售过程中所涉及的各种食源性危害可能对人体健康产生不良影响的科学评估，是世界贸易组织（WTO）和政府间协调食品标准的国际食品法典委员会（CAC）强调用于制定食品安全控制措施的技术手段。依据 CAC 定义，风险评估是由危害识别、危害特征描述、暴露评估和危险性特征描述 4 个步骤组成的科学评估过程。风险评估与危险性管理（risk management，RM）、危险性信息交流（risk communication，RC）共同构成了危险性分析（risk analysis）框架。

自 20 世纪 70 年代起，卫生部先后牵头完成了全国 20 多个地区食品中铅、砷、镉、汞、铬、硒、黄曲霉毒素 B_1 等污染物的流行病学及污染状况调查；2000 年建立的食品污染物监测及食源性疾病监测网络，进一步掌握了我国食品中重要化学污染物的污染状况，特定食品中重要食源性致病菌（如蛋制品中的沙门氏菌，生食牡蛎中的副溶血性弧菌等）的污染资料，为进一步运用数学模型深入开展危险性评估及食品卫生标准的制定提供了基础数据。

我国在此领域起步较晚，但已在我国食品安全工作的各个领域逐步得到推广和应用，特别是在应对食品安全热点问题、突发事件的处理方面，积累了大量经验，包括对食品中的苏丹红和滤油粉，油炸食品中丙烯酰胺，婴儿乳粉中的三聚氰胺，啤酒中甲醛，面粉中过氧化苯甲酰和溴酸钾，婴幼儿配方乳粉中碘，黄花菜中二氧化硫，PVC 保鲜膜中的加工助剂、红豆杉、天绿香、海藻中的有机砷，粮食中的硒，蒸馏酒中的杂醇油，以及阜阳劣质乳粉、海城豆奶、福寿螺中毒和渤海湾赤潮对水产品的污染等突发事件的处理。国家相关部委组织食品安全专家开展调查研究，及时发布食品安全预警公告，为消除媒体的片面报道带来的负面影响、正确引导消费者对食品安全问题的认识、强化政府食品安全管理的职能和地位发挥了重要作用。

2. 危害分析与关键控制点

危害分析与关键控制点（hazard analysis and critical control point，HACCP）是一个确认、分析、控制生产过程中可能发生的生物性、化学性、物理性危害的系统方法，它将食品安全保证的重点由传统低效的对终端产品的检验，追溯到对原料质量及生产工艺过程的控制管理，重点体现在“从农场到餐桌”的全程监测理念的提出和推行。

1988 年，HACCP 概念引入我国，卫生部于 20 世纪 90 年代初期开展对 HACCP 的宣传培训工作，并对乳制品、酱油、凉果、益生菌类保健食品等企业进行应用性试点研究，积累了丰富的推广应用经验。2000 年，中国疾病预防控制中心营养与食品安全所与卫生部卫生监督中心承担了国家“十五”科技攻关课题《食品企业 HACCP 实施指南及评价准则研究》，对肉制品、乳制品、果蔬汁饮料、水产品、酱油等六大类食品企业实施 HACCP 管理进行了系统研究，建立了一批 HACCP 体系管理示范企业，制定了六大类食品企业建立和实施 HACCP 体系的实施指南，并综合研究成果制定了《食品企业 HACCP 实施指南》，该指南已经作为原卫生部的部门法规发布。在原卫生部颁布的《食品安全行动计划》中，食品企业推广和实施 HACCP 体系已成为食品卫生监督管理的重要内容。“十一五”“十二五”“十三五”期间相继实施了国家重大食品安全计划，都推动了我国食品安全的全面提升。

3. GMP、cGMP、ISO 9000、SSOP 等标准规范

（1）GMP　GMP 是英文 good manufacturing practice 的缩写，中文意思是“良好作业规范”，或是“优良制造标准”，是一种特别注重在生产过程中实施对产品质量与卫生安全的自主性管理制度。GMP 是 WHO 对所有制药企业质量管理体系的具体要求。WHO 规定，从 1992 年起出口药品必须按照 GMP 规定进行生产，药品出口必须出具 GMP 证明文件。GMP 在世界范围内已经被多数国家的政府、制药企业和医药专家一致公认为制药企业和医院制剂室优良质量管理的必备制度。目前，食品等行业也在推行 GMP。简要地讲，GMP 要求食品生产企业应具备良好的生产设备，合理的生产过程，完善的质量管理和严格的检测系统，确保最终产品的质量（包括食品安全卫生）符合法规要求。GMP 所规定的内容，是食品加工企业必须达到的最基本的条件。

（2）cGMP　cGMP 是英文 current good manufacture practices 的缩写，即动态药品生产管理规范，也翻译为现行药品生产管理规范。所谓动态药品生产管理规范，就是强调现场管理（Current）。它是一套适用于制药、食品等行业的强制性标准，要求企业从原料、人员、设施设备、生产过程、包装运输、质量控制等方面按国家有关法规达到卫生质量要求，形成一套可操作的作业规范，帮助企业改善企业卫生环境，及时发现生产过程中存在的问题，并加以改善。

（3）ISO 9000　ISO 9000 是国际标准化组织（ISO）1994 年提出的概念，指由“ISO/TC176 国际标准化组织质量管理和质量保证技术委员会”制定的国际标准，ISO 9001 用于证实组织具有提供达到顾客和实用法规要求产品的能力，目的在于增进顾客的满意度。这个标准同样适用于食品生产企业。

（4）SSOP　SSOP（sanitation standard operation procedures）是卫生标准操作规程的简称。是食品企业为了满足食品安全的要求，在卫生环境和加工要求等方面所需实施的具体程序，是食品企业明确在食品生产中如何做到清洗、消毒、卫生保持的指导性文件。

（四）食品安全与食品卫生标准

食品安全与食品卫生标准在依法保障我国国民健康，维护社会和经济秩序，保障食品卫生法贯彻实施等方面具有十分重要的作用。20 世纪 50～60 年代，多种单项标准或规定大多是针对食品不卫生而发生中毒等危害人体健康的问题而制定。如食品中糖精剂量的规定、酱油中含砷量的标准等。1974 年，卫生部责成中国医学科学院卫生研究所负责起草以食品卫生标准为重点的 1973—1975 年全国食品卫生科研规划，并组织全国卫生系统（包括各省级卫生防疫站、

医学院校和有关部门）共同协作，组成了粮食、食用油、调味品、肉与肉制品、水产品、乳与乳制品、蛋与蛋制品、酒类、冷饮食品、食品添加剂、食品中黄曲霉毒素、汞、六氯化苯、2，2-双（4-氯苯基）-1，1，1-三氯乙烷及食品中放射性物质限量等14个食品卫生标准协作组，起草了14类54个食品卫生标准和12项卫生管理办法，于1978年5月开始在国内试行。

20世纪80年代，为配合《中华人民共和国食品卫生法（试行）》的贯彻落实，卫生部成立了全国卫生标准技术委员会，包括食品卫生标准技术分委员会，至1998年底已研究并颁布食品卫生国家标准236项，标准检验方法227项，包括食品中有毒、有害物质及化学污染物的限量标准、食品添加剂使用卫生标准及营养强化剂使用卫生标准、食品容器及包装材料卫生标准、辐照食品卫生标准、食物中毒诊断标准及理化和微生物标准检验方法等。

伴随2009年6月1日开始实施《食品安全法》，食品卫生标准逐渐被食品安全国家标准取代。截至2024年3月，我国已发布1610项食品安全国家标准，其中涉及2万余项安全指标，涵盖我国居民消费的所有30大类340个小类食品。强化了标准体系建设，打造严谨的标准指标体系，包括影响居民饮食安全的主要健康危害因素，覆盖从食品原料、生产加工到最终产品的全过程，覆盖从农田到餐桌的全链条。

我国食品安全标准内容涵盖以下领域，而且属于强制性标准：①食品相关产品中的致病性微生物、农药残留、兽药残留、重金属、污染物质以及其他危害人体健康物质的限量规定；②食品添加剂的品种、使用范围、用量；③专供婴幼儿的主辅食品的营养成分要求；④对与食品安全、营养有关的标签、标识、说明书的要求；⑤与食品安全有关的质量要求；⑥食品检验方法与规程；⑦其他需要制定为食品安全标准的内容；⑧食品中所有的添加剂必须详细列出；⑨食品生产经营过程的卫生要求。

四、国际事务

（一）国际合作与交流

自1980年以来，我国先后通过WHO奖学金、世界银行贷款、国家教育部留学基金等多种途径，培训食品卫生领域的科研和管理人才。1981年，中国预防医学科学院被认定为WHO食品污染监测合作中心，参与全球环境监测系统食品部分的项目（GEMS/Food）。近年来，越来越多的学者通过参加国际会议，介绍我国在食品卫生科研和管理方面的新成就，为广泛交流信息和开展国际合作项目疏通了渠道。

（二）国际食品法典事务

CAC是FAO和WHO于1963年联合成立，现有176个成员和1个成员组织。我国于1984年加入CAC，经国务院批准于1986年成立了中国食品法典委员会，成员包括卫生部、农业部、国家质检总局、国家食品工业管理中心、国家粮食局、中国商业联合会、商务部、全国供销总社及国家食品药品监督管理总局9个单位。卫生部和农业部分别作为组长和副组长单位，分别负责食品法典的国内协调和对外联络工作，秘书处设在卫生部（中国疾病预防控制中心营养与食品安全所）。

1. 委派专家定向跟踪国际食品法典会议

2000年随着我国加入WTO，卫生部成立了CAC专家组，加强了对国际法典标准的跟踪研究，重点对食品污染物法典委员会（CCCF）、食品添加剂法典委员会（CCFA）、食品卫生法典委员会（CCFH）、营养与特殊膳食法典委员会（CCNFSDU），以及CAC大会的议题，结合国情提出修改意见和建议。2003年，我国向食品添加剂和污染物法典委员会（CCFAC）提交了1000多份天然发酵酱油中氯丙醇的检测数据，说明天然发酵酱油不存在氯丙醇污染问题，对消除国际市场对我国天然酿造酱油的安全顾虑起到了积极作用。2004年，CAC会议议案拟设定花生中的镉限量标准，我国是全球第一大花生出口国，一旦议案获得通过，将对我国花生出口产生沉重打击。卫生部慎重研究并利用CAC限量标准制定规则，巧妙化解，为我国花生的顺利出口铺平了道路。

2005年，中国首次牵头组织起草的《减少和预防树果中黄曲霉毒素污染的生产规范》在第28届CAC大会上顺利通过。此外，牵头协调《食品添加剂通用法典标准（GSFA）》中食品分类系统修订和前言部分等议题的工作。中国积极参与了各领域的法典标准制修订，助力国际贸易。牵头或主导了《预防和降低大米中砷污染操作规范》《非发酵豆制品亚洲区域标准》《以植物叶包裹的熟米制品区域标准》等多项法典标准和指南文件的制定。在花椒、桂皮等香辛料中铅的最大限量、谷物及谷物制品中黄曲霉毒素最大限量、预防性致敏原标签标准准则、食源性抗生素耐药性监测准则等重要议题的讨论过程中，有效地保护了我国食品贸易，为争取国家利益做出了积极努力。

2. 担任综合法典委员会主持国

2006年7月国务院批示，中国代表团在第29届CAC大会上代表国家成功申办国际食品添加剂法典委员会和农药残留法典委员会（CCPR）大会，成为国际食品法典大会的主持国，这是我国参与国际食品法典事务的重要里程碑。卫生部负责CCFA秘书处的常设工作，任命陈君石院士为CCFA主席，秘书处办公室设在中国疾病预防控制中心营养与食品安全所。2007年4月和2008年4月，中国在北京举办第39届和第40届CCFA会议，兑现了中国政府向CAC委员会及其成员的承诺，赢得了国内外各界的高度评价，进一步提升了我国在食品法典领域的国际地位。

目前，中国已举办了15届CCFA会议和15届CCPR会议，获得了国际食品法典委员会秘书处和各成员代表的充分认可。中国作为CCFA和CCPR两个横向委员会的主持国政府，充分发挥中国作为国际食品法典标准体系的参与者、建设者和贡献者的作用，以更加积极的姿态参与国际事务，使国际食品法典标准体系朝着更加公正合理的方向发展而发挥应有的作用，体现大国担当。2011—2015年，中国担任亚洲区域执委，代表亚洲区域参加执行委员会会议，直接参与法典战略规划、工作计划、标准审议等重要决策工作的讨论并提出建设性意见，充分发挥大国的影响力和作用，推动区域协调发展。2020年，成功申请担任亚洲区域协调员，任期内获得连任至2024/25年止。继续为推动区域内成员加强食品安全标准的协调一致，提升区域内食品安全能力建设、促进区域法典标准制定等方面做出努力。

在40年的时间里，中国在国际法典工作的参与状态上已经发生了质的转变，从最初的“初期了解，一般参与”转变为“积极参加，主持工作”，得到了国际社会的认可。

第二节 食品安全与卫生概述

一、食品安全与卫生的概念

世界卫生组织的食品卫生学（food hygiene）定义：为确保食品安全性和适用性，在食物链的所有阶段必须采取的一切条件和措施。食品安全与卫生是一门研究食品中可能存在的、威胁人体健康的有害因素及其预防措施，提高食品卫生质量，保护食用者安全的科学，利用食品卫生学的研究基础和技术手段，评价食品安全性的一门理论与实践紧密相连的应用性学科。

二、食品安全与卫生的意义

人类依赖于食物才能生存，但食物从种植到收割、从饲养到屠宰，从生产加工到贮运销售，直到入口，各个环节都可能存在不利因素，使食品受到污染，致使食品的卫生质量降低，可能对人体造成不同程度的危害。

食品来源复杂，包括农业生产、畜牧业生产、自然界生长或生存、人工发酵等。通过人工收获农产品进行农牧业生产的源头生产阶段，这个阶段主要考虑源头生产的卫生条件控制和污染程度的评估，对环境与食品污染严格把关，保证食品原材料的卫生质量。

对于食品工程方面，重点是食品加工厂的卫生。卫生是任何食品加工厂都必须重视的问题，也是国家强制性法规限定的领域。加工环节不仅要重视食品的品质把关，更要重视卫生质量的控制。

对于预防医学方面，主要是考虑食品的营养品质和卫生质量，营养品质也是卫生质量的一个方面，不佳的食品品质也会影响人们的健康。卫生质量对人类健康影响更是严重，食用卫生质量不合格的食品会引起中毒、传染、致癌等严重后果。预防医学也非常关注饮食卫生，饮食方式、饭店的卫生状况等都直接关系到食品卫生安全。

食品的商业流通和进出口过程中，相关生产企业和机构对食品卫生质量须进行筛查和监督，从而保证流通过程不被污染，达到食品卫生安全标准。

对食品的农业、工业、商业、医学等各个环节的监督、检测，都是为了保证食品卫生质量和安全。食品安全与卫生是研究食品卫生质量，防止食品中可能出现的有害因素损害人体健康的科学，应用食品化学分析、微生物学、毒理学和流行病学方法研究食品中可能出现的有害物质及作用机制，为提高食品安全与卫生质量采取相应的预防措施，以及为制定食品卫生质量标准提供依据。

三、食品安全与卫生的主要研究内容

食品安全与卫生主要的研究内容包括：食品添加剂及其卫生；食物污染物的来源、性质，对人体危害及其机制，有关的预防措施；食物中毒及其预防；食品卫生质量鉴定和制定食品卫生质量标准；主要食品和主要食品企业卫生管理；食品安全评价等。

四、食品安全与卫生相关概念及安全评价体系

（一）食品安全与卫生相关概念

1. 食物链 (food chain)

生物之间能量传递和物质转化的关系称作食物链。食物链是指在生态系统中，由低级生物到高级生物顺次作为食物而连接起来的一个生态系统。与人类有关的食物链主要有两条：一条是陆生生物食物链，即由土壤→农作物→畜禽→人；另一条是水生生物食物链，即由水→浮游植物→浮游动物→鱼类→人。相对于污染而言，食物链的突出特点是生物富集作用（bioconcentration），它是指生物将环境中低浓度的化学物质，在体内蓄积达到较高浓度的过程；能量单向流动，逐级递减。食物链是一种食物路径，食物链以生物种群为单位，联系着群落中的不同物种。食物链中的能量和营养素在不同生物间传递，能量在食物链的传递表现为单向传导、逐级递减的特点。一条食物链一般包括 3~5 个环节。由于食物链传递效率为 10%~20%，因而无法无限延伸，存在极限。

2. 食品污染 (food pollution)

食品污染是指食品中原来含有的以及混入的，或者加工时人为添加的各种生物性或化学性物质，其共同特点是对人体健康具有急性或慢性危害。食品在生产、加工、贮藏、运输、销售等各环节，都有可能受到各种各样的污染，人们食用被污染的食品可能引起疾病，甚至危及生命。环境污染是造成食品污染的主要来源，进入环境的各种化学污染物主要来自工农业生产，其中工业“三废”是造成食品污染的重要来源。

3. 食品添加剂 (food additives)

食品添加剂是指为改善食品的色、香、味和品质以及防腐和加工工艺的需要而加入食品中的化学合成物或天然物质。食品添加剂可以不是食物，也不一定有营养价值，但必须符合上述定义的概念，既不影响食品的营养价值，又具有防止食品腐败变质、增强食品感官性状或提高食品质量的作用，且必须是在一定剂量内对人体无害。

4. 农药残留 (residues of pesticide)

农药残留是农药使用后一个时期内没有被分解而残留于生物体、收获物、土壤、水体、大气中的微量农药原体、有毒代谢物、降解物和杂质的总称。在施放农药过程中，动植物体内可能遭受农药污染而残留于食品原料或食品上，称之为农药残留。

5. 兽药残留 (residues of veterinary drug)

兽药残留是指用药后蓄积或存留于畜禽机体或产品（如鸡蛋、乳制品、肉制品等）中的原型药物或其代谢产物，包括与兽药有关的杂质残留。一般以 μg/mL 或 μg/g 计量。目前，兽药残留可分为 7 类：抗生素类、驱肠虫药类、生长促进剂类、抗原虫药类、灭锥虫药类、镇静剂类、β-肾上腺素能受体阻断剂。

6. 生物半衰期 (biological half-life)

生物半衰期是指污染物在生物体内浓度降低一半所需要的时间。

7. 安全量（safe level）

各种环境因素既能充分满足人体需要，又能保证不致产生任何功能及形态损害的安全限量。我国制定的卫生标准包括人体所必需的某些因素的“最低需要标准”和各种有害因素的

“最高容许量标准”。

8. HACCP

HACCP 是指生产（加工）安全食品的一种控制手段。对原料、关键生产工序及影响产品安全的人为因素进行分析，确定加工过程中的关键环节，建立、完善监控程序和监控标准，采取规范的纠正措施。CAC/RCP-1《食品卫生通则 1997 修订 3 版》的 HACCP 的定义：鉴别、评价和控制对食品安全至关重要危害的一种体系。“危害分析和关键控制点”是科学、简便、实用的预防性食品安全控制体系，是企业建立在 GMP 和 SSOP 基础上的食品安全自我控制最有效的手段之一。

9. 食品质量（food quality）

食品质量是指食品中固有特性满足要求的程度。包括感官质量、营养质量和卫生质量等。

10. 食品安全（food safety）

食品安全是指食品无毒、无害，符合应当有的营养要求，对人体健康不造成任何急性、亚急性或慢性危害；是对食品按其原定用途进行制作或食用时不会使消费者健康受到损害的一种保证。

11. 食物中毒（food poisoning）

食品中毒是指健康人食用正常数量的食品，误食了食品中毒性微生物及其毒素、有毒化学物质污染的食品，或其他有毒生物组织（如甲状腺、肾上腺、毒鱼、毒蕈等）所引发的急性、慢性疾病。

（二）食品安全评价体系

1. 安全系数和日许量

（1）安全系数（safety factor）　在对食品进行安全性评价时，由于人类和实验动物对某些化学物质的敏感性有较大的差异，为安全起见，由动物数值换算成人的数值（如以实验动物的无作用剂量来推算人体每日允许摄入量）时，一般要缩小 100 倍，这就是安全系数。它是根据种间毒性相差约 10 倍，同种动物敏感程度个体差异相差约 10 倍的规则制定出来的。实际应用中常根据不同的化学物质选择不同的安全系数。

（2）日许量　人体每日允许摄入量（acceptable daily intake，ADI）简称日许量，是指人终生每日摄入同种药物或化学物质，对健康不产生可觉察有害作用的剂量。以相当于人体每日每千克体重摄入的质量表示［mg/kg · d（bw）］。ADI 是根据当时已知的相关资料而制定的，并根据新资料进行修正。制定 ADI 的目的是规定人体每日可从食品中摄入某种药物或化学物质而不引起可觉察危害的最高量。为使制定出的 ADI 尽量适用，应采用与人生理状况近似的动物进行喂养实验。

2. 最高残留限量（maximum residue limit，MRL）

最高残留限量是指允许在食品中残留的化学物质或药物的最高量或浓度，又称允许残留量或允许量（tolerance level）。具体指在屠宰、加工、贮存和销售等特定时期，直到被消费时，食品中化学物质或药物残留的最高允许量或浓度。

3. 休药期（withdrawal time）

休药期是指畜禽停止给药到屠宰和准予其产品（蛋、乳）上市的间隔时间，又称廓清期或消除期。凡供食用动物用的药物或其他化学物质，均须规定休药期。休药期的规定是为了减少或避免供人食用的动物组织或产品中残留药物或其他化学物质超量。在休药期间，动物组织或产品中存在的具有毒理学意义的残留物质可逐渐消除，直到达到“安全浓度”，即低于“最高残留限量”。

4. 菌落总数

天然食品内部没有或仅有很少的细菌，食品中的细菌主要来源于生产、贮藏、运输、销售等各个环节的污染。食品中的细菌数量对食品的卫生质量具有极大的影响，食品中细菌数量越多，食品腐败变质的速度就越快，甚至可引起食用者的不良反应。有人认为食品中的细菌数量通常达到100万~1000万个/g时，就可能引起食物中毒；而有些细菌数量达到10~100个/g时，就可引起食物中毒，如志贺氏菌。因此，食品中细菌数量是食品卫生最重要的衡量指标之一，它反映了食品受微生物污染的程度。细菌数量的表示方法因所采用的计数方法不同而有两种，即菌落总数和细菌总数。

（1）菌落总数　菌落总数是指一定重量、容积或面积的食物样品，在一定条件下（如样品的处理、培养基种类、培养时间、温度等）进行细菌培养，使适应该条件的每一个活菌必须而且只能形成一个肉眼可见的菌落，然后计数所得的菌落数量。通常以1g、1mL或1cm^2样品中所含的菌落数量来表示。

（2）细菌总数　细菌总数是指一定重量、容积或面积的食物样品，经过适当的处理（如溶解、稀释、揩拭等）后，在显微镜下直接对细菌进行计数。其中包括各种活菌数和尚未消失的死菌数。细菌总数也称细菌直接显微镜数。通常以1g、1mL或1cm^2样品中的细菌数来表示。

在实际运用中，不少国家包括我国，多采用菌落总数来评价微生物对食品的污染。因显微镜直接计数不能区分活菌和死菌，菌落总数更能反映实际情况。食品的菌落总数越低，表明该食品被细菌污染的程度越轻，存放时间越久，食品的卫生质量越好，反之亦然。

5. 大肠菌群最近似数

大肠菌群（coliform group）是指一群在37℃能发酵乳糖、产酸、产气、需氧或兼性厌氧的革兰阴性无芽孢杆菌。从分类学上讲，大肠菌群包括许多细菌属，其中有埃希氏菌属、枸橼酸菌属、肠杆菌属和克雷伯氏菌属等，以埃希氏菌属为主。大肠菌群最近似数（most probable number，MPN）是指在100g（或mL）检样食品中所含的大肠菌群的最近似或最可能数。食品受微生物污染后的危害是多方面的，但其中最重要、最常见的是肠道致病菌的污染。因此，肠道致病菌在食品中的存在与否及其存在的数量是衡量食品卫生质量的标准之一。但是肠道致病菌不止一种，而且各自的检验方法不同，因此选择一种指示菌，并通过该指示菌推测和判断食品是否已被肠道致病菌污染及其被污染的程度，从而判断食品的卫生质量。

（1）食品污染程度指示菌具有以下条件

①与肠道致病菌的来源相同，且在相同的来源中普遍存在并且数量甚多，易于检出；

②在外界环境中的生存时间与肠道致病菌相当或稍长；

③检验方法比较简便。

（2）大肠菌群的表示方法　有两种表示方法，即大肠菌群最近似数MPN和大肠菌群值。

①大肠菌群最近似数MPN是采用一定的方法，应用统计学原理所测定和计算出的一种大肠菌群最近似值；

②大肠菌群值是指在食品中检出一个大肠菌群细菌时所需要的最少样品量。故大肠菌群值越大，表示食品中所含的大肠菌群细菌的数量越少，食品的卫生质量也就越好。

6. 致病性微生物

食品中一旦含有危害人体健康的致病性微生物，其安全性随之丧失，其食用性也不复存在。就安全性而言，尽管食品中致病性微生物的存在与疾病的发生在很多情况下并不一定存在着对等关系（与食用者的抗病能力有关），但是与菌落总数和大肠菌群相比，致病性微生物与食物中毒和疾病发生的关系已不再是推测性和潜在性的，而是肯定的和直接的。所以，各国卫生部门对致病性微生物都做了严格的规定，把它作为食品卫生质量最重要的指标之一。

根据食品卫生要求和国家食品安全标准规定，食品中均不能有致病菌存在，即不得检出，这是一项非常重要的卫生质量指标，是绝对不能缺少的指标。由于食品种类繁多，致病性微生物也有很多种，包括细菌及其毒素、真菌毒素、病毒及寄生虫等。

7. 风险评估

风险评估是食品安全评价中逐渐被采用的一种重要方式。是指对食品、食品添加剂中生物性、化学性和物理性危害人体健康可能造成的不良影响所进行的科学评估，包括危害识别、危害特征描述、暴露评估、风险特征描述等。这 4 个部分是一个体系，没有识别危害以前，不可能进行危害特征的描述。

危害识别就是确定人体摄入某种物质后的潜在不良作用，这种不良作用产生的可能性，以及产生这种不良作用的确定性和不确定性。简单地说，危害识别就是确定化学物质、微生物甚至寄生虫可能对人体健康造成危害。通过食品确定这些危害是否是存在的。

危害确定以后要进一步进行特征描述，掌握危害发生的原理与性质，以及大量发生时产生危害的程度，这是极为重要的。现在广大消费者在食品安全方面的误区就是，只考虑有毒有害物质的毒害性质，而忽略其发生毒害作用所需达到的数量。危害特征描述的关键就是要分析其剂量-反应关系。之后就是掌握其有害剂量和安全剂量，这是危害特征描述最需要得出的结论。

在危害确立以后，需要了解每人每天摄入多少剂量就能产生危害，这就是所谓的暴露评估。如前所述，每人每天摄入多少量是安全的这一风险评估结果是通用的。但是，每个国家必须完成暴露评估，不可能去重复制定国际上已经有的标准，即不能把美国人的糖精摄入量标准拿来作为中国人的糖精摄入量标准。所以，我国必须完成自己的暴露评估，而且发展中国家必须重视开展暴露评估研究。只有完成暴露评估，才能够进行每人每天安全摄入量的对比，这才是制定标准的基础。

风险特征描述就是拿人体的暴露量和安全摄入量来进行对比，根据以上三方面信息，估计在某种暴露条件下对人群健康产生不良效应的可能性。假如暴露量超过了安全摄入量，政府就应该马上采取措施，将现有的限量标准调低；假如暴露量低于安全摄入量，消费者就可以放心消费。

五、食品卫生学与公共卫生学的区别

（一）食品卫生与公共卫生

食品卫生学是预防医学、食品科学和公共卫生学的一个领域和学科分支。公共卫生学包括医学公共卫生和兽医公共卫生两大领域，（医学）公共卫生学是研究外界因素与人体健康的相互关系，阐明环境因素与人体健康的规律，提出改善和利用环境因素的卫生要求，达到预防疾病，提高劳动能力、延年益寿的目的。而兽医公共卫生是利用公共卫生学知识和技术，保证动物健康和防止人畜共患病传播给人类，保证动物源性食品安全，保护设计动物的环境卫生和保证人类健康。

公共卫生学涉及领域包括：①流行病学及预防医学（传染病、寄生虫病、成人病、癌症等的预防，精神卫生等）；②环境卫生（水、人与动物的粪尿管理、居民卫生、大气污染、公害对策等）；③职业卫生（劳动卫生、职业病、健康管理等）；④母子卫生及学校卫生；⑤营养与食品卫生；⑥卫生统计及卫生行政。

（二）食品安全与食品卫生的区别

从目前的研究情况来看，在食品安全概念的理解上，国际社会已经基本形成如下共识：第一，食品安全是个综合概念。作为一种概念，食品安全包括食品卫生、食品质量、食品营养等相关方面的内容和食品（食物）种植、养殖、加工、包装、贮藏、运输、销售、消费等环节。而作为概念的食品卫生、食品质量、食品营养等（通常被理解为部门概念或者行业概念）均无法涵盖上述全部内容和全部环节。食品卫生、食品质量、食品营养等在内涵和外延上存在许多交叉，由此造成食品安全的重复监管。第二，食品安全是个社会概念。与卫生学、营养学、质量学等学科概念不同，食品安全是个社会治理概念。不同国家以及不同时期，食品安全所面临的突出问题和治理要求有所不同。在发达国家，食品安全所关注的主要是因科学技术发展所引发的问题，如转基因食品对人类健康的影响；而在发展中国家，食品安全所侧重的则是市场经济发育不成熟所引发的问题，如假冒伪劣、有毒有害食品的非法生产经营。我国食品安全问题则包括上述全部内容。第三，食品安全是个政治概念。食品安全是企业和政府对社会最基本的责任和必须做出的承诺。食品安全与生存权紧密相连，具有唯一性和强制性，通常属于政府保障或者政府强制的范畴。而食品质量等往往与发展权有关，具有层次性和选择性，通常属于商业选择或者政府倡导的范畴。近年来，国际社会逐步以食品安全的概念替代食品卫生、食品质量的概念，更加突显了食品安全的政治责任。第四，食品安全是个法律概念。自 20 世纪 80 年代以来，一些国家以及有关国际组织从社会系统工程建设的角度出发，逐步以食品安全的综合立法替代卫生、质量、营养等要素立法。1990 年英国颁布了《食品安全法》，2000 年欧盟发表了具有指导意义的《食品安全白皮书》，2003 年日本制定了《食品安全基本法》。部分发展中国家也制定了《食品安全法》。综合型的《食品安全法》逐步替代要素型的《食品卫生法》《食品质量法》《食品营养法》等，反映了时代发展的要求。此外须明确指明，食品安全既包括生产安全，又包括经营安全；既包括结果安全，又包括过程安全；既包括现在安全，又包括未来安全。

在我国，确立“食品安全”的法律概念，并以此种概念涵盖“食品卫生”“食品质量”等所属概念，以《食品安全法》替代《食品卫生法》等，具有以下几个方面的价值和意义：首先，突出了全局性。食品安全可以涵盖食品生产经营的多环节和多要素，也可以涵盖食品企业、监管部门、中介机构等多单位和多部门，可以克服目前部门立法或者环节立法的缺陷，构建环节紧密、要素齐全的食品安全保障体系。其次，突出了科学性。从目前国际社会来看，《食品卫生法》与传统社会治理相联系，突出政府许可和处罚，属于第一代食品保障法。而《食品安全法》则与现代社会治理相联系，以科学的风险评估为基点，兼顾行政许可与行政指导，政府宏观监管与企业微观保障，属于第二代食品保障法。再次，突出了统一性。目前，我国基本确立了以分段监管为主，品种监管为辅的食品安全监管体制。以食品安全可以统一各环节、各部门的准入条件、标准内容等，而避免目前在同一环节对同一企业进行卫生、质量等多要素的重复监管。

思考题

1. 什么是总膳食研究？目前我国总膳食研究进展如何？
2. 食品安全与卫生学科的主要特点有哪些？
3. 食品污染物监测网的监测数据主要反映出哪些问题？
4. 关于食品安全控制的标准规范有哪些？分别应用于哪些方面？
5. 食品安全与卫生的概念及其意义是什么？
6. 食品安全与卫生的主要研究内容有哪些？
7. 查阅相关资料，了解近年来发生的关于食品安全与卫生的事件有哪些？
8. 食品卫生学与公共卫生学的区别有哪些？

第二章 02

食品污染与预防

本章学习目标

1. 掌握食品污染的概念。
2. 了解食品污染的分类。
3. 了解针对不同种类食品污染的预防措施。

第一节　食品污染概述

一、食品污染的概念

食品污染是指食品中原来含有的，以及混入的或者加工时人为添加的各种生物性或化学性物质，其共同特点是对人体健康具有急性或慢性危害。食品在生产、加工、贮藏、运输、销售等各环节，有可能受到各种各样的污染；人们食用被污染的食品后可能引起疾病，甚至危及生命。环境污染是造成食品污染的主要来源，进入环境的各种化学污染物主要来自工农业生产，工业“三废”是造成食品污染的重要来源。

食品与空气、水、土壤等共同组成了人类生活的环境。人体正是从环境中摄取空气、水和食物，经过消化、吸收、合成，然后组成人体细胞和组织的各种成分并产生能量，维持着生命活动。同时，又将体内不需要的代谢产物通过各种途径排入环境。食物链是人类同周围环境进行物质交换与能量传递的重要途径。因此，在食品的污染过程中，食物链起到非常重要的作用。污染物可以通过食物链最终进入人体，危及健康。环境污染物，如多氯联苯（PCB）在河水和海水中的质量浓度只有0.00001～0.001mg/L，但经过食物链富集后，在鱼体中可达到0.01～10mg/kg，在食鱼鸟体内可达到1.0～100mg/kg，人食用上述鱼类，使脂肪中多氯联苯达0.1～10mg/kg。两条食物链中的畜禽、鱼类、农作物均为人类的食品资源。由此可见，如果大气、土壤或水体受到某种污染，均有可能沿食物链逐级传递并通过生物富集，最终殃及居于食物链终端的人类。此外，用于治疗畜禽疾病的各种药物和促进畜禽生长的添加剂，都可以在一定时期内造成畜禽体内药物残留而污染食品。农药在农业生产中的广泛使用也是造成食品污染的因素之一，环境中的微生物是造成食品污染的重要来源之一，食物中毒性微生物污染食品则更为危险。

二、食品污染的分类

食品经过生产、包装、贮藏和运输等过程最终被摄入，中间任何一个环节都有可能存在食品安全危害因素及其隐患，如人为加入非食品原料或非食品添加剂（苏丹红、柠檬黄、三聚氰胺等），使用非食品原料工业酒精配兑白酒；不按照食品的要求生产加工、贮存、食用食品，如生产酱菜时加入过量的防腐剂，加工过程细菌感染，酸奶未置于2~4℃冷藏等；食品源危害，包括重金属、农药残留、兽药残留、毒蘑菇等在食品中的存在；人源危害，包括食品加工环节的员工带有传染病、不注意卫生等。目前，食品污染按其来源主要有生物性、化学性及放射性三个方面。

第二节　生物性污染与预防

食品生物性污染主要是指生物（尤其是各种微生物）本身及其代谢过程、代谢产物（如毒素）对食品原料、加工过程和产品的污染，这种污染会对消费者的健康造成损害。食品的生物性污染可能造成疾病的大范围或是大跨度的暴发，对人畜危害较大。生物性污染对食品污染或腐败的方式种类繁多，性质各异，污染的程度和途径也多种多样，各不相同。污染食品的生物因种类和数量不同，对人体所造成的直接或间接的危害差别也较大，主要包括急性中毒和慢性蓄积性中毒，直接危害和间接危害，致突变作用，致畸作用和致癌作用五大类。

微生物广泛存在于自然界中，如土壤、水、空气以及人/畜粪便中等，在食品生产、加工、贮藏、运输及销售过程中，微生物会通过多种途径污染食品造成食品安全危害，包括原料污染，各种植物性和动物性食品原料在种植或养殖、采集、贮藏过程中的生物污染；产、贮、运、销过程中的污染，不卫生的操作和管理使食品被环境、设备、器具和包装等材料中的微生物污染；从业人员的污染，主要是从业人员不良的卫生习惯和不严格执行卫生操作过程引发的污染。根据污染食品的微生物类型可将食品生物性污染分为：腐败菌对食品的污染、寄生虫对食品的污染、病毒对食品的污染、病媒生物对食品的污染。

一、腐败菌对食品的污染

食品是各种微生物生长繁殖的良好基质，在生产、加工、运输、贮藏、销售以及食用过程中，都可能被各种腐败菌污染。腐败菌污染食品后，如果环境条件适宜，可分解食物中的营养物质如蛋白质、糖、脂肪、维生素、无机盐等，进行自身繁殖，进而导致食品营养价值和品质下降，严重时造成食品腐败变质，呈现出一定程度的使人难以接受的感官性状，如刺激性气味、异常颜色、组织腐烂、产生黏液等。

在食品腐败变质过程中起主要作用的微生物包括细菌、酵母和霉菌，细菌发生的速度快，霉菌发生的速度慢。按微生物呼吸类型可将参与腐败的微生物分为专性需氧菌、微需氧菌、兼性厌氧菌和专性厌氧菌。需氧菌如假单胞菌属、微球菌属、嗜盐杆菌属、嗜盐球菌属、芽孢杆菌属、醋酸杆菌属、无色杆菌属、短杆菌属和八叠球菌属等，还有霉菌、产膜酵母等。兼性厌氧菌如肠杆菌科、弧菌属和黄杆菌属。微氧菌如乳杆菌属、丙酸杆菌属等。厌氧菌如拟杆菌等。

还可以按分解不同物质进行分类，蛋白质分解能力强的菌如霉菌和酵母、芽孢杆菌属、假单胞杆菌属、变形杆菌属、梭状芽孢杆菌属等；蛋白质分解能力弱的菌如微球菌属、八叠球菌属、无色杆菌属、产碱杆菌属、赛氏杆菌属等。

还有一些微生物具有脂肪酶，可作为脂肪分解菌。一般强力分解蛋白质的需氧菌中，大多数也具有分解脂肪的能力。具有分解脂肪能力的细菌并不多，如假单胞菌属、黄杆菌属、无色杆菌属、产碱杆菌属、赛氏杆菌属、微球菌属、葡萄球菌属和芽孢杆菌等；真菌中以根霉属、地霉属、青霉属、假丝酵母、红酵母属、汉逊氏酵母属等多见。

二、致病菌对食品的污染

食品中一旦含有危害人体健康的致病性微生物，其安全性就随之丧失，当然其食用性也就不复存在。就安全性而言，尽管食品中致病性微生物的存在与疾病的发生很多情况下并不一定存在着对等的关系（与食用者的抗病能力有关），但是与菌落总数和大肠菌群相比，致病性微生物与食物中毒和疾病发生的关系已不再是推测性，而是肯定性。所以，各国的卫生部门对致病性微生物都作了严格的规定，把它作为食品卫生质量最重要的指标之一。

致病菌主要来自病人、带菌者、病畜和病禽等。致病菌及其毒素可通过空气、土壤、水、食具、患者的手或排泄物污染食品。食品受到细菌，特别是致病菌污染时，不仅引起腐败变质，更重要的是能引起食物中毒。引起食物中毒的细菌有沙门氏菌、葡萄球菌、肉毒梭状芽孢杆菌、蜡状芽孢杆菌、致病性大肠杆菌、结肠炎耶尔森氏菌、副溶血性弧菌和李斯特菌等。食品中致病性微生物及引起食物中毒或其他疾病的微生物很多，根据食品卫生要求和食品安全标准规定，食品中均不能有致病菌存在，即不得检出，这是一项非常重要的卫生质量指标，是绝对不能缺少的指标。由于食品种类繁多，致病性微生物也有很多种。在实际操作中，不能用单一或几种方法将多种致病菌全部检出，而且在大多数情况下，污染食品的致病菌数量不多。所以，在食品中致病菌检验时，不可能将所有的病原菌都列为重点检验，只能根据不同食品的特点，选定某个种类或某些种类致病菌作为检验的重点对象。如蛋类、禽类、肉类以沙门氏菌检验为主，罐头食品以肉毒梭菌毒素检验为主，牛乳以结核杆菌和布氏杆菌检验为主。

（一）沙门氏菌

沙门氏菌（*Salmonella*）广泛地存在于自然界，包括各种家畜、家禽、野生动物、鼠类等体表、肠道和内脏以及被动物粪便污染的水和土壤中。沙门氏菌属包括 2300 多个血清型，我国已发现 100 多个血清型。它们在形态结构、培养特性、生化特性和抗原构造方面都非常相似，为革兰阴性杆菌，主要寄居于人和其他温血动物的肠道中，可引起多种疾病。沙门氏菌的形态和结构见图 2-1、图 2-2 和图 2-3。沙门氏菌对食品的污染是多方面的，对动物性食品的污染尤为常见。沙门氏菌广泛存在于各种动物的肠道中，甚至存在于内脏或禽蛋中，当机体免疫力下降时，菌体就会进入血液、内脏和肌肉组织，造成食品的内源性污染；在肉及内脏中存在的大量沙门氏菌，会通过畜禽屠宰、加工、运输、贮存、销售、烹调等各个环节污染食品。畜禽粪便污染了食品加工场所的环境或用具，也会造成食品的沙门氏菌污染。另外，饮食行业从业人员如果是沙门氏菌病患者或带菌者，也是一个重要的污染源。饲料被污染，导致动物带菌或感染；水产品受到水源中沙门氏菌的污染。

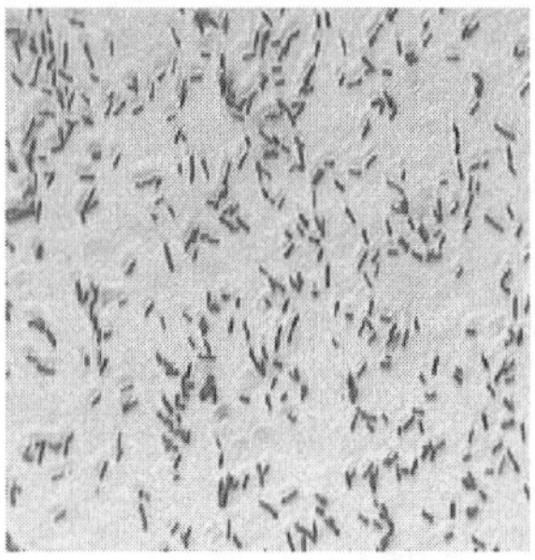
图 2-1 沙门氏菌革兰氏染色

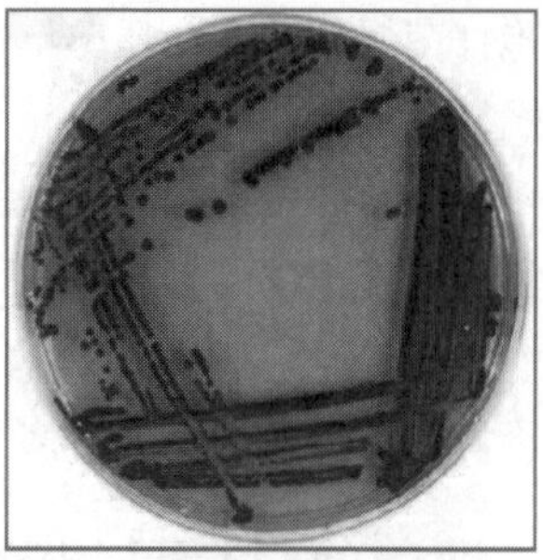
图 2-2 沙门氏菌平板生长

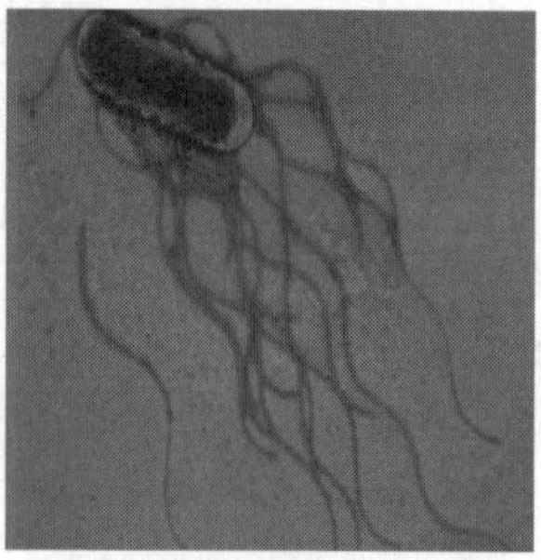
图 2-3 沙门氏菌鞭毛（电镜）

食品被沙门氏菌污染后，沙门氏菌在适宜的环境条件下增殖，当人们食入含有一定数量沙门氏菌的食品后，即可发生感染和中毒，一般认为中毒菌量为 10^5 个以上。沙门氏菌进入人体以后，在肠道内大量繁殖，并经淋巴系统进入血液，造成一过性菌血症。随后，沙门氏菌在肠道和血液中受到机体的抵抗而被裂解、破坏，释放大量内毒素，使人体中毒，出现中毒症状。沙门氏菌食物中毒的潜伏期为 6～12h，最长可达 24h。主要病变是急性胃肠炎，临床表现是恶心、头痛、出冷汗、面色苍白，继而出现呕吐、腹泻、发热，体温高达 38～40℃，大便水样或带有脓血、黏液，中毒严重者出现寒颤、惊厥、抽搐和昏迷等，致死率较低。

（二）肉毒梭菌

肉毒梭菌（*Clostridium botulinum*）为严格厌氧菌，是一种腐物寄生菌，在自然界中分布广泛，遍布于土壤、江、河、湖、海沉积物等中，水果、蔬菜、畜、禽、鱼制品中也可发现，偶尔见于动物粪便中，一般认为土壤是肉毒梭菌的主要来源。我国主要存在的食物性肉毒中毒，以 A、B（图 2-4）和 E 型毒素中毒较为常见，F 型较少，L 型毒素所表现的毒性作用往往较 M 型毒素大。在国外，引起肉毒中毒的食品，多为肉类、鱼类、火腿、腊肠、豆类、蔬菜和水果罐头等。中毒食品种类往往与饮食习惯有关，如欧洲各国主要的中毒食品为火腿、腊肠和其他畜肉、禽肉等；美国主要是家庭的水果罐头，而火腿、腊肠等畜禽加工食品仅占 7.7%；苏联和日本的鱼制品中毒者最多，尤其是日本，几乎全部是鱼制品的 E 型中毒。在我国也有肉毒中毒的报道，多发生在新疆、青海、宁夏和四川地区。

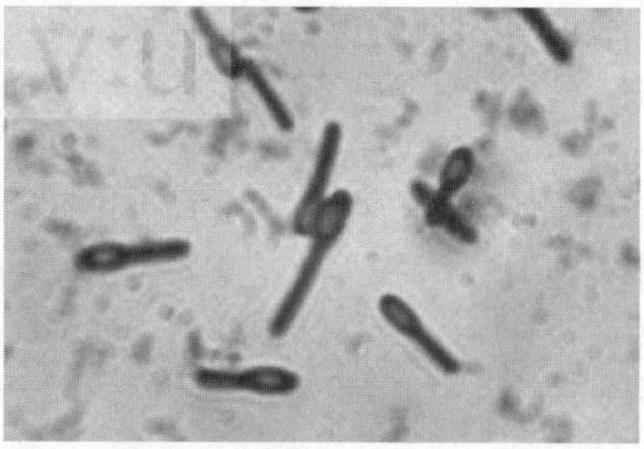
图 2-4 A、B 型肉毒梭菌

肉毒梭菌对食品的污染主要是食品在调制、加工、运输、贮存等过程中污染了肉毒梭菌芽孢，在适宜条件下，芽孢发芽、增殖并产生毒素所造成的。人体的胃肠道很适于肉毒梭菌生存，其对酸的抵抗力特别强，胃酸溶液 24h 内不能将其破坏，故可被胃肠道吸收。肉毒梭菌毒素是一种与神经亲和力较强的毒素，经肠道吸收后，作用于外周神经肌肉接头、植物神经末梢以及颅脑神经核，毒素能阻止乙酰胆碱的释放，导致肌肉麻痹和神经功能不全（图 2-5），出现恶心、呕吐、头晕、呼吸困难和肌肉乏力等症状。

图 2-5 鸭肉毒梭菌中毒——松软瘫痪

（三）金黄色葡萄球菌

金黄色葡萄球菌（*Staphylococcus aureus*）为葡萄球菌属成员，在自然界中无处不在，空气、水、土壤、灰尘及人和动物的排泄物中都可找到。在人和家畜的体表及与外界相通的腔道，检出率也相当高。因而，食品受其污染的机会很多。葡萄球菌可分为金黄色葡萄球菌（图 2-6）、表皮葡萄球菌和腐生性葡萄球菌。引起食物中毒的主要是金黄色葡萄球菌产生的肠毒素。金黄色葡萄球菌的流行病学一般有如下特点：季节分布，多见于春夏季；中毒食品种类多，如乳、肉、蛋、鱼及其制品。此外，剩饭、油煎蛋、糯米糕及凉粉等引起的中毒事件也有报道。金黄色葡萄球菌主要通过以下途径污染食品：食品加工人员、炊事员或销售人员带菌，造成食品污染；食品在加工前本身带菌，或在加工过程中受到了污染，产生了肠毒素，引起食物中毒；熟食制品包装不严，运输过程受到污染；奶牛患化脓性乳腺炎或禽畜局部化脓时，对肉体其他部位的污染。

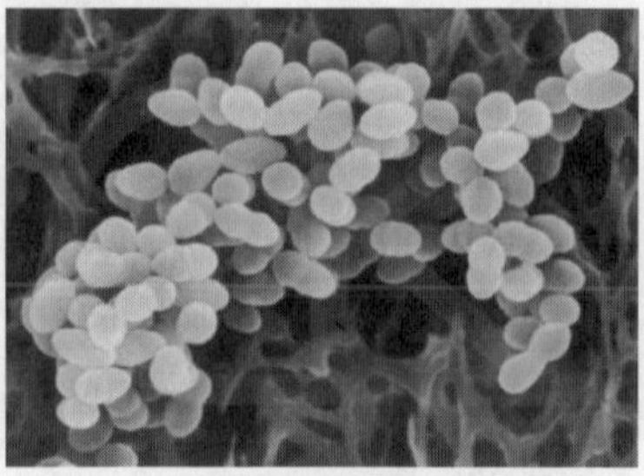

图 2-6 金黄色葡萄球菌

金黄色葡萄球菌肠毒素是世界性的食品卫生问题，在美国由金黄色葡萄球菌肠毒素引起的食物中毒占整个细菌性食物中毒的 33%，加拿大则更多，占 45%，我国每年发生的此类中毒事件也非常多。金黄色葡萄球菌感染后可出现毛囊炎、疖、痈乃至败血症等；造成肠道菌群失调后可引起肠炎；引起化脓、乳房炎及败血症等，产生肠毒素的菌株能引起食物中毒。中毒主要症状是恶心、呕吐、流涎，胃部不适或疼痛，继之腹泻。少数患者有头痛、肌肉痛、心跳减弱、盗汗和虚脱现象。

（四）副溶血性弧菌

副溶血性弧菌（*Vibrio parahaemolyticus*）又称嗜盐杆菌、嗜盐弧菌（图 2-7），是一种海洋性细菌，存在于海水和海产品中。据调查，引起中毒的食物主要是海产品，如梭子鱼、乌贼、海鱼、蛤蜊、牡蛎、黄泥螺、海蜇等，在鱼体的带菌率低者达 20%、高者达 90%；其次是蛋制品、肉类或蔬菜。其中，以各种海产品带菌情况普遍，墨鱼最高其带菌率 93%，梭子鱼 78%，带鱼 41.2%，黄鱼 27.3%；淡水鱼中也有该菌的存在。其次是咸菜、肉类、禽类和蔬菜等产品；在肉、禽类食品中，腌制品约占半数。

当带有致病性的副溶血性弧菌菌株污染的产品被人不慎食用后，可引起胃肠炎，该菌也是沿海地区食物中毒暴发的主要病原菌之一。在日本引起发病的食物主要是海产品，在沿海地带及岛屿地带均有发现，居沿海地区食物中毒之首。食物中毒大多发生于 6~10 月份气候炎热的

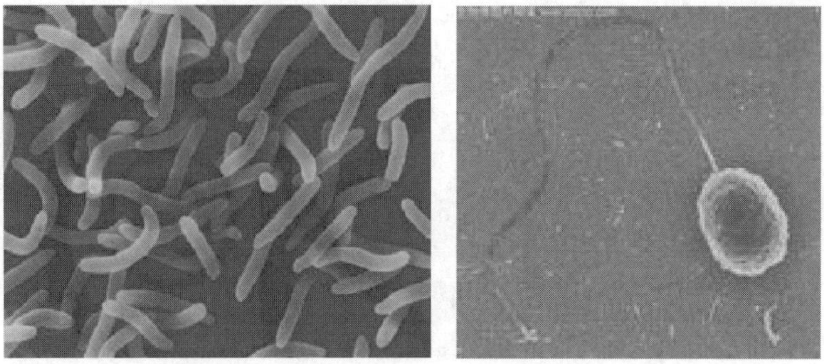

（1）　　（2）

图 2-7　副溶血性弧菌的电镜照片

（1）放大倍数 30000 倍　（2）放大倍数 50000 倍

季节，寒冷季节则极少见，主要由生食海产品，烹调加热不足或交叉污染引起。副溶血性弧菌食物中毒以急性发病、腹痛、腹泻、呕吐等为主要症状，但也有大便混脓血者，重症者可造成脱水、休克。发生无年龄、种族的差异，而主要与地域和饮食习惯有很大关系。食用同样污染剂量的食物，经常接触该菌的人具耐受性。

（五）致病性大肠杆菌

大肠埃希氏菌（*Escherichia coli*）简称为大肠杆菌（图 2-8），它主要寄居于人和动物的肠道内，由于人和动物活动的广泛性，决定了其在自然界分布的广泛性，在水、土壤、空气等环境都有不同程度的存在。它属于条件致病菌，其中有些血清型能使人类发生感染和中毒，一些血清型能致畜禽疾病。致病性大肠杆菌是指能引起人和动物发生感染和中毒的一群大肠杆菌。致病性大肠杆菌与非致病性大肠杆菌在形态特征、培养特性和生化特性上无法区别，只能用血清学的方法根据抗原性质的不同来区分。致病性大肠杆菌根据其致病特点进行分类，目前分类方法尚不统一，一般被分为六类：肠产毒性大肠杆菌（*Enterotoxigenic E. coli*，ETEC）、肠侵袭性大肠杆菌（*Enteroinvasive E. coli*，EIEC）、肠致病性大肠杆菌（*Enteropathogenic E. coli*，EPEC）、肠出血性大肠杆菌（*Enterohemorrhagic E. coli*，EHEC）、肠黏附性大肠杆菌（*Enteroadhesive E. coli*，EAEC）和弥散黏附性大肠杆菌（*Diffusely adherent E. coli*，DAEC）。

致病性大肠杆菌主要通过牛乳、家禽及禽蛋、猪、牛、羊等肉类及其制品、水产品、水及被该菌污染的其他食物导致食用者食物中毒，致病的大肠杆菌常见的血清型较多，其中较为重要的是 EHEC O157∶H7（图 2-9），属于肠出血性大肠杆菌，能引起出血性或非出血性腹泻，出血性结肠炎（HC）和溶血性尿毒综合征（HUS）等全身性并发症。据美国疾病控制中心（CDC）估计，在美国每年约 2 万人因 EHEC O157∶H7 引起发病，死亡人数可达 250~500 人。近 5 年，在非洲、欧洲、英国、加拿大、澳大利亚、日本等许多国家均有 EHEC O157∶H7 引发的感染中毒，有的地区呈不断上升的趋势。我国自 1987 年以来，在江苏、山东、北京等地也有陆续发生 O157∶H7 的散发病例的报道。中毒表现为急性胃肠炎型、急性菌痢性和出血性肠炎型。

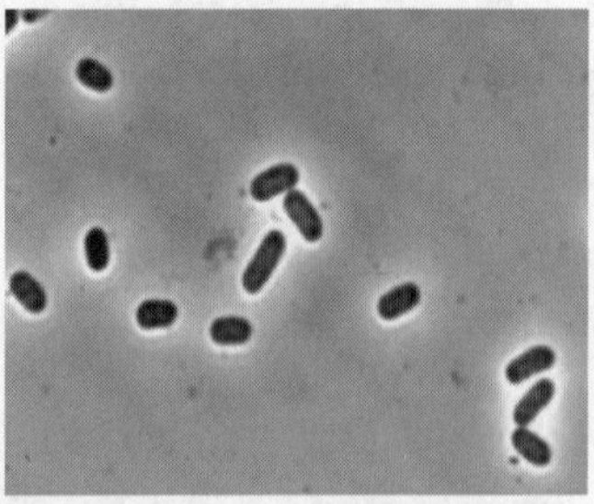

图 2-8 大肠杆菌菌体

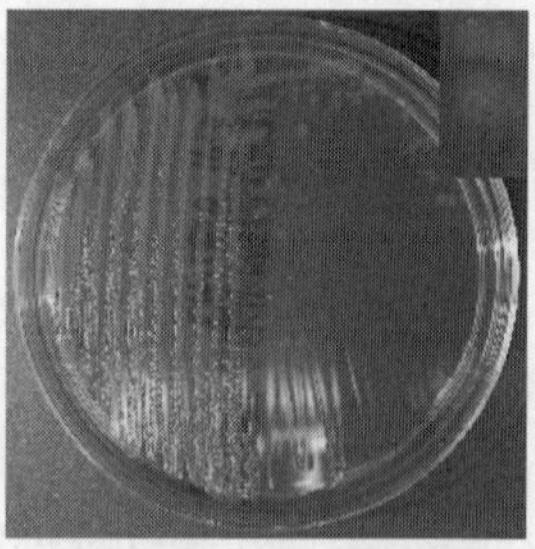

图 2-9 *Escherichia coli*（O157：H7）的菌落形态（山梨醇麦康凯琼脂）

（六）变形杆菌

变形杆菌菌属曾分为普通变形杆菌（*Proteus vulgaris*）（图 2-10）、奇异变形杆菌（*P. mirabilis*）（图 2-11）、摩根变形杆菌（*P. morganii*）、雷极氏变形杆菌（*P. rettgeri*）及无恒变形杆菌（*P. inconstans*）。现在的变形杆菌属共包括普通变形杆菌、奇异变形杆菌、彭纳氏变形杆菌和产黏液变形杆菌 4 个种。与食物中毒有关的变形杆菌是普通变形杆菌、奇异变形杆菌和摩根变形杆菌。变形杆菌为腐物寄生菌，在自然界分布较广，如水、土壤、腐败有机物及人和动物肠道中均有变形杆菌存在，所以食品受其污染的机会很多，据调查报告，动物带菌率为 0.9%～62.7%、食品污染率为 3.8%～8.0%，食品污染率高低与食品新鲜度、运输、贮存的卫生条件有密切关系，特别是在不遵守操作规程，肉用动物屠宰解体时割破胃肠道等情况下，肉类及其产品污染率更高。被污染的食品在夏秋高温季节，变形杆菌大量生长繁殖，食用时极易引发食物中毒。

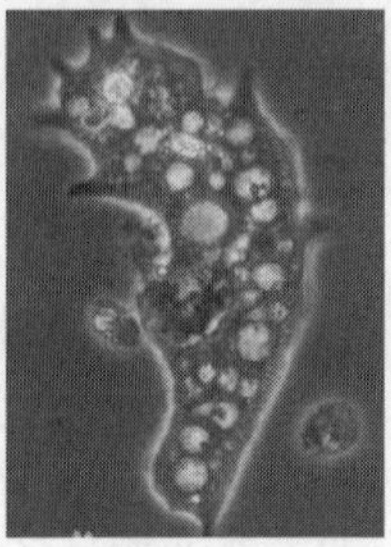

图 2-10 普通变形杆菌菌体

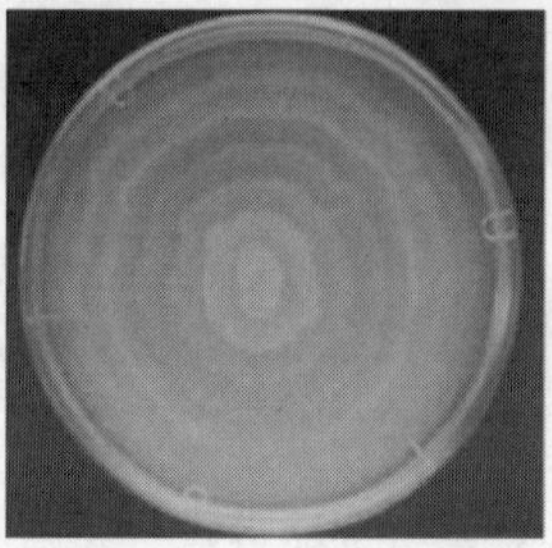

图 2-11 奇异变形杆菌的菌落形态（普通营养琼脂培养基）

变形杆菌食物中毒也是一种比较常见的细菌性食物中毒，特别是食用熟肉类和凉拌菜，以及病死畜禽肉而引起变形杆菌食物中毒更常有发生。因为变形杆菌是条件致病菌，只在特定的条件下可引起人的原发性感染，是人类尿道感染最多的病原之一，也是伤口中较常见的继发感染菌。变形杆菌在一般情况下对人体无害，因此，仅从食品中检出变形杆菌没有什么意义，在检验时，除了进行一般的分离和鉴定外，还需做每克食品中变形杆菌的数量测定。变形杆菌属能在人身体内不同的部位致病。侵袭因子包括菌毛、鞭毛、外膜蛋白、脂多糖、荚膜抗原、脲酶、免疫球蛋白 A 蛋白酶、溶血素、氨基酸脱氨酶等多种因子，其最重要的特性是能够迁徙生长定居并存活于更高级组织。

（七）小肠结肠炎耶尔森氏菌

小肠结肠炎耶尔森氏菌（*Yersinia enterocolitica*）是国际上引起重视的人畜共患病原菌之一，也是一种非常重要的食源性病原菌。耶尔森氏菌共有4个亚种，小肠结肠炎耶尔森氏菌（图2-12）是其中一个亚种，其他还有鼠疫耶尔森氏菌（*Yersinia pestis*）、假结核耶尔森氏菌（*Yersinia pseudotuberculosis*）和鱼红嘴疫耶尔森氏菌（*Yersinia ruckeri*）。而小肠结肠炎耶尔森氏菌包括4个种，即典型小肠结肠炎耶尔森氏菌、弗氏耶尔森氏菌（*Y. frederiksenii*）、中间型耶尔森氏菌（*Y. intermedia*）、克氏耶尔森氏菌（*Y. kristensenii*）。典型菌株是致病的，后三者均为非致病的。通常所说的小肠结肠炎耶尔森氏菌是指典型小肠结肠炎耶尔森氏菌。由于该菌分布广泛，食品污染率高，主要存在于人和动物的肠道中，据调查报告，从人及猪、牛、羊、马、狗、猴、猫、骆驼等许多哺乳动物，鸡、鸭、鹅、鸽等多种禽类，鱼、虾等水生动物，蛙、蜗牛等冷血动物，昆虫均曾分离到该菌。食用动物带菌率较高，通过食品加工过程造成对食品的污染也较严重。

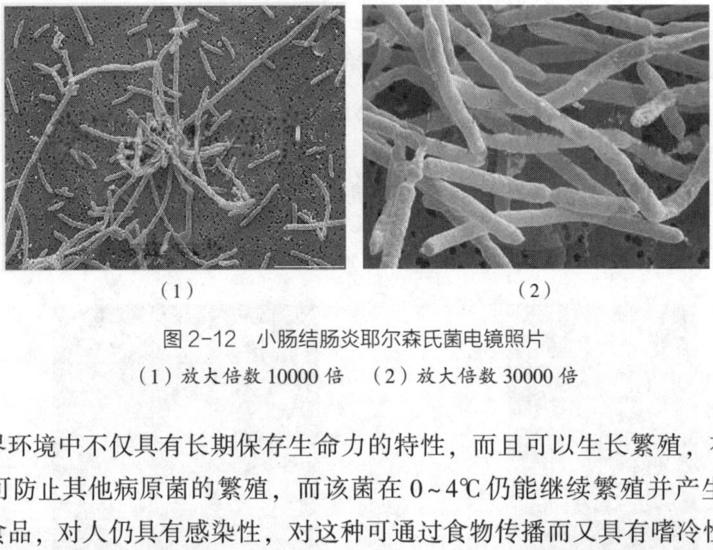

（1）　　　　（2）

图2-12　小肠结肠炎耶尔森氏菌电镜照片

（1）放大倍数10000倍　（2）放大倍数30000倍

该菌在外界环境中不仅具有长期保存生命力的特性，而且可以生长繁殖，在4℃下可存活18个月，冷藏可防止其他病原菌的繁殖，而该菌在0~4℃仍能继续繁殖并产生毒素，在冰箱内存放的污染食品，对人仍具有感染性，对这种可通过食物传播而又具有嗜冷性的致病菌必须引起足够的重视。食用被污染的食品，除引起皮肤结节红斑、丹毒样皮疹、关节炎和假阑尾综合征等感染性疾病外，还经常引起暴发性的食物中毒。世界上越来越多的国家报道了发生小肠结肠炎耶尔森氏菌感染和中毒的事例。动物性食品常常被本菌污染，常见的有肉类、乳类食品。

（八）蜡样芽孢杆菌

蜡样芽孢杆菌（*Bacillus cereus*）（图2-13和图2-14）为需氧芽孢杆菌属成员，在自然界分布广泛，常存在于土壤、灰尘和污水中，植物和许多生熟食品中常见。已从多种食品中分离出该菌，包括肉制品、乳制品、蔬菜、鱼、土豆、土豆糊、酱油、布丁、炒米饭以及各种甜点等。1950年，在对挪威奥斯陆某医院职工和病员进食甜食后引起的食物中毒研究中，首次明确指出蜡样芽孢杆菌的致病作用。在美国，炒米饭是引发蜡样芽孢杆菌呕吐型食物中毒的主要原因；在欧洲主要由甜点、肉饼、色拉和乳、肉类食品引起；在我国主要与受污染的米饭或淀粉类制品有关。食品中的蜡样芽孢杆菌于20℃以上的环境中放置，能迅速繁殖并产生肠毒素，同时，由于本菌不分解蛋白质，因此，食品在感官上无明显变化，无异味，很容易误食而发生中毒。

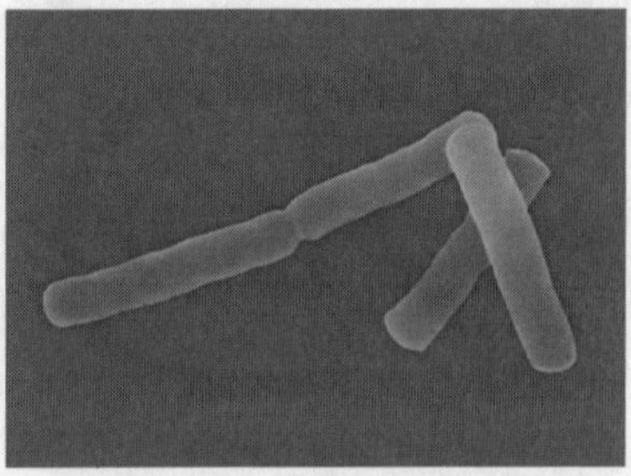

图 2-13 蜡样芽孢杆菌的菌体电镜照片（放大倍数 30000 倍）

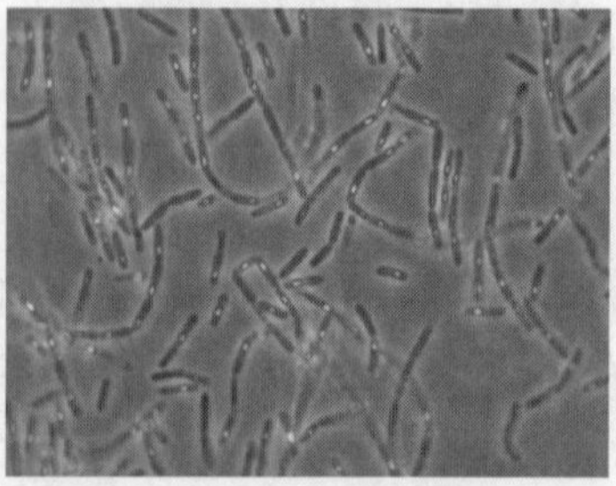

图 2-14 蜡样芽孢杆菌的染色结果

引起食物中毒的食品必须含有大量的细菌菌体，每克或每毫升食品中需约含 10^7 个以上的蜡样芽孢杆菌才能引起食物中毒。食物中毒分两种类型，①呕吐型：由耐热的肠毒素引起，于进餐后 1~6h 发病，主要症状是恶心、呕吐，仅有少数有腹泻。类似于葡萄球菌的食物中毒，病程平均不超过 10h；②腹泻型：由不耐热肠毒素引起，进食后发生胃肠炎症状，主要为腹痛、腹泻和里急后重，偶有呕吐和发热。此外，该菌有时也是外伤后眼部感染的常见病原菌，引起全眼球炎。在免疫功能低下或应用免疫抑制药的患者中还可引起心内膜炎、菌血症和脑膜炎等。

（九）克罗诺杆菌

克罗诺杆菌（*Cronobacter*）（图 2-15 和图 2-16）为肠杆菌属的一个种，是人和动物肠道内寄生的一种革兰阴性无芽孢杆菌，也是环境中的正常菌属。曾被称作黄色阴沟肠杆菌、坂崎肠杆菌。最近的流行病学调查研究显示，该菌广泛存在于食品厂（乳粉、巧克力、谷物类食品、马铃薯和面食）、家庭日常食品、医院的食品、水和环境中，该菌在环境和食品中可能分布很广泛。进一步的流行病学研究显示，干燥的婴幼儿配方乳粉是致病的主要来源。由于婴儿配方乳粉添加了各种营养因子，故易于滋生多种肠杆菌科细菌。一份来自 Joint FAO/WHO workshop 关于婴儿配方乳粉中克罗诺杆菌和其他细菌的未公开发表的调查报告，列出了婴儿配方乳粉中所用干燥成分中克罗诺杆菌的污染情况。脱脂乳粉、乳糖、香蕉粉/片、甘橙粉/片、卵磷脂、淀粉均污染有克罗诺杆菌，除淀粉中克罗诺杆菌污染率达 2.88%，甘橙粉/片为 1.64%，其他成分污染率较低，为 0.009%~0.95%。

克罗诺杆菌一般对成人的影响不大，但对婴儿的危害极大，尤其是早产儿、出生体重偏低（2500g 以下），身体状况较差的新生儿，感染易引发脑膜炎、脓血症和小肠结肠坏死，并且可能引起神经功能紊乱，造成严重的后遗症和死亡。由克罗诺杆菌引发的婴儿、早产儿脑膜炎、败血症及坏死性结肠炎散发和暴发的病例已在全球范围内相继出现，在某种情况下，由其引发疾病而致死的病例可高达 40%~80%。1961 年，首次报道 2 例由克罗诺杆菌引起的脑膜炎病例，以后美国、希腊、荷兰、冰岛、加拿大、比利时等国家相继报道了新生儿克罗诺杆菌感染事件。从调查病例的分析中，婴儿暖箱、孕妇产道、婴儿配方乳粉为可疑的感染源。多数研究报告表明，婴儿配方乳粉是目前发现的主要感染渠道。

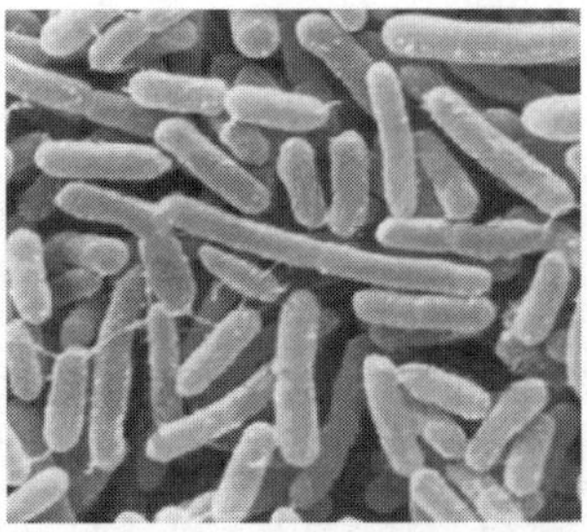

图 2-15　克罗诺杆菌电镜照片
（放大倍数 30000 倍）

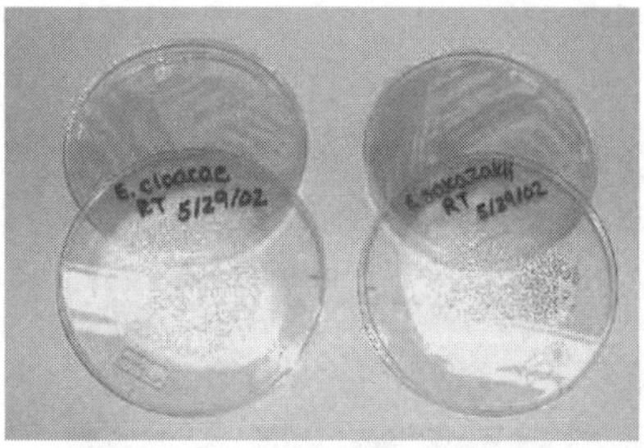

图 2-16　克罗诺杆菌的菌落形态
（胰酪大豆胨琼脂培养基）

三、寄生虫对食品的污染

因生食或半生食含有感染期寄生虫的食物而感染的寄生虫病，称为食源性寄生虫病。食源性寄生虫病已成为影响我国食品安全的主要因素之一，它的感染与人们生食或半生食鱼虾、肉类的饮食习惯以及不注意卫生的生活习惯密切相关。

污染食物的常见食源性寄生虫可分为五大类，共 30 余种，例如植物源性寄生虫，如姜片吸虫；肉源性寄生虫，如旋毛虫、绦囊虫、弓形虫；螺源性寄生虫，如广州管圆线虫；淡水甲壳动物源性寄生虫，如肺吸虫；鱼源性寄生虫，如肝吸虫。

（一）植物源性寄生虫

包括布氏姜片虫、肺片形吸虫等。在植物源性寄生虫中以姜片虫最为常见。

布氏姜片吸虫（*Fasciolopsis buski*）属扁形动物门吸虫纲复殖亚纲，吸虫纲片形科姜片属的一种。寄生于人和猪的小肠。中国有 18 省流行此种寄生虫病。成虫长椭圆形，扁平，肉红色，长 20~75mm，宽 8~20mm，厚 0.5~3mm。是在人和猪体内寄生的最大吸虫。口吸盘位于体前端直径约 0.5mm，腹吸盘距口吸盘近，直径约 2~3mm。在中国发现的可供姜片虫作为中间宿主的扁卷螺有凸旋螺、肯氏圆扁螺、半球多脉扁螺和大脐圆扁螺 4 种。

感染姜片虫后，轻者无明显症状，重者会出现消化不良、腹痛、腹泻，其结果是患者营养较差，出现消瘦、贫血等症，多数人还伴有精神萎靡、倦怠无力等症状。儿童患者有时可致发育障碍和智力减退。

预防布氏姜片虫须加强粪便管理，防止人、猪粪便通过各种途径污染水体；大力开展卫生宣教，勿生食未经刷洗及沸水烫过的水生植物，如菱角、茭白等。勿饮生水、勿用被囊蚴污染的青饲料喂猪；在流行病区开展人和猪的姜片虫病普查普治工作，吡喹酮是首选药物；选择适宜的杀灭扁卷螺的措施。

（二）肉源性寄生虫

常见的有旋毛虫、猪带绦虫、牛带绦虫、弓形虫、裂头蚴等，人们感染这些疾病的临床症状不尽相同。

1. 旋毛虫

旋毛虫（*Trichinella spiralis*）属袋形动物门线虫纲寄生蠕虫。旋毛虫幼虫寄生于肌纤维内，一般形成囊包，囊包呈柠檬状，内含一条略弯曲似螺旋状的幼虫。囊膜由两层结缔组织构成。外层甚薄，具有大量结缔组织；内层透明玻璃样，无细胞。

旋毛虫感染主要发生于猪、狗和许多野生动物身上。人吃了带有旋毛虫包囊的肉，幼虫便在小肠内钻入肠壁下发育为成虫，雌虫在此产生幼虫，幼虫随血液循环至全身肌肉内再形成包囊。人是由于食入含囊包蚴的生或半生的动物肉类而感染。囊包蚴抵抗力强，能耐低温，猪肉中的囊包蚴在-15℃需贮存 20d 才死亡，-12℃可活 57d，70℃时很快死亡，在腐肉中能存活 2~3 个月。凉拌、腌制、熏烤及涮食等方法常不能杀死幼虫。发病人数中吃生肉者占 90% 以上。此外，切生肉的刀或砧板如再切熟食，人食用污染囊包蚴的熟食，也是传播的方式之一。

人患旋毛虫病后，初期症状为头痛、发烧、怕冷、恶心、呕吐、腹泻、厌食。中期持续发高烧，但头脑清醒、四肢和面部浮肿、皮肤发亮发红、全身肌肉疼痒。轻者可逐渐恢复，但消瘦、精神不振。浮肿消失后，全身皮肤一层层脱落。病情严重者可引发心肌炎导致心力衰竭、毒血症及呼吸道并发症而死亡。

应加强食品卫生管理与宣传教育，不食生的或未熟的哺乳动物肉及肉制品。猪肉在-15℃冷藏 20d，可将包囊杀死。提倡科学养猪，保持猪舍清洁，饲料宜加温至 55℃以上，消灭鼠等保存寄主。

2. 猪带绦虫、牛带绦虫

囊虫病在猪、牛、羊身上都常发生，其中猪囊虫和牛囊虫都是人绦虫的幼虫，对人危害较大。人食用了带有活的囊虫的猪肉便会在人的肠道内成长为有钩绦虫或无钩绦虫。患绦虫病的人时常感觉有腹痛、消瘦无力、贪吃懒动，严重的会失去劳动能力。人不但会感染绦虫病，更危险的是可自体感染得囊虫病。人吃了绦虫的卵，到小肠内可孵化成六钩蚴，然后钻进肠壁的血管和淋巴管，又随血液循环侵入人的周身肌肉和皮下，甚至到眼睛或脑发育成囊虫。患囊虫病的人肌肉痛痒，四肢无力，皮下长起小豆大的囊包，患者有的眼睛失明，有的经常惊厥，严重的也会引起死亡。

屠杀生猪、牛必须经国家指定卫生部门检疫后方可进入市场，严禁不合格产品上市买卖。屠宰后如将肉制品在-13~-12℃下冷藏 12h，其中囊尾蚴可完全杀死。

3. 弓形虫

弓形虫（*Toxoplasma gondii*，Tox）中医称为三尸虫，球虫亚纲，真球虫目，等孢子球虫科、弓形体属。是细胞内寄生虫，是一种典型的经食源感染的人兽共患寄生原虫。

弓形虫主要寄生于各种细胞内或游离于腹腔液中。此病主要经消化道感染，成人感染弓形虫大多不表现出症状，有些表现为体温升高、厌食、腹泻。反复感染会出现呼吸困难以及神经症状。该虫可严重损害胎儿，所以如果准妈妈在怀孕期间受感染，对宝宝的影响将会非常严重。母体早孕期间感染，可引起流产、早产、死胎或畸形；母体妊娠中、晚期感染，婴儿出生后可有眼、脑、肝脏的病变和畸形。

弓形虫可感染包括人在内的 200 多种动物，广泛流行于我国及世界各地。世界 1/3 的人口感染有弓形虫或为弓形虫携带者。调查研究报告指出，弓形虫病所造成的危害与沙门氏菌病的危害相类似。据报道，有 6%~10% 的艾滋病患者感染弓形虫。艾滋病病人所患的脑炎中有 50% 是由弓形虫引起的。国内流行病学调查认为我国人口的感染率在 0.33%~38.6%。

日常生活中应避免动物尤其是狗和猫的粪便、毛发污染水源、蔬菜、毛巾等；不生食动物性食物；饭前便后要养成洗手的习惯；厨房里要生、熟食品分离，生、熟食分别加工，如用两块菜板、两把刀具等。

4. 肝片吸虫

肝片吸虫是吸虫纲片形科的一种。虫体扁平叶状，长 20~25mm，宽 8~13mm。口吸盘位于体前端，腹吸盘位于前端腹面，口孔位于口吸盘处。肝片吸虫幼虫期在螺体内进行大量的无性繁殖，于 5~6 月份成熟，然后大量逸出。

肝片吸虫幼虫期穿破肝表膜，引起肝损伤和出血。虫体的刺激使胆管壁增生，可造成胆管阻塞、肝实质变性、黄疸等。分泌毒素具有溶血作用。肝片吸虫摄取宿主的养分，引起宿主营养状况恶化，若寄生于幼畜，可致幼畜发育受阻，肥育度与泌乳量下降，危害很大。人感染肝片吸虫或大片吸虫可引起急性或慢性肝炎和胆管炎。该病主要侵害肝脏，在临床上常呈现消瘦、贫血等营养不良症状。

5. 住肉孢子虫

住肉孢子虫是一种细胞内寄生虫，从住肉孢子虫中分离到的住肉孢子虫毒素对家兔和小鼠的毒力很强，可引起肌细胞变性，肌束膜产生炎性反应。实验证明，给小鼠注射含住肉孢子虫的鲜肉匀浆，小鼠可在 12h 内发生死亡。人感染后以横纹肌或心肌形成米氏囊为特征。人患住肉孢子虫病后，如果是少量寄生，一般不表现临床症状，但当大量虫体寄生时，可发生全身淋巴结肿大、下痢、腹泻等，重者可发生截瘫。

住肉孢子虫尚无特效的治疗药物，对该病的预防显得尤为重要。预防的关键是切断住肉孢子虫的传染途径。严禁犬、猫及其他肉食兽接近猪场，避免其粪便污染饲料和水源。各屠宰场和兽医站均应做好肉品的卫生检验工作，对带虫肉品必须进行无害化处理；严禁用生肉喂犬、猫等终末宿主；因人也可能感染住肉孢子虫病，故应注意个人的饮食卫生，不吃生的或未煮熟的肉品。

（三）螺源寄生虫

螺源寄生虫中较为常见的是广州管圆线虫，易引发嗜酸粒细胞增多性脑膜炎，主要寄生于鼠类肺动脉及右心内的线虫，中间宿主包括褐云玛瑙螺、皱疤坚螺、短梨巴蜗牛、东风螺等，一只螺中可能潜伏 1600 多条幼虫。广州管圆线虫多存在于陆地螺、淡水虾、蟾蜍、蛙、蛇等动物体内，如果不经煮熟就食用，很容易感染上广州管圆线虫。以前这种病主要分布在南方，现在北方引进南方的螺类，人们享用清蒸螺肉的同时，“南病北移”现象更加明显。广州管圆线虫幼虫可进入人脑等器官，使人发生急剧的头痛，甚至不能受到任何振动，走路、坐下、翻身时头痛都会加剧，伴有恶心呕吐、颈项强直、活动受限、抽搐等症状，重者可导致瘫痪、死亡。诊断治疗及时的情况下，绝大多数病人预后良好。极个别感染虫体数量多者，病情严重可致死亡，或留有后遗症。

（四）淡水甲壳动物源性寄生虫

淡水甲壳动物源性寄生虫包括卫氏并殖吸虫、斯氏狸殖吸虫，主要是指并殖吸虫。由于这些寄生虫主要寄生于人或动物的肺部，因此又称肺吸虫。感染卫氏并殖吸虫的主要症状为咳嗽咳血、胸痛，颇似肺结核病；若虫体侵入脑部，还会出现头痛、癫痫和视力减退等症状；若侵入皮肤，可见皮下有包块。

（五）鱼源性寄生虫

鱼源性寄生虫包括华支睾吸虫、棘颚口线虫、异形吸虫、棘口吸虫、肾膨结线虫、阔节裂头绦虫等，其中，以华支睾吸虫最为常见。华支睾吸虫病的病原体是华支睾吸虫，其寄生部位为肝胆管，所以俗称肝吸虫。肝吸虫病病人主要是肝受损，可出现疲劳乏力、消化不良、食欲减退、腹痛腹泻等胃肠道不适症状。如果虫体拥挤在胆管中，也可并发胆道感染及胆结石，严重感染者在晚期可出现肝硬化和肝腹水，甚至死亡。儿童患者可致发育不良。

我国农副产品生产源头存在严重的不安全因素。农产品生产多以农户个体作业为主，造成食物主要是在饲养、生产过程中被污染寄生虫。野生动植物或散养动物由于在整个生长过程中不断接触、食用可能被寄生虫污染的水、食物或带虫同类，感染寄生虫的概率很大。在众多的野味中，人们吃蛇吃得最多，蛇的患病率很高，如癌症、肝炎等，所携带的寄生虫更多。蛇的食物不同，体内的寄生虫也不同，以兔子和老鼠为食的蛇的寄生虫最多。福寿螺等水生物生长的水体如果被带虫粪便污染，也可感染寄生虫。如广东、广西、辽宁三地淡水鱼感染华支睾吸虫率高达59.66%，关东的鲮鱼、鳝鱼、鲤鱼的肝吸虫囊蚴检出率分别高达50%、40%、20%。圈养的动物由于没有及时预防或食用不清洁的食物也会感染寄生虫。

深圳市罗湖区调查发现新鲜蔬菜中，寄生虫的总阳性率为60.63%，寄生虫污染蔬果的客观情况不容忽视，如果不清洗干净，作为可生食蔬果直接食入，寄生虫可通过消化道进入人体致病。在所抽样品中，清洗后的蔬果也有检出寄生虫，表明生食清洗后的蔬果仍有感染寄生虫的危险性。在几种可作为生食食品的常见蔬菜中，香菜、胡萝卜、芹菜、葱、生菜、大白菜的寄生虫阳性率均较高。

感染寄生虫主要是由于不卫生的饮食习惯造成的，如生吃淡水鱼、生鱼片、用刚捉到的小鱼做下酒菜，易患肝吸虫病；热衷吃带血丝的猪肉和牛肉，易引发猪带绦虫、牛带绦虫病；吃醉蟹或未做熟的淡水蟹，易患肺吸虫病等。这些现象要求人们注意日常的卫生习惯，以避免寄生虫感染。

四、病毒对食品的污染

食品病毒性污染病毒分RNA病毒和DNA病毒。RNA病毒包括细小核糖核酸病毒科、披盖病毒科、弹状病毒科、正黏病毒科。DNA病毒包括疱疹病毒科、虹色病毒科。对消费者的危害是感染人畜共患病。

目前发现的能够以食物为传播载体和经消化道传染的致病性病毒主要有轮状病毒、星状病毒、腺病毒、杯状病毒、甲型肝炎病毒和戊型肝炎病毒等。此外，乙型、丙型和丁型肝炎病毒虽然主要是靠血液等非肠道途径传播，但也有关于它们通过人体排泄物和靠食品传播的报道。

（一）轮状病毒

轮状病毒感染在世界范围内都存在。其传染源为患者及病毒携带者，可通过密切接触和粪-口途径传播，发病率和死亡率很高。

轮状病毒肠胃炎是一种从温和到严重的疾病，有一些表征是呕吐，水状腹泻，以及低程度的发热。当儿童受到这类病毒感染时，在症状发生前大约会有2d潜伏期。症状通常是从呕吐开始，接着是4~8d的大量腹泻。脱水是轮状病毒感染的基本现象，也是轮状病毒感染的常见死因。

（二）甲型肝炎病毒

甲型肝炎病毒（hapatitis A virus，HAV）呈球形，直径约为27nm，无囊膜。衣壳由60个壳微粒组成，呈20面体立体对称，有HAV的特异性抗原（HAVAg），每一壳微粒由4种不同的多肽即VP1、VP2、VP3和VP4所组成。

甲型肝炎是世界性疾病，2022年，全世界发病数量约140万人次，我国是甲型肝炎的高发国家之一。甲型肝炎病毒主要通过粪-口途径传播，传染源多为病人。甲型肝炎的潜伏期为15~45d，病毒常在患者转氨酸升高前的5~6d就存在于患者的血液和粪便中。发病2~3周后，随着血清中特异性抗体的产生，血液和粪便的传染性也逐渐消失。长期携带病毒者极罕见。较差的环境卫生和不良个人卫生习惯，是造成甲型肝炎病毒地方性流行的主要原因。甲型肝炎的潜伏期通常为1~6周，症状一般表现为厌食、发热、乏力、恶心、呕吐、肌痛、肝肿大、出现黄疸、血清转氨酶异常升高等，经对症治疗后无后遗症，病死率较低。重症肝炎的发病比例较低，症状表现为突然发热、剧烈腹痛、呕吐、黄疸，之后有肝性脑病表现，病死率较高。

（三）乙型肝炎病毒

乙型肝炎病毒（HBV）简称乙肝病毒，属嗜肝DNA病毒科（Hepadnaviridae），基因组长约3.2kb，为部分双链环状DNA，是一种DNA病毒，属于嗜肝DNA病毒科。根据目前所知，HBV仅对人和猩猩有易感性，引发乙型病毒性肝炎疾病。完整的乙肝病毒呈颗粒状，也会被称为丹娜颗粒（Dane）。1965年由丹娜发现，直径为42nm，颗粒分为外壳和核心两部分。

乙型肝炎是世界性传染病。其发病对象主要为青壮年人，在高发地区，除儿童外，无特殊危险人群。乙型肝炎的传播途径为肠道外传播，如血液和其他体液等，但通过唾液、胃肠道和食品传播的也有报道。

乙肝常见症状有：感觉肝区不适、隐隐作痛、全身倦怠、乏力、食欲减退、感到恶心、厌油、腹泻。病人有时会有低热，严重的病人可能出现黄疸。这时应该及时到医院就诊，如果延误治疗，少数病人会发展成为重症肝炎，表现为肝功能损害急剧加重，直到衰竭，同时伴有肾功能衰竭等多脏器功能损害。病人会出现持续加重的黄疸、少尿、无尿、腹水、意识模糊、谵妄、昏迷。慢性乙肝患病日久，会沿着“乙肝-肝硬化-肝癌”的方向演变。

（四）戊型肝炎病毒

戊型肝炎曾被称为非甲非乙型肝炎，通常认为是一种通过粪-口途径和病人-健康人接触传播的疾病。其潜伏期比甲型肝炎长，一般为22~60d，症状与甲型肝炎类似。戊型肝炎其传播途径主要是水、食物。水是主要途径之一，常发生于卫生条件不好的热带、亚热带地区，水生贝壳类食品是主要累及的食品，如意大利曾发生的戊型肝炎病毒感染。戊型肝炎随病人粪便排出，通过日常生活接触传播，并可经污染食物、水源引起散发或暴发流行，发病高峰多在雨季或洪水后。潜伏期为2~11周，平均6周，临床患者多为轻中型肝炎，常为自限性，不发展为慢性戊型肝炎，主要侵犯青壮年，65%以上发生于16~19岁年龄组，儿童感染表现亚临床型较多，成人病死率高于甲型肝炎，尤其孕妇患戊型肝炎病情严重，在妊娠的后3个月发生感染，病死率达20%～30%。戊型肝炎感染后可产生免疫保护作用，防止同株甚至不同株戊型肝炎再感染。绝大部分患者康复后血清中抗戊型肝炎抗体持续存在4～14年。

（五）疯牛病

牛海绵状脑病，俗称疯牛病，于1986年11月第1次在英国报道。该病的感染因子目前认为是一种不含核酸，具有自我复制能力的感染性蛋白质粒子——朊病毒。自然感染的牛脑、脊髓和视网膜具有高度感染性。20世纪80年代中期至90年代中期，是疯牛病暴发流行期，主要的发病国家为英国及其他欧洲国家。

人类可传播性海绵状脑病，又名克-雅氏病，是一类侵袭人类及多种动物中枢神经系统的退行性脑病，潜伏期长，致死率100%。研究表明，该病与疯牛病的暴发存在密切关系。疯牛病感染因子可通过消化道进入人体，在局部消化道淋巴组织中增殖，以后进入脾脏、扁桃体、阑尾等淋巴器官，最后定位于中枢神经系统。因此，食用由疯牛病感染因子污染的食品，被认为是疯牛病传播给人的重要发病途径之一。由于目前对朊病毒感染因子和发病机制的认识有限，对类似的神经退行性疾病缺少有效的治疗，同时发病后的免疫耐受使得特异性预防难以实现。因此，对于疯牛病的暴发，防止其对人类形成灾难性的后果，以及在可预见的时期内彻底消灭疯牛病，只有依靠有效的监控。

（六）禽流感病毒

禽流行性感冒简称禽流感，是由正黏病毒科的A型流感病毒引起的禽类病毒性传染病，主要引起鸡、鸭、鹅、火鸡、鸽子等禽类发病。可引起从轻微的呼吸系统表征到全身呈严重败血症等多种症状。被世界动物卫生组织列为A类动物疾病，我国将其列为一类动物疾病。人类流行性感冒的病原，也属正黏病毒科。可由该科的A、B、C 3个型的病毒引起，其中以A型为主。由于流感病毒的易变异性，禽流感的发生，除了造成经济上的损失，也对人类健康有一定的威胁，因而引起人们的普遍关注。禽流感病毒对低温有很强的适应能力。如果在-20℃左右，它可以存活几年，但是如果在20℃的温度下它只能存活7d。经过加热的食品中的活病毒含量会大幅度降低。禽流感病毒在56℃条件下30min就能被灭活，70℃条件下2min即可被灭活。

江河湖海等水体常被人类病毒所污染，在污水中病毒滴度可达320～176000PFU/L。在污染的自来水或海水中病毒能存活6个月以上，可见水体一旦被病毒污染，必然会使水生动物和农作物受到污染。1988年初，上海市区居民因食用受甲型肝炎病毒污染的毛蚶而发生甲型肝炎暴发流行，发病人数超过30万，曾引起国内外很大震动。1991年在印度Kanpur地区因水源被粪便污染，曾引起戊型肝炎大流行。在美国、意大利和澳大利亚也曾有因食用牡蛎和贻贝而导致甲型肝炎暴发的案例。

病毒在食品中不能繁殖，但食品却是病毒存留的良好生态环境，病毒得以有更多机会通过不同的方式污染食品，如水产品、禽、乳、肉类及蔬菜水果等，在其加工前已被病毒污染为原发性病毒污染。在食品的收获、贮藏、加工、运输和销售过程中被病毒污染，污染源可能是污水、携带病毒的食品从业人员和生物媒介传递造成的，称为急性病毒污染。

五、病媒生物对食品的污染

病媒生物是指能直接或间接传播疾病（一般指人类疾病），危害、威胁人类健康的生物。

广义的病媒生物包括脊椎动物和无脊椎动物，脊椎动物媒介主要是鼠类（属哺乳纲啮齿目动物）；无脊椎动物媒介主要是昆虫纲的蚊、蝇、蟑螂、蚤等和蛛形纲的蜱、螨等。最常见四大害为：苍蝇、蚊子、老鼠、蟑螂。

食品被这些昆虫污染后，使食品的感官性状不良、营养价值降低，甚至完全丧失食用价值。这些害虫的表面均带有大量的微生物特别是致病性微生物。病媒生物通过叮咬和污染食物等方法，影响或危害人类的正常生活，通过多种途径传播一系列的重要传染病。在我国法定报告传染病中有许多属于病媒生物传染病，如鼠疫、流行性出血热、钩端螺旋体病、疟疾、登革热、地方性斑疹伤寒、丝虫病等；而一些消化道传染病则通过病媒生物的机械性传播在人群中扩散，如痢疾、伤寒等。

病媒生物性传染病是人类共同面临的严峻挑战之一。随着全球气候变暖，城市化进程的加快，旅游和贸易的快速发展，生态环境的不断改变，病媒生物种类、密度和分布等发生了新的变化，不仅原有的病媒生物性传染病范围扩大、发生频率和强度增加，而且一些新的病媒生物性传染病不断出现。媒介生物性传染病具有传播快、易流行的特点，严重威胁人们的身体健康。通过对病媒生物的有效控制，可以减少它们对人群的骚扰和经济损失，更可以预防和控制病媒生物性传染病的发生和传播。目前，一些病媒生物性传染病的暴发流行已对我国形成威胁，因此加强病媒生物疾病预防控制已成为一个迫切的任务。

居民家庭和单位内的老鼠主要依靠人们提供的食物和隐藏筑巢场所而生存。因此要把食物收藏好，把废弃的食品残物及时处理掉，使老鼠不能获得任何食物，并在下水道、厕所加盖，避免室外老鼠钻入；如发现鼠洞应及时予以堵塞，做好杂物堆等老鼠容易隐藏和筑巢的场所的管理。对于已发生鼠患的场所，灭鼠与防鼠同步进行。蚊虫类防控可通过切断蚊虫生命循环环节，如通过改造净化各种水源、减少积水等方法，美化环境，清除孳生场所，缩小蚊子幼虫所必需的生存空间，杀灭成虫。灭蝇可通过物理方法、化学方法联合使用，使用灭蝇拍、电击灭蝇器、粘蝇纸以及喷洒灭蝇药。蟑螂成虫可通过人工捕杀、诱杀、热杀、药杀等，同时杀死成虫和幼虫。

第三节　化学性污染与预防

食品的化学性污染是指进入到食品中的有毒、有害化学物质引起的污染，是食品污染的重要组成部分。随着化学工业的发展，各种化学物质不断产生，加之化学物质在食品生产、加工和贮藏过程中的广泛应用，使得食品中有害物质种类和来源也进一步繁杂。目前，我国食品的化学性污染主要包括农业种植、养殖阶段的源头污染，环境污染造成的食品化学污染，滥用及违规使用食品添加剂带来的污染，新工艺、新方法带来的附带污染，以及食品包装引起的污染等几个方面。

一、天然存在的化学性污染物

天然化学污染物指天然存在于动物、植物和微生物中的化学物质。常见的有：毒蘑菇；发芽的马铃薯中的龙葵素；某些坚果中的对易感染人群引发的过敏原；植物上的某些霉菌毒素（黄曲霉毒素、甘薯黑斑病霉）等；有毒藻类（如双鞭藻）；有毒鱼类，如河豚毒素、鲭鱼毒素；有毒贝类毒素，如神经性贝毒素、健忘性贝毒素等；金枪鱼在腐败过程中产生的组胺和相关化学物质；甲状腺、肾上腺、病变淋巴结；四季豆中的皂素和植物血凝素；棉花籽油中的棉酚；一些含氰植物，如苦杏仁。

食品中的天然毒素都是来自食品本身，对人类造成危害多是由于误食造成的。因此需要加强宣传，使消费者掌握有毒动植物的辨别、存放、烹调、食用的科学方法；原料来源严格把关，不合格的原料严禁用于加工；严格执行良好操作规范以防止食品中的天然毒素对人体造成不必要的危害。

（一）毒蕈毒素

蕈类是大型、高等的真菌，通称蘑菇、菇类。毒蕈是指食后可引起中毒的蕈类，在我国有100多种，对人生命有威胁的有20多种，其中含有剧毒可致死的不到10种。

毒蕈中的毒素种类繁多，成分复杂，中毒症状与毒物成分有关，主要的毒素有胃肠毒素、神经精神毒素、血液毒素、原浆毒素、肝肾毒素。由于毒蕈的种类颇多，一种蘑菇可能含有多种毒素，一种毒素可能存在于多种蘑菇中，故误食毒蘑菇的症状表现复杂，常常是某一系统的症状为主，兼有其他症状。一般常分为胃肠症状、神经精神症状、溶血症状、实质性肝脏肾脏损害症状、类植物日光皮炎症状等。毒蕈中毒的严重性取决于毒蕈的种类、毒素的性质及进食量等。儿童及老人对中毒的耐受力较低，后果也较严重。一般来讲，肠胃类型、神经精神型及溶血型中毒如能积极治疗，死亡率不高。仅中毒性肝炎型毒蕈中毒死亡率可高达50%~90%。

应通过科学普及教育，使人们能识别毒蕈而避免采食。一般而言，凡色彩鲜艳，有疣、斑、沟裂，生泡流浆，有蕈环、蕈托及奇形怪状的野蕈皆不能食用。有部分毒蕈包括剧毒的毒伞、白毒伞等皆与可食蕈极为相似，故如无充分把握，仍以不随便采食野蕈为宜。切勿采摘自己不认识的蘑菇食用，毫无识别毒蕈经验者，千万不要自采蘑菇。

（二）黄曲霉毒素

黄曲霉毒素（aflatoxin，AF）是由黄曲霉（*Aspergillus flavus*）、寄生曲霉（*A. parasiticus*）代谢产生的一类结构相似含多环不饱和香豆素的化合物，已分离出17种，其中4种已完全掌握其特性并从毒物学方面进行了广泛研究。

黄曲霉毒素是一种毒性极强的霉菌毒素，主要损害肝脏并有强烈的致癌、致畸、致突变作用。长期摄取黄曲霉毒素与罹患肝癌有关。调查表明，在非洲、中国和东南亚发生的肝癌与某些食物中黄曲霉素含量高有直接关系。在现今社会里，人类因摄取黄曲霉毒素而引起急性中毒的个案罕见。中毒病征可能包括发烧、呕吐及黄疸病，也可致急性肝脏受损，情况严重的会致命。

黄曲霉菌肉眼看来是绿色的，而黄曲霉毒素却无色、无臭、无味。而且食物中的黄曲霉毒素呈稳定状态，能经受一般的烹调过程，不易分解。如在霉变的稻谷、小麦中的黄曲霉毒素对热不敏感，100℃/20h也不能将其全部破坏，蒸煮、油炸等都不能将黄曲霉毒素去除，所以黄曲霉毒素一旦出现，便难以消除。因而卫生学家提倡解决黄曲霉毒素的最佳方法是预防。

为了防止产生黄曲霉毒素，首先，最好将桃仁、果仁、谷物贮藏在密封和干燥的地方，贮藏过程中有效控制措施为防潮。其次，不要吃发霉的食品，尤其是发霉的桃仁、花生、大米（黄霉米）和玉米。再次，有关实验表明，酿造原料和辅料都是黄曲霉的天然培养基，贮存不当可产生黄曲霉毒素。发酵原料和辅料要充分晒干，运输和贮藏过程中严禁遇雨受潮。一般在低于2~3℃、相对湿度不超过20%~40%的条件下保藏粮食原料和辅料，就可以完全防止黄曲霉和其他霉菌的生长。在温度高、湿度大的夏季，发酵原料的贮藏更要严加管理。

目前关于食品中去除黄曲霉毒素的方法大多数停留在实验室阶段。花生和玉米种子中的黄曲霉毒素多集中在少数种子内，一般可用手选去除霉、坏或变色发芽的粒子。也可用机械或电子的方法去除霉变的粒子。对于被黄曲霉毒素污染的大米，由于毒素主要集中在米糠中，因此用水洗法就可大大减少黄曲霉毒素的含量。

（三）扁豆、芸豆毒素

扁豆（包括芸豆、四季豆等）是人们普遍食用的蔬菜，一年四季都有。但扁豆中含有毒素，若加工制作方法不当，会导致中毒发生。

生的扁豆、芸豆中含有一种称为红细胞凝集素的蛋白，具有凝血作用；另外还含有一种皂素，它多存在于豆类的外皮里，是一种破坏红细胞的溶血素，并对胃肠黏膜有强烈的刺激作用，特别是立秋后的扁豆里含有这两种毒素最多，人食用后很快会出现中毒现象。扁豆中毒潜伏期最短为1h，长为15h，一般在2~4h，中毒者会出现恶心、呕吐、腹痛腹泻、头疼、头晕、心慌胸闷、出冷汗、手脚发冷、四肢麻木、畏寒等症状，经及时治疗大多数病人在24h内即可恢复健康，预后良好。

一般认为扁豆中毒与品种、产地、季节和食用部位等因素密切相关，因为这些因素决定了毒素含量的高低，如扁豆越老毒素越多、扁豆的两端和夹丝是毒素比较集中的地方。不过，由于扁豆中的毒素物质对热不稳定，在持续一定时间的高温条件下即被分解破坏，所以只要烹饪方法得当，就可以有效地预防扁豆中毒。

在用扁豆作原料烹饪菜肴时应注意以下几点：首先，扁豆越老毒素越多，尽可能食用新鲜的嫩扁豆。其次，食用前择净扁豆的两端及夹丝，这些部位所含毒素最多。第三，烹调扁豆时应使其熟透，以破坏毒素。如果加热不彻底，口感生硬，豆腥味浓重，则扁豆中的毒素没有被消除，食用后极易中毒。例如扁豆馅饺子、凉拌水焯脆扁豆和爆炒扁豆等，由于这些烹饪方法的加热时间短或加热温度不够，毒素很难被全部破坏掉，因此很容易引起中毒。

（四）苦杏仁

苦杏仁含苦杏仁苷约3%。苦杏仁苷属氰苷类，大鼠口服半数致死量（LD_{50}）为0.6g/kg，在苦杏仁苷酶作用下，可水解生成氢氰酸及苯甲醛等。氢氰酸能抑制细胞色素氧化酶活性，造成细胞内窒息，并首先作用于延髓中枢，引起兴奋，继而引起延髓及整个中枢神经系统抑制，多因呼吸中枢麻痹而死亡。

苦桃仁、亚麻仁、杨梅仁、李子仁、樱桃仁、苹果仁中毒原理同苦杏仁。大量生食甜杏仁也可中毒。潜伏期短者0.5h，长者12h，一般多为1~2h。苦杏仁中毒时，常见症状有口腔苦涩、流涎、头痛、头晕、恶心、呕吐、心悸、脉快、紫绀并瞳孔放大，对光反射消失，牙关紧闭，全身阵发性痉挛，最后因呼吸麻痹或心跳停止而死亡。患者呼吸时偶尔有苦杏仁味。木薯中含有一种亚配糖体，经过其本身所含的亚配糖体酶的作用，可以析出游离的氢氰酸而致中毒。食用含氰苷植物而引起的中毒国内外均有报道，其中以苦杏仁中毒最多。

加大宣传力度，普及苦杏仁、木薯中毒的知识，不吃苦杏仁、李子仁和桃仁。用杏仁做咸菜时，应反复用水浸泡，充分加热，使其失去毒性。木薯要煮熟、蒸透后方可食用。

（五）河豚毒素

河豚毒素（*Tetrodotoxin*，TTX）是氨基全氢喹唑啉型化合物，是自然界中所发现的毒性最强的神经毒素之一，可高选择性和高亲和性地阻断神经兴奋膜上的钠离子通道。河豚毒素是小分子质量、非蛋白质的神经性毒素，其毒性比剧毒的氰化钠还要高 1250 多倍，0.5mg 即可致命。河豚毒素对肠道有局部刺激作用，吸收后迅速作用于神经末梢和神经中枢，阻碍神经传导，从而引起神经麻痹而致人死亡。其具体作用机制是通过与钠离子通道受体结合，阻断电压依赖性钠通道，从而阻滞动作电位，导致与之相关的生理活动的阻碍，主要是神经肌肉的麻痹，河豚毒素对呼吸和心血管的抑制是对中枢和外周神经共同作用的结果。河豚毒素对热稳定，盐腌或日晒均不能使其破坏，只有在高温加热 30min 以上或在碱性条件下才能被分解。220℃加热 20~60min 可使毒素全部破坏。TTX 中毒潜伏期很短，最短至 10~30min，长至 3~6h 发病，发病急，如果抢救不及时，中毒后最快的 10min 内死亡，最迟 4~6h 死亡。

食用河豚鱼的方法是，去鱼头、去皮，彻底去除骨脏，尤其是鱼仔，并在水中浸泡数小时以上，反复换水至清亮为止，然后再高温烹调煮熟后方可食用。加强宣传教育和市场管理，说明食用河豚鱼的危害，劝阻人们最好不要自行加工食用。新鲜河豚应统一加工处理，经鉴定合格后方准出售。

二、环境污染

环境污染主要分为水污染、空气污染、土壤污染。

（一）水污染

水是食品生产、加工中的重要原料，同时也是一种特殊的食品。各种天然水源，除含有各种自然水栖生物外，还可能存在微生物、寄生虫及虫卵，这样的水就成了污染源。如果使用含有大量生物性污染物质的水，尤其是含大量致病性微生物的水，必然造成动物性食品的生物性污染。

水污染主要由人类活动产生的污染物造成，它包括工业污染源、农业污染源和生活污染源三大部分。

工业废水为水域的重要污染源，具有量大、面广、成分复杂、毒性大、不易净化、难处理等特点。2011 年，我国工业废水排放量 231 亿 t，占废水排放总量的 35%。2014 年，我国工业废水排放量为 205.3 亿 t，同比减少 2.1%。尽管我国工业废水排放量逐年减少，但现阶段工业污水排放量依然巨大。

农业污染源包括牲畜粪便、农药、化肥等。农药污水中，一是有机质、植物营养物及病原微生物含量高，二是农药、化肥含量高。我国开展农业方面的监测数据显示，在 1 亿 hm^2 耕地和 220 万 hm^2 草原上，每年使用农药 110.49 万 t。我国是世界上水土流失最严重的国家之一，每年表土流失量约 50 亿 t，致使大量农药、化肥随表土流入江、河、湖、库，随之流失的氮、磷、钾营养元素，使 2/3 的湖泊受到不同程度富营养化污染的危害，造成藻类以及其他生物异常繁殖，引起水体透明度和溶解氧的变化，从而致使水质恶化。

生活污染源主要是城市生活中使用的各种洗涤剂和污水、垃圾、粪便等，多为无毒的无机盐类，生活污水中含氮、磷、硫多，致病细菌多。近年来，我国污水排放总量呈持续增长，生活污水（主要是城镇生活污水）占比呈持续上升的态势，1998—2013 年我国污水排放量由 395 亿 t 上升至 695 亿 t，复合增长率为 3.84%，工业废水排放量基本保持不变且有下降趋势，生活污水排放量由 1998 年的 195 亿 t 增长至 2013 年的 485 亿 t，复合增长率为 6.38%。生活污水排放量占全国污水排放总量的比重也由 2000 年的 53.21%上升至 2013 年的 69.76%，2021 年，污水排放量达 1081 亿 m^3，同比增长 6.8%。未来随着我国人口数量的不断增加、城市化进程的继续推进和人民生活水平的提高，生活污水排放量也将继续增长，成为新增污水排放量的主要来源。

（二）空气污染

食品通过空气污染也是比较重要而又常见的污染途径之一。空气中含有大量的微生物、工业废气，这些有害因素可在气流的作用下，逐渐向周围扩散，自然沉降或随雨滴降落在食品上而直接造成污染，或者污染水源、土壤造成间接污染。此外，带有微生物的痰沫、鼻涕与唾液的飞沫，可以随空气直接或间接地污染食品。进入空气中的尘土、雾滴也可以构成对食品的污染。

（三）土壤污染

土壤中除含天然的自养型微生物和金属元素外，还存在各种致病性微生物和各种有毒的化学物质。食品在加工、生产、贮藏、运输过程中，接触了这种被污染的土壤，或风沙、尘土沉降于食品表面就会造成食品的直接污染，或者成为水及空气的污染源而间接污染食品。土壤、空气、水的污染都不是孤立的，而是相互联系、相互影响的，污染物质在三者之间相互转化和迁移，往往形成环境污染的恶性循环，从而造成污染物质对食品更严重的污染。

三、人为添加的化学物质

在农作物、畜禽等生长、收获、加工、贮藏和流通阶段添加化学制品，一般认为，只要在适当的条件下使用，这些化学制品是无害的。只有当出现使用错误或超过允许量时才会引发直接或间接危害。这些化学制品主要包括农药、兽药等。

（一）农药污染

农药是指那些用于预防、消灭、驱除各种昆虫、啮齿动物、霉菌、病毒、野草和其他有害动植物的物质，以及用于植物的生长调节剂、落叶剂、贮藏剂等。农药的广泛使用，常造成食品的农药残留。农药残留是指使用农药后残存于生物体、食品和环境中的微量农药原体、有毒代谢物、降解物和杂质的总称。农药残留对人产生的危害包括：致畸、致突变、致癌和对生殖及下一代的影响。

农药残留按农药的用途可分为：杀虫剂、杀菌剂、除草剂、植物生长调节素、粮食熏蒸剂等。按化学成分可分为：有机氯、有机磷、有机氟、有机氧、有机硫、有机砷、有机汞、氨基甲酸等。按来源可分为：有机合成农药、生物源农药、矿物源农药。

食品中农药残留的来源：

1. 施药后直接污染

在农业生产中，农药直接喷洒于农作物的茎、叶、花和果实等表面，造成农产品污染。部分农药被植物吸收进入植株内部，经过生理作用转运到植物的根、茎、叶和果实，代谢后残留于农作物中，尤其以皮、壳和根茎部的农药残留最高。在农产品贮藏中，为了防止霉变、腐烂和植物发芽，施用农药造成农产品直接污染。如在粮食贮藏中施用熏蒸剂，柑橘和香蕉用杀菌剂，马铃薯和大蒜用抑芽剂等均可导致这些食品中农药残留。

2. 从环境中吸收

农田、草场和森林施药后，有 40%～60% 农药降落至土壤，5%～30% 的药剂扩散于大气中，逐渐积累通过多种途径进入生物体内，致使农产品、水产品和畜产品出现农药残留问题。

3. 通过食物链污染

农药污染环境，经食物链传递可发生生物浓集、生物积累和生物放大致使农药的轻微污染而造成食品中农药的高浓度残留。

4. 加工和贮运中污染

食品在加工、贮藏和运输中，使用被农药污染的容器、运输工具，或者与农药混放、混装均可造成农药污染。

5. 意外污染

拌过农药的种子常含有大量农药，不能食用。

6. 非农用杀虫剂污染

各种驱虫剂、灭蚊剂和杀蟑螂剂逐渐进入食品厂、医院、家庭等，使食品受农药污染的机会增多、范围不断扩大。此外，高尔夫球场和城市绿化地带也经常大量使用农药，经挥发和雨水冲刷均可污染环境，进而污染人类的食物和水。

药物残留对人体的危害一般不表现急性毒性作用，主要表现为变态反应与过敏反应、细菌耐药性、致畸作用、致突变作用、致癌作用及激素样作用等。

（1）变态反应与过敏反应　在广泛使用的抗菌药物中有少数药物具有抗原性或进入身体后具有抗原性，能致敏易感个体引起变态与过敏反应，如青霉素、磺胺类药物、四环素及某些氨基糖甙类抗生素等，其中危害最大的为青霉素。变态反应表现形式多样，轻者为红疹，重者发生危及生命的综合征。

（2）细菌耐药性　细菌耐药性是指有些细菌菌株对通常能抑制其生长繁殖的某浓度的抗菌药物产生耐受性。动物在反复接触某一种抗菌药物的情况下，其体内敏感菌受到选择性抑制，使耐药菌株大量繁殖。在某些情况下，动物体内耐药菌株可通过动物性食品而传播给人，给感染性疾病治疗造成困难。

（3）“三致”作用　由于药物及环境中的化学药品可以引起基因突变或染色体畸变，因此越来越引起人们的关注。如苯丙咪唑类抗蠕虫药，通过抑制细胞活性，可杀灭蠕虫及其虫卵，故抗蠕虫作用范围广泛。然而，其抑制细胞活性的作用，使其具有潜在的致突变性和致畸性，为此，对所有苯丙咪唑类药物都应进行安全性的毒理学评价，并确定其对消费者的安全界限。人们尤其关注的是具有潜在致癌活性的药物，因为这些药物在肉、蛋和乳中的残留可进入人体。因此，对曾用致癌物进行治疗或饲喂致癌物的食用动物，在屠宰时不允许在其食用组织中有致癌物质残留。

（4）激素样作用　20 世纪 70 年代，具有激素样活性的化合物已作为同化剂用于畜牧业生产，以促进动物生长，提高饲料转化率。由于用药动物的肿瘤发生率有上升的趋势，因而引起人们对食用组织中同化剂残留的关注。1979 年在美国禁用已烯雌酚作为反刍动物及鸡的促生长剂之后，一些国家也相继禁止应用同化剂，尤其是已烯雌酚同化剂。我国一些水产养殖户有用避孕药来增重和增肥水产动物，对人会造成严重危害。

（5）直接毒害作用　直接毒害的害处是环境污染，危害益昆虫、鸟类及食品残留。全世界每年至少 2 万人死于农药污染，100 万人因此得病。农药残留包括用于防治植物的虫、细菌、杂草的农药在食品中和食品上的残留，在食品运输、贮藏、生产、销售、制造时预防害虫和细菌所用农药的残留，还包括防治畜禽体表或体内的寄生虫和螨类的农药残留。直接毒害包括以下途径。

①直接污染：例如，1972 年伊拉克农民误吃大小麦种子（甲基汞）使 6530 人中毒，459 人死亡。

②间接污染：使用农药周围环境如水、空气和食物链感染人。

③事故性污染：例如，投毒事件、印度毒气泄漏事故，死亡数以万计。

动植物吸收农药，有些易于在脂肪内存留，在体内，有些随时间推移毒性变小，有些则增加了，在体内呈现生殖毒性、致癌性、神经毒性等毒性作用。

（二）兽药污染

兽药残留是兽药在动物源食品中的残留的简称，是指动物在使用药物预防或治疗疾病后，药物的原形或其代谢产物蓄积在动物的组织或可食性产品（如蛋、乳）中。这些药物以游离的形式或以结合的形式残留于组织中，与组织蛋白结合的药物可能存留时间更长。造成我国动物性食品兽药残留超标的主要原因是非法使用违禁药物，滥用抗菌药物和药物添加剂，不遵守休药期的规定。兽药残留不仅给人们健康带来极大的危害，而且严重影响了我国动物源食品的出口，造成了巨大的经济损失。目前，兽药残留主要有抗生素类、磺胺类、呋喃菌类、抗球虫药、激素药、驱虫药类。影响兽药在动物体内分布与残留因素有用药时动物饲喂状态、给药量、兽药种类，及给药次数和休药期。

人食用这种动物性食品，将对人体健康产生影响，这种影响主要表现为变态反应与过敏反应、细菌耐药性、致畸、致突变、致癌、激素样作用等。为了防止食品中残留药物对人类的危害，目前世界上许多国家都有明确的规定，对使用过药物的动物要经过规定的休药期后方可屠宰或允许其产品上市。

食品中兽药残留的来源有以下几方面。

①兽药的使用不科学、不规范：为预防畜禽疾病，在未确定病因的情况下，滥用青霉素类、磺胺类和喹诺酮类等抗菌药；随意加大用药剂量，改变给药途径，不遵守休药期等。

②人为添加：有的企业受经济利益驱动，人为地向饲料中添加畜禽违禁药物，包括抗生素类、化学药品类、镇静催眠类等药物；有的厂家为了增加某些食品如蛋黄、皮肤等的色泽，使用促进色素沉淀的阿散酸、洛克沙胂等胂制剂；有的企业为了增强褐色蛋壳的色泽使用土霉素药渣，这些因素也是造成兽药残留的一大原因。

③为了缓解畜禽应激反应，对动物使用金霉素或土霉素等药物引起药物残留。

④环境污染导致药物残留。

⑤饲养者对控制兽药残留的认识不足。

⑥有关部门对兽药残留的监管力度不够，缺乏兽药残留检验机构和必要的检测设备，兽药残留检测标准不够完善。

第四节　放射性污染与预防

天然放射性物质在自然界中分布很广，它存在于矿石、土壤、天然水、大气及动植物的所有组织中，特别是鱼贝类等水产品对某些放射性核素有很强的富集作用，使得食品中放射核素的含量显著地超过周围环境中自然存在的放射性核素含量。放射性物质的污染主要是通过水及土壤，污染农作物、水产品、饲料等，经过生物链进入食品，并且可通过食物链转移，食品可以吸附或吸收外来干涉的放射性核素。与人体卫生学关系密切的天然放射性核素主要为^{40}K、^{226}Ra。另外，^{210}PO、^{131}I、^{90}Sr、^{89}Sr、^{137}Cs等也是污染食品的重要的放射性核素。

一、放射性物质来源

^{40}K在自然界分布较多，是通过食品进入人体最多的天然放射性核素，主要贮存于软组织中，骨中的含量只有软组织中的四分之一。^{226}Ra在动物和植物组织中含量略有差别，植物比动物含量略偏高。主要通过食品进入人体，以蔬菜类和谷类为主，80%～85%沉积于骨中。放射性物质来源主要分为以下几个方面：

1. 核试验降沉物的污染

使用核武器或进行大气层、地面或地下核试验时，排入大气中的放射性物质与大气中的飘尘相结合，因重力作用或雨雪的冲刷漂流而沉降于地球表面，这些物质称为放射性沉降物或放射性粉尘。放射性沉降物播散的范围很大，往往可以沉降到整个地球表面，污染大气、地面和海洋。如，1945年美国在日本的广岛和长崎投放的两颗原子弹，不仅致死几十万人，大批幸存者也饱受放射病的折磨。此外，还有核潜艇事故、携带核弹的飞机失事、用核电源的人造卫星坠入大气层等事件，同样会造成核污染。

2. 核电站和核工业废物排放的污染主要是水体

由于核能利用的不断发展，目前世界上已囤积了大量的放射性物质。根据国际原子能机构（IAEA）的统计，全球目前有445座动力反应堆，670座研究堆，还有400多个核燃料工厂，包括铀矿山、转化厂、浓缩厂及后处理厂。一个容量为100万kW的反应堆，在运行3年之后，能产生大约3t的各种核废料，其中绝大部分是具有放射性的。

根据国际上关于核原料公约的规定，对于低纯度的核原料、核电厂的核废料等，一般并不属于国际原子能机构保障监督的范围，因此，核废料的处理和管理比较松散，漏洞百出。

3. 意外事故泄漏造成局部性污染

核电站等核设施从建设、运营、退役到核废料处理全过程中都存在着潜在的放射性危害。在任何环节发生事故时，都会造成严重的放射性污染，威胁公众健康。1986年，苏联切尔诺贝利核电站由于反应堆管道发生爆炸，大量放射性物质泄漏，至今仍被称为核电史上最严重的核泄漏事故。16.7万人丧生，320万人受到核辐射侵害，其中包括95万名儿童。

二、放射性污染的危害

放射性污染与一般化学或物理污染有很大差别，后两者都可以通过化学或物理的方式消除污染。而放射性污染却不然，不论是在大气、土壤还是在水中，放射性物质都能产生放射性辐射，这种辐射能长期存在于环境中，射线强度只能随时间的推移而衰减。

1. 辐射对人类本身带来瞬时及中、长期危害

大剂量瞬间引起的急性放射性辐射伤害，可使人或生物在很短时间内死亡。受到微量放射性污染伤害的人或生物，即使当时并不危及生命，经过一定时间，也可能诱发癌症、白血病等，缩短寿命以及遭受遗传伤害等，产生后发效应。

放射性物质主要是通过食物链经消化道进入人体，其次是经呼吸道进入人体。一些放射性核素因衰变周期长，一旦进入人体，其通过放射性裂变而产生的 A、B、C 射线，将对机体产生持续的照射，而这也意味着它们将长期保持危险性，如^{60}Co 的半衰期为 5 年，而^{241}Am 的半衰期则有 480 年之久，此过程将持续至放射性核元素蜕变成稳定元素或全部被排出体外为止。放射性物质进入人体后，可造成内照射损伤，使受害者头昏、疲乏无力、脱发、白细胞减少或增多，发生癌变，以至引起人体基因突变和染色体畸变，并有可能遗传给后代。

2. 对环境造成破坏性危害

通过食物链传递，许多污染物，尤其是半衰期长的放射性元素，性质稳定且在自然界能长期存在，将可能对生态系统造成危害。即使原始污染域污染物的浓度很低，不足以伤害生物，但经过生物富集作用后，将会浓缩积累到足以伤害生物的程度。且放射性元素可以远距离辐射污染，如放射性物质爆炸后，产生的粒子被顺风而下的云所携带而扩散，除任何居住在被污染地区的人们将被灰尘辐射，食入受污染的食物和水而受到污染外，同时受污染的灰尘将被风、运动的车辆及其他运动物带远，加大辐射范围。同时，清理被污染地区的难度高，目前尚无有效清除建筑物的残留放射性的方法。还有些放射性物质，如铯，具有黏在沥青、混凝土和玻璃上的性质，它们可能残留在建筑物的水泥或街道的缝隙中。冲洗建筑表面或降雨都不能彻底净化建筑物，即使被水带走也将产生大量的有毒废水。一些放射物可能紧密附在城市的泥土里，处理的唯一途径就是大规模迁移受污染的表层泥土。

3. 对社会稳定和经济产生巨大影响

放射性污染发生的危害，除对人体健康和环境的毁坏外，人群心理恐慌，乃至社会混乱都不可避免。影响和危害的程度与污染的情况、放射性废物的数量、净化处理方式有关。切尔诺贝利核电站事故发生后，政府先后调动 80 万人参加了核污染的清理工作，迁移居民 27 万人。截至 2001 年，参加清理人员中的死亡人数超过 1 万人，残疾者达 27%；而因长期处于恐慌、紧张而导致的疾病或死亡的人数高于直接被辐射中毒的人数，高达 900 万人。此外，对于恶意使用“脏弹”造成的污染，更因恐怖活动的频发而不可预测，对付这种攻击的应急措施的实现更加复杂和困难。即使所造成的放射性污染并不严重，政府防患于未然的疏散人口方案，也将对经济和社会造成巨大的影响。美国科学家联合会 2002 年递交国会的一份听证报告认为，如果“脏弹”攻击发生在纽约这样的大城市，救护、治疗、搬迁、清理等所造成的损失将有可能超过数百亿美元。

食品放射性污染对人体的危害主要是由于摄入污染食品后，放射性物质对人体内各种组织、器官和细胞产生的低剂量长期内照射效应，主要临床表现为对免疫系统、生殖系统的损伤和致癌、致畸、致突变作用。由于生物体和其所处的外环境之间固有的物质交换过程，在绝大多数动植物性食品中都不同程度地含有天然放射性物质，即食品的放射性本底。天然放射性本底是指自然界本身固有的，未受人类活动影响的电离辐射水平。它主要来源于宇宙线和环境中

的放射性核素。人体通过食物摄入放射性核素一般剂量较低，主要涉及慢性及远期效应。放射性核素对人及动物可引起多种基因突变及染色体畸变，即使小剂量也会对遗传过程发生影响。某些鱼类能富集金属同位素，如^{137}Cs和^{90}Sr等。后者半衰期较长，多富集于骨组织中，而且不易排出，对机体的造血器官有一定的影响。某些海产动物，如软体动物能富集^{90}Sr，牡蛎能富集大量^{65}Zn，某些鱼类能富集^{55}Fe。放射性对生物的危害是十分严重的。放射性损伤有急性损伤和慢性损伤。如果人在短时间内受到大剂量的X射线、γ射线和中子的全身照射，就会产生急性损伤。轻者有脱毛、感染等症状。当剂量更大时，出现腹泻、呕吐等肠胃损伤。在极高的剂量照射下，发生中枢神经损伤乃至死亡。放射辐射还能引起淋巴细胞染色体的变化；放射照射后的慢性损伤会导致人群白血病和各种癌症的发病率增加等现象。

三、控制食品放射性污染的措施

预防食品放射性污染及其对人体危害的主要措施是加强对污染源的卫生防护和经常性的卫生监督。定期进行食品卫生监测，严格执行国家卫生标准，使食品中放射性物质的含量控制在允许的范围之内。对于生物性污染应注意污染源、注意食品存放的条件，保证食品不受细菌、病毒等污染，食用前有效杀灭食品中可能存在的致病微生物。对于化学性污染，食品的生产、供应部门应重视化学物质的使用和保管，严防食品被污染，同时加强食品卫生的监测。对于放射性污染，注意以加强监测为主。

（1）核企业厂址应选在周围人口密度较低的，气象和水文条件有利于废水和废弃扩散稀释的，以及地震烈度较低的地区，以保证在正常运行和出现事故时，该地区所受的辐射剂量较低。

（2）工业流程的选择和设备选型考虑废物产生量少和运行安全可靠。

（3）废水和废弃物经过净化处理，并严格控制放射性核素的排放浓度和排放量。对浓集的放射性废水一般进行固化处理。α核素污染的废物和放射性强度大的废物进行最终处置和永久贮存。

（4）在核企业周围和可能遭受放射性污染的地区进行监测。

思考题

1. 各种致病菌对食品有什么主要的污染？
2. 病毒对食品的污染有哪些？有什么危害？
3. 天然存在的化学性污染物主要分哪几种？
4. 如何防止黄曲霉毒素的产生？
5. 苦杏仁中毒症状有哪些？如何预防？
6. 环境污染主要分为哪几种？分别是由什么造成的？
7. 食品中农药残留有哪些来源？
8. 放射性污染有哪些危害？应采取哪些措施？

第三章

03

食品添加剂及其管理

本章学习目标

1. 了解食品添加剂的分类。
2. 了解各种食品质构改良剂。
3. 了解主要的食品风味添加剂。

第一节　食品添加剂概述

食品添加剂是现代食品工业的重要组成部分。它对于改善食品的色、香、味、形，调整营养结构，改进加工条件，提高食品的质量和档次，防止腐败变质和延长食品的保存期发挥着重要的作用。目前，食品添加剂已经应用于粮油、肉禽、果蔬加工各领域，包括饮料、冷食、调料、酿造、甜食、面食、乳品、营养保健品等各食品工业部门。据统计，国际上使用的食品添加剂有 14000 余种（包括非直接使用的），其中直接使用的有 5000 余种，常用的有 2000 种左右。中国食品科学技术学会主办的“2022 年食品安全与健康热点科学解读媒体沟通会”上，孙宝国院士提到，食品添加剂不等于非法添加物，没有食品添加剂就没有现代食品工业，合理合法使用食品添加剂不会对人体健康造成影响。建议加强网络监管，营造风清气正的网络环境。食品企业要从自身做起，夯实产品安全与健康的科技内涵。各方应持续加强科普宣传，引导消费者科学理性认知食品添加剂，不信谣、不传谣。

一、食品添加剂的定义与分类

（一）食品添加剂的定义

GB 2760—2024《食品安全国家标准　食品添加剂使用标准》（以下简称《食品添加剂使用标准》）将食品添加剂定义为：“为改善食品品质和色、香、味，以及为防腐和加工工艺的需要而加入食品中的人工合成或者天然物质。食品用香料、胶基糖果中基础剂物质、食品工业用加工助剂、营养强化剂也包括在内”。

GB 2760—2024《食品安全国家标准　食品添加剂使用标准》

CAC 颁布的《食品添加剂通用法典》（Codex Stan 192—1995，2019 修订

版）规定：食品添加剂是指其本身通常不作为食品消费，不用作食品中常见的配料物质，无论其是否具有营养价值。在食品中添加该物质的原因是出于生产、加工、制备、处理、包装、装箱、运输或贮藏等食品的工艺需求（包括感官），或者期望它或其副产品（直接或间接地）成为食品的一个成分，或影响食品的特性。该术语不包括污染物，或为了保持或提高营养质量而添加的物质。

日本《食品卫生法》规定，食品添加剂指的是在食品的生产过程中，或者是以食品加工或保有为目的，对食品进行添加、混合、浸润以及利用其他方法而使用的物质。

美国《食品和药品管理法规》第 201 条规定：食品添加剂是指在食品生产、制造、包装、加工、制备、处理、装箱、运输或贮藏过程中使用的，直接或间接地变成食品的一种成分或影响食品性状的任何一种物质，也包括达到上述目的，在生产、制造、包装、加工、制备、处理、装箱、运输或贮藏过程中使用的辐照源。在其应用条件下，该物质经科学程序评估安全，但未经"公认安全"评估。食品添加剂不包括农药残留、农药、着色剂以及根据《家禽检查法》《蛋品检查法》（21 U. S. C. 451、34 stat. 1260、21 U. S. C. 71）和增补法案中使用的物质、新兽药；也不包括维生素、矿物质、中草药、氨基酸等膳食补充剂。美国将食品添加剂粗分为直接食品添加剂和间接食品添加剂两大类。直接食品添加剂指直接加入到食品中的物质，间接食品添加剂指包装材料或其他与食品接触的物质，在合理预期下，转移到食品中的物质。根据这个定义，食品配料也是食品添加剂的一部分，这也是美国与大多数国家对食品添加剂定义的不同之处。

欧盟食品添加剂法规中将食品添加剂定义为：食品添加剂是指本身不作为食品使用，也不是正常食品的某种特征成分，不论其是否具有营养价值，为了某种技术目的，在食品制造、加工、配制、处理、包装、运输和贮存过程中人为加入食品中，会导致或者可以预期该食品添加剂或其副产物会直接或间接成为食品一部分的物质。但食品添加剂不包括下列物质：因甜味特性而被消费的单糖、双糖、低聚糖及含有这些物质的食品；因香气、滋味、营养特性及着色作用而添加的含香精的食品；应用于包装材料的物质，因其并不能成为食品的组分，且不与食品一起被消费；含有果胶的产品及干苹果渣、柑橘属水果皮或番木瓜/榅桲皮及其混合物通过稀酸水解，再用钠盐或钾盐进行部分中和得到的湿果胶产品；胶基糖果中基础剂物质；白糊精或黄糊精、预糊化淀粉、酸或碱处理淀粉、漂白淀粉、物理改性淀粉和酶改性淀粉、氯化铵、血浆、可食用胶、蛋白水解物及其盐、牛乳蛋白及谷蛋白、没有加工功能的氨基酸及其盐，但不包括谷氨酸、甘氨酸、半胱氨酸、胱氨酸及其盐、酪蛋白及其盐、菊粉。

在食品生产加工过程中，根据生产工艺的需要，按照食品安全标准的规定合理使用食品添加剂，能够发挥食品添加剂的功能作用，达到以下目的：

（1）保持或提高食品本身的营养价值　在食品生产加工或者保存过程中，食品中的一些营养成分容易发生改变（食品营养素被氧化、食品的腐败变质）。如果在食品生产加工过程中按照规定加入一些抗氧化剂或者防腐剂，就能够有效避免营养素的损失。另外，在食品中加入营养强化剂，可以提高食品本身的营养价值，防止营养不良和营养缺乏、促进营养平衡、提高人们的健康水平。

（2）作为特殊膳食用食品的必要配料或成分　在生活中，人们对一些特殊膳食的需求越来越多。例如，2021 年 1 月初国家卫健委发布公告扩大达瓦树胶这种食品添加剂的适用范围，达瓦树胶可以作为乳化剂用于其他特殊膳食用食品（特殊医学用途配方食品，仅限 10 岁以上人群）。在市场竞争度日益提高的当下，营养性、功能性成为左右消费者选择的关键因素，因此特殊膳食用食品中的营养成分只会越来越多，无形中给生产工艺带来了更高的要求。在此背景下，达瓦树胶的功能优势得以充分展示，在相同的乳化条件下，达瓦树胶的使用量仅为常见乳化剂的1/3～1/2，拥有更好的稳定性。

（3）提高食品的质量和稳定性，改进其感官特征　例如，使用乳化剂以保证一些脂肪乳化制品的水油体系的稳定性；加入抗结剂来保证易受潮结块食品的质量。

（4）便于食品的生产、加工、包装、运输或贮藏　食品添加剂有利于食品加工操作适应机械化、连续化和自动化生产，推动食品工业走向现代化。

（二）食品添加剂的分类

食品添加剂按来源可分为天然食品添加剂和化学合成食品添加剂两大类。前者主要从动植物或微生物中提取而来；后者则是采用化学手段所得的物质，其中又可分为一般化学合成品与人工合成天然等同物，如我国使用的胡萝卜素、叶绿素铜钠就是通过化学方法得到的天然等同色素。

食品添加剂按应用特性可分为直接食品添加剂和间接食品添加剂。

食品添加剂最常见的分类方法是按其在食品中的功能来进行分类。由于各国对食品添加剂的定义不同，因而分类也有所不同。例如，美国将食品添加剂分为以下32类：抗结剂和自由流动剂；抗微生物剂；抗氧化剂；着色剂和护色剂；腌制剂和酸渍剂；面团增强剂；干燥剂；乳化剂和乳化盐；酶类；固化剂；风味增强剂；香味剂及其辅料；小麦粉及其处理剂；成型助剂；熏蒸剂；保湿剂；膨松剂；润滑剂和脱模剂；非营养甜味剂；营养增补剂；营养性甜味剂；氧化剂和还原剂；加工助剂；气雾推进剂、充气剂和气体；螯合剂；溶剂和助溶剂；稳定剂和增稠剂；表面活性剂；表面光亮剂；增效剂；组织改进剂。

我国在GB 2760—2024《食品添加剂使用标准》中，将食品添加剂分为23类：酸度调节剂；抗结剂；消泡剂；抗氧化剂；漂白剂；膨松剂；胶基糖果中基础剂物质；着色剂；护色剂；乳化剂；酶制剂；增味剂；面粉处理剂；被膜剂；水分保湿剂；营养强化剂；防腐剂；稳定剂和凝固剂；甜味剂；增稠剂；食品用香料；加工助剂；其他。每类添加剂所包含的种类不同，少者几种（如护色剂7种），多者达千种（如食用香料1910种）。

此外，食品添加剂还可按安全性评价来划分。例如，联合国食品添加剂法规委员会（CCFA）曾在FAO/WHO食品添加剂联合专家委员会（JECFA）讨论的基础上将其分为A、B、C三类，每类再细分为两小类，详见本章第七节。

（三）食品添加剂的编码

为了便于食品添加剂的查找和应用，一般对食品添加剂进行编码。各个国家及国际组织对食品添加剂有不同的编码系统。但各编码系统均具有开放的特点，以便食品添加剂的增补和删减。

CAC在1989年为替代复杂冗长的食品添加剂名称、协调食品添加剂命名系统而创立了食品添加剂国际编码系统（international numbering system for food additives，INS系统），必须指出的是，纳入INS系统的部分化学物质可能并没有通过JECFA的评估。INS系统不包含食用香料、胶基糖果中基础剂物质、膳食增补剂及营养强化剂等几类添加剂的编码。作为食品添加剂发挥功能的酶制剂已经纳入到INS系统的1100系列中。INS编码通常由3~4位数字组成，比如，100为姜黄、1001为胆碱盐及其酯类。实际上，一个号码并不指代唯一的一种食品添加剂，可能指代一类相似的化合物，可以通过字母后缀和括起来的小写数字后缀进行区分。如焦糖色有150a、150b、150c、150d四种，均表示具有相同色调、编号为150的食品褐色素，后缀字母a、b、c、d表示按照不同加工方法获得的不同焦糖色产品；另外，姜黄素的INS码为100（ⅰ），姜黄的INS码为100（ⅱ），均表示具有相似功能、编号为100的食品黄色素，后面的（ⅰ）、（ⅱ）等括起来的小写数字表示该添加剂符合不同的产品标准。另外根据食品添加剂号码数值范围可以将添加剂进行归类。起初100~199为色素；200~299为防腐剂；300~399为抗氧化剂和酸度调节剂；400~499为增稠剂、稳定剂和乳化剂；500~599为酸度调节剂和抗结剂；600~699为增味剂；700~899为饲料添加剂；900~999为被膜剂、气体、甜味剂等；1000~1999为其他添加剂。在准备INS系统之初已经对相似功能的食品添加剂进行了归类处理，但由于食品添加剂名录的开放性及食品添加剂名录的不断增补，几乎每一个3位数都对应于一种添加剂，因此，食品添加剂在INS系统中的位置已经不再被认为与原先既定的功能目的相对应。

我国根据食品添加剂的类别拥有自己的编码系统——中国编码系统（Chinese numbering system for food additives，CNS系统）。我国食品添加剂的编码由食品添加剂的主要功能类别代码和在本功能类别中的顺序号组成，以5位数字表示，前2位数字码为类别标识，小数点以后3位数字表示在该类别中的编号代码。如阿拉伯胶的中国编码（CNS号）为20.008，表示阿拉伯胶归属第20类——增稠剂类，顺序号为008，表示阿拉伯胶是序列号为第8号的食用增稠剂。但我国的食品添加剂编码系统并不涵盖GB 2760—2024《食品添加剂使用标准》附录B、附录C及附录D中所列的食品添加剂。因为附录B食品用香料、食品用香精的标签应符合GB 29924—2013《食品安全国家标准　食品添加剂标识通则》的规定，所以其编码自成体系。另外，附录C为食品工业用加工助剂，一般应在制成最后成品之前除去，所以也未列入CNS编码系统，而附录D胶基糖果中的基础剂物质未列入CNS编码系统，这与国际通用编码系统相一致。GB 2760—2024《食品添加剂使用标准》中所包含的食品添加剂如禁止使用，其代码废止，新增加允许使用的食品添加剂在相应的类别内顺序后排。如溴酸钾已经在2005年7月1日被禁止使用，其CNS编号13.002也在修订版标准中删除。

欧盟编码系统采用食品添加剂国际编码系统（INS系统），但不包括那些不被欧盟批准使用的食品添加剂。每一个添加剂编号前有前缀E字母，意即欧盟。

二、食品添加剂的现状与发展趋势

（一）食品添加剂的现状

食品添加剂能改善食品风味、调节营养成分、防止食物变质，从而实现加工食品的多样化，以满足消费者的各种需求。食品添加剂是现代食品工业中不可缺少的组成部分，食品添加剂技术促进了食品工业的快速发展。

1. 国外食品添加剂

美国最早于1908年就制定了有关食品安全的《食品卫生法》（Pure Food ACT）。2018年6月26日，美国FDA发布新的《食品添加剂物质》目录（EAFUS），一共包括32大类食品添加剂，约4000种。日本于1947年制定《食品卫生法》，由厚生省负责管理，2021年发布修改《食品、添加剂等的规格标准》目录，共批准1535种，包括指定添加剂包含455种，既存食品添加剂共365种，天然香料611种，一般食品添加剂104种。1974年，欧共体（FEC）成立的“欧共体食品科学委员会”负责欧洲范围内食品添加剂安全性的评估，欧盟食品添加剂目录最近更新于2017年，总计26大类1520种。2024年，全世界食品添加剂品种达到25000多种，其中美国食品添加剂消费量全球第一，欧洲地区紧随其后。

2. 国内食品添加剂

（1）现状 食品添加剂是现代食品工业中不可缺少的组成部分，食品添加剂技术促进食品工业的快速发展。全球各类食品添加剂消费总量近1000万t，其中美国食品添加剂消费量全球第一，西欧地区紧随其后，其中调味剂和酸味剂的消费量最大。

据统计，2016—2022年我国食品添加剂主要品种总产量从1056万t增长到1530万t，中国食品添加剂企业数量超过11万家，同比增长近80%。我国食品添加剂行业进入了快速发展的时期，食品添加剂的需求和供给实现双向增长，2022年我国食品添加剂主要品种销售额达到1441亿元。食品添加剂行业已成为全球市值最大、发展最快、应用最广的食品行业之一。预计到2025年，全球食品添加剂市场规模将达到620亿美元，年复合增长率为3.5%。2023年，中国食品添加剂行业规模已达到1600亿元，随着国内外市场需求的不断增加，预计未来几年食品添加剂市场年均增长率将保持在10%左右。食品添加剂行业中，甜味剂市场规模最大，占据了整个市场的24%，其次是防腐剂和增稠剂。

食品工业的发展与食品添加剂密切相关，食品添加剂是食品工业创新发展的重要基础。食品添加剂为食品产业的创新发展和食品质量安全水平的提高起到了巨大推动作用，主要表现在：①食品添加剂推动了新产品开发，促进了新产品的不断涌现；②食品添加剂改革了传统食品加工工艺，促进了食品产业升级换代；③食品添加剂在不断取得科技进步的同时推动了整个食品工业的科技创新；④食品添加剂是食品质量与安全的重要保障，为食品安全起到了保驾护航的作用。食品添加剂的种类、数量、质量与安全水平直接体现食品工业的发展水平，已成为反映人民生活质量及国家发展水平的重要标志。2020年以来，我国食品添加剂发展迅猛，但行业整体仍呈现大而不强的态势，产品的低端化、同质化问题突出。因此，要提高国内食品添加剂行业的核心竞争力，亟待加强相关基础学科问题的研究。食品添加剂是国家自然科学基金委支持的食品科学学科食品加工学基础的研究方向之一。

（2）我国食品添加剂目前存在的问题及解决办法

①超范围超标准使用：我国食品添加剂最新标准GB 2760—2024《食品添加剂使用标准》于2025年2月8日起实施。其中，对我国现阶段食品生产中涉及的食品添加剂使用范围和使用剂量均进行了明确规定，但在实际生产中仍然存在超剂量和超范围使用的情况。从超剂量使用方面来看，苯甲酸钠、山梨酸钾、胭脂红和阿斯巴甜等食品添加剂超剂量使用的报道较多。例如，苯甲酸钠、山梨酸钾作为最常用的防腐剂，在咸酱菜和卤肉中经常超标使用；胭脂红作为着色剂、阿斯巴甜作为甜味剂，在饮料中超标使用。此外，现行食品包装配料标准中并未规定食品添加剂的真实使用剂量。从超范围使用方面来看，亚硝酸钠作为一种常见的肉制食品添加剂，具有防腐、改善肉色和口感等作用，现国家只允许在熟食中添加少量亚硝酸钠，严禁其他食品中添加，而很多不法商贩会将亚硝酸钠添加进其他食品中，对人体健康造成损害。

健全的食品添加剂安全使用法律体系对于规范食品添加剂的使用十分重要。针对我国在食品添加剂超标超范围使用方面存在的安全隐患，相关部门应严格按照我国现行《食品安全法》和 GB 2760—2024《食品添加剂使用标准》对食品添加剂的使用进行监督检查，开展定期和不定期的检查活动，包括食品添加剂的使用标准、范用等，形成书面报告并进行公开，对于违反安全使用食品添加剂的个人、企业，应该严格按照相关法律法规进行处罚，提高食品添加剂使用监管水平。

②食品添加剂质量参差不齐：人体摄入质量不达标的添加剂后可能会对自身健康产生影响。从食品添加剂生产端来看，我国生产食品添加剂的企业众多，且主要以小微型企业为主，这些企业的生产环境、设备以及管理人员的责任意识有待提升，导致生产出的食品添加剂容易出现质量问题。例如，企业对食品添加剂原材料质量把控不严格、对企业生产场地和设备设施环境卫生清理清扫不细致、缺乏生产质量标准等，都会导致有质量问题的食品添加剂流入市场，即使仍然在保质期内也会出现食品安全问题，从食品添加剂销售端来看，部分商家为追求利润最大化，会采购不合格原料，对消费者身体健康造成严重影响。

提高食品加工企业人员素质，加大新型食品添加剂的研发力度对于食品添加剂的安全应用有直接影响，特别是对于小微型食品加工企业来说更加重要。开展培训是提高食品加工企业人员综合素质的有效途径之一，开展培训之前要制订培训计划，培训过程中要针对不同岗位员工设置不同的培训内容，对于一线生产人员注重安全与标准化生产方面的培训，对于管理人员要注重提高责任意识，培训完毕后要开展相关考核保证培训效果，同时可以通过落实安全、标准生产责任制确保食品加工企业安全使用食品添加剂，将责任落实到岗、落实到人，让产品具有追溯性。开发新型安全食品添加剂对于提高食品添加剂的安全使用也非常重要。从人才培养层面来看，高校应该增设食品添加剂相关专业，大力培养食品添加剂研发型人才，提高国内食品添加剂的研发能力。从企业发展层面来看，国家应该加大对食品添加剂生产企业的扶持力度，提供资金、技术和相关政策方面的支持。在多方共同努力的条件下研发出更加安全可靠的食品添加剂。

③食品营养强化剂的盲目使用：随着生活水平的提高，人们不仅要吃饱、吃好，对营养均衡也有了更高的要求。很多企业为迎合消费者心理，在产品中加入食品营养强化剂并在外包装着重强调，诱导了消费者，超市中很多功能性饮料的配料表中都有氨基酸；儿童调制奶都强调了钙、铁、锌的添加；孕妇食品中会添加二十二碳六烯酸和膳食纤维。在食品中盲目添加营养素，会对人体造成负担甚至危害。以维生素为例，市场上很多婴幼儿食品中添加了维生素 A 和维生素 E，但其添加未严格按照 GB 14880—2012《食品安全国家标准　食品营养强化剂使用卫生标准》规定的范围和用量，过多摄入食品营养强化剂会增加人体的代谢负担，从而对人体健康造成危害。

引导食品营养强化剂的合理使用。相关部门可通过多种方式向消费者和生产者宣传和科普食品营养强化剂的作用，消除消费者盲目心理同时使消费者在日常消费过程中可对购买的产品进行简单的辨别；学校、社区、超市等多地通过现场教学和滚动播放等方式丰富消费者的相关知识；通过拍摄科普小视频向消费者普及相关知识，改变消费者的跟风和盲从行为。这是一个长期的工作，需要多个部门或组织共同参与，让消费者实现“高质量”的消费。

④复配食品添加剂的使用问题：复配食品添加剂是指两种以上单一品种的食品添加剂经物理混匀而成的食品添加剂。生产复配食品添加剂者，部分企业滥用复配食品添加剂，如在火锅、汤料、调味品等之中，不公开生产配方，标签上不标示主要成分和含量配比，致使相关人

员无法判定添加剂具体成分。

复配食品添加剂需按照《食品安全法》、GB 2760—2024《食品添加剂使用标准》和 GB 26687—2011《食品安全国家标准 复配食品添加剂通则》的要求，充分识别其质量安全风险，严格控制原料验收、配料、混合、储存和使用等过程，运用 HACCP 对原料系统进行管理，避免其使用风险。

（二）食品添加剂的发展趋势

1. 重视开发天然着色剂、天然抗氧化剂等食品添加剂

我国食品添加剂发展的方向是天然、营养、多功能的食品添加剂和食品配料。从我国生产的食品添加剂的品种分析，总量中生物合成品如谷氨酸钠、柠檬酸、维生素 C、酵母等居第一位；第二位是天然提取物包括天然着色剂、香料、甜味剂、水溶胶等；用石油化工原料生产的化学合成品，如糖精、甜蜜素、合成着色剂等，居第三位。

天然提取物相对化学合成品而言更为安全，且很多天然提取物具有一定的生理活性和保健功能。近年来，我国这类功能性食品添加剂和配料的品种和产量逐渐上升，不仅是天然物提取的食品添加剂品种增加，而且原来用合成法生产的品种也转向从天然物中提取。茶多酚、甜菊糖、红曲红等天然食品添加剂广受青睐。

2. 重视发展功能性食品添加剂

我国已批准列入 GB 2760—2024《食品添加剂使用标准》的食品添加剂中，虽然分类中并没有功能性食品添加剂这一标注，但确实有不少兼具生理活性的功能性食品添加剂，它们已经分别列入了保健食品和部分药物的名单中，例如着色剂红曲红、甜味剂甘草甜和木糖醇。

在我国有些天然提取物或发酵法生产的视同天然物，并不是食品添加剂，可以作食品直接食用，或可以作为食品配料在食品中直接使用。如低聚异麦芽糖、低聚果糖、大豆低聚糖等低聚糖。再如从番茄中提取的番茄红素和大豆中提取的大豆异黄酮。前者有极强的消除自由基、抗氧化、抗衰老的功能，其抗氧化活性为维生素 E 的 100 倍；后者具有缓解妇女更年期综合征、预防心脑血管疾病、降低血脂、促进钙吸收等功能。我国将这些食品配料作为功能性食品添加剂来管理。

日本开发的功能性食品添加剂主要有：低聚糖类（低聚异麦芽糖、低聚果糖、低聚半乳糖、低聚木糖、龙胆低聚糖、大豆低聚糖、棉籽糖、帕拉金糖等），乳酸菌和双歧杆菌类，低分子海藻酸钠，酪蛋白磷酸肽（CPP），糖醇类（木糖醇、麦芽糖醇、赤藓醇、异麦芽酮糖醇），茶多酚等。

2022—2023 年，国际上一些著名的食品添加剂公司对天然抗氧化剂、植物提取物、果胶、膳食纤维、脂肪酸、氨基酸、维生素和矿物质、多酚异黄酮类、天然色素、硫酸软骨素、牛初乳、有益菌类、蛋白粉等功能性产品的开发力度增大。

3. 采用高新技术开发生产食品添加剂

很多传统的食品添加剂本身有很好的使用效果，但由于在制造过程中采用传统的脱色、过滤、交换、蒸发、蒸馏、结晶等净化精制技术，已经不能满足现代食品工业的要求，从而造成生产成本高，产品价格昂贵，使应用受到了限制，迫切需要采用一些高效节能的高新技术。例如，辣椒红采用超临界萃取技术，香精油采用分子蒸馏技术，木糖醇采用膜分离技术，柠檬酸采用色谱分离技术等，均能提高产品纯度和收率，起到提高产品档次、降低产品成本、改善生

产环境的多重效益。此外，生物高新技术由于具有耗能低、环境污染小等优点，被广泛应用到食品添加剂等产业的生产中，如木糖醇、甘露醇等采用了发酵法进行生产；聚赖氨酸应用发酵法进行工业生产；调味料利用酶解技术和美拉德反应进行生产等。

第二节 食品保存剂

一、食品防腐剂

食品防腐剂是一类以保护食品原有性质和营养价值为目的的食品添加剂。

我国食品防腐剂使用有严格的规定，防腐剂应符合以下标准：①合理使用对人体无害；②不影响消化道菌群；③在消化道内可降解为食物的正常成分；④不影响药物抗生素的使用；⑤在食品热处理时不产生有害成分。防腐剂按来源可分为人工合成防腐剂和天然防腐剂两大类；按照物理性质可分为水溶性防腐剂和脂溶性防腐剂；按化学结构可将天然防腐剂分为非酶类防腐剂和酶类防腐剂。

天然防腐剂的抗菌机制主要是通过作用于微生物的细胞壁和细胞膜系统，改变遗传物质和遗传微粒结构，影响酶或功能蛋白的活性。研究发现，防腐剂主要是抑制微生物的呼吸作用，导致能量物质 ATP 和还原 NADH 亏缺，所有合成代谢受阻，活性的动态膜结构不能维持，代谢方向趋于水解，最后产生细胞自溶。

天然防腐剂必备的分子结构条件：①分子中具有 p-π 共轭的电子中继系统，最常见的有醛基、羧基和醇基等，其中，以由相距约 0.25nm 的电子供-纳中心组成的电子中继系统最有效；②分子中具有亲水和亲脂基团，防腐剂要分散于水中才能进入菌体并与呼吸代谢酶系统和合成酶系统起作用，因而防腐剂必须具备亲水基团。

1. 乳酸链球菌素（nisin， CNS 号： 17.019）

由于乳酸链球菌素对许多革兰阳性菌，特别对产孢子的革兰阳性菌有很强的活性，并且它对人体安全无毒，展示了乳酸链球菌素在食品工业中的前景。

乳酸链球菌素的分子由 34 个氨基酸残基组成，相对分子质量 3354.07。

（1）性状与性能　nisin 作为一种浅棕色至乳白色粉末，其溶解度随 pH 的不同而异，易溶于酸性溶剂，热稳定性高。nisin 在酸性条件下呈现最大的稳定性，随着 pH 的升高其稳定性大大降低。nisin 主要抑制大部分革兰阳性菌，特别是细菌的芽孢。nisin 对蛋白酶特别敏感，在消化道中很快被 α-胰凝乳蛋白酶分解。它对人体基本无毒性，也不与医用抗生素产生交叉抗药性，能在肠道中无害的降解。nisin 对许多革兰阳性菌，特别对产孢子的革兰阳性菌有很强的活性，并且它对人体安全无毒、展示了乳酸链球菌素在工业中的前景。

（2）应用　nisin 可与酵母一起用于啤酒、果酒、烈性酒等饮料酒，抑制革兰阳性菌。nisin 可有效抑制啤酒制造过程中革兰阳性腐败菌的生长。在肉制品（火腿、香肠等）中，nisin 可作为一种有效的替代物，减少火腿中发色剂的用量。实验表明，火腿中硝酸盐含量由原来的 0.015%降到 0.004%，产品品质仍保持良好。

（3）毒性　大鼠经口 LD_{50} 为 14.7g/kg(bw)，ADI 为 0~33000IU/kg(bw)。

（4）使用范围及使用量　乳酸链球菌素作为食品防腐剂可用于乳及乳制品（13.0 特殊膳

食用食品涉及品种除外）（01. 01. 01 巴氏杀菌乳、01. 01. 02 灭菌乳和高温杀菌乳、01. 02. 01 发酵乳、01. 03. 01 乳粉和奶油粉和 01. 05. 01 稀奶油除外）、腌渍的蔬菜、加工食用菌和藻类（4. 03. 02. 04 食用菌和藻类罐头除外）、卤制豆干、熟肉制品（08. 03. 08 肉罐头类除外）、熟制水产品（可直接食用），最大使用量为 0. 5g/kg；其他杂粮制品、方便米面制品、蛋制品，最大使用量为 0. 25g/kg；饮料类、食醋、酱油、酿造酱、复合调味料，最大使用量为 0. 2g/kg。

2. 苯甲酸（benzoic acid，　CNS 号：　17. 001）

又称安息香酸，分子式 C_6H_5COOH，相对分子质量 122. 12，结构式见图 3-1。

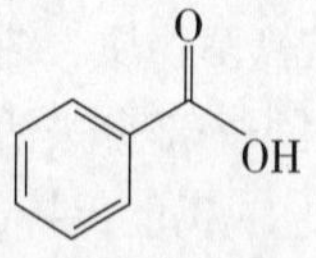

图 3-1　苯甲酸

（1）性状与性能　白色、有轻微苯甲醛气味的晶体或结晶粉末。游离酸、酯或其衍生物形式广泛存在于自然界中。为消毒防腐剂，具有抗细菌作用；在酸性环境中，0. 1%（质量分数）即有抑菌作用。外用能抗浅部真菌感染。将 0. 05% ~ 0. 1%（质量分数）的苯甲酸加入药品制剂或食品中作防腐剂，可阻抑细菌和真菌生长。

（2）应用　苯甲酸及苯甲酸钠常用于保藏高酸性水果、浆果、果汁、果酱、饮料糖浆及其他酸性食品，可与低温杀菌合用，起协同作用。

（3）毒性　大鼠经口 LD_{50} 为 2530mg/kg（bw），ADI 为 0 ~ 5mg/kg（bw）。

（4）使用范围及使用量　GB 2760—2024《食品添加剂使用标准》规定，最大使用量：碳酸饮料、特殊用途饮料，最大使用量为 0. 2g/kg；配制酒最大使用量为 0. 4g/kg；蜜饯最大使用量为 0. 5g/kg；复合调味料最大使用量为 0. 6g/kg；果酒、除胶基糖果以外的其他糖果最大使用量为 0. 8g/kg；食醋，酱油，酿造酱，果酱（罐头除外），果蔬汁（浆）类饮料，风味冰、冰棍类，蛋白饮料，茶、咖啡、植物（类）饮料，风味饮料，半固体及液体复合调味料，最大使用量为 1. 0g/kg；胶基糖果最大使用量为 1. 5g/kg；浓缩果蔬汁（浆）（仅限食品工业用）最大使用量为 2g/kg。苯甲酸和苯甲酸钠同时使用时，以苯甲酸计，不得超过最大使用量。

3. 溶菌酶（lysozyme，　CNS 号：　17. 035）

溶菌酶是由 129 个氨基酸组成的单肽链蛋白质，含有 4 对二硫键，相对分子质量 14. 6×10^3。溶菌酶分子近椭圆形，大小 4. 5nm×3. 0nm×3. 0nm。

（1）性状与性能　白色至淡黄色粉末或浅黄色至深褐色液体。溶菌酶是由动物特定细胞内的核糖体上合成的一种蛋白酶，分泌到细胞外杀死细菌的。它存在于卵清、唾液等生物分泌液中，催化细菌细胞壁肽聚糖 *N*-乙酰氨基葡糖与 *N*-乙酰胞壁酸之间的 1,4-*β*-糖苷键水解的酶。它可以溶解掉细菌的细胞壁，杀死细菌。溶菌酶对于破坏革兰阳性菌的细胞壁较革兰阴性菌强。

（2）应用　广泛应用于水产品、肉制品、蛋糕、清酒、料酒及饮料中；还可以添加于乳粉中或者利用溶菌酶生产酵母浸膏和核酸类调味料等。在水产类制品的应用中，可制成保鲜剂，可以延长冷却水产品的保质期 1 ~ 4 倍。此外，溶菌酶特别适合于巴氏杀菌乳的防腐，一般在包装前加入 300 ~ 600mg/kg。在糕点中加入溶菌酶，也可防止微生物的繁殖，起到防腐作用。

（3）毒性　由其制成的复方消毒液小鼠急性经口 LD_{50}>5000mg/kg（bw）。

（4）使用范围及使用量　干酪、再制干酪、干酪制品及干酪类似品按生产需要适量使用，发酵酒（15. 03. 01 葡萄酒除外）中的最大使用量为 0. 5g/kg。

4. 纳他霉素（natamycin， CNS号： 17.030）

又称优霉素、匹马菌素。纳他霉素为四烯大环内酯，四烯系统呈全顺式，分子式 $C_{33}H_{47}NO_{13}$，相对分子质量665.73。

（1）性状与性能　纳他霉素为白色至奶油黄色的结晶性粉末，含3个结晶水，几乎无臭无味。它是两性物质，其电离常数p*K*a分别为8.35和4.6，等电点为6.5，熔点为280℃。纳他霉素存在两种构型：烯醇式和酮式，这就使得其难溶于多种溶剂。纳他霉素是一种多烯大环内酯类抗真菌物质，纳他霉素的稳定性好，纳他霉素干粉在避光避潮下较稳定，室温下保存几年只有很小一部分失活。50℃放置几天或100℃短时处理，其活性几乎无损失。120℃条件下加热不超过1h仍能保持部分活性。

（2）应用　纳他霉素被用作食品表面防腐剂以延长货架期，主要用于乳酪、肉制品等。用在乳酪中，纳他霉素比山梨酸钾活性高400倍。在葡萄酒中，纳他霉素能取代山梨醇和其他抗真菌剂，它允许减少 SO_2 的使用量。

（3）毒性　大鼠经口 LD_{50} 为2730mg/kg（bw），ADI暂定为0~0.3mg/kg（bw）。

（4）使用范围及使用量　根据GB 2760—2024《食品添加剂使用标准》规定，食物中纳他霉素残留量<10mg/kg，在干酪、再制干酪、干酪制品及干酪类似品，糕点，酱卤肉制品类，熏、烧、烤肉类，油炸肉类，西式火腿类，肉灌肠类，发酵肉制品类，最大使用量为0.3g/kg（纳他霉素混悬液表面使用，混悬液喷雾或浸泡）；用于沙拉酱、蛋黄酱中最大使用量为0.02g/kg；发酵酒中最大使用量为0.01g/L。

5. 山梨酸（sorbic acid， CNS号： 17.003）

化学名称为2,4-己二烯酸，又名清凉茶酸，分子式 $C_6H_8O_2$，相对分子质量为112.13，结构式见图3-2。

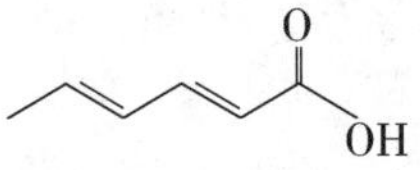
图3-2　山梨酸

（1）性状与性能　白色或类白色粉末或颗粒，微溶于水，能溶于多种有机溶剂。熔点132~135℃。长期于空气中放置则氧化变色。耐光、耐热性好。山梨酸只有透过细胞壁进入微生物体内才能起作用，分子态的抑菌活性比离子态强。与过氧化氢溶液混合使用时，抗微生物活性会显著增强，是酸性防腐剂。

（2）应用　山梨酸广泛应用于肉类、豆奶类、蔬菜水果、蜜饯糖果、糕点保鲜。肉类、豆制品中主要抑制霉菌。以0.75g/L山梨酸喷涂/浸渍天然乳酪，可维护其鲜度。用于蔬菜、水果，保鲜剂和水果的质量比为1∶20。蜜饯糖果类，可以按照0.08%~0.15%的用量添加山梨酸。果酱、果胶则添加约0.05%山梨酸或者相应浓度的山梨酸钾。山梨酸也可以直接加入面粉或者面团之中，用量一般为0.1%~0.15%（以面粉的重量计）。

（3）毒性　大鼠经口 LD_{50} 为7360mg/kg（bw），ADI为0~25mg/kg（bw）。

（4）使用范围及使用量　根据GB 2760—2024《食品添加剂使用标准》规定，山梨酸作为食品防腐剂可用在熟肉制品、预制水产品中，最大使用量为0.075g/kg；经表面处理过的鲜水果和新鲜蔬菜，酿造酱，饮料类［包装饮用水、果蔬汁（浆）除外］、加工食用菌和藻类，蜜饯，风味冰、冰棍类，果冻、胶原蛋白肠衣中，最大使用量为0.5g/kg；葡萄酒中最大使用量为0.2g/kg，配制酒中最大使用量为0.4g/kg，果酒、青稞干酒中最大使用量为0.6g/kg；在干酪和再制干酪、干酪制品及干酪类似品，氢化植物油，人造黄油（人造奶油）及其类似制品，脂肪含量80%以下的乳化制品，果酱（罐头除外），腌渍的蔬菜，豆干再制品，新型豆制品（大豆蛋白及其膨化食品、大豆素肉等），除胶基糖果以外的其他糖果、面包，糕点，焙烤食品馅料及表面用挂浆，各类水产品，调味糖浆，酱油，食醋，复合调味料，乳酸菌饮料中最大使用量为1.0g/kg；在胶基糖果、杂粮灌肠制品、米面灌肠制品、蛋制品、肉灌肠类中，最大使用量为1.5g/kg；浓缩果蔬汁（浆）（仅限食品工业用）中，最大使用量为2.0g/kg。

二、食品抗氧化剂

食品抗氧化剂是能防止或延缓油脂或食品成分氧化分解、变质，提高食品稳定性的物质。

抗氧化剂的作用机制最主要是终止链式反应的传递，作用模式如下（AH代表抗氧化剂）：

AH+ROO=ROOH+A·

AH+R·=RH+A·MszHq

抗氧化剂的自由基A·没有活性，它不能引起链式反应，却能参与一些终止反应。如：

A·+A·=AA

A·+ROO·=ROOA

防止食品氧化变质，除了在食品加工和贮运环节中采取低温、避光、隔绝氧气以及充氮密封包装等物理的方法外，还需要配合使用一些安全性高、效果显著的食品抗氧化剂。

油脂类抗氧化剂主要有丁基羟基茴香醚（BHA）、二丁基羟基甲苯（BHT）、没食子酸丙酯（PG）、特丁基对苯二酚（TBHQ）、生育酚（维生素E）等，它们都属于酚类抗氧化剂，在形成自由基后比较稳定，是因为氧原子上不成对单电子能与苯环上的π电子云作用，发生共轭效应。这种共轭的结果使成对电子并不固定在氧原子上，而是部分分布到苯环上。这样，自由基的能量就有所降低，因此比较稳定，不再引发链式反应，起到了抗氧化作用。

具有抗氧化作用的物质有很多，但可用于食品的抗氧化剂应具备以下条件：①具有优良的抗氧化效果；②本身及分解产物都无毒无害；③稳定性好，与食品可以共存，对食品的感官性质（包括色、香、味等）没有影响；④使用方便，价格便宜。

抗氧化剂预防食品氧化变质的机制主要是：抗氧化剂是金属离子螯合剂，油脂食品中含有微量的金属，如铜、铁、镁等，能催化氧化反应，抗氧化剂能螯合油脂食品中含有微量的金属，抑制氧化反应的生成。由于化学合成的酚类化合物的毒性受到质疑，动物实验表明其具有一定的毒性和致癌作用。美国于1997年停止了BHT的使用，天然抗氧化剂相对比较安全，因而维生素类抗氧化剂维生素C、维生素E及天然提取的类胡萝卜素和黄酮类等成为国内外研发的热点。

抗氧化剂一般可分为油溶性和水溶性两类，油溶性包括天然的愈创树脂、生育酚混合浓缩物等和人工合成的没食子酸丙酯、抗坏血酸酯类、丁基羟基茴香醚、二丁基羟基甲苯等；水溶性包括抗坏血酸和异抗坏血酸及其盐类，植酸，茶多酚等。目前，食品工业主要使用人工合成抗氧化剂BHA和BHT。因化学合成抗氧化剂的安全性受到质疑，动物实验表明其具有一定的毒性和致癌作用，在日本BHA只能用于棕榈油和棕榈仁油，美国、欧盟等国已禁止使用合成抗氧化剂，许多国家对其添加量已加以限制，《FAO/WHO食品标准法典》明确规定合成抗氧化剂的添加量。

1. 丁基羟基茴香醚（butylated hydroxyanisole，BHA，CNS号：04.001）

丁基羟基茴香醚又称叔丁基-4-羟基茴香醚、丁基大茴香醚，分子式$C_{11}H_{16}O_2$，相对分子质量180.25，结构式见图3-3。

（1）性状与性能　BHA为白色至微黄色结晶或蜡状固体，具有轻微特征性气味。有两种同分异构体：3-叔丁基-4-羟基茴香醚（3-BHA）和2-叔丁基-4-羟基茴香醚（2-BHA）。沸点260~270℃，熔点48~63℃。随3-BHA和2-BHA混合比例不同而不同，如3-BHA占95%时，熔点为62℃。不溶于水，在几种溶剂和油脂中的溶解度（25℃）为：丙二醇50%、丙酮60%、乙醇25%、花生油40%、棉籽油42%、猪脂30%。对热相当稳定，在弱碱性的条件下不容易被破坏，这可能是它在焙烤食品中抗氧化效果显著的原因之一。市场上出售的叔丁基-4-羟基茴香醚是3-BHA和2-BHA的混合物，一般3-BHA的含量为90%以上，以块状或薄片状出售。

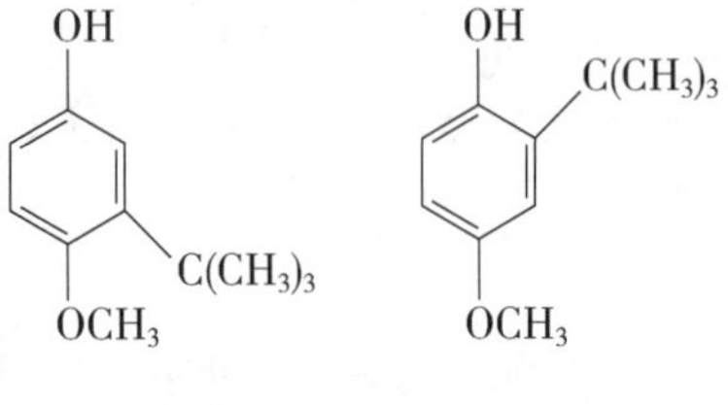

图3-3 丁基羟基茴香醚

（2）应用 丁基羟基茴香醚的热稳定性良好，作为脂溶性抗氧化剂，适宜油脂食品和富脂食品在油煎或焙烤条件下使用；对动物性脂肪的抗氧化作用较强，而对不饱和植物油的抗氧化作用较差。可稳定生牛肉的色素和抑制脂类化合物的氧化；与三聚磷酸钠和抗坏血酸结合使用可延缓冷冻猪排腐败变质。

（3）毒性 一般认为BHA毒性很小，较为安全。小鼠经口LD_{50}为1.1g/kg（bw），大鼠经口LD_{50}为2g/kg（bw），兔经口LD_{50}为2.1mg/kg（bw），ADI为0~0.5mg/kg（bw）。

（4）使用范围及使用量 丁基羟基茴香醚可用于脂肪、油和乳化脂肪制品，油炸坚果与籽类，坚果与籽类罐头，油炸面制品，杂粮粉，即食谷物［包括碾轧燕麦（片）］，方便米面制品，腌腊肉制品（如咸肉、腊肉、板鸭、中式火腿、腊肠等），饼干，风干、烘干、压干等水产品，鸡肉粉，膨化食品，最大使用量为0.2g/kg；胶基糖果的最大使用量为0.4g/kg。丁基羟基茴香醚与二丁基羟基甲苯、没食子酸丙酯混合使用时，其中丁基羟基茴香醚与二丁基羟基甲苯总量不得超过0.1g/kg，没食子酸丙酯不得超过0.05g/kg（使用量均以脂肪计）。

2. 二丁基羟基甲苯（butylated hydroxytoluene， BHT， CNS号： 04.002）

二丁基羟基甲苯又称2,6-二叔丁基对甲酚或3,5-二叔丁基-4-羟基甲苯，分子式$C_{15}H_{24}O$，相对分子质量220.36，结构式见图3-4。

（1）性状与性能 BHT为白色结晶或结晶性粉末，无臭或有很淡的特殊气味。熔点（初溶）为69.9℃，沸点265℃。不溶于水、甘油和丙二醇，易溶于乙醇和油脂，其溶解度为：乙醇25%（120℃），豆油30%（25℃），棉籽油20%（25℃），猪油40%（25℃）。二丁基羟基甲苯化学稳定性好，对热稳定，遇金属离子尤其是铁离子不显色，抗氧化效果良好。具有单酚型特征的升华性，加热时与水蒸气一起挥发。与其他抗氧化剂相比，稳定性高，抗氧化作用强，价格低廉，但毒性相对较高。

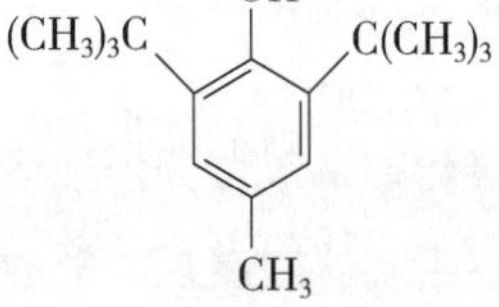

图3-4 二丁基羟基甲苯

（2）应用 BHT是国内外广泛使用的脂溶性抗氧化剂。其抗氧化能力较强，耐热性及稳定性好，没有特异臭味，遇金属离子没有呈色反应，价格低廉，仅为BHA的1/5~1/8，我国仍将其作为主要抗氧化剂使用。一般与BHA配合使用，并以柠檬酸或其他有机酸为增效剂。

（3）毒性 大鼠经口LD_{50}为2.0g/kg（bw），ADI为0~0.3mg/kg（bw）。

（4）使用范围及使用量 可用于脂肪、油和乳化脂肪制品，油炸坚果与籽类，坚果与籽类罐头，脱水马铃薯制品，即食谷物［包括碾轧燕麦（片）］，饼干，油炸面制品，腌腊肉制品类（如咸肉、腊肉、板鸭、中式火腿、腊肠），风干、烘干、压干等水产品，方便米面制品、膨化食品中，最大使用量为0.2g/kg。胶基糖果中的最大使用量为0.4g/kg。二丁基羟基甲苯与丁基羟基茴香醚、没食子酸丙酯混合使用时，其中丁基羟基茴香醚与二丁基羟基甲苯总量不得超过0.1g/kg，没食子酸丙酯不得超过0.1/kg（使用量均以脂肪计）。

3. 没食子酸丙酯（propyl gallate， PG， CNS号： 04.003）

没食子酸丙酯又称倍酸丙酯或3,4,5-三羟基苯甲酸丙酯，分子式 $C_{10}H_{12}O_5$，相对分子质量212.20，结构式见图3-5。

（1）性状与性能　没食子酸丙酯为白色或乳白色结晶性粉末，无臭，稍有苦味，水溶液无味；2.5g/L水溶液pH为5.5左右。易与铜、铁离子反应，可生成有色（呈紫色或暗绿色）的复合物。光照可促进其分解。熔点为146~150℃，对热较敏感，在熔点时即分解，因此应用于食品中其稳定性较差。难溶于水，易溶于乙醇、丙二醇、甘油等。对油脂的溶解度与水的溶解度相似。

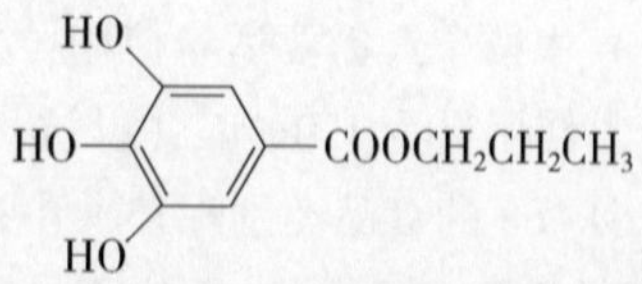

图3-5　没食子酸丙酯

（2）应用　没食子酸丙酯作为脂溶性抗氧化剂，适宜在植物油脂中使用。对稳定豆油、棉籽油、棕榈油、不饱和脂肪及氢化植物油有显著效果。对动物脂肪的抗氧化作用较丁基羟基茴香醚或二丁基羟基甲苯强。对含植物油的面制品如奶油饼干等，没食子酸丙酯抗氧化性没有丁基羟基茴香醚或二丁基羟基甲苯效果突出。没食子酸丙酯与增效剂结合使用时其抗氧化作用会更佳，并且与丁基羟基茴香醚、二丁基羟基甲苯混合使用效果也比单独使用要好。由于没食子酸丙酯与铁离子形成紫色络合物，从而会引起食品变色。所以使用时最好与金属络合剂如柠檬酸共同使用。

（3）毒性　大鼠经口 LD_{50} 为2.6g/kg（bw），ADI为0~1.4mg/kg（bw）。

（4）使用范围及使用量　GB 2760—2024《食品添加剂使用标准》对没食子酸丙酯的规定为：用于脂肪、油和乳化脂肪制品，油炸坚果和籽类，坚果与籽类罐头，油炸面制品，方便米面制品，饼干、腌制肉制品类（如咸肉、腊肉、板鸭、中式火腿、腊肠等），风干、烘干、压干等水产品、膨化食品及鸡肉粉，最大使用量为0.1g/kg（以油脂中的含量计）；胶基糖果最大使用量为0.4g/kg（以油脂中的含量计）。

4. L-抗坏血酸（L-ascorbic acid， CNS号： 04.014）及其盐类

L-抗坏血酸又称维生素C，分子式 $C_6H_8O_6$，相对分子质量176.13，结构式见图3-6。

（1）性状与性能　L-抗坏血酸为白色或微黄色的结晶或结晶性粉末，无臭，味酸。熔点187~192℃，易溶于水、乙醇，不溶于氯仿、乙醚、非挥发性油脂、苯和乙醚等溶剂，呈强还原性，分子中的烯二醇基能被氧化成二酮基。L-抗血酸钠为白色至微黄色结晶固体，无臭，稍咸。熔点218℃（分解）。易溶于水（62g/100mL），不溶于苯、乙醚和氯仿，难溶于乙醇。2g/L水溶液pH为6.5~8.0。在干燥空气中比较稳定，吸潮后在水溶液中会慢慢氧化分解，特别是在中性或碱性溶液中很快被氧化。

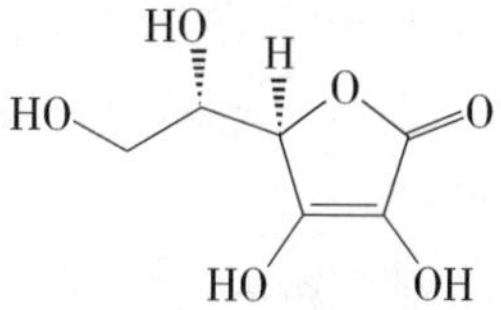

图3-6　L-抗坏血酸

（2）应用　用于瓶装的和罐装的碳酸饮料中，维生素 C 被用做氧清除剂，以防止饮料变味和变色；可保护饮料中的胡萝卜素在暴露于阳光下时不褪色；可防止啤酒氧化变浑、变味、颜色变暗和褪色；此外，可以提高酒香和透明度，保持氧化还原电势的稳定性。

（3）毒性　正常剂量的 L-抗坏血酸对人体无毒性作用，ADI 为 0~15mg/kg（bw）。L-抗坏血酸钠的大鼠经口 LD_{50} 大于 5g/kg（bw），ADI 不作特殊规定。

（4）使用范围及使用量　GB 2760—2024《食品添加剂使用标准》对 L-抗坏血酸及其盐类的规定为：L-抗坏血酸在小麦粉最大使用量为 0.2g/kg；去皮或预切的鲜水果，去皮、切块或切丝的蔬菜中最大使用量为 5.0g/kg，果蔬汁（浆）中最大使用量为 1.5g/kg，相应的固体饮料按稀释倍数增加使用量；抗坏血酸钠在各类食品（标准表 A.2 中编号为 1~62、68 的食品类别除外）中按生产需要适量使用；抗坏血酸钙在去皮或预切的鲜水果，去皮、切块或切丝的蔬菜中最大使用量为 1.0g/kg（以抗坏血酸钙残留量计），在各类食品（标准表 A.2 中编号为 1~62、64~68 的食品类别除外）中按生产需要适量使用。

5. 维生素 E（vitamin E， CNS 号： 04.016）

维生素 E 又称生育酚，由具有氧化活性的 6-羟基环和一个类异戊二烯侧链构成，根据苯环上甲基数及位置，具有 α、β、γ 和 δ 四种异构体，天然维生素 E 除了含有这四种异构体外，还含有 α-生育三酚、β-生育三酚、γ-生育三酚和 δ-生育三酚，生育三酚分子侧链的 3'、7'、11'位各含有一个双键。维生素 E 结构式如图 3-7 所示，其中，取代基 α：$R_1=R_2=R_3=CH_3$，$R_1=R_3=CH_3$，$R_2=H$，γ：$R_1=H$，$R_2=R_3=CH_3$；δ：$R_1=R_2=H$，$R_3=CH_3$。

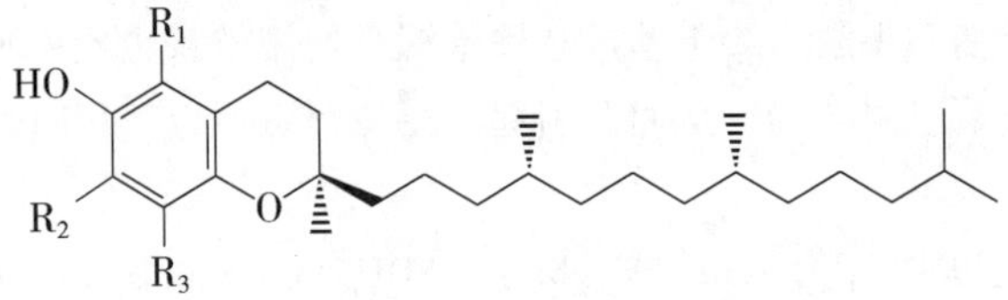

图 3-7　维生素 E

（1）性状与性能　维生素 E 为淡黄色至琥珀色澄清的黏稠液体，暴露在空气或光线下色泽会变深，属脂溶性维生素，无臭，易溶于脂肪、乙醇等有机溶剂中，不溶于水，对热、酸稳定，对碱不稳定，对氧敏感，对热不敏感，但油炸时维生素 E 活性明显降低。耐光照，对紫外线、放射线耐性也较强，对用透明材质包装的食物，尤其是食用油有重要的应用价值。

（2）应用　维生素 E 可用作抗氧化剂，可防止多不饱和脂肪酸及磷脂被氧化，故能维持细胞膜的完整性；保护维生素 A 不受氧化破坏，并增强其作用；维生素 E 与碘化合物联合应用能预防维生素 E 缺乏症状；防止血液中的过氧化脂质增多。

（3）毒性　大鼠经口 LD_{50} 为 5g/kg（bw），小鼠经口 LD_{50} 为 10g/kg（bw），ADI 无限制性规定。

（4）使用范围及使用量　GB 2760—2024《食品添加剂使用标准》对维生素 E 的使用规定为：基本不含水的脂肪和油、复合调味料按生产需要适量使用；调制乳，油炸坚果与籽类，油炸面制品，方便米面制品，面糊、裹粉、煎炸粉，果蔬汁（浆）饮料，蛋白饮料，其他型碳酸饮料，特殊用途饮料，风味饮料，茶、咖啡、植物（类）饮料，蛋白固体饮料、膨化食品最大使用量为 0.2g/kg；即食谷物［包括碾轧燕麦（片）］最大使用量为 0.085g/kg。水油状脂肪乳化制品，02.02 类以外的脂肪乳化制品，包括混合的和（或）调味的脂肪乳化制品最大使用量为 0.5g/kg。

第三节 食品色泽调节剂

一、着 色 剂

食品着色剂是用来赋予并改善食品色泽的一种食品添加剂，随着国内外食品着色剂的发展，食品着色剂的发展历程大致可概括为：食用天然着色剂、食用人工合成着色剂、食用天然与人工合成并用的着色剂、食用更加安全和稳定的着色剂。

在我国化学合成色素和天然色素并用的情况下，天然色素的发展方向是营养、多功能性。随着人们生活水平的提高，天然色素必将成为食品着色剂的主导产品。

（一）天然着色剂

1. 多酚类

（1）葡萄皮红（花色苷类）

①性质：葡萄皮红为红至暗紫色液状、块状、粉末状或糊状物质，稍带特异臭气。溶于水、乙醇、丙二醇，不溶于油脂。色调随 pH 变化。酸性时呈红至紫红色，碱性时呈暗蓝色，铁离子存在下呈暗紫色。染色性、耐热性不太强，维生素 C 可提高其耐光性。聚磷酸盐能使其色调稳定。

②应用与限量：天然食用色素。供水果饮料、碳酸饮料、酒精饮料、蛋糕、果酱等用。饮料、葡萄酒、果酱、液体产品用量为 0.1%~0.3%，粉末食品中添加量 0.05%~0.2%，冰淇淋 0.002%~0.2%。

GB 2760—2024《食品添加剂使用标准》规定使用最大限量为，冷冻饮品（食用冰除外）、配制酒，1.0g/kg；饮料类［包装饮用水、果蔬汁（浆）、浓缩果蔬汁（浆）除外］，2.5g/kg；果酱，1.5g/kg；糖果、焙烤食品，2.0g/kg。

（2）红花黄（查尔酮类）

①性质：红花黄为黄色或者棕黄色粉末，易吸潮，吸潮时呈褐色，并结成块状。吸潮后的产品不影响使用效果。易溶于水、稀乙醇，不溶于乙醚、石油醚、油脂等。对热相当稳定。

②应用与限量：根据 GB 2760—2024《食品添加剂使用标准》规定，可用于冷冻食品（食用冰除外）、水果罐头、蜜饯、装饰性果蔬、腌渍的蔬菜、蔬菜罐头、糖果、杂粮罐头、糕点上彩装、果蔬汁（浆）类饮料、碳酸饮料、果味饮料、配制酒、果冻等食品，均有相对应限量。

2. 类胡萝卜类

（1）天然 β-胡萝卜素

①性质：天然 β-胡萝卜素为红褐色至红紫或橙色至深橙色粉末、糊状或黏稠状液体，溶于油脂后呈黄至黄橙色。耐热、耐酸，但不耐光。不溶于水，微溶于乙醇和油脂，易氧化，应避免与空气接触。

②应用与限量：根据 GB 2760—2024《食品添加剂使用标准》规定，可用于调制乳、干酪

等乳制品，脂肪类制品，果蔬类制品，加工坚果与籽类，糖果，米面制品，水产品等，均有相对应限量。

（2）叶黄素

①性质：叶黄素，别名类胡萝卜素、胡萝卜醇、植物黄体素、核黄体、万寿菊花素及植物叶黄素等，橙黄色粉末，浆状或液体，不溶于水，溶于己烷等有机溶剂。一般存在于绿叶的蔬菜中。叶黄素本身是一种抗氧化物，并可以吸收蓝光等有害光线。

②应用与限量：按照 GB 2760—2024《食品添加剂使用标准》，作为着色剂，在焙烤食品中的最大使用量为 0.15g/kg；在饮料类食品中的最大使用量为 0.05g/kg；在冷冻食品中的最大使用量为 0.1g/kg；在果冻果酱食品中的最大使用量为 0.05g/kg。

3. 醌酮类

（1）姜黄素

①性质：姜黄素（curcumin）是一种从姜科植物姜黄等的根茎中提取得到的黄色色素。为酸性多酚类物质，主链为不饱和脂肪族及芳香族基团。橙黄色结晶粉末，味稍苦。不溶于水，溶于乙醇、丙二醇，易溶于冰醋酸和碱溶液，在碱性时呈红褐色，在中性、酸性时呈黄色。对还原剂的稳定性较强，着色性强（不是对蛋白质），一经着色后就不易褪色，但对光、热、铁离子敏感，耐光性、耐热性、耐铁离子性较差。

②应用与限量：根据 GB 2760—2024《食品添加剂使用标准》规定，姜黄素可用于冷冻饮品（食用冰除外），油炸坚果与籽类，可可制品、巧克力和巧克力制品（包括代可可脂巧克力及制品）以及糖果，糖果，面糊、裹粉、煎炸粉，碳酸饮料，果冻等食品，均有相对应限量。

（2）叶绿素

①性质：叶绿素为镁卟啉化合物，包括叶绿素 a、b、c、d、f 以及原叶绿素和细菌叶绿素等。叶绿素不稳定，光、酸、碱、氧、氧化剂等都会使其分解。酸性条件下，叶绿素分子很容易失去卟啉环中的镁成为去镁叶绿素。叶绿素溶液能进行部分类似光合作用的反应，在光照下使某些化合物氧化或还原。

②应用与限量：根据 GB 2760—2024《食品添加剂使用标准》规定，叶绿素铜钠盐、叶绿素铜钾盐可用于冷冻饮品（食用冰除外）、蔬菜罐头、糖果、加工坚果与籽类、果蔬汁（浆）类饮料、配制酒、果冻等食品，均有相对应限量。

4. 微生物源天然色素

红曲红色素是利用微生物发酵法大规模生产的天然生物色素，是目前已应用于食品工业的、来源于微生物发酵的天然着色剂。

①性质：红曲红为暗红色粉末，带油脂状，无味无臭。溶于乙醇和丙二醇，不溶于水。着色能力强，色调受 pH 的影响较小，耐热性、耐金属离子性好，但耐光性较差。红曲红色素中氧原子被水溶性蛋白质中氮原子替代并发生重排形成的复杂复合物可将红曲红色素变为水溶性分子。

②应用与限量：根据 GB 2760—2024《食品添加剂使用标准》规定，红曲米及红曲红可用于调制乳、风味发酵乳、调制炼乳、冷冻饮品（食用冰除外）、果酱、蔬菜泥（酱）（番茄沙司除外）、腐乳类、糖果、饼干、熟肉制品、调味品（盐及代盐制品、香辛料类除外）、果蔬汁（浆）类饮料、蛋白饮料、碳酸饮料、配制酒、果冻、膨化食品等食品，均有相对应限量。

（二）合成着色剂

1. 偶氮类色素

（1）苋莱红及其铝色淀

①性质：苋莱红及其铝色淀为紫红色细粉末。无臭。着色度与粉末的细度有关，粒子越细着色度越高。比苋莱红的耐光、耐热性佳。几乎不溶于水及有机溶剂。在酸性及碱性的水中，色素缓慢溶出。因此用于酸性及碱性食品，容易混合均匀，如用于中性水溶液则产生沉淀。

②应用与限量：根据 GB 2760—2024《食品添加剂使用标准》规定，苋莱红及其铝色淀可用于冷冻食品（食品冰除外），果酱，蜜饯，装饰性果蔬，腌渍的蔬菜，可可制品、巧克力和巧克力制品以及糖果，糕点上彩装，饼干夹心，水果调味糖浆，固体汤料，果蔬汁（浆）类饮料，碳酸饮料，固体饮料，果味饮料，配制酒，果冻，均有相对应限量。

（2）柠檬黄及其铝色淀

①性质：黄色细粉、无臭、耐光、耐热。易溶于水及有机溶剂，不溶于油脂，1g/L 水溶液呈黄色，最大吸收波长 428nm。是着色剂中最稳定的一种，缓慢溶于含酸及含碱的水溶液。

②应用与限量：根据 GB 2760—2024《食品添加剂使用标准》规定，可用于风味发酵乳，调制炼乳（包括加糖炼乳及使用了非乳原料的调制炼乳等），冷冻饮品（食用冰除外），果酱，蜜饯，装饰性果蔬，腌渍的蔬菜，加工坚果与籽类，可可制品、巧克力和巧克力制品以及糖果，面糊，虾味片，即食谷物，水果调味糖浆，饮料类，配制酒，膨化食品，果冻等食品，均有相对应限量。

2. 非偶氮类色素

（1）喹啉黄　喹啉黄为黄色粉末或颗粒，溶于水，而微溶于乙醇。根据 GB 2760—2014《食品添加剂使用标准》，喹啉黄及其铝色淀只可用于糖果包衣和配制酒。

（2）二氧化钛

①性质：二氧化钛又称作食用白色 6 号、钛白，可用钛矿石经氯化后生成四氯化钛，氧化分解得到二氧化钛。二氧化钛为白色无定型粉末，无臭无味。不溶于水、盐酸、稀硫酸、乙醇和其他一些有机溶剂，缓慢溶于氢氟酸和热硫酸。着色范围广。

②应用与限量：根据 GB 2760—2024《食品添加剂使用标准》规定，可用于果酱，蜜饯类、凉果类，油炸坚果与籽类，可可制品、巧克力及巧克力制品，调味糖浆，蛋黄酱、沙拉酱，固体饮料，果冻，膨化食品等食品，均有相对应限量。

二、护　色　剂

在动物类食品的加工过程中添加适量的化学物质与食品中的某些成分发生作用，而使制品呈现良好的色泽，这种物质称为护色剂（colour fixative）。

护色剂一般泛指硝酸盐和亚硝酸盐类物质，硝酸盐和亚硝酸盐本身并无着色能力，但当其应用于动物类食品后，腌制过程中其产生的一氧化氮能使肌红蛋白或血红蛋白形成亚硝基肌红蛋白或亚硝苯血红蛋白，从而使肉制品保持稳定的鲜红色。护色剂主要用于肉及肉制品范围的加工。主要使用的物质成分为硝酸盐和亚硝酸盐，此类物质具有一定毒性，尤其可与胺类物质生成强致癌物亚硝胺。护色助剂是指本身并无护色功能，但与护色剂配合使用可以明显提高护色效果，并可降低护色剂的毒性而提高其安全性的一类物质。抗坏血酸和异抗坏血酸及其钠盐是良好的助护色剂。护色剂有如下四个作用：

（1）护色　在肉制品的生产过程中加入硝酸盐或亚硝酸盐，经过适当的处理，可以使肉类制品呈现鲜艳稳定的亮红色。

（2）抑菌　硝酸盐或亚硝酸盐具有明显的防腐作用，尤其是对肉毒梭状芽孢杆菌有较强的抑制作用。pH 5.0~5.5 时，亚硝酸盐比其在较高 pH 时能更有效地抑制梭状芽孢杆菌。

（3）增进风味　硝酸盐和亚硝酸盐在肉中也能够起到改善或增进风味的作用。例如，在肉的腌制过程中，亚硝酸盐作用配合腌制剂的成分，可以对腌肉产生特殊风味。

（4）抗氧化　由于亚硝酸盐是一种较强的还原剂，因此其在食品中可以发挥抗氧化作用，尤其可以抑制肉的贮藏或加工过程中脂肪的氧化。

1. 硝酸钠（sodium nitrate， CNS 号： 09.001）

（1）性状与性能　硝酸钠，化学式 $NaNO_3$，相对分子质量 84.99。硝酸钠的制法有两种，一种是将天然智利硝石用水萃取、过滤、浓缩、结晶制得；另一种是用碱吸收生产硝酸产生的尾气，经硝酸转化，加碱中和后蒸发、结晶制得。硝酸钠为无色透明结晶或白色结晶性粉末，可稍带浅颜色，无臭，味咸，微苦。相对密度 2.261，熔点 308℃，加热到 380℃分解并生成亚硝酸钠。在潮湿空气中易吸湿，易溶于水，微溶于乙醇。100g/L 水溶液呈中性。

（2）应用　一般作为护色剂、防腐剂使用。本品在细菌作用下可还原成亚硝酸钠，并在酸性条件下与肉制品中的肌红蛋白作用，生成玫瑰色的亚硝基肌红蛋白而护色，并有抑制肉毒梭状芽孢杆菌的作用。

（3）毒性　硝酸盐的毒性作用，主要是在食物中、水中或在胃肠道内，尤其是在婴幼儿的胃肠道内被还原成亚硝酸盐所致。

（4）使用范围及使用量　硝酸钠可用于肉制品，根据 GB 2760—2024《食品添加剂使用标准》规定，最大使用量为 0.50g/kg，最大残留量为 30mg/kg（以亚硝酸钠计）。

2. 硝酸钾（potassium nitrate， CNS 号： 09.003）

（1）性状与性能　硝酸钾，别名硝石、钾硝，化学式 KNO_3，相对分子质量 101.10。硝酸钾可由硝酸钠与氯化钾反应制得，为无色透明棱状结晶、白色颗粒或白色结晶性粉末。无臭，有咸味，口感清凉。在潮湿空气中稍吸湿，相对密度 2.109，熔点 333℃，在约 400℃时分解，释放出氧，生成亚硝酸钾。水溶液对石蕊呈中性。1g 硝酸钾约溶于 3mL 水或 0.5mL 沸水中，微溶于乙醇。

（2）应用　护色剂、防腐剂。硝酸钾在细菌作用下可还原成亚硝酸钾，并在酸性条件下与肉制品中的肌红蛋白作用，生成玫瑰色的亚硝基肌红蛋白而护色，并有抑制肉毒梭状芽孢杆菌的作用。

（3）毒性　硝酸盐的毒性作用，主要是在食物中、水中或在胃肠道内被还原成亚硝酸盐所致。

（4）使用范围及使用量　硝酸钾可用于肉制品，残留量以亚硝酸钾计。根据 GB 2760—2024《食品添加剂使用标准》规定，硝酸钾最大使用量为 0.50g/kg，最大残留量为 30mg/kg（以硝酸钠计）。可将硝酸钾与食盐、砂糖、亚硝酸钾按一定配方组成混合盐，在肉类腌制时使用。因硝酸钾需转变成亚硝酸钾后方起作用，为降低亚硝酸盐在食品中的残留量，我国已不再将其用于肉类罐头，也应尽量将其在肉类制品中的用量降到最低水平。

3. 亚硝酸钠（sodium nitrite，　CNS 号：　09.002）

（1）性状和性能　亚硝酸钠，化学式 $NaNO_2$，相对分子质量 69.00。亚硝酸钠为白色至淡黄色结晶性粉末或粒块状颗粒，味微咸，相对密度 2.168，熔点 271℃，沸点 320℃。在空气中易吸湿，且能缓慢吸收空气中的氧，逐渐变为硝酸钠。易溶于水，水溶液 pH 约 9。微溶于乙醇。

（2）应用　护色剂，防腐剂。本品与肉制品中肌红蛋白、血红蛋白生成鲜艳、亮红色的亚硝基肌红蛋白或亚硝基血红蛋白而护色，可产生腊肉的特殊风味。此外，亚硝酸钠对多种厌氧性梭状芽孢菌，如肉毒梭菌以及绿色乳杆菌等，有抑菌和抑制其产毒作用。亚硝酸钠可与胺类物质反应生成强致癌物亚硝胺。添加一定量抗坏血酸、α-生育酚，可以阻止亚硝胺的生成，并可降低亚硝酸钠用量。

（3）毒性　亚硝酸钠是食品添加剂中毒性强的物质之一。摄食后可与血红蛋白结合形成高铁血红蛋白而失去供氧功能，严重时可窒息而死。对人的致死量为 4~6g/kg（bw）。尤其是在一定条件下与仲胺作用可转化为强致癌的亚硝胺。婴幼儿比成人更易受到亚硝酸钠的伤害，故亚硝酸钠不应加入婴幼儿食品中。

（4）使用范围及使用量　可用于腌制畜/禽肉类罐头、肉制品、腌制盐水火腿。生产中，亚硝酸钠主要作为护色剂、防腐剂使用。亚硝酸钠可与食盐、砂糖按一定配方组成混合盐，在肉类腌制时使用。例如，混合盐配方为：食盐 96%、砂糖 3.5%、亚硝酸钠 0.5%。混合盐用量为原料肉的 2%~2.5%。根据 GB 2760—2024《食品添加剂使用标准》规定，最大使用量为 0.15g/kg，在西式火腿（熏烤、烟熏、蒸煮火腿）类食品的最大残留量为 70mg/kg（以亚硝酸钠计）。为了促进护色和防止生成强致癌物亚硝胺，在使用亚硝酸盐腌肉时，用 0.55g/kg 抗坏血酸或异抗坏血酸钠，以降低在腌肉中形成的亚硝胺量。亚硝胺也可在脂肪中生成，而抗坏血酸钠不溶于脂肪，作用有限。仅 α-生育酚可溶于脂肪，且已知也有阻抑亚硝胺生成的作用，在肉中添加 0.5g/kg 即可有效。所以，在使用亚硝酸钠腌肉时，将抗坏血酸钠 0.55g/kg、α-生育酚 0.5g/kg 和亚硝酸钠 0.04~0.05g/kg 合用，既可以护色，又可阻抑亚硝胺的生成。

4. 亚硝酸钾（potassium nitrite，　CNS 号：　09.004）

（1）性状与性能　亚硝酸钾，化学式 KNO_2，相对分子质量 85.10。亚硝酸钾可由硝酸钾溶液和铅共热制得，也可由氢氧化钾溶液吸收一氧化氮来制得。亚硝酸钾为细小的白色至淡黄色晶体或柱状体。相对密度 1.915，熔点 441℃。在空气中易吸潮。易溶于水，微溶于乙醇。

（2）应用　护色剂，防腐剂。亚硝酸钾与肉制品中肌红蛋白、血红蛋白生成鲜艳、亮红色的亚硝基肌红蛋白或亚硝基血红蛋白而护色，可产生腊肉的特殊风味。

（3）毒性　本品是食品添加剂中毒性强的物质之一。摄食后可与血红蛋白结合形成高铁血红蛋白而失去供氧功能，严重时可窒息而死。对人的致死量 4~6g/kg（bw）。

（4）使用范围及使用量　可用于腌制畜/禽肉类罐头、肉制品、腌制盐水火腿。亚硝酸钾可与食盐、砂糖按一定配方组成混合盐，在肉类腌制时使用。根据 GB 2760—2024《食品添加剂使用标准》规定，最大使用量 0.15g/kg，在西式火腿（熏烧、烟熏、蒸煮火腿）类食品的最大残留量 70mg/kg（以亚硝酸钠计）。为了促进护色和防止生成强致癌物亚硝胺，在使用亚硝酸盐腌肉时，用 0.55g/kg 抗坏血酸或异抗坏血酸钠，以降低在腌肉中形成的亚硝胺量。亚硝胺也可在脂肪中生成，而抗坏血酸钠不溶于脂肪，作用有限。仅 α-生育酚可溶于脂肪，且已知也有阻抑亚硝胺生成的作用，在肉中添加 0.5g/kg 即可有效。

护色剂虽然使食品变得多姿多彩，但仍存在滥用、残留和使用超标等安全问题。因此，护色剂的开发需要紧跟食品工业发展的步伐，采用高新技术，大力开发安全健康、天然的护色剂。

三、漂白剂

漂白剂可以分为还原性漂白剂及氧化性漂白剂两大类。能使着色物质氧化分解而漂白的为氧化性漂白剂，有过氧化氢（常用于无菌包装材料包装前杀菌）、二氧化氯等。能使着色物质还原而起漂白作用的物质为还原性漂白剂，所有的还原性漂白剂都属于亚硫酸类化合物，如亚硫酸钠、亚硫酸氢钠、低亚硫酸钠、焦亚硫酸钾等。无论是氧化性漂白剂还是还原性漂白剂，除了具有漂白作用外，大多数对微生物也有显著的抑制作用，所以又可以将其看作防腐剂。

（一）还原性漂白剂

还原性漂白剂的代表是含二氧化硫的系列衍生物，二氧化硫与碱反应可以得到不同的亚硫酸盐（如亚硫酸钠、重亚硫酸盐、焦亚硫酸盐、连二亚硫酸盐等）。但在溶液中随着酸化程度不同会生成不同的盐，完全酸化后形成水合二氧化硫形式。

其中，水合二氧化硫的漂白活性最突出，可以直接与一些色素中的发色基团反应，使其褪色或产生漂白作用。但是二氧化硫在溶液中稳定性较差，不仅容易被氧化，而且更容易从溶液中逸出而挥发掉。因此，使用亚硫酸盐进行脱色和漂白处理时，应控制处理液为弱酸性介质或使用缓冲液（pH 4~6）控制二氧化硫分解的速度，以维持水溶液中含有一定浓度的二氧化硫。酸度高时，会使二氧化硫浓度过高而流失。控制二氧化硫的浓度可以使亚硫酸盐的漂白活性达到最高，又能延长和维持漂白作用的时间，以达到和提高其漂白效果。

1. 硫磺（sulphur， CNS 号： 05.007）

硫磺又称硫黄、硫，元素符号 S，相对原子质量 32.06。硫磺为黄色或浅黄色脆性晶体、片状或粉末，容易燃烧，燃烧温度为 258~261℃，燃烧时产生二氧化硫气体。熔点 112.80℃，沸点 444.60℃，相对密度 2.07。它不溶于水，稍溶于乙醇和乙醚，溶于二硫化碳、四氯化碳和苯。

（1）安全性　硫磺燃烧产生的二氧化硫即使在很低的浓度下，也会引起慢性喘息、上呼吸道及鼻孔出血，还会导致血红蛋白升高和淋巴增大等症状。

（2）应用　根据 GB 2760—2024《食品添加剂使用标准》规定，硫磺最大使用量：用于水果干类为 0.1g/kg；蜜饯为 0.35g/kg；干制蔬菜为 0.2g/kg；经表面处理的鲜食用菌和藻类为 0.4g/kg；白砂糖及白砂糖制品、绵白糖、红糖、冰片糖为 0.03g/kg；赤砂糖、原糖、其他糖和糖浆为 0.1g/kg；八角为 0.15g/kg；魔芋粉为 0.9g/kg；且只限用于熏蒸，最大使用量以二氧化硫残留量计算。

2. 二氧化硫（sulfur dioxide， CNS 号： 05.001）

二氧化硫的相对分子质量 64.07，它是由燃烧的硫磺或黄铁矿制得的。二氧化硫在常温下为一种无色具有强烈刺激性的气体，易溶于水和乙醇。二氧化硫溶于水后，一部分水化合成亚硫酸，亚硫酸对微生物具有强烈的抑制作用，能达到防腐的目的。亚硫酸不稳定，受热易分解，分解后又释放出二氧化硫。

（1）安全性　二氧化硫是一种有害气体，在空气中浓度较高时，对眼、呼吸道黏膜有强刺激性。

（2）应用　根据 GB 2760—2024《食品添加剂使用标准》规定，二氧化硫最大使用量：用于经表面处理的鲜水果为 0.05g/kg；水果干类为 0.1g/kg；果酱为 0.1g/kg；蜜饯为 0.35g/kg；干制蔬菜为 0.2g/kg；腌渍蔬菜为 0.1g/kg；蔬菜罐头为 0.05g/kg，银条菜罐头为 0.2g/kg；干制食用菌和藻类为 0.05g/kg，等等。最大使用量以二氧化硫残留量计算。

（二）氧化性漂白剂

氧化性漂白剂是利用其强氧化性能破坏色素的生色结构或基团，以达到漂白的效果。目前在 GB 2760—2024《食品添加剂使用标准》中，稳定态二氧化氯仍分类为防腐剂；而过氧化氢则被列入食品工业加工助剂物种名单，不作为直接加入食品中的添加剂使用。

二氧化氯（chlorine dioxide，CNS 号：17.028），分子式 ClO_2，相对分子质量 67.45。

（1）安全性　ADI 为 0~30mg/kg（bw）。

（2）应用　根据 GB 2760—2024《食品添加剂使用标准》规定，最大使用量：二氧化氯用于经表面处理的鲜水果、新鲜蔬菜为 0.01g/kg；水产及其制品为 0.05g/kg。

食品漂白剂的滥用包括漂白剂过量使用，以及一些不法商贩添加对人体有害的工业漂白剂到食品中。普及食品安全卫生知识，提高公众防范食品污染的意识，把食品安全事件的发生和影响降到最低刻不容缓。

第四节　食品风味添加剂

一、食用香料

香料又称香原料，是能被嗅觉嗅出气味或者味觉品出香气的有机物，是调制香精的原料。食用香料的特点有：品种繁多，天然存在于食品中；同系物众多；用量极低；是一种自我限量的食品添加剂。食用香料的功能有：补偿食品加工和贮存过程中香味的损失；有利于食品香味的标准化；使食品产生特别香味，形成特征食品；通过不同香味的组合，创新食品风味等。

（一）香精香料分类

食品中使用的香料常分为天然香料、天然等同香料和人造香料三类，香料一般按来源分成天然香料和合成香料两大类。天然香料主要包括辛香料及其制品、植物精油、香荚兰豆、咖啡/可可/茶、反应香料等，其中反应香料分为美拉德反应香料、酶处理香料、发酵香料、热裂解香料等。

食用香精按剂型分类可分为液体香精、固体香精、膏体香精；为了适应加香食品理化性质和不同加工工艺，按性能分类可分为水溶性香精、油溶性香精、乳化香精、固体香精；按组成属性分类可分为天然香精、天然等同香精和人造香精；还可以按香型和用途进行分类。

（二）香精的调配

调香过程主要使用两种方法，传统法和分析法。传统法先建立目标香料所需主要香料构成配方，再通过在目标风味轮廓所发现的不同特征回忆具有该香气特征的香料进行细微差别的引入和修饰，主要依靠调香师的经验。而分析法则是依靠设备（GC 和 MS）分析确定目标仿香香精的香料组成，但只能识别主要成分组成和含量。

二、酸度调节剂

酸度调节剂是指用以维持或改变食品酸碱度的物质，主要指酸味剂。酸味剂能赋予食品酸味并具有一定的防腐和抑菌作用。目前，世界上使用的酸味剂有 20 余种。作为食品添加剂，酸度调节剂可增进食欲，同时有助于纤维素和钙、磷等物质的溶解，促进人体对营养素的消化、吸收。

酸度调节剂又称 pH 调节剂，是用以维持或改变食品酸碱度的物质。主要有酸化剂、碱剂以及具有缓冲作用的盐类。酸化剂具有增进食品质量的特性，如改变和维持食品的酸度并改善其风味；增进抗氧化作用，防止食品酸败；与重金属离子络合，具有阻止氧化或褐变反应、稳定颜色、降低浊度、增强胶凝特性等作用。酸均有一定的抗微生物作用，选用一定的酸化剂与其他保藏方法如冷藏、加热等并用，可以有效地延长食品的保质期。

酸味剂使用时需要注意：

（1）根据添加对象选用不同酸味特征的酸味调节剂　酸度调节剂通过阴离子影响食品风味，一般有机酸具有爽快的酸味，而无机酸的酸味不很适口，如盐酸、磷酸具有苦涩味，会使食品风味变劣。

（2）加入的顺序与时机　酸度调节剂大都电离成氢离子，它可以影响食品的加工条件，可与纤维素、淀粉等食品原料作用，和其他食品添加剂也相互影响，所以工艺中一定要有加入的顺序和时间，否则会产生不良后果（见防腐剂、甜味剂相关内容）。

（3）固体酸度调节剂　要考虑吸湿性和溶解性，以便采用适当的包装和配方。

（4）注意事项　酸味剂有一定的刺激性，能引起消化系统的疾病。

（一）无机酸

磷酸（phosphoric acid，CNS 号：01.106）分子式 H_3PO_4，相对分子质量 98.00。

（1）理化性质　磷酸为无色透明糖浆状液体，无臭。磷酸在空气中易潮解，加热失水成为无水物，进一步加热至沸点 213℃时，生成焦磷酸，加热至 300℃以上时，则变为偏磷酸。磷酸属强酸，其酸度比柠檬酸强 2.3~2.5 倍，有强烈的收敛味和涩味。磷酸为无机酸，伴随有涩味，多用于可乐型饮料。磷酸是酵母菌的营养成分，可增强其发酵能力，酿酒时可作为酵母菌的磷酸源，而且还可防止杂菌生长。

（2）毒性　用含 0.4%、0.75%磷酸的饲料喂养大鼠，经 90 周 3 代实验。结果发现对生长和生殖没有不良影响，在血液及病理学上也没有发现异常。ADI 为 0~70mg/kg（bw）（以食品和食品添加剂总磷量计）。

（3）应用与限量　一般认为磷酸风味逊于有机酸，所以应用较少。但用作一些非水果型饮料，特别是传统可乐饮料的酸味剂，它是构成可乐风味不可缺少的风味促进剂。因其酸味强度大，故用量少，通常 0.6g/kg 左右。

在方便面和肉制品中常用磷酸盐（三聚磷酸盐、焦磷酸盐、六偏磷酸盐等）作为添加剂以提高制品的保水性、吸油性等。

磷酸还可用作螯合剂、抗氧化增效剂和 pH 调节剂及增香剂。用作酿造时的 pH 调节剂，其使用量在 0.035% 以下。在果酱中使用少量磷酸调节果酱能形成最大胶凝体的 pH。在软饮料、糖果和焙烤食品中用作增香剂。

生产汽水和酸梅汁用磷酸代替柠檬酸作酸味剂，其使用量：汽水为 0.1%~0.15%，酸梅汁浓缩液为 0.22%，啤酒糖化时用磷酸代替乳酸调节 pH，使用量为 0.004%，作为酵母菌营养剂，促进细胞核生长，使用量按干酵母菌计为 0.53%。

（二）有机酸

1. 柠檬酸（citric acid，CNS 号：01.101）

柠檬酸别名枸橼酸，学名 3-羟基-3-羧基戊二酸。分子式 $C_6H_8O_7 \cdot H_2O$，相对分子质量 210.14。结构式见图 3-8。

（1）理化性质　柠檬酸是一种应用广泛的酸味剂，为无色透明结晶或白色颗粒、白色结晶性粉末，无臭，味极酸，酸味爽快可口。在干燥空气中可失去结晶水而风化，在潮湿空气中缓慢潮解。极易溶于水，也易溶于甲醇、乙醇，略溶于乙醚。相对密度 1.542，熔点 153~154℃。水溶液呈酸性。20℃时在水中的溶解度为 59%，其 20g/L 水溶液 pH 2.1。柠檬酸极易溶于水，使用方便，酸味纯正、温和、芳香可口。其刺激阈的最大值为 0.8g/L，最小值为 0.2g/L。易与多种香料配合而产生清爽的酸味，适用于各类食品的酸化。

柠檬酸有较好的防腐作用，特别是对细菌的繁殖抑制效果较好。它螯合金属离子的能力较强，作为金属封锁剂，作用之强居有机酸之首，能与本身质量的 20% 的金属离子螯合。可作为抗氧化增强剂，延缓油脂酸败，也可作色素稳定剂，防止果蔬褐变。柠檬酸与柠檬酸钠或钾盐等可配成缓冲液，可与碳酸氢钠配成起泡剂及 pH 调节剂等，可改善冰淇淋质量，制作干酪时容易成形和切开。

（2）毒性　LD_{50} 为 975mg/kg（bw）。柠檬酸是人体三羧酸循环的重要中间体，无蓄积作用，正常的使用量可认为是无害的。许多试验结果表明，柠檬酸及其钾盐、钠盐对人体没有明显危害。

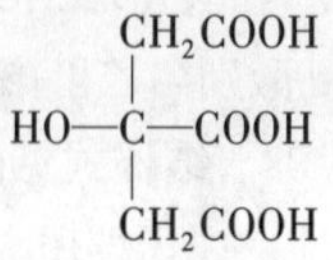

图 3-8　柠檬酸

（3）应用与限量　根据 GB 2760—2024《食品添加剂使用标准》规定：柠檬酸及其钠盐、钾盐可在各类食品中按生产需要适量使用。

2. 酒石酸（tartaric acid，CNS 号：01.111，01.313）

酒石酸学名 2,3-二羟基丁二酸，分子式 $C_4H_6O_6$，相对分子质量 150.09。结构式见图 3-9。

（1）理化性质　酒石酸为无色至半透明结晶性粉末。无臭，味酸，有旋光性。熔点 168~170℃，易溶于水，可溶于甲醇、乙醇，但难溶于乙醚。稍有吸湿性，但比柠檬酸弱，酸味为柠檬酸的 1.2~1.3 倍。

（2）毒性　小鼠经口 LD_{50} 为 4.36g/kg（bw），ADI 为 0~30mg/kg（bw）。

（3）应用与限量　酒石酸可作为清凉饮料、果汁、葡萄酒、果子冻、果子酱、糖果、罐头等的酸味剂，也可用作螯合剂、抗氧化增效剂、增香剂、速效性膨松剂。根据 GB 2760—2024《食品添加剂使用标准》，酒石酸在各类食品中有最大添加量标准。

3. 苹果酸（malic acid，CNS 号：01.104）

苹果酸化学名称羟基丁二酸，又名羟基琥珀酸，分子式 $C_4H_6O_5$，相对分子质量 134.09。

结构式见图 3-10。

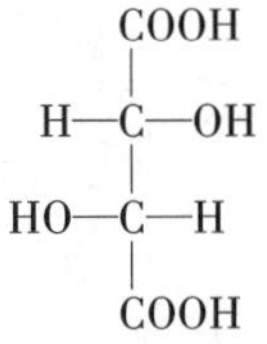

图 3-9　酒石酸

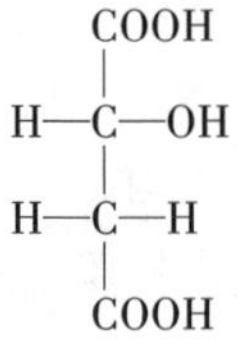

图 3-10　苹果酸

（1）理化性质　苹果酸为白色的结晶或结晶性粉末，有特殊的酸味，熔点 127~130℃，易溶于水，溶解度：55.5%（20℃）、72.8%（60℃）和 80.8%（80℃），可溶于乙醇但不溶于乙醚。有吸湿性，10g/L 水溶液的 pH 为 2.4。

（2）毒性　大鼠经口 LD_{50} 为 1.6~3.2g/kg（bw）。ADI 不作规定。

（3）应用与限量　苹果酸的酸味柔和、持久性长。在获得同样效果的情况下，苹果酸用量平均可比柠檬酸少 8%~12%（质量），最少可比柠檬酸少用 5%，最多可达 22%。苹果酸能掩盖一些蔗糖的替代物所产生的后味。同时苹果酸用于水果香型食品（特别是果酱）、碳酸饮料及其他一些食品中，可以有效地提高其水果风味。L-苹果酸是天然果汁的重要成分，与柠檬酸相比酸度大，但味道柔和，具特殊香味，不损害口腔与牙齿，代谢上有利于氨基酸吸收，不积累脂肪，是新一代的食品酸味剂，L-苹果酸还可以用于治疗肝病、贫血、免疫力低下、尿毒症、高血压、肝衰竭等多种疾病。在食品与医药中具有良好的应用前景。按 GB 2760—2024《食品添加剂使用标准》规定，苹果酸可在各类食品中按生产需要适量使用，标准中表 A.2 的食品类别除外。

4. 乳酸（lactic acid，CNS 号：01.102）

乳酸别名乙醇酸，学名 2-羟基丙酸，分子式 $C_3H_6O_3$，相对分子质量 90.08。结构式见图 3-11。

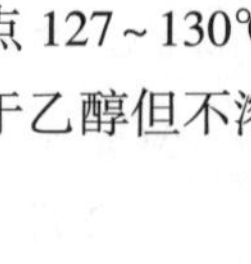

图 3-11　乳酸

（1）理化性质　乳酸制剂多为乳酸与乳酸酐的混合物，其乳酸含量大于 85.0%。产品为澄清无色或微黄色的糖浆状液体，几乎无臭，味微酸，有吸湿性，能与水完全互溶，水溶液呈酸性。相对密度约为 1.206（20℃）。可与水、乙醇、丙酮或乙醚任意混合，不溶于氯仿。L-乳酸分子内含有羟基和羧基，有自动酯化能力，脱水能聚合成聚 L-乳酸。

（2）毒性　大鼠经口 LD_{50} 为 3730mg/kg（bw）。乳酸异构体有 DL-型、D-型和 L-型三种。L-型为哺乳动物体内正常代谢产物，在体内分解为氨基酸和二羧酸物，几乎无毒。ADI 不需要规定。

（3）应用与限量　乳酸在自然界中广泛存在，是世界上最早使用的酸味剂。按 GB 2760—2024《食品添加剂使用标准》规定，乳酸、乳酸钾、乳酸钠可在各类食品中按生产需要适量使用。乳酸在果酱、果冻和橘皮冻中，用于调整和保持 pH 2.8~3.5。在番茄浓缩物中，用于调整 pH<4.3。加工谷物为基料的儿童食品中的用量为 15g/kg；加工干酪中的用量为 40g/kg；婴儿罐头食品中的用量为 2g/kg。

5. 乙酸（adipic acid，　CNS 号：　01.107）

乙酸别名醋酸，分子式 $C_2H_4O_2$，相对分子质量 60.05。含量为 99% 的乙酸称为冰乙酸，冰乙酸不能直接使用，稀释后才能成为通常所说的乙酸。结构式为 CH_3COOH。

（1）理化性质　乙酸常温下为无色透明液体，有强烈刺激性气味，味似醋。冰乙酸在 16.75℃凝固成冰状结晶，故而得名。其相对密度 1.049，沸点 118℃，折射率 1.372。乙酸可与水、乙醇混溶，水溶液呈酸性，6% 的水溶液 pH 为 2.4。乙酸味极酸。乙酸能除去腥臭味。

（2）毒性　小鼠经口 LD_{50} 为 4.96g/kg（bw）。

（3）应用与限量　根据 GB 2760—2024《食品添加剂使用标准》，冰乙酸可在各类食品中按生产需要适量使用；乙酸钠作为酸度调节剂可用于复合调味料，最大使用量为 10.0g/kg；用于膨化食品中的最大使用量为 1.0g/kg。

三、甜　味　剂

甜味剂指赋予食品甜味的物质。甜味剂不仅可以改进食品的可口性和其他食用性质，而且有的还能起到一定的预防及治疗疾病的作用，已经成为人们日常生活所必需的调味品之一，甜味剂工业已成为添加剂工业中产量比重最大的工业。

理想的甜味剂应具备的特点有：①很高的安全性；②良好的味觉；③较高的稳定性；④较好的水溶性；⑤较低的价格。

目前世界上广泛使用的甜味剂有 20 余种，我国已批准使用的约 20 种。

根据来源，甜味剂可分为两类：第一类为天然甜味剂，如葡萄糖、蔗糖、果糖及木糖醇等；第二类为化学合成甜味剂。由于天然甜味剂系天然提取物，通常安全可靠，但也有缺点，如热值高、易引起肥胖症、糖尿病、高血压病等，而且甜度低、成本高、其生产常受自然条件的限制等。因此，随着精细化工工业的发展，合成甜味剂在甜味剂中所占比重日益增大。

（一）天然甜味剂

天然甜味剂是指自然界存在于生物体中天然合成的一种成分，经提取加工而得的产品。

1. 甜菊糖苷（steviol glycoside，　CNS 号：　19.008）

甜菊糖苷俗称甜菊糖、甜菊苷，是一种纯天然、高甜度、低热值的新型甜味剂，从菊科草本植物甜叶菊（*Stevia rebaudiana bertoni*）中提取出的一类具有甜味的萜烯类配糖体，为白色粉末状。

（1）性状与性能　甜味剂易溶于水，一般低温溶解度高，高温溶解后味感好但甜度低。与蔗糖、果糖、葡萄糖、麦芽糖等混合使用时，不仅甜菊糖苷甜味更纯正，且甜度可起到协同增效效果。此外，甜菊糖还有耐热，耐酸、碱，耐盐性等良好的特性，长期贮存不会发霉变质，无褐变现象。味感近似白糖，其甜度约为蔗糖的 300 倍。

（2）应用　甜菊糖不含任何热量，且对人体非常安全。国际甜味剂行业的资料显示，甜菊糖在食品饮料中被广泛使用，包括主要食品和饮料生产企业，除此之外，甜菊糖苷也已在亚洲、北美、南美洲和欧盟各国广泛应用于其他食品的生产中。

2. 新橙皮苷（neohesperidin）

（1）性状与性能　新橙皮苷即二氢查耳酮，是一种高甜度、无毒、低能量的甜味剂。是从西班牙酸橙（*Citrus aurantiym L.*）的果皮中提取的一种苦味素，甜度是蔗糖的 1000 倍。

（2）应用　新橙皮苷可广泛应用于热处理的食品。另外，该甜味剂是橙汁等饮料中的主要苦味物质之一，且使用浓度低于其他甜味剂，具有较高的耐酸性，适合于清凉饮料的生产。目前，新橙皮苷在欧美一些国家已开始应用，但由于生产成本较高，使用量受到限制。

3. 甜味蛋白

在甜味蛋白的研究领域，索马甜（thaumatin）和莫奈林（monellin）是最早研究的两种天然甜味蛋白。

（1）性状与性能　甜味蛋白的甜味持久，甜度高，尤其是 monellin 和 thaumatin。

（2）应用　甜味蛋白甜度高、热量低、不易被细菌所利用，该产品适宜于糖尿病、心血管病等患者食用，且能预防儿童龋齿。

4. 醇类糖

醇类糖包括木糖醇（xylitol，CNS 号：19.007）、甘露醇、山梨醇等，具有纯正的甜味，安全无毒。广泛存在于天然植物和食物中，它们所产生的甜度和热量各有不同，很多属于不需要规定最高使用限量。在国外，糖醇的生产和应用都很广泛，作为白砂糖的代用品已有多年，也可用作糖尿病人专用食品的糖代品。

（二）合成甜味剂

人工合成甜味剂通常具有高甜度、低热量、非营养性以及非龋齿性等特点，根据结构不同，常见的人工合成甜味剂主要分为磺酰胺类、二肽类、蔗糖衍生物 3 类。

1. 磺酰胺类

（1）糖精钠（sodium saccharin，CNS 号：19.001）

①简介：糖精（saccharin）的化学名称为邻苯甲酰磺酰亚胺，是最古老的人工甜味剂，其钠盐糖精钠也是一种常用的甜味剂。

②性质：糖精的价格低廉、性能稳定、用途广泛，甜度是蔗糖的 300~500 倍，且不易被人体所吸收，大部分以原型从肾脏排出。但味质较差，有明显后苦味。

③应用与限量：目前糖精是世界上应用最为广泛的甜味剂，根据 GB 2760—2024《食品添加剂使用标准》，其最大使用量在冷冻饮品（食用冰除外）、腌渍的蔬菜、复合调味料、配制酒中为 0.15g/kg；果酱为 0.2g/kg；蜜饯、新型豆制品（大豆蛋白及其膨化食品、大豆素肉等）、熟制豆类、脱壳熟制坚果与籽类为 1.0g/kg；带壳熟制坚果与籽类为 1.2g/kg；芒果干、无花果干，蜜饯类、凉果类，话化类，果糕类为 5.0g/kg。

（2）甜蜜素（sodium cyclamate，CNS 号：19.002）

①简介：甜蜜素的化学名称为环己基氨基磺酸钠（sodium *N*-cyclohexylsulfamate）。

②性质：甜蜜素的甜度是蔗糖的 30 倍，其特点是释味相对缓慢，并可持续较长时间。

③应用与限量：1958 年美国 FDA 认证为一般认为安全（GRAS）级甜味剂，允许在食品中使用。

根据 GB 2760—2024《食品添加剂使用标准》，甜蜜素最大使用量在冷冻饮品（食用冰除外）、水果罐头、腐乳类、饼干、复合调味料、饮料类、配制酒、果冻中为 0.65g/kg；果酱、蜜饯、腌渍的蔬菜、熟制豆类为 1.0g/kg；脱壳熟制坚果与籽类为 1.2g/kg；面包、糕点为 1.6g/kg；蜜饯类、凉果类，话化类，果糕类为 8.0g/kg，等等。

（3）安赛蜜（acesulfame potassium，CNS 号：19.011）

①简介：安赛蜜又称为乙酸磺胺酸钾、Ace-K。

②性质：安赛蜜的甜度为蔗糖的200倍，1967年由德国科学家在工作时偶然发现。安赛蜜性质稳定，pH适用范围较广（pH 3~7）。

③应用与限量：适用于焙烤食品和酸性饮料，根据GB 2760—2014《食品添加剂使用标准》，餐桌甜味料按生产需要适量使用；在乳基甜品罐头，冷冻饮品（食用冰除外），水果罐头，果酱，凉果类、蜜饯类，腌渍的蔬菜，加工食用菌和藻类，杂粮罐头，黑芝麻糊，谷类甜品罐头，焙烤食品，饮料类，果冻最大使用量为0.3g/kg；风味发酵乳为0.35g/kg；调味品为0.5g/kg；酱油为1.0g/kg；糖果为2.0g/kg；熟制坚果与籽类为3.0g/kg；胶基糖果为4.0g/kg。

2. 蔗糖衍生物类

（1）简介　蔗糖衍生物类人工合成甜味剂主要为三氯蔗糖（sucralose，CNS号：19.016），其化学名称为1,4,6-三氯蔗糖。

（2）性质　三氯蔗糖具有高效的甜度，甜度为蔗糖的600倍。其特点为：热稳定性好，温度和pH对它几乎无影响，适用于酸性至中性食品；易溶于水，溶解时不容易产生起泡；甜味纯正，许多特点都非常接近蔗糖。

（3）应用与限量　根据GB 2760—2024《食品添加剂使用标准》，最大使用量：餐桌甜味料按生产需要适量使用；水果干类、煮熟的或油炸的水果为0.15g/kg；冷冻饮品（食用冰除外）、水果罐头、腌渍的蔬菜、杂粮罐头、焙烤食品、食醋、酱油、复合调味料、饮料类、配制酒为0.25g/kg；调制乳、风味发酵乳、加工食用菌和藻类为0.3g/kg；香辛料酱（如芥末酱、青芥酱）为0.4g/kg；果酱、果冻为0.45g/kg；方便米面制品为0.6g/kg；发酵酒为0.65g/kg；调制乳粉和调制奶油粉、腐乳类、加工坚果与籽类、即食谷物［包括碾轧燕麦（片）］为1.0g/kg；蛋黄酱、沙拉酱为1.25g/kg；蜜饯、糖果为1.5g/kg。

3. 二肽类

（1）阿斯巴甜（aspartame，CNS号：19.004）

①简介：阿斯巴甜又名天门冬酰苯丙氨酸甲酯，化学名称为L-天冬氨酰-L-苯丙氨酸甲酯。

②性质与应用：阿斯巴甜的甜度为蔗糖的200倍。其甜味纯正，具有和蔗糖极其近似的清爽甜味，与蔗糖或其他甜味剂混合使用有协同效应，同时还有明显的增香效果，能使香味持久，减少芳香剂用量。但它对酸和热的稳定性较差，同时由于在人体代谢会产生苯丙氨酸、天冬氨酸和甲醇，不适用于苯丙酮酸尿患者，因此使用时需要标明“苯丙酮尿患者不宜食用”的警示。

③使用限量：详见GB 2760—2024《食品添加剂使用标准》。

（2）阿力甜（alitame，CNS号：19.013）

①简介：阿力甜的化学名称为L-α-天冬氨酰-*N*-(2，2，4，4-四甲基-3-硫化三亚甲基)-D-丙氨酰胺。

②性质：阿力甜的甜度为蔗糖的2000倍，其甜味清爽，耐热、耐酸、耐碱，具有优越的贮存和加工稳定性，但因分子结构中含有硫原子而稍带硫味。

③应用与限量：根据GB 2760—2014《食品添加剂使用标准》，最大使用量在冷冻饮品（食用冰除外）、饮料类［包装饮用水、果蔬汁（浆）、浓缩果蔬汁（浆）除外］、果冻中为0.1g/kg；餐桌甜味料按生产需要适量使用；话化类、胶基糖果为0.3g/kg。

（3）纽甜（neotame，CNS 号：19.019）

①简介：纽甜的化学名称为 *N*-［*N*-3,3-二甲基丁基］-L-α-天门冬氨酰-L-苯丙氨酸-1-甲酯。

②性质与应用：纽甜的甜度是蔗糖的 8000 倍。同阿斯巴甜相比较，纽甜热稳定性明显要高，酸性条件下 80℃加热 24h 稳定，同时摄入人体后不会被分解为单个氨基酸，适用于苯丙酮尿症患者。

③使用限量：详见 GB 2760—2024《食品添加剂使用标准》。

一种理想的甜味剂应具备以下条件：具有生理安全性；有清爽、纯正、似糖的甜味；低热量；高甜度；化学和生物稳定性高；不会引起龋齿；价格合理。综合各方面考虑，功能性甜味剂以其既能满足人们对甜食的偏爱，又不会引起副作用，并能增强人体免疫力，对肝病、糖尿病具有一定辅助治疗作用而受到越来越多的青睐及应用。因此，随着社会经济的发展和人们健康意识的增强，开发满足人体健康需要的功能性甜味剂将成为世界食品添加剂的发展方向。

（三）功能性甜味剂

主要包括两大类：多元糖醇类和低聚糖类。

1. 多元糖醇类

多元糖醇是由相应的糖加氢制得，不易被消化吸收，属于低热量甜味剂；不被口腔微生物利用，具有防龋齿功能；属于水溶性膳食纤维，具有纤维素的部分功能，能预防便秘；此外还具有保湿功能。

（1）山梨醇　山梨醇是一个传统品种，甜度只有蔗糖的 0.5 倍左右，而价格为蔗糖的 2 倍，主要用于口香糖、薄荷糖和牙膏，口感清凉。

（2）木糖醇　木糖醇甜度与蔗糖相近，应用范围与山梨醇相似，木糖醇早在 1891 年就被合成出来，商业化生产是通过对含木聚糖物质水解而得到的，由于价格和应用范围限制，产量一直不高。木糖醇能降低人体转氨酶，是肝炎病人的保肝药物。同时，也是适合糖尿病患者食用的一种重要甜味剂。

（3）甘露醇　甘露醇是从海带中提取的甘露糖经加氢制成的一种甜味剂，它的味质特别优越，又对人体健康十分有益。但受资源的限制，不可能大量生产，其价格也是各种糖醇类甜味剂中最高的。

2. 低聚糖

低聚糖是由 2~10 个单糖通过糖苷键聚合起来的糖类的总称。蔗糖、乳糖、麦芽糖等也属于低聚糖，但它们不具备预防龋齿、降低血压和促进双歧杆菌增殖等生理功能，所以被称为普通低聚糖。耦合糖、乳酮糖、帕拉金糖、蔗果低聚糖、大豆低聚糖、低聚木糖、低聚乳果糖、低聚龙胆糖等低聚糖被称为功能性低聚糖，主要优点是：低热能，几乎不被人体消化吸收，因此服用不会引起血糖和胰岛素水平的变化，可以最大限度地满足喜爱甜食但又担心发胖的人的需求，还适用于糖尿病、肥胖病、高血压患者；不易被口腔微生物利用，具有防龋功能；属于水溶性膳食纤维，能防止便秘，预防结肠癌；能强化人体肠道内双歧杆菌，提高人体免疫力。

四、增　味　剂

食品增味剂全称为食品风味增强剂，又称鲜味剂，是指具有鲜美的味道，可用于补充或增强食品风味的一类物质。食品增味剂多种多样，按其化学成分可分为氨基酸类增味剂、核苷酸类增味剂、有机酸类增味剂和复合增味剂等。

食品增味剂不影响酸、甜、苦、咸 4 种基本味和其他呈味物质的味觉刺激，而是增强其各自的风味特征，从而改进食品的可口性。在增味剂的使用过程中，人们发现将两种或两种以上的增味剂同时使用时，往往具有互补增效作用，可增加鲜味度，降低鲜味阈值。例如，将谷氨酸钠（味精）与等量的肌苷酸二钠联合使用，可使其鲜味提高 8 倍；谷氨酸钠与鸟苷酸二钠等量混合，可使鲜味提高 30 倍。在此基础上，人们生产出各种复合增味剂。例如，5′-呈味核苷酸、酵母水解物、动物蛋白水解物、植物蛋白水解物等，使食品增味剂的生产和应用进入新的阶段。

增味剂给人一种复杂的美味感，味觉与增味剂的作用机制还不是十分清楚，但是学者们通过研究取得了不少的应用性、理论性成果。现已证实，L-谷氨酸钠（MSG）、5′-肌苷酸钠（IMP）及 5′-鸟苷酸（GMP）在增味能力上均有其独特之处，而且在酸、甜、苦、咸 4 种基本味所提供的味觉以外，这主要取决于鲜味受体的性质。有学者根据鲜味剂在受体上的特点，提出了一个鲜味受体模式的学说，即“四种基本味的感受位置是在一个四面体边缘、表面、内部或邻近四面体之处，而鲜味则是独立于外部的位置”。

（一）氨基酸类

化学组成为氨基酸及其盐类的食品增味剂统称为氨基酸类增味剂。这是目前世界上生产最多、用量最大的一类食品增味剂。

1. 谷氨酸钠（monosodium glutamate， CNS 号： 12.001）

别称 α-氨基戊二酸一钠，化学式 $NaOOC—CHNH_2—CH_2—CH_2—COOH$，相对分子质量 169.11。结构式见图 3-12。

（1）性状与性能　谷氨酸钠是一种氨基酸——谷氨酸的钠盐。是一种无色、无味的晶体，在 232℃ 时解体熔化。谷氨酸钠的水溶性很好，在 100mL 水中可以溶解 74g 谷氨酸钠。

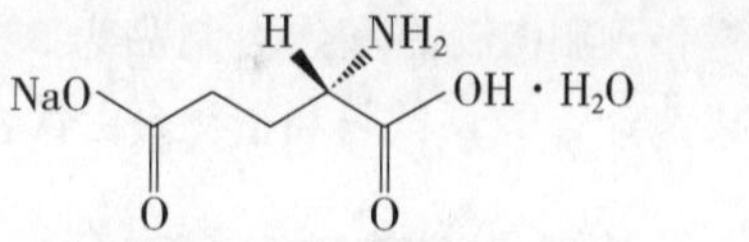

图 3-12　谷氨酸钠

（2）应用　在烹饪中作为风味增强剂主要应用于汤羹、酱汁中，也应用于香精和香料混合物。

（3）毒性　谷氨酸钠的大鼠口服 LD_{50} 为 17g/kg（bw）。ADI 不作限制性规定。

（4）使用范围及使用量　GB 2760—2024《食品添加剂使用标准》将其定为“可在各类食品中按生产需要适量使用的食品添加剂”，标准表 A.2 中食品类别除外。

2. L-丙氨酸（L-alanine， CNS 号： 12.006）

L-丙氨酸主要用于生化研究、组织培养、肝功能测定、增味剂，可增加调味品的调味效果，还可用作酸味矫正剂，改善有机酸的酸味。结构式见图 3-13。

（1）性状与性能　无色斜方结晶或结晶性粉末，密度 1.432g/mL（25.4℃），熔点 297℃。易溶于水，微溶于乙醇，不溶于乙醚和丙酮。

（2）应用　可提高食品的营养价值，在各类食品及饮料中，如面包、冰糕点、果茶、乳制品、碳酸饮料、冰糕等。加入 0.1%～1% 的丙氨酸可明显提高食品及饮料中的蛋白质利用率。改善人工合成甜味剂的味感，可使甜度增效，减少用量。在复配甜味剂中加入 1%～10% 的丙氨酸，能提高甜度，甜味柔和如同天然甜味剂，并可改善味感。丙氨酸还是合成高甜度的阿力甜的原料之一。

（3）毒性　LD_{50}>10g/kg（bw）。

（4）使用范围及使用量　GB 2760—2024《食品添加剂使用标准》规定其可在调味品（盐及代盐制品、香辛料除外）中按生产需要适量使用。

3. 氨基乙酸（glycine，CNS 号：12.007）

甘氨酸（Gly）是氨基酸系列中结构最为简单、人体非必需的一种氨基酸，在分子中同时具有酸性和碱性官能团，在水中可电离，具有很强的亲水性，属于极性氨基酸，结构式见图 3-14。

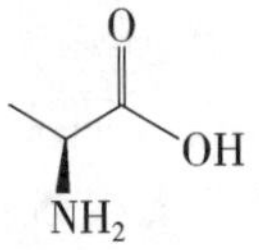

图 3-13　L-丙氨酸

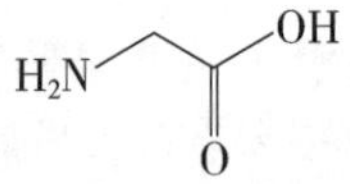

图 3-14　氨基乙酸

（1）性状与性能　白色单斜晶系或六方晶系晶体，或白色结晶粉末。无臭，有特殊甜味。相对密度 1.1607。熔点 248℃（分解）。pK'_1（COOH）为 2.34，pK'_2（NH_3^+）为 9.60。易溶于水，在水中的溶解度：25℃时为 25g/100mL；50℃时为 39.1g/100mL；75℃时为 54.4g/100mL；100℃时为 67.2g/100mL。极难溶于乙醇，在 100g 无水乙醇中约溶解 0.06g。几乎不溶于丙酮和乙醚。与盐酸反应生成盐酸盐。pH（50g/L 溶液，25℃）5.8~6.4。

（2）应用　营养增补剂。主要用于调味等方面。对枯草杆菌及大肠杆菌的繁殖有一定抑制作用。故可用作鱼糜制品、花生酱等的防腐剂，添加量 1%~2%。

（3）使用范围及使用量　根据 GB 2760—2024《食品添加剂使用标准》规定，最大使用量：预制肉制品和熟肉制品为 3.0g/kg；调味品（盐及代盐制品、香辛料除外）为 1.0g/kg；果蔬汁（浆）饮料和植物蛋白饮料为 1.0g/kg，固体饮料按稀释倍数增加使用量。

（二）核苷酸类

1. 鸟苷酸

鸟苷酸又称一磷酸鸟苷，简称 GMP。是 RNA 的组成成分。碱解 RNA 得到的 GMP 是 2′-磷酸鸟苷和 3′-磷酸鸟苷的混合物。用稀酸水解 GMP 可生成鸟嘌呤、D-核酸和磷酸。用蛇毒磷酸二酯酶处理 RNA 生成 5′-磷酸鸟苷。在生物体内由次黄苷酸生成，此外也由鸟嘌呤或鸟苷生成。

（1）性状与性能　5′-鸟苷酸二钠为无色至白色结晶或白色晶体粉末，平均含有 7 个分子结晶水，无臭，有特殊的香菇鲜味。易溶于水，微溶于乙醇，吸湿性强。在一般的食品加工条件下，对酸、碱、盐和热均稳定。

（2）应用　用于酱油、调味料生产中，用量视正常生产需要而定。

（3）毒性　小鼠经口 LD_{50} 为 20g/kg（bw），大鼠经口 LD_{50} 为 10g/kg（bw）。

（4）使用范围及使用量　GB 2760—2024《食品添加剂使用标准》将 5′-鸟苷酸二钠定为"可在各类食品中按生产需要适量使用的食品添加剂"，标准的表 A.2 中食品除外。

2. 肌苷酸钠

(1) 性状与性能　无色至白色结晶，或白色结晶性粉末，约含 7.5 分子结晶水，不吸湿，40℃开始失去结晶水，120℃以上成无水物。鲜味强度低于鸟苷酸钠，但两者合用有显著协同作用。溶于水，水溶液稳定，呈中性，在酸性溶液中加热易分解，失去呈味力。也可被磷酸酶分解破坏，微溶于乙醇，几乎不溶于乙醚。

(2) 应用　肌苷酸钠参与体内能量代谢和核蛋白的合成，活化丙酮酸氧化酶系，提高辅酶 A 的活力，使处于低能、缺氧状态下的组织细胞继续顺利地进行代谢，活化肝功能，使受损害肝细胞加快修复，并刺激体内产生抗体。适用于白细胞和血小板减少症、心肌损伤、肝炎、肝硬化。主要存在于动物性食品中，在肉制品中一般与谷氨酸钠一起使用，添加 0.01%～0.02%的肌苷酸钠会产生味觉协同作用而增强鲜味。它是一种拥有优越的稳定性和溶解性的核苷酸调味料，但是这类物质易被酶分解，使用中应注意。

(3) 毒性　大鼠经口 LD_{50} 为 14.4g/kg (bw)，小鼠经口 LD_{50} 为 12.0g/kg (bw)，ADI 不作特殊规定。

(4) 使用范围及使用量　GB 2760—2024《食品添加剂使用标准》将 5′-肌苷酸二钠定为“可在各类食品中按生产需要适量使用的食品添加剂”，标准的表 A.2 中食品除外。

第五节　食品质构改良剂

一、乳 化 剂

(一) 食品乳化剂的定义及作用

食品乳化剂是指能改善乳化体系中各种构成相之间的表面张力，形成均匀分散体或乳化体的物质，也称为表面活性剂。或说是使互补相溶的液质转为均匀分散相（乳浊液）的物质，添加少量即可显著降低油水两相界面张力，产生乳化效果的食品添加剂。

食品乳化剂大大促进了食品工业的发展，基于其表面活性性质和与食品组分的相互作用，乳化剂不仅在各种原料混合、融合等一系列加工过程中起乳化、分散、润滑和稳定等作用，而且还可以改进和提高食品的品质和稳定性。主要作用有以下几方面：

(1) 乳化作用。

(2) 起泡作用。

(3) 悬浮作用。

(4) 破乳作用和消泡作用。

(5) 络合作用。

(二) 食品乳化剂的分类

目前，全世界用于食品的乳化剂有 60 多种，其分类方法有许多，常用的有下面几种。

1. 按来源分类

可分为天然物和人工合成品两大类。天然食品乳化剂有大豆磷脂、卵磷脂等。除天然食品乳化剂外，其他食品乳化剂都是人工合成品，比如甘油脂肪酸酯类、失水山梨醇脂肪酸酯类、蔗糖脂肪酸酯类、聚氧乙烯山梨醇酐脂肪酸酯类。

2. 按在两相中所形成的乳化体系分类

根据乳化剂的亲水、亲油相对强弱进行分类，分亲水性乳化剂和亲油性乳化剂。一般来讲，亲水性强的乳化剂形成的主要是水包油型（O/W）乳浊液，亲油性强的乳化剂形成的主要是油包水型（W/O）乳浊液。但是应当指出用乳化剂配制乳浊液时，它不仅要受乳化剂本身的影响，还要受体系中物质组成、pH、温度条件的影响。

3. 按在水中的解离特性分类

乳化剂性质的差异，除与烃基的大小、形状有关外，还主要与亲水基团有关，亲水基团的变化比疏水基团要大得多，因而乳化剂的分类，一般也就以亲水基团的结构，即按离子的类型而划分，分为离子型和非离子型乳化剂。

（1）离子型乳化剂　当乳化剂溶于水时，凡是能离解成离子的，称为离子型乳化剂。如果乳化剂溶于水后离解成一个较小的阳离子和一个较大的包括烃基的阴离子基团，且起作用的是阴离子基团，称为阴离子型乳化剂；如果乳化剂溶于水后离解生成的是较小的阴离子和一个较大的阳离子基团，且发挥作用的是阳离子基团，这个乳化剂称为阳离子型乳化剂。两性乳化剂分子也是由亲油的非极性部分和亲水的极性部分构成，特殊的是亲水的极性部分既包含阴离子，也包含阳离子。

在离子型乳化剂工业中，阴离子型乳化剂是发展得最早，产量最大，品种最多，工业化最成功的一类。食品工业中常用的阴离子型乳化剂有烷基羧酸盐、磷酸盐等，常用的两性乳化剂有卵磷脂等。阳离子型乳化剂在食品工业中应用较少。

（2）非离子型乳化剂　非离子型乳化剂在水中不电离，溶于水时，疏水基和亲水基在同一分子上分别起到亲油和亲水的作用。正是因为非离子型乳化剂在水中不电离，也不形成离子这一特点使得非离子型乳化剂在某些方面具有比离子型乳化剂更为优越的性能。

4. 其他分类方法

根据乳化剂状态可分为固体状、液体状、半固体状（黏稠状）等。此外，还可按乳化剂晶型、与水相互作用时乳化剂分子的排列情况等进行分类。

（三）主要食品乳化剂

目前，食品乳化剂中生产量和使用量最大的为脂肪酸甘油酯，其次是蔗糖脂肪酸酯、山梨糖醇酯、大豆磷脂、丙二醇脂肪酸酯等。

1. 单甘油脂肪酸酯（glyceryl monostearate，CNS 号：10.006，INS 号：471）

单甘油脂肪酸酯别名为甘油硬脂酸一酯、单硬脂酸甘油酯、硬脂酸单甘油酯、单甘油酯，分子式 $C_{21}H_{42}O_4$，相对分子质量 358.57。

（1）性状与性能　白色蜡状薄片或珠粒固体，不溶于水，与热水经强烈振荡混合可分散于水中，为油包水型乳化剂但因其本身有很强的乳化性能，故也可作水包油型乳化剂。无味、无臭、无毒。能溶于热的有机溶剂乙醇、苯、丙酮以及矿物油和固定油中。凝固点不低于 58℃。

（2）毒性　急性毒性，小鼠腹腔 LD_{50} 为 200mg/kg。

（3）使用范围及使用量　GB 2760—2024《食品添加剂使用标准》规定：可在各类食品中

按生产需要适量使用（表 3-1）。

表 3-1　单甘油脂肪酸酯在各类食品中的使用标准

食品分类号	食品名称	最大使用量/(g/kg)
—	各类食品，标准的表 A.2 中编号为 1~4、6~11、13~14、16~30、32~53、59~68 的食品类别除外	按生产需要适量使用
02.02.01.01	黄油和浓缩黄油	20.0
06.03.02.02	生干面制品	30.0
11.01.02	赤砂糖、原糖、其他糖和糖浆	6.0
12.09	香辛料类	5.0

2. 蔗糖脂肪酸酯（sucrose esters of fatty acid，CNS 号：10.001，INS 号：473）

蔗糖脂肪酸酯别名为脂肪酸蔗糖酯、蔗糖酯。一种非离子表面活性剂，由蔗糖和脂肪酸经酯化反应生成的单质或混合物。因蔗糖含有 8 个羟基，因此经酯化，从单酯到八酯的各种产物均可生成。可细分为单脂肪酸酯、双脂肪酸酯和三脂肪酸酯。以蔗糖的羟基（—OH）为亲水基，脂肪酸的碳链部分为亲油基，常用硬脂酸、油酸、棕榈酸等高级脂肪酸（产品为粉末状），也用乙酸、异丁酸等低级脂肪酸（产品为黏稠树脂状）。它以其无毒、易生物降解及良好的表面性能，广泛用于食品、医药、日化、生物工程的酶制剂、石油开采、纺织及农牧业等行业。

（1）性状与性能　白色至黄色的粉末，或无色至微黄色的黏稠液体或软固体，无臭或稍有特殊的气味。易溶于乙醇、丙酮。单酯可溶于热水，但二酯或三酯难溶于水。单酯含量越高，亲水性越强；二酯和三酯含量越高，亲油性越强。它一般无明显熔点，在 120℃以下稳定，加热至 145℃以上则分解。

（2）毒性　毒性小，大鼠经口 LD_{50}>30g/kg（bw）。ADI 为 0~20mg/kg（bw）。

（3）使用范围及使用量　用于肉制品、乳化香精、水果及鸡蛋保鲜、糖果等（表 3-2）。饮料，最大使用量为 1.5g/kg；脂肪乳化制品，最大使用量 10.0g/kg 等。

表 3-2　蔗糖脂肪酸酯在食品中的使用标准

食品分类号	食品名称	最大使用量/(g/kg)
01.05.01	稀奶油	2.5
01.05.03	调制稀奶油及稀奶油类似品	10.0

3. 山梨醇酐脂肪酸酯（sorbitan esters of fatty acid，CNS 号：10.024、10.008、10.003、10.004、10.005，INS 号：493、495、491、492、494）

山梨醇酐脂肪酸酯别名为失水山梨醇脂肪酸酯、脱水山梨醇脂肪酸酯、司盘、斯潘。分子式 $C_7H_{11}O_6R$，相对分子质量 346.45~957.46。

（1）性状与性能　本品为白色或微黄色蜡状物、片状体、粉末状（≥100 目）无臭无味。溶于热的乙醇、乙醚、甲醇及四氯化碳，微溶于乙醚、石油醚，能分散于热水中，是 W/O 型乳化剂，具有很强的乳化、分散、润滑作用，可与各类表面活性剂混用，与吐温-60（tween-60）复配使用效果更佳。HLB（亲水亲油平衡）4.7，熔点52~57℃。

（2）毒性　本品安全性高，ADI为0~25mg/kg（bw），LD_{50}为大鼠经口为10g/kg（bw）。

（3）使用范围及使用量　司盘在食品工业中的应用十分广泛，在烘焙食品中可以作为乳化剂、稳定剂和浑浊剂、消泡剂等用于面包、蛋糕、巧克力和起酥油等（表3-3）。

表3-3　山梨醇酐脂肪酸酯在食品中的使用标准

食品分类号	食品名称	最大使用量/（g/kg）
01.01.03	调制乳	3.0
01.05	稀奶油（淡奶油）及其类似品（01.05.01稀奶油除外）	10.0
02.0	脂肪、油和乳化脂肪制品［02.01.01.01植物油、02.01.02动物油脂（包括猪油、牛油、鱼油和其他动物脂肪等）、02.01.03无水黄油、无水乳脂、02.02.01.01黄油和浓缩黄油除外］	15.0
02.01.01.02	氢化植物油	10.0
03.01	冰淇淋、雪糕类	3.0
04.01.01.02	经表面处理的鲜水果	3.0
04.02.01.02	经表面处理的新鲜蔬菜	3.0
04.04	豆类制品	1.6（以每千克黄豆的使用量计）
05.01	可可制品、巧克力和巧克力制品，包括代可可脂巧克力及制品	10.0
05.02.02	除胶基糖果以外的其他糖果	3.0
07.01	面包	3.0
07.02	糕点	3.0
07.03	饼干	3.0
14.02.03	果蔬汁（浆）类饮料	3.0
14.03.02	植物蛋白饮料	6.0
14.06	固体饮料（速溶咖啡除外）	3.0
14.06.03	速溶咖啡	10.0
14.08	风味饮料（仅限果味料）	0.5
16.04.01	干酵母	10.0

4. 聚氧乙烯山梨醇酐脂肪酸酯（tween，CNS号：10.025、10.026、10.015、10.016，INS号：432、434、435、433）

聚氧乙烯山梨醇酐脂肪酸酯别名为聚山梨酸酯、吐温。

（1）性状与性能　有异臭、温暖而微苦。一般呈淡黄色到琥珀色黏稠液体状，但因分子质量差异而有所不同。

（2）毒性　由吐温-80 到吐温-20，其 HLB 越来越大，是因为加入的聚乙烯增多。聚乙烯增多，乳化剂的毒性则随之增大。故吐温-20 和吐温-40 很少作为食品添加剂使用，食品上主要使用吐温-60 和吐温-80，其 ADI 为 0~25mg/kg（bw）。

（3）使用范围及使用量　吐温在食品工业中的应用十分广泛，在烘焙食品中可以作为乳化剂、稳定剂和分散剂等用于面包、蛋糕、冰淇淋和起酥油等（表 3-4）。

表 3-4　聚氧乙烯山梨醇酐脂肪酸酯在食品中的使用标准

食品分类号	食品名称	最大使用量/（g/kg）
01.01.03	调制乳	1.5
01.05.01	稀奶油	1.0
01.05.03	调制稀奶油	1.0
02.02	水油状脂肪乳化制品（黄油和浓缩黄油除外）	5.0
02.03	02.02 类以外的脂肪乳化制品，包括混合的和（或）调味的脂肪乳化制品	5.0
03.0	冷冻饮品（03.04 食用冰除外）	1.5
04.04	豆类制品	0.05（以每千克黄豆的使用量计）
07.01	面包	2.5
07.02	糕点	2.0
12.10.01	固体复合调味料	4.5
12.10.02	半固体复合调味料	5.0
12.10.03	液体复合调味料	1.0
14.0	饮料类［14.01 包装饮用水、14.02.01 果蔬汁（浆）、14.02.02 浓缩果蔬汁（浆）、14.06 固体饮料除外］	0.5
14.02.03	果蔬汁（浆）类饮料	0.75（固体饮料按稀释倍数增加使用量）
14.03.01	含乳饮料	2.0（固体饮料按稀释倍数增加使用量）
14.03.02	植物蛋白饮料	2.0（固体饮料按稀释倍数增加使用量）

5. 丙二醇脂肪酸酯（porpylene glycol esters of fatty acid，CNS 号：10.020，INS 号：477）

丙二醇脂肪酸酯由丙二醇和脂肪酸，以碳酸钾、生石灰和对甲苯磺酸（约 0.1%）为催化剂，在 120~180℃下加热 6~10h 进行酯化反应，反应完毕后除去催化剂即得。丙二醇脂肪酸酯具有良好的发泡性和乳化性能，常用作糕点和奶油蛋糕的发泡剂，也常与单双脂肪酸甘油醇配合使用，以起增效作用。

（1）性状与性能　随结构中的脂肪酸的种类不同而异，可得白色至黄色的固体或黏稠液体，无臭味。丙二醇的硬脂酸和软脂酸酯多数为白色固体。以油酸、亚油酸等不饱和酸制得的产品为淡黄色液体。此外还有粉状、粒状和蜡状。丙二醇单硬脂酸酯的 HLB 为 2~3，是亲油性乳化剂，不溶于水，可溶于乙醇、乙酸乙酯、氯仿等。

（2）毒性 LD_{50} 大鼠口服>10g/kg（bw）ADI 为 0~25mg/kg（bw）。

（3）使用范围及使用量 丙二醇脂肪酸酯在食品中的使用范围及使用量如表 3-5 所示。

表 3-5 丙二醇脂肪酸酯在食品中的使用标准

食品分类号	食品名称	最大使用量/（g/kg）
01.0	乳及乳制品（01.01.01、01.01.02、01.02.01、01.03.01、01.05.01、13.0 涉及品种除外）	5.0
02.0	脂肪、油和乳化脂肪制品	10.0
03.0	冷冻饮品（03.04 食用冰除外）	5.0
04.05.02.01	熟制坚果与籽类（仅限油炸坚果与籽类）	2.0
06.03.02.05	油炸面制品	2.0
07.02	糕点	3.0
07.02.02	西式糕点	10.0
12.10	复合调味料	20.0
16.06	膨化食品	2.0

二、增 稠 剂

（一）食品增稠剂概述

食品增稠剂是指在水中溶解分散，能增加流体或半流体食品的黏度，并保持所在体系的相对稳定的亲水性食品添加剂。它可提高食品的黏稠度或形成凝胶，赋予食品适宜的口感，兼有乳化、稳定或使食品颗粒呈悬浮状态的作用。

1. 食品增稠剂的分类

迄今为止，世界上用于食品工业的食品增稠剂已有 40 余种，典型的增稠剂有黄原胶、罗望子多糖胶、明胶、琼脂、卡拉胶、魔芋胶等。根据我国食品添加剂产品分类，食品增稠剂按照其来源大致分为 4 类：

（1）由植物渗出液制取的增稠剂 由不同植物损伤的表皮渗出液制得的增稠剂的功能是人工合成产品所达不到的。目前有 3 种渗出胶——阿拉伯胶、黄原胶和刺梧桐胶，这 3 种胶均比其他亲水胶的功能要多，不管是单独还是混合在一起，均可以作为黏合剂、稳定剂、凝固剂、增稠剂、乳化剂、包囊剂、悬浮剂、填充剂和胶凝剂。由于胶的结构非常复杂，因此其功能也多种多样。

（2）由植物种子、海藻制取的增稠剂 由陆地、海洋植物及其种子制取的增稠剂，在许多情况下，其中的水溶性多糖与植物受刺激后的渗出液相似。它们是经过精细的专门技术处理而制得的，包括选种、种植布局、种子收集和处理，都有一套科学方法。正如植物渗出液一样，这些增稠剂都是多糖酸的盐，其分子结构复杂。常用的这类增稠剂有瓜尔胶、槐豆胶、卡拉胶、海藻酸等。

（3）由动物原料制取的增稠剂　这类由动物原料制取的增稠剂主要品种有皮冻、明胶、蛋白胨、酪蛋白、甲壳素、壳聚糖等，其中明胶和甲壳素是在食品工业中应用相当广泛的两种增稠剂，尤其是明胶。明胶含有18种氨基酸和90%的胶原蛋白，富保健美容效果，具有优良的胶体保护性、表面活性、黏稠性、成膜性、悬浮性、缓冲性、浸润性、稳定性和水易溶性等。

（4）以天然物质为基础的半合成增稠剂　以天然物质为基础经化学合成、加工修饰而成的食品增稠剂，一般利用来源丰富的多糖等高分子物质为原料，通过化学反应而合成，如天然淀粉。它们均具有在冷水中不溶的特性，这类增稠剂按其加工工艺又可分为两类。

①以纤维素、淀粉为原料，在酸、碱、盐等化学原料作用下，经过水解、缩合、提纯等工艺制得。其代表的品种有羧甲基纤维素（CMC）、变性淀粉、海藻酸丙二醇酯等。

②真菌或细菌（特别是由它们生产的酶）与淀粉类物质作用时产生的另一类用途广泛的食品增稠剂，如黄原胶。

2. 食品增稠剂在食品加工中的作用

我国GB 2760—2024《食品添加剂使用标准》规定允许添加增稠剂的食品种类大致有乳与乳制品、脂肪、油和乳化脂肪制品、冷冻饮品、水果制品、糖果类、淀粉制品、糕点类、肉与肉制品、水产品制品、糖浆类、调味品、特殊膳食用食品、饮料类、酒类等16大类。

食品增稠剂在食品加工中主要起稳定食品形态的作用，如悬浮稳定。此外，它在改善食品的触感及加工食品的色、香、味的稳定性方面起到相当重要的作用。一般认为增稠剂在食品加工中主要有增稠、分散、稳定、胶凝、凝聚澄清、保水、控制结晶、成膜、保鲜、起泡和稳定泡沫、黏合作用，用于保健、低热量食品的生产，起到掩蔽与缓释的作用等。

（二）动物来源的增稠剂

明胶来源于广泛存在于动物皮、筋、骨骼中的胶原蛋白。胶原蛋白是构成动物皮、骨等结缔组织的主要成分，如果将动物的皮或骨经处理后，加热水解就可以获得胶原蛋白的水解产物——明胶，即胶原蛋白经不可逆的加热水解反应，使分子间键部分断裂后转变成水溶性的产物。明胶的分子既没有固定的结构，又没有固定的分子质量，但它们的分子质量都是简单的蛋白质分子质量的整数倍，并且往往是呈几何级数系中的倍数。因此，商品明胶其实是许多胶质的混合物，它们的分子质量各不相同，15000~250000ku不等，各种成分的含量一方面依赖于原料的性质，另一方面也与制备的方法有关。

（1）性状　明胶为无色至白色或浅黄色、透明至半透明、微带光泽的脆性薄片或粉粒。可溶于醋酸及甘油、丙二醇等多元醇的水溶液内，不溶于乙醇、乙醚、氯仿及其他多数非极性有机溶剂。

（2）性能　明胶比琼脂的凝固力弱，含量在5%以下时不凝固。通常以10%~15%的溶液形成凝胶。凝胶化温度随浓度及共存盐类的种类、浓度、溶液的pH等因素而异。溶解温度与凝固温度相差很小，约30℃溶解，20~25℃时凝固。其凝胶比琼脂柔软，富有弹性，口感柔软。其水溶液经长时间沸煮后，因分解而性质发生变化，冷却后不再形成凝胶。明胶溶液如受甲醛作用，则变成不溶于水的不可逆凝胶。

（3）毒性　纯净的食用级明胶，本身是无毒的，应用时注意生产及贮存过程的卫生，防止受污染；ADI不作限制性规定。

（4）制法及质量指标　明胶生产常用的方法有碱法、酸法和酶法三种。

碱法是将动物的骨和皮等用石灰乳液充分浸泡后，用盐酸中和，经水洗，于60~70℃熬胶，再经防腐、漂白、凝冻、刨片、烘干而得，成品称“B型明胶”或“碱法明胶”。

酸法是将原料在pH 1~3的冷硫酸液中酸化2~8h，漂洗后水浸24h，在50~70℃下熬胶4~8h，然后冻胶、挤条、干燥而成，成品称“A型明胶”或“酸法明胶”。

酶法是用蛋白酶将原料酶解后用石灰处理24h，经中和、熬胶、浓缩、凝冻、烘干而得。

食用明胶质量标准详见GB 6783—2013《食品安全国家标准　食品添加剂　明胶》。

（5）应用　根据GB 2760—2024《食品添加剂使用标准》中规定：明胶可按生产需要适量用于各类食品。

（三）植物来源的增稠剂

瓜尔胶，又名瓜尔豆胶、胍尔胶，是目前国际上较为廉价而又广泛应用的食用胶体之一，瓜尔胶是从瓜尔豆种子中分离出来的一种可食用的多糖类化合物。通过化学改性的方法可大大提高瓜尔胶的分散性、黏度、水化速率和溶液透明度等特性，使得瓜尔胶的应用价值得到进一步提升。瓜尔胶为天然高分子亲水胶体，主要由半乳糖和甘露糖聚合而成，属于天然半乳甘露聚糖，分子质量200~300ku。

（1）性状　瓜尔胶为白色至浅黄褐色自由流动的粉末，接近无臭，能分散在热或冷的水中形成黏稠液，10g/L水溶液的黏度为4000~5000mPa·s，添加少量四硼酸钠则转变成凝胶，分散于冷水中约2h后呈现很强黏度，以后黏度逐渐增大，24h达到最高点；黏度为淀粉糊的5~8倍。加热则迅速达到最高黏度；水溶液为中性，黏度在pH 6~8最高，pH 10以上则迅速降低，pH 3.5~6.0范围内随pH降低，黏度也降低；pH 3.5以下黏度又增大。

（2）性能　瓜尔胶与某些线性多糖，如黄原胶、琼脂糖、κ-卡拉胶等发生较强的吸附作用，使黏度大大提高。与槐豆胶的作用较弱，黏度提高少。在低离子强度下，瓜尔胶与阴离子聚合物及与阴离子表面活性剂之间有很强的黏性协同作用。使用时先使其湿润，在充分搅拌下使其溶解，否则易结块。

（3）毒性　大鼠经口LD_{50}为7060mg/kg（bw）。

（4）制法及质量指标　由豆科植物瓜尔豆的种子去皮、去胚芽后的胚乳部分，干燥粉碎后加水，进行加压水解，然后用20%乙醇沉淀，离心分离后干燥、粉碎得到瓜尔胶。

根据GB 28403—2012《食品安全国家标准　食品添加剂　瓜尔胶》的要求，瓜尔胶应符合下列质量指标：黏度符合声称，干燥失重≤15.0%；灰分≤1.5%；酸不溶物≤7.0%；蛋白质≤7.0%；总砷（以As计）≤3.0mg/kg；Pb≤2.0mg/kg；硼酸盐、淀粉试验要求通过试验。

（5）应用　根据GB 2760—2024《食品添加剂使用标准》规定：瓜尔胶在稀奶油中最大使用量为1.0g/kg，在较大婴儿和幼儿配方食品中最大使用量为1.0g/L，在其他食品中可按生产需要适量使用。

（四）微生物来源的增稠剂

黄原胶，又名黄胶、汉生胶，是由黄单胞杆菌发酵产生的细胞外酸性杂多糖，是D-葡萄糖、D-甘露糖和D-葡萄糖醛酸按2∶2∶1组成的多糖类高分子化合物，相对分子质量在100万以上。

（1）性状　黄原胶为浅黄色至白色可流动粉末，稍带臭味。易溶于冷、热水中，溶液中性，耐冻结和解冻，不溶于乙醇。遇水分散、乳化变成稳定的亲水性胶体。

黄原胶分子链主链上每隔两个葡萄糖就有一个支链，这使分子自身可以交联、缠绕成各种线圈状，分子间靠氢键又可以形成双螺旋状，螺旋状结构还可以形成螺旋聚合体。这些网络结构是控制水的流动性、增稠性的主要原因。在溶液里，黄原胶分子的螺旋共聚体还可以构成类似蜂窝状的结构支持固相颗粒、液滴、气泡的形态，使黄原胶具有很强的悬浮能力和乳化稳定能力。

（2）性能　黄原胶易溶于冷水和热水，它是具有多侧链线性结构的多羟基化合物，其羟基能与水分子相结合，形成较稳定的网状结构，而且在很低的浓度下仍具有较高的黏度。如质量分数为1%时，流体黏度相当于明胶的10倍左右，增稠效果显著。

黄原胶具有独特的剪切稀释性能，当施加一定的剪切力时，流体黏度迅速下降，而除去剪切力后，流体又恢复原有黏度，且这种变化是可逆的。这种流变性能，使黄原胶具有独特的乳化稳定性能。

（3）毒性　黄原胶是采用天然物质为原料，经发酵精制而成的生物高聚物，美国FDA将其列为一般公认安全物质。ADI不作限制性规定。

（4）制法及质量指标　将含有1%～5%的葡萄糖和无机盐的培养基调整至pH为6.0～7.0，加入野油菜黄单胞杆菌接种体，培养50～100h，得到高黏度液体。杀菌后，加入异丙醇或乙醇使其沉淀，再用异丙醇或乙醇精制后经干燥、粉碎而得黄原胶。

根据GB 1886.41—2015《食品安全国家标准　食品添加剂　黄原胶》的要求，应符合下列质量指标：黏度≥600MPa·s；剪切性能值≥6.5；干燥失重≤15.0%；灰分≤16.0%；总氮≤1.5%；丙酮酸≥1.5%；铅（以Pb计）≤2.0mg/kg。

（5）应用　根据GB 2760—2024《食品添加剂使用标准》规定，最大使用量：黄原胶用于黄油和浓缩黄油，赤砂糖、原糖、其他糖和糖浆为5.0g/kg，生湿面制品（如面条、饺子皮、馄饨皮、烧卖皮）为10.0g/kg，生干面制品为4.0g/kg。特殊医学用途婴儿配方食品为9.0g/kg，稀奶油、香辛料类、果蔬汁（浆）等按生产需要适量使用。

（五）其他来源的增稠剂

1. 羧甲基纤维素钠

羧甲基纤维素钠，又名纤维素胶、改性纤维素，简称CMC，是由多个纤维二糖构成的天然高分子化合物，是最主要的离子型纤维素胶。

纤维素大分子的每个葡萄糖单元中有3个羟基，其羟基由羧甲基醚化。如果平均一个羟基参与反应，醚化度DS=1，最大醚化度DS=3，平均醚化度为0.4～1.5，相对分子质量≥1.7万。

（1）性状　羧甲基纤维素钠为白色或淡黄色纤维状或颗粒状粉末物，无臭，无味。有吸湿性，易分散于水而成为溶液。不溶于乙醇、乙醚、丙酮、氯仿等有机溶剂。羧基的醚化度直接影响羧甲基纤维素钠的性质，当醚化度在0.3以上时，可溶于碱水溶液；当醚化度为0.5～0.8时，溶液呈酸性，不沉淀。羧甲基纤维素钠的水溶液的黏度随pH、聚合度而异。pH的影响因酸的种类和醚化度而不同，一般在pH 3以下则成为游离酸，生成沉淀。羧甲基纤维素钠的黏度随葡萄糖聚合度的增加而增大，其水溶液对热不稳定，黏度随温度的升高而降低。

(2) 性能　羧甲基纤维素钠具有黏性、稳定性、保护胶体性、薄膜形成性等。羧甲基纤维素钠可与某些蛋白质发生胶溶作用，这一点在食品工业中的应用相当重要。但其易受盐类的影响而减弱其作用效果。羧甲基纤维素钠的增稠稳定性能在与明胶、黄原胶、卡拉胶、海藻酸钠、果胶等绝大多数亲水性胶配合时具有明显的协同增效作用。

(3) 毒性　小鼠经口 LD_{50} 为 27000mg/kg（bw）。美国 FDA 将其列为一般公认安全物质。ADI 不作限制性规定。

(4) 制法及质量指标　根据 GB 886.232—2016《食品安全国家标准　食品添加剂　羧甲基纤维素钠》的要求，按其水溶液黏度的高低分为四类：特高黏度型、高黏度型、中黏度型和低黏度型。应符合下列质量指标：2%溶液黏度≥25mPa·s；pH 为 6.0~8.5；水分≤10.0%；氯化物（以 NaCl 计）≤1.2%；重金属（以 Pb 计）≤0.0005%；砷（以 As 计）≤0.0002%。

(5) 应用　根据 GB 2760—2014《食品添加剂使用标准》中规定：羧甲基纤维素钠可用于大多数食品，最大使用量根据生产需要适量使用。

2. 海藻酸丙二醇酯

又名藻酸丙二醇酯、藻酸丙二酯、褐藻酸丙二醇酯等，简称 PGA。是由海藻酸的部分羧基被丙二醇酯化，部分羧基被适当的碱中和生成的酯类化合物。分子式 $(C_9H_{14}O_7)_n$，相对分子质量 1 万~2.5 万。

(1) 性状　海藻酸丙二醇酯为白色或淡黄色的粉末状物，几乎无臭或稍有芳香味，易吸湿。易溶于冷水、温水及稀有机酸溶液，形成黏稠状胶体溶液。不溶于甲醇、乙醇、苯等有机溶剂。水溶液在 60℃以下稳定，但煮沸则黏度急剧降低。10g/L 水溶液在 pH 3~4 的酸性环境下仍然十分稳定，不会产生絮状沉淀，尤其适用于 pH 2~7 的各种食品。

(2) 性能　海藻酸丙二醇酯分子中存在亲脂基，有乳化性及独特的稳泡作用。在酸性条件下，有良好的稳定蛋白作用，且其黏度随酸浓度增高而增大。在高温下长时间放置，会逐渐变成不可溶物质。

(3) 毒性　大鼠经口 LD_{50} 为 7200mg/kg（bw）。ADI 为 0~70mg/kg（bw）。

(4) 制法及质量指标　由海藻酸与环氧丙烷，以碱为催化剂，在加压下于 70℃进行反应，然后用甲醇洗涤，经压榨、干燥、粉碎而得海藻酸丙二醇酯。

根据 GB 1886.226—2016《食品安全国家标准　食品添加剂　海藻酸丙二醇酯》的要求，应符合下列质量指标：酯化度≥40.0%，不溶性灰分≤1.0%，干燥减重≤20.0%，砷≤2.0mg/kg，铅（Pb）≤5.0mg/kg。

(5) 应用　根据 GB 2760—2024《食品添加剂使用标准》规定，最大使用量：啤酒、麦芽饮料为 0.3g/kg；冰淇淋为 1.0g/kg；乳及乳制品、果蔬汁（浆）类饮料为 3.0g/kg；胶基糖果、淡炼乳（原味）、氢化植物油、其他焙烤食品、生湿面制品、调味糖浆、植物蛋白饮料等为 5.0g/kg。

实际生产中，海藻酸丙二醇酯既可用作增稠剂，也可作乳化稳定剂。

三、膨松剂

膨松剂是指在食品加工过程中加入的，能使产品发起形成致密多孔组织，从而使制品具有疏松、柔软或酥脆特性的物质。

膨松剂又称膨胀剂、起发粉、面团调节剂。在焙烤食品中广泛使用膨松剂生产面包、饼干、糕点等。一般情况下，膨松剂在和面过程中加入，在焙烤食品加工中因受热分解产生气体而使面坯起发，在内部形成均匀、致密的多孔组织，使之体积膨大、口感松软可口。GB 2760—2024《食品添加剂使用标准》规定，含铝的复合膨松剂应限量应用在油炸食品、豆类制品、焙烤食品、面糊、粉丝粉条和虾味片中，其铝的残留量（干样品，以 Al 计）≤100mg/kg；限量应用在腌制水产品（仅限海蜇）中，铝的残留量（以即食海蜇中 Al 计）≤500mg/kg。

（一）碱性膨松剂

碱性膨松剂包括碳酸氢钠（钾）、碳酸氢铵、轻质碳酸钙等。我国应用最广泛的是碳酸氢钠和碳酸氢铵，它们都是碱性化合物，受热产生气体的反应式如下：

$$2NaHCO_3 \xlongequal{\quad} CO_2\uparrow + H_2O + Na_2CO_3$$

$$NH_4HCO_3 \xlongequal{\quad} CO_2\uparrow + NH_3\uparrow + H_2O$$

碳酸氢钠分解后残留碳酸钠，使成品呈碱性，影响口味，使用不当时还会使成品表面呈黄色斑点。碳酸氢铵分解后产生气体的量比碳酸氢钠多，起发能力大，但容易造成成品过松，使成品内部或表面出现大的空洞。此外加热时产生带强烈刺激性的氨气，虽然很容易挥发，但成品中还可能残留一些，从而带来不良的风味，所以使用时要适当控制其用量。一般将碳酸氢钠与碳酸氢铵混合使用，可以减弱各自的缺陷，获得较好的效果。

1. 碳酸氢钠

碳酸氢钠，又名小苏打、重碳酸钠、酸式碳酸钠，分子式 $NaHCO_3$，相对分子质量 84.01。

（1）性状　碳酸氢钠为白色结晶性粉末，无臭，味咸，相对密度 2.20。加热至 50℃ 时开始失去二氧化碳；熔点 270℃，失去全部二氧化碳。在干燥空气中稳定，在潮湿空气中缓慢分解，产生二氧化碳。易溶于水，水溶液呈弱碱性，25℃、8g/L 水溶液的 pH 为 8.3。不溶于乙醇。遇酸立即强烈分解，产生二氧化碳。

（2）性能　碳酸氢钠受热分解放出二氧化碳，使食品产生多孔海绵状膨松组织，碳酸氢钠单独使用时，因受热分解后呈强碱性，易使制品出现黄斑，且影响口味，最好复配后使用。

（3）毒性　大鼠经口 LD_{50} 为 4222mg/kg（bw）、美国 FDA 将其列为一般公认安全物质。ADI 无需规定。

（4）制法及质量指标　碳酸钠吸收二氧化碳制得碳酸氢钠。按 GB 1886.2—2015《食品安全国家标准　食品添加剂　碳酸氢钠》的要求，应符合下列质量指标：总碱量（以 $NaHCO_3$ 计）99.0%～100.5%；砷（以 As 计）≤1.0mg/kg；重金属（以 Pb 计）≤5.0mg/kg；干燥失重≤0.20%；10g/L 水溶液 pH≤8.5；氯化物（以 Cl 计）≤0.4%；白度≥85.0；铵盐、澄清度通过试验。

（5）应用　根据 GB 2760—2024《食品添加剂使用标准》中规定：碳酸氢钠可在需添加膨松剂的各类食品中，按生产需要适量使用。在发酵大米制品中，最大使用量为按生产需要适量使用。实际生产中，碳酸氢钠可作为膨松剂、酸度调节剂（碱剂、缓冲剂）使用。用于饼干、糕点时，碳酸氢钠多与碳酸氢铵合用，两者的总用量以面粉为基础，为 0.5%～1.5%。具体配比因原料性质、成品特点和操作条件等因素不同而异。例如，对韧性面团，碳酸氢钠和碳酸氢铵的用量分别为 0.5%～1.0% 和 0.3%～0.6%，而对酥性面团，两者的用量则分别为 0.4%～0.8% 和 0.2%～0.5%。使用时为便于均匀分散，防止出现黄色斑点，应先将其溶于冷水中再添加。

2. 碳酸氢铵

碳酸氢铵，又名重碳酸铵、酸式碳酸铵、食臭粉，分子式 NH_4HCO_3，相对分子质量 79.06。

（1）性状　碳酸氢铵为无色到白色结晶，或白色结晶性粉末，略带氨臭，相对密度 1.586。在室温下稳定，在空气中易风化，稍吸湿，对热不稳定，60℃以上迅速挥发，分解为氮、二氧化碳和水。易溶于水，水溶液呈碱性。可溶于甘油，不溶于乙醇。

（2）性能　碳酸氢铵受热分解释放氨及二氧化碳而对食品起膨松作用；分解温度较高，宜在加工温度较高的面团中使用。碳酸氢铵部分溶于水，残留后可使食品带有异臭，影响口感，故宜用于含水量较少的食品，如饼干等。最好与其他膨松剂配成复合膨松剂使用。

（3）毒性　小鼠静脉注射 LD_{50} 为 245mg/kg（bw）。美国 FDA 将其列为一般公认安全物质。ADI 无需规定。碳酸氢铵的分解产物二氧化碳和氨均为人体代谢物，适量摄入对人体健康无害。

（4）制法及质量指标　将二氧化碳通入氨水中饱和后经结晶制得碳酸氢铵。

按 GB 1888—2014《食品安全国家标准　食品添加剂　碳酸氢铵》的要求，应符合下列质量指标：总碱量（以 NH_4HCO_3 计）为 99.0%~100.5%；氯化物（以 Cl^- 计）≤0.003%；硫的化合物（以 SO_4^{2-} 计）≤0.007%；不挥发物≤0.05%；砷（以 As 计）≤2mg/kg；铅（Pb）≤2mg/kg；磺酸盐（以十二烷基苯磺酸钠计）≤10mg/kg。

（5）应用　用作食品高级发酵剂。与碳酸氢钠合用可作面包、饼干、煎饼等膨松剂的原料，也用作发泡粉末果汁的原料。还用于绿色蔬菜、竹笋等汆漂，以及医药及试剂；根据 GB 2760—2024《食品添加剂使用标准》中规定：碳酸氢铵可在需添加膨松剂的各类食品中，按生产需要适量使用。实际生产中，碳酸氢铵可作为膨松剂使用。碳酸氢铵虽可单独使用，但一般多与碳酸氢钠合用，具体参见碳酸氢钠。也可配以酸性物质等作为复合膨松剂的基本成分之一。

（二）酸性膨松剂

酸性膨松剂包括硫酸铝钾、硫酸铝铵、磷酸氢钙和酒石酸氢钾等，主要用作复合膨松剂的酸性成分，不能单独用作膨松剂。

1. 硫酸铝钾

硫酸铝钾，又称钾明矾、明矾、钾矾，分子式 $AlK(SO_4)_2 \cdot 12H_2O$，相对分子质量 474.39。

（1）性状　硫酸铝钾为无色透明结晶或白色结晶性粉末、片、块，无臭。相对密度 1.757，熔点 92.5℃，略有甜味和收敛涩味。在空气中可风化成不透明状，加热至 200℃以上因失去结晶水而成为白色粉状的烧明矾。可溶于水，其溶解度随水温升高而显著增大，溶液对石蕊呈酸性。10g/L 水溶液的 pH 为 4.2。在水中可水解生成氢氧化铝胶状沉淀。易溶于甘油，不溶于醇和丙酮。

（2）性能　硫酸铝钾为酸性盐，主要用于中和碱性膨松剂，产生二氧化碳和中性盐，可避免产品产生不良气味，又可避免因碱性增大而导致食品品质下降，还能控制膨松剂产气的速度。硫酸铝钾与碳酸氢钠反应较慢，产气较缓和，降低碱性可使食品酥脆。硫酸铝钾有收敛作用，能和蛋白质结合导致蛋白质形成疏松凝胶而凝固，使食品组织致密化，有防腐作用。硫酸铝钾用量过多，可使食品发涩，甚至引起呕吐、腹泻。近年发现铝对人体健康不利，故应注意控制使用。

（3）毒性　猫经口 LD_{50} 为 5000~10000mg/kg（bw）。美国 FDA 将其列为一般公认安全物质。ADI 未作规定。硫酸铝钾是我国长期以来使用的食品添加剂，在正常使用量范围内，无明显的毒性影响。

（4）制法及质量指标　明矾石煅烧后，经萃取、蒸发、结晶制得硫酸铝钾；也可由铝土矿加硫酸成硫酸铝后，再加适量硫酸钾化合而成。

按 GB 1886.229—2016《食品安全国家标准　食品添加剂　硫酸铝钾》的要求，应符合下列质量指标：十二水合硫酸铝钾含量（以干基计）≥99.5%，硫酸铝钾干燥品含量（以干基计）≥96.5%；铅（Pb）≤5.0mg/kg，砷（As）≤2.0mg/kg；氟（F）≤30.0mg/kg；硒（Se）≤30.0mg/kg；干燥减量（硫酸铝钾干燥品）≤13.0%。

（5）应用　硫酸铝钾可在油炸面制品，豆类制品，焙烤食品，面糊、裹粉、煎炸粉，粉丝、粉条，虾味片，海蜇中按生产需要使用。除粉丝、粉条和海蜇外，其铝的残留量（干样品，以 Al 计）≤100mg/kg；粉丝、粉条中铝的残留量（干样品，以 Al 计）≤200mg/kg；海蜇中铝的残留量（以即食海蜇中 Al 计）≤500mg/kg。

实际生产中，硫酸铝钾常用作复合膨松剂中的酸剂，与碳酸氢钠等合用。用于油炸食品如油条时，在和面时加入，用量为 10~30g/kg，使用过多，会有涩味，在虾味片中用量约 6g/kg。

硫酸铝钾在果蔬加工中作为保脆剂可加约 0.1%。作为腌制品的护色剂，用量为 2%。作净水剂用，约 0.01%。还可用于海蜇、银鱼等的腌制脱水。此外，该品与无水硫酸铝钾（烧明矾）一样为配制复合膨松剂的重要原料之一。具体应用参见碳酸氢钠。

2. 硫酸铝铵

硫酸铝铵，又名铁明矾、铝铵矾、铁矾，分子式 $AlNH_4(SO_4)_2 \cdot 12H_2O$，相对分子质量 453.32。

（1）性状　硫酸铝铵为无色至白色结晶，或结晶粉末、片、块，无臭。略有甜味，强收敛涩味，相对密度 1.645，熔点 94.5℃，加热至 250℃成无水物，即烧铵矾。880℃以上则分解，并释放出氨。可溶于水（20℃溶解度为 15g/100mL）、稀酸、甘油，水溶液呈酸性，不溶于乙醇。

（2）性能　硫酸铝铵是硫酸铝和硫酸铵的复盐，水解生成弱碱、强酸，水溶液呈酸性，其性能同硫酸铝钾。

（3）毒性　猫经口 LD_{50} 为 8000~10000mg/kg（bw）。美国 FDA 将其列为一般公认物质。FAO/WHO（2013）规定，ADI 为 40mg/kg。

（4）制法及质量指标　硫酸铝溶液与硫酸铵溶液混合作用制得硫酸铝铵。按 GB 1886.342—2021《食品安全国家标准　食品添加剂　硫酸铝铵》的要求，应符合下列质量指标：在面包和普通焙烤制品预拌粉中，最大使用量十二水合硫酸铝铵含量（以干基计）=99.5%~100.5%；水分含量≤4.0%；砷（As）≤2mg/kg，铅（Pb）≤5mg/kg；氟化物（以 F 计）≤30mg/kg；硒（Se）≤30mg/kg。

（5）应用　硫酸铝铵可在油炸面制品，豆类制品，焙烤食品，面糊、裹粉、煎炸粉，粉丝、粉条，虾味片，海蜇中按生产需要使用，其铝的残留量要求同硫酸铝钾。

实际生产中，硫酸铝铵可作为膨松剂、稳定剂使用。可代替硫酸铝钾作为复合膨松剂的原料（酸性剂），其用量为面粉的0.15%~0.5%；用于腌茄子，其中的铝和铁盐遇茄子的蓝色素形成络合盐而不褪色，用量以铝计为0.01%~0.1%。此外，也可用于煮熟的红章鱼护色等。

3. 酒石酸氢钾

酒石酸氢钾，又名酸式酒石酸钾、塔塔粉，分子式$C_4H_5KO_6$，相对分子质量188.18。

（1）性状　酒石酸氢钾为无色结晶或白色结晶粉末，无臭，有清凉的酸味，相对密度1.956。易溶于稀无机酸、碱溶液，难溶于水、乙醇和乙酸，可溶于热水。饱和水溶液的pH为3.66（17℃）。

（2）性能　酒石酸氢钾分解缓慢，产气较缓慢，有迟效性，能使食品组织稍有不规则的缺点，但口味与光泽均好。

（3）毒性　小鼠经口LD_{50}为6810mg/kg（bw）。美国FDA将其列为一般公认安全物质。

（4）制法及质量指标　采用酿造葡萄酒时的副产品酒石，经水萃取后进一步用酸或碱等结晶制得酒石酸氢钾；也可用酒石酸与氢氧化钾或碳酸钾作用，经精制制得。

根据GB 25556—2010《食品安全国家标准　食品添加剂　酒石酸氢钾》的要求，应符合下列质量指标：酒石酸氢钾（以$C_4H_5KO_6$计，以干基计）为99.0%~101.0%；比旋光度α_m（20℃，D）为+32.5~+35.5°·dm^2/kg；澄清度试验：通过试验；干燥减量≤0.5%；砷（As）≤3mg/kg；铅≤2mg/kg；硫酸盐（以SO_4计）≤0.019%；铵盐试验：通过试验。

（5）应用　根据GB 2760—2024《食品添加剂使用标准》规定，酒石酸氢钾可用于小麦粉及其制品、焙烤食品，最大使用量为按生产需要适量使用。

实际生产中，酒石酸氢钾可作为膨松剂使用，多用作复合膨松剂的原料。用于焙烤食品的复合膨松剂时，其用量为10%~25%。

（三）复合膨松剂

为了减少或克服碱性膨松剂的缺点，可用不同配方配制成多种复合膨松剂。发酵粉即是复合膨松剂，为白色粉末，遇水加热产生二氧化碳。一般产生的二氧化碳量高于20%。20g/L水溶液产气后的pH为6.5~7.0。发酵粉较单纯碱性盐产气量大，在凉面坯中产气缓慢，加热后产气多而均匀，分解后的残留物对食品的风味、品质影响也较小。

1. 复合膨松剂的组成

复合膨松剂一般由三种成分组成，主要成分之一是碳酸盐类，常用的是碳酸氢钠，其用量占20%~40%，它的作用是与酸反应产生二氧化碳。另一个主要成分是酸性物质，酸性成分和碳酸盐发生中和反应或复分解反应而产生气体，其用量占35%~50%，它的作用还在于分解碳酸盐产气而降低成品的碱性。若使用恰当的酸性盐类则可以充分提高膨松剂的效力。复合膨松剂中还有淀粉、脂肪酸等一些其他成分，其用量占10%~40%。这些成分的作用在于增加膨松剂的保存性，防止吸潮结块和失效，也有调节气体产生速度或使气泡均匀产生等作用。

2. 复合膨松剂原料中的酸性物质

各种复合膨松剂因其配比的不同，而使其气体发生速度与状态各不相同。常用的酸性物质主要有以下几类。

（1）有机酸及其盐类　有机酸主要包括柠檬酸、酒石酸、延胡索酸及乳酸，它们的反应都是速效性的，遇水立即溶解，发生反应而产气。因此，在和面时就开始产生气体，到烘烤时已放出大量气体，使膨松效力降低。其成本较高，但成品的口味好，有柔软而膨松的组织，加工性能也良好。

为了改进直接加酸的缺点，可以使用酸性盐类，如酒石酸氢钾等。酸性盐类的性质较稳定，反应速度较慢，这样可以较充分地发挥气体的膨松作用。也可采用葡萄糖酸-δ-内酯。它本身不是酸，但加热水解呈酸的作用。用它来配制膨松剂，成品口味良好，组织非常细致。

（2）酸性磷酸盐　酸性磷酸盐也属于酸性盐类。包括磷酸二氢钙、磷酸氢钙、焦磷酸二氧钙、磷酸氢钠、磷酸铝钠等。

酸性磷酸盐性质较有机酸稳定，虽然在加水和面时也开始产生气体，但反应速度较慢。使用酸性磷酸盐的成品的口味与光泽均好，但内部组织（气泡）有稍不规则的缺点。此外，磷酸氢钙还兼具营养强化的作用。

（3）明矾类　明矾类包括硫酸铝钾、硫酸铝铵等。明矾类反应速度最慢，是迟效性的复合膨松剂。其成品的内部组织美观，但口感较硬，口味较差。

（四）生物膨松剂

随着食品工业的发展，生物膨松剂也逐渐应用到食品加工中。生物膨松剂中最重要的是单细胞真菌球形酵母，主要用来制作面包、馒头、包子、花卷及饼干、糕点类面制品，在和面时加入可使成品多孔酥脆或膨松。

1. 生物膨松剂的形式

常用的生物膨松剂有以下几种形式。

（1）液体酵母　液体酵母是酵母菌经扩大培养和繁殖后得到的未经浓缩的酵母液。这种酵母价格低，使用方便，新鲜，发酵力充足，但不宜运输和贮藏，一般是自制自用，没有特殊要求和方便条件的食品厂家不便使用。

（2）鲜酵母　鲜酵母又称浓缩酵母、压榨酵母。是将优良酵母菌种经培养、繁殖后，将酵母液进行离心分离、压榨除去大部分水后（水分含量75%以下），加入辅助原料压榨而成。这种酵母产品较液体酵母便于运输，在0~4℃条件下可保存2~3个月，使用时需要活化，其发酵力要求在600mL/100g面粉以上。

（3）干酵母　干酵母又称活性干酵母，为淡黄或乳白色，由鲜酵母制成小颗粒，低温干燥而成，一般压制成方块状。使用前需要活化，但运输中、使用前不需要冷藏。干酵母是高技术生物制品，它最大的特点是常温下贮存期可达2年，品质稳定，使用方便，在面包中用量一般为面粉用量的0.8%。

（4）速效干酵母　速效干酵母又称即发干酵母，是20世纪80年代研发的产品。采用快速分离、低温将酵母液脱水干燥而成。呈微黄色，有一股酵母特有的气味，细长颗粒状，用复合涂塑铝箔真空包装成块状。开封后，呈松散颗粒状。生产包装时加入少量的乳化剂，提高了酵母表面的活性和乳化增溶，在使用时不用活化直接使用，其发酵力比活性干酵母强，发酵快。

2. 生物膨松剂的使用范围

食品厂常用酵母作生物膨松剂，酵母在食品工业中应用十分广泛，在焙烤食品、饮料（发酵饮料）以及调味品生产中都起十分重要的作用。

（1）酵母在焙烤食品中的应用　酵母主要用于面包和苏打饼干等焙烤食品的生产。

在面团发酵中产生大量CO_2气体，使面包疏松多孔，体积变大，口感变得疏松可口，满足人们的感官要求。

在面团发酵时产生多种与面包风味有关的挥发物和不挥发物，在焙烤过程中形成酯类，使面包具有独特的风味（化学膨松剂无此作用）。

酵母主要成分是蛋白质（占干重的30%～40%），且其中必需氨基酸量充足，特别是赖氨酸含量较高。另一方面，酵母中还含有大量B族维生素，在每克干物质的酵母中，含20～40μg硫胺素，60～80μg核黄素，280μg烟酸。

（2）酵母在饮料酒生产中的应用　食品添加剂中大多数产品都是一专多能的，酵母除了作膨松剂，在饮料酒、调味品生产中也是必不可少的。饮料酒是深受我国消费者欢迎的饮品，生产历史悠久。饮料酒分为发酵酒（如啤酒、葡萄酒、黄酒）、蒸馏酒（如白酒、白兰地）和配制酒（如露酒），酵母在无氧条件下，进行厌氧代谢，把糖转化为二氧化碳和乙醇（酒精），酒精具有刺激性，可使人神经兴奋、血液循环加快。

（3）酵母在酿造调味品中的应用　酿造调味品的生产过程，是原料在微生物复杂的酶系作用下进行一系列的生物化学变化的过程。酵母和酿造工业关系十分密切，酱油、酱类、食醋及各种发酵性豆制品的风味形成，大都需要酵母作用。

（五）膨松剂存在的安全隐患

有关专家透露，目前市场上的膨化类食品（包括油条和面包）存在铝残留量超标的情况。导致铝超标的原因是，企业在生产过程中过量添加了泡打粉（化学膨松剂）所致，要杜绝铝超标的情况，必须选择无铝膨松剂。而无铝膨松剂的成本要比普通的化学膨松剂高3～4倍。因此一些不良商贩为了降低成本，必然会选择低成本的化学膨松剂，因此铝超标的现象仍然存在。而铝并非人体需要的微量元素，相反还是有害健康的食品污染物。在毒理学上铝虽属于低毒性的金属元素，它不会引起急性中毒，但进入细胞的铝可与多种蛋白质、酶、三磷酸腺苷等人体重要物质结合，影响体内的多种生化反应，干扰细胞和器官的正常代谢，导致某些功能障碍，甚至出现一些疾病。长期食用铝含量过高的膨化食品，会干扰人的思维、意识与记忆功能，引起神经系统病变，表现为记忆减退，视觉与运动协调失灵，脑损伤、智力下降、严重者可能痴呆。摄入过量的铝，还能置换出沉积在骨质中的钙，抑制骨生成，发生骨软化症等。

另外，铝含量高的膨化食品大多属高脂、高热量食品，将促使体液酸性化，也易带来肥胖、糖尿病、高血压、高血脂等疾病。同时膨化食品中普遍含有较多的盐和味精，使孩子成年后易出现高血压和心血管病等，所以要加强自我保健意识，尽量不吃或少吃油条、膨化食品。

四、稳定剂和凝固剂

（一）稳定剂与凝固剂的简介

稳定剂和凝固剂是指使食品结构稳定或使食品组织结构不变，增强黏性固形物的物质。凝固剂一般可以使食品中胶体（果胶、蛋白质等）凝固为不溶性的凝胶状态，所以又称为组织硬化剂。我国使用凝固剂的历史悠久，早在2000年前的东汉时期就已用盐卤点制豆腐，这种方法沿用至今。如今，凝固剂已经应用于多种食品的加工中，如在生产果蔬制品时，利用各种钙盐（如氯化钙、乳酸钙、柠檬酸钙等）使可溶性果胶酸成为凝胶状不溶性果胶酸钙，以保持果蔬加工制品的脆度和硬度；在豆腐生产中，用盐卤、葡萄糖酸-δ-内酯作凝固剂，可以制得不同硬度、风味、口感的豆腐。凝固剂可以是单一的一种产品，也可以是多种产品组合成复配型凝固剂。中国列入国家标准中的凝固剂共有 15 种物质，分别为：乳酸钙、氯化钙、氯化镁、丙二醇、乙二胺四乙酸二钠、乙二胺四乙酸二钠钙、柠檬酸亚锡二钠、葡萄糖酸-δ-内酯、海藻酸钠、谷氨酰胺转氨酶、聚天冬氨酸钾、可得然胶、磷酸及磷酸盐、硫酸钙、三赞胶、纤维素。

（二）稳定剂和凝固剂的作用

稳定剂和凝固剂的分子中多含有钙盐、镁盐或带多电荷的离子团，在促进果胶、蛋白质变性而凝固时，这种添加剂可起到破坏果胶、蛋白质胶体溶液中的夹电层，使悬浮液形成凝胶或沉淀的作用，从而达到增强食品中黏性固形物的强度、提高食品组织性能、改善食品口感和外形等目的。

（三）我国允许使用的稳定剂和凝固剂

1. 硫酸钙（calcium sulphate，　CNS 号：　18.001）

二水硫酸钙又名石膏或生石灰。化学式 $CaSO_4 \cdot 2H_2O$，相对分子质量 172.17。

（1）性状与性能　白色晶体粉末，无臭，有涩味，相对密度 2.32（18℃/4℃）。加热至 100℃以上时，失去部分结晶水，加热至 194℃以上时，失去全部的结晶水变成无水硫酸钙。难溶于水（0.26g/100mL，18℃），不溶于乙醇，微溶于甘油，溶于强酸；水溶液呈碱性。石膏加水后可塑成浆状物，很快固化。

（2）毒性与安全性　钙和硫酸根是人体内正常的成分，而且硫酸钙的溶解度很小，在消化道内难以吸收，因此，硫酸钙对人体无害。ADI 无需规定，美国 FDA 认定为 GRAS。

（3）生产方法　硫酸钙有天然产品。也可由可溶性钙盐的水溶液加稀硫酸或是碱金属硫酸盐制成，还可由氧化钙加三氧化硫制得。

（4）使用建议　按 GB 2760—2024《食品添加剂使用标准》规定，硫酸钙在豆类制品中可按生产需要适量使用；在下述食品中的最大使用量：面包、糕点和饼干为 10g/kg；腊肠为 5g/kg；肉灌肠类为 3g/kg。FDA/WHO 规定番茄罐头，片装最大添加量为 800mg/kg，整装最大添加量为 450mg/kg。FDA 规定在焙烤食品中的最大添加量为 1.3%，蔬菜加工中最大添加量为 0.35%等。

2. 氯化钙（calcium chloride，　CNS 号：　18.002）

氯化钙化学式 $CaCl_2$、$CaCl_2 \cdot 2H_2O$，相对分子质量分别为 110.99、147.02。

（1）性状与性能　白色坚硬的碎块或颗粒，无臭，微苦，易吸水潮解，相对密度 2.152（25℃/4℃，无水物）、1.835（二水物），熔点 782℃。其存在形式有无水物、一水物、二水物、四水物等，一般商品以二水物为主。易溶于水，潮解性强，溶于醇，水溶液成微酸性，5%水溶液的 pH 为 4.5~9.5。

（2）毒性与安全性　大鼠经口 LD_{50} 为 1g/kg（bw），ADI 不作特殊规定。

（3）生产方法　由碳酸钙与盐酸反应而得，也可由氨碱法制纯碱时的母液加石灰乳，反应后经蒸发、浓缩、冷却、固化而得。还可由次氯酸钠的副产品精制而得。

$$CaCO_3+2HCl = CaCl_2+H_2O+CO_2\uparrow$$

（4）使用建议　按 GB 2760—2024《食品添加剂使用标准》规定，氯化钙在稀奶油、调制稀奶油和豆类制品中可按生产需要适量添加；在下述食品中的最大使用量：水果罐头、果酱和蔬菜罐头为 1.0g/kg；调味糖浆，装饰糖果（如工艺造型或用于蛋糕装饰）、顶饰（非水果材料）和甜汁为 0.4g/kg；其他饮用水（自然来源饮用水除外）为 0.1g/L（以 Ca 计 36mg/L）等。氯化钙用作豆腐稳定剂和凝固剂时，在豆乳中的添加量一般为 20～25g/L（氯化钙溶液质量浓度为 40～60g/L）。在果蔬罐头加工生产中，氯化钙用作组织稳定剂和凝固剂，可以较好地保持果蔬的脆性，并有护色效果。

3. 氯化镁（magnesium chloride， CNS 号： 18.003）

氯化镁化学式 $MgCl_2$、$MgCl_2 \cdot 6H_2O$，相对分子质量分别为 95.21、203.30。

（1）性状与性能　无色、无臭的小片、颗粒或块状式单斜晶系晶体，味苦，极易吸潮，极易溶于水，溶于乙醇，极易吸湿，水溶液呈中性。常温下存在的一般是 $MgCl_2 \cdot 6H_2O$，其相对密度 1.569（20℃/4℃），熔点 116～118℃，在 115℃时失去结晶水，部分分解而释放出氯化氢。无水氯化镁的相对密度为 2.177。

（2）毒性与安全性　大鼠经口 LD_{50} 为 2.8g/kg（bw），人经口服用 4～15g 能引起腹泻，属低毒物质；ADI 不作特殊规定。

（3）生产方法　海水浓缩析出氯化钠结晶后的苦卤，经提取氯化钾和溴后浓缩可制成卤片，再经真空除溴，常压蒸发、除杂、分离后重结晶而制得成品，或将氧化镁或碳酸镁溶解于盐酸中也可制得氯化镁。

$$MgCO_3+2HCl = MgCl_2+CO_2\uparrow +H_2O$$

（4）使用建议　按 GB 2760—2024《食品添加剂使用标准》规定，氯化镁在豆类制品等的生产中可按生产需要适量添加。在豆类制品生产中，使用时将氯化镁溶解于水中，一般 500g 水加 40.8g 氯化镁，使用量为豆乳原料的 2%～3%。氯化镁用于乳制品中用量为 3～7g/kg；在酿酒中，可用氯化镁调节水的硬度，用量依需要而定。

4. 葡萄糖酸-δ-内酯（glucono delta-lactone，CNS 号：18.007）

葡萄糖酸-δ-内酯简称内酯或 GDL，化学式 $C_6H_{10}O_6$，相对分子质量 178.14。

（1）性状与性能　白色结晶性粉末，无臭，味先甜后苦，呈酸味。约 153℃分解，易溶于水（60g/100mL，室温），微溶于乙醇（1g/100mL，室温），几乎不溶于乙醚。在水中溶解为葡萄糖酸及其δ-内酯和γ-内酯的平衡混合物，刚配制的 10g/L 溶液 pH 为 3.5，2h 以内变为 2.5。葡萄糖酸-δ-内酯在水中发生解离生成葡萄糖酸，能使蛋白质溶胶形成凝胶，并且具有一定的防腐性。

（2）毒性与安全性　ADI 不作特殊规定。美国 FDA 认定为 GRAS。

（3）生产方法　可由葡萄糖通过微生物发酵法、葡萄糖氧化法或是催化氧化法制备而得；或是以葡萄糖酸钙为原料，采用非溶剂结晶法、分布结晶法或共沸脱水结晶法制备而成。

（4）使用建议　按 GB 2760—2024《食品添加剂使用标准》规定，葡萄糖酸-δ-内酯属于可以在各类食品中按生产需要适量添加使用的添加剂。它可用作稳定剂和凝固剂、酸味剂、螯合剂。在豆腐生产中，葡萄糖酸-δ-内酯作为凝固剂使用，一般用量为 3g/kg，所制得的豆腐保水性好，质地细腻，滑嫩可口，没有传统用卤水或石膏制作的豆腐的苦涩味。用于鱼、肉、虾等保鲜时，一般使用量为 0.1g/kg，控制残留量为 0.01mg/kg，不仅可以使制品外观具有光泽，无褐变发生，同时也可保持肉质的弹性。作为膨松剂，可与碳酸氢钠复配，混合制成发酵粉使用。

5. 乙二胺四乙酸二钠（disodium ethylene－diamine－tetra－acetate，CNS 号：18.005）

乙二胺四乙酸二钠又名 EDTA 二钠，化学式 $C_{10}H_{14}N_2Na_2O_8 \cdot 2H_2O$，相对分子质量 372.24。

（1）性状与性能　白色结晶性粉末或颗粒，无臭，无味。易溶于水，微溶于乙醇，不溶于乙醚。20g/L 水溶液 pH 为 4.7，50g/L 水溶液 pH 为 5.3。常温下稳定，100℃时结晶水开始挥发，120℃时失去结晶水而成为无水物，有吸湿性。熔点为 240℃。

（2）毒性与安全性　大鼠经口 LD_{50} 为 2g/kg（bw）；ADI 为 0~2.5mg/kg（bw），美国 FDA 认定为 GRAS。

（3）生产方法　由乙二胺与一氯乙酸反应，再与甲醛、氰化钠反应，然后由碳酸钠中和而制成。还可由 EDTA 与氢氧化钠反应，经脱水、过滤、中和而制成。

（4）使用建议　按 GB 2760—2024《食品添加剂使用标准》规定，乙二胺四乙酸二钠可作为稳定剂和凝固剂、抗氧化剂、防腐剂使用。在下述食品中的最大使用量：果酱、蔬菜泥（酱）（番茄沙司除外）为 0.07g/kg；地瓜果脯、腌制的蔬菜、蔬菜罐头、坚果与籽类罐头、杂粮罐头为 0.25g/kg；腌渍的食用菌和藻类为 0.2g/kg；复合调味料为 0.075g/kg；饮料类［包装饮用水果蔬汁（浆）、浓缩果蔬汁（浆）除外］为 0.03g/kg。

6. 柠檬酸亚锡二钠（disodium stannous citrate，CNS 号：18.006）

柠檬酸亚锡二钠又名 8301 护色剂，化学式 $C_6H_6O_8SnNa_2$，相对分子质量 370.79。在罐头中，能逐渐消耗残余氧气，起到抗氧防腐作用，保持食品的色质与风味。

（1）性状与性能　白色结晶，易吸湿潮解，极易氧化。加热至 250℃开始分解，260℃开始变黄，283℃变成棕色。极易溶于水。

（2）毒性与安全性　小鼠经口 LD_{50} 为 2.7g/kg（bw）；致突变实验：Ames 试验、骨髓微核试验及小鼠精子染色体畸变试验，均未见致突变性。

（3）生产方法　由氯化亚锡、柠檬酸和氢氧化钠反应制得，其质量标准见表 3-6。

表 3-6　柠檬酸亚锡二钠质量标准

项目	指标
亚锡（Sn^{2+}）含量/%	≥29.0
pH(10g/L 溶液)	5.0~7.0
铅（Pb）含量/（mg/kg）	≤3
总砷（以 As 计）含量/（mg/kg）	≤2
水不溶物含量/%	≤0.05

（4）使用建议　按 GB 2760—2024《食品添加剂使用标准》规定，柠檬酸亚锡二钠在水果罐头、蔬菜罐头、食用菌和藻类罐头食品中的最大使用量为 0.3g/kg。柠檬酸亚锡二钠在罐头食品中能逐渐消耗残余氧，具有抗氧化、防腐和护色的作用。

（四）食品稳定剂和凝固剂的复配

复合稳定剂和凝固剂就是人为地将两种或两种以上的成分混合加工而成的稳定剂和凝固

剂。复合稳定剂和凝固剂的应用是随着豆制品生产的工业化、机械化、自动化的进程而产生的，它们与传统的稳定剂和凝固剂相比都有其独特之处。

我国豆腐生产历史悠久，传统的豆腐生产中，主要采用的是石膏和盐卤作单一稳定剂和凝固剂，所生产的豆腐风味单一，缺乏大豆香味，且豆腐持水性较差。并且我国豆腐生产技术发展缓慢，大都是小型手工作坊生产，生产设备简陋，劳动强度大，劳动环境恶劣，尤为突出的问题是在生产制作豆腐的过程中产生大量的废渣、废水，不经任何处理就排放，造成环境污染，然而豆渣和废水中还含有很多对人体有益的物质，将其排弃是一种资源浪费。因此，研究者们研发出了新型豆腐复合稳定剂。

葡萄糖酸-δ-内酯是一种新型豆腐稳定剂和凝固剂，由内酯制作的豆腐质地滑润爽口，口味鲜美，营养价值高，但是内酯豆腐偏软，不适合煎炒。因此，研究以内酯为主的复合稳定剂和凝固剂配方，不仅可以保持内酯豆腐的细腻爽口性，又可增加豆腐的硬度，使豆腐弹性更佳，提高豆腐的质量和产量。例如，我国学者研究了以内酯为主的豆腐复合稳定剂和凝固剂，并重点探讨了复合稳定剂和凝固剂中石膏、磷酸氢二钠（改良剂）与单甘酯（乳化剂）添加量对豆腐凝胶强度及品质的影响，从而确定了以内酯为主的豆腐复合稳定剂和凝固剂最佳配方为：内酯 0.3%、石膏 0.069%、磷酸氢二钠 0.047%、单甘酯 0.019%（以豆浆计）。豆浆里添加复合稳定剂和凝固剂使豆腐产量高、硬度高、煎炒均可，豆腐色白味香，质地细腻，弹性好，豆腐干净无杂质，质量、口感都优于用单一稳定剂和凝固剂所制得的豆腐。

表 3-7 所示为一些常见的复合凝固剂的配方。

表 3-7　几种常用复合稳定剂和凝固剂配方　单位:%

序号	复合稳定剂和凝固剂配方
1	硫酸钙 0.06，乳酸 0.21
2	硫酸钙 0.06，醋酸 0.18
3	硫酸钙 0.06，酒石酸 0.2
4	硫酸钙 0.06，抗坏血酸 0.2

五、抗结剂

抗结剂是防止食品结块，保持其松散或自由流动的物质，具有颗粒细小、比表面积大、比体积高等特点，呈微小多孔性状，以利用高度孔隙率吸附食品中水分，防止其结块。

我国目前允许使用的抗结剂有巴西棕榈蜡、丙二醇、二氧化硅、硅酸钙、聚甘油脂肪酸酯、可溶性大豆多糖、磷酸及磷酸盐、碳酸镁、亚铁氰化钾及亚铁氰化钠、硬脂酸钙、硬脂酸镁、微晶纤维素、柠檬酸铁铵、迷迭香提取物（超临界二氧化碳萃取法）等数十种。

1. 亚铁氰化钾

亚铁氰化钾别名黄血盐，分子式 $K_4Fe(CN)_6 \cdot 3H_2O$，相对分子质量 422.96。亚铁氰化钾是在绿色食品中被禁止使用的一个品种，也只在其他一些国家允许被使用。

(1) 物化性质　亚铁氰化钾是浅黄色单斜体结晶或粉末，无臭，略有咸味，相对密度 1.85。常温下稳定，加热至 70℃开始失去结晶水，100℃时完全失去结晶水而变为具有吸湿性的白色粉末。溶于水，不溶于乙醇、乙醚、乙酸甲酯和液氨。高温下发生分解，放出氮气，生成氰化钾和碳化铁。其水溶液遇光分解为氢氧化铁。亚铁氰化钾在与酸性物质接触时会产生氢氰酸，遇到碱性物质则会生成氰化钠，由于氰根与铁结合很牢固，所以这种物质虽会表现出一定的毒性，但只是低毒性。

(2) 毒性　ADI 为 0~0.025mg/kg（bw）（按亚铁氰化钠计）；大鼠经口 LD_{50} 为 1600~3200mg/kg（bw）。

(3) 制备　以生产电石的副产物氰熔体（氰化钙和氰化钠的混合物）为原料，用水在 80℃以下萃取（温度过高会发生水解反应），萃取液中按计量加入硫酸亚铁生成氰化亚铁络合物：

$$4NaCN+4Ca(CN)_2+2FeSO_4 = Na_4Fe(CN)_6+Ca_2Fe(CN)_6+2CaSO_4\downarrow$$

经压滤除去硫酸钙沉淀，得络合物混合溶液。在 75℃下加入氯化钾产生复盐沉淀：

$$Ca_2Fe(CN)_6+2KCl = K_2CaFe(CN)_6\downarrow+CaCl_2$$

$$Na_4Fe(CN)_6+2KCl = K_2Na_2Fe(CN)_6\downarrow+2NaCl$$

将复盐分离后在脱钙罐内加热至 80℃，加入纯碱使其脱钙：

$$2K_2CaFe(CN)_6+2Na_2CO_3 = K_4Fe(CN)_6+Na_4Fe(CN)_6+2CaCO_3\downarrow$$

压滤除去碳酸钙，在转化罐中加入氯化钾，加热煮沸使钠盐转化为亚铁氰化钾；反应后除杂质，冷却结晶，离心分离，干燥得成品。GB 25581—2010《食品安全国家标准　食品添加剂　亚铁氰化钾（黄血盐钾）》理化指标见表 3-8。

表 3-8　GB 25581—2010《食品安全国家标准　食品添加剂　亚铁氰化钾（黄血盐钾）》理化指标

项目	指标
亚铁氰化钾 [$K_4Fe(CN)_6 \cdot 3H_2O$] /%	≥99.0
氯化物（以 Cl 计）/%	≤0.30
水不溶物/%	≤0.02
砷/（mg/kg）	≤1

(4) 用法　按 GB 2760—2024《食品添加剂使用标准》规定，允许作为盐及代盐制品的抗结剂，最大使用量为 0.01g/kg（以亚铁氰根计）。

2. 磷酸及磷酸盐

包括磷酸、焦磷酸二氢二钠、焦磷酸钠、磷酸二氢钙、磷酸二氢钾、磷酸氢二铵、磷酸氢二钾、磷酸氢钙、磷酸三钙、磷酸三钾、磷酸三钠、多聚磷酸钠（包括六偏磷酸钠）、三聚磷酸钠、磷酸二氢钠、磷酸氢二钠、焦磷酸四钾、焦磷酸一氢三钠、聚偏磷酸钾、酸式焦磷酸钙。以磷酸三钙为例。

磷酸三钙又称磷酸钙，化学式为 $Ca_3(PO_4)_2$，在人的骨骼中普遍存在，是一种良好的骨修复材料。

(1) 物化性质　白色晶体或无定形粉末无臭、无味，在空气中稳定。存在多种晶型转变，主要分为低温 β 相（β-TCP）和高温 α 相（α-TCP），相转变温度为 1120~1170℃，熔点为 1670℃；溶于酸，不溶于水和乙醇。磷酸钙与磷酸氢钙相比，磷酸钙难溶于水，其水溶液不呈碱性。

（2）毒性　ADI 为 70mg/kg（bw）；小鼠经口 LD_{50} 为 15250mg/kg（bw）。

（3）制备　磷酸钠溶液在过量氨存在下与适量氯化钙饱和溶液进行反应，沉淀出不溶性的磷酸钙：

$$2Na_3PO_4+3CaCl_2 = Ca_3(PO_4)_2\downarrow +6NaCl$$

经过滤、洗涤、干燥，得到磷酸钙成品；

饱和石灰乳溶液与热浓磷酸在 pH 8.1 以上时反应生成磷酸三钙沉淀：

$$2H_3PO_4+3Ca(OH)_2 = Ca_3(PO_4)_2\downarrow +6H_2O$$

GB 1886.332—2021《食品安全国家标准　食品添加剂　磷酸三钙》中规定的理化指标标准见表 3-9。

表 3-9　GB 1886.332—2021《食品安全国家标准　食品添加剂　磷酸三钙》

项目	指标
磷酸三钙含量（以 Ca 计）/%	34.0~40.0
重金属（以 Pb 计）/（mg/kg）	≤10
铅（Pb）/（mg/kg）	≤2
砷（As）/（mg/kg）	≤3
氟（F）/（mg/kg）	≤75
灼烧减量/%	≤10.0
澄清度	通过试验

（4）用法　按 GB 2760—2024《食品添加剂使用标准》规定，允许作为多种食品的抗结剂。作为抗结剂可用于乳粉和奶油粉，最大用量为 10.0g/kg（单独或与其他抗结剂合用，最大使用量以磷酸根计）；米粉（包括汤圆粉等），最大用量为 1.0g/kg；小麦粉、杂粮粉，食用淀粉，最大用量为 5.0g/kg。

3. 二氧化硅

二氧化硅分子式 SiO_2，相对分子质量 60。

（1）物理性质　纯的二氧化硅无色，常温下为固体，不溶于水。二氧化硅来源分为天然和人工合成两类。其中天然又分晶态二氧化硅和非晶态二氧化硅；而人工合成二氧化硅主要是指人工水晶和非晶态硅胶、沉淀二氧化硅、硅溶胶和气相二氧化硅等。熔点 1710℃。沸点 2503℃。天然二氧化硅的密度为 2.20~2.65g/m^3，室温下均不溶于水和酸，但在氢氟酸和磷酸的作用下，能逐渐溶解。合成二氧化硅均为 X 射线无定型物质，为短程有序结构，密度为 2.0~2.3g/m^3，其化学性质稳定，除与 HF 和碱反应外，基本上不溶于水及各种有机溶剂。

（2）毒性　大鼠经口 LD_{50} 为 5g/kg（bw），ADI 无需规定。

（3）制备　分为干法和湿法两种。干法是在铁硅合金中通入氯化氢形成四氯化硅，然后在氢氧焰中加热分解而得；湿法是由碳酸硅和硫酸或盐酸反应，凝固形成硅胶，再用水洗涤，除去杂质，干燥而成。

（4）用法　按 GB 2760—2024《食品添加剂使用标准》规定，允许作为乳粉和奶油粉及其调制产品（乳粉和奶油粉除外），奶片，植脂末，冷冻饮品（食用冰除外），可可制品（包括以可可为主要原料的脂、粉、浆、酱、馅等），原粮，脱水蛋制品（如蛋白粉、蛋黄酱、蛋白片），糖粉，盐及代盐制品，香辛料类，固体复合调味料，固体饮料，仅限豆腐花粉、大豆蛋白粉和调配大豆蛋白粉等的抗结剂，最大使用量 0.5~20.0g/kg。

4. 巴西棕榈蜡

巴西棕榈蜡是主要由脂肪酸酯、羟基脂肪酸酯、*p*-甲氧基肉桂酸酯、*p*-羟基肉桂酸二酯等组成的复杂混合物，其脂肪链长度不一，此外还含有酸、醇、烃类和水等。

（1）物化性质　淡黄色或黄色粉末、薄片或块状物；在水或乙醇中几乎不溶，微溶于沸腾的 95% 乙醇，溶于温热的氯仿、甲苯、乙酸乙酯；相对密度 0.990~0.999；熔点 80~86℃；碘值 5~14；皂化值 78~95。

（2）毒性　ADI 为 7mg/kg（bw）。

（3）制备　巴西棕榈蜡从巴西棕榈树的叶芽和叶子中获得。将巴西棕榈树的叶子干燥并粉碎，然后加入热水分离得到蜡状物质即是。

（4）用法　按 GB 2760—2024《食品添加剂使用标准》规定，允许作为可可制品、巧克力和巧克力制品（包括代可可脂巧克力及制品）及糖果的抗结剂，最大使用量为 0.6g/kg；在新鲜水果中限量为 0.4mg/kg，以残留量计。

5. 硬脂酸钙

硬脂酸钙分子式 $C_{36}H_{70}CaO_4$，线性分子式 $[CH_3(CH_2)_{16}COO]_2Ca$，相对分子质量 607.02。

（1）物化性质　白色粉末，不溶于水、冷的乙醇和乙醚，溶于热苯、苯和松节油等有机溶剂，微溶于热的乙醇和乙醚。密度 1.08g/cm^3，熔点 150~155℃；加热至 400℃ 时缓缓分解，可燃，遇强酸分解为硬脂酸和相应的钙盐，有吸湿性。

（2）毒性　一般认为无毒。

（3）制备　由氯化钙与硬脂酸和棕榈酸钠盐的混合物反应生成，用水洗涤去除氯化钠，得到硬脂酸钙。

GB 1886.102—2016《食品安全国家标准　食品添加剂　硬脂酸钙》中规定的理化指标标准见表 3-10。

表 3-10　GB 1886.102—2016《食品安全国家标准　食品添加剂　硬脂酸钙》

项目	指标
硬脂酸钙含量（以 CaO 计，以干基计）/%	9.0~10.5
游离酸（以硬脂酸计）/%	≤4.0
干燥减量/%	≤3.0
铅（Pb）/（mg/kg）	≤2.0

（4）用法　按 GB 2760—2014《食品添加剂使用标准》规定，允许作为香辛料及粉、固体复合调味料的抗结剂，最大使用量为 20mg/kg。

六、水分保持剂

水分保持剂为有助于保持食品中的水分而加入的物质，多指用于肉类和水产品加工中增强其水分的稳定性和具有较高持水性的磷酸盐类。根据 GB 2760—2024《食品添加剂使用标准》显示，我国目前确定可使用的水分保持剂有 8 种：丙二醇、甘油（又名丙三醇）、聚葡萄糖、磷酸及磷酸盐、麦芽糖醇（麦芽糖醇液）、乳酸钾、乳酸钠、山梨糖醇。

1. 磷酸二氢钙（calcium dihydrogen phosphate，CNS号：15.007）

磷酸二氢钙又名磷酸一钙、二磷酸钙、酸性磷酸钙，分子式 $Ca(H_2PO_4)_2 \cdot H_2O$，相对分子质量257.07（一水物），234.05（无水物）。

（1）性状及性能　磷酸二氢钙是无色或白色结晶性粉末，相对密度2.22，有吸湿性，略溶于水，易溶于盐酸、硝酸，几乎不溶于乙醇，水溶液呈酸性（pH 3），加热至105℃失去结晶水，203℃分解成偏磷酸盐。

（2）毒性　ADI为70mg/kg（bw）（以各种来源的总磷计）。

（3）制法及质量指标　磷酸二氢钙可采用2mol/L磷酸与1mol/L氢氧化钙或碳酸钙作用，冷却至0℃，过滤后结晶制得，也可由磷矿石与盐酸反应制得。

根据GB 1886.333—2021《食品安全国家标准　食品添加剂　磷酸二氢钙》的要求，应符合下列质量指标：磷酸二氢钙（以Ca计）无水物为16.8%～18.3%，一水物为15.9%～17.7%；干燥减量≤1.0%；灼烧减量为14.0%～15.5%；砷（As）≤3.0mg/kg；重金属（以Pb计）≤10mg/kg；铅（Pb）≤2.0mg/kg；氟（F）≤25.0mg/kg；澄清度、碳酸盐、游离酸及其副盐为通过试验。

（4）应用　磷酸二氢钙作为水分保持剂，根据GB 2760—2024《食品添加剂使用标准》中规定，最大使用量：乳及乳制品，蔬菜罐头，可可制品、巧克力和巧克力制品以及糖果，小麦粉及其制品，食用淀粉，饮料类，果冻等为5.0g/kg（以磷酸根计）；乳粉和奶油粉为10.0g/kg；焙烤制品为15.0g/kg；等等。

2. 焦磷酸二氢二钠（disodium dihydrogen pyrophosphate，CNS号：15.008）

焦磷酸二氢二钠又名酸性焦磷酸钠、焦磷酸二钠，分子式 $Na_2H_2P_2O_7$，相对分子质量221.94。

（1）性状及性能　焦磷酸二氢二钠为白色结晶性粉末，相对密度1.862，加热到220℃以上分解成偏磷酸钠，易溶于水，不溶于乙醇，水溶液呈酸性，10g/L水溶液pH为4.0～4.5。可与 Mg^{2+}、Fe^{2+} 形成螯合物，水溶液与稀无机酸加热可水解成磷酸。

焦磷酸二氢二钠为酸性盐，一般不单独使用。而焦磷酸钠是碱性盐，与肉中蛋白质有特异作用，可显著增强肉的持水性，故常与焦磷酸二氢二钠或其他pH低的磷酸盐混合使用。焦磷酸二氢二钠与碳酸氢钠反应生成二氧化碳，所以还可以用作快速发酵粉的原料。

（2）毒性　小鼠经口 LD_{50} 为2650mg/kg（bw），ADI为70mg/kg（bw）（以各种来源的总磷计）。

（3）制法及质量指标　焦磷酸二氢二钠可由磷酸二氢钠加热至200℃脱水制得，也可用磷酸加入碳酸钠，再加热到200℃脱水制得。

根据GB 1886.328—2021《食品安全国家标准　食品添加剂　焦磷酸二氢二钠》的要求，应符合下列质量指标：焦磷酸二氢二钠含量（$Na_2H_2P_2O_7$）≥94.0%；水不溶物≤0.6%；砷（As）≤3.0mg/kg；重金属（以Pb计）≤10mg/kg；氟（F）≤500mg/kg；铅（Pb）≤20mg/kg；10g/L水溶液pH为4.0±0.5。

（4）应用　根据GB 2760—2024《食品添加剂使用标准》中规定：焦磷酸二氢二钠可用于焙烤食品等多种食品，各有最大使用量规定。

3. 磷酸三钠（trisodium orthophosphate，CNS号：15.001）

磷酸三钠又名磷酸钠、正磷酸钠，分子式 $Na_3PO_4 \cdot 12H_2O$，相对分子质量380.16。

(1) 性状及性能　磷酸三钠为无色至白色的六方晶系结晶，可溶于水，不溶于乙醇，在水溶液中几乎全部分解为磷酸氢二钠和氢氧化钠，呈强碱性，10g/L 水溶液 pH 为 11.5~12.1。它具有持水结着、乳化、络合金属离子、改善色调和色泽、调整 pH 和组织结构等作用。

(2) 毒性　最小致死量（大鼠、静脉）1580mg/kg。土拨鼠经口 LD_{50}>2g/kg。FAO/WHO 规定 ADI 为 70mg/kg（bw）（以各种来源的总磷计）。

(3) 制法及质量指标　磷酸三钠是将磷酸用水稀释后，按计算加入氢氧化钠或碳酸钠中和成磷酸钠溶液，过滤，浓缩，冷却结晶，分离而得。

根据美国《食品用化学法典》的要求，磷酸三钠（十二水物）应符合下列质量指标：含量≥92.0%；氟化物≤0.005%；水不溶物≤0.2%；灼烧残渣≤45.0%；砷（以 As 计）≤0.0003%；重金属（以 Pb 计）≤0.001%。

(4) 应用　磷酸三钠作为水分保持剂，根据 GB 2760—2024《食品添加剂使用标准》中规定，可用于乳及乳制品、蔬菜罐头、饮料类等食品，各有最大使用量规定。

4. 六偏磷酸钠（sodium polyphosphate，CNS 号：15.002）

六偏磷酸钠又名偏磷酸钠玻璃体、四聚磷酸钠、格兰汉姆盐。为一类由几种无定形水溶性线状偏磷酸单位 $(NaPO_3)_x$ 所组成的聚磷酸盐，式中 x 大于或等于 2，以 Na_2PO_4 为终止。它们通常以其 Na_2O 与 P_2O_5 之比，或其 P_2O_5 含量来鉴别。Na_2O 与 P_2O_5 之比，对于四聚磷酸钠约 1.3，式中 x 约为 4；对于六偏磷酸钠约 1.1，式中 x 等于 13~18；对于更高相对分子质量的聚磷酸钠约 1.0，式中 x 为 20~100 或更大。

(1) 性状及性能　六偏磷酸钠为无色透明的玻璃状片或者粒状或者粉末状，潮解性强，能溶于水，不溶于乙醇及乙醚等有机溶剂，水溶液可与金属离子形成配合物。二价金属离子的配合物较一价金属离子的配合物稳定，在温水、酸或碱溶液中易水解为正磷酸盐。具有较强的分散性、乳化性、高黏性及与金属离子络合的作用。

(2) 毒性　大鼠经口 LD_{50} 为 7250mg/kg（bw）。FAO/WHO 规定 ADI 为 70mg/kg（bw）（以各种来源的总磷计）。

(3) 制法及质量指标　六偏磷酸钠可由磷酸酐和碳酸钠或由磷酸和氢氧化钠经聚合制成；也可由磷酸二氢钠经高温（600~650℃）聚合制成。

根据 GB 1886.4—2020《食品安全国家标准　食品添加剂　六偏磷酸钠》的要求，应符合下列质量标准：总磷酸盐含量（以 P_2O_5 计）≥67.0%；非活性磷酸盐（以 P_2O_5 计）≤7.5%；pH（10g/L 溶液）5.0~7.5；灼烧减量≤1.0%；铁≤200mg/kg；水不溶物≤0.06%；砷（As）≤3.0mg/kg；重金属（以 Pb 计）≤10mg/kg；氟（以 F 计）≤0.003%；铅（Pb）≤4.0mg/kg。

(4) 应用　根据 GB 2760—2024《食品添加剂使用标准》中规定：可用于乳及乳制品，蔬菜罐头，可可制品、巧克力和巧克力制品以及糖果，小麦粉及其制品，食用淀粉，饮料类，果冻等食品，各有最大使用量规定。

5. 三聚磷酸钠（sodium tripolyphosphate，CNS 号：15.003）

三聚磷酸钠又名三磷酸五钠、三磷酸钠，化学式 $Na_5P_3O_{10}$，相对分子质量 367.86。

(1) 性状及性能　为无水盐或含六分子水的物质，白色玻璃状结晶块、片或结晶性粉末。有潮解性，易溶于水，10g/L 水溶液 pH 约为 9.5，能与金属离子络合，无水盐熔点 622℃。

(2) 毒性　大鼠经口 LD_{50} 为 6.5g/kg（bw）；FAO/WHO 规定 ADI 70mg/kg（bw）（以各种来源的总磷计）。

（3）应用　根据 GB 2760—2024《食品添加剂使用标准》中规定：三聚磷酸钠作为水分保持剂可用于乳及乳制品、蔬菜罐头、预制肉制品、熟肉制品、小麦粉及其制品、食用淀粉、饮料类、果冻等食品，各有最大使用量规定。

6. 磷酸二氢钠（sodium dihydrogen phosphate， CNS 号： 15.005）

磷酸二氢钠又名酸性磷酸钠，化学式 NaH_2PO_4，相对分子质量 119.98（无水物）。

（1）性状及性能　产品分无水物和二水物。二水物为无色至白色的结晶或结晶性粉末，无水物为白色粉末或颗粒。易溶于水（25℃，12%），几乎不溶于乙醇。水溶液呈酸性，10g/L 水溶液的 pH 为 4.1~4.7。100℃失去结晶水。

（2）毒性　大鼠经口 LD_{50} 为 8290mg/kg（bw），FAO/WHO 规定 ADI 为 70mg/kg（bw）（以各种来源的总磷计）。

（3）应用　根据 GB 2760—2024《食品添加剂使用标准》中规定：磷酸二氢钠作为水分保持剂可用于婴儿配方食品、婴幼儿辅助食品等食品，各有最大使用量规定。

第六节　其他食品添加剂

一、营养强化剂

营养强化剂是指为增强营养成分而加入食品中天然的或人工合成的属于天然营养素和其他营养物质。强化内容注重补充营养成分及某些人体需要而体内无法合成的物质。食品营养强化剂属于食品添加剂的一种，也被称为食品强化剂、营养增补剂、营养供给剂。

自 1994 年发布 GB 14880—1994《食品营养强化剂使用标准》以来，该标准对规范我国的食品营养强化、指导生产单位生产起到了积极作用，按照《食品安全法》的要求和卫生部标准清理计划，不断增补扩大营养素品种和适用范围，借鉴国际食品营养强化的管理经验，结合我国居民的营养状况和食品营养强化的实际情况，在相关部门、行业协会、生产单位以及个人意见的指导反馈下对标准进行修订和完善，于 2012 年修订了 GB 14880—2012《食品营养强化剂使用标准》，做好该标准与其他食品安全国家标准的有效衔接，方便了生产单位使用和消费者理解。

党的二十大报告提出 2035 年建成健康中国的目标和“树立大食物观”的明确要求，要把保障人民健康放在优先发展的战略位置，顺应“大健康”时代人民群众食品消费结构的变化趋势，改善居民膳食结构与营养供给，推动食品消费结构从“吃饱”到“吃好”再到“吃得营养”转变，不断满足人民群众对食物多样化、精细化、营养化、生态化的膳食新需求。应用营养强化剂是未来食物发展的新趋势、新思路。

营养强化剂的使用是针对一些食品（包括个别地域居民及习惯膳食的结构）中营养成分不完整或不充分的情况，或针对食品在加工、贮藏过程中造成部分营养物质损失和破坏而作出补偿，并非所有食品都需强化处理。

1. 营养强化剂的使用原则和方法

使用营养强化剂通常遵循以下基本原则：

①有明确针对性，添加的营养素是人们膳食中含量低于需要量的营养素。

②易被机体吸收利用。

③食品强化要符合营养学原理，强化剂量要适当，应不破坏机体营养平衡，更不会引起中毒，一般强化量以人体每日推荐膳食供给量的1/3~1/2为宜。

④尽量减少营养强化剂损失，在加工、保存等过程中，应不易分解、破坏，有较好的稳定性。

⑤不影响该食品中其他营养成分含量及原有的色香味等感官性状。

⑥营养强化剂应符合国家制定的使用标准，质量合格。

⑦经济合理，有利推广。

应根据食品种类不同，采取不同强化方法：

①在食品原料或主要食品中添加，如谷物及其制品、饮用水等。

②在食品加工过程中添加，如焙烤制品、饮料、罐头等配料加工。

③在成品中添加，如乳粉等，在最后工序中加入，减少营养强化剂损失。

④采用生物学方式提高含量，以生物为载体，先使强化剂被生物吸收利用，成为生物有机体，再将有机体加工或直接食用，如富含亚麻酸的保健蛋、硒茶等。

⑤用物理方法添加，把富含无机盐、微量元素的材料制成饮食器具，如餐具、茶杯等。

⑥采用生物技术提高供食用的动植物营养素含量，如遗传育种和基因修饰，提高其特定的营养素含量和生物利用率。

2. 营养强化剂的分类

营养强化剂一般分为氨基酸类、维生素类、矿物质和微量元素类及脂肪酸类物质。

（一）氨基酸类营养强化剂

氨基酸是蛋白质合成的基本结构单位，也是代谢所需其他胺类物质的前身。组成蛋白质的氨基酸有20多种，其中大部分在体内可由其他物质合成，称为非必需氨基酸。而另一部分氨基酸体内不能合成或合成速度慢，不能满足机体需要，必须由食物供给，这些氨基酸称为必需氨基酸，它们是异亮氨酸、亮氨酸、赖氨酸、甲硫氨酸、苯丙氨酸、苏氨酸、色氨酸、缬氨酸和组氨酸（婴幼儿必需）。当人体中某种氨基酸不足时，会影响蛋白质的有效合成，因此，为了满足蛋白质合成的需要，就应该提供一定比例的必需氨基酸。

食物蛋白质中按照人体的需要及比例关系相对不足的氨基酸被称为限制氨基酸，它们限制着机体对蛋白质的利用，并且决定着蛋白质的质量。这是因为无论其他氨基酸如何丰富，只要有任何一种必需氨基酸不足，蛋白质都无法合成。食物中最主要的限制氨基酸是赖氨酸和甲硫氨酸。赖氨酸在谷类蛋白质和其他植物蛋白质中缺乏，甲硫氨酸在大豆、花生、牛乳、肉类蛋白质中相对偏低，是大多数非谷类植物蛋白的第一限制氨基酸，是谷类蛋白质的第一限制氨基酸。另外，小麦、大米中还缺乏苏氨酸，玉米还缺乏色氨酸，这两种氨基酸分别是它们的第二限制氨基酸。因此，在食品中强化某些必需氨基酸，对于充分利用蛋白质，提高食品的营养价值起着重要作用。

作为食品强化用的氨基酸主要是必需氨基酸或它们的盐类。人类膳食中比较缺乏的限制氨基酸，主要是赖氨酸、甲硫氨酸、苏氨酸和色氨酸4种，其中尤以赖氨酸最为重要。此外，对于婴幼儿尚有必要适当强化牛磺酸。

1. 赖氨酸

赖氨酸（lysine）为人体9种必需氨基酸之一，是植物性蛋白质中含量最低的第一限制氨基酸。在一般情况下，特别是在酸性时加热，赖氨酸较稳定，但在有还原糖存在时加热，可被破坏。赖氨酸一般在植物蛋白质中缺乏，所以多数被作为谷类及其制品的强化剂使用，来提高谷类蛋白质效价。例如，小麦粉用0.2%的赖氨酸强化后，其蛋白质生物学价值从原来的47.0%提高到71.1%。游离的L-赖氨酸很容易潮解，易发黄变质，并且具有刺激性腥臭味，难以长期保存。而L-盐酸赖氨酸则比较稳定，不易潮解，便于保存，所以一般商品以盐酸氨基酸的形式销售。

（1）L-盐酸赖氨酸　L-盐酸赖氨酸（L-lysine monohydrochloride），别名L-赖氨酸-盐酸盐、L-2,6-二氨基己酸盐，分子式 $C_6H_{14}N_2O_2 \cdot HCl$，相对分子质量182.65。

GB 14880—2012《食品安全国家标准　食品营养强化剂使用标准》

①性状与性能：白色或无色结晶性粉末，无臭或稍有特异臭，无异味，熔点为263℃。易溶于水（0.4g/mL 35℃）；溶于甘油（0.1g/mL）；稍溶于丙二醇（0.001g/mL）；几乎不溶于乙醇和乙醚。L-盐酸赖氨酸比较稳定，但温度高时易结块，与维生素C或维生素K共存时易着色。在碱性条件下及在还原糖存在时，加热易分解。

②安全与使用：大鼠经口 LD_{50} 为10750mg/kg（bw），属于GRAS物质。根据GB 14880—2012《食品安全国家标准　食品营养强化剂使用标准》（以下简称《食品营养强化剂使用标准》）及相关规定，L-盐酸赖氨酸用于加工大米及其制品，小麦及其制品，杂粮粉及其制品，面包，使用量为1~2g/kg。

（2）L-赖氨酸-L-天门冬氨酸盐　作为赖氨酸强化剂的还有L-赖氨酸-L-天门冬氨酸盐（L-lysine-L-aspartate），分子式 $C_{10}H_{21}N_3O_6$，相对分子质量279.30。结构式见图3-15。

①性状与性能：白色粉末，无臭或微臭，有异味；易溶于水，不溶于乙醇和乙醚，旋光度+24.5°~+26.5°。它可以克服L-赖氨酸易潮解、易吸收空气中的 CO_2 变为碳酸盐的缺点，当与作为呈味剂的天冬氨酸结合成盐时，则使用方便。

②安全与使用：可参照L-盐酸赖氨酸。L-赖氨酸-L-天门冬氨酸盐既可以作为营养强化剂，又可作为调味剂使用，可用于酒、清凉饮料、面包、饼干及淀粉制品。1.910g L-赖氨酸-L-天门冬氨酸盐相当于1g L-赖氨酸，1.529g L-赖氨酸-L-天门冬氨酸盐相当于1g L-盐酸赖氨酸。L-赖氨酸-L-天门冬氨酸盐的臭味比L-赖氨酸弱，故对产品风味影响小。

2. 牛磺酸

牛磺酸（taurine），又称牛胆酸、牛胆碱、牛胆素，化学名为2-氨基乙磺酸，分子式 $C_2H_7NSO_3$，相对分子质量125.15，结构式见图3-16。

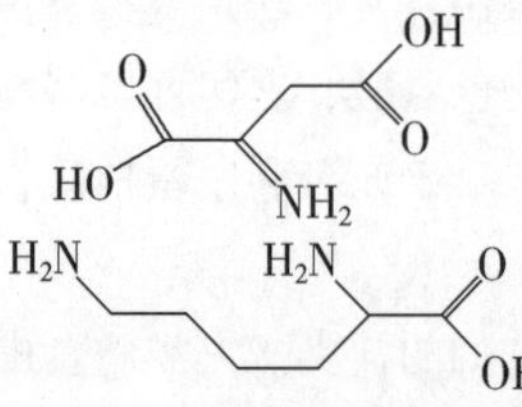

图3-15　L-赖氨酸-L-天门冬氨酸盐

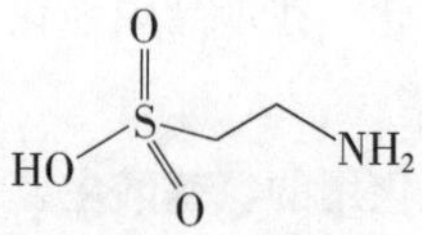

图3-16　牛磺酸

牛磺酸是一种分布广泛但不是蛋白质组成成分的特殊氨基酸，也是人体生长发育必需的一种氨基酸，在人体内以游离状态存在。特别是牛乳喂养的婴幼儿，因为牛乳中几乎不含牛磺酸，故必须进行适当营养强化与补充。

（1）性状与性能　白色晶体或结晶性粉末，无臭、味微酸。可溶于水，易溶于乙醇，微溶于乙醇、乙醚和丙酮等，在水溶液中呈中性。对热稳定，约300℃分解。牛磺酸是以α-氨基乙醇与硫酸酯化，经亚硫酸钠还原生成粗品牛磺酸，然后精制而成。

（2）安全与使用　小鼠经口LD_{50}>10000mg/kg（bw），无毒。根据GB 14880—2012《食品营养强化剂使用标准》及相关规定，使用量：调制乳粉，豆粉、豆浆粉，果冻为0.3～0.5g/kg；含乳饮料及特殊用途饮料为0.1～0.5g/kg；豆浆为0.06～0.10g/kg；固体饮料类为1.1～1.4g/kg；风味饮料为0.4～0.6g/kg。

（二）维生素类营养强化剂

维生素是促进生长发育，调节生理功能，维持机体生命和健康所必需的一类低分子化合物。大多数不能在人体内自行合成，必须从外界食物中摄取。虽然人体对维生素的需要量很少，但其所起的作用极为重要。维生素的种类多，化学结构差异大，通常按其溶解性可分为脂溶性和水溶性两大类。

1. 维生素A（vitamin A，retinol）

由β-紫罗酮环与不饱和一元醇所组成，既可以游离态存在，也可与脂肪酸酯化，或者以醛或酸的形式存在。维生素A_1存在于哺乳动物及咸水鱼的肝脏中，游离状态的维生素A_1为不饱和一元多烯醇，即视黄醇，分子式$C_{20}H_{30}O$，结构式见图3-17。

维生素A_2存在于淡水鱼的肝脏中，即3-脱氢视黄醇，分子式$C_{20}H_{28}O$，结构式见图3-18。

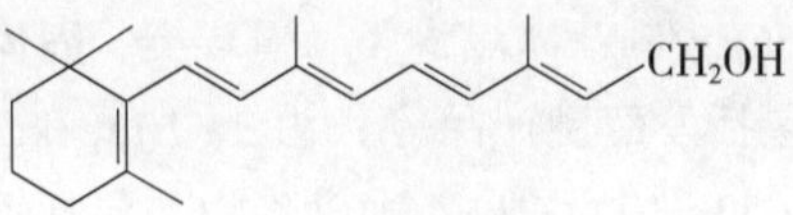

图3-17　维生素A_1

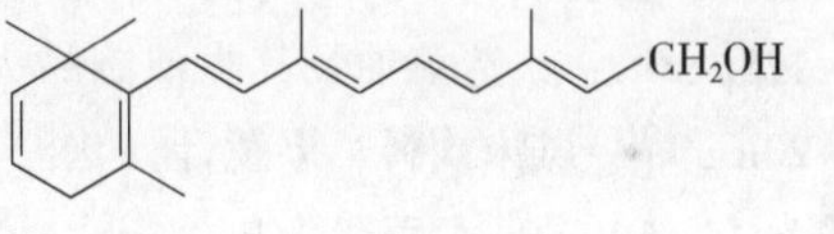

图3-18　维生素A_2

（1）性状　维生素A为微黄色平行四边形块状结晶或晶体粉末，熔点56～60℃。易溶于油脂、有机溶剂，不溶于水，在325～328nm处有一特殊吸光带。对热、碱比较稳定，对酸不稳定。易受空气中氧气氧化而失去生理活性，受紫外线照射也易失去活性。维生素A具有促进生长发育和繁殖、延长寿命、维持上皮组织结构的完整和健全、保护视觉的生理功能等作用。

（2）安全性　维生素A毒性甚低，但大量摄入能导致人体中毒，引起晕眩、头痛、呕吐和易激怒等症状。动物摄入大量维生素A可能引起死亡。

维生素A中毒量因人而异，大致是每天摄入2.5×10^4～5×10^4IU（IU相当于0.3μg视黄醇），即7.5～15mg，连续一个月以上，就能引起中毒症状。

（3）质量指标　维生素A制剂有油剂、粉剂和脂肪酸酯剂3种。

①油剂：一般商品每克含维生素30～300mg，应含有商标标记量的90%～120%（质量）；酸值≤2.8mg KOH/g；氯仿不溶物试验阴性。

②粉剂：维生素A的含量为标记量的90%～120%（质量），一般每克含维生素A60～150mg；重金属（以Pb计）≤0.005%，干燥减量≤5%，灼烧残渣≤5%（质量）。

③脂肪酸酯剂：每克含维生素 A≥300mg，作为商品，应符合标记量 90%~120%（质量）；酸值≤1.96mg KOH/g；醇型维生素 A≤10%（质量）。

（4）应用　按 GB 14880—2012《食品营养强化剂使用标准》，维生素 A 用于调制乳，用量为 600~1000μg/kg；调制乳粉（儿童用乳粉和孕产妇用乳粉除外），用量为 3000~9000μg/kg；调制乳粉（仅限儿童用乳粉），用量为 1200~7000μg/kg；调制乳粉（仅限孕产妇用乳粉），用量为 2000~10000μg/kg；植物油、人造黄油及其类似制品，用量为 4000~8000μg/kg；豆粉、豆浆粉，用量为 3000~7000μg/kg；豆浆，用量为 600~1400μg/kg；冰淇淋类、雪糕类、大米、小麦粉，用量为 600~1200μg/kg。

2. 维生素 D（vitamin D）

维生素 D 是类固醇的衍生物，具有维生素 D 活性的物质约 10 种，最主要的是维生素 D_2（麦角钙化醇）和维生素 D_3（胆钙化醇）。

（1）维生素 D_2　分子式 $C_{28}H_{44}O$，结构式见图 3-19。

①性状：维生素 D_2 为白色柱状无臭结晶，无味。熔点 115~118℃。耐氧性和耐光性较差，耐热性好。溶于乙醇、丙酮、氯仿和油脂，不溶于水。在植物油中保存相当稳定，有无机盐存在时加速分解。

②安全性：成人经口急性中毒量为 100mg/d。维生素 D 中毒表现为恶心、食欲下降、多尿、皮肤瘙痒、肾衰竭，继而造成心血管系统异常。

③质量指标：维生素 D_2 的质量指标，按照 GB 14755—2010《食品安全国家标准　食品添加剂　维生素 D_2（麦角钙化醇）》规定为，含量 98%~103%，麦角甾醇≤0.2%，还原性物质≤0.002%，比旋光度+102°~+106°。

④应用：按 GB 14880—2012《食品营养强化剂使用标准》，维生素 D_2 在下述食品中的用量：调制乳、含乳饮料以及果冻为 10~40μg/kg；调制乳粉（儿童用乳粉和孕产妇用乳粉除外）为 63~125μg/kg；人造黄油及其类似制品为 125~156μg/kg；冰淇淋类、雪糕类、固体饮料类为 10~20μg/kg；风味饮料、果蔬汁（肉）饮料（包括发酵型产品等）为 2~10μg/kg；豆粉、豆浆粉为 15~60μg/kg；豆浆为 3~15μg/kg；藕粉为 50~100μg/kg；即食谷物［包括辗轧燕麦（片）］为 12.5~37.5μg/kg；饼干为 16.7~33.3μg/kg；其他焙烤食品为 10~70μg/kg；膨化食品为 10~60μg/kg。

（2）维生素 D_3　维生素 D_3 分子式 $C_{27}H_{44}O$，结构式见图 3-20。

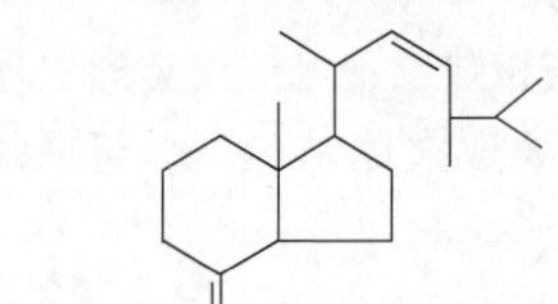

图 3-19　维生素 D_2

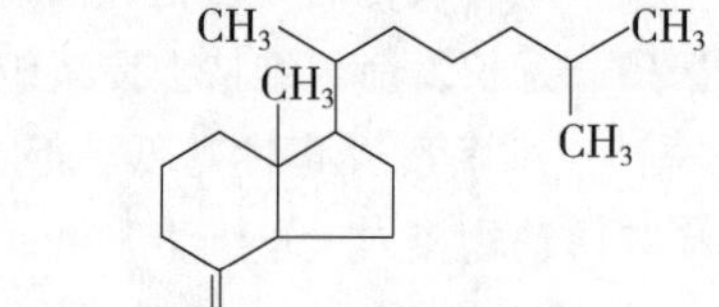

图 3-20　维生素 D_3

①性状：维生素 D_3 为白色针状结晶，无臭无味。熔点 84~88℃。旋光度+103°~+112°。

耐氧性、耐光性较维生素 D_2 好，耐热性也好。易溶于乙醇、氯仿、丙酮和油脂；不溶于水。

②安全性：成人经口急性中毒量为 100mg/d。维生素 D_3 中毒表现为恶心、食欲下降、多尿、皮肤瘙痒、肾衰竭，继而造成心血管系统异常。

③质量指标：按照 GB 1903. 50—2020《食品安全国家标准　食品营养强化剂　胆钙化醇（维生素 D_3）》规定为，含量 97%～103%，比旋光度+105°～+112°。

④应用：同维生素 D_2。

3. 维生素 B（vitamin B）

（1）维生素 B_1（vitamin B_1）　维生素 B_1 也称硫胺素、抗神经炎素等，它是由被取代的嘧啶和噻唑环通过亚甲基相连组成的。平时使用的多为盐酸硫胺素等硫胺素衍生物，分子式 $C_{12}H_{17}ON_4ClS \cdot HCl$。

①性状：盐酸硫胺素（维生素 B_1 盐酸盐）为白色针状结晶或晶体粉末，有微弱的类似米糠的气味，味苦。无水干燥品在空气中迅速吸收水分。熔点 246～250℃。对热稳定，干燥状态下在空气中稳定，长时间保存，因吸湿而缓慢分解着色。易溶于水，微溶于乙醇，不溶于苯和乙醚。水溶液呈酸性，1%（质量分数）的水溶液的 pH 为 3. 13。稳定性随 pH 不同而异。

②安全性：成人口服量大于维持量的 1～200 倍仍未发现明显的毒性作用。过多摄取的维生素 B_1 由尿排出，不在体内蓄积。个别特殊体质的人可对维生素 B_1 过敏。我国居民膳食维生素 B_1 的推荐摄入量为成人男子 1. 4mg/d，女子 1. 2mg/d。

③质量指标：盐酸硫胺素符合下列质量指标。含量（以干基计）98. 5%～101. 5%（质量分数）。水溶液呈色试验正常，干燥减量≤5%（质量分数），亚硝酸盐试验正常，25g/L 水溶液的 pH 2. 7～3. 4，灼烧残渣≤0. 2%（质量分数）；铅（Pb）≤2mg/kg；砷（As）≤2mg/kg。

④应用：按 GB 14880—2012《食品营养强化剂使用标准》，维生素 B_1 用于加工面包、大米及其制品、小麦粉及其制品、杂粮粉及其制品，用量为 3～5mg/kg；西式糕点、饼干，用量为 3～6mg/kg。维生素 B_1 还可用于强化乳粉、豆浆、含乳饮料、固体饮料、风味饮料、糖果、果冻等食品。使用时应按食品的形态选用适宜的维生素 B_1 衍生物。

（2）维生素 B_2（vitamin B_2，riboflavine）　维生素 B_2 即核黄素，由异咯嗪和核糖所组成，分子式 $C_{17}H_{20}N_4O_6$，结构式见图 3-21。

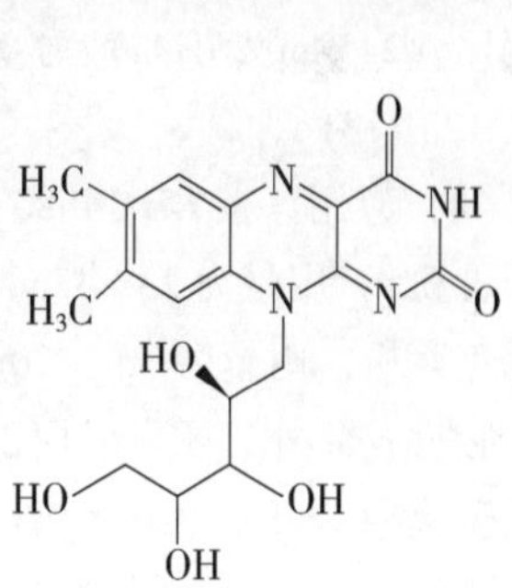

图 3-21　维生素 B_2

①性状：维生素 B_2 为黄色至橙黄色晶体粉末，微臭，味苦。在 240℃颜色变暗，熔点 275～282℃，并发生分解。易溶于氢氧化钠稀溶液，微溶于水和乙醇，不溶于乙醚和氯仿。饱和水溶液呈中性。在强酸性溶液中稳定，在碱性溶液中不稳定。在光照和紫外线照射下，发生不可逆分解。对氧化剂较稳定。在 pH 3. 5～7. 5 时，发出强荧光。遇还原剂失去荧光和黄色。

②安全性：我国居民膳食维生素 B_2 的推荐摄入量为成人男子 1. 4mg/d，女子 1. 2mg/d。

③质量指标：按 FAO/WHO（1988）规定，维生素 B_2 应符合下列质量指标：总色素≥98%（质量），干燥减量≤1. 5%（质量），硫酸盐灰分≤0. 1%（质量），副色素、光黄素阴性，砷≤0. 0003%（质量），铅≤0. 0010%（质量）。

④应用：按 GB 14880—2012《食品营养强化剂使用标准》，维生素 B_2 用于调制乳粉（仅

限儿童用乳粉)，用量为 8～14mg/kg；调制乳粉（仅限孕产妇用乳粉)，用量为 4～22mg/kg；大米及其制品、小麦粉及其制品、杂粮粉及其制品、面包，用量为 3～5mg/kg；维生素 B_2 还可用于强化豆浆和豆浆粉、胶基糖果、即食谷物、含乳饮料、固体饮料、果冻等食品。

4. 烟酸（nicotinic acid， niacin）

烟酸为抗癞皮病维生素，是吡啶-3-羧酸及其衍生物的总称。烟酸也称尼克酸、维生素 PP，分子式 $C_6H_5NO_2$；烟酰胺也称尼克酰胺，分子式 $C_6H_6N_2O$。

（1）性状　烟酸为白色结晶或晶体粉末，无臭，味微苦。熔点 234～237℃，能溶于水和乙醇，1g 烟酸溶于 60mL 水或 80mL 乙醇（25℃）；几乎不溶于乙醚。1%（质量分数）水溶液的 pH 为 3.0～4.0。在干燥状态下极稳定，在水溶液中也相当稳定。在稀酸、碱溶液中几乎不分解。与酸形成季铵盐。与碱形成羧酸碱金属盐。与重金属盐形成难溶于水的重金属盐，遇硫化氢则又恢复成烟酸。对光、空气和热均稳定。

烟酰胺为白色晶体粉末，无臭，味苦。熔点 128～131℃。易溶于水、乙醇和甘油；微溶于丙酮、氯仿、丁醇；不溶于苯和乙醚。10%（质量分数）水溶液的 pH 为 6.5～7.5。在低于 50℃ 干燥状态时极稳定，在水溶液中对光稳定，在无机酸或碱溶液中加热转变为烟酸，对光、空气和热均稳定。

（2）安全性　烟酸的小鼠或大鼠经口 LD_{50} 为 5.0～7.0g/kg（bw）。烟酰胺的大鼠经口 LD_{50} 为 2.5～3.5g/kg（bw）；大鼠皮下注射 LD_{50} 为 1.7g/kg（bw）。

我国居民膳食烟酸的推荐摄入量（RNI）为成人男子 15mg NE/d，女子 12mg NE/d；可耐受最高摄入量（UL）为成人 35mg NE/d。

（3）质量指标　按照 GB 14757—2010《食品安全国家标准　食品添加剂　烟酸》规定，烟酸应符合下列质量指标：含量（以干基计）99.5%～101%，干燥减量≤0.5%，灼烧残渣≤0.1%，重金属（以 Pb 计）≤20mg/kg，砷≤2mg/kg，熔点 234～238℃。按照 GB 1903.45—2020《食品安全国家标准　食品营养强化剂　烟酰胺》规定，烟酰胺应符合下列质量指标：含量（以干基计）≥99%，干燥减量≤0.5%，灼烧残渣≤0.1%，pH（100g/L）为 5.5～7.5，吸光度比（245nm/261nm）为 0.63～0.67，重金属（以 Pb 计）≤20mg/kg，铅（Pb）≤2mg/kg，熔点 128～131℃。

（4）应用　按 GB 14880—2012《食品营养强化剂使用标准》，烟酸用于调制乳粉（仅限儿童用乳粉)，用量为 23～47mg/kg；调制乳粉（仅限孕产妇用乳粉)，用量为 42～100mg/kg；豆粉、豆浆粉，用量为 60～120mg/kg；饮料类，用量为 3～18mg/kg；固体饮料类，用量为 110～330mg/kg；此外，还可以用于强化大米及其制品，小麦粉及其制品，面包，饼干等。

5. 维生素 K_1（vitamin K_1， phytonadione）

维生素 K 是一类有凝血作用的维生素的总称。它广泛存在于深绿色的蔬菜、水果和蛋黄中。

维生素 K 族有维生素 K_1、维生素 K_2、维生素 K_3 和维生素 K_4，它们都是 2-甲基萘醌的衍生物。维生素 K_1 参与肝内凝血酶原的合成作用较维生素 K_2、维生素 K_3 和维生素 K_4 快和强。维生素 K 一般是指维生素 K_1，我国列入食品营养强化剂的也只有维生素 K_1。维生素 K_1 的分子式 $C_{31}H_{46}O_2$，结构式见图 3-22。

（1）性状　维生素 K_1 为黄色至橙色透明黏性液体或结晶，无臭，遇光易分解。不溶于水，微溶于乙醇，易溶于乙醚、氯仿及植物油。

(2) 安全性 维生素 K_1 毒性甚低。

(3) 质量指标 按照 GB 1903.67—2024《食品安全国家标准 食品营养强化剂 植物甲萘醌(维生素 K_1)》规定,维生素 K_1 应符合下列质量指标:含量(总植物甲萘醌)98%~103%,甲萘醌≤0.2%,、吸光度比(254nm/249nm)为 0.70~0.75,重金属(以 Pb 计)≤20mg/kg,铅(以 As 计)≤2mg/kg,砷(Pb)≤2mg/kg,正已烷、甲醇、甲苯≤50mg/kg。

(4) 应用 多数微生物能合成维生素 K,有几种维生素 K 是由细菌在大肠里产生的,而且可以通过肠壁为人体吸收。维生素 K 是肝内合成凝血酶原的必需物质,但人体缺乏时,血液的凝固出现迟缓,特别是对血浆中凝血酶原水平低的新生儿具有特殊营养意义。在大量使用抗生素引起出血现象时,必须补充维生素 K。按 GB 14880—2012《食品营养强化剂使用卫生标准》,可以用于强化调制乳粉(仅限儿童用乳粉),用量为 420~750μg/kg;调制乳粉(仅限孕产妇用乳粉),用量为 340~680μg/kg。

6. 维生素 C(vitamin C, L-ascorbic acid)

即 L-抗坏血酸,分子式 $C_6H_8O_6$,相对分子质量 176.13,结构式见图 3-23。

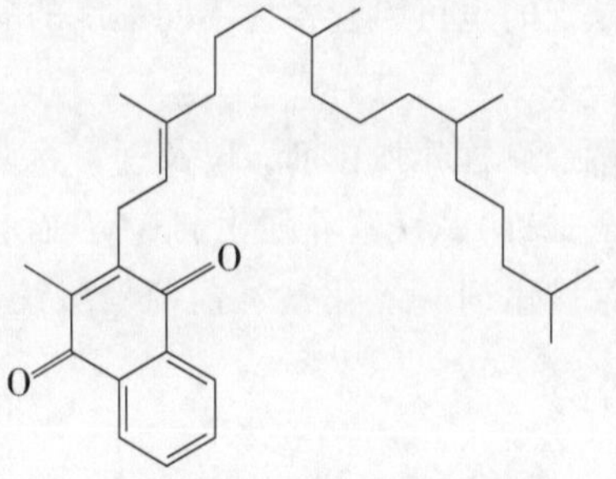

图 3-22 维生素 K_1

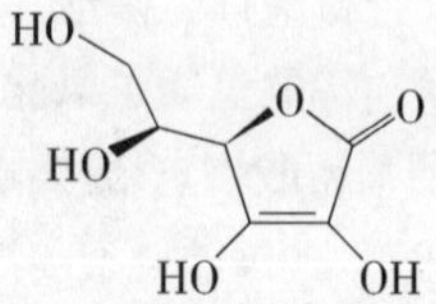

图 3-23 L-抗坏血酸

(1) 性状 L-抗坏血酸为白色至微黄色结晶或晶体粉末和颗粒,无臭,带酸味,熔点 190℃,遇光颜色逐渐变黄褐色。干燥状态性质较稳定,但热稳定性较差,在水溶液中易受空气中的氧气氧化而分解,在中性和碱性溶液中分解尤甚,在 pH 3.4~4.5 时较稳定,易溶于水(20g/100mL),溶于乙醇(3.33g/100mL),不溶于乙醚、氯仿和苯等。

(2) 安全性 美国 FDA 将其列为 GRAS 物质。成人日服 1g/d 的 L-抗坏血酸,连续服用 3 个月未发现异常现象;若日服 6g/d,则出现恶心、呕吐、下痢、脸泛红、头痛、失眠等症状,而儿童会发生皮疹。

(3) 质量指标 按照 GB 14754—2010《食品安全国家标准 食品添加剂 维生素 C(抗坏血酸)》规定,维生素 C 应符合下列质量指标:含量≥99%,灼烧残渣≤0.1%,重金属(以 Pb 计)≤10mg/kg,铅(Pb)≤2mg/kg,砷(As)≤3mg/kg,铁(Fe)≤2mg/kg,铜(Cu)≤2mg/kg。

(4) 应用 L-抗坏血酸除了用作抗氧化剂外,还用作营养强化剂。按 GB 14880—2012《食品营养强化剂使用卫生标准》,可以用于调制乳粉(儿童用乳粉和孕产妇用乳粉除外),用量为 300~1000mg/kg;豆粉、豆浆粉,用量为 400~700mg/kg;果蔬汁(肉)饮料(包括发酵型产品等)、水基调味饮料类,用量为 250~500mg/kg;此外,还可以用于糖果,即食谷物,水果罐头,果泥,果冻等食品中。

（三）无机盐类营养强化剂

无机盐常被称作矿物质或灰分，是构成机体组织和维持机体正常生理活动及体液平衡所不可缺少的物质。无机盐既不能在机体内合成，除了排出体外，也不会在新陈代谢过程中消失。人体元素每天都有一定量排出，所以需要从膳食中摄取足够量的各种无机盐来补充。构成人体的无机元素，按其含量的多少，一般可分为常量元素和微量元素两类。前者含量较大，通常以百分比计，有钙、磷、硫、钾、钠、铝、镁 7 种。后者含量甚微，食品中含量通常以 mg/kg 计。目前所知的必需微量元素有 10 种，即铁、锌、硒、铜、碘、钼、钴、铬、锰及氟，人体可能必需的微量元素有硅、硼、矾及镍。无机盐和微量元素的总量虽然为体重的 4%～5%，但在机体内却起到非常重要的作用。

无机盐在食物中分布很广，一般均能满足机体需要，只有某些种类比较易于缺乏，如钙、铁和碘等。特别是对正在生长发育的婴幼儿、青少年、孕妇和哺乳期女性，钙和铁的缺乏较为常见，而碘和硒的缺乏，则依环境条件而异，对不能经常吃到海产食物的山区居民，则易缺碘，某些贫硒地区易缺硒。此外，近年来还认为锌、钾、镁、铜、锰等元素在人体内含量甚微，但对维持机体的正常生长发育非常重要，缺乏时也可引起各种不同程度的病症，也有强化的必要。

无机盐类营养强化剂主要有钙、铁、锌、硒、碘营养强化剂，以及钾营养强化剂（葡萄糖酸钾、氯化钾、柠檬酸钾、磷酸二氢钾、磷酸氢二钾），镁营养强化剂（硫酸镁、葡萄糖酸镁、碳酸镁、氧化镁、磷酸氢镁、氯化镁），锰营养强化剂（氯化锰、葡萄糖酸镁、硫酸镁），铜营养强化剂（葡萄糖酸铜、硫酸铜）。

1. 钙

钙（calcium）是人体含量最丰富的矿物质，占体重的 1.5%～2%。人体中 99% 的钙都集中在骨骼和牙齿中，是其重要组成部分。钙对神经的感应性，肌肉的收缩和血液的凝固等都起着重要作用，而且它还是机体许多酶系统的激活剂。钙缺乏可导致骨骼和牙齿疏松，儿童长期缺乏可导致生长发育迟缓，骨软化，骨骼畸形，机体抵抗力降低，严重缺乏可导致佝偻病。

用于食品强化的钙盐品种较多，它们不一定是要可溶性的（尽管易溶于水有利于吸收），但应是较细的颗粒，食用时应注意维持适当的钙、磷比例。食品中植酸含量高，会影响钙的吸收，维生素 D 可促进钙的吸收。

（1）碳酸钙（CNS 号：13.006）　碳酸钙（calcium carbonate），价格便宜，含钙比例较大，是人体补钙的主要来源。分子式 $CaCO_3$，相对分子质量 100.09。

①性状与性能：白色晶体性粉末，无臭无味。几乎不溶于水和乙醇、可溶于稀乙酸、稀盐酸和稀硝酸产生二氧化碳，难溶于稀硫酸。在空气中稳定，但易吸收臭味。

碳酸钙为无机钙，强化食品应用最多的碳酸钙有：重质碳酸钙，轻质碳酸钙和胶体碳酸钙。在电子显微镜下观察，重质碳酸钙和轻质碳酸钙呈粗块或粗粒块，胶体碳酸钙呈均匀细粒状。前二者加水调匀后很快会沉降下来，而后者则变成均匀的乳浊液。此外，还有生物碳酸钙，我国目前常用的是轻质碳酸钙。

②安全与使用：ADI 不作限制性规定。根据 GB 14880—2012《食品营养强化剂使用标准》及相关规定，碳酸钙（以 Ca 计）的使用范围与使用标准如表 3-11 所示。

表 3-11　钙的使用范围与使用标准

食品名称/分类	最大使用量/（mg/kg）	备注
调制乳	250~1000	以 Ca 计
调制乳粉（儿童用乳粉除外）	3000~7200	以 Ca 计
调制乳粉（仅限儿童用乳粉）	3000~6000	以 Ca 计
干酪和再制干酪	2500~10000	以 Ca 计
冰淇淋、雪糕类	2400~3000	以 Ca 计
豆粉、豆浆粉	1600~8000	以 Ca 计
大米、小麦粉、杂粮粉及其制品	1600~3200	以 Ca 计
藕粉	2400~3200	以 Ca 计
即食谷物，包括辗轧燕麦（片）	2000~7000	以 Ca 计
面包	1600~3200	以 Ca 计
西式糕点、饼干	2670~5330	以 Ca 计
其他焙烤食品	3000~15000	以 Ca 计
肉灌肠类	850~1700	以 Ca 计
肉松类	2500~5000	以 Ca 计
肉干类	1700~2550	以 Ca 计
脱水蛋制品	190~650	以 Ca 计
醋	6000~8000	以 Ca 计
固体饮料类	2500~10000	以 Ca 计
饮料类	160~1350	以 Ca 计
果蔬汁（肉）饮料	1000~1800	以 Ca 计
果冻	390~800	以 Ca 计

③应用：面粉处理剂，膨松剂，稳定剂，钙强化剂。

（2）乳酸钙（CNS 号：01.310；INS 号：327）　乳酸钙（calcium lactate），分子式 $C_6H_{10}CaO_6 \cdot 5H_2O$，相对分子质量 308。结构式见图 3-24。

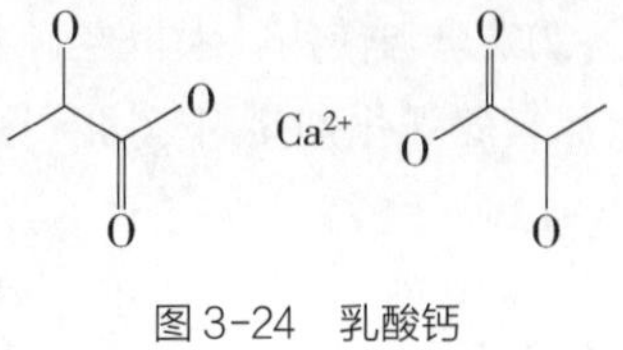

图 3-24　乳酸钙

①性状与性能：白色至乳白色晶体颗粒或粉末，几乎无臭无味。在空气中略有风化味。加热到 120℃ 失去结晶水，可变为无水物。溶于水，缓慢溶于冷水成为澄清或微浊溶液，易溶于热水，水溶液的 pH 为 6.0~7.0，几乎不溶于乙醇、乙醚、三氯甲烷。乳酸钙由于水溶性好，是妊娠、哺乳期妇女的良好钙补充剂。

②安全与使用：ADI 不作限制规定。根据 GB 14880—2012《食品营养强化剂使用标准》及相关规定，使用范围与使用标准见表 3-11。

③应用：钙强化剂，稳定剂，pH 调节剂。乳酸钙用于果蔬制品，同时还具有稳定、固化作用。

（3）葡萄糖酸钙　葡萄糖酸钙（calcium gluconate），分子式 $C_{12}H_{22}CaO_{14}$，相对分子质量 430.38。

①性状与性能：白色晶体颗粒或粉末，无臭无味，在空气中稳定，熔点 201℃（分解）；溶于水（3g/100mL，20℃）；不溶于乙醇及其他有机溶剂。水溶液 pH 为 6.0～7.0。在空气中稳定，理论含钙量 9.31%。

②安全与使用：大鼠静脉注射 LD_{50} 为 950mg/kg（bw）；小鼠腹腔注射 LD_{50} 为 220mL/kg（bw）。根据 GB 14880—2012《食品营养强化剂使用标准》及相关规定，使用范围与使用标准见表 3-11。

③应用：作为钙强化剂，稳定剂，可用于果蔬制品，同时还有固化作用。

2. 铁

铁（iron）是人体重要的必需微量元素之一，是人体内含量最多的微量元素，与人体的生命及其健康有密切的关系。体内铁含量随年龄、性别、营养状况和健康状况等不同而异，一般含铁总量为 3～5g，其中 60%～75% 是以血红蛋白存在，3% 以肌红蛋白存在，1% 在含铁酶类、辅助因子及运铁载体中，称之为功能性铁；其余 25%～30% 的铁作为体内贮存铁，主要以铁蛋白和含铁血黄素形式存在于肝、脾和骨髓中。

铁在机体内参与氧的运转、交换和组织呼吸过程，维持正常的造血功能。如果铁的数量不足或铁的携氧能力受阻，则产生缺铁性或营养性贫血，需要予以补充。用于强化的铁盐，种类也较多，一般来说，凡是容易在胃肠道中转变为离子状态的铁，均易于吸收，二价铁比三价铁易于吸收。抗坏血酸和肉类可增加铁的吸收，而植酸盐和磷酸盐等可降低铁的吸收。铁化合物一般对光不稳定，抗氧化剂可与铁离子反应而着色，因此，凡使用抗氧化剂的食品最好不使用铁营养强化剂。

（1）硫酸亚铁（CNS 号：00.022）　硫酸亚铁（ferrous sulfate），又称铁矾，绿矾，分子式 $FeSO_4 \cdot 7H_2O$，相对分子质量 278.03。

①性状与性能：暗淡蓝绿色单斜晶系晶体颗粒或粉末，无臭，味咸涩。易溶于水，不溶于乙醇，在干燥空气中易风化，在潮湿空气中逐渐氧化，形成黄褐色碱式硫酸铁。100g/L 水溶液对石蕊呈酸性（pH 约为 3.7）；加热至 70～73℃失去 3 分子水，至 80～123℃失去 6 分子水，至 156℃以上可变成碱式硫酸铁。无水物为白色粉末，遇水则变成蓝绿色。

②安全与使用：大鼠经口 LD_{50} 为 279～558mg/kg（bw）（以 Fe 计）。根据 GB 14880—2012《食品营养强化剂使用标准》及相关规定，硫酸亚铁（以 Fe 计）的使用范围与使用标准如表 3-12 所示。

表 3-12　铁的使用范围与使用标准

食品名称/分类	最大使用量/（mg/kg）	备注
调制乳	10~20	以 Fe 计
调制乳粉（儿童用乳粉和孕产妇用乳粉除外）	60~200	以 Fe 计
调制乳粉（仅限儿童用乳粉）	25~135	以 Fe 计
调制乳粉（仅限孕产妇用乳粉）	50~280	以 Fe 计
豆粉、豆浆粉	46~80	以 Fe 计

续表

食品名称/分类	最大使用量/（mg/kg）	备注
除胶基糖果以外的其他糖果	600~1200	以Fe计
大米、小麦粉、杂粮粉及其制品、面包	14~26	以Fe计
西式糕点	40~60	以Fe计
饼干	40~80	以Fe计
其他焙烤食品	50~200	以Fe计
酱油	180~260	以Fe计
饮料类	10~20	以Fe计
固体饮料类	95~220	以Fe计
果冻	10~20	以Fe计

③应用：铁强化剂、发色剂。

（2）柠檬酸铁　柠檬酸铁（ferric citrate），分子式 $FeC_6H_5O_7 \cdot xH_2O$，无水物的相对分子质量 244.95。结构式见图 3-25。

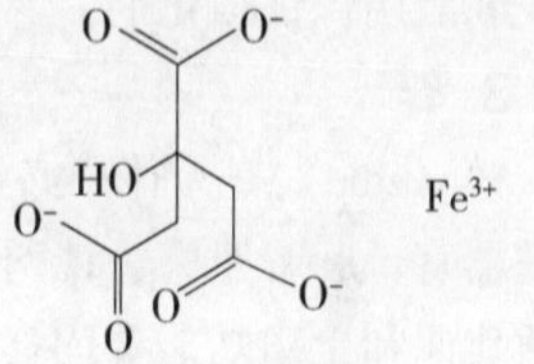

图 3-25　柠檬酸铁

①性状与性能：根据其组成成分不同分为红褐色粉末或透明薄片，含铁量为 16.5%~18.5%。在冷水中缓慢溶解，极易溶于热水，不溶于乙醇。水溶液呈酸性，可被光或热还原，逐渐变成柠檬酸亚铁。因为柠檬酸铁呈褐色，故在不宜着色的食品中不适合使用。

②安全与使用：根据 GB 14880—2012《食品营养强化剂使用标准》及相关规定，使用范围与使用标准见表 3-12。

③应用：铁强化剂。可用于强化调制乳粉。

（3）柠檬酸铁铵（CNS 号：02.010；INS 号：381）　柠檬酸铁铵，分子式 $Fe(NH_4)_2H(C_6H_5O_7)_2$，相对分子质量 488.16。

①性状与性能：柠檬酸铁铵为棕红色透明状鳞片或褐色颗粒或棕黄色粉末，无臭，味咸，极易溶于水，不溶于乙醇，水溶液呈中性，在空气中易吸潮，对光不稳定，遇碱性溶液有沉淀析出。

②安全与使用：小鼠经口 LD_{50} 为 1000mg/kg（bw）。根据 GB 14880—2012《食品营养强化剂使用标准》及相关规定，使用范围与使用标准见表 3-12。

③应用：铁强化剂。

（4）葡萄糖酸亚铁（CNS 号：09.005；INS 号：579）　葡萄糖酸亚铁（ferrous gluconate），分子式 $C_{12}H_{22}FeO_{14} \cdot 2H_2O$，相对分子质量 482.17。

①性状与性能：浅黄灰色或浅黄绿色晶体颗粒或粉末，稍有类似焦糖的气味。易溶于水，100mL 温水中可溶 10g，几乎不溶于乙醇；水溶液呈酸性，加葡萄糖可使其溶液稳定。理论含铁量 12%。

②安全与使用：大鼠经口 LD_{50}>3700mg/kg（bw），属于 GRAS 物质。根据 GB 14880—2012《食品营养强化剂使用标准》及相关规定，使用范围和使用标准见表 3-12。葡萄糖亚铁易吸

收，对消化系统无刺激，无副作用，并且对食品的感官性能和风味无影响。

③应用：铁强化剂。

（5）乳酸亚铁　乳酸亚铁（ferrous lactate），化学名称α-羟基丙酸亚铁，分子式 $C_6H_{10}FeO_6 \cdot 3H_2O$，相对分子质量288.04。

①性状与性能：为浅绿色或微黄色晶体或结晶性粉末，稍有特异臭，有稍带甜味的铁味。溶于水，在冷水中的溶解度为2.5g/100mL，沸水中的溶解度为8.3g/100mL，水溶液为绿色透明溶液，呈弱酸性。易溶于柠檬酸，溶液呈绿色溶液，几乎不溶于乙醇。在空气中易吸潮，在空气中被氧化后颜色变深，光照会促进其氧化。

②安全与使用：小鼠经口 LD_{50} 为4875mg/kg（bw）；大鼠经口 LD_{50} 为3730mg/kg（bw），属于GRAS物质。根据GB 14880—2012《食品营养强化剂使用标准》及相关规定，使用范围与使用标准见表3-12。乳酸亚铁易吸收，对消化系统无刺激，无副作用，一般对食品的感官性能和风味无影响，对防治缺铁性贫血效果显著。作为铁营养强化剂的还有氯化高铁血红素、焦磷酸铁、甘氨酸亚铁、富马酸亚铁、还原铁、乙二胺四乙酸铁钠等。

③应用：铁强化剂。

3. 锌

锌（zinc）是人体内必需的微量元素之一，成人体内含锌约2~3g，锌分布于人体所有的组织器官，肝肾肌肉、视网膜、前列腺内的含量较高，锌对生长发育、智力发育、免疫功能、物质代谢和生殖功能等均具有重要的作用。缺乏锌的主要症状是生长迟缓或停滞，形成侏儒。此外，缺锌还表现为伤口愈合慢、味觉异常等症状；锌严重缺乏时会导致缺铁性贫血，肝、脾肿大，骨骼发育障碍，皮肤粗糙及色素增多等症状。

（1）葡萄糖酸锌　葡萄糖酸锌（zinc gluconate），分子式 $C_{12}H_{22}O_{14}Zn$，相对分子质量455.68。结构式见图3-26。

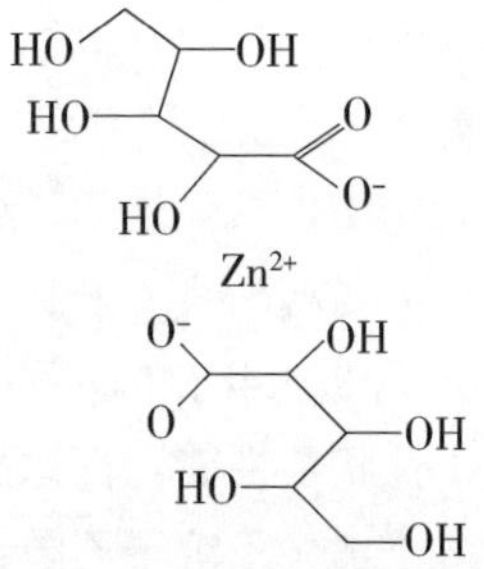

图3-26　葡萄糖酸锌

①性状与性能：为无水物或含有3分子水的化合物，白色或几乎白色的颗粒或结晶性粉末，无臭无味，易溶于水，极微溶于乙醇。体内吸收率高，对肠胃无刺激，吸收效果比无机锌好，是一种很好的锌营养强化剂。对缺锌患者有明显的疗效，缺锌症患者食用以葡萄糖酸锌强化的食品（每日120mg锌计）6个月后可以恢复正常。

②安全与使用：雌性小鼠经口 LD_{50} 为（1.93±0.09）g/kg（bw）；雄性小鼠经口 LD_{50} 为（2.99±0.1）g/kg（bw）。根据GB 14880—2012《食品营养强化剂使用标准》及相关规定，葡萄糖酸锌（以Zn计）的使用范围与使用标准见表3-13。

表3-13　锌的使用范围与使用标准

食品名称/分类	最大使用量/（mg/kg）	备注
调制乳	5~10	以Zn计
调制乳粉（儿童用乳粉和孕产妇用乳粉除外）	30~60	以Zn计
调制乳粉（仅限儿童用乳粉）	50~175	以Zn计
调制乳粉（仅限孕产妇用乳粉）	30~140	以Zn计

续表

食品名称/分类	最大使用量/(mg/kg)	备注
豆粉、豆浆粉	29~55.5	以Zn计
大米、小麦粉、杂粮粉及其制品，面包	10~40	以Zn计
即食谷物，包括辗轧燕麦（片）	37.5~112.5	以Zn计
西式糕点、饼干	45~80	以Zn计
饮料类	3~20	以Zn计
固体饮料类	60~180	以Zn计
果冻	10~20	以Zn计

③应用：锌强化剂。

（2）硫酸锌　硫酸锌（zinc sulfate），分子式 $ZnSO_4 \cdot xH_2O$，含1或7分子水，无水硫酸锌相对分子质量161.44。

①性状与性能：无色透明的棱柱状或细针状晶体或结晶性粉末，无臭。1分子水合物加热至238℃时失水；7分子水合物在室温、干燥空气中易失水逐渐风化。易溶于水，微溶于乙醇和甘油，水溶液呈酸性。硫酸锌对皮肤、黏膜有刺激作用，大量内服可引起呕吐、恶心、腹痛和消化障碍。

②安全与使用：大鼠经口 LD_{50} 为2949mg/kg（bw）；小鼠经口 LD_{50} 为2200mg/kg（bw）。根据GB 14880—2012《食品营养强化剂使用标准》及相关规定，使用范围与使用标准见表3-13。

（3）乳酸锌　乳酸锌（zinc lactate），分子式 $C_6H_{10}ZnO_6 \cdot 3H_2O$，相对分子质量297.97。

①性状与性能：乳酸锌为白色结晶性粉末，无臭、溶于水，可溶于60倍冷水或6倍热水中。含锌量22.2%，是一种易吸收的锌营养强化剂。

②安全与使用：小鼠经口 LD_{50} 为977~1778mg/kg（bw）。根据GB 14880—2012《食品安全国家标准　食品营养强化剂使用标准》，使用范围与使用标准见表3-13。

③应用：作为锌营养强化剂，还有甘氨酸锌、柠檬酸锌、氧化锌等。

4. 硒

硒（Selenium）是人体所必需的微量元素，是人体内含硒酶——谷胱甘肽过氧化物酶的重要成分，具有重要的生理功能。它能够预防和抑制肿瘤、抗衰老、维持心血管系统正常的结构与功能、预防动脉硬化和冠心病的出现。在食品加工时，硒会因为精制和烧煮过程而有所损失。补硒的简单方法是每周1次口服亚硒酸盐（亚硒酸钠、亚硒酸钾），1~5岁儿童口服亚硒酸钾0.5mg，6~9岁儿童1.0mg，10岁以上2.0mg，亚硒酸盐可用于强化食品。

（1）亚硒酸钠　亚硒酸钠（sodium selenite），分子式 Na_2SeO_3，无水物相对分子质量172.94。

①性状与性能：又称亚硒酸二钠，为白色晶体，在空气中稳定，易溶于水，不溶于乙醇。5分子水合物易在空气中风化失去水分，加热会分解，形成二氧化硒。在酸性溶液中可被氧化成硒酸或被还原成硒。

②安全与使用：大白鼠经口 LD_{50} 为7mg/kg（bw）。根据GB 14880—2012《食品营养强化剂使用标准》及相关规定，在下述食品中的使用量：大米、小麦粉、杂粮粉及其制品，面包为

140~280μg/kg；饼干为30~110μg/kg；含乳饮料为50~200μg/kg（含量以硒计）。

（2）硒化卡拉胶　硒化卡拉胶（kappa-selenocarrageenan）又称kappa-硒化卡拉胶，是将硒粉用浓硝酸溶解后，与卡拉胶溶液反应，精制而成。是一种高含硒多糖类化合物，作为有机硒化物，具有比无机硒化物更好的生物可利用性和生理增益作用。

①性状与性能：灰白色，淡黄色至土黄色粉末，微有海藻腥味，溶于水形成黄色澄清溶液，水溶液呈酸性，几乎不溶于甲醇、乙醇等有机溶剂。

②安全与使用：雌性大、小鼠经口LD_{50}分别为575、818mg/kg（bw）；雄性大、小鼠经口LD_{50}分别为703、934mg/kg（bw）。根据GB 14880—2012《食品营养强化剂使用标准》及相关规定，硒化卡拉胶用于含乳饮料，使用量为50~200μg/kg（含量以硒计）。

③应用：硒强化剂。

（3）富硒酵母　富硒酵母（selenium-enriched yeast）是在酵母培养基中添加硒化物后培养而成。通过酵母在生长过程中对硒的自主吸收和转化，使硒与酵母体内的蛋白质和多糖有机结合，更高效、更安全地被人体吸收利用。富硒酵母是一种高效、安全、营养均衡的补硒制剂。

①性状与性能：富硒酵母为浅黄色至浅黄棕色颗粒或粉末，具有酵母的特殊气味，无异臭。

②安全与使用：小鼠经口LD_{50}>10000mg/kg（bw）。富硒酵母是一种理想的功能性食品基料，使用同硒化卡拉胶。根据《中国居民膳食营养素参考摄入量（2023版）》，我国每日膳食中硒平均需要量为：1~3岁20μg，4~6岁25μg，7~8岁30μg，9~11岁40μg，12岁及以上50μg。硒元素过量摄取易中毒，一般有机硒的毒性比无机硒毒性低，并且有利于人体吸收。作为硒营养强化剂的还有：硒酸钠、硒蛋白和富硒食用菌粉等。用硒源作为营养强化剂必须在省级部门指导下使用，使用时以元素硒计强化量。亚硒酸钠中含硒量为45.7%，硒酸钠含硒量为41.8%。

5. 碘

碘（iodine）是人体内必需的微量元素之一，其生理功能主要是参与甲状腺素的合成，调节机体的代谢，能够促进生长发育，特别是参与能量代谢，影响体力和智力的发展以及神经，肌肉组织的活动。一般成人体内含碘20~50mg，其中70%~80%存在于甲状腺组织内。

机体缺碘会发生甲状腺肿大，婴幼儿缺碘会引起生长发育迟缓、智力低下，严重者会导致呆小症。我国营养学会推荐18岁以上成年人的碘每日适宜摄入量0.15mg。常用的碘营养强化剂有碘化钾、碘酸钾、海藻碘和碘化钠等。

1994年，《食盐加碘消除碘缺乏危害管理条例》（中华人民共和国国务院令第163号）第二章第八条规定，应主要使用碘酸钾。但是营养调查结果显示，我国居民食盐摄入量过高，同时我国高血压等慢性病的发病率也有升高趋势。为了配合国家的减盐行动，避免居民过多摄入食盐，GB 14880—2012《食品安全国家标准　食品营养强化剂使用标准》取消了食盐作为营养强化剂载体。关于食用盐中碘的使用，生产单位依据GB 26878—2011《食品安全国家标准　食用盐碘含量》执行。碘仍然允许用于特殊膳食用食品的营养强化剂。

（1）碘化钾　碘化钾（potassium iodide），分子式KI，相对分子质量166.00。

①性状与性能：碘化钾为无色透明晶体或不透明的白色晶体性粉末，味苦咸。熔点681℃，干燥空气中稳定，在潮湿的空气中略有吸湿性。易溶于水和甘油，50g/L的水溶液pH为6~10，溶于乙醇。遇光及空气时，能析出游离碘而呈黄色，在酸性水溶液中更易变黄。

②安全与使用：属于 GRAS 物质。根据 GB 26878—2011《食品安全国家标准　食用盐碘含量》及相关规定，食用盐中加入碘强化剂后，食用盐产品（碘盐）中碘含量的平均水平（以碘元素计）为 20～30mg/kg。

③应用：特殊膳食用食品的碘强化剂。

（2）碘酸钾　碘酸钾（potassium iodate），分子式 KIO_3，相对分子质量 214.00。碘酸钾是在酸性溶液中加入氯酸钾，再缓慢加入碘，生成酸式碘酸钾，再加入氢氧化钾中和制得。

①性状与性能：碘酸钾为白色结晶性粉末，无臭，熔点 560℃（部分分解）。溶于水，1g 溶于 15mL 水，不溶于乙醇。

②安全与使用：小鼠经口 LD_{50} 为 531mg/kg（bw）；小鼠腹腔注射 LD_{50} 为 136mg/kg（bw）。根据 GB 26878—2011《食品安全国家标准　食用盐碘含量》及相关规定，碘酸钾用于食盐、食用盐产品（碘盐）中碘含量的平均水平（以碘元素计）为 20～30mg/kg。

③应用：特殊膳食用食品的碘强化剂。

（四）脂肪酸类营养强化剂

不饱和脂肪酸有 4 种类型：ω-7，ω-9、ω-3 和 ω-6。ω-7 和 ω-9 属于单不饱和脂肪酸，可由人体从食物中摄取的饱和脂肪酸合成，而人体无法合成 ω-3 和 ω-6，必须从食物中摄取，因而称为必需脂肪酸。

1. γ-亚麻酸

别名：顺式-6，9，12-十八碳三烯酸，分子式 $C_{18}H_{30}O_2$，相对分子质量 278.438，黄色油状液体，结构式见图 3-27。

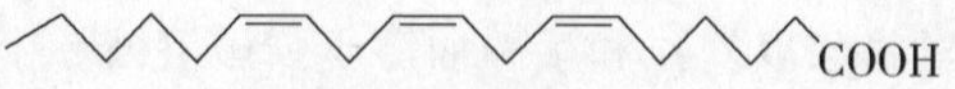

图 3-27　γ-亚麻酸

（1）毒理学依据

①毒性：小鼠、大鼠经口服 LD_{50} 均>12.0g/kg（bw），小鼠口服 LD_{50}>20mL/kg（bw）。

②喂养实验：大鼠蓄积系数>5。

③致突变实验：Ames 试验、骨髓微核试验、小鼠精子畸形实验，均未见致突变性。

（2）应用　作为营养强化剂，GB 14880—2012《食品安全国家标准　食品营养强化剂使用标准》规定：γ-亚麻酸用于调和油、乳及乳制品、强化 γ-亚麻油酸饮料，用量 20～50g/kg。根据营养推荐的膳食供给量（RDA）：婴孩为 100mg/[kg(bw)·d]，成人 36mg/[kg(bw)·d]。

2. 二十二碳六烯酸（DHA）

别名己二酸二己酯，分子式 $C_{22}H_{32}O_2$，相对分子质量 328.5。

（1）理化性质　DHA 为无色或浅黄色特殊气味透明油状液体。相对密度 0.929～0.936（20℃），着火点 185℃，黏度 0.078Pa·s（25℃）。在水中不溶，可溶于醇、醚等有机溶剂。

（2）安全与使用　作为营养强化剂，调制乳粉（仅限儿童用乳粉），使用量≤0.5%（占总脂肪酸的百分比）；调制乳粉（仅限孕产妇用乳粉），使用量为 300～1000mg/kg；其他脂肪酸类营养强化剂还包括 1,3-二油酸 2-棕榈酸甘油三酯和花生四烯酸（AA 或 ARA）。

二、食品工业用加工助剂

食品加工助剂就是有助于食品加工顺利进行的各种物质。这些物质与食品本身无关，如助滤、澄清、吸附、润滑、脱模、脱色、脱皮、提取溶剂、发酵用营养物质等。食品加工助剂与食品添加剂的区别是，加工助剂一般应在食品中除去而不应成为最终食品的成分，或仅有残留；在最终产品中没有任何工艺功能；不需要在产品成分中标明。

1. 氯化钙

氯化钙（calcium chloride）分子式 $CaCl_2$，相对分子质量 110.98。

（1）性状与性能　氯化钙是白色、硬质的碎块或颗粒，微苦，无臭，易吸水潮解，其存在形式有无水物、一水物、二水物、四水物等，一般商品以二水物为主。

（2）应用　用作稳定剂、凝固剂、增稠剂、营养强化剂及其他。应用于豆制品、稀奶油、软饮料、甜汁甜酱、果酱、调制水等。

（3）毒性　大鼠经口 LD_{50} 为 1g/kg（bw）。ADI 不作特殊规定，属于 FDA 认证的 GRAS 物质。

（4）使用范围及使用量　按照 GB 2760—2024《食品添加剂使用标准》规定，在各类食品加工过程中作为加工助剂使用时，残留量不需限定。

2. 硅藻土

硅藻土（diatomaceous earth）是由硅藻的硅质细胞壁组成的一种沉积岩，主要成分是二氧化硅的水合物。其化学成分以 SiO_2 为主，可用 $SiO_2 \cdot nH_2O$ 表示，矿物成分为蛋白石及其变种。

（1）性状与性能　硅藻土为黄色或浅灰色粉末，多孔而轻。有强吸水性，能吸收 1.5~4.0 倍的水。不溶于水、酸（氢氟酸以外）和稀碱而溶于强碱溶液。相对密度 1.9~2.35（20℃/4℃）。最纯的硅藻土的化学成分是硅酸 94%，水 6%。纯度高的呈白色。但几乎所有的硅藻土都含铝、镁、钙、铁等盐类。含铁盐多的呈褐色。

（2）应用　助滤剂，提高滤液过滤效率的物质。为防止滤渣堆积过于密实，使过滤顺利进行。

（3）毒性　ADI 未作规定。硅藻土不被消化吸收。其精制品毒性低。

（4）使用范围及使用量　硅藻土作为助滤剂在食品工业中有着广泛的应用。如调味品：味精、酱油、醋；饮料类：啤酒、白酒、黄酒、果酒、葡萄酒、各类饮料；食品用油类：菜油、豆油、花生油；制糖业类：果葡萄浆、高果糖浆、葡萄糖浆；其他类：柠檬酸、明胶、乳制品、植物油等过滤用的各种原料。硅藻土在国外的糖厂用得相当普遍，特别是糖浆等高黏度物料的过滤。

硅藻土的使用量视生产需要而定，食品中的残留量不能高于 0.5%，按 FAO/WHO，ADI 暂缓决定。

3. 白油

白油（Liquid paraffin）又称液体石蜡、石蜡油，一般以 C_nH_{2n+2} 表示，由饱和烷烃组成，碳链中的碳原子数在 16~24。

（1）性状与性能　无色半透明油状液体，无或几乎无荧光，冷时无臭、无味，加热时略有石油样气味，不溶于水、乙醇，溶于挥发油，混溶于多数非挥发性油，对光、热、酸等稳定，但长时间接触光和热会慢慢氧化。具有消泡、润滑、脱模和抑菌等性能。不被细菌污染，易乳化，有渗透性、软化性和可塑性，在肠内不易吸收。

（2）应用 被膜剂，可用于除胶基糖果以外的其他糖果、鲜蛋；其他使用参考：作为面包脱模剂，对烤盘腐蚀性小，不产生不愉快的气味；作为食品机械润滑剂，不腐蚀机械；此外也可用于延长水果、蔬菜、罐头的储存期。

（3）毒性 ADI：高黏度矿物油0~20mg；中或低黏度矿物油一类0~1mg（暂定），二类、三类0~0.01mg（暂定）。

（4）使用范围及使用量 根据GB 2760—2024《食品添加剂使用标准》规定，白油主要功能为消泡剂、脱模剂、被膜剂，适用范围为薯片、油脂、糖果、胶原蛋白肠衣、膨化食品、粮食的加工工艺（用于防尘）。在各类食品加工过程中作为加工助剂使用时，残留量不作限量。

4. 紫胶

紫胶（Shellac）又名虫胶，为紫胶虫分泌的紫胶、原胶经加工而得，其主要成分为油桐酸（约40%）、虫胶酸（约40%）和虫胶蜡酸（约20%）。

（1）性状与性能 紫胶为暗褐色透明薄片或粉末，脆而坚。稍有特殊气味。熔点115~120℃，软化点70~80℃。相对密度1.02~1.12（25℃/4℃）。溶于乙醇，在乙醚中可溶解5%~10%。不溶于水，但溶于碱性水溶液。有一定的防潮能力和防腐能力。涂于食品表面能够形成一层光亮的膜，不仅能够隔离水分、保持食品的质量稳定，而且美观。制品有含蜡品和脱蜡品。

（2）应用 被膜剂，覆盖在食物的表面能形成薄膜的物质，防止微生物入侵，抑制水分蒸发或吸收和调节果蔬呼吸作用。

（3）毒性 紫胶的原料紫梗是天然的动物性树脂。据《本草纲目》记载，紫胶具有清热凉血、解毒的功能，在长期使用过程中未发现有害。只要未被污染，其使用量比较安全。普通紫胶、漂白紫胶LD_{50}>15g/kg（bw），属于FDA认证GRAS物质。ADI不作特殊规定。

（4）使用范围及使用量 根据GB 2760—2024《食品添加剂使用标准》规定，最大使用量：胶基糖果为3.0g/kg；经表面处理的柑橘类为0.5g/kg；经表面处理的苹果为0.4g/kg；可可制品、巧克力和巧克力制品（包括类巧克力和代巧克力）、威化饼干为0.2g/kg。

5. 高岭土

高岭土（Kaolin）又名白陶土、瓷土，主要成分为含水硅酸铝。

（1）性状与性能 纯净的高岭土为白色粉末，一般含有杂质，呈灰色或淡黄色，质软，易分散于水或其他液体中，有滑腻感，并有土味。不溶于水、乙醇、稀酸和稀碱。

（2）毒性 ADI不作规定。

（3）使用范围及使用量 根据GB 2760—2024《食品添加剂使用标准》规定，高岭土主要功能为澄清剂、助滤剂，使用范围为葡萄酒、果酒、黄酒、配制酒的加工工艺和发酵工艺。高岭土既有助滤、脱色作用，还可作为抗结剂、沉降剂等，如葡萄酒的澄清。其使用方法同硅藻土。

6. 凹凸棒黏土

凹凸棒黏土（attapulgite clay）是一种富镁黏土矿物质。

（1）性状与性能 凹凸棒黏土呈青灰、灰白或鹅蛋清色，纤维状，棒状、集合体呈束状或交织状。纤维长约5μm，平行消光，有滑感。湿时具黏性与可塑性，浸入水中崩散。有较强的吸附能力和脱色能力，并有吸毒作用，能除去食用油中的黄曲霉毒素、农药等有害成分。

（2）毒性　大鼠口服 LD_{50}>24000mg/kg（bw）。ADI 为 99.1mg/kg（bw）。

（3）使用范围及使用量　根据 GB 2760—2024《食品添加剂使用标准》规定，凹凸棒黏土的主要功能为脱色剂，可用于油脂加工工艺，添加量按生产需要适量使用。此外，我国列为加工助剂的一些产品如珍珠岩也可作为助滤剂，如用于啤酒的净化等。

7. 氢氧化钠

氢氧化钠（sodium hydroxide），又名苛性碱，烧碱，分子式 NaOH，相对分子质量 39.997。

（1）性状与性能　氢氧化钠主体为白色，有光泽，允许微带颜色，无臭。相对密度 12.13。潮湿性很强，极易溶于水，溶解放出强热。有很强的碱性，易从空气中吸收二氧化碳而变成碳酸钠。对有机物有腐蚀作用，能使大多数金属盐形成氢氧化物或氧化物沉淀。

（2）毒性　ADI 不需要规定。

（3）使用范围及使用量　我国规定氢氧化钠可按正常生产需要用作食品加工助剂，如作为酸的中和剂。也可用于水果的碱液去皮。去皮所用氢氧化钠溶液浓度因水果品种而异，如生产糖水桃时，碱液质量浓度为 130~160g/L；生产去囊衣糖水橘罐头时，为 8g/L。此外，氢氧化钠还可作洗涤剂、消毒药品。

由于氢氧化钠有很强的腐蚀性，使用过程中必须注意，不要伤及皮肤和衣服，特别是不要溅到眼内，否则有失明的危险。

8. 碳酸钠

碳酸钠（sodium carbonate），又名食用碱面即纯碱。分子式 Na_2CO_3。

（1）性状与性能　碳酸钠为白色粉末或细粒，无臭，易溶于水，水溶液呈强碱性。因为有较强的吸湿性，易结成硬块，并能从潮湿空气中逐渐吸收二氧化碳而变成碳酸氢钠。

（2）毒性　小鼠经口 LD_{50} 约 6g/kg（bw）。ADI 不需要特殊规定，在正常生产需要量的条件下，认为无毒。

（3）使用范围及使用量　根据 GB 1488—2024《食品安全国家标准　食品营养强化剂使用标准》规定，碳酸钠可作为酸度调节剂用于发酵大米制品，最大使用量按生产需要适量使用。除此之外，还可根据生产需要在其他食品中应用。该产品广泛用于发酵面团，以中和其酸性。也可用于面条，可使面条增加弹性和延展性。

与无色碳酸钠一样，水合碳酸钠也可用于面食制品及糕点类的生产，两者具有相似的作用。

9. 石蜡

（1）组成　石蜡（paraffin）是石油炼制过程中的主要产品之一，主要由饱和烷烃 C_nH_{2n+2} 组成。常温下为无色或淡黄色固体，碳原子数一般为 16~32，相对分子质量 300~540，馏分范围为 350~500℃，密度通常为 0.1880~0.1915kg/L。

（2）性状　食品用的石蜡又分为食品级石蜡和食品包装石蜡。食品级石蜡适用于口香糖、泡泡糖等食品的脱模、压片、打光等直接接触食品的用蜡。食品包装石蜡适用于与食品接触的容器、包装材料的浸渍用蜡，在食品包装行业中，用一些涂覆或浸渍石蜡的纸制品和用石蜡作为黏合剂成膜或薄片来包装食品；石蜡制品也可以直接涂在干酪或水果上，将石蜡与乳化剂混合制成蜡乳液，对水果进行喷雾涂覆，以防止干酪或水果干缩，减少其香味物质的损耗，也可以防止细菌的侵蚀。

(3) 使用范围及使用量 根据 GB 2760—2024《食品添加剂使用标准》规定，石蜡主要功能为脱模剂、脱毛剂，适用范围为糖果、焙烤食品加工工艺，畜禽脱毛处理工艺。国家标准规定，只有食品级石蜡才能作为食品添加剂在规定的使用范围内限量使用。食品包装石蜡的纯度、安全性不高。它分解出的低分子化合物会对人体的呼吸道、肠胃系统有影响，造成人体肠胃功能紊乱，引起腹泻。人过多服用石蜡会降低免疫功能，在人体内长期积蓄，还会引发人体细胞变异疾病，严重危害健康。

10. 凡士林

(1) 组成 凡士林（vaseline）又称矿脂，其主要成分是液体石蜡和固体石蜡烃类混合物（高级烷烃和烯烃）。由高黏度石油润滑油馏分，经脱蜡所得的蜡膏掺和润滑油基础油，再经精制而得到食品级凡士林。按其精制程度分为白凡士林和黄凡士林。

(2) 性状 主要用作消泡剂、润滑剂、脱模剂和保护涂层。凡士林和硼酸混合后对鸡蛋进行涂抹可使鸡蛋保鲜 70~90d。食品级凡士林可与聚二甲基硅氧烷和滑石粉配制成消泡乳液，用于糖厂生产中的泥汁过滤、清洗箱和混合汁箱以及酒精车间料液输送等环节的消泡。制糖机械的一些滚动轴承需要用白凡士林润滑。

(3) 使用范围及使用量 凡士林在一定温度和压力环境下，100h 即可能产生细菌，同时有酸化趋势；200h 开始变酸，不仅影响口感而且腐蚀设备。

11. 珍珠岩

(1) 组成 珍珠岩（perlite）是一种由惰性非晶体玻璃体组成的白色固体粉末，其主要成分为钾、钠和铝的硅酸盐，无任何异味，本身不含有机物。生产过程中，珍珠岩经过高温处理，达到灭菌和消除有机物的效果。珍珠岩助滤剂在无机酸和有机酸中的溶解度极低，化学稳定性强，不会影响被过滤液体的感官特性。其使用方法和硅藻土完全相同。珍珠岩颗粒是非常不规则的曲卷片状，形成滤饼时有 80%~90% 的孔隙率，各颗粒有许多毛细孔相通，因此可以快速过滤，而且能捕捉 0.1μm 大小的粒子。

(2) 性状 珍珠岩助滤剂与硅藻土相比，其使用上有以下特点：能吸附滤液（如酒类、高营养饮料类）中的部分高分子蛋白质，有利于提高滤液的非生物稳定性；可提高过滤速度以及过滤总量；与传统助滤剂（硅藻土）相比，可节约 20% 使用量。

(3) 使用范围及使用量 根据 GB 2760—2024《食品添加剂使用标准》规定，珍珠岩主要功能为助滤剂，适用范围为啤酒、葡萄酒、果酒和配制酒的加工工艺、发酵工艺，油脂加工工艺，淀粉糖加工工艺。珍珠岩助滤剂已被国家规定为食品加工助剂，国内外被广泛采用。食品加工过程中珍珠岩助滤剂添加量因处理对象不同而异，啤酒麦芽汁用量为 0.5~1.0kg/1000L，啤酒用量为 0.5~1.0kg/1000L，经预处理的新葡萄酒用量为 0.5~2.0kg/1000L，经预处理的压榨葡萄汁用量为 1.5~2.5kg/1000L，未经预处理的新葡萄酒用量为 2~4kg/1000L。

12. 明胶

(1) 组成 明胶（gelatin）是动物胶原蛋白经部分水解衍生的相对分子质量 10000~70000 的水溶性蛋白质（非均匀的多肽混合物）。食用明胶为白色或淡黄色透明至半透明带有光泽的脆性薄片、颗粒或粉末，无臭，无味，不溶于冷水、乙醚、乙醇、氯仿。可溶于热水、甘油、乙酸、水杨酸、苯二甲酸、尿素、硫脲等溶液。相对密度 1.3~1.4，能缓慢吸收 5~10 倍的冷水膨胀软化，当吸收 2 倍以上水加热至 40℃ 便溶化形成溶胶，冷却后形成柔软而有弹性的凝胶。

（2）性状　明胶来源于富含蛋白质的动物骨、皮的胶原，明胶溶液的凝胶熔化温度与其浓度、共存盐的种类、溶液的 pH 有关，明胶的凝胶柔软、口感好、富有弹性。明胶水溶液具有黏性，黏性大小与温度、pH 和施加搅拌有关。明胶在冷水中具有溶胀性，能吸收 5~10 倍的水分，遇冷凝成胶冻。明胶还具有起泡和稳泡作用，在凝固温度附近起泡最强。明胶还是一种优良的保护性胶体，可作为流水性胶体的稳定剂和乳化剂。

（3）使用范围及使用量　根据 GB 2760—2024《食品添加剂使用标准》规定，明胶主要功能为澄清剂，适用范围为果酒、葡萄酒的加工工艺。在糖果的制作中作为冻结剂用于生产明胶冻糖，作为稳定剂应用在果汁软糖、牛轧糖、太妃软糖、充气糖果中，能控制糖晶体大小，并防止糖浆中油水分离；作为乳化剂、黏合剂用于糖果生产，可降低脆性，有利于成型，便于切割。从而防止糖果的破碎，提高成品率和持水性。在糕点生产中，用作各种糖衣的黏结剂。在乳制品中用作酸奶的稳定剂，防止乳清渗出和分离。明胶还广泛用于肉制品、餐用胶冻、含明胶点心、糕点等。

13. 活性炭

活性炭（active carbon）是由竹、木、果壳等原料，经炭化、活化、精制等工序制备而成的。

（1）性状与性能　活性炭为黑色微细粉末，无臭、无味，有多孔结构，对气体、蒸汽或胶态固体有强大的吸附能力，每克的总面积可达 500~1000m^2，不溶于任何有机试剂。该产品有较大的吸附作用，故又可作吸附剂，如用于蔗糖、葡萄糖、饴糖、油脂的脱色。

（2）毒性　ADI 不作规定。

（3）使用范围及使用量　根据 GB 2760—2024《食品添加剂使用标准》规定，活性炭主要功能为澄清剂，适用范围为油脂加工工艺。用活性炭对淀粉糖浆进行脱色和提纯，其方法是在活性炭脱色之前，首先将糖浆中的胶黏物滤去，然后将其蒸发至含量为 48%~52%，再加入一定量活性炭进行脱色并压滤以便将残存糖液中的一些微量元素脱除干净，得到无色澄清的糖液，同时活性炭又起到助滤的作用。

第七节　食品添加剂的安全性及管理

（一）食品添加剂的危害性

FAO 和 WHO 从 20 世纪 50 年代起，开始关注食品添加剂的安全评价（毒理学评价）工作。随着食品工业的发展，特别是进入 21 世纪以来，食品添加剂的安全性问题直接关乎食品安全、国家安全。总体国家安全观是习近平新时代中国特色社会主义思想的重要组成部分，党的二十大将安全问题摆在了更加突出的位置，并用专章进行全面部署，认识食品添加剂的危害性对于深刻领悟“人类命运共同体”与食品安全理念具有十分重要的意义。

对于食品添加剂的毒性研究是从色素致癌作用的研究开始的。早在 20 世纪初，发现猩红色素具有促进上皮细胞再生的作用，所以在外科手术后促进新的组织形成时可使用这种色素。但是在 1932 年，日本的科学家发现，用与 *O*-氨基偶氮甲苯有类似构造的猩红色素喂养动物时，肝癌的发病率几乎是 100%。这个实验是对色素安全性评价的最初探讨。

人工合成色素具备着色力强、色泽鲜艳、成本低等优点，但是它们多数是从煤焦油中制取，或以苯、甲苯、萘等芳香烃化合物为原料合成的，多属偶氮化合物，在体内转化为芳香胺，经 *N*-羟化和酯化后，易与大分子亲核中心结合而形成致癌物，因而具有致癌性。

（二）食品添加剂风险评估制度

食品添加剂是在食品生产加工过程中有意添加或者无意带入食品中的化学合成或者天然存在物质，对食品安全有着直接的影响。

《中华人民共和国食品安全法》第十七条规定："国家建立食品安全风险评估制度，运用科学方法，根据食品安全风险监测信息、科学数据以及有关信息，对食品、食品添加剂、食品相关产品中生物性、化学性和物理性危害因素进行风险评估"。《食品安全风险评估管理规定》规范了风险评估工作，有效发挥了风险评估对风险管理和风险交流的支持作用。根据目的不同，食品添加剂安全风险评估通常可以分为被批准使用之前的评估和被批准使用之后的评估。

一是被批准使用之前的评估。根据《食品安全法》《食品添加剂新品种管理办法》的有关规定，单位或者个人生产食品添加剂新品种，应当向卫计委申请，对相关产品进行安全性评估。上述食品添加剂新品种包括：未列入食品安全国家标准的食品添加剂品种；未列入卫计委公告允许使用的食品添加剂品种；扩大使用范围或者用量的食品添加剂品种。卫计委受理评估申请后，对安全性评估资料进行技术审查，根据食品添加剂技术上的必要性和食品安全风险评估结果，对符合食品安全要求的，依法决定准予许可并公布食品添加剂新品种、使用范围和用量，按照食品安全国家标准的程序，制定、公布为食品安全国家标准。

二是被批准使用之后的评估。根据《食品添加剂新品种管理办法》的有关规定，对于已允许使用的食品添加剂，如果科学研究结果或者有证据表明其安全性可能存在问题的或者不再具备技术上必要性的，卫计委应当及时组织对该食品添加剂进行重新评估；对重新审查认为不符合食品安全要求的，卫计委可以公告撤销已批准的食品添加剂品种或者修订其使用范围和用量。

（三）毒理学指标

FAO/WHO 食品法规委员会的下设组织——食品添加剂与污染物法规委员会对各种食品添加剂制定了毒理学指标，为各国制定食品添加剂的最大使用量提供依据。这些毒理学指标包括以下几种：

1. 半数致死量

半数致死量（50% lethal dose，LD_{50}）指受试动物经口一次或 24h 内多次喂饲某物质后，受试动物半数死亡的剂量，单位为 mg/kg（bw）。LD_{50} 是衡量化学物质急性毒性的基本数据，我国将各种物质对大鼠经口半数致死量的大小分为极毒、剧毒、中等毒、低毒、实际无毒和无毒 6 大类。

通常，对动物毒性较低的物质，对人的毒性也较低。作为食品添加剂，其 LD_{50} 多属于实际无毒或无毒级别，仅个别品种为中等毒性级别。

2. 最大无副作用量

最大无副作用量（maximum no-effect level，MNL），又称最大耐受量、最大安全量，指动物长期摄入受试物而无任何中毒表现的每日最大摄入量，单位为 mg/kg。最大无副作用量是食品添加剂长期摄入对本代健康无害，并对下代生长无影响的重要指标。

3. 每日允许摄入量

每日允许摄入量（acceptable daily intake，ADI）是指人体每天摄入的某种添加剂的最大量，单位为 mg/kg。ADI 是最具代表性的国际公认的毒性评价指标，也是制定食品添加剂使用卫生标准的重要依据。ADI 是由联合国食品添加剂专家委员会（JECFA）根据各国所用食品添加剂的毒性报告和有关资料制定的。考虑到人与动物之间的种间差异，人与人之间的个体差异，人体的 ADI 实际是在动物试验的 MNL 基础上考虑一个安全系数确定的，该系数一般为 100 倍，即

$$ADI = MNL \times 1/100$$

4. 最大使用量

最大使用量是指某种食品添加剂在不同食品中允许使用的最大量，单位为 g/kg。最大使用量是食品企业使用添加剂的重要依据。

确定某种食品添加剂的 ADI 后，通过人群膳食调查，根据各种食品的每日摄入量，确定不同食品中该食品添加剂的最高允许量。根据美国 FDA 的规定，GRAS 的食品添加剂物质应满足以下条件之一：

（1）某天然食品中存在。

（2）已知在人体内极易代谢（一般剂量范围内）。

（3）化学结构与某已知安全物质非常近似。

（4）在较大范围内证实已有长期安全食用历史，如在某国家已使用 30 年以上，或者符合下述第（5）条。

（5）同时具备以下各点：

①在某一国家最近已使用 10 年以上。

②在任何最终食品中平均最高用量不超过 10mg/kg。

③在美国的年消费量低于 454kg。

FAO/WHO 食品添加剂法典委员会（CCFA）根据安全评价资料，将食品添加剂依据安全性分为 A、B、C 三类，每类再细分为两类：

A 类——食品添加剂联合专家委员会（JECFA）已经制定人体每日允许摄入量 ADI 和暂定 ADI。

A（1）类：JECFA 评价认为毒理学资料清楚，已经制定出 ADI 值或认为毒性有限无须规定 ADI 值者。

A（2）类：JECFA 暂定 ADI，毒理学资料不够完善，暂时允许用于食品者。

B 类——JECFA 曾经进行过安全评价，但未建立 ADI 或者未进行安全评价。

B（1）类：JECFA 进行过安全评价，因毒理学资料不足未制定 ADI 者。

B（2）类：JECFA 未进行过安全评价者。

C 类——JECFA 认为在食品中使用不安全或者应严格限制。

C（1）类：JECFA 认为在食品中使用不安全者。

C（2）类：JECFA 认为应严格限制在某些食品中作特殊应用者。

由于食品添加剂的安全性随着毒理学及分析技术等的发展有可能发生变化，因此其所在的安全性评价类别也可能发生变化。例如糖精，原曾属 A（1）类，后因报告可使大鼠致癌，经 JECFA 评价，暂定 ADI 为每千克体质量 1~2.5mg，而归为 A（2）类。直到 1993 年再次对其进

行评价时，认为对人类无生理危害，制定 ADI 为 1～5mg/kg(bw)，又转为 A（1）类。因此，关于食品添加剂安全性评价分类的情况，应随时注意新的变化。

要评估食品添加剂的毒性情况，需进行一定的毒理学试验。在我国，2014 年由国家卫健委发布了 GB 15193.1—2014《食品安全国家标准 食品安全性毒理学评价程序》，标准规定我国食品（包括食品添加剂）安全性毒理学评价试验的内容分别为：

（1）急性经口毒性试验。

（2）遗传毒性试验。

（3）28d 经口毒性试验。

（4）90d 经口毒性试验。

（5）致畸试验。

（6）生殖毒性试验和生殖发育毒性试验。

（7）毒物动力学试验。

（8）慢性毒性试验。

（9）致癌试验。

（10）慢性毒性和致癌合并试验。

我国根据"食品安全性毒理学评价程序"，对一般食品添加剂的规定如下：

①凡属毒理学资料比较完整，WHO 已公布日容许摄入量或不需规定日容许摄入量者或多个国家批准使用，如果质量规格与国际质量规格标准一致，则要求进行急性经口毒性试验和遗传毒性试验。如果质量规格标准不一致，则需增加 28d 经口毒性试验，根据试验结果考虑是否进行其他相关毒理学试验。

②凡属一个国家批准使用，WHO 未公布日容许摄入量或资料不完整的，则可先进行急性经口毒性试验、遗传毒性试验、28d 经口毒性试验和致畸试验，根据试验结果判定是否需要进一步的试验。

③对于由动植物或微生物制取的单一组分，高纯度的食品添加剂，凡属新品种的，需要先进行急性经口毒性试验、遗传毒性试验、90d 经口毒性试验和致畸试验，经初步评价后，决定是否需进行进一步试验。凡属国外有一个国际组织或国家已批准使用的，则进行急性经口毒性试验、遗传毒性试验和 28d 经口毒性试验，经初步评价后，决定是否需进行进一步试验。

思考题

1. 我国对食品添加剂的定义是什么？其他组织对食品添加剂的定义与我国的定义有什么不同？
2. 食品添加剂有什么作用？
3. 中国编码系统是依照什么原则给食品添加剂进行编码的？
4. 天然防腐剂的抗菌机制主要是什么？必备的分子结构条件是什么？
5. 食品着色剂的发展历程大致如何？
6. 护色剂有哪些作用？
7. 食品质构改良剂有哪几类？
8. 主要的食品风味添加剂有哪些？

第四章

04

食品卫生与管理

本章学习目标

1. 了解各类食品的卫生状况。
2. 了解各类食品的管理方式。
3. 了解各类食品卫生管理的相关法规。

第一节　粮豆类食品的卫生与管理

保障初级产品供给是一个重大战略性问题，中国人的饭碗任何时候都要牢牢端在自己手中，饭碗主要装中国粮，对粮食安全不能有丝毫松懈。粮豆类食品主要由粮谷类食品和豆类食品组成，是我国人民传统食品的主体。其中，粮谷类食品包括以稻米、小麦以及玉米、高粱、大麦、燕麦、小米和荞麦为原料经过一系列加工工序制成的符合一定标准的食品。而豆类食品主要包括各种豆科栽培植物的可食种子，其中以大豆最为重要，也包括红豆、绿豆、豌豆、蚕豆等各种杂豆为主要原料，经发酵和非发酵加工而成的豆制品。粮豆类食品在种植、收获、原材料的采购、生产、加工、运输、贮藏和销售所有环节都可能存在安全隐患，为了保证消费者的身体健康，因此需要对每个环节进行严格的安全控制，下面描述了可能对人体健康构成风险的一些最常见毒素。

一、粮谷类食品的污染来源

（一）粮谷类食品中存在的天然有毒物质

禾本科和豆科的粮食作物籽粒是人类粮食的主要来源，可加工成各种制品，它们不含有对人体有害的成分，可以安全食用。但这些作物可能发育到某个特定时期产生有毒物质。另外，这些作物还可能掺杂一些有毒的植物种子，容易被误食而对人体健康造成一定的危害。常见的粮谷类食品中存在的天然有毒物质有以下几种：

1. 毒麦

毒麦属于黑麦属，一年生草本植物，由于其繁殖能力和抗逆性强，因此经常和重要的农作物混生在一起。而且毒麦的外形与小麦十分相似，一般很难辨认。其种子含有能麻痹中枢神经、致人昏迷的黑麦草碱、毒麦碱和毒麦灵等多种生物碱，被认为是恶性杂草。其毒性强，食用含有 4% 以上毒麦的面粉即可引起中毒。中毒症状表现为眩晕、恶心、呕吐、腹痛、腹泻、疲乏无力、发热、眼球肿胀、嗜睡、昏迷、发抖和痉挛。

2. 荞麦

荞麦在开花时期会产生两种多酚的致光敏有毒色素，即原荞麦素和荞麦素。这两种有毒色素均以糖甙的形式存在，而原荞麦素经阳光照射后其分子结构转变为荞麦素的分子结构。误食了混有荞麦花的荞麦苗时，能引起人畜的过敏反应，伴随有颜面潮红，身上出现豆粒大小的红色斑点，严重者身体会出现浮肿，皮肤发生破溃。

3. 特定时期的有毒物质

一些农作物如水稻、玉米、高粱、燕麦等在幼苗期含有有毒成分氰苷，特别是在玉米和高粱幼苗中所含有的这类物质毒性较大。氰苷在酶或酸作用下释放出氢氰酸，属剧毒。

（二）危害谷物的生物学因素

由于谷物中含有蛋白质、碳水化合物、矿物质及维生素等营养成分，这些丰富的营养物质为微生物的大量生长、繁殖提供物质基础。这些微生物有的是在谷物生长和收获过程中附着在谷物的表皮或颖壳上，有的浸入谷物内部分布在谷物的各个组成部位。危害粮谷类的主要微生物有霉菌、细菌和酵母菌。其中以霉菌的危害最大，其次是细菌，虽然细菌在粮食上的数量很多，但其对大分子物质的分解能力较弱，而且粮食大多有外壳包裹，难以浸入完整的粮粒，对粮谷类的破坏性较低。最后是酵母菌，酵母在粮食上的数量较少，因此，其对粮食的破坏性也较小。微生物的危害主要是通过促进粮谷加快呼吸、产热、发水，使粮谷类营养素分解及感官性状发生改变，为产生各种毒素创造了条件。在我国，主要的霉菌毒素是黄曲霉毒素、镰刀菌毒素、赭曲霉毒素 A 和杂色曲霉毒素。

1. 黄曲霉毒素

霉菌毒素是由某些类型的霉菌产生的天然存在的有毒化合物。能产生霉菌毒素的霉菌生长在众多食物中，例如谷类、干果、坚果和香料。在收获之前或收获之后以及贮藏期间，经常在温暖、湿润和潮湿的条件下，霉菌可以在食物本身的表面/内部生长。大多数霉菌毒素化学性质稳定，可以在食品加工过程中存活。食源性霉菌毒素的作用可以是急性的，呈现严重疾病的症状，在食用高度污染的食品后甚至会很快出现死亡。持续接触霉菌毒素对健康的长期影响包括诱发癌症和免疫缺陷。霉菌污染主要是曲霉、青霉、毛霉、根霉、镰刀菌和芽枝霉等真菌污染，其中以曲霉污染最为常见。这些霉菌对粮谷类作物危害最大以及对食品安全危害最严重的是它们产生的毒素。黄曲霉毒素中尤其以黄曲霉毒素 B_1 毒性最大，可引起人和动物的急慢性中毒，并有强烈的致癌性和致突变性。我国规定粮谷类制品中黄曲霉毒素允许的限量标准为 20μg/kg。

2. 镰刀菌毒素

镰刀菌毒素是镰刀菌在粮谷类作物上产生的有毒代谢产物。该毒害性产物种类较多，其中主要是玉米赤霉烯酮、单端孢霉毒素、串珠镰刀菌素和伏马菌素等。单端孢霉毒素分为 A 和 B 两类，单端孢霉毒素 A 包括 T-2 毒素、HT-2 毒素、新茄病镰刀菌烯醇和蛇形霉素（DAS）；单端孢霉毒素 B 包括脱氧雪腐镰刀菌烯醇（DON）和雪腐镰刀菌烯醇（NIV）。镰刀菌毒素具有毒性强和污染频率高的特点。

3. 赭曲霉素

赭曲霉素是由曲霉菌属、青霉菌属的某些种所产生的二级代谢产物，其基本结构是苯甲酸异香豆素，包含有 7 种结构相似的化合物。其中，赭曲霉毒素 A 在自然界中的分布最为广泛，毒性最强，对人类以及动植物的影响最大。它是一种稳定无色的结晶化合物，容易溶于极性溶剂以及碳酸氢钠溶液，微溶于水，在紫外光的照射下呈绿色荧光。OTA 熔点为 134℃，其甲醇溶液在冰箱中能保存一年而不会分解。赭曲霉素很耐热，焙烤只能将其毒性减少约 20%，蒸煮对其毒性也不具有破坏作用。

4. 其他毒素

在粮谷类作物中，酵母菌对粮食污染也很大，使食用价值大大降低。细菌污染主要是马铃薯杆菌、枯草杆菌、乳酸杆菌和大肠杆菌，发热的粮食中还可检出蜡样芽孢杆菌和普通变形杆菌。另外，小麦和面粉可受链球菌属的污染。此外，粮食中常见的橘青霉、产黄青霉、黄绿青霉和岛青霉等也在粮谷类作物中产生毒素，如黄变米中毒就是由以上几种真菌产生的毒素引起的。

（三）农药污染

农药污染是指农药使用后残存于生物体、农副产品及环境中的微量农药原体、有毒代谢产物、降解产物及杂质超过农药的最高残留限制而形成的污染现象。残留的农药对生物的毒性称为农药残毒，而保留在土壤中则可能形成对土壤、大气及地下水的污染。粮谷中农药残留问题是目前食品安全中的主要问题之一，作为食品的基础原料，其卫生状况直接关系到食品安全。污染粮谷类食品的农药种类繁多，例如，有机磷、有机氯、有机汞、有机砷、拟除虫菊酯和氨基甲酸酯类农药等，这些构成了粮食中农药残留的主要来源。农药残留通过大气、水体、土壤、农产品，最终进入人体，引起各种慢性或急性病害。粮谷类食品的农药污染主要来源于以下两个方面。

1. 施用农药造成的农药残留

农田施用农药直接喷洒在作物的植株上，农药被作物组织吸收后，即参与复杂的代谢转化过程。如果此时作物已进入成熟期，粮食籽粒在生长过程中将富集较多的农药成分，使农药含量增加。如有机磷、有机氯类杀虫剂在植物组织中主要蓄积部位是富含脂肪成分的粮谷的胚部和皮层，油料作物更易受脂溶性农药的污染。农药污染粮食作物的程度受诸多因素的影响，除与生长发育阶段有关外，还取决于农药的品种、浓度、剂型、施用方法、土壤和气候条件、植物的品种、施药的部位等。

2. 环境中的农药污染引起的迁移

农田施用农药，只有小部分作用于作物，其余大部分降落到土壤中，故土壤既是农药的重要储留场所，又是农药代谢分解的重要地方。农药在土壤中代谢分解，既与农药的性质和剂型有关，还受温度、湿度、风、雨、阳光强度的影响，同时与土壤类型、酸碱度、硬度、土壤微生物的种群组成等因素有关。土壤被农药污染后，可通过作物的根系运转到组织内部。目前，世界各地土壤的农药污染都相当严重，尤其是化学性质稳定的农药如有机氯、有机砷等，土壤污染必然造成粮食作物的污染。

（四）粮谷类食品安全性的其他因素

1. 污水灌溉的污染

一般情况下污水中的有害有机成分经过生物、物理及化学方法处理后可以降低和消除污染，但以金属毒物为主的无机有害成分中间产物如果通过污水灌溉后会严重污染粮谷类作物。污水灌溉还会造成土壤污染。日本曾发生的“水俣病”“骨痛病”都是含汞、镉污水灌溉农作物所造成的。使用工业废水，含汞、镉、铅、铬、砷等，灌溉的农田，会直接或间接污染到粮食，在人体富集产生慢性中毒。近几年，屡有粮食作物因工业废水污染和土壤重金属污染而导致的食品安全事件发生次数下降但仍有出现，例如，2020 年被曝光的云南大米再次镉超标，镉对身体危害最严重的是结缔组织损伤、生殖系统功能障碍、肾损伤、致畸和致癌。

2. 仓储害虫的污染

仓储害虫为贮藏期间存在于粮食及其产品里的害虫的统称。我国常见的仓储害虫有甲虫（大谷盗、米京象、谷蠹、黑粉冲等）、螨虫及蛾类等 50 余种。仓储害虫在原粮、半成品粮谷上都能生长并使其变质，失去使用价值。此外，害虫吐丝还可使粮食结块；虫粪、虫尸和害虫分泌物的体液也能对粮食造成污染，甚至还能产生毒素或促进粮食发热霉变。杀虫剂使用方法上的不科学、不合理非常容易使害虫产生严重的抗药性，致使药效下降，用药量和用药次数不断增加，造成毒剂在粮食上的大量残留，使人体容易引起慢性中毒，甚至有致癌作用。

3. 监管体系漏洞造成的污染

粮食储备是粮食供求的调节器，我国粮食管理体制机制日趋健全，但储备粮管理还存在管理不规范、环境不达标、工作人员安全意识差等这些漏洞，直接威胁国家粮食安全。例如，江苏省泰州的粮食收购库区，存在粮食与水乳型压敏乳液共同存放，“粮化混装”的现象。

4. 意外污染

意外污染是指粮食因运输工具未清洗消毒或清洗消毒不彻底而导致的污染，比如使用盛放过有毒物质的旧包装物的污染，有时贮藏库位、库房管理不善，一些有害物质如灭鼠药、杀虫剂等药物保管不当而造成的有害物质的污染。另外，粮谷类食品在加工过程中不小心误用了有毒有害的非食品添加剂等。用于粮谷类食物添加剂的种类繁多，造成相应的食品安全问题，如米粉中二氧化硫残留量超标，二氧化硫是食品加工中常用的漂白剂和防腐剂，过量使用后会产生二氧化硫残留。二氧化硫进入人体后最终转化为硫酸盐并随尿液排出体外，少量摄入不会对身体带来健康危害，但若过量食用可能引起如恶心、呕吐等胃肠道反应。滥用工业级添加剂对食品安全也是最大的隐患之一，少数非法生产厂家使用国家明令禁止的次氯酸钙、荧光粉等工业用氧化剂、漂白剂应用到面粉和面制品的生产。

5. 掺伪

食品掺伪主要包括掺假、掺杂和伪造，这三者之间没有明显的界限，食品掺伪是掺假、掺杂和伪造的总称。掺假是指向粮谷食物中非法掺入外观、物理性状或形态相似的非同种物质的行为，如小麦粉中掺入石膏粉。掺杂是指向粮食食品中非法掺入同一类或同种类的劣质物质，如在大米中掺入霉变米、陈米，糯米中掺入大米。有被曝光的是将工业用矿物油用于陈米和霉变米的抛光等，这也是十分严重的食品安全事件。伪造是指人为地用一种或几种物质进行加工伪造，以冒充某种食品在市场销售的违法行为。

二、豆类食品的安全问题

豆类食品是我国膳食优质蛋白的重要来源，我国豆类品种很多，分为大豆类和其他豆类，大豆类主要有黄豆、青豆和黑豆，其他豆类有蚕豆、豌豆、赤小豆、绿豆和芸豆。还有以豆类为原料经过一系列加工工序而得到的豆制品，豆制品又根据是否经过发酵而分为发酵豆制品和非发酵豆制品，发酵豆制品有腐乳和豆豉，非发酵豆制品有豆腐、豆浆和豆腐干。日常生活中，大米、白面、玉米等一系列谷物食品由于缺乏赖氨酸这种必需氨基酸，被认为是营养价值较低的蛋白质，不过，谷类的近亲豆类（红豆、黄豆、芸豆等）含有大量的赖氨酸，把谷类和豆类放在一起吃，谷类短板的氨基酸正好被豆类所含的氨基酸补足。豆类食品和日常生活息息相关，因此豆类食品的卫生与管理显得尤为重要。

（一）豆类中常见的天然有毒有害物质

豆类食品含有蛋白质、脂肪、碳水化合物、矿物质和维生素，营养非常丰富，但是豆类本身却含有一些抗营养成分，这些抗营养成分如果不能有效去除，会对人体健康带来一定的危害。

1. 消化酶抑制剂

蛋白酶抑制剂，是蛋白质和蛋白质的结合体。在豆科植物中，含有7~10种能抑制人体消化系统中某些蛋白质水解酶的活性物质，称为消化酶抑制剂。这些抑制剂可以对消化系统中一些常见的消化酶如胰蛋白酶、糜蛋白酶、胃蛋白酶等酶的活性起到抑制作用，并对肠道产生直接的刺激导致食用者出现中毒反应。蛋白酶抑制剂还可以降低蛋白质的利用率，影响人体对蛋白质的消化吸收，甚至导致胰脏肿大和抑制食用者的生长发育。例如，豆类中的胰蛋白酶抑制剂和α-淀粉酶抑制剂是营养限制因子，能够影响机体对蛋白质的消化吸收，导致机体发生胃肠道的不良反应，可以造成动物的正常生长发育停滞。预防胰蛋白酶抑制剂引起的食物中毒最有效的办法是要将豆类煮熟煮透，如豆浆煮沸后还要再煮沸5min以上才能保证食用者的安全。

2. 凝聚素

凝聚素又称为植物血细胞凝聚素，广泛存在于800多种植物（主要是豆科植物）的种子和荚果中，其中有许多是人类重要的食物原料。多种豆类都含有凝集素，如大豆、菜豆、刀豆、豌豆、小扁豆和蚕豆等，而芸豆浓度最高，尤其是红芸豆。少至4粒或5粒生豆就可导致严重的胃痛、呕吐和腹泻。干豆浸泡至少12h，然后在开水中至少煮10min后，凝集素才被破坏。罐装芸豆已经采用了这种方法，因此可以不经进一步处理而食用。植物血细胞凝聚素可专一性结合碳水化合物。当它与人肠道上皮细胞的碳水化合物结合时，可造成消化道对营养成分吸收能力的下降。

3. 脂肪氧化酶

目前，在大豆中已经发现有大约30种酶，其中脂肪氧化酶是比较突出的对人体有害的酶类。它能将大豆中的不饱和脂肪酸特别是亚油酸和亚麻酸氧化分解，产生具有豆腥味的醛、酮、醇和环氧化物等物质。不仅使豆制品产生豆腥味，还可产生有害物质，导致大豆营养价值下降。

4. 苷类

豆类中含有各种苷类，主要是氰苷和皂苷，在豇豆、菜豆、豌豆等多种豆类中均发现存在氰苷，水解后产生氢氰苷，该物质对人畜有严重毒性作用。皂苷主要存在于大豆和四季豆中，具有溶血毒性。

5. 抗微量元素因子

大豆中由于含有多种有机酸，如植酸、草酸和柠檬酸等。这些有机酸能与铜、铁、锌和镁等矿物元素螯合，使大豆中的营养成分不能被有效利用。

（二）霉菌及霉菌毒素的污染

豆类在其种植、收获、干燥、运输、贮藏及各种流通环节中都容易受到霉菌的污染，这些霉菌中常见的有曲霉、青霉、毛霉、根霉以及镰刀菌等。如果环境的温度和湿度适宜，豆类又能提供微生物基本的营养物质，霉菌就会大量繁殖，破坏豆类中的营养物质。

（三）其他因素的污染

豆类在生长过程中，由于直接喷施农药或生长在被农药污染的环境中将被农药污染。如果豆类植物被未经处理或为按标准处理不合格不彻底的工业废水和生活污水灌溉农田，可能导致豆类食物受到有毒金属、酚类和氰化物等的污染。此外，豆类在生长、收割以及加工中可能受到有毒植物种子、泥土、沙石等的污染。

目前，豆制品的掺伪问题已明显减少，但仍然存在，例如，用化肥浸泡豆芽；用除草剂催发无根豆芽；将添加绿色染料的凉粉当作绿豆粉制成的凉粉；在加工腐竹时添加“吊白块”等。人食用这类食品后，胃部会受到恶性刺激，还可能对人体产生蓄积毒性，有致癌、致畸、致突变等作用。

三、粮豆类食品的安全卫生管理

粮豆类作物在种植、收获、流通、储藏、加工过程中均会受到来自土壤、水源、重金属、农药、微生物、害虫、熏蒸剂、玻璃砂石等杂物的污染和侵蚀，如不进行控制和管理，会危害消费者的身体健康。

1. 控制粮豆类的水分和贮藏条件

影响粮食贮藏及加工期间变质的主要因素有霉菌、昆虫、水分、氧气等。其中影响最大的是贮藏期间水分含量。水分含量过高，粮食的呼吸代谢活动加剧，同时伴随有发热，粮食品温升高，促进了霉菌和虫卵的生长繁殖，造成粮食霉变和腐败变质，同时粮食自身的营养物质分解而导致品质下降。因此应将粮食的水分含量控制在安全水分含量以下。一般粮谷的安全水分含量为12%～14%，豆类安全水分含量为10%～13%。另外，必须对粮仓定期进行通风、清扫和消毒，严格按照粮库的卫生管理工作进行卫生管理。应尽量降低粮食储藏的温度和湿度，减少和避免粮食发霉和变质发生的可能性；同时要对水分含量和温度进行定期检测，遇到问题应及时采取措施加以控制。应储存在清洁、干燥、防雨、防潮、防虫、防鼠、无异味的仓库内，不应与有毒有害物质或含水分较高的物质混存，并采用不同储粮生态区域相应的技术措施，确保粮食储藏安全，减少损失损耗，防止污染。

2. 防止农药和有害金属的污染

合理使用农药，要依据作物、条件合理选用农药，确定农药的安全间隔期、用药剂量、实施方式及残留量标准。在使用熏蒸剂、杀虫剂、杀菌剂等防治各种贮粮害虫时，应注意其使用剂量和残留量的要求。要定期检测农田、粮食中重金属的含量。

3. 防止污水灌溉和污染

粮豆作物在进行灌溉时，污水灌溉的水质必须符合标准，工业废水和生活污水必须进行处理符合标准后才能进行灌溉。要定期检测农田污染和农作物中毒物残留量。

4. 防止有毒种子及无机杂物污染

加强田间管理，收获后及时清理和精选，控制有毒植物和有害草籽的混入。我国规定，按重量计，毒麦含量应小于0.1%，麦角不得大于0.01%。在粮食加工过程中应安装过筛、吸铁、风车等筛选设备以便有效除去无机杂物，目前，我国多地已开展小包装成品粮储备无夹杂物、无污染物小包装粮项目。

5. 做好粮豆类食品运输和销售的卫生管理

粮食在运输时，一些交通部门如铁路、水路和航空部门要严格执行安全运输的各项规章制度。粮食应专储、专运，应使用符合卫生要求的运输工具，运粮应有清洁卫生的专用车辆以防止意外污染。粮食类食品的包装应该用专用包装袋，包装袋应该无异味、原材料要合格，油墨应该为无毒，并在包装上注明“食品包装用”字样，包装袋袋口应密封严实，牢固，防止洒漏。运输过程中应注意防止被雨淋和被污染，运输的车船，应该清洁卫生，防雨、防潮、防晒和防意外。在销售过程中应防虫、防鼠、防潮和防霉变等，不符合要求的粮食禁止加工销售。

第二节 畜产食品的卫生与管理

一、肉及肉制品的卫生与管理

畜牧业是农业的重要组成部分，畜产品的产量及其增长速度是对畜牧业发展状况和结构调整的最直接反映。畜产食品在人们饮食结构中占有重要地位，其含有人体所必需的优良蛋白质、脂肪、类脂质、矿物质及维生素等营养物质。根据国内外经济发展与食物消费的实践经验，随着人口增长及城镇化步伐的加快，人们经济水平的不断提高，对动物蛋白的需求量持续增加，植物性食物的消费在下降，动物性食物的消费量将不断提高。我国人均口粮消费量由1978年的225kg下降到2022年的140.7kg，人均肉类消费量由1.2kg上升到31.4kg。随着我国经济持续稳定增长，居民收入水平不断提升，消费能力不断增强，对各种肉、蛋、奶类产品的需求也将进一步增加。然而，畜产食品的安全问题仍然存在，如饲料污染问题、农药兽药危害问题、监管不力问题等，故畜产食品的卫生及管理不容忽视。

畜肉和禽肉指的是畜禽经过放血并除去内脏、头、尾、蹄后的不带皮或者带皮的肉体部分，这部分通常称为胴体或者白条肉，主要是由结缔组织、肌肉组织、脂肪组织以及骨骼组成。畜肉食物主要包括牛肉、羊肉、猪肉等及其制品；禽类食物包括鸡肉、火鸡肉、鸭肉、鹅肉等及其制品。肉中含有多种人体所需的蛋白质、脂肪、碳水化合物、矿物质、维生素等营养成分，食用价值较高。我国是世界第一大肉类生产和消费国，肉类的生产和消费对世界肉类贸易具有举足轻重的影响。2012 年以来，在旺盛的消费需求带动下，我国肉禽产量不断增加，结构持续优化，有效满足了居民多样化的消费需求。党中央、国务院高度重视肉类产业发展，确立了猪肉自给率保持在 95% 左右、牛羊肉自给率保持在 85% 左右以及禽肉保持基本自给的产品保障目标，为我国肉类产业发展提供了根本遵循。同时我国肉制品产品种类丰富，包含香肠制品，火腿制品、腌腊制品、酱卤制品、熏烧烤制品，干制品、油炸制品、调理肉制品、罐藏制品等。在肉制品快速发展的同时，也暴露了相关的很多安全问题，肉类本身或加工过程中都非常容易受到寄生虫和致病菌的污染，从而导致肉类发生腐败变质，影响肉制品营养价值和食用品质，导致的寄生虫病、肠道传染病、食物中毒等会危及人的身体健康。

（一）肉及肉制品的污染来源

1. 微生物污染

食品加工前的原料，总是带有一定的微生物，此外，屠体从解体到销售要经过许多环节，即使在设备非常完善，卫生制度严格的肉联厂，加工后的成品也不可避免地接触到微生物。若屠体在屠宰前就已患病，病原微生物可能在生前已蔓延至肌肉和内脏。肉及肉制品中的腐败与致腐性微生物有关。屠宰后的肉从新鲜到腐败变质要经过一系列的变化过程，发生腐败变质的肉会引起色泽、口味、组织状态、气味等很多的变化，一些假单胞菌、链球菌、明串珠菌、微球菌、乳杆菌、产碱菌等会在肉表面大量的生长繁殖，使肉表面发黏。尤其是在较适宜的温度和湿度条件下，产生黏液的细菌会大量的生长，在湿度较低的环境下，适合微球菌、酵母、霉菌的生长；而较高的湿度则有利于产碱菌类，如假单胞菌等的生长；在较高的温度条件下，微球菌会和假单胞菌竞争，导致肉品发黏。

食品在腐败变质的过程中，色泽也会发生变化，正常的肉呈鲜红色，而发生了腐败变质的肉则会变成绿色、褐色或者灰色。一些异型乳酸发酵菌和明串球菌等会分解微生物中的蛋白质，产生硫化氢，再与肉中的血红蛋白结合，形成硫化氢血红蛋白，使肉发绿。黏质杀雷氏菌会产生色素，使肉中出现“红点”。在牛肉贮藏过程中，蓝黑色杆菌会在肉的表面形成淡绿蓝色至淡褐黑色的斑点。

解脂细菌可分解某些脂肪，同时也可以加速脂肪氧化作用，假单胞菌和无色杆菌属的某些种或酵母可引起酸败，脂肪酸败会产生甲酸、乙酸、丙酸、丁酸等挥发酸，而蛋白质腐败则会产生臭味。

2. 农药和兽药

在动物养殖的过程中，使用兽药可治疗和预防疾病、控制寄生虫、促进动物生长繁殖。当畜禽饲料或者饮用水被农药和兽药污染，会造成污染物残留，经过食物链和生物富集作用主要积聚于动物的脂肪组织，因此，高脂肪含量的食品是人类农药暴露的主要途径之一。而使用一些禁用药物，未按照使用的说明使用药物，无严格的停药期，误把不能作为药用的普通化学药品当作兽药使用等都会引起安全问题，造成食用性的危害，尤其是在动物养殖的过程中，违法使用饲料添加剂（如盐酸克伦特罗，俗称瘦肉精），当其残留在动物组织中被人体食用后可引起急性或慢性的中毒，比如头晕、恶心、四肢无力，严重者可能导致死亡。

3. 食品添加剂

在肉制品中，使用的食品添加剂的种类很多，若要将这些添加剂添加到肉制品中，则必须在标签上申明，这对于过敏者尤为重要。目前，在肉制品中常用的添加剂有水分保持剂、发色剂和发色助剂、增稠剂、食用色素、调味料及香精。正确使用这些添加剂不仅能改善肉制品的色、香、味、形，而且在提高食品质量，降低产品成本方面也起着关键作用。但肉制品中食品添加剂安全问题仍不容忽视，肉制品中常用的，并具有一定潜在危害的添加剂主要有硝酸盐、亚硝酸盐、磷酸盐等。

硝酸盐在肉制品加工过程中作为护色剂，会生成热稳定性较好的亚硝基肌红蛋白，并对肉毒杆菌的繁殖具有一定的抑制作用，而且会促进一些腌肉等肉制品的风味的形成。但是硝酸盐和亚硝酸盐进入胃里以后，在胃酸的作用下与蛋白质分解产物二级胺反应生成亚硝胺，同时胃中还有一类硝酸还原菌，也能使亚硝酸盐与胺类结合生成亚硝胺，胃酸缺乏时，此类细菌生长旺盛，因此无论胃酸的多少，均会有亚硝胺的产生。亚硝胺具有较强的致癌作用，主要引起食管癌、胃癌、肝癌等，同时还会有致畸、致突变作用。

磷酸盐类物质经常作为肉制品加工过程中的持水剂，添加磷酸盐可以改变肉制品中的离子强度、pH，同时还会螯合与蛋白质结合的一些金属离子，整体上改变肉制品的质构，提高产品的出品率。若人体摄入较多的磷酸盐，磷酸盐会螯合人体中的钙离子、镁离子等，在较短的时间内会出现腹痛、腹泻，如果长期地摄入含磷酸盐较多的肉制品则会导致机体的钙磷比例失衡，影响机体的钙磷代谢，降低机体对钙的吸收，出现钙化性肾功能不全、低钙血症等疾病。

4. 人为因素

人为因素主要表现在疏忽大意或掺假两方面。由于疏忽大意可能会将田地中的石头、金属、泥土等物质引入到食品原料中，在加工、贮藏、运输的过程中也可能引入昆虫、金属、泥块等物质。肉类的掺假主要表现在增重和掩盖劣质原料等方面，一般是在猪、牛、羊等屠宰之前对其进行强制灌水，或者在屠宰之后进行强制的灌水，而所注的水中可能添加了一些明胶、色素、洗衣粉，也可能是注入污水，带入一些农药、重金属等有毒有害物质，对人体的健康带来了很大的隐患。近年来，存在用不宜食用肉代替食用肉的情况，一些不法商家使用带有甲状腺腺体、淋巴等不宜食用部分的肉替代五花肉制作梅菜扣肉预制菜。这些“糟心肉”不仅营养价值低，还可能含有病菌和毒素，对人体健康造成严重危害。

（二）肉及肉制品安全卫生的管理及控制

1. 屠宰厂的设计及卫生要求

屠宰厂、肉类联合加工厂、肉制品厂应该经当地城市规划部门及卫生机关的批准，符合环保、卫生和防疫等要求，应该建在地势较高、干燥、水源充足、无有害气体、交通方便、便于排放污水的地区，不得在居民稠密的医院、学校及其他公共场所建立，尽量避免位于以上区域主导风向的上、下风向。屠宰厂的设计要符合科学管理、清洁卫生、方便生产的原则，既要相互连贯，又要做到病体、健康体隔离，使原料、产品、副产品和废弃物的运转不致交叉，以免造成污染甚至传播疾病。各车间的设置位置以及工艺流程必须符合卫生要求，肉类联合加工厂的生产车间一般按照饲养、屠宰、分割、加工、冷藏的顺序合理设置，屠宰厂应设置废弃物临时存放设施、废水废气处理系统、洗手清洗消毒设施，通风和温控装置等，应有粪便和肠内容物发酵处理的场地和设备，未经处理的粪便不得运出厂外作肥料。屠宰车间必须设有兽医卫生检验设施，用于同步检验、对号检验、旋毛虫检验、内脏检验、化验等。

2. 屠宰厂工作人员的卫生

从事肉类生产加工和管理的人员经体检合格后方可上岗，凡是患有影响食品卫生疾病者，应调离食品生产岗位。从事肉类生产加工和管理的工作人员应保持个人清洁，不得将与生产无关的物品带入车间，生产中使用手套作业的，手套应保持完好、清洁并经消毒处理，不得使用纺织纤维手套，工作的过程中，不得戴首饰、化妆，进入车间应该洗手、消毒并穿着工作服、帽、鞋，离开工作车间应换下。清洁区与非清洁区等不同岗位的人员应穿戴不同颜色或标志的工作服、帽，以便区分，不同加工区域的工作人员不得串岗。

3. 宰前检验和管理

待宰动物必须来自非疫区，健康状况良好。屠宰禽畜运到屠宰厂后，在未卸下车船之前，由兽医检验人员向押运员索阅禽畜检疫证明书，了解产地有无疫情和途中病亡情况等。病禽畜或疑似病禽畜应隔离观察，按屠宰牲畜及肉品卫生检验规程分别加以处理。宰前检验是指屠宰动物通过宰前临床检验，初步确定其健康情况，宰前检验能够发现许多在宰后难以发现的人畜共患传染病，如破伤风、狂犬病、口蹄疫、脑炎等，从而做到及早发现，即时处理，减少损失。这对于保障肉品的卫生质量和肉品的耐藏性、保护人类健康，都起着积极的作用。通过宰前检验挑选符合屠宰标准的健康动物，禽畜到达屠宰厂后，需要到指定的圈舍中休息。禽畜在宰前需要禁食，禁食的时间要适当。要求断食不断水，保障禽畜正常的生理活动，但宰前2~4h停止供水，避免倒挂放血时内容物从食道流出污染胴体。

4. 屠宰加工卫生

禽畜屠宰工艺分为致昏、放血、剥皮或脱毛、开膛与净膛、胴体修整、冷却等。在整个屠宰的过程中，可食用的组织易被来自体表、呼吸道、消化道、加工用具等的污染物污染，所以必须注意屠宰加工过程中的卫生操作。屠宰浸烫池内非常容易污染胴体，且水温对肉质也有一定的影响，因此要注意水温和水的卫生，根据卫生状况每天换水1~2次。宰杀口要小，严禁在地面剥皮，宰杀后尽早开膛，防止拉破肠管。屠宰加工后的肉必须经过冲洗后修整干净，做到胴体和内脏无毛、无粪便污染物、无伤痕、无病变。出血点、碎骨、淋巴结、脓包等必须修割除去，不得带入成品。肉尸与内脏统一编号，以便发现问题后及时查处。肉的剔骨和分割应在较低温度下进行，热分割加工车间温度不得超过20℃，冷分割的车间温度不得超过15℃，只有经检验合格、充分冷却后的肉才能出厂。

5. 宰后检验及处理

屠宰后检验主要是通过兽医病理学和实验诊断学的基本理论对屠宰动物生命终止后的检验，以检出宰前检验难以检出的疫病及病变，确保肉品的安全。检验的程序包括头部检验、皮肤检验、内脏检验、肉尸检验、旋毛虫检验等。经检验后，根据不同的情况分别处理，正常肉应该加盖“兽医检讫”印后即可出厂；患有一般传染病、轻症寄生虫病和病理损伤的胴体及内脏，根据病损伤性质和程度，经过各种无害处理使传染性、毒性消失或者寄生虫全部死亡者，可有条件食用；患有严重传染病、寄生虫病、中毒和严重病理损伤的胴体及内脏，不能食用；患有烈性传染病的禽畜肉尸，死因不明的死禽畜以及严重腐败变质的禽畜肉等，均应该进行销毁等处理。

6. 监管控制

为了防止药物在动物组织中残留导致人食用后中毒，我国农业农村部、国家卫生健康委员会、国家市场监督管理总局三部门联合发布的GB 31650—2019《食品安全国家标准　食品中兽药最大残留限量》，要求合理使用兽药，遵循禽畜停止给药到允屠宰或其产品许可上市的间隔期的规定，加强兽药残留量的检测，同时国务院也颁布了《饲料和饲料添加剂管理条例》，要求严禁在饲料和饲料添加剂添加"瘦肉精"等刺激类药品。同时要加强对"注水肉"等不合格肉及肉制品的监管，在《生猪屠宰管理条例》中明确地规定了由畜牧兽医行政主管部门没收注水或者注入其他物质的生猪、生猪产品、注水工具和设备以及违法所得，并处罚款，还应当由农业农村主管部门责令停业整顿。构成犯罪的，依法追究刑事责任，加强对屠宰行业的监管，提高全民对"注水肉"危害的认识。在制作腊肉、熏肉、火腿的时候应该注意降低多环芳烃的污染，加工腌肉或香肠时应该严格限制硝酸盐或亚硝酸盐的用量，对肉及肉制品应严格执行相关的卫生标准，这对肉制品加工和安全品质保障具有重要意义。

二、乳及乳制品的卫生与管理

乳是哺乳动物怀孕分娩后经乳腺分泌出来的一种白色或者稍带黄色的不透明液体，非常适合哺乳动物出生后消化吸收的全价食物。利用乳可以加工成多种乳制品如乳酪、冰淇淋等。牛乳是我国乳品的主要品种，营养丰富，尤其是含有丰富的钙和优质的蛋白质，同时牛乳中含有人体所需的多种维生素。因此保证乳及乳制品的安全至关重要。

（一）乳类食品的安全性问题

1. 乳的腐败变质

牛乳的微生物污染主要包括两个途径，一是乳房内的微生物污染，在健康牛乳房的乳头管及其分支内，常有细菌存在。细菌种类主要是小球菌属和链球菌属，有时也可以发现有乳杆菌属和棒状杆菌属。所以在最先挤出的少量乳液中，总是含有较多的细菌（可达 $10^3 \sim 10^4$ CFU/mL）。也正因为如此，需弃去最先挤出的几把乳液。当发生乳房炎时，牛乳中也会出现乳房炎病原菌，如无乳链球菌、乳房链球菌、金黄色葡萄球菌、化脓性棒状杆菌和大肠杆菌等，更严重时可能有一些人畜共患传染病，如牛型结核杆菌、牛布氏杆菌等，这些病原菌虽然并不改变乳制品物理性状，但对人类健康有害，可以通过乳传播人畜共患传染病。二是环境中的微生物污染，挤奶时和挤奶后食用前的一切环节都可能受到污染，污染的微生物的种类和数量直接受牛舍的空气、饲料、挤奶用具、牛体表面的卫生状况、挤奶工人和其他管理人员的卫生情况的影响，因此，牛乳极易遭受微生物的污染。乳的变质过程开始时，乳糖被分解，产酸、产气，形成乳凝块，随后蛋白质被逐渐分解，凝固的乳发生溶解，接着蛋白质和脂肪都被分解，产生硫化氢、吲哚等物质，会使乳中产生臭味，若乳在变质的过程中受到病原菌污染且细菌大量繁殖产生毒素，就会导致食物中毒或出现其他一些食源性疾病。

2. 有害物质的污染及残留

在乳的生产、加工、运输、销售等一系列的过程中，各个环节都可能受到很多有害物质的污染，如抗生素、重金属、农药等。鲜乳中抗生素残留检测包括四环素类、大环内酯类等，我国对抗生素残留的检测方法参考 GB/T 4789.27—2008《食品卫生微生物学检验　鲜乳中抗生素残留检验》。此外，人为的掺假、掺杂等也可以造成乳的污染，如三聚氰胺事件，在鲜乳收购环节，开展对非法掺假物三聚氰胺的检测是我国鲜乳原料安全控制中非常重要的环节。

（二）乳类食品的安全卫生管理

乳类食品的安全与卫生受到各个环节的影响，包括乳源、鲜乳等的卫生加工条件对整个乳制品的影响。

1. 乳的生产卫生

乳畜养殖场、养殖小区应当有健全配套的卫生设施，有对乳畜粪便、废水和其他固体废物进行综合利用的设施，其用水应符合 GB 5749—2022《生活饮用水卫生标准》的规定。为了防止微生物的污染，要经常保持牛舍、牛床、运动场牛体及乳房的清洁，牛舍、牛床及运动场还应保持平整、干燥、无污物。对于个体饲养乳牛必须经过检疫，并要定期地预防接种并检疫，如果发现病牛应该及时地隔离处理观察。牛体自身应该清洁，挤乳前 1h 停止喂干料并消毒乳畜乳房，保持乳畜的清洁及挤乳环境的卫生，一般用 45~50℃清洁水清洗乳房，然后用干净的毛巾擦干，可以减少牛乳的带菌量，而且对预防隐性乳房炎也效果良好。挤奶场所应整洁、干净；装乳的器皿应清洗消毒并有防蝇防尘设施。挤乳人员挤乳的操作是否规范也直接影响到乳的卫生质量，直接从事挤乳工作的人员应当持有有效的健康证明，挤乳时应穿好清洁的工作服、戴好工作帽、洗手至肘部。生鲜乳应贮存于密闭、洁净、经消毒的容器中，贮藏温度为 2~6℃。乳品加工过程中各个生产工序都要连续进行，防止原料的挤压导致致病菌、腐败菌的繁殖和交叉污染。乳牛厂或乳品厂应建立检测室，乳制品必须做到检验合格后再出厂，对乳的理化检验指标包括乳的相对密度、冰点、含水率、灰分等项目。

2. 乳的贮存

乳的贮存应该在较低的温度下，防止微生物的污染，冷却后的乳应贮存在奶槽内，奶槽每次使用前后均应该清洗并经蒸汽彻底消毒，奶槽要有良好的绝热性能，最好采用不锈钢的材质，以利于清洗和消毒，并防止其变色变味。

3. 乳的运输和销售卫生

运送乳的车辆要设有冷藏装置，且保持清洁干净，夏季最好在清晨和夜间运输，运输中乳的温度不得超过 10℃，运输的过程中应该防止振荡而改变乳的组织状态进而引起乳的变质，及时地装卸贮运的牛乳，防止乳温升高；避免微生物数量级不同的原料乳相互混合；运输奶罐车卸车后必须进行 CIP（clean in place）清洗。销售点应该有低温贮藏设施，每批消毒乳应在消毒 36h 内售完，不允许重新消毒再销售。

（三）鲜乳的安全管理

1. 消毒

消毒的目的是杀灭致病菌和多数繁殖性微生物，消毒的方法基于巴氏消毒法原理，乳中的病原体一般加热至 60~80℃时其繁殖体即可被杀灭，乳的营养成分不被破坏。长时间的低温巴氏杀菌目前只在小型乳品厂中使用。目前几乎全球大型乳品厂中都采用高温短时的巴氏杀菌技术，其特点是加热和冷却在同一个板式热交换器内完成，用热牛乳作为介质去预热刚进入的冷牛乳，代替热能回收阶段，可以起到节能的作用。

2. 病畜乳的处理

刚从乳房中挤出的鲜乳细菌数较多，随着挤奶的进行，细菌数逐渐减少，乳牛患病时，如发生结核病、布氏杆菌病、炭疽病、狂犬病等，应及时处理，否则这些人畜共患传染病的病原体能通过乳腺污染到乳中。未经过卫生处理的乳被人体食用可使人感染患病。对于患有口蹄疫的病畜不应该再挤乳，应急宰并按照有关要求进行严格消毒，尽早消灭传染源。羊布氏杆菌对人易感性强、威胁大，对感染的乳羊应该禁止挤乳并消毒和销毁，患布氏杆菌病牛的乳经过煮沸 5min 后方可利用。患有乳房炎的乳畜所产乳应消毒废弃，不得利用。乳畜患有炭疽病、牛瘟、沙门氏菌病等，其乳均严禁食用或者工业用，应该经消毒后销毁。

3. 乳制品的安全管理

对于不同的乳制品如液体乳类、炼乳类、干酪类等要严格执行相关的卫生标准，乳制品中使用的添加剂要符合食品添加剂使用标准，发酵乳的生产，包括酸乳、风味发酵乳和风味酸乳的生产，要符合相关食品安全管理办法和 GB 19302—2010《食品安全国家标准 发酵乳》，奶油应该符合 GB 19646—2010《食品安全国家标准 稀奶油、奶油和无水奶油》的要求。

三、禽蛋类食品的卫生与管理

禽蛋是一类营养丰富，且容易被人体消化吸收的食品，是人们日常饮食的重要组成部分。常见的禽蛋有鸡蛋、鸭蛋和鹅蛋等，由其加工而制成的蛋制品有咸蛋、松花蛋、冰蛋和蛋粉等。

（一）禽蛋类食品的微生物污染

1. 蛋形成过程中的微生物污染

由于母禽本身已经感染了疫病，那么禽蛋在母体形成过程中可能已被微生物所污染，有数据表明，输卵管带菌的家禽所产的蛋，70%是受微生物污染蛋。另外母禽在饲喂过程中，如果饲料中沙门氏菌由消化道入血，然后进入卵巢，再侵入蛋内，使蛋在形成过程中被微生物所感染。常见的致病菌是沙门氏菌，如鸡白痢沙门氏菌、鸡伤寒沙门氏菌等。鸡、鸭、鹅都易受到病菌污染，特别是鸭、鹅等水禽的感染率更高。

2. 产蛋过程中的污染

母禽产蛋的环境不卫生，也可导致产出的蛋受到微生物的污染。另外，母禽的生殖器官与泄殖腔直接相邻，产出的蛋受到了泄殖腔内粪便的污染。但是家禽的生殖器官、蛋结构以及蛋内能抑制微生物生长的溶菌酶可以防止微生物的感染。

3. 贮藏过程中的污染

蛋在贮藏过程中，环境的温度、湿度和时间与蛋内的微生物的多少有密切关系。温度高，湿度大，贮藏时间长，微生物的繁殖加快，另外蛋内的溶菌酶由于蛋白水样化而失去杀菌作用，蛋内极易被微生物所感染。如果蛋在贮藏过程中出现裂纹、破损，微生物便可从破裂处很容易侵入蛋内。

4. 禽蛋在运输、销售和消费过程中的污染

禽蛋及其制品在流通中也会受到微生物的污染，消费者在食用蛋及蛋制品的过程中，由于暴露在空气中，或加工和食用时，使用的设备和器具不卫生也有可能使蛋制品受到污染。

5. 禽蛋的化学性污染

由于母禽饲料中含有抗生素、生长激素、农药、兽药和重金属等污染物，以及饲料本身含有有害物质，如面饼中含有游离的棉酚，该物质可以向蛋内转移和蓄积，造成蛋的污染。另外，在饲料中添加人工色素等添加剂，经动物摄入体内后可转入蛋内成为潜在的不安全因素。

（二）禽蛋类食品的安全卫生管理

1. 加强管理

为防止微生物对禽蛋的污染，提高鲜蛋的卫生质量，应该加强禽类饲养过程中的卫生管

理，确保禽体和产蛋环境的清洁卫生，确保科学饲养禽畜类和蛋制品加工的卫生要求。要严格遵守 GB 2749—2015《食品安全国家标准　蛋与蛋制品》。

2. 蛋的贮藏、运输和销售卫生

鲜蛋最适宜的贮藏和存放条件是在 1～5℃、相对湿度为 87%～97%。为防止微生物的生长繁殖，鲜蛋可以在冷藏条件下保藏，如果没有冷藏条件，鲜蛋可以保藏在米糠、稻谷或锯末中，以延长保存期。鲜蛋在运输过程中，应尽量避免蛋壳发生破裂，装蛋容器应清洁卫生，运输途中要防晒、防潮、防雨以防止蛋的变质和腐败。鲜蛋销售前必须进行卫生检验，只有符合鲜蛋卫生质量要求，方可在市场上出售。

3. 蛋制品的安全管理

加工蛋制品的原料鲜蛋应该符合鲜蛋质量和卫生要求，要严格遵守相关标准，如 GB 2749—2015《食品安全国家标准　蛋与蛋制品》。

第三节　水产品的卫生与管理

水产品是一种低脂肪、高蛋白、营养均衡的健康食品。我国是水产品生产和消费大国，水产品加工在国民经济中占有重要地位。随着高密度集约化养殖技术的推广，水产养殖业得到迅猛发展。渔业的高速发展，带动并促进了各地渔业经济、出口创汇等的快速发展，带来巨大的经济效益。“十四五”渔业高质量发展推进会强调，要充分发挥渔业在落实新发展理念、拓展食物来源、促进农民增收、服务外交大局等方面的重要作用，准确把握生产和生态、外延和内涵、国际和国内、发展和安全、监督管理和支持关爱五个关系，着力推进渔业高质量发展。近年来，产地水产品抽检合格率由 2010 年的 97.9%提高到 2021 年的 99.9%，养殖水产品质量安全总体向好。2017—2021 年产地抽检合格率在 99.7%～99.9%波动，连续 5 年合格率保持在 99.0%以上。总体来说，养殖水产品的质量安全水平保持了稳定向好的势头，整体处于较高水平，多年未发生大型水产品质量安全事故，食用安全得到了有效保证。但目前检测中，禁用药物如氯霉素、孔雀石绿，重金属铅、镉等仍有发现，可能的原因有：环境污染的问题，养殖过程农药、渔药滥用的问题，加工过程安全污染的问题，也有出口贸易的技术壁垒问题。对水产品加工企业而言，必须认真面对各种安全因素，从源头抓起，严格加工过程的管理，确保水产品的质量与安全，从而确保我国水产品加工行业，乃至整个水产品业的健康可持续发展。

一、水产食品的污染来源

水产品加工过程中可能危害水产品质量安全的主要危害有生物性危害、化学性危害和物理性危害。现将水产品中存在的主要安全危害及其来源介绍如下。

（一）生物性危害

水产品的生物性危害分为致病菌、病毒和寄生虫危害，其导致的疾病占全部危害的 80%，且不确定因素多，难以控制，微生物所引起的食源性疾病是影响水产品安全的主要因素。

1. 致病菌

致病菌是生物性危害最主要的来源，来源于水产品中的致病菌包括其自身原有致病菌和非自身原有致病菌，即生产过程中被污染的致病菌，自身原有致病菌包括肉毒梭菌（*Clostridium botulinum*）、弧菌、单核细胞增生李斯特菌（*Listeria monocytogenes*）等，鱼体携带的致病菌数量比较低，除非在鱼的贮藏过程中，体内的微生物开始繁殖，否则这些少量致病菌导致疾病的危险性可以忽略。非自身原有致病菌包括沙门氏菌（*Salmonella* spp.）、志贺氏菌（*Shigella* spp.）、金黄色葡萄球菌（*Staphylococcus aureus*）等，几乎全部是由原料被污染或带菌加工人员造成的。

2. 寄生虫

目前寄生虫在我国多种水产品中都普遍存在，其感染覆盖面非常广。危害最为严重的寄生虫主要有华支睾吸虫、广州管圆线虫、卫氏并殖吸虫、斯氏狸殖吸虫等。寄生虫在淡水和海水产品中均存在。例如，进食处理不当的福寿螺可能感染广州管圆线虫。又如，华支睾吸虫（即肝吸虫）病就是吃了生的或半熟的含肝吸虫活囊蚴的淡水鱼虾和淡水螺类而感染的。枝睾吸虫（即血吸虫）也是以淡水螺和鱼类为中间宿主，曾在我国造成流行感染疾病。存在寄生虫潜在危害的水产动物有：鳕科、鲽科、鲱科、鲷科、鲭科、金枪鱼科、海鲈科、鲟科、银鱼科、罗非鱼科、竹荚鱼属、马鲛属、鮟鱇属、鳗鲡属、鲆鱼、石斑鱼、大麻哈鱼、乌鳢、青鱼、草鱼、鲢、鳙、鲤、鲫、泥鳅、鲥、鲮、虹鳟、三角鲂、黄鳝、团头鲂、鲈、斑点叉尾鮰等。

3. 病毒

只有少数种类的病毒会引起与水产品有关的疾病，如甲型肝炎病毒、诺瓦克病毒或诺沃克类病毒等。水产品中的病毒是由带病毒的食品加工者或者被污染的水域造成的。病毒性疾病暴发的载体以双壳软体动物为主。

（二）化学性危害

水产品的化学性危害主要分为四类：水产品中天然存在的化学物质、有意添加的化学物质、外来污染的化学物质以及过敏原。

1. 天然存在的化学性危害

水产品中天然存在的化学性危害主要指水产品中的毒素，这些毒素主要包括三类：自然产生的有毒物质、产品组分产生的毒素（蛇鲭毒素）以及一些特定水产品中特定微生物产生的毒素。第一类毒素主要包括贝类毒素、河豚毒素、雪卡毒素、鱼肉毒素、鲭鱼毒素或组胺、蛇鲭毒素和蓝藻毒素。其中，蓝藻毒素一般是由于接触或饮用含有此类毒素藻类的水体而中毒，而不涉及直接加工食用，所以在这里不多介绍。

（1）贝类毒素　贝类进食有毒微藻，易于在体内积累海藻毒素，经过生物积累和放大转化为有机毒素，即贝毒。贝毒主要有腹泻性贝毒（DSP）、麻痹性贝毒（PSP）、神经性贝毒（NSP）、记忆缺损性贝毒（ASP）、西加鱼类毒素（CTX）。DSP 在全球沿岸海域均有分布，是世界范围内具有最严重威胁的赤潮藻毒素之一。PSP 是最常见的贝类毒素，会导致人体出现四肢肌肉麻痹，头痛恶心、流涎发烧、皮疹等症状，严重的会导致呼吸停止，仅 0.5mg 即可致人死亡。曾在太平洋贻鱼肺中发现有 PSP。ASP 存在于个别鱼类中，如鳗科鱼类的内脏。

（2）河豚毒素　河豚的表皮、内脏、血液、睾丸、卵巢、肝、脾、眼球等不同组织中含有河豚毒素（tetrodotoxin，TTX），生理活性极强，毒性也极强。河豚毒素属已知的相对分子质量小、毒性最强的非蛋白质的神经毒素，且化学性质稳定，一般烹调手段难以破坏。1g 河豚毒素的毒性是 1g 氰化物的 1 万倍，中毒死亡率极高。

（3）雪卡毒素　雪卡毒素是指加勒比海地区除河豚中毒之外的所有鱼肉中毒现象，鱼类因大量摄食剧毒藻类而在体内积累大分子聚醚神经毒素，毒性非常强，比河豚毒素强100倍，是已知的危害性较严重的赤潮生物毒素之一，已发现3类雪卡毒素，即太平洋雪卡毒素、加勒比雪卡毒素和印度雪卡毒素。含有雪卡毒素的海鱼有400多种，限于取食藻类和珊瑚礁碎渣的鱼，以及较大的珊瑚礁食肉鱼，如海鳝、黑真鲷鱼、双棘石斑鱼、西班牙鲭鱼、斜纹鱼等。雪卡毒素在鱼的肝和其他内脏中浓度最高。中毒表现为头痛、眩晕、肌肉皮肤刺痛及瘙痒、感觉异常等神经系统症状，恶心、呕吐、腹痛及痉挛、腹泻等消化系统症状以及心率缓慢（40~50次/min）或心动过速（100~200次/min）、血压降低等心血管系统症状，在世界范围内平均每年雪卡毒素中毒人数达5万多人。

（4）其他　存在鱼肉毒素（CFP）的鱼类：鲈科、鲷科、马鲛属、鳗鲡属、石斑鱼等；存在鲭鱼毒素的水生脊椎动物有（但不限于）：鲭科、鲱科、鳀科、鲣科、鲷科、竹刀鱼科、竹荚鱼属、马鲛属、金枪鱼、鲐鱼、沙丁鱼、刺鲅鱼等；蛇鲭毒素与某几种异鳞蛇鲭或蛇鲭科、远洋贻鱼有关。

2. 外来污染的化学性危害

外来污染的化学性危害主要包括渔药、农药、工业污染化学物质、食品加工企业用化学物质、偶然污染的化学药品。

（1）渔药　渔药是指为提高水产养殖产量，用以预防、控制和治疗水生动植物的病、虫、害，促进养殖对象健康生长，增强机体抗病能力以及改善养殖水体质量所使用的物质。渔药残留指水产品的任何食用部分中渔药的原型化合物或其代谢产物，并包括与药物本体有关杂质在其组织、器官等蓄积、贮存或以其他方式保留的现象。长期摄入含残留渔药的水产品，药物在体内蓄积达到一定浓度后，会对人体产生毒副作用，导致体内器官的功能紊乱、病变、致畸、致癌、致突变等，危及人体健康。农业农村部第250号公告，《食品动物中禁止使用的药品及其他化合物清单》中列出目前禁用渔药包括：孔雀石绿、氯霉素、呋喃西林、呋喃妥因、呋喃它酮、呋喃唑酮、五氯酚酸钠、己烯雌酚、甲基睾丸酮等。停止使用的渔药包括：洛美沙星、培氟沙星、氧氟沙星、诺氟沙星4种兽药的原料药的各种盐、酯及其各种制剂；非泼罗尼及相关制剂；喹乙醇、氨苯胂酸、洛克沙胂3种兽药的原料药及各种制剂；噬菌蛭弧菌微生态制剂（生物制菌王）等。2006年，日本实施了《食品中残留农药肯定列表制度》，对700余种农药、兽药及饲料添加剂设定最大允许残留标准，其中渔药共计53种。而欧盟和美国允许使用的渔药分别只有19种和6种。

（2）农药　在我国已禁用有机氯农药的情况下，有机磷农药逐渐成为主要的污染源。目前，我国有使用有机磷农药用于加工水产品（尤其是咸鱼加工方面）以达到防虫目的的案例。作为典型的酶毒素，有机磷农药可以通过消化道摄入，也可以通过皮肤黏膜，呼吸道吸收而引发中毒。国家明令禁止使用的农药有：六六六，滴滴涕，毒杀芬，二溴氯丙烷，杀虫脒，二溴乙烷，除草醚，艾氏剂，狄氏剂，汞制剂，砷、铅类，敌枯双，氟乙酰胺，甘氟，毒鼠强，氟乙酸钠，毒鼠硅。

（3）重金属污染　水产品中常见的重金属污染主要有铅、汞、镉、铬、锡等。特别是甲壳类和贝类水产品，因其底栖、滤食等生活习性更容易积累重金属及其他有毒物质。金枪鱼等大型鱼类位于食物链的顶端，体内富积的汞等重金属含量较高，在微生物的作用下也易形成毒性更强的甲基汞，由于汞在食物链中的逐步富集以及可透过血脑屏障的特性，频繁大量食用会对孕妇、哺乳期妇女和幼儿造成健康威胁。自 2007 年国家海洋局在近岸海域实施了贻贝监测计划以来，发现我国近岸海域局部扇贝受到了铅、镉的轻微污染，个别受到镉的严重污染。

（4）食品加工企业用化学物质　润滑剂、清洗剂、消毒剂、燃料、油漆、杀虫剂、灭鼠药、化验室用的药品等，这些物质使用和管理不当，可能污染食品。

常用的化学消毒剂有含氯制剂（漂白粉、二氯异氰尿酸钠）、碱类（生石灰）、氧化剂（高锰酸钾）、醛类（甲醛）、金属盐类（硫酸铜）、农药类（敌百虫、兴棉宝）和染料类（孔雀绿、亚甲基蓝）。对这些物质在甲壳类动物体内的积累、分布、排除及毒性均有较深入的研究。国家市场监管总局食品抽检公告（2020 年第 25 号）显示：多地鲤鱼、鳊鱼和黄鳝抗菌药物恩诺沙星超标，在多批黑鱼、鲤鱼和鲈鱼中检出禁止添加的非食用物质孔雀石绿。此外，我国也有不良商贩为牟取暴利使用甲醛泡发虾仁、海参、鱿鱼案件。

（5）放射性污染　水生生物对水域环境中的放射性物质具有富集能力，且其富集能力相比陆地生物更强。主要危害是致畸、致癌和致突变。

（6）偶然污染的化学药品　原料、成品运输过程中由于运输工具造成的污染。

3. 有意添加的化学物质

这些物质是在水产品的养殖、加工、运输、销售过程中人为加入的，有些是国家允许加入的，有些是不允许加入的。允许加入的按照国家标准规定的安全标准使用是安全的，如果超出安全水平使用，或使用非标准规定的就成为化学性危害。常见的主要是食品添加剂和加工助剂等。

食品添加剂的违规使用或滥用，主要有用于冷冻水产品加工的保水剂（磷酸盐类、山梨醇类）、鱼糜制品中的变性淀粉、增稠剂、防腐剂、抗氧剂、漂白剂、色素、加工助剂等。国家市场监管总局食品抽检公告食品抽检公告（2023 年第 23 号）显示：即食海蜇丝和虾仁亚硫酸盐和苯甲酸含量超标。主要问题是不符合食品安全国家标准规定的规定使用，如亚硝酸盐和苯甲酸超标。还有一些废止的添加剂、加工助剂或不允许使用的化学制品的使用等。

如某些人工合成的食品色素在敏感人群中会产生过敏反应；亚硝酸盐作为防腐剂和发色剂，在高浓度下会引起急性中毒，由于其在体内能转化成致癌物质亚硝胺，所以长期摄入将有可能诱发癌症；维生素 A 作为营养强化剂，高浓度下会引起中毒；亚硫酸盐作为防腐剂、硫磺作为漂白剂，在敏感人群中可引起过敏反应。

在烟熏水产品中烟熏剂带入 3,4-苯并芘，其具有强致癌性，易引起胃癌和消化道癌。苯并［a］芘对食品的污染主要附着在食品表面，随着保藏时间的延长而逐渐渗入内部，长时间的加热烧焦或炭化，会导致苯并［a］芘含量的增加。苯并［a］芘可残留于消化道内，促使生长激素和磺胺类药物残留于肝、肾和肌肉中，诱发胃癌、消化道癌等，冰岛居民常食用熏制水产品和肉制品，其胃癌发生率居世界第三位。

4. 过敏原

某些色素添加剂，能在消费者中引起过敏反应（食品不耐性）。用于水产品中的此类色素添加剂包括：亚硫酸盐及 FD&C 黄色 5 号。这些色素添加剂在特定限制下，允许用在食品中，但如果使用了这种物质必须在标签中说明。标签中的声明对过敏的消费者至关重要。

某些色素添加剂禁止使用在食品中，因为 FDA 认为它们对公众健康存在潜在危害，例如黄樟素和 FD&C 黄色 4 号。

另外，一些食品中含有过敏性蛋白，对某些敏感人群造成健康危害。这些食品包括花生、大豆、牛乳、鸡蛋、鱼、甲壳类、坚果和小麦。如果这些食品是水产品的一部分或直接添加到水产品中，必须确保产品被适当标识。标识信息包括食品来源名称、鱼的特定类型、甲壳类的特定类型，均使用其商品名称。过敏的出现通常是源自食用了水产品，有时吸入蒸煮水产品的蒸汽或在工作环境加工、接触水产品也会导致过敏。临床表现为急性荨麻疹、血管性水肿、过敏性腹泻、鼻塞、咳嗽、哮喘，严重时能够引发过敏性昏厥。

（三）物理性危害

水产品的物理性危害主要发生在水产品的养殖、捕捞、包装、运输和贮存的各个阶段，来源多样。物理性危害包括任何在水产品中发现的不正常的潜在的有害外来物，消费者误食后可能造成伤害或产生不利于健康的问题。物理伤害比较直接，一旦发生马上能发现。物理性危害常见的有金属、玻璃、碎骨等。

物理性危害主要来源于捕捞作业、生产过程等几方面。最常见的是金属，可能来源于捕捞作业时残留的鱼钩、铅块或作业船只上及捕捞工具混入的金属物质；也可能是来源于生产过程中，食品加工设备上脱落的金属碎片、不锈钢铁丝等。再者就是玻璃碎片，可能来源于照明灯具、消毒灯、玻璃容器、温度计等。鱼剔骨时在肉中遗留鱼刺，贝类去壳时残留贝壳碎片，加工的蟹肉中残留蟹壳残片。另外，生产过程中工人的佩戴物、布料、毛发、指甲等也是主要的异杂物。

面对水产品安全性事件，首先从源头抓起，把好水产品质量安全的第一关，其次加强养殖、加工和流通过程中质量安全的控制；最后需要大力提高城乡居民的水产品质量安全意识，推行渔业标准化，促进我国水产品安全。

二、水产品污染的预防与控制

目前，我国水产品加工产业发展迅速。为了提高我国水产品在国际市场的竞争力，促进我国与世界各国、各地区的交流，加强对水产品的卫生监督管理，规范水产品生产加工，提升水产品的质量安全性，国家相关部门参照食品加工相关的质量控制标准制定出台了一系列水产品加工质量安全与管理方面的国家标准，如 GB 20941—2016《食品安全国家标准　水产品生产卫生规范》、GB/T 27304—2008《食品安全管理体系水产品加工企业要求》、GB/T 19838—2005《水产品危害分析与关键控制点（HACCP）体系及其应用指南》。

水产品加工相对于其他食品的加工具有其独有的特点，目前我国水产资源大多数以养殖为主，特别是淡水资源，对农残、药残的控制非常重要；水产品加工制品 60% 以上是冷冻制品；手工操作是主要的环节，工人的卫生、环境温度、微生物控制要格外重视。国家标准正是针对这些问题，有的放矢，用于加强企业质量安全管理。这对于水产品加工企业完善生产管理模式，提高产品质量和安全性具有重要的意义。以下将结合相关国家标准对水产品加工企业的卫生安全控制进行简单介绍。

（一）生产环境的安全控制

1. 厂区环境

厂房应建在周围环境无有碍食品卫生的区域，厂房周围应清洁卫生，无物理、化学、生物等污染源，不存在害虫滋生环境。厂区周界应有适当防范外来污染源的设计与构筑。不应兼营、生产、存放有碍食品卫生的其他产品。厂区有良好排水系统，无积水，主要通道铺设水泥等硬质路面，无裸露地面。厂区内应没有有害（毒）气体、煤烟或其他有碍卫生的设施。厂区内不应饲养与生产加工无关的动物。卫生间应有冲水、洗手、防蝇、防虫、防鼠设施。应有合理的供水、排水系统。废弃物应集中存放并及时清理出厂。应建有与生产能力相适应的原料、辅料、成品、半成品、化学物品、包装物料等的贮存设施并分开设置。生产用水和污水的管道不应形成交叉，且用不同颜色区分。厂区如有员工宿舍和食堂，应与生产区域隔离。生产中产生的废水、废料、烟尘的处理和排放应符合 GB 8978—1996《污水综合排放标准》、GB 16297—1996《大气污染物排放标准》、GB 18599—2020《一般工业固体废物贮存和填埋污染控制标准》的规定。

2. 厂房与设施

车间在大小、建筑与设计上应适合以食品生产为目的的维护和卫生操作。应为设备安置和物料贮存提供足够的场地，以满足卫生操作和食品安全生产。应采取适当的预防措施以减少微生物、化学品、污物或其他外来物对食品、食品接触面或食品包装材料的潜在污染。生产车间的平面布置应设置防止交叉污染的人流、物流单独的出入口。对有毒有害物质、内脏和废弃物、外包装材料等，应采取有效的隔离措施；消毒剂、洗涤剂应在单独的区域分别存放。车间出入口及与外界相连的通风处应安装防鼠、防蝇、防虫及防尘等设施。

车间应根据要求划分为一般作业区、准清洁作业区、清洁作业区，不同清洁程度的作业区应有明显的标识区分，并有效隔离。车间应设有工器具和设备清洗、消毒的区域，必要时应与操作区域隔离，其操作不应对产品造成污染。防止固定设备和管道上滴下的水滴或冷凝水污染食品、食品接触面或食品包装材料。

车间内墙壁、屋顶或者天花板应使用无毒、浅色、防水、防霉、不脱落、易于清洁的材料修建，屋顶或者天花板和车间上方的固定物在结构上应能防止灰尘和冷凝水的形成以及杂物的脱落。车间的门、窗应用浅色、平滑、易清洗消毒、不透水、耐腐蚀的坚固材料制作，结构严密。

操作区的所有表面应无毒、光滑、不渗水，尽可能减少物料的黏附与损伤，以及遭受微生物污染的风险。直接接触水产品的工作台面应状态良好，经久耐用，易于保养，应采用光滑、不吸水的无毒材料，而且在正常操作条件下，不应和物料以及消毒剂、清洁剂起化学反应。

（二）加工环境控制

有温度要求的工序或场所应安装温度显示装置。加工车间的温度不应高于 21℃（加热工序除外）。产品经冷冻后进行包装时，包装间的温度应控制在 10℃以下。

烟熏水产食品的腊制水产食品操作应在独立的加工区域内进行。加工罐头水产食品的生产企业，还应同时符合 GB/T 20938—2007《罐头食品企业良好操作规范》的要求。冷冻鱼制品的加工原料应保证一定的新鲜度，尽量缩短冷藏过程。

（三）生产区域及生产人员管理

人员、工器具、排水、排气及加工废弃物不应从低清洁度要求的区域向高清洁度要求的区域移动。加工工序应布置合理，避免交叉感染。水产食品原料的内脏和其他废弃物应定期清除出生产区域。处理废弃物时不应污染供水系统或加工中的产品。

生产操作人员进入加工区域，应按照卫生标准操作规程的规定执行消毒程序。此环节应设置卫生管理人员岗位，实施即时监督。

（四）原辅料与成品的贮存和运输控制

1. 原料验收

重视源头治理，引导养殖生产者制定科学、完善的质量安全自控制度，全面贯彻落实产地准出制度，从而在源头上严格控制水产品质量。对水产食品原料的卫生指标、理化指标和质量等级进行检验，并保留相关记录。鱼类、虾类原料应确保捕捞船、加工船或运输船获得主管部门的许可。贝类原料应来自符合《贝类生产环境卫生监督管理暂行规定》要求的水域，并制定专门的控制程序，保证贝类原料的安全性和可追溯性。贝类原料均应保证鲜活，已死亡者不应加工。加工过程中辅料和食品添加剂的使用要符合 GB 2760—2024《食品添加剂使用标准》的规定，不应使用未经许可的食品添加剂。加工用水应符合 GB 5749—2022《生活饮用水卫生标准》。

2. 包装材料

包装材料应符合国家有关标准、法规，所用材料应保持清洁卫生，并在干燥、通风的专用库内存放，内外包装材料要分开存放。包装材料不应落地堆放，应覆盖以防尘。内包装应在架上存放。

3. 清洁用化学用品

使用的洗涤剂和消毒剂应符合 GB 14930. 1—2022《食品安全国家标准　洗涤剂》和 GB 14930. 2—2012《食品安全国家标准　消毒剂》的规定，在推荐的使用条件下，残留或迁移到食品中的物质水平不应危害人体健康。

4. 成品贮存和运输

冷藏或冷冻样品，贮存场地干净、卫生。不同品种、不同规格、不同等级以及不同批次产品分开储存，避免交叉污染；做好标签，便于管理。冷库温度定时检查，定期查看仓库中的物品，如有异状应及早处理。水产品的贮存应避免日光直射、雨淋、撞击、温度或湿度的剧烈变动等，不应直接放置于地面上。如需低温贮存的，应有低温设备。定期查看仓库中的物品，如有异状应及早处理。有造成污染原料、半成品或成品的物品，不能与原料、半成品或成品一起贮存。应提供保护措施以防止水产食品遭受污染或较长时间暴露在高温中。

运输工具不应对食品和包装造成污染。可进行有效的清洁，必要时可进行消毒。能够有效地保持稳定的温度、湿度等必要的条件，以避免食品变质。成品和半成品运输工具内部应使用表面光滑、不渗水的防腐材料，应铺设足够的排水管道，便于清洗和消毒。涉及此环节的从业人员应具备保鲜、质量安全控制和卫生保障等专业知识，要求个人卫生状况良好，每次开工之前工作人员必须清洁、消毒；每个环节应做好验货记录。

（五）设备与工器具

制造材料、加工设备和工器具直接与物料接触的部分应采用无毒、无害、无污染、无异味、不吸附、耐腐蚀且可承受重复清洗和消毒的材料，制造车间内不应使用竹木器具。应定时进行清洗消毒并做好记录。

（六）质量管理与检验

对于水产品的卫生与安全，应设有独立于生产部门之外的质量管理和检验部门。应根据所生产产品特性指定产品质量标准，或采用国家标准、行业标准、地方标准，鼓励其自行制定不低于相应国家标准、行业标准、地方标准要求的企业标准。应设有与生产能力相适应的检验机构。内设检验机构应具备必要的标准材料、检验设施和仪器设备，检验仪器按规定进行校准并保存记录。企业内部应建立质量管理体系和内部审核制度。

第四节　果蔬食品的卫生与管理

党的二十大报告提出，树立大食物观，发展设施农业，构建多元化食物供给体系。果蔬食品在人们饮有结构中占有重要地位，蔬菜水果是维生素、矿物质、膳食纤维和植物化学物的重要来源，对提高膳食微量营养素和植物化学物的摄入量起到关键作用。保证每天丰富的蔬菜水果摄入，可维持机体健康、改善肥胖，有效降低心血管疾病和肺癌的发病风险，对预防食管癌、胃癌、结肠癌等主要消化道癌症具有保护作用。我国是果蔬生产大国，蔬菜总产量均居世界第一，果蔬安全是“国之大者”。十八大以来，中国立足本国国情、粮情，贯彻创新、协调、绿色、开放、共享的新发展理念，落实高质量发展要求，实施新时期国家果蔬安全战略，走出了一条中国特色粮食果蔬安全之路。然而，我国果蔬的生产基地主要集中在城镇郊区，栽培过程中容易受到工业废水、生活污水、农药等有毒有害物质的污染，对果蔬食品卫生的管理尤为重要。

一、果蔬食品的污染来源

（一）果蔬食品的物理危害

果蔬食品在收获过程中经常容易混入异物，如石头、玻璃、塑料、金属碎片、橡胶碎片等。而且在加工过程中一些加工设备上的零件如螺母、螺钉、金属碎片、钢丝等异物脱落也易混入果蔬食品中。

（二）果蔬食品的生物学危害

1. 细菌性危害来源

新鲜果蔬受到细菌性污染已成为重大的食品安全问题之一，德国爆发的“毒黄瓜”，美国爆发全国性的“毒西红柿”事件就是肠出血性大肠杆菌和沙门氏菌污染导致的。果蔬食品中细菌污染主要来源于生长环境，生活污水灌溉，果蔬食品的贮藏、运输、销售过程，另外，从业人员不认真执行卫生操作规程也会造成细菌性污染。在果蔬食品中常见的细菌种类有芽孢杆菌属、梭状芽孢杆菌属、大肠杆菌属、葡萄球菌属、变形杆菌属、假单胞菌属、沙门氏菌属、志贺氏菌属、乳杆菌属和醋酸菌属等。果蔬食品污染了细菌，特别是致病菌后，不仅会影响果蔬的品质，更严重的是会引起食用者食物中毒。

细菌性危害的来源主要有：①污水灌溉的污染，果蔬在栽培过程中因施用人畜粪便和用未经处理或处理不彻底的生活污水、工业废水灌溉，被肠道致病菌和寄生虫卵污染。②运输、贮藏或销售过程中卫生管理不当造成的污染，主要是受到肠道致病菌的污染。③果蔬表皮破损而受到的细菌污染。表皮破损严重的水果大肠杆菌检出率较高。

2. 真菌性危害来源

果蔬产品在加工、贮藏、运输等过程中，容易受到真菌侵染而引起腐烂或腐败，部分真菌还可产生次级代谢产物——真菌毒素，污染果蔬及其制品，危害人体健康。果蔬制品中常见的致病真菌有毛霉、根霉、犁头霉、青霉和曲霉等，例如，在腌制蔬菜中常被污染的真菌有嗜盐性酵母菌、地霉和黄曲霉等，果蔬及其制品中常见的真菌毒素有黄曲霉毒素、链格孢霉毒素、赭曲霉毒素 A、展青霉素、单端孢霉烯族毒素等，如在苹果及其加工制品中由于真菌污染而产生的毒素有棒曲霉毒素、展青霉素等。

3. 寄生虫害来源

寄生虫害来源主要有两方面，一方面是果蔬中的寄生虫，如阿米巴原虫、蛔虫，或菱角和茭白等水生植物表面的姜片虫所引起的危害。另一方面是蝇类、螨类和蟑螂等昆虫引起的危害。它们与食物接触时可携带病原体和其呕吐物污染食物，然后通过人类摄食即可将病原体传播给人类。此外，蔬菜和水果的嫩叶、花、果实及根茎类蔬菜由于贴近地面生长或深埋于土，容易受到寄生虫幼虫及虫卵的污染。

（三）果蔬制品中的化学危害来源

1. 农药残留对果蔬食品的污染

由于气候变化、环境污染的加剧，果蔬食品在其生长和成熟过程中遭受到的病虫害不断加重，绝大部分果蔬需要反复连续多次的施药后才能成熟上市。另外，受经济利益的驱使，存在使用药物催熟和滥用农药的情况，导致果蔬农药残留增多，农药残留容易引起人体过敏反应、肠道内菌群失调，细菌产生耐药性，有致癌和致突变作用。果蔬农药残留对人体危害的事例经常见报道，每年全世界发生超过 50 万例农药中毒事件，如因受季节变换及气温升高的影响，蔬菜病虫害进入多发期，菜农用药频率和剂量逐渐加大，蔬菜农残超标情况增多，山东省青岛市就发生过食用韭菜而引起的食物中毒，中毒原因为有机磷农药残留超标。

2. 果蔬食品中的有害金属

果蔬食品的金属污染主要有汞、镉、铅、铊和氟等。果蔬中的有害金属主要来源于人为造成的环境污染而导致有毒有害金属元素对果蔬食品的污染，这些有害物质污染果蔬食品的主要途径是工业污水。工业污水未经处理或处理不彻底排入江、河、湖、海，水生生物通过食物链使有害物质在体内逐级浓缩和富集，致使果蔬食品严重污染。此外，某些地区特殊自然环境中的金属元素高本底含量，也是造成金属元素对果蔬食品的污染的原因之一。

3. 硝酸盐和亚硝酸盐的污染

为了促进蔬菜快速生长，通常在蔬菜的生长期间施用大量的含氮肥料，包括无机氮肥和有机氮肥。肥料中的氮在土壤中固氮菌和盐酸盐生成菌的作用下可转化为硝酸盐，当光合作用不充分时，施用氮肥容易使蔬菜体内可以积蓄较多的硝酸盐，受到硝酸盐的污染。另外，叶菜类蔬菜在腐烂和煮熟后放置久了，硝酸盐会转化成亚硝酸盐，导致亚硝酸盐含量升高，当机体摄入亚硝酸盐含量较高的蔬菜时，可出现中毒症状，表现为正铁血红蛋白含量上升，人感到疲乏，过量导致死亡，孕妇摄入大量亚硝酸盐会引发婴儿先天畸形，另外还会致癌。

4. 滥用添加剂造成的污染

果蔬食品在生产过程中，滥用食品添加剂造成污染。食品在生产过程中，为了满足生产工艺的需要或防止食品腐败变质，或为了增加食品的感官性状，常常加入某些添加剂，而且没有按照添加剂的使用标准进行添加而造成果蔬食品的污染。果蔬在加工过程中添加的添加剂有防腐剂、漂白剂、增香剂、着色剂、抗氧化剂和呈味剂。用于果蔬制品的防腐剂主要有苯甲酸、山梨酸及其盐。苯甲酸和苯甲酸钠能够有效抑制酵母和细菌的生长，其在肝脏中有解毒的功能，但是对肝功能衰弱的人应该谨慎使用。此外，苯甲酸钠虽然急性毒性较小，但其在人体肠道的酸性环境下可转化为毒性较强的苯甲酸。山梨酸及其盐类能有效抑制霉菌、酵母菌和好氧性细菌，对人体基本不产生毒害，但贮藏期过长的果蔬食品中的山梨酸氧化的中间产物会损伤机体细胞。果蔬食品中的漂白剂主要是亚硫酸类化合物，如亚硫酸氢钠、亚硫酸钠、低亚硫酸钠、焦亚硫酸钠和二氧化硫。对于那些亚硫酸盐敏感的人群食用含亚硫酸盐的食品后可能会危害生命。一些脂溶性的抗氧化剂丁基羟基茴香醚、二丁基羟基甲苯、没食子酸和水溶性异抗坏血酸钠均为安全添加剂。呈味剂常用的有酸味剂、甜味剂和鲜味剂，酸味剂一般是有机酸如柠檬酸、酒石酸和苹果酸，基本可以安全使用，甜味剂中一些天然的甜味剂如蔗糖、果糖和葡萄糖可以安全使用，但是一些人工合成的甜味剂如糖精、糖精钠等要谨慎使用。着色剂也分为天然着色剂和合成着色剂，天然着色剂其色泽自然，种类繁多，可以安全使用，但是人工合成的色素需要考虑其安全性问题。

二、果蔬食品污染的预防与控制

1. 防止果蔬原料的腐败变质

蔬菜水果由于含水量高，组织脆弱，易被细菌或霉菌所污染而变质。另外，果蔬也是昆虫和鸟类喜欢的食物，果蔬表皮被这些动物破坏也很容易感染微生物而导致原料腐败变质，所以果蔬在收获后，要尽量剔除外形不完整、已经腐烂变质的原料。果蔬在采收后，如果不能及时食用或加工，应该采用低温贮藏，在0~10℃的环境中贮藏，一方面可以防止微生物的繁殖；另一方面可有效地减缓酶的作用，延缓衰老、低呼吸强度，保持果蔬的新鲜和营养价值，但此温度只能减缓微生物的生长速度，并不能完全控制微生物。果蔬在低温下的贮藏期受温度、微生物的污染程度、表皮损伤的情况以及成熟度等多因素影响。

2. 防止寄生虫的污染

果蔬通常是寄生虫寄生的重要场所，因此要加强这方面的管理。可以对人畜粪便进行无害化处理，防止寄生虫的污染。利用虫子对颜色、光线和气味的喜好，引进太阳能杀虫灯、性诱剂等技术，利用物理手段杀虫。生活污水用于灌溉前应该沉淀处理以除去寄生虫卵，另外，应避免蔬菜与污水直接接触，严禁生活污水未经任何处理而用于灌溉。果蔬在食用前应清洗干净，必要时要进行消毒。

3. 控制农药残留

要合理使用农药，有依据地选择抗病品种、尽量减少农药轮作次数、加强田间管理，最大限度地减少病虫害的发生。在天然灾害或节假日前后，应避免抢购蔬果，以防止农民为抢收蔬果，加重农药喷洒剂量或频次。在使用农药时，也必须严格按照我国农药使用的相关规定执行，不能使用国家明文规定禁止使用的农药，不能不切实际地扩大农药的使用量、使用次数以及缩短安全间隔期。

4. 控制添加剂的使用

果蔬食品使用的添加剂要符合食品添加剂使用标准，不得超出国家标准规定的使用范围，有些人工合成的添加剂还未进行卫生学的评价，应尽量少使用人工合成的添加剂，特别要防止在果蔬食品生产、流通、餐饮服务中违法添加非食用物质和滥用食品添加剂的行为。

5. 控制有害化学物质的污染

在采用废水进行田间灌溉时，其水质应该符合国家工业废水排放标准后才能使用，严禁未经任何处理或处理不彻底的废水灌溉农田。果蔬的种植应尽量远离污染区，选择种植地位于郊区或偏远农村。另外，进行合理的田间管理，尽量减少含氮肥料的施用，剔除腐烂的叶菜类蔬菜，少食用久放的经过高温加热的叶菜类蔬菜，减少硝酸盐和亚硝酸盐的危害。低温保藏蔬菜，如菠菜、小白菜等刚采摘的新鲜蔬菜，其亚硝酸盐含量微乎其微，在室温下贮藏 1～3d 时，其亚硝酸盐达到高峰，冷藏条件下，亚硝酸盐含量明显降低。

6. 加强安全监管

严格执行果蔬种植的田间管理，果蔬食品原料、加工的卫生标准，对果蔬制品进行严格检查。真菌危害主要出现在果蔬制品中。采摘后的果蔬要通过人工、机械等方式进行分类，剔除腐败变质的果蔬，采用热处理方法如水浴、晾晒等方式，抑制果蔬中霉菌的生长并减少真菌毒素的含量。针对果蔬在加工过程中造成的污染，生产、加工过程中遵循良好原则，对果蔬及其制品进行严格的加工规范和贮藏规范，避免机械性损伤、鼠虫侵害，从而降低真菌毒素的污染。

第五节　食用油脂的卫生与管理

食用油脂是指以油料作物制取的植物油，也有少量经过炼制的动物脂肪和以油脂为主要原料经过氢化，添加其他物质而制成的人造奶油或代可可脂等。目前用得最多的还是植物油，包括豆油、花生油、菜籽油、棉籽油、茶油、芝麻油（香油）等。植物油的加工方法有压榨法、浸出法和水化法。

一、食用油脂的污染来源

（一）油脂中常见的天然有毒有害物质污染

1. 霉菌毒素

油脂中的黄曲霉毒素几乎全部来源于油料种子，极易受到黄曲霉污染的油料种子是花生。油料作物的种子在高温、高湿条件下贮藏，易被霉菌污染而产生毒素，导致榨出的油中含有霉菌毒素。最常见的霉菌毒素是黄曲霉毒素。在各类油料种子中，花生最容易受到污染，其次是棉籽和油菜籽。若采用污染严重的花生为原料榨油，每千克油中黄曲霉毒素含量可高达数千微克。

2. 高温加热产生大分子聚合物

高温加热尤其是反复循环加热油脂，油脂中不饱和脂肪酸可发生聚合作用，即两个或两个以上不饱和脂肪酸相互聚合，形成二聚体、三聚体等聚合物和多环芳烃化合物，其毒性较强，不仅可使动物生长停滞，肝脏肿大，生育功能和肝功能发生障碍，还可能有致癌作用，并且阻碍人体对其他食物中营养成分的吸收。

3. 棉酚

棉酚是棉籽色素腺体中的有毒物质，在棉籽油加工时常带入油中。棉酚包括游离棉酚、棉酚紫和棉酚绿三种。冷榨法产生的棉籽油游离棉酚的含量甚高，长期食用生棉籽油可引起慢性中毒，其临床特征为皮肤灼热、无汗、头晕、心慌、无力及低钾血症等；此外，棉酚还可导致性功能减退及不育症。国外研究证明，棉籽饼中游离棉酚含量在0.02%以下时对动物不具毒性，我国规定棉籽油中游离棉酚含量不得高于0.02%。

4. 芥子苷

芥子苷普遍存在于十字花科植物，在油菜籽中含量较多。芥子苷在植物种子中的葡萄糖硫苷酶作用下可水解为硫氰酸酯、异硫氰酸酯和腈。腈的毒性很强，能抑制动物生长和致死；而硫化物具有致甲状腺肿大作用。

5. 芥酸

芥酸是一种二十二碳单不饱和脂肪酸，其分子式为 $C_8H_{17}CH=CH(CH_2)COOH$，在菜籽油中含20%~50%。芥酸可使多种动物心肌中脂肪聚积，心肌单核细胞浸润并导致心肌纤维化，除此之外，还可见动物生长发育障碍和生殖功能下降，但有关人体毒性报道尚属少见。为了预防芥酸对人体可能存在的危害，欧洲共同体规定食用油脂芥酸含量不得超过5%。

（二）油脂酸败造成的污染

油脂酸败是指食用油脂贮存于不适宜的条件下，在高温、高湿并接触空气、阳光后产生一系列化学变化，而造成感官性状的变化，这个过程称为油脂酸败。油脂酸败的原因包含生物性和化学性两方面因素。一是油脂的酶解过程，即由动植物组织的残渣和微生物产生的酶等使甘油三酯水解为甘油和脂肪酸，随后进一步氧化生成低级的醛、酮和酸等，因此也把酶解酸败称为酮式酸败。二是油脂在空气、水、阳光等作用下发生的化学变化，包括水解过程和不饱和脂肪酸的自动氧化，一般多发生在含有不饱和脂肪酸的甘油酯。不饱和脂肪酸在光和氧的作用下，双键被打开形成过氧化物，再继续分解为低分子的脂肪酸以及醛、酮、醇等物质。某些金属离子如铜、铁、锰等，在油脂氧化过程中可起催化作用。在油脂酸败过程中，生物性的酶解和化学性的氧化常同时发生，但油脂的自动氧化占主导地位。

（三）多环芳烃类化合物的污染

油脂中多环芳烃类化合物的来源主要有五个方面：①烟熏油料种子时产生的苯并［a］芘。②采用浸出法生产食用油时，不纯溶剂中多含有多环芳烃类化合物等有害物质。③在食品加工时，油的温度过高或反复使用导致油脂发生热聚合，易形成多环芳烃类化合物。④油料作物生长期间若受到工业污染，也会使油中多环芳烃类化合物含量增高。⑤压榨时润滑油的混入，润滑油中3,4-苯并蓖的含量为5250~9200mg/kg，若有少量混入油脂，即可对油脂造成严重污染。

二、食用油脂污染的预防与控制

（一）原料的卫生要求

生产加工食用油脂的各种原、辅材料必须符合国家有关的食品安全标准或规定。严禁采用受工业“三废”、放射性元素和其他有毒、有害物质污染而不符合国家有关卫生标准的原、辅材料，禁用浸、拌过农药的油料种子，以及混有非食用植物的油脂、油料和严重腐败变质的原、辅材料。生产食用油脂的溶剂必须符合卫生标准。必须采用国家允许使用的、定点生产的食用级食品添加剂。

（二）浸出溶剂残留

目前在采用浸出法生产植物油时，抽提溶剂多采用沸点范围在61~76℃的低沸点石油烃馏分。若沸点过低，会造成工艺上的不安全，而且溶剂的消耗过大；沸点过高则会增加溶剂残留。浸出法生产的食用油，不仅应该对溶剂有严格的要求，而且对食用油的溶剂残留量也必须作出明确的限量。GB 2716—2018《食品安全国家标准　植物油》中规定食用植物油溶剂残留量不得高于20mg/kg。

（三）防止油脂酸败

油脂酸败不仅使维生素A、维生素D、维生素E和不饱和脂肪酸受到严重破坏，而且酸败产物对机体重要酶系统，如琥珀酸脱氢酶、细胞色素氧化酶等有明显破坏作用。动物实验证明，酸败油脂可导致动物的热能利用率降低、体重减轻、肝脏肿大和生长发育障碍。因油脂酸败而引发的食物中毒在国内外均有报道，因此，防止油脂酸败具有重要的卫生学意义。防止措施应包括以下三个方面：

1. 从加工工艺上确保油脂纯度

不论采用何种制油方法生产的毛油必须经过水化、碱炼或精炼，必须去除动、植物残渣。水分是酶显示活性和微生物生长繁殖的必要条件，其含量必须严加控制，我国规定含水量应低于0.2%。

2. 创造适宜贮存条件，防止油脂自动氧化

自动氧化在油脂酸败中占主要地位，而氧、紫外线、金属离子在其中起着重要作用：油脂自动氧化速度随空气中氧分压的增加而加快；紫外线则可引发酸败过程的链式反应，即在紫外线的作用下，脂肪酸双键中π键被打开，与氧结合形成过氧化物，并使后者进一步分解产生醛和酮等化合物；金属离子在整个氧化过程中起着催化剂的作用。因此，适宜的贮存条件应创造一种密封、隔氧和遮光的环境，同时在加工和贮存过程应避免金属离子污染。

3. 油脂抗氧化剂的应用

应用油脂抗氧化剂是防止食用油脂酸败的重要措施，常用的抗氧化剂有丁基羟基茴香醚（BHA）、二丁基羟基甲苯（BHT）和没食子酸丙酯。柠檬酸、磷酸和对酚类抗氧化剂，特别是维生素E与BHA、BHT具有协同作用。

（四）加强安全监督

为了保证食用安全，应严格执行食用油脂的相关卫生标准和检验方法，包括：GB 8955—

2016《食品安全国家标准　食用植物油厂卫生规范》、GB 19641—2015《食品安全国家标准　食用植物油料》、GB/T 5525—2008《植物油脂　透明度、气味、滋味鉴定法》、GB/T 5009.37—2003《食用植物油卫生标准的分析方法》（部分有效）等。

第六节　冷饮食品的卫生与管理

一、冷饮食品的污染来源

冷冻饮品指以饮用水、甜味剂、乳品、果品、豆品、食用油等为主要原料，加入适量的香精、着色剂、稳定剂、乳化剂等食品添加剂，经配料、灭菌、凝冻而制成的冷冻固态饮品。常见的冷饮食品有冰淇淋类、雪糕类、冰棍类和其他冷饮品。

1. 微生物污染

冷饮食品由于含有一定的营养物质，在生产过程中只有一次性灭菌，食用时不再经过加热处理，是微生物生长繁殖的良好场所。国内冷饮食品生产密闭化、自动化程度不高，手工操作较多，容易在生产过程中造成微生物（如细菌、霉菌）污染，使产品发生变质。雪糕、冰淇淋等冷冻饮品还可能因原材料在生产过程中被金黄色葡萄球菌污染，引起葡萄球菌食物中毒。

2. 有害化学物质污染

冷饮食品中所使用的食品添加剂虽然名目繁多，但主要就是四大类：着色剂、调味剂、香精和品质改良剂。如果这些添加剂使用不符合卫生要求，就可能造成对冷饮食品的污染。

一般冷饮食品酸度较高，容易导致重金属污染，如果与不符合卫生要求的设备、管道、容器、餐具接触时，可以从中溶出某些有毒有害的金属，如铅、锌、铜。我国曾多次发生饮用镀锌白铁桶存放的酸性饮料或用钢容器盛放、熬煮酸性饮料而中毒的事件。这些污染都是由于原材料，容器，生产环境与车间的配置、容器、用具等不符合卫生要求；在生产过程中未能遵守卫生制度，或在销售过程中受污染等所致。

3. 汽水及含气饮料爆炸

汽水若存放不当，长期暴露在阳光下或高温的室内，往往会出现爆炸现象。果汁汽水受到酵母的污染，在适宜的温度下大量繁殖，酵母在发酵糖的过程中产气（主要是二氧化碳），因而形成了较大的压力，甚至可达到2026.5kPa（20个大气压），致使密闭的容器爆炸。发生成批的汽水爆炸时，应考虑加工过程可能受酵母污染，并对整批汽水的卫生质量做全面的检验。

另外，汽水配方不正确也可引起爆炸，多发生于土法生产的汽水。汽水中的二氧化碳是通过碳酸氢钠（小苏打）和柠檬酸的化学反应而获得的，如配方中的碳酸氢钠和柠檬酸的用量不准确时，产生二氧化碳量过多，特别是在高温下贮藏，促进了过量的碳酸氢钠和柠檬酸的化学反应，使瓶内的二氧化碳量骤增，导致体积膨胀而引起爆炸。含气饮料，如碳酸饮料，放入冰箱冷冻层后，在从液体变成固体的过程中，也会析出大量的气体，在固定的密封的罐装容器里面会增大压力，当拿出打开盖的时候，出现瞬间爆炸，从瓶里溅出来的东西可能会伤害到人。

4. 含有咖啡因

近十年，饮料行业开发的可乐型碳酸饮料较多，这是一类含咖啡因的饮料。咖啡因是中枢神经兴奋剂，口服1g以上即可出现中枢神经兴奋症状。尤其是婴幼儿，对咖啡因敏感，不宜多饮。20世纪60年代已有人证明咖啡因有致畸作用，动物实验中给予孕期成鼠非过量的咖啡因，即成鼠在没有神经兴奋的条件下，咖啡因对子代已经产生致畸作用，同时还发现胎仔出生体重低、死亡率增加。故美国FDA劝告孕妇避免饮用含咖啡因的饮品。我国卫生部门在多次实验的基础上，制定了可乐型饮料中咖啡因含量不得超过150mg/kg的国家标准。

二、冷饮食品污染的预防与控制

1. 原材料卫生

冷饮食品的各种原材料必须符合卫生要求，其中原材料用水应使用自来水或深井水并需经过两次净化、消毒处理，保证达到国家生活饮用水标准，其总硬度（以 $CaCO_3$ 计）限值为450mg/L；饮用天然矿泉水应符合国家饮用天然矿泉水标准；用水果加工而成的果汁应具有水果的香味和色泽，不得使用腐烂、霉变的水果，其农药残留量应符合食品安全国家标准；所用砂糖、乳、蛋等原材料均应符合各自的食品安全国家标准；在冷饮食品中添加的糖精、香精、色素、防腐剂、乳化剂等添加剂应符合GB 2760—2024《食品添加剂使用标准》，不准滥用。

2. 生产加工卫生

冷饮食品生产加工卫生的好坏是减少微生物污染，保证产品质量的关键。各类型冷饮食品厂的生产条件、设备及规模差别很大，但基本工艺卫生要求仍是一致的。冷饮食品生产车间必须具有配料、熬制、冷冻成型、包装（灌装）及贮存等5个独立部分，而且布局合理，防止交叉污染。贮存库要有容纳2~3d产量的冷藏条件，以保证产品做到化验合格出厂。车间入口处应设有洗手、消毒设备，以保证工人的个人卫生。冷饮食品因含有营养丰富的乳类和蛋类，配料后应尽快加热消毒，温度应达到80℃以上，持续5~10min。消毒后的配料应在4h内降温冷却至20℃以下，以免残存的微生物大量繁殖。冷却后的半成品应尽快灌模成型予以冷冻。镀锡的模具和灌料器的镀锡应为较纯的“九九锡”，所用焊锡中的铅含量应低于30%。生产加工人员应特别注意个人卫生，包装冰棍时应用乙醇棉随时擦手，患有疖、痈或外伤者应坚决调离岗位。车间空气应予净化，较好的方法是用乳酸熏蒸或紫外线消毒。加工所用的容器、用具必须进行严格的清洗和消毒。饮料的包装容器很多，其材料应无毒无害、耐酸、耐碱、耐高温、耐老化。使用前必须经过消毒、清洗。冷饮食品罐装设备、管道、冷却器等最好食用级不锈钢、塑料、橡胶和玻璃材料。使用前必须彻底消毒、清洗。

3. 成品检验

成品检验冷饮、冷冻饮品必须进行严格的出厂检查和成品检验制度。检验合格后方准予出厂。检查内容包括产品标志是否标明品名、厂址、生产日期（班次）、保存期限等内容，还应包括包装是否严密、有无检验合格证。成品检验应包括感官检验、理化指标及细菌指标三项内容。

第七节　罐头食品的卫生与管理

罐头食品是指将符合要求的原料经处理、分选、修整、烹调（或不经过烹调）、装罐、密封、杀菌、冷却或无菌包装而制成的所有食品。罐头按原料分为畜肉类罐头、禽肉类罐头、水产动物类罐头、水果类罐头、蔬菜类罐头、干果和坚果类罐头、谷类罐头、豆类罐头和其他类罐头。按加工方法分为清蒸罐头、调料类罐头、糖水类罐头、果酱类罐头、果汁类罐头和茄果类罐头。早在1973年初，美国由于蘑菇罐头中发生了肉毒毒素事件，使全世界深感对罐头食品加强卫生管理的必要。

一、罐头食品的污染来源

1. 杀菌不彻底致水果罐头内残留有微生物的污染

水果罐头食品在加工过程中，为了保持产品正常的感官性状和营养价值，在进行加热杀菌时，不可能使水果罐头食品完全无菌，只强调杀死病原菌、产毒菌，实质上只是达到商业灭菌程度，即水果罐头内所有的肉毒梭菌芽孢和其他致病菌以及在正常的贮存和销售条件下能引起内容物变质的嗜热菌均被杀灭。

罐内残留的一些非致病性微生物在一定的保存期限内，一般不会生长繁殖，但是如果罐内条件发生变化，贮存条件发生改变，这部分微生物就会生长繁殖，造成水果罐头变质。污染低酸性罐头食品的主要微生物有以下几种：

（1）嗜热性细菌　这类细菌抗热能力很强，易形成芽孢，罐头食品由于杀菌不彻底而导致的污染大多数由本类细菌引起。这类细菌通常有平酸腐败细菌、嗜热性厌氧芽孢菌等。

（2）中温性厌氧菌　这类细菌最适生长温度约为37℃，此类细菌分为两类，一类是分解蛋白质能力强，还能分解一些糖，主要有肉毒梭菌、生胞梭菌、双酶梭菌和腐化梭菌等。另一类分解糖类，如丁酸梭菌、巴氏芽孢梭菌和魏氏梭菌等。中温性厌氧菌易引起罐头食品腐败变质，内容物有腐败臭味。

（3）中温性需氧菌　这类细菌属芽孢杆菌属，是能产生芽孢的中温性细菌，其耐热能力较差，许多细菌的芽孢在100℃或更低温度下，短时间内就能被杀死，常见的引起罐头腐败变质的中温性需氧芽孢菌有枯草芽孢杆菌、巨大芽孢杆菌和蜡样芽孢杆菌等。

（4）不产芽孢的细菌　罐头内污染的不产芽孢的细菌有两大类群，一类是肠道菌，如大肠杆菌，它们在罐内生长可造成胖听；另一类不产芽孢的细菌是链球菌。

（5）酵母菌及霉菌　酵母菌污染低酸性罐头的情况较少见，仅偶尔出现于甜炼乳罐头中。

2. 罐头内壁涂料的污染

欧盟食品安全管理局2006年对罐头食品中的双酚环氧树脂、酚醛环氧树脂和邻酚环氧树脂含量实施新规定，其中前两者不得检出，后者要求含量小于1mg/kg。目前，国内标准的卫生指标、限量与欧盟等发达国家的要求存在较大差距。金属包装罐头都需要内壁涂料保护，以防止食品内容物腐蚀金属表面。目前绝大多数罐内壁使用环氧酚醛类型的涂料，这种涂料马口铁一般都按照GB 8230—1987《环氧酚醛型涂覆的镀锡（或镀铬）薄钢板》等国家标准，经过在高温杀菌条件下的抗酸抗硫检测。该环氧酚醛类型涂层已被全世界公认为对食品是较安全的。一些小厂为降低成本，使用价格相对较低的一些相对分子量较大的树脂，这些树脂残留量很高。还有一些小厂使用毒性较大的廉价溶剂，这些都造成了罐头容器的不安全因素。

3. 食品添加剂的污染

罐头食品采用密封和杀菌技术达到保藏目的，罐头食品不需要、也不允许使用防腐剂。罐头是世界公认的安全卫生营养方便的食品。但一些不具备罐头食品加工设施、卫生条件和人员素质的小罐头厂，违背罐头加工的技术要求和工艺规程，或是采用防腐剂、二氧化硫保藏罐头原料，或是采用质量很差的盐渍原料大量使用护色剂进行处理，或是通过添加防腐剂来延长成品的保质期，严重损害了罐头食品的安全。我国 GB 2760—2024《食品添加剂使用标准》规定，水果罐头除装饰用染色樱桃罐头可以使用胭脂红色素外，其余均不得添加合成色素。从罐头市场抽查情况分析，滥用添加剂的问题较多。

4. 罐头食品原料的污染

用于罐头食品加工的原料中农药、重金属和真菌毒素的污染，主要原因是原料生长过程中使用农药或土壤中铅和铜等重金属超标。另外，原料由于真菌污染而产生了毒素。

二、罐头食品污染的预防与控制

1. 按规定的程序制定加热杀菌工序

杀菌工艺规程应该按照产品种类、技术条件和配方，罐型大小及形状，罐头在杀菌锅内的排列方式，最大装罐量（包括液体），灌装方法，最低温度，排气方法，杀菌系统的形式和特征，杀菌温度和时间，反压和冷却方法等制定。当产品技术条件改变时，要判定对杀菌效果是否有影响，如发现原杀菌工艺已不适合，必须重新制定。

2. 原料的卫生控制

凡被寄生虫、有害微生物或其他外来杂质污染的原材料，经过正常挑选、分级处理达不到罐头加工原料标准要求的不得投产。投产前的原材料必须经过检验，只有符合国家有关的食品安全标准或规定，才能投入生产。原料经预煮、漂烫处理后，应该迅速冷却到规定的温度，并立即投入下道工序，避免长时间停留造成湿热菌的繁殖。对于一些肉类、禽类原料必须采用来自非疫区健康良好的畜禽，宰前及宰后需经兽医检验合格，并有兽医卫生检验合格证书。水产类罐头的原料必须采用新鲜的、组织有弹性、骨肉紧密连接的原料，坚决杜绝使用变质的和被有害物质污染的原料。果蔬类罐头的原料应采用新鲜、色泽好的无霉变、无虫害、成熟适度、无腐烂的水果和蔬菜。

3. 添加剂的管理和控制

果蔬类罐头在加工过程中使用的添加剂应该严格遵守我国 GB 2760—2024《食品添加剂使用标准》规定，食品添加剂必须采用国家允许使用、定点厂生产的食品级食品添加剂。

4. 其他卫生管理

应具有防止物理性胀罐、平酸菌败坏的预防措施，果蔬类罐头生产企业应预防氢胀、细菌性胀罐和穿孔腐蚀。果蔬罐头加工所用的水必须符合 GB 5749—2022《生活饮用水卫生标准》；低酸性的果蔬类罐头，应注意对制罐所用的材料及罐装器具材料的腐蚀，防止酸败变质现象的发生，应加强对罐体（包装容器）质量的检查，对产品的真空度进行定期抽验。

第八节　酒类的卫生与管理

酒是以谷类、薯类、甜菜、水果或其他富含糖类或淀粉的食物为原料，经微生物发酵生成含有酒精的饮料。酒是比较常见的日常生活饮品，在部分国家和地区，饮酒已成为一种饮食文化。在酒类生产过程中，原料选择、加工工艺等各环节若达不到卫生要求，就可能产生或混入有毒有害物质，对饮用者的健康产生危害。

一、酒的分类

酒的基本成分是乙醇，生产酒的基本原理是将原料中的糖类在酶的催化作用下，先发酵分解为寡糖和单糖，然后由乙醇发酵菌种将其转化为乙醇，这个过程称为酿造。酒按其生产工艺，一般分为三类：蒸馏酒、发酵酒和配制酒。

我国把蒸馏酒称为白酒或烧酒，一般是以粮谷、薯类、水果等为主要原料，经发酵、蒸馏、陈酿、勾兑而成，乙醇含量一般在60%以下。发酵酒是以粮谷、水果、乳类等为原料，主要经酵母发酵等工艺酿造而成，乙醇含量一般在20%以下，包括啤酒、果酒和黄酒等。配制酒是以蒸馏酒、发酵酒或食用酒精为酒基，加入可食用的辅料（糖、色素、香料、果汁等）配成，或以食用酒精浸泡植物的根、茎、叶、果实等制成。

二、酒中的有害成分

1. 乙醇

乙醇是酒类的主要风味物质，进入人体后除给机体提供能量外，无其他营养价值。乙醇在人体内主要在肝脏进行代谢，血液中乙醇浓度较低时，具有一定的兴奋作用，如果血液中乙醇浓度过高，常表现出症状为肌肉运动不协调，感觉功能受损以及情绪、人格与行为发生改变，常伴有恶心、呕吐、复视、体温降低、发音困难和麻醉状态等。血液中乙醇的含量一般在饮酒后1~1.5h达到最高；其在体内清除速度较慢，一次过量饮酒后24h也能在血液中检测出乙醇。肝脏是乙醇代谢的主要器官，因此，经常过量饮酒的人，肝功能很容易受到损害。过量乙醇进入人体后对各器官可造成多方面损伤，常见的是急性酒精中毒。当乙醇含量为40~70mg/L时，可出现昏迷、呼吸衰竭，甚至死亡。乙醇的慢性效应主要是损害肝脏，引起肝功能异常，而且具有致畸性。

2. 甲醇

酒中的甲醇来自酿酒原料植物细胞壁和细胞间质的果胶，尤其是腐败水果中的果胶。因为果胶中半乳糖醛酸甲酯分子中的甲氧基，在原料蒸煮过程中可分解产生甲醇，几乎可以完全被蒸馏到成品酒中。果胶水解成甲醇主要通过以下途径：

$$\text{果胶} \xrightarrow{\text{果胶酶及 } H^+/OH^-} \text{果胶酸} + \text{甲醇}$$

甲醇具有明显的麻醉作用，同时具有剧烈的神经毒性，剂量大时会导致死亡。甲醇对人的危害主要是侵害视神经，并导致视网膜损伤、视神经萎缩、视力减退，严重时会导致双目失明。甲醇经氧化后可产生甲醛和甲酸，其毒性远大于甲醇，并可使机体出现代谢性酸中毒。

3. 杂醇油

杂醇油是酒在酿酒过程中，由原料和酵母中的蛋白质、氨基酸以及糖类经分解和代谢产生的高沸点醇类混合物，包括丙醇、异丁醇、异戊醇等高级醇类，以异戊醇为主。

杂醇油的毒性和麻醉力强于乙醇，碳链越长毒性越大，其中异丁醇、异戊醇的毒性最大。杂醇油在体内氧化分解缓慢，可使中枢神经系统充血。因此饮用杂醇油含量高的酒常造成饮用者头痛及醉酒。

4. 醛类

醛类包括甲醛、乙醛、糠醛和丁醛等，是白酒在发酵过程中产生的。醛类毒性比相应的醇要高，其中毒性较大的是甲醛，属于细胞原浆毒，可使蛋白质凝固。乙醛是一种高活性物质，能引起脑细胞的供氧不足而产生头痛。乙醛也被认为是使人产生酒瘾的重要原因之一。糠醛主要来自糠麸酿酒原料，其毒性仅次于甲醛。

5. 氰化物

以木薯或果核为原料制酒时，原料中的氰苷经水解后可产生氢氰酸，由于氢氰酸相对分子质量小，又具有挥发性，因此能随水蒸气一起进入酒中。氰化物有剧毒，可以导致组织缺氧，使呼吸中枢及血管中枢麻痹而死亡。

6. 铅

酒中铅的主要来源是蒸馏器、冷凝导管和储酒容器中含有的铅。蒸馏酒在发酵过程中可产生少量的有机酸，含有机酸的高温蒸汽能使蒸馏器和冷凝管壁中的铅溶出。总酸含量高的酒，铅含量一般较高。通过饮酒而发生的铅中毒多是长期饮用含铅量高的白酒引起的慢性中毒，急性铅中毒很少。

7. 锰

有铁混浊的白酒以及采用非粮食原料酿造的酒带有不良气味，常使用高锰酸钾、活性炭进行脱臭处理。若使用方法不当或不经过复蒸馏，可使酒中残留较高含量的锰。锰虽然是人体的必需微量元素之一，但长期摄入过量可引起慢性中毒。

8. 其他

酒类也可能受到黄曲霉毒素 B_1 的污染，酒中黄曲霉毒素主要来自被黄曲霉毒素污染的原料，酒中黄曲霉毒素应低于 5μg/kg。*N*-二甲基亚硝胺是啤酒的主要安全卫生问题之一，其来源于大麦芽的直接烘干过程。目前我国多采用发芽、干燥两用箱，以热空气进行干燥，不再直接烘干，可以明显减少 *N*-二甲基亚硝胺的产生，*N*-二甲基亚硝胺在酒中的含量不应超过 3μg/L。在果酒的生产中，果汁进入主发酵之前需加入适量的二氧化硫，以起到杀菌、澄清、增酸和护色的作用。若使用量不当或发酵时间过短，就可能造成二氧化硫残留，二氧化硫的残留量应≤0.05g/kg。在发酵酒中，微生物的污染也比较严重，发酵酒由于乙醇含量较低，较容易受到微生物污染。

三、酒类污染的预防与控制

（一）原辅料

酿酒的原料很多，包括粮食类、水果类、薯类以及其他代用原料，所有原材料投产前必须经过检验、筛选和清蒸除杂处理。经处理仍达不到工艺要求的不得投入生产。酿酒的原料应具有正常的色泽和良好的感官性状，无霉变、无异味、无腐烂。发酵使用的纯菌种应防止退化、变异和污染；食品添加剂的品种和用量必须符合 GB 2760—2024《食品添加剂使用标准》；用于调制果酒的酒精必须符合 GB 10343—2023《食用酒精质量要求》中规定的食用酒精品种和用量；配制酒使用的酒基必须符合 GB 2757—2012《蒸馏酒及其配制酒》和 GB 2758—2012《食品安全国家标准　发酵酒及其配制酒》，不能使用工业酒精或医用酒精作为配制酒原料；工厂应有足够的生产用水，如需配备贮水设施，应有防止污染的措施。水质必须符合 GB 5749—2022《生活饮用水卫生标准》的规定。

（二）生产工艺中的安全卫生管理

1. 蒸馏酒

在白酒生产过程中，制曲、蒸煮、发酵、蒸馏等工艺是影响白酒质量的关键环节。各种酒曲的培养必须在特殊工艺下配料、加工、制作和培养，要定期对菌种进行筛选和纯化。清蒸是降低酒中甲醇含量的重要工艺，在以木薯、果核为原料制酒时，清蒸还能使氰苷类物质提前释放。白酒蒸馏过程中，由于各组分分子间引力的不同，“酒头”与“酒尾”中甲醇、杂醇油和醛类含量较高，去掉“酒头”和“酒尾”二段馏分，可减少酒中甲醇、杂醇油和醛类的含量。对使用高锰酸钾处理的白酒，要经复蒸后除去锰离子才能使用。为了减少酒中的铅污染，蒸馏设备和储酒容器应采用含锡99%以上的镀锡材料或无铅材料。用于发酵的设备、容器及管道应经常清洗以保持卫生。

2. 发酵酒

啤酒的生产过程主要包括制备麦芽汁、前发酵、过滤等工艺环节。在原料经糊化和糖化后过滤制成麦芽汁，须添加啤酒花煮沸后再冷却至添加酵母的适宜温度（5~9℃），这一过程易受到污染。因此，整个冷却过程中使用的各种设备、容器、管道等均应保持无菌状态。为防止发酵中杂菌污染，酵母培养室、发酵室及相关器械均需保持清洁，并定期消毒。另外，发酵酒由于菌种不纯或受到产酸菌的污染，原料蒸煮不透会使发酵酒产酸，因此，应该使用纯菌种发酵，原料蒸煮要彻底。酿制成熟的啤酒在过滤处理时所使用的滤材、滤器应彻底清洗消毒，保持无菌。在果酒生产中，不能使用铁制容器或有异味的容器。水果类原料应防止挤压破碎后被杂菌污染，造成酒的质量下降。黄酒在糖化发酵中不得用石灰中和来降低酸度。

3. 配制酒

以蒸馏酒或食用酒精为酒基，浸泡药食两用食物时，必须严格以原卫生部公布的、既是食品又是药品的物品和可用于保健食品的物品为原料进行选择，禁止选用保健食品禁用物品作为配制酒的生产原料。

此外，在酒的酿造过程中，禁止向酒中加入非食物成分，以冒充或效仿酒类的某些感官特征，这也是目前在酒类生产中值得关注的食品安全问题。成品酒的质量必须符合GB/T 10781.1—2021《白酒质量要求　第1部分浓香型白酒》、GB 10781.2—2022《白酒质量要求　第2部分清香型白酒》、GB 4927—2008《啤酒》、GB 15037—2006《葡萄酒》等相关标准和规范。

（三）包装、贮藏和运输的管理

成品酒的包装必须符合GB 7718—2011《食品安全国家标准　预包装食品标签通则》的规定。成品酒的仓库应干燥，通风良好，库内不得堆放杂物。运输工具应清洁干燥，装卸时应轻拿轻放，严禁与有毒、有腐蚀的物品混运。

第九节　其他食品的卫生与管理

一、转基因食品的卫生与管理

2022年，农业农村部发布多项“转基因产业化”措施，全国呈现出转基因作物全面开放的大好形势。2023年，农业农村部发文《全面推进乡村振兴重点工作》跟进：“全面实施农业生物育种重大项目，加快生物育种产业化步伐，进一步扩大转基因玉米大豆产业化应用试点范围”。转基因食品（genetically modified food，GMF）是指利用分子生物学手段，将某些生物的基因转移到其他生物物种上，使其出现原物种不具有的性状或产物，以转基因生物为原料加工生产的食品就是转基因食品。

目前已经进入转基因食品的发展有三大领域。

①植物性食品：是指以含有转基因的植物为原料的食品。植物性转基因食品的优势在于能进行成熟控制，耐极端环境，抗虫害，抗病毒，提高其生存能力，提高营养物质含量和种类等，主要的品种有小麦、大豆、玉米、水稻、土豆和番茄等。例如，抗虫和推迟成熟的转基因番茄由于其抗虫能力的提高和成熟期的延长减少了化学农药的使用和对其依赖性，减少了环境污染，减少了运输损坏量。北京大学培育的转基因抗黄瓜花叶病毒（CMV）的番茄“8805R”、抗黄瓜花叶病毒（CMV）的甜椒“双丰 R”，带来了显著的社会经济效益。

②动物性食品：是指以含有转基因的动物为原料的食品。主要是利用胚胎移植技术提高动物的生长速度，增强抗病能力，改善动物的肉质和营养组成，主要有鱼、猪、牛和鸡等。1994年，研究人员将红大马哈鱼生长激素基因转入银大马哈鱼中，得到了比正常对照组的鱼要大3~11 倍的“超级转基因鱼”，我国科研人员也将大马哈鱼的生长激素基因导入黑龙江野鲤，选育出“超级鲤”。

③微生物：是指以含有转基因的微生物为原料的食品。改造有益微生物，提高食用酶制剂产量和活力等。例如，将黑曲霉的葡萄糖淀粉酶基因克隆入啤酒酵母，用以生产低热量啤酒。

转基因食品主要的安全问题如下。

1. 转基因食品的毒性

用于提供基因的生物很可能无毒，但其基因转入作为食品的生物后，产生了有毒物质。另外，新基因的转入，打破了原来生物基因的“管理体制”，使一些产生毒素的沉默基因开启，产生有毒物质，自然界中任何生物的存在与繁衍，都不是以人类食物为目的而生长的，而是根据生存的需要和规律来生长及代谢的。目前，世界上已知的植物毒素有 1000 多种，如生物碱、酚类、过敏物质和天然致癌物等。微生物中的毒素有细菌毒素、霉菌毒素和真菌毒素等。科学家对获准在西班牙和美国商业化种植的转基因玉米和棉花进行了针对性研究以后，认为转基因作物可能引起脑膜炎及其他新病种。也有资料证实，转基因食品可能导致生物体系失调、诱发癌症，并传递给下一代，此过程可能需要 30 年或更长的时间。

2. 转基因食品产生过敏原

食物过敏是一个世界性的公共卫生问题，全世界约有 2% 的人群对某些食品产生过敏性反应。转基因可能将供体过敏原的特性转移到受体动植物体内，此外，许多转基因植物还以微生物为基因供体，这些供体是否具有过敏性尚不清楚。一些非食物原的基因或新的基因组合，以及转基因食品中含有的一些过敏原（如花生、牛乳、鸡蛋、坚果及沙丁鱼中含有的蛋白）均会激发一些易感消费者出现过敏反应。1994 年，美国某公司的科研人员尝试了将巴西坚果中编码 2S albumin 蛋白的基因转入大豆中。研究结果表明，转基因大豆中的含硫氨基酸的确提高了。但是，在研究人员对转入编码蛋白质 2S albumin 的基因的大豆进行了测试之后，发现对巴西坚果过敏的人同样会对这种大豆过敏，蛋白质 2S albumin 可能正是巴西坚果中的主要过敏原。因此，该公司立即终止了这项研究计划，此事后来一度被说成是“转基因大豆引起食物过敏”，作为反对转基因的一个主要事例，但实际上“巴西坚果事件”也是所发现的因过敏未被商业化的转基因案例。

3. 转基因食品的抗药性

将外来基因转入植物或动物中，该基因将会与其他基因连接在一起，人们在食用了这种改良食物后，食物在人体内将抗药性基因传给致病细菌，使人体产生抗药性。2002年英国进行了转基因食品DNA的人体残留试验，7名做过切除大肠组织手术的志愿者，食用过用转基因大豆做成的汉堡包之后，在其小肠道的细菌中检测到了转基因DNA的残留物。因此，转基因食品对人体健康的严重影响，可能需要较长时间才能逐渐表现和检测出来。

4. 食品营养成分的改变

人为转入外源基因极有可能使原有基因发生缺失和错码等突变，从而导致所表达的蛋白发生了改变，这可能以无法预测的方式改变了食物的营养成分的组成和含量，引起抗营养因子的改变，对人群膳食营养产生影响，造成体内营养素平衡紊乱。美国培育的一种耐除草剂转基因大豆的抗癌成分异黄酮就比一般大豆低了12%~14%。

5. 其他潜在危害

转基因食品的外源基因通过食物链传递，在微生物之间可以通过转导、转化、接合进行基因转移，转基因作物及转基因食品中的“有害”基因是否会转移到人或动物体内，增加抗药性等问题，仍需要进一步研究。

二、转基因食品的管理与法规

转基因食品管理体系主要包括安全性认证、品种管理和强制性标签三部分。

（一）安全性认证

由于转基因产品的复杂性和多样性，仅通过生物技术检测手段或者通过毒理试验很难对转基因食品进行全面准确的评价。况且食品安全性毒理学评价也不能完全排除潜在危害的可能性。因此，转基因食品的安全评估不是一项单纯的检验问题，也不要期望经过检验就能够有效地进行安全性控制。实际上，对转基因食品的安全性评估需要采取综合性的管理措施，对它们的进出口管理则更为复杂，一般可以从以下三个方面来考虑。

1. 生产商提供证明

转基因产品必须通过所在国政府的安全性评估，并经所在国主管部门正式批准种植，在本国进行过商业性销售。生产商应提供足够的证据来证明该转基因食品是安全无害的。这些证明可以由生产厂商提供，也可以由国际认可的科学研究部门或其他有资格的技术、检验机构提供。

2. 国际上的接受程度

目前，国际上对转基因食品的管理与评价没有统一的标准，因此只有将转基因食品在世界各国被接受的程度作为一个比较重要的参考依据。一般情况下，被广泛接受的产品较为可信，其安全性方面的风险较小。

3. 进口国官方机构的评估

由于转基因食品的安全性关系到消费者的安全和健康，进口国官方的主管部门应该对进口转基因食品实行强制性的安全性评估。

（二）品种管理

品种管理是转基因食品管理的基础，具有十分现实的意义。转基因生物作为原料通过食品加工体系迅速地扩散，如果对原料品种没有进行必要的管理，就无法确定最终产品中是否含有转基因成分。

1. 品种划分

从遗传学的角度来看，如果DNA序列在一定程度上具有差异就可以认为是不同的品种；对于来源于同一母体，但经不同的基因重组方式导入具备不同特性或者不同序列的异源DNA片段后也可认为是不同的品种。导入异源DNA片段的特性以及在受体中的位置是划分品种的基础。

2. 品种命名

为了有效地对转基因作物进行品种管理，有必要对传统商品名称的命名方式进行改进。例如，经过基因重组具备抗病毒特性的美国加利福尼亚州小麦，就不能再称为美国加利福尼亚州小麦，也不能笼统地称为抗病毒美国加利福尼亚州小麦，应该将经过基因重组所具备不同DNA特征作为品种名称的一部分，或者在品种名称中缀以品种代号，当然这些品种代号必须有唯一性，代号及所代表的意义必须事先向管理当局备案并获得认可。

3. 品种纯度验证

对转基因农作物，生产商应提供品种的特征资料，包括该DNA特征描述、序列谱、验证方法，并具体说明品种改良的目的。如果出于商业上的考虑不愿意提供DNA序列谱，也可以只提供验证品种纯度的检验方法，或者提供验证品种的试剂盒。

（三）强制性标签

针对各类转基因食品或含转基因成分的食品，应实行标签制度，标签内容应包括：①转基因生物（GMO）的来源；②过敏性；③伦理学考虑；④不同于传统食品（成分、营养价值、效果等）。例如，我国现行的标识制度将转基因动植物（含种子、畜禽、水产苗种）和微生物，转基因动植物、微生物产品，含有转基因动植物、微生物或者其产品成分的种子、畜禽、水产苗种、农药、兽药、肥料和添加剂等产品，直接标注为“转基因XX”；将转基因农产品的直接加工品，标注为“转基因XX加工品（制成品）”或者“加工原料为转基因XX”；将用农业转基因生物或用含有农业转基因生物成分的产品加工制成的产品，但最终销售产品中已不再含有或检测不出转基因成分的产品，标注为“本产品为转基因XX加工制成，但本产品中已不再含有转基因成分”或者标注为“本产品加工原料中有转基因XX，但本产品中已不再含有转基因成分”。

生物的安全问题需进行长期的系统研究，对转基因生物及其产品的商业化需慎重，对转基因生物产品的管理需更加严格。

三、保健食品的卫生与管理

保健食品系指具有特定保健功能的食品。即适宜于特定人群食用，具有调节机体功能，不以治疗疾病为目的的食品。保健食品应该具有三个基本的属性：①食品属性，保健食品是食品，必须符合普通食品的基本要求，能提供一般食品具有的营养素，能被人体消化吸收，安全无毒，但不是普通食品。②功能属性，保健食品应具有特定的保健功能，是可以用科学的实验方法进行客观验证的具体、明确的功能，可满足特殊人群的特殊生理功能需要的食品。③非药品属性，保健食品不是药品，不能取代药物对病人的治疗作用，不能以治疗疾病为目的，只能通过一定的途径调节机体的生理功能来满足人体的要求，消费者可自由选择。

党的二十大报告指出，人民健康是民族昌盛和国家强盛的重要标志。强化保健食品安全监管；推动战略性新兴产业融合集群发展，构建新一代信息技术、人工智能、生物技术、新能源、新材料、高端装备、绿色环保等一批新的增长引擎。深入学习贯彻落实党的二十大精神，必须坚持以人民为中心的发展思想，以更加有力的措施，纵深推进食品药品安全治理，有效维护人民群众健康权益，不断增强新时代广大人民群众的获得感、幸福感和安全感。我国保健食品近年来虽然发展迅速，市场潜力大，产品质量不断提高，新产品不断出现，但也面临着很多的问题，存在着安全隐患。

（一）保健食品动植物原料的卫生隐患

1. 农药、化肥等的污染

全世界用于保健食品的植物原料约有 35000 多种，为了满足生产和加工的需要，我国约有 7000 多种已人工种植，在种植过程中由于大量使用农药、化肥和除草剂等，造成质量不稳定，农药残留问题严重，有害元素超标等问题。

2. 动物源食品、畜产品和海产品的污染

一些动物源食品、畜产品和海产品由于环境、饲料的卫生管理不合格，导致动物源食品、畜产品的污染，如牛乳、蜂蜜、蜂王浆中的抗生素。一些海产品受环境的影响，有害元素如汞、砷、铅等超标，禽蛋中的激素残留。

3. 生产、加工、贮存中的污染

保健食品中的功效成分在提取过程中使用有机溶剂而导致了残留，加工过程中添加剂的添加量超标，保健食品在贮存过程中管理不当导致微生物的污染。2016 年，在上海抽查的 61 种保健食品中，由于操作加工不卫生，仓库污染，贮运不当，造成微生物超标，其中 11 份因霉菌、大肠杆菌、菌落总数超标不合格。还有 7 种的问题是添加剂超标。

（二）保健食品提取物的毒性

有些保健食品中个别功能性成分提取纯度越高，功效越明显，相反其毒性也会越大。因此，提取原料不产生毒性，但并不代表粗提物和精提物不具毒性。许多中草药成分如芦荟苷、银杏酸、葛根素、姜黄素等，都具有较明显的毒性。

（三）保健食品违法添加化学药物的污染

一些保健品厂家为了提高保健食品的功效，向保健品中违法添加化学药物。例如，向缓解体力疲劳类保健品中非法添加枸橼酸西地那非，向减肥类保健食品中非法添加芬氟拉明、麻黄素和利尿剂等，向降糖保健食品中非法添加格列本脲等，向改善睡眠的保健食品中非法添加苯巴比妥钠等。

（四）新原料与新工艺的应用带来的污染

随着保健食品工业的迅速发展，大量新的化学物质应用于保健食品加工过程，直接应用于食品及间接与食品接触的化学物质日益增多。现代生物技术、酶制剂等新技术在保健食品中的应用，以及保健食品新资源的开发等，对保健食品安全带来的隐患需要进行深入研究。

1. 转基因原料

为了使原料的营养素与毒素相互抑制，改变生物利用率，通过转基因技术在打开一种目的基因的同时，可能提高了某种天然毒素的含量，如马铃薯的龙葵碱，木薯或银杏叶中的氰化物，豆科植物中的蛋白酶抑制剂等。食品中潜在过敏原或过敏蛋白变化会随着基因进入新植物中，产生致敏性。

2. 纳米、螯合、微胶囊等新技术

保健食品加工过程中，采用纳米、螯合、微胶囊等新技术虽然改变了生物活性物质的利用率，如纳米级的大豆黄酮片、蜂胶养生宝、芦荟精华素等，按常规剂量服用时，可造成吸收大大增加而中毒。

四、保健食品的预防与控制

保健食品在保健的同时，其安全性也应加以重视，并采取相应措施以防止误用和滥用。

（一）建立完整的评价体系

首先应从原料的安全性来加强管理与控制，从产地控制其产品的质量，包括对产地的水源、土壤质量、农药化肥的使用、栽培原料的选用等方面进行全面综合的分析。从原料采收、保存过程保证安全性，通过分析和监测杜绝采收过程可能发生的污染，规范原料存放条件，防止腐败变质；从加工保证安全性，加工工艺实行 GMP 操作，保持操作过程中环境清洁、配料合理，不添加违禁成分；从运输保鲜保证安全性，完善成品保存环境，分析贮存及运输过程中可能出现的污染源。

（二）开展多种植物成分的混合安全性评价

大多数保健食品使用多种原料调配在一起来提高保健食品的功效，这些原料具备各自的食用效果，它们除了一般生理作用的营养效果外，还含有药效成分，但是保健食品的食用效果是否是这些有效成分起作用，这些有效成分混合后的相互作用是否安全，需要进行合理的安全性评价。

（三）严格审批程序

建立原料相应的种植标准，加工过程须审批，实行 GMP 操作，对配料进行安全分析，对保健食品的各种保健功能进行严格检验。

（四）提高检测能力

对保健食品中的有效成分，尤其是有害成分的检测能力要不断提高。例如，二噁英的检测分析，由于二噁英是由 210 种异构体组成的混合物，其中含 4~8 个氯取代的二噁英就有 136 种，而其中毒性较大的 2,3,7,8-氯代异构体有 17 种，要将这些组分及异构体从食品样品这样复杂的基质中分离分析并定量，对方法的特异性、选择性和灵敏度都提出了极大的挑战。因此，二噁英的检测分析是当今食品安全和环境科学领域最困难和最前沿的技术。如果要快速、灵敏、准确地对食品中二噁英污染物进行定量筛选，就需要不断地改进检测技术。为解决目前二噁英检测面临的难题，各国研究人员进行了多种探索研究，主要包括长时段采样检测技术、生物检测技术和在线检测技术，其中在线检测技术又包括二噁英关联物研究、二噁英关联模型研究和二噁英关联物在线测量仪研究。

（五）明确使用方法

保健食品是传统养生学、现代营养学及食品科学结合产生的食品，体现了现代食品科学的成果，为促进人们健康起到了重要作用。正确使用保健食品有利于身体健康。选择保健食品切忌盲目，要注重科学进补替代盲目进补，应根据身体的需求有目的地选择保健品，另外，保健品不能代替药物，不能作为治疗药用，也不能取代传统食物，不能单靠保健食品维持身体健康。在以饮食为主的原则下，合理地选择保健品并长期食用，有助于身体健康。

五、方便食品的卫生与管理

方便食品指以米、面、杂粮等粮食为主要原料加工制成，只需要简单烹制即可作为主食的具有食用简便、携带方便、易于贮藏等特点的食品。方便食品分为即食食品和需烹调食品两大类：即食食品是指经过加工制作，可即开即食，或经开水冲泡即可食用的方便食品。烹调食品由一种或几种食品组合而成，需要经过加热或烹调可以食用的方便食品。

（一）方便食品的污染来源

1. 加工原材料带来的污染

方便食品加工的原料一般是面粉、大米和肉类，也有蔬菜和水果。这些原料本身的卫生情况在很大程度上决定方便食品的卫生情况。近年来，我国出现了各种食品加工材料质量不合格、卫生不达标的相关报道，不法商家为了获取经济利润，使用劣质原料，这些劣质原料含有的一些病原微生物大量繁殖后产生毒素导致污染，容易造成食物中毒。有些方便食品如方便面、油饼等要经过高温油炸，所用油脂中脂肪酸特别是不饱和脂肪酸在高温条件下会发生氧化生成有毒物质。方便食品的佐料包经常添加防腐剂，防腐剂添加不合理或超标造成污染。另外，方便食品中的调味品和香料使用时未遵循卫生标准也会造成污染。

2. 加工、贮藏和销售过程中微生物的污染

方便食品由于一般不需要加热或稍微加热便可食用，所以其卫生必须得到保证。而方便食品在加工、贮藏和销售等环节极易受到微生物或其他有毒有害物质的污染。

3. 包装材料带来的污染

目前，市场上的大部分方便食品都采用塑料包装，塑料的价格低廉、产量高，容易加工而且使用方便，也是制造商最为喜欢的包装材料。其中比较常见的塑料是聚丙烯复合薄膜，但是这种复合薄膜存在很严重的安全问题，不能耐受高温，超过一定温度后会发生变形，会释放出致癌物质。另外，很多方便食品的复合薄膜包装都采用聚氨酯型黏合剂，这种黏合剂含有甲苯二异氰酸酯（TDI），一旦蒸煮后，就会使TDI转移到食品中，水解成致癌的2,4-二氨基甲苯（TDA）。

（二）方便食品卫生安全的预防与控制

方便食品种类繁多，一般均为只需简单处理或可直接食用的食品，因此每一种方便食品从感官指标、理化指标到微生物指标都应符合相应的卫生标准。对我国目前尚未颁布卫生标准的

方便食品，可参照国外类似产品的卫生标准。

1. 原材料

粮食类原材料应无杂质、无霉变、无虫蛀；畜禽肉类须经严格的检疫，不得使用病畜禽肉作原材料，加工前应剔除毛污、血污、淋巴结、粗大血管及伤肉等；水产品原材料挥发性盐基总氮应在15mg/kg以下；果蔬类原材料应新鲜、无腐烂变质、无霉变、无虫蛀、无锈斑，农药残留量应符合相应的卫生标准。

2. 油脂

生产用食用油脂应无杂质、无酸败，防止矿物油、桐油等非食用油混入。有油炸工艺的方便食品应按食用油脂煎炸过程中卫生标准严格监测油脂的质量。

3. 食品添加剂

方便食品加工过程中使用食品添加剂的种类较多，应严格按照食品添加剂使用卫生标准控制食品添加剂的使用种类、范围和剂量。

4. 调味品及食用香料

生产中使用调味品的质量和卫生应符合相应的卫生标准，食用香料要求干燥、无杂质、无霉变、香气浓郁。

5. 生产用水

生产用水应符合GB 5749—2022《生活饮用水卫生标准》。

（三）包装材料

方便食品因种类繁多，其包装材料也各具特色，如纸、塑料袋（盒、碗、瓶等）、金属罐（盒）、复合膜、纸箱等。所有材料必须符合相应的卫生标准，防止受到微生物、有害重金属及其他有害物质污染。

（四）贮藏

尽量专库专用，库内通风良好、定期消毒，并有各种防止污染的设施和温控设施，避免生熟食品混放或成品与原材料混放。

思考题

1. 常见的粮豆中天然的有毒物质有哪几种？
2. 粮豆类食品的安全卫生管理措施是什么？
3. 肉及肉制品的污染来源有哪些？
4. 如何对肉及肉制品安全卫生管理及控制？
5. 禽蛋类食品的微生物污染有哪些？
6. 水产品污染有哪些途径？
7. 怎样预防与控制水产品污染？
8. 目前国内外针对转基因食品的管理法规有哪些？

第五章

05

食源性疾病及其预防

本章学习目标

1. 了解食品中毒的分类和特点。
2. 了解各种食物中毒的分类。
3. 了解对食品卫生进行监督管理的措施。

WHO 认为，凡是由通过摄食进入人体的各种致病因子引起的具有感染性或中毒源性的疾患称为食源性疾病，即指通过食物传播的方式和途径致使病原物质进入人体并引发中毒或感染性疾病。从这个概念出发应该不包括一些与饮食有关的慢性病、代谢病，如糖尿病、高血压等，然而，国际上有人把这类疾病也归为食源性疾患的范畴。顾名思义，凡与摄食有关的一切疾病（包括传染性和非传染性疾病）均属食源性疾病。1984 年 WHO 将“食源性疾病”一词作为正式的专业术语，以代替历史上使用的“食物中毒”一词，并将食源性疾病定义为“通过摄食方式进入人体内的各种致病因子引起通常具有感染或中毒性质的一类疾病”。

食源性疾病按性质可以分为五类：①食物中毒；②与食物有关的变态反应性疾病；③经食品感染的肠道传染病（如痢疾）、人畜共患病（口蹄疫）、寄生虫病（旋毛虫病）等；④因二次大量或长期少量摄入某些有毒有害物质而引起的以慢性毒害为主要特征的疾病；⑤营养失调所致的食源性疾病。

按致病因子可分为七类：①细菌性食源性疾病；②食源性病毒感染；③食源性寄生虫感染；④食源性化学性中毒；⑤食源性真菌毒素中毒；⑥动物性毒素中毒；⑦植物性毒素中毒。按发病机制可分为两类：食源性感染和食源性中毒。

第一节　食物中毒概述

（一）食物中毒概念

食物中毒（food poisoning）是指健康人食用正常数量的食品，误食了食物中毒性微生物及其毒素、有毒化学物质污染的食品，或其他有毒生物组织（如甲状腺、肾上腺、毒鱼、毒蕈等）所引起的急性、亚急性或慢性疾病。

（二）食物中毒分类

食物中毒的原因很多，一般可分为细菌性食物中毒、真菌毒素中毒、动物组织（性）食物中毒、植物性食物中毒、化学性食物中毒等五类。

（三）食物中毒特点

1. 食物传播

所有的食物中毒都是以食物和水源为载体使致病因子进入机体引起的疾病。食物中毒的发生必须有食品这个媒介。

2. 暴发性

食源性疾病的暴发少则几人，多则上千人。微生物性食物中毒的发病形式多为集体暴发，家庭、学生食堂和工人食堂、婚礼聚餐等，潜伏期长短不一，最短的如金黄色葡萄球菌肠毒素潜伏期15~30min，也有几十个小时才出现临床症状的；非微生物性食物中毒为散发或暴发，潜伏期多数较短，通常为数分钟至数小时。

3. 散发性

化学性食物中毒和某些有毒动植物食物中毒，多以散发病例出现，各病例间在发病时间和地点上无明显联系，如毒蕈中毒、河豚中毒、有机磷中毒等。

4. 地区性

某些食源性疾病常发生于某一地区或某一人群，如肉毒杆菌中毒在中国的新疆地区多见；副溶血性弧菌食物中毒主要发生在沿海地区；霉变甘蔗中毒多发生在北方地区；牛带绦虫病主要发生于有生食或半生食牛肉习俗的地区。

5. 季节性

某些疾病在一定季节内发病率升高，如细菌性食物中毒，一年四季均可发生，但以夏秋季发病率最高；有毒蘑菇、鲜黄花菜中毒易发生在春夏季节，霉变甘蔗中毒主要发生在2~5月份。

第二节　细菌性食物中毒

一、概　　述

细菌性食物中毒（bacterial food poisoning）系指由于进食被细菌或其毒素污染的食物而引起的急性中毒性疾病。临床上多分为胃肠型食物中毒与神经型食物中毒两大类。

（一）细菌性食物中毒的主要原因

1. 生熟食交叉污染

例如，熟食被生食原料污染，或被与生食原料接触过的表面（如容器、手、操作台等）污染，或接触熟食的容器、手、操作台等被生的食品原料污染。

2. 食品贮存不当

例如，熟食在10~60℃之间的温度条件下存放时间应小于2h，长时间存放易变质。另外易腐原料、半成品在不适合的温度下长时间贮存也可导致食物中毒。

3. 食品未烧熟煮透

由于食品烧制时间不足、烹调前未彻底解冻等原因，使食品加工时中心部位的温度未达到70℃而导致食品未烧熟煮透。

4. 从业人员带菌污染食品

从业人员患有传染病或带菌，操作时通过手接触等方式污染食品。此外，长时间贮存的食品在食用前未彻底加热，中心部位加热温度不到70℃以上，以及进食未经加热处理的生食品也是细菌性食物中毒的常见原因。

（二）细菌性食物中毒的流行病学特征

①传染源：带菌的动物如家畜、家禽及其蛋品、鱼类及野生动物为本病的主要传染源，患者带菌时间较短，作为传染源的意义不大。

②传播途径：被细菌及其毒素污染的食物经口进入消化道而得病。食品本身带菌，或在加工、贮存过程中污染菌。苍蝇、蟑螂也可作为沙门氏菌、大肠杆菌污染食物的媒介。

③人群易感性：普遍易感，病后无明显免疫力，可重复多次感染。

④流行因素：本病在5~10月较多，7~9月尤易发生，这与夏季气温高、细菌易于大量繁殖密切相关。常因食物采购疏忽（食物不新鲜或病死畜肉），保存不好（各类食品混合存放或贮藏条件差），烹调不当（肉块过大、加热不够或凉拌菜），生熟刀板不分或剩余物处理不当而引起。节日会餐时、饮食卫生监督不严，尤易发生食物中毒。

（三）细菌性食物中毒的发病机制

病原菌在污染的食物中大量繁殖，并产生肠毒素类物质，或菌体裂解释放内毒素。进入体内的细菌和毒素，可引起人体剧烈的胃肠道反应。

1. 肠毒素

病原菌中大多数能产生肠毒素或类似的毒素，尽管其分子质量、结构和生物学性状不尽相同，但致病作用基本相似。由于肠毒素刺激肠壁上皮细胞，激活其腺苷酸环化酶，在活性腺苷酸环化酶的催化下，使细胞浆中的三磷酸腺苷脱去二个磷酸，而成为环磷酸腺苷（CAMP），CAMP浓度增高可促进胞浆内蛋白质磷酸化过程，并激活细胞有关酶系统，促进液体及氯离子的分泌，抑制肠壁上皮细胞对钠和水分的吸收，导致腹泻。耐热肠毒素是通过激活肠黏膜细胞的鸟苷酸环化酶，提高环磷酸鸟苷（cGMP）水平，引起肠隐窝细胞分泌增强和绒毛顶部细胞吸收能力降低而引起腹泻。

2. 侵袭性损害

沙门氏菌、副溶血性弧菌、变形杆菌等能侵袭肠黏膜上皮细胞，引起黏膜充血、水肿、上皮细胞变性、坏死、脱落并形成溃疡。侵袭性细菌性食物中毒的潜伏期较毒素引起的稍长，大便可见黏液和脓血。

3. 内毒素

除鼠伤寒沙门氏菌可产生肠毒素外，沙门氏菌菌体裂解后释放的内毒素致病性较强，能引起发热、胃肠黏膜炎症、消化道蠕动，并产生呕吐、腹泻等症状。

4. 过敏反应

莫根变形杆菌能使蛋白质中的组氨酸脱羧而形成组织胺，引起过敏反应。其病理改变轻微，由于细菌不侵入组织，故无炎症发生。

（四）细菌性食物中毒的特点

①与饮食有关，不进食者不发病。

②去掉引起中毒的食品，新的患者不再发病。

③呈暴发性和群发性，多人同时发生。

④季节性明显，多发生在夏秋季，7~9 月为高峰。

⑤多数患者出现呕吐、恶心、腹痛、腹泻等急性胃肠炎症状，且互相不传染。

⑥能从所食食物和呕吐物、粪便中同时检出同一种病原菌。

二、常见的细菌性食物中毒

（一）沙门氏菌食物中毒

沙门氏菌（*Salmonella*）为肠杆菌科沙门氏菌属，根据其抗原结构和生化试验，目前已有2430余种血清型，但仅有100多个血清型对人有致病性，其中以鼠伤寒沙门氏菌、肠炎沙门氏菌和猪霍乱沙门氏菌较为多见。多种家畜（猪、牛、马、羊）、家禽（鸡、鸭、鹅）、鱼类、飞鸟、鼠类及野生动物的肠腔及内脏中能查到此类细菌。细菌经粪便排出，污染饮水、食物、餐具以及新鲜蛋品、冰蛋、蛋粉等，人进食后造成感染。致病食物以肉、血、内脏及蛋类为主，该类细菌在食品中繁殖后，并不影响食物的色、香、味。

1. 病原特性

该菌为革兰阴性杆菌，需氧，不产生芽孢，无荚膜，绝大多数有鞭毛，能运动。对外界的抵抗力较强，在水和土壤中能活数月，在粪便中能活1~2个月，在冰冻土壤中能过冬。不耐热，55℃、1h或60℃、10~20min死亡，50g/L苯酚或2g/L氯化汞，5min内即可将其杀灭。

2. 致病性

沙门氏菌经口进入人体以后，在肠道内大量繁殖，并经淋巴系统进入血液，造成一过性菌血症。随后，沙门氏菌在肠道和血液中受到机体的抵抗而被裂解、破坏，释放大量内毒素，导致人体中毒，出现中毒症状。也可引起禽类发病如鸡白痢等疾病。沙门氏菌食物中毒的潜伏期为6~12h，最长可达24h。主要病变是急性胃肠炎，临床表现为恶心、头痛、出冷汗、面色苍白，继而出现呕吐、腹泻、发热，体温高达38~40℃，大便水样或带有脓血和黏液，中毒严重者出现寒战、惊厥、抽搐和昏迷等，致死率较低。

3. 检验

沙门氏菌的检验参考GB 4789.4—2024《食品安全国家标准　食品微生物学检验　沙门氏菌检验》进行。

（二）副溶血性弧菌食物中毒

副溶血性弧菌（*Vibrio parahaemolyticus*）又称嗜盐杆菌、嗜盐弧菌，是一种海洋性细菌，主要存在于海水和海产品中，其中以墨鱼带菌率最高，可达 93%，梭子鱼 78.8%，带鱼 41.2%，黄鱼 27.3%；肉类、禽类产品、淡水鱼中也有副溶血性弧菌的存在。本菌的致病性菌株可引起人的食物中毒，最早由日本报道，引起发病的食物主要是海产品，随后在沿海地带及岛屿地带均有发现，位居沿海地区食物中毒之首。该菌引起的中毒多呈暴发性，散发的较少。食物中毒大多发生于 6~10 月份气候炎热的季节，寒冷季节则极少见。主要由生食海产品，烹调加热不足或交叉污染引起。

1. 病原特性

副溶血性弧菌为革兰阴性菌，一端有鞭毛，运动活泼，菌周也有菌毛。大小为 0.7~1.0μm，有时有丝状菌体，可长达 15μm。本菌在不同的生长环境中出现的菌体形态也有些差异，呈现多形性。主要出现的形态有球状、球杆状、卵圆形和丝状。本菌的排列不规则，多数以分散形式存在，有时也成对存在。本菌为需氧菌，需氧性很强，对营养要求不高，但在无盐的环境中不能生长。本菌对热敏感，65℃、5~10min，90℃、3min 即可将其杀死。15℃以下生长即受抑制，但在-20℃保存于蛋白胨水中，经 11 周仍能继续存活。该菌对酸的抵抗力较弱，在 2%的醋酸和食醋中 1min 即死亡。对氯、苯酚、来苏儿抵抗力较弱，如在含 0.5mg/L 氯的水中，1min 死亡。

2. 致病性

本菌食物中毒的发病机制目前尚不十分清楚，副溶血性弧菌的致病类型属于感染型而非毒素型，家兔的肠结扎试验是阳性反应，受结扎的肠管膨隆，表面呈红色或暗红色，肠管内有大量的渗出物积滞，肠壁出血变薄，皱襞消失。与菌株毒力有关的因素有：①耐热性溶血素；②不耐热性溶血素；③磷脂酶；④溶血磷脂酶；⑤霍乱原样毒素；⑥胃肠毒素。有报道证实，中毒与该菌产生的溶血素有关。耐热性溶血素可使小鼠、豚鼠的回肠段、心肌细胞发生变性，是一种心脏毒素。

由副溶血性弧菌引起的食物中毒一般表现为发病急，潜伏期 2~24h，一般 10h 左右发病。腹痛是本病的特点，多为阵发性绞痛，并伴有腹泻、恶心、呕吐、畏寒发热、大便似水样等症状。少数病人可出现意识不清、痉挛、面色苍白或发绀等现象，若抢救不及时，呈虚脱状态，可导致死亡。

3. 检验

副溶血性弧菌的检验参考 GB 4789.7—2013《食品安全国家标准 食品微生物学检验 副溶血性弧菌检验》进行。

（三）肉毒梭菌食物中毒

肉毒梭菌（*Clostridium botulinum*）是一种腐物寄生菌，在自然界分布很广，土壤、霉干草和畜禽粪便中均有存在。肉毒中毒是一种较严重的食物中毒，它是由肉毒梭菌外毒素引起的。根据其外毒素免疫学特性，可分为 A~G 七个毒素型。C 型包括 C_1 和 C_2 两个亚型，引起人食物中毒的主要是 A、B、E 及 F 型。肉毒中毒主要是食品在调制、加工、运输、贮存的过程中污染了肉毒梭菌的芽孢，在适宜条件下发芽、增殖并产生毒素造成的。中毒食品的种类往往与饮食习惯有关。在国外，引起肉毒中毒的食品多为肉类及各种鱼、肉制品、火腿、腊肠，以及豆类、蔬菜和水果罐头。在我国也有肉毒中毒的报道，但因食用肉类食品及罐头食品而引起的肉毒中毒相对较少。据 2007 年数据统计，新疆肉毒中毒的病例中，臭豆腐、豆豉、面酱、红豆腐、烂马铃薯等植物性食品占 91.48%；其余的占 8.52%，源于动物性食品，包括熟羊肉、羊油、猪油、臭鸡蛋、臭鱼、咸鱼、腊肉、干牛肉、马肉等。

1. 病原特性

肉毒梭菌为芽孢梭菌属成员，革兰阳性杆菌。多单独存在，偶见成双。菌型为短链，菌体两端钝圆。周身有 4~8 根鞭毛，能运动，无荚膜，芽孢偏短为椭圆形，A 型与 B 型的芽孢大于菌体，B 型位于菌体近端，使菌体呈匙形或网球拍状，C 型及另外四型的芽孢一般不超过菌体宽度，4~8 根周生鞭毛，运动力弱。该菌为严格厌氧菌，生长发育时为厌氧或兼性厌氧，对营养要求不高，在普通培养基上就可以生长。生长发育最适温度为 28~37℃，最适 pH 为 6.8~7.6。肉毒梭菌的抵抗力一般，80℃、20~30min 或 100℃、10min 可将其杀死；芽孢的抵抗力很强，可耐煮沸 1~6h，180℃干热 5~15min，或 121℃高压蒸汽 10~20min，或 100℃、5h 才能杀死芽孢。

2. 致病性

肉毒毒素是一种与神经亲和力较强的毒素，经肠道吸收后，作用于外周神经肌肉接头、植物神经末梢以及颅脑神经核，毒素能阻止乙酰胆碱的释放，导致肌肉麻痹和神经功能不全，临床表现以中枢神经系统症状为主。

肉毒毒素中毒的潜伏期长短不一，短者 2h，长者可达数天，一般为 12~24h。中毒症状，早期为瞳孔散大、明显无力、虚弱、晕眩，继而出现视觉不清和雾视，说话和吞咽困难，通常还可见呼吸困难。体温一般正常，胃肠道症状不明显。病程一般为 2~3d，也有长达 2~3 周的。肉毒中毒的病死率较高，可达 30%~50%。主要死于呼吸麻痹及心肌麻痹。如早期使用特异性或多价抗血清治疗，病死率可降至 10%~15%。

3. 检验

肉毒梭菌及毒素的检验参考 GB 4789.12—2016《食品安全国家标准　食品微生物学检验　肉毒梭菌及肉毒毒素检验》进行。也可以参考相关行业标准利用基因和免疫学方法进行快速检测鉴定。

（四）葡萄球菌食物中毒

金黄色葡萄球菌（*Staphylococcus aureus*）广泛存在于空气、土壤、水及物品中。在人和家畜的体表及与外界相通的腔道，检出率也相当高。葡萄球菌可分为金黄色葡萄球菌、表皮葡萄球菌和腐生性葡萄球菌。引起食物中毒的主要是金黄色葡萄球菌产生的肠毒素。通常是通过患病动物的产品或有化脓创伤的食品加工人员及环境因素引起食品的污染。若条件适宜，可大量繁殖并产生肠毒素，也是一种人畜共患病病原菌，如引起皮肤化脓、动物乳房炎等。

1. 病原特性

金黄色葡萄球菌为革兰阳性球菌，无芽孢、无鞭毛，大多数无荚膜。该菌对营养要求不高，在普通培养基上生长良好，需氧或兼性厌氧，有利于毒素产生。最适生长温度 37℃，最适生长 pH 7.4，具有高度耐盐性，可在 100~150g/L NaCl 肉汤中生长。该菌具有较高的耐热性，70℃、1h，80℃、30min 都不能将其杀死，在干燥的脓汁中能存活数月，在 50g/L 苯酚、1g/L 氯化汞水中 10~15min 死亡。对龙胆紫极为敏感，临床上用 10~30g/L 龙胆紫溶液治疗由本菌引起的化脓，效果很好。0.05mg/L 洗必太、消毒净、新洁尔灭，0.1mg/L 度米芬在 5s 内就可将其杀死。对青霉素、金霉素和红霉素高度敏感，对链霉素中等敏感。

2. 致病性

金黄色葡萄球菌感染后可出现毛囊炎、疖、痈乃至败血症等。造成肠道菌群失调后可引起肠炎。对动物和人可引起化脓、乳房炎及败血症等，产生肠毒素的菌株能引起食物中毒。金黄色葡萄球菌的致病力强弱主要取决于其产生的毒素和酶。①溶血素：金黄色葡萄球菌产生的溶血素有 α、β、γ、δ、ε 等溶血素。对人有致病性的葡萄球菌多产生 α 溶血素；②肠毒素：金黄色葡萄球菌的某些溶血菌株能产生一种引起急性胃肠炎的肠毒素，此种菌株污染牛乳、肉类、鱼虾、糕点等食物后，在室温（20℃以上）下经 8~10h 能产生大量毒素，人摄食该菌污染的食物 2~3h 后即表现中毒症状。目前，发现肠毒素有 A、B、C_1、C_2、D、E、F 等型。其中 A 型引起的食物中毒最多，B 型和 C 型次之。肠毒素是一种可溶性蛋白质，耐热，100℃煮沸 30min 不被破坏，对胰蛋白酶有抵抗力，可使人、猫、猴发生急性胃肠炎；③杀白细胞素：大多数致病性葡萄球菌能产生杀白细胞素，它能破坏人或兔的粒细胞，具有抗原性，不耐热，能通过细菌滤器；④血浆凝固酶：能使家兔或人的枸橼酸钠或肝素抗凝血浆凝固。大多数致病性葡萄球菌能产生此酶，非致病性的则不产生此酶。

葡萄球菌食物中毒的潜伏期一般为 1~6h，最短者 0.5h。主要症状是恶心、呕吐、流涎，胃部不适或疼痛，继而腹泻。呕吐为多发症，为喷射状呕吐。腹泻后多见有腹痛，初为上腹部痛，后为全腹部痛。呕吐物或粪便中常可见有血和黏液。少数患者有头痛、肌肉痛、心跳减弱、盗汗和虚脱现象。体温不超过 38℃，病程 2d，呈急性经过，很少有死亡，预后良好。金黄色葡萄球菌耐药株对人的危害非常大，如耐甲氧西林金黄色葡萄球菌（MRSA）每年在美国可致死 19000 人，有的能耐三十几种抗菌药，成为超级耐药菌。

3. 检验

金黄色葡萄球菌的检验参考 GB 4789.10—2016《食品安全国家标准 食品微生物学检验 金黄色葡萄球菌检验》进行。此外，还可以参考一些行业标准进行核酸检测、肠毒素测定、血清学试验、噬菌体分型试验等。

（五）致病性大肠杆菌食物中毒

大肠埃希氏菌（*Escherichia coli*）通常简称为大肠杆菌，它主要寄居于人和动物的肠道内，由于人和动物活动的广泛性，决定了本菌在自然界分布的广泛性，在水、土壤、空气等环境中都不同程度地存在。它属于条件致病菌，其中有些血清型能使人类发生感染和中毒，一些血清型能导致畜禽疾病。致病性大肠杆菌是指能引起人和动物发生感染和中毒的一群大肠杆菌。致病性大肠杆菌与非致病性大肠杆菌在形态特征、培养特性和生化特性上是不能区别的，只能用血清学的方法根据抗原性质的不同来区分。致病性大肠杆菌根据其致病特点进行分类，目前分类方法尚不统一，一般被分为六类：肠产毒性大肠杆菌（*Enterotoxigenic E. coli*，ETEC）、肠侵袭性大肠杆菌（*Enteroinvasive E. coli*，EIEC）、肠致病性大肠杆菌（*Enteropathogenic E. coli*，EPEC）、肠出血性大肠杆菌（*Enterohemorrhagic E. coli*，EHEC）、肠黏附性大肠杆菌（*Enteroadhesive E. coli*，EAEC）和弥散黏附性大肠杆菌（*Diffusely adherent E. coli*，DAEC）。

致病性大肠杆菌主要是通过牛乳、家禽及禽蛋、猪、牛、羊等肉类及其制品、水产品、水及被该菌污染的其他食物导致人感染与中毒，致病性大肠杆菌常见的血清型较多，其中较为重要的是 EHEC O157∶H7，属于肠出血性大肠杆菌，能引起出血性或非出血性腹泻，出血性结肠炎（HC）和溶血性尿毒综合征（HUS）等全身性并发症。1999—2005 年，在非洲、欧洲、英国、加拿大、澳大利亚、日本等许多地区均有报道 EHEC O157：H7 引发的感染中毒，有的地区呈不断上升的趋势。1999—2000 年，安徽、江苏、河南发生了以感染性腹泻并发 HUS 的大肠杆菌 O157：H7 疫情。2002—2004 年，广西的食品也受到该菌的污染，对人民群众的饮食卫生和身体健康构成严重威胁。2005 年，从腹泻病人粪便中首次分离出产志贺毒素的大肠杆菌 O157：H7 菌株。据美国疾病控制中心（CDC）2016 年的估计，美国每年约 2 万人因感染 EHEC O157：H7 而发病，死亡人数可达 250~500 人。

健康人肠道致病性大肠杆菌带菌率一般为 2%~8%，高者达 44%；成人肠炎和婴儿腹泻患者的致病性大肠杆菌带菌率较高，为 29%~52.1%；饮食业、集体食堂的餐具、炊具，特别是餐具易被大肠杆菌污染，其检出率高达 50% 左右，致病性大肠杆菌检出率为 0.5%~1.6%。食品中致病性大肠杆菌检出率高低不一，低者 1% 以下，高者达 18.4%。猪、牛的致病性大肠杆菌检出率为 7%~22%。

1. 病原特性

本菌为革兰阴性杆菌，多数菌株有 5~8 根周生鞭毛，运动活泼，周身有菌毛。少数菌株能形成荚膜或微荚膜，不形成芽孢。需氧或兼性厌氧菌，对营养要求不高，在普通培养基上能良好生长。15~42℃能发育繁殖，最适生长温度为 37℃，最适生长 pH 7.2~7.4。本菌对热抵抗力不强，60℃加热 30min 即可被杀死。对常用消毒剂抵抗力不强，50~100g/L 漂白粉、30g/L 来苏儿、50g/L 苯酚等均能迅速杀死大肠杆菌，对氯很敏感，在含有 0.2mg/L 游离氯的水中，即可很快死亡。对强酸和强碱较敏感。本菌对抗菌药物的敏感性日益降低，耐药菌株也越来越多，不同国家和地区、不同动物源性大肠杆菌菌株对抗生素类药物的敏感性也不同。

2. 致病性

大肠杆菌的病原性是许多致病因子综合作用的结果，它们包括黏附因子、宿主细胞的表面结构、侵袭素和许多不同的毒素及分泌这些毒素的系统。

急性胃肠炎型：潜伏期一般为 10~15h，短者 6h，长者 74h。由 ETEC 所致，是致病性大肠杆菌食物中毒的典型症状，比较常见。主要表现为腹泻、上腹痛和呕吐。粪便呈水样或米汤样，每日 4~5 次。部分患者腹痛较为剧烈，可呈绞痛。吐、泻严重者可出现脱水，乃至循环衰竭。发热，38~40℃，头痛等。病程 3~5d。

急性菌痢型：潜伏期 48~72h。由 EIEC 型引起，主要表现为血便、脓血、脓黏液血便，里急后重、腹痛、发热，部分病人有呕吐。发热，38~40℃，可持续 3~4d，病程 1~2 周。

出血性肠炎型：潜伏期一般为 3~4d，短者 1d，长者 8~10d。主要由 O157：H7 引起，主要表现为突发剧烈腹痛、腹泻，先水样便后血便，甚至全为血水，也有低热或不发热者。严重者出现溶血性尿毒综合征（HUS），血小板减少性紫癜等，老人和儿童多见。病程 10d 左右，病死率为 3%~5%。

（1）产肠毒素大肠杆菌（*Enterotoxigenic E. coli*，ETEC） 产肠毒素大肠杆菌 ETEC 主要对人群致病，是发展中国家儿童和旅游者腹泻的主要致病因素之一，污染的水和食物是主要感染源。感染的临床症状有些表现为温和型腹泻，也有些发展为严重的霍乱样症状。该菌的两个主要毒力因子是黏附素和肠毒素。最常见的黏附素是菌毛，ETEC 黏附并定居于肠道黏膜首先需要通过菌毛介导，ETEC 菌毛致病有重要特征，即有种特异性，例如，表达 K99 的 ETEC 菌株对牛、羊、猪致病，表达 K88 的 ETEC 可引起猪致病，含有决定定居的菌毛 CFA 的 ETEC 分离株对人致病。

（2）肠致病性大肠杆菌（*Enteropathogenic E. coli*，EPEC） 肠致病性大肠杆菌 EPEC 是发展中国家婴儿腹泻的主要致病菌，其流行病学最显著的特征是 EPEC 主要引起 2 岁以下的儿童发病，成人感染剂量则需要达到 $10^8 \sim 10^{10}$CFU。该菌的主要组织病理学特征是能在感染的肠上皮细胞或在组织培养细胞表面形成特征性的组织病理学损伤，这种损伤称为黏附与脱落（attaching and effacing，A/E），其病理学变化是细菌与肠上皮细胞紧密黏附，肠微绒毛消失，并使细菌黏附部位的肠上皮细胞骨架发生改变，丝状肌动蛋白聚集等。

（3）出血性大肠杆菌（*Enterohemorrhagic E. coli*，EHEC） 牛、羊等家畜被认为是天然的该菌带菌动物。但是，其具体传播途径是复杂多样的。感染人群中儿童和老年人最易发病且症状较为严重，容易并发溶血性尿毒综合征和血小板减少性紫癜。EHEC O157：H7 是 EHEC 的代表菌株，能引起出血性或非出血性腹泻，出血性结肠炎（HC）和溶血性尿毒综合征（HUS）等全身性并发症。

（4）侵袭性大肠杆菌（*Enteroinvasive E. coli*，EIEC） 侵袭性大肠杆菌 EIEC 主要引起大龄儿童和成年人腹泻，已经暴发的 EIEC 感染通常是食源性或水源性的，其症状主要表现为水样腹泻，少数人出现痢疾。该菌主要侵袭大肠上皮细胞，临床上表现出类似痢疾的症状。EIEC 具有侵袭上皮细胞的能力，并在细胞间扩散，可引起豚鼠角膜炎，常用此方法检测大肠杆菌的侵袭力。与毒力相关的特征是在单层 HeLa 细胞中形成噬菌斑。

（5）肠聚集性大肠杆菌（*Enteroaggregative E. coli*，EAEC） 许多大肠杆菌能黏附于 Hep2 细胞上，区分黏附类型的主要特征是：EPEC 呈局灶性黏附（LA），非 EPEC 菌株呈现弥散性黏附（DA）。弥散型黏附又分成两类：聚集性黏附（AA）和弥散性黏附（DA），按此黏附类型进行分类的两类大肠杆菌分别是：肠聚集性大肠杆菌（*Enteroaggregative E. coli*，EAEC）和弥散黏附性大肠杆菌（*Diffusely adherent E. coli*，DAEC）。肠聚集性大肠杆菌 EAEC 是一种新出现的肠道致病菌，主要感染旅行者或引起发展中国家和工业化国家的地方性腹泻，EAEC 感染后的主要症状是长时间腹泻（≥14d）。表现为呕吐和水样、黏液样腹泻，无发热症状。该菌通常不分泌肠毒素 LT 或 ST，AA 型能黏附 Hep2 细胞，在感染病人和动物模型中其重要的组织病理学变化是 EAEC 菌株能增强黏膜肠液分泌。

（6）弥散黏附性大肠杆菌（*Diffusely adherent E. coli*，DAEC） 弥散黏附性大肠杆菌 DAEC 最初指能黏附 Hep2 细胞但不形成 EPEC 的微菌落型黏附性大肠杆菌，随着 EAEC 的发现，多数人认为 DAEC 是致泻性大肠杆菌的一个独立类别。但目前对 DAEC 导致腹泻的病理特征还不是很清楚。

大肠杆菌的抗原比较复杂，主要包括菌体抗原（O），鞭毛抗原（H）和包膜抗原（K）三部分。其产生的毒素包括内毒素、肠毒素、细胞毒素等。

3. 检验

大肠杆菌的检验参考 GB 4789.6—2016《食品安全国家标准 食品微生物学检验 致泻大肠埃希氏菌检验》、GB 4789.3—2016《食品安全国家标准 食品微生物学检验 大肠菌群测定》、GB 4789.36—2016《食品安全国家标准 食品微生物学检验 大肠埃希氏菌 O157：H7/NM 检验》、GB 4789.38—2012《食品安全国家标准 食品微生物学检验 大肠埃希氏菌计数》、GB 4789.31—2013《食品安全国家标准 食品微生物学检验 沙门氏菌、志贺氏菌和致泻大肠埃希氏菌的肠杆菌科噬菌体诊断检验》进行。

（六）变形杆菌食物中毒

变形杆菌属曾分为普通变形杆菌（*Proteus vulgaris*）、奇异变形杆菌（*P. mirabilis*）、摩根变形杆菌（*P. morganii*）、雷极氏变形杆菌（*P. rettgeri*）及无恒变形杆菌（*P. inconstans*）。后根据表型和基因的差异研究，将变形杆菌属分为3个独立的菌属，即变形杆菌属、摩根氏菌属和普罗菲登斯氏菌属。将雷极氏变形杆菌和无恒变形杆菌归入普罗菲登斯菌属，而摩根氏变形杆菌归入摩根氏菌属。现在的变形杆菌属共包括普通变形杆菌、奇异变形杆菌、彭纳氏变形杆菌和产黏液变形杆菌4个种。与食物中毒有关的变形杆菌是普通变形杆菌、奇异变形杆菌和摩根变形杆菌。

变形杆菌为腐物寄生菌，在自然界分布较广，如水、土壤、腐败有机物及人和动物肠道中均有变形杆菌存在，所以食品受其污染的机会很多，据调查，动物带菌率为0.9%~62.7%、食品污染率约为3.8%~8.0%，食品污染率高低与食品新鲜度、运输、贮存的卫生条件有密切关系，特别是不遵守操作规程，肉用动物屠宰解体时割破胃肠道等情况下，肉类及其产品污染率更高。

变形杆菌食物中毒也是一种比较常见的细菌性食物中毒，特别是熟肉类和凉拌菜，以及吃病死畜禽肉而引起的变形杆菌食物中毒更常发生。变形杆菌是人类尿道感染最多的病原菌之一，也是伤口中较常见的继发感染菌。变形杆菌在一般情况下对人体无害，因此，仅从食品中检出变形杆菌没有什么意义。在检验时，除了进行一般的变形杆菌分离和鉴定外，还需对每克食品中变形杆菌的数量进行测定。

1. 病原特性

本菌属为革兰阴性、两端钝圆的小杆菌，无芽孢、无荚膜。有明显的多形性，有时呈球形、杆状、长而弯曲或长丝状，有周身鞭毛，活泼运动。需氧或兼性厌氧菌，营养要求不高，在普通培养基上生长良好，由于生长速度快，在普通琼脂上呈迁徙性生长，是它的鉴别培养方法之一。在10~45℃范围内均可生长，最适生长温度为34~37℃。本菌抵抗力中等，与沙门氏菌类似，对巴氏灭菌及常用消毒药敏感，对一般抗生素不敏感。

2. 致病性

变形杆菌属能在人体内不同的部位致病。侵袭因子包括菌毛、鞭毛、外膜蛋白、脂多糖、荚膜抗原、脲酶、免疫球蛋白A蛋白酶、溶血素、氨基酸脱氨酶等多种因子，其最重要的特性——迁徙生长能够使其定居并存活于更高级的组织内。

变形杆菌食物中毒分为急性胃肠炎型和过敏型两种。①急性胃肠炎型中毒是由于大量变形杆菌随同食物进入胃肠道，并在小肠内繁殖引起感染。同时，变形杆菌可以产生肠毒素，肠毒素为蛋白质和碳水化合物的复合物，具有抗原性，由肠毒素引起中毒性胃肠炎。变形杆菌食物中毒的潜伏期短，发病快，一般为3~5h，最短者仅1h。主要表现为恶心、呕吐、腹痛剧烈如刀割、腹泻、头痛、发热、全身无力等。腹泻一日数次至数十次。多为水样便，有恶臭，少数带黏液。病程较短，一般为1~3d；②过敏型中毒，主要是因为摩根变形杆菌产生很强的脱羧酶，使食品中的组氨酸脱羧形成组胺。例如，在微酸性（pH 5~6）的条件下，鱼肉中的游离组氨酸即可生成组胺。摩根变形杆菌可引起过敏反应，潜伏期一般为30~60min，也可短至5min或长达数小时。主要症状有颜面潮红、醉酒状、头痛、血压下降、心搏过速等。有时也伴有发热、呕吐、腹泻等症状，多在12h内恢复。水产品引起这类中毒较多，主要是组胺积蓄到一定量时，人食用后即发生中毒。

3. 检验

目前，食品安全国家标准食品微生物学检验中没有专门针对变形杆菌的检验标准。变形杆菌的检验参考中华人民共和国出入境检验检疫行业标准 SN/T 2524.1—2010《进出口食品变形杆菌检测方法　第1部分：定性检测方法》、SN/T 2524.2—2010《进出口食品变形杆菌检测方法　第2部分：MPN 法》、SN/T 2552.8—2010《乳及乳制品卫生微生物学检验方法　第8部分：普通变形杆菌和奇异变形杆菌检验》进行。

（七）小肠结肠炎耶氏菌食物中毒

小肠结肠炎耶尔森氏菌（*Yersinia enterocolitica*）是国际上引起重视的人畜共患病原菌之一，也是一种非常重要的食源性病原菌。耶氏菌共有4个亚属，小肠结肠炎耶尔森氏菌是其中1个亚属，其他还有鼠疫耶氏菌（*Yersinia pestis*）、假结核耶氏菌（*Yersinia pseudotuberculosis*）和鱼红嘴疫耶氏菌（*Yersinia ruckeri*）。而小肠结肠炎耶尔森氏菌包括4个种，即典型小肠结肠炎耶尔森氏菌、弗氏耶氏菌（*Y. frederiksenii*）、中间型耶氏菌（*Y. intermedia*）、克氏耶氏菌（*Y. kristensenii*），典型菌株是致病的，后三者均为非致病的。通常所说的小肠结肠炎耶氏菌是指典型小肠结肠炎耶尔森氏菌。

本菌主要存在于人和动物的肠道中，据调查报告，从人及猪、牛、羊、马、狗、猴、猫、骆驼等许多哺乳动物，鸡、鸭、鹅、鸽等多种禽类，鱼、虾等水生动物，蛙、蜗牛等冷血动物，乃至昆虫体内均曾分离到本菌。食用动物带菌率较高，通过食品加工过程造成对食品的污染也较严重，据调查德国市场出售的鸡肉带菌率为28.9%、猪肉34.5%、牛肉10.8%，我国报告猪肉检出率为10.8%、鸡肉为34.5%、牛肉为14.6%。食品污染率高，所以对人体健康造成严重威胁，除引起皮肤结节红斑、丹毒样皮疹、关节炎和假阑尾综合征等感染性疾病外，还经常引起暴发性的食物中毒。动物性食品常被本菌污染，常见的有肉类、乳类食品。本菌在4℃下存活18个月，冷藏食品可防止其他病原菌的繁殖，而本菌在0~4℃仍能继续繁殖并产生毒素，对人仍具有感染性，对这种可通过食物传播而又具有嗜冷性的致病菌必须引起足够的重视。

1. 病原特性

本菌为短小、卵圆形或杆状的革兰阴性杆菌，22~25℃幼龄培养物主要呈球形，无芽孢，无荚膜。30℃以下培育有鞭毛，37℃则无鞭毛。25℃生长的培养物细菌具有1~8根周生鞭毛，其鞭毛数根据生物型的不同而多少不一，生物1~3型的菌株有2~6根鞭毛，多者达18根鞭毛，生物4~5型的菌株多数只有1根鞭毛，动力不活泼。本菌为需氧和兼性厌氧菌，最适生长温度25~30℃。生长的pH为4~10，最适生长pH为7.2~7.4。对营养要求不高，在普通培养基上均能生长，但生长缓慢，对胆盐、煌绿、结晶紫、孔雀绿及氯化钠均有一定耐受性。本菌有耐盐性，NaCl质量浓度达50g/L时仍能生长，70g/L NaCl溶液才可以抑制耶氏菌生长。

2. 致病性

已经明确确定的小肠结肠炎耶尔森氏菌毒力因子包括V和W抗原、两种侵袭素（inv和ail）及肠毒素和LPS内毒素等，另外，质粒编码的温度诱导性外膜蛋白Yops和染色体编码的高分子量铁诱导蛋白HWMP2也对其致病性有重要影响。已知该菌的某些菌株具有与鼠疫耶氏菌和假结核耶氏菌在免疫学上相同的VW抗原。在37℃生长时需要钙，而在25℃生长时不需要钙的菌株即含 VW 抗原。从病人粪便检出 O21 血清型自凝阳性的菌株，在草酸镁琼脂上于35℃培养不生长，经小鼠口服则导致腹泻。

耶氏菌食物中毒潜伏期一般为 3~5d。中毒表现以消化道症状为主，腹痛、腹泻、发热、水样便为主，少数病人排软便，体温 38~39.5℃；其次是恶心、呕吐、头痛等表现。病程一般为 2~5d，长者可达 2 周。儿童发病率比成人高，通常为 50%。中毒表现多种多样，且随着年龄不同而不同，2 岁以下的婴幼儿以腹痛、发热、胃肠炎为主；儿童和青少年出现类似急性阑尾炎的症状，成人可出现结节性红斑、关节炎等症状，如出现败血症，可致死亡，病死率高达34%~50%。

3. 检验

小肠结肠炎耶尔森氏菌的检验参考 GB 4789.8—2016《食品安全国家标准　食品微生物学检验　小肠结肠炎耶尔森氏菌检验》进行。

（八）空肠弯曲菌食物中毒

空肠弯曲菌（*Campylobacter jejuni*）为弯曲菌属中的一个种，是引起散发性细菌性肠炎最常见的菌种之一，也是一种重要的人畜共患病病原菌。该菌常通过污染的食品、牛乳、水源等被食入，或与动物直接接触被感染。

空肠弯曲菌广泛存在于家禽、鸟类、狗、猫、牛、羊等动物体中，猪盲肠带菌率 59.9%、牛盲肠 26.5%、鸡 60%~90%。2002 年，日本调查猪肘子的本菌检出率为 10%，肝脏为16.6%。2007—2009 年，苏州调查显示，鸡带菌率为 89.3%、狗 75%、猪 61.5%、鸭 79.2%。2010 年，吉林省某地肉联厂屠宰猪胴体表面阳性检出率为 56.1%。其对肉品的污染也相当常见，2014 年，英国检查的 6169 个牛和猪的肉样，总阳性率为 1.6%，屠宰场肉样为 4%。2023年，江苏的半净膛鸡阳性率为 10%。

本菌对人体健康的危害比较严重。在英国、日本、美国及其他一些国家均有本菌引起的食物中毒报道，例如，英国曾因饮用污染本菌的生乳，暴发病例达 2500 人，日本曾发生一起空肠弯曲菌污染水源事件，引起 7751 人发病。

1. 病原特性

本菌为革兰阴性菌。在感染组织中呈弧形、撇形或 S 形，经常见两菌连接为海鸥展翅状，偶尔为较长的螺旋状。在培养物中，幼龄时较短；老龄者较长，有的长度可超过整个显微视野。此外，在老龄培养物中也可见到球状体。不形成芽孢或荚膜，但某些菌株特别是直接采自动物体病料内的细菌，具有荚膜。撇形者为一端单鞭毛，S 形者可为两端鞭毛，运动甚为活泼。本菌微需氧，在大气和绝对无氧环境中不能生长，在 5% 氧气、85% 氮气和 10% 二氧化碳环境中生长最为适宜。生长温度范围为 37~43℃，但以 42~43℃ 生长最好，25℃ 不生长，在其最适温度中培养既有利于本菌生长发育，又可抑制肠道部分杂菌的生长。在新鲜组织或胃内容物等培养基中生长良好，抵抗力较弱。培养物放置冰箱中很快死亡，56℃、5min 即被杀死，干燥、日光也可迅速致死，培养物放室温可存活 2~24 周。但冷冻干燥可保存其生命力达13~16 个月。

2. 致病性

本菌的致病因素主要是侵袭力、耐热性肠毒素（ST）及内毒素。经口感染本菌后，通过胃防御屏障到达小肠，细菌借助于表面物质黏附定居于肠上皮细胞，起初位于肠绒毛隐窝处，此处为微需氧环境，适于本菌繁殖。所以在病初粪便中菌量少，粪便检查往往为阴性。由于细菌本身及毒素的作用，刺激肠壁蠕动加快，肠内容物流动快，致使肠道微环境的厌氧情况改善，为空肠弯曲菌的繁殖提供了有利条件。此时粪便中菌量大大增加。另外本菌还可以产生致 Hela 细胞和中国仓鼠卵巢（CHO）细胞致死的毒素（Cytolethal distending toxin，CDT），分子质量 1.2~1.4ku。

潜伏期一般 3~5d。突然发生腹泻和腹痛，腹痛可呈绞痛，腹泻一般为水样便或黏液便，重病人有血便，每日腹泻数次至 10 余次，带有腐臭味。发热，体温升高达 38~40℃，特别是当有菌血症时出现高热，也有仅腹泻而不发热者。还有头痛、倦怠、呕吐等，偶有重者死亡。病程一般 1 周左右。

3. 检验

空肠弯曲菌的检验参考 GB 4789.9—2014《食品安全国家标准　食品微生物学检验　空肠弯曲菌检验》进行，也可利用特异抗体进行血清学检验。

（九）蜡样芽孢杆菌食物中毒

蜡样芽孢杆菌（*Bacillus cereus*）为需氧芽孢属成员，在自然界分布广泛，常存在于土壤、灰尘和污水中，植物和许多生熟食品中常见。已从多种食品中分离出该菌，包括肉、乳制品、蔬菜、鱼、土豆、糊、酱油、布丁、炒米饭以及各种甜点等。在美国，炒米饭是引发蜡样芽孢杆菌呕吐型食物中毒的主要原因，在欧洲，大多是由甜点、肉饼、色拉和乳、肉类食品引起，在我国主要与受污染的米饭或淀粉类制品有关。本菌在 20℃ 以上的环境中放置，能迅速繁殖并产生肠毒素。同时，由于本菌不分解蛋白质，食品在感官上无明显变化，无异味。

引起食物中毒的食品中必须含有大量的细菌菌体，每克或每毫升食品中约需含 10^7 以上个蜡样芽孢杆菌才能引起食物中毒。该菌食物中毒分两种类型：①呕吐型：由耐热的肠毒素引起，于进餐 1~6h 后发病，主要是恶心、呕吐，仅少数有腹泻，病程平均不超过 10h；②腹泻型：由不耐热肠毒素引起，进食后发生胃肠炎症状，主要为腹痛、腹泻和里急后重，偶有呕吐和发热。此外，该菌有时也是外伤后眼部感染的常见病原菌，引起全眼球炎。在免疫功能低下或应用免疫抑制药的患者中还可引起心内膜炎、菌血症和脑膜炎等。

1. 病原特性

蜡样芽孢杆菌为革兰阳性杆菌，菌体正直或稍弯曲，形成芽孢，芽孢不突出菌体，菌体两端较平整，位于菌体中央，多数呈链状排列。周身鞭毛，能运动，不形成荚膜。本菌为兼性需氧菌，生长温度为 25~37℃，最佳温度为 30~32℃，10℃ 以下生长缓慢或不生长。在 4℃、pH 4.3、180g/L 盐溶液的条件下仍能存活或生长。蜡样芽孢杆菌耐热，在 37℃、16h 的肉汤培养物的 D 值（在 80℃ 时使细菌数减少 90% 所需的时间）为 10~15min，把肉汤中细菌（2.4×10^7/mL）全部杀死需 100℃ 持续 20min。其游离芽孢能耐受 100℃ 持续 30min，而干热灭菌需 120℃ 加热 60min。

2. 致病性

蜡样芽孢杆菌引起食物中毒是由于该菌产生肠毒素。已知有三种毒素，即溶血致死性肠毒素（haemolysin BL，Hbl）、非溶血性肠毒素（non-haemolytic enterotoxin，Nhe）和细胞毒性肠毒素（cytotoxin，Cyt）。引起腹泻型综合征的毒素是一种大分子质量蛋白，此毒素不耐热，能在各种食物中形成。而引起呕吐型综合征的毒素是被认为是一种小分子质量且热稳定的多肽，叫做 cereulide（cyclic dodecadepsipeptide），由 *ces* 基因编码，核糖体肽酶合成，100℃、30min 不能被破坏，常在米饭中存在。cereulide 主要阻止人的自然杀伤细胞，因此具有免疫调节作用。致呕吐（emetic）型综合征的肠毒素和致腹泻型综合征的肠毒素目前基因已被克隆，毒素蛋白也被提纯。致腹泻的肠毒素能使小白鼠致死。

潜伏期短，一般为 2~3h，最短为 30min，最长为 5~6h。呕吐型中毒症状：呕吐 100%，腹痉挛 100%，而腹泻则少见，约 33%。一般经过 8~10h 可治愈。腹泻型中毒由各种食品中不耐热肠毒素引起，潜伏期在 6h 以上，一般为 6~14h。中毒特点：腹泻 96%，且腹泻次数多，腹痉挛 75%，而呕吐却不常见，约为 23%。病程 24~36h。两型均少见体温升高，预后良好。

3. 检验

蜡样芽孢杆菌的检验参考 GB 4789.14—2014《食品安全国家标准　食品微生物学检验　蜡样芽孢杆菌检验》进行。

（十）克罗诺杆菌食物中毒

克罗诺杆菌（*Cronobacter*）为肠杆菌属的一个种，是人和动物肠道内寄生菌，也是环境中的正常菌属。曾被称作黄色阴沟肠杆菌、阪崎肠杆菌。该菌一般对成人影响不大，但对婴儿危害极大，尤其是早产儿、出生体重偏低（2500g 以下），身体状况较差的新生儿，感染引发脑膜炎、脓血症和小肠结肠坏死，并且可能引起神经功能紊乱，造成严重的后遗症和死亡。婴儿感染率较低，为 1/100000，低出生体重婴儿为 8.7/10000。也有小部分成人感染骨髓炎和菌血症的报道，成人患病与婴儿相比显著轻微。由克罗诺杆菌引发的婴儿、早产儿脑膜炎、败血症及坏死性结肠炎等散发和暴发的病例已在全球范围内相继出现。在某种情况下，由其引发疾病而致死的病例可高达 40%~80%。病例调查显示，婴儿暖箱、孕妇产道、婴儿配方乳粉中均可能检出该菌，特别是干燥的婴幼儿配方乳粉是致病的主要来源。由于婴儿配方乳粉添加了各种营养因子，故易于多种肠杆菌科细菌生长。流行病学调查显示该菌广泛存在于食品厂（乳粉、巧克力、谷物类食品、马铃薯和面食）和家庭、医院的食品、水和环境中。因此，该菌可能广泛分布于环境和食品中。

1. 病原特性

克罗诺杆菌属革兰阴性棒状杆菌，无芽孢，有动力。不具荚膜，6~8 条鞭毛。兼性厌氧，营养要求不高，能在营养琼脂、血平板、麦康凯（MacConkey）琼脂，MAQ 琼脂、伊红美蓝（eosin methylene blue，EMB）琼脂、脱氧胆酸琼脂等多种培养基上生长繁殖。

克罗诺杆菌能够在冷藏温度和接触到婴幼儿乳粉的进料设备处生长。此外，还能够在乳汁、聚碳酸酯、硅和不锈钢上附着和生长。克罗诺杆菌在室温下冲调的婴儿配方乳中生长得非常快。它的最适生长温度在 37~44℃之间，某种菌株显示出耐受性增加，在 50~60℃时仍能生长。在婴幼儿乳粉中生长最低温度为 6℃。

该菌的热稳性类似于其他肠道细菌，标准巴氏灭菌法就可将其杀灭。具有很强的抵抗渗透和烘干压力的能力。微波加热是一种方便且快速降低婴幼儿乳粉污染的有效方法。频率为 2450MHz、功率为 600W 的微波，根据乳型不同分别加热 85~100s，平均温度为 82~93℃，包括克罗诺杆菌在内的大多数相关的生长中的生物体均可被杀死。对常用的抗菌药敏感。

2. 致病性

世界范围内多有报道克罗诺杆菌引发的婴儿、新生儿脑膜炎、败血症和坏死性小肠结肠炎等散发和暴发的病例，致死的病例高达40%~80%。有关克罗诺杆菌的毒力因子和致病性知之甚少。但有研究表明，并非所有阪崎肠杆菌均具有致病性，有些菌株产生类似肠毒素的化合物。婴幼儿配方乳粉中含有极低水平的克罗诺杆菌也存在危险，因为乳粉在贮存、冲调等过程中该菌生长很快，配方乳粉中克罗诺杆菌达到3CFU/100g时，即可引起感染。

2003年，有学者首次描述了某些克罗诺杆菌可能产生一种类肠毒素样化合物毒力因子。组织培养发现一些菌株可产生细胞毒效应。腹腔注射剂量达108CFU/只时，18株试验株均可在3d内导致哺乳期小鼠死亡。SK92（肠毒素阳性）和MNW6（肠毒素阴性）腹腔注射致死剂量最小，而在最大口服剂量时仍不能引起小鼠的致死性损伤。由此看来，不同的克罗诺杆菌菌株之间的毒性存在明显不同。而且，某些菌株可能是非致病性的，这在某种程度上可能与细菌在胃的酸性环境中存活能力有关。

克罗诺杆菌感染的大多数病例都是婴儿，特别是早产儿、出生体重偏低等身体状况较差的新生儿感染。克罗诺杆菌引起的脑膜炎常引起脑梗塞、脑脓肿形成和脑膜炎等并发症，并且可引起神经系统后遗症或迅速死亡。克罗诺杆菌可引起新生儿菌血症、脑膜炎和小肠结肠炎。除了感染新生儿外，该菌偶尔还可引起成人局部感染和菌血症等。

3. 检验

克罗诺杆菌的检验参考GB 4789.40—2024《食品安全国家标准　食品微生物学检验　克罗诺杆菌检验》进行。

（十一）创伤弧菌食物中毒

创伤弧菌（*Vibrio vulnificus*）与副溶血弧菌很相似，常常可以从海水、鱼类、贝壳类分离获得。目前，世界上大部分沿海国家都有创伤弧菌感染的病例报告，主要分布于近海和海湾的海水、海底沉积物及内陆咸水湖中。创伤弧菌对人类引起的感染主要有败血症和软组织感染，由于感染途径不同，临床症状也有差别。一是经口感染，能迅速通过肠黏膜侵入血液，引起原发性败血症，表现为发热、畏寒、衰竭等症状；二是通过皮肤伤口侵入，首先在伤口周围出现红斑，继而表现出急性炎症，皮肤病变明显，最终引起败血症，但没有呕吐、腹泻等副溶血弧菌的中毒症状。感染后不出现消化道症状为本菌区别于本属其他菌的一大特点。创伤弧菌感染有明显的季节性，主要集中在每年的5~8月，常见于水温20℃，含盐为0.7%~6%的海水中。因这段时间水温较高，有利于细菌的繁殖，感染者多为从事渔业人员或水上活动爱好者。

本菌对于糖尿病、酒精性肝病、肝硬化、肝炎及原因不明的肝功能障碍或其他重病患者的危害也相当严重。正因如此，创伤弧菌食物中毒在一些国家（尤其是美国）备受关注。在我国，也有由创伤弧菌引起的急性腹泻暴发和散发病例的报道。中毒的食品多为海产软体动物，特别是牡蛎，2001年，广西北部湾水域一些海产品带菌率为2.1%，食入半生或生的牡蛎等可引起食物中毒。2009年，东南沿海地区在甲壳类、贝类等零售海产品的检出率为20%。交叉污染也可引起本菌的食物中毒。

1. 病原特性

创伤弧菌为革兰阴性菌，逗点状，单极端鞭毛，无芽孢，无异染颗粒，未发现荚膜。该菌的营养要求一般，最适生长温度为30℃，兼性厌氧。在无NaCl及超过80g/L NaCl的培养基中不生长，可在5g/L NaCl及30g/L NaCl的蛋白胨水中生长，在60g/L NaCl的蛋白胨水中生长良好。

该菌对冷敏感。对青霉素、妥布霉素、苯唑青霉素、氨苄青霉素、多黏菌素 B、丁胺卡那霉素、杆菌肽耐药，对四环素、红霉素、麦迪霉素、磺胺类、庆大霉素、羧苄青霉素、卡那霉素、萘啶酸、先锋霉素 V、氯霉素敏感。在发病 24h 内使用有效抗生素常有良好疗效，如已局部感染，应以局部消毒和全身用药相结合；若已发生败血症，可大剂量应用抗生素，增加饮水量，加大排泄，提高身体抗病力，有利于抵抗该病。

2. 致病性

创伤弧菌的致病机制尚不十分清楚，其产生的一种多糖被膜能抵御吞噬细胞的吞噬和消化，可能是其致病力的基础物质。它产生的细胞外蛋白酶、胶原酶、弹性蛋白酶、细胞溶素、细胞毒素等都可能是致病因子。借助这些致病因子的作用，创伤弧菌能迅速地穿过肠黏膜入血，引起败血症和蜂窝组织炎。①溶细胞毒素：溶细胞素是一种创伤弧菌分泌的分子质量为 5. 1ku 的水溶性多肽。这种亲水蛋白质不耐热，胆固醇或蛋白酶可使之失活。很多研究表明，溶细胞素是创伤弧菌致病的重要因素之一，纯化的溶细胞毒素对多种哺乳动物的红细胞有溶细胞作用；②胞外酶：属胞外蛋白酶，加热 60℃、10min 可使之失活。该酶具有出血活性和增强血管通透性的作用，与皮肤损伤有密切关系；③弹性硬蛋白酶：是胞外蛋白酶的一种，有助于病菌侵入含有弹性硬蛋白和骨胶原的组织，该酶与感染局部发生组织坏死有关；④铁载体：创伤弧菌的致病性与其获得的铁密切相关。此种摄铁能力系由菌体的铁载体所介导，使菌能吸附和螯合宿主体内的微量铁，以供菌生长繁殖之需。而溶细胞毒素可使血液中的游离血红蛋白和铁元素增加，这两种毒力因子相互协同，使病人体内的铁消耗骤增，提高了患者的死亡率。

创伤弧菌易感人群为慢性肝脏病（如肝硬化、酒精性肝病）、血友病、慢性淋巴细胞性白血病、慢性肾衰、消化道溃疡、滥用甾体类激素、器官移植受体等患者，有这些基础疾病患者感染创伤弧菌的危险性比正常人大 80 倍。

创伤弧菌食物中毒的潜伏期一般在 24～48h。食物中毒表现为恶心、呕吐、腹痛、腹泻、水样便，一般无发热。还有一种比较恶性的感染，初期发热、寒颤、痉挛性腹痛、肌肉痛，后为败血症或蜂窝组织炎、出血性大疱、休克，甚至死亡，病死率可高达 60%。

3. 检验

创伤弧菌检验可以参考 GB 4789. 44—2020《食品安全国家标准　食品微生物学检验　创伤弧菌检验》的检验操作程序进行。

（十二）嗜水气单胞菌食物中毒

嗜水气单胞菌（*Aeromonas hydrophila*）普遍存在于淡水、污水、淤泥、土壤和人类粪便中，对水产动物、畜禽和人类均有致病性，是一种典型人-兽-鱼共患病病原。可引起多种水产动物的败血症和人类腹泻，往往给淡水养殖业造成惨重的经济损失，已引起国内外水产界、兽医学界和医学界学者的高度重视。熟肉制品气单胞菌带菌率为 39. 6%，熟虾为 5%，淡菜为 11. 1%，从牛乳中也能分离出嗜水气单胞菌。淡水及淡水鱼体均可带菌，与金鱼接触者或钓鱼者都可因外伤或咬伤而感染。北京和吉林都曾发生过嗜水气单胞菌食物中毒事件。

1. 病原特性

嗜水气单胞菌属弧菌科，气单胞菌属，分为有动力嗜温群和无动力嗜冷群。目前有三个亚种：嗜水亚种（*A. hydrophila hydrphila*），不产气亚种（*A. hydrophila anaerogenes*），解胺亚种（*A. hydrophila proteolytica*）。前两种是赖氨酸脱羧酶阴性，后一种是赖氨酸脱羧酶阳性。

嗜水气单胞菌为革兰阴性短杆菌，无芽孢，无荚膜或有薄荚膜。特殊培养条件下有荚膜产生。单个或成对排列，长 0.5~1.0μm。极端单生鞭毛，有运动力。本菌为兼性厌氧菌，在水温 14.0~40.5℃范围内都可繁殖，以 28~30℃为最适温度。pH 在 6~11 范围内均可生长，最适 pH 为 7.27。嗜水气单胞菌可在含盐量 0%~0.4%的水中生存，最适盐度为 0.05%。嗜水气单胞菌及杀鲑气单胞菌与霍乱弧菌一样，存在所谓活的非可培养状态，实际上是一种休眠状态，其菌体缩小成球状，耐低温及不良环境，接种培养基在常规培养条件下不生长。一旦温度回升及获得生长所需的营养条件，这种非培养状态的细菌又可恢复到正常状态，重新具有致病力。

该菌对 50mg/L 的氯、过醋酸、西波林氯 1600mg/L 的戊二醛敏感，可被杀灭；对氨苄青霉素、庆大霉素、链霉素、四环素、红霉素、内酰胺、萘啶酸、磷霉素、氯霉素、妥布霉素、氟喹诺酮等敏感。

2. 致病性

嗜水气单胞菌有广泛的致病性，感染包括冷血动物在内的多种动物如鱼类、禽类及哺乳类，引起败血症或皮肤溃疡等局部感染，是水生动物尤其是鱼类最常见的致病菌。在水温高的夏季可造成暴发流行。人类感染运动性气单胞菌引致急性胃肠炎等，目前在国外已将本菌纳入腹泻病原菌的常规检测范围，是食品卫生检验的对象。

嗜水气单胞菌的致病因子如下。①毒素：普遍存在于水环境中的气单胞菌，并不都有致病性。越来越多的证据表明，具有毒力因子的菌株才有致病性。毒力因子主要包括胞外产物、黏附素、铁载体；②外毒素（exotoxin）：嗜水气单胞菌产生的外毒素为相对分子质量 5.2 左右的蛋白质，称为 HEC 毒素或气溶素（aerolysin），具有溶血性、细胞毒性及肠致病性，属于穿孔毒素；③胞外蛋白酶（extracellular protease，ECPase）：主要有耐热的金属蛋白酶及不耐热的丝氨酸蛋白酶两种，前者相对分子质量约 5.4，对 EDTA 敏感，但能耐受 56℃、30min。蛋白酶本身对组织可造成直接损伤，此外还能活化毒素前体；④菌毛（fimbriae pili）：病原菌感染的第一步，就是在合适宿主的特定组织细胞上定居而不被机体所清除，有利于细菌在体内增殖和发挥毒性作用。在定居过程中，菌毛作为一种主要的黏附因素起着重要的作用，是病原菌的毒力因子之一；⑤表层蛋白（S 蛋白）及外膜蛋白（OMP）：致病菌侵入机体后的定居和体内增殖，除与菌毛有关外，也与细菌的表层结构有关；⑥内毒素（endotoxin，LPS）：与大多数革兰阴性菌的内毒素一样表现相似的毒性作用，如热原性、白细胞数目减少或增多、弥漫性血管内凝血、神经症状及休克以致死亡等。

3. 检验

嗜水气单胞菌的检验参考 GB/T 18652—2002《致病性嗜水气单胞菌检验方法》进行。

（十三）志贺氏菌属食物中毒

志贺氏菌属（*Shegillae*）是人类及灵长类动物细菌性痢疾（简称菌痢）最为常见的病原菌，俗称痢疾杆菌（*dysentery bacterium*）。本属包括痢疾志贺氏菌（*S. dysenteriae*）、福氏志贺氏菌（*S. flexneri*）、鲍氏志贺氏菌（*S. boydii*）、宋内志贺氏菌（*S. sonnei*），共 4 个群 44 个血清型。4 个群均可引起痢疾，它们的主要致病特点是侵袭结肠黏膜上皮细胞，引起自限性化脓性感染病灶。但各群志贺氏菌致病的严重性和病死率及流行地域有所不同，本菌只引起人的痢疾。我国主要以福氏和宋内志贺氏菌痢疾的流行最为常见，2016 年统计病例为 200 万左右，发病率有逐年下降的趋势，但仍居 24 种法定传染病的首位。引起人食物中毒的主要是宋内志贺氏菌，该菌对外界抵抗力较强。食物中毒的主要原因是食品加工、集体食堂、饮食行业的从业人员中患有痢疾或者痢疾带菌者与食品接触污染了食品，特别是液体或湿润状态的食品，在适宜的温度下细菌大量繁殖，食用前未充分加热，就有可能引起食物中毒。据资料报道，感染中毒剂量在20~10000个细菌即可引起发病，属于致病性较强的病原菌。

1. 病原特性

志贺氏菌的形态与一般肠道杆菌无明显区别，为革兰阴性短小杆菌。无芽孢，无荚膜，有菌毛。长期以来人们认为志贺氏菌无鞭毛、无动力。最新的研究电子显微镜证实有鞭毛、有动力。志贺氏菌为需氧或兼性厌氧菌，对营养要求不高，在普通培养基上生长良好，形成半透明光滑型菌落。最适生长温度为37℃，最适 pH 为7.2~7.8。

志贺氏菌属对外界环境中的各种因素抵抗力不完全一样，以宋内志贺氏菌最强，福氏志贺氏菌次之，痢疾志贺氏菌最弱。一般50℃加热15min，60℃加热10min及阳光照射30min均能杀死志贺氏菌。对酸敏感，在粪便中有其他产酸菌即可使志贺氏菌在数小时内死亡。对各种消毒剂敏感，如10g/L苯酚、10g/L漂白粉或苯扎溴铵（新洁尔灭）15~30min均能有效杀死该菌。

2. 致病性

人类对志贺氏菌有较高的敏感性，一般只要10个菌以上就可以引起人的感染。儿童和成人易感染，特别是儿童，易引起侵袭性或感染性痢疾。

致病因子主要包括三种。①侵袭力：志贺氏菌有菌毛，能黏附于回肠末端和结肠黏膜的上皮细胞，继而穿入上皮细胞内生长繁殖。一般在黏膜固有层内繁殖形成感染灶，引起炎症反应。入侵结肠黏膜上皮细胞是各群志贺氏菌的主要致病特性，但细菌侵入血流较为罕见；②内毒素：志贺氏菌所有菌株都有强烈的内毒素。内毒素作用于肠黏膜，使其通透性增高，进一步促进对内毒素的吸收，引起发热、神志障碍，甚至中毒性休克等一系列症状。内毒素破坏肠黏膜，可形成炎症、溃疡，呈现典型的脓血黏液便。内毒素尚能作用于肠壁植物神经系统，使肠功能发生紊乱，肠蠕动失调和痉挛。尤其是直肠括约肌痉挛最明显，因而出现腹痛、痢疾等症状；③志贺毒素（Shiga toxin，STX）：系外毒素，多由痢疾志贺菌1型和2型产生。ST具有3种生物学活性，分别是肠毒性、细胞毒性和神经毒性。肠毒性表现为像大肠埃希氏菌VT毒素一样引起腹泻，细胞毒性表现为阻止小肠上皮细胞对糖和氨基酸的吸收，神经毒性表现为在痢疾志贺氏菌引起的重症感染者体内可作用于中枢神经系统，造成昏迷或脑膜炎。

志贺氏菌侵入宿主后，内皮细胞成为ST攻击的主要靶细胞。ST和内毒素有协同作用，两者在体外可加重对人血管内皮细胞的损伤。在志贺氏菌感染的溶血性尿毒综合征（HUS）等并发症中，ST和内毒素持续存在而共同发挥的联合作用可能与该综合征有关。因此I型痢疾志贺氏菌感染的临床症状较重，除血便和高烧外，常伴有血尿综合征和白血病样反应，病死率较高。新近发现福氏及宋内志贺氏菌也可产生少量类似的毒素。

志贺氏菌随饮食进入肠道，潜伏期一般为1~3d。痢疾志贺氏菌感染患者病情较严重，宋内志贺氏菌多引起轻型感染，福氏志贺氏菌感染易转变为慢性，病程迁延。志贺氏菌感染有急性和慢性两种类型，病程在两三个月以上者属慢性。急性细菌性痢疾常有发热、腹痛、里急后重等症状，并有脓血黏液便。急性感染中有一种中毒性痢疾，以小儿多见，无明显的消化道症状，主要表现为全身中毒症状。因其内毒素致使微血管痉挛、缺血和缺氧，导致DIC、多器官功能衰竭、脑水肿，死亡率高，各型志贺氏菌都可能引起。志贺氏菌引起的感染性食物中毒有二个型，即一个是肠炎型，以腹痛腹泻为主，表现为水样便；另外一个是痢疾型，有典型的痢疾症状。

3. 检验

志贺氏菌的检验参考 GB 4789. 5—2012《食品安全国家标准　食品微生物学检验　志贺氏菌检验》及 GB 4789. 31—2013《食品安全国家标准　食品微生物学检验　沙门氏菌、志贺氏菌和致泻大肠埃希氏菌的肠杆菌科噬菌体诊断检验》进行。

第三节　真菌性食物中毒

一、概　　述

真菌广泛分布于自然界，种类多，数量庞大，与人类关系十分密切，有许多真菌对人类是有益的，而有些真菌对人类是有害的。有些真菌污染食品或在农作物上生长繁殖，使食品发霉变质或使农作物发生病害，造成巨大经济损失。有些霉菌在各种基质上生长时产生有毒的代谢产物-真菌毒素（mycotoxin），这些毒素引起人和动物发生多种疾病，称为真菌毒素中毒症（mycotoxicoses）。

自从发现黄曲霉毒素以来，霉菌与霉菌毒素对食品的污染日益引起重视。近年来，有关这方面的理论研究与防治实践取得了很大进展。迄今发现的霉菌毒素已达几百种，有些与人畜急性或慢性中毒以及肿瘤有关，有些为某些原因不明性疾病的研究提供了新线索，而且多数与食品关系密切。因此，在食品卫生学中，将霉菌及霉菌毒素作为一类重要的食品污染因素。

真菌性食物中毒主要是指真菌毒素的食物中毒。其中产毒素的真菌以霉菌为主。霉菌在自然界产生各种孢子，很容易污染食品。霉菌污染食品后能产生各种酶类，不仅会造成食品腐败变质，而且有些霉菌在一定条件下还可以产生毒素，误食霉菌毒素将造成人畜中毒，并产生各种中毒症状。霉菌毒素通常具有耐高温、无抗原性、主要侵害实质器官的特性，而且霉菌毒素多数还具有致癌性。

对瑞典、苏丹、印度尼西亚、美国、波兰、匈牙利、中国、日本、荷兰、法国、意大利、德国、南非、印度等30个国家和地区调查结果表明，按真菌毒素的重要性及危害性排序，排在第一位的是黄曲霉毒素，以下依次为赭曲霉毒素、单端孢霉烯族化合物、玉米烯酮、橘霉素、杂色曲霉素、展青霉素、圆弧偶氮酸等，如表5-1、表5-2、表5-3所示。

表5-1　　主要真菌毒素分类

毒素种类	毒素名称	主要产毒菌株	毒性作用	动物中毒（自然或实验）
肝脏毒素	黄曲霉毒素（aflatoxin）	黄曲霉、寄生曲霉	急性中毒、慢性中毒、致癌。肝小叶周围或中性坏死、胆管异常增殖	火鸡X病、鳟鱼肝癌、鸭、牛、猪、狗、猫、兔、鱼、大鼠、小鼠、豚鼠、地鼠、羊、猴

续表

毒素种类	毒素名称	主要产毒菌株	毒性作用	动物中毒（自然或实验）
肝脏毒素	杂色曲霉毒素（verciolorin）	杂色曲霉、构巢曲霉	急性中毒：致肝、肾坏死（大鼠、猴）；慢性中毒：肝癌（大鼠）	大鼠、小鼠、猴
	黄天精（iuteoskyrin）	冰岛青霉	急性中毒：肝小叶中心性坏死；慢性中毒：肝硬化、肝癌	大鼠、小鼠、小鸡、猴、“黄变米”中毒
	岛青霉毒素（islanditoxin）	冰岛青霉	肝细胞坏死出血	小鼠
	赭曲霉毒素（ochratoxin）	赭曲霉	肝脏严重脂肪变	雏鸭中毒
	皱褶青霉素（rugviosin）	皱褶青霉、缓生曲霉	肝损害（脂肪变、肝硬化）、肾变性肾病	小鼠
	红青霉毒素（rubratoxin）	红青霉、紫青霉	肝、肾损害、脏器出血	狗X肝炎、小鼠、牛、猪
	灰黄霉素（griseofolvim）	灰黄青霉、黑青霉	肝肿大、肝细胞坏死、肝癌	小鼠、大鼠
肾脏毒素	橘青霉素（citrinin）	橘青霉、暗蓝青霉、错乱青霉、展青霉、土青霉、白曲霉	肾脏损害、肾小管上皮变性	大鼠、小鼠、“黄变米”中毒
	曲酸（kojiacia）	米曲霉、溜曲霉、黄曲霉、构巢曲霉、白曲霉、寄生曲霉	慢性肾脏损害	大鼠、狗
神经毒素	展青霉素（patulin）棒曲霉素（claviformin）	展青霉、荨麻青霉、扩展青霉、棒状曲霉、土曲霉	中枢神经系统出血、上行性麻痹、心肌及肝细胞变性	牛中毒、小鼠
	黄绿青霉素（ireoviridin）	黄绿青霉	中枢神经系统出血、脊髓及延髓运动神经元受损、上行性麻痹、呼吸麻痹	牛X病、上行性麻痹症、小鼠、狗、猴
	麦芽米曲霉素（maltoryzine）	米曲霉小孢子变种	中枢神经损害、肌肉麻痹、肝脂肪变、肝坏死	乳牛中毒、小鼠

续表

毒素种类	毒素名称	主要产毒菌株	毒性作用	动物中毒（自然或实验）
造血组织毒素	拟枝孢镰刀菌素（sporofususariogenin）	犁孢镰刀菌、禾谷镰刀菌	食物中毒性白血球缺乏症、造血组织坏死	牛、马、猪、狗
	雪腐镰刀菌烯酮（nivalenol）	雪腐镰刀菌	造血障碍	牛、马
	葡萄穗霉毒素（satratoxin）	黑葡萄穗霉	葡萄穗霉毒素中毒导致白血球减少、组织出血坏死	人、马、羊、狗、猪、小鼠
光过敏性皮炎毒素	孢子素（sporidesmin）	纸皮思霉	光敏感性皮炎	羊、牛
	菌核病核盘毒素（psoralen）	菌核病盘霉	光敏感性皮炎	家畜
其他	木霉素（trichodermin）	绿色木霉	内脏出血	牛、猪、家禽
	豆类丝核菌毒素（slaframine）	豆类丝核菌	下痢、食欲不振、软弱	牛、猪、羊
	赤霉菌毒素（zearalenone）	小麦赤霉菌	赤霉病变中毒	猪、羊

表 5-2　致癌性真菌毒素

真菌毒素	致癌部位	敏感动物	产毒真菌
AFB_1	肝、肾、肺（癌）	大鼠	黄曲霉、寄生曲霉
AFG_1	肝、肾、肺（癌）	大鼠	黄曲霉、寄生曲霉
AFM_1	肝（癌）	大鼠	黄曲霉、寄生曲霉
杂色曲霉素	肝（癌、肉瘤）、皮下组织肉瘤	大鼠	杂色曲霉、构巢曲霉
黄天精	肝癌	小鼠	冰岛曲霉
环氯素	肝癌	小鼠	冰岛曲霉
皱褶青霉素	肝癌	小鼠	皱褶青霉、缓生曲霉
灰黄霉素	肝癌	小鼠	灰棕青霉、黑青霉等
赭曲霉毒素	肾、肝（癌）	小鼠	赭曲霉、纯绿青霉等
纯绿青霉素	肺（腺瘤、癌）	小鼠	纯绿青霉
麦角碱	耳（神经纤维瘤）	大鼠	麦角菌
T-2 毒素	胃肠（腺癌）	大鼠	三线镰刀菌
展青霉素	皮下组织肉瘤	大鼠	展青霉等

续表

真菌毒素	致癌部位	敏感动物	产毒真菌
青霉酸	皮下组织肉瘤	大鼠	圆弧青霉、赭曲霉等
念珠毒素	皮下组织肉瘤	小鼠	白色念珠菌等
伏马菌素 B_1	肝、肾（癌）等	大鼠、小鼠	串珠镰刀菌等

表 5-3　几类食品中霉菌限量国家标准

标准号	标准名称	项目	指标
GB 7101—2022	食品安全国家标准　饮料	霉菌	≤20CFU/mL (50CFU/g)
GB 14884—2016	食品安全国家标准　蜜饯	霉菌	≤50CFU/g
GB 14891. 2—1994	辐照花粉卫生标准	霉菌	≤100CFU/g
GB 14891. 4—1997	辐照香辛料卫生标准	霉菌	≤100CFU/g
GB 14963—2011	食品安全国家标准　蜂蜜	霉菌	≤200CFU/g
GB 17325—2003	食品工业用浓缩果蔬汁（浆）卫生标准	霉菌	≤100CFU/mL
GB 7099—2015	食品安全国家标准　糕点、面包	霉菌	≤150CFU/g

二、常见的真菌性食物中毒

（一）黄曲霉及黄曲霉毒素中毒

黄曲霉菌（*Aspergillus flavus*）在自然界分布十分广泛，其中有 30%～60% 的菌株能够产生黄曲霉毒素，寄生曲霉和温特曲霉也能产生黄曲霉毒素。这些菌株主要在花生、玉米等谷物上生长，同时产生毒素。也有报道在鱼粉、肉制品、咸干鱼、乳和肝中发现黄曲霉毒素。我国很早就制定了食品中黄曲霉毒素的允许量标准。黄曲霉毒素在化学上是蚕豆素的衍生物，已明确结构的有十余种，其中以黄曲霉毒素 B_1 毒性最强，产生的量也最多，黄曲霉毒素 G_1、黄曲霉毒素 B_2 次之，一般主要指的是黄曲霉毒素 B_1。将黄曲霉毒素污染的饲料用于畜牧业，使毒素积累于动物组织中，用这种饲料喂养畜禽，能在肝脏、肾脏和肌肉组织中检测出黄曲霉毒素 B_1。在乳牛场，若饲料中含有黄曲霉毒素，饲喂乳牛后可转变为一种存在于乳中的黄曲霉毒素代谢产物——黄曲霉毒素 M_1。这种代谢产物同其母体化合物一样，是一种强致癌物质。研究证明，饲料中含黄曲霉毒素超过 60μg/kg 时，就能造成牛乳的污染。例如，黄曲霉毒素 B_1 含量约为 100μg/kg 时，可使牛乳含黄曲霉毒素的含量达到 1μg/kg。当小鸡食用的饲料含有 100μg/kg 黄曲霉毒素时，即能发现烧烤小鸡的肝和肌肉组织中含有黄曲霉毒素 B_1 的残留。当人们经常进食含有 mg/kg 级黄曲霉毒素的食物，就足以引起原发性肝癌，这种威胁在我国南方地区因环境潮湿而表现得较为严重。

分析流行病学资料显示，食品中黄曲霉毒素污染是较为严重的，例如非洲国家的食用花生有15%的样品污染黄曲霉毒素达1000μg/kg，有2.5%的样品可达10000μg/kg。美国玉米样品有7.1%含有黄曲霉毒素。泰国食用花生有49%污染黄曲霉毒素，玉米污染率为35%，其含量有的可达1000~5000μg/kg，有的甚至高达10000μg/kg。黄曲霉毒素对人体的危害也有很多实际例子，例如，1974年印度两个邦的200个村庄暴发黄曲霉毒素中毒性肝炎，397人发病，106死亡。我国台湾省曾报道3家农民共39人，其中25人因吃霉变大米发生黄曲霉毒素中毒。

由于黄曲霉毒素具有很强的毒性和致癌性，其限量标准为食品中黄曲霉毒素 B_1 含量为5μg/kg，黄曲霉毒素 B_1 和黄曲霉毒素 B_2 以及黄曲霉毒素 G_1 和黄曲霉毒素 G_2 的总和分别为10μg/kg和20μg/kg，牛乳中黄曲霉毒素 M_1 为0.05μg/kg，乳牛饲料中的黄曲霉毒素 B_1 为10μg/kg。

1. 病原特性

黄曲霉基本形态包括营养菌丝体、分生孢子梗、分生孢子头、顶囊、瓶梗及梗基、分生孢子等结构。在察氏培养基上生长较快，于24~26℃培养10d，菌落直径可达4~6cm，生长较慢的直径也可达3~4cm，通常由薄而质地紧密的基部菌丝及直立的分生孢子梗上的分生孢子头组成。一般呈扁平状，但偶尔也出现放射沟状或皱褶，呈脑迥状。最初呈黄色，然后变为黄绿色，最后颜色变暗。反面无色或带淡褐色。有些含菌核的菌株，呈暗红褐色，无气味。

2. 毒素

黄曲霉是一种广泛分布于世界各地的常见腐生菌，绝大多数菌种是非致病性的，常作为曲种应用于发酵工业，直到20世纪60年代由于英国暴发的“火鸡X病”，在几个月内死亡10万余只火鸡，发现此病与火鸡饲料中的巴西花生粉有关。经过2年的大量研究，发现花生粉含有一种火鸡致死的荧光物质，而且可诱发大鼠肝癌，为黄曲霉的代谢产物，故命名为黄曲霉毒素。

黄曲霉毒素是一类结构类似的化合物。其基本结构都是二氢呋喃杂萘邻酮的衍生物，它包括一个二呋喃环和香豆素（氧杂萘邻酮）。根据在紫外线照射下发出的不同荧光颜色，将黄曲霉毒素分为两类：一类为蓝色荧光的B类，包括 B_1、B_2、$B_2\alpha$；另一类为绿色荧光的G类包括 G_1、G_2、$G_2\alpha$、M_1、M_2、P_1、GM_1、毒醇、四氢脱氧黄曲霉毒素 B_1 等。构象关系研究发现，二呋喃环末端有双键者毒性较强，并具有致癌性，其中黄曲霉毒素B类的毒性和致癌性最强，在天然污染的食品中也最常见，所以在食品检测中通常以黄曲霉毒素 B_1 作为污染的指标。

黄曲霉毒素的纯品为无色结晶，低浓度的纯毒素在紫外线下易被分解破坏。黄曲霉毒素能被强碱（pH 9~10）和氧化剂分解，毒素在水中溶解度低，溶于油及一些有机溶剂，如氯仿、甲醇，但不溶于乙醚、石油醚及正己烷中。黄曲霉毒素对热稳定，一般烹调加工温度不能将其破坏，裂解温度在280℃以上。

3. 致病性

黄曲霉毒素的致病性分为毒性和致癌性。

（1）急性毒性　根据黄曲霉毒素对动物的半数致死量分析，黄曲霉毒素属于剧毒毒物，毒性比氰化钾还高。黄曲霉毒素对动物的毒性因动物的种类、年龄、性别以及营养状况等不同而有差异。年幼动物、雄性动物较敏感。最敏感的动物是雏鸭，其 LD_{50} 为0.24mg/kg(bw)。

雏鸭的肝脏急性中毒病变具有一定特征，可作为生物学鉴定的指标。一次口服中毒剂量后，可出现：

①肝实质细胞坏死：24h可出现病变，48~72h病变更明显。

②肝细胞脂质消失延迟：鸭雏孵出后肝脏有大量脂质，但正常者在孵出4~5d可逐渐消失，而黄曲霉中毒者，脂质消退延迟。

③胆管增生：中毒后48~72h病变明显，剂量不同导致的增生程度有差异。

④肝出血：中毒者肝出血，中毒死亡者出血更为严重。

其他组织如脾、胰等也可有病变，但不如肝脏明显。黄曲霉毒素对肝脏的损伤，若是小剂量则是可逆的，如剂量过大或多次重复受毒素损伤，则病变不能恢复。

（2）慢性毒性　黄曲霉毒素持续摄入所造成的慢性毒性表现为动物生长障碍，肝脏出现亚急性或慢性损伤。具体表现如下。

①肝功能的变化：血中转氨酶、碱性磷酸酶、异柠檬酸脱氢酶的活力和球蛋白升高。白蛋白、非蛋白氮、肝糖原和维生素A降低。

②肝组织变化：肝实质细胞变性，坏死。胆管上皮细胞增生，纤维细胞增生，形成再生结节。有些动物在低蛋白条件下可出现肝硬化。

③其他症状：食物利用率下降，体重减轻，生长发育缓慢，母畜不孕或产仔少。

（3）致癌性　黄曲霉毒素能引起多种动物和人发生癌症，主要表现为诱发肝癌。实验证明，小剂量反复摄入或大剂量一次摄入均可引起癌症。黄曲霉毒素可诱发鱼类、鸟类、哺乳动物类和灵长类动物肝癌。但不同动物的致癌剂量差别很大，其中以鳟鱼最为敏感，用含有15μg/kg黄曲霉毒素B_1的饲料喂大鼠，68周时12只雄鼠全部出现肝癌，80周时13只雌鼠也全部出现癌症。黄曲霉毒素致癌性非常强，其致癌能力约为奶油黄（二甲基偶氮苯）的900倍，二甲基亚硝胺的75倍。黄曲霉毒素不仅引发动物的肝癌，在其他部位也可引发肿瘤，如胃腺癌、肾癌、肺癌、直肠癌、乳腺癌、卵巢癌、小肠肿瘤。

4. 检验

黄曲霉毒素的检验参考GB 5413.37—2010《食品安全国家标准　乳和乳制品中黄曲霉毒素M_1的测定》、GB 5009.24—2016《食品安全国家标准　食品中黄曲霉毒素M族的测定》，以及GB 5009.22—2016《食品安全国家标准　食品中黄曲霉毒素B族和G族的测定》进行。

（二）赭曲霉及赭曲霉毒素中毒

赭曲霉又称为棕曲霉，其毒素又称为棕曲霉毒素。棕曲霉属于棕曲霉群，常寄生于谷类，特别是在贮藏中的高粱、玉米及小麦麸皮上。

赭曲霉菌主要浸染玉米、高粱等植物性谷物，并产生赭曲霉毒素A。实验猪食入含赭曲霉毒素的饲料，在各种组织内（肾、肝、肌肉、脂肪）均可检出残留毒素。用污染赭曲霉的大麦饲喂猪的各组织中均发现有赭曲霉毒素残留。在瑞典有25%、丹麦有35%的宰猪场，发现猪肾中有赭曲霉毒素A的残留，含量在2~104μg/kg，肌肉组织中残留量达30μg/kg。另外在花生、胡椒、火腿、鱼制品、棉籽、咖啡、香烟等中都曾分离出产毒的赭曲霉菌，最高污染含量达631.7μg/kg。赭曲霉菌能在小麦、裸麦、稻米、荞麦、大豆及花生上生长并产毒。其毒性主要为肝、肾毒性，引起变性坏死等病理变化。毒素引起肾病的人死亡率可达22%。

1. 病原特性

分生孢子头幼龄时为球形，老后分裂为2~3个分叉，其整体直径为750~800μm。分生孢子梗一般长1~1.5mm，直径10~14μm，呈明显的黄色，壁厚、极粗糙，有明显的麻点。顶囊呈球形，壁薄，无色，直径30~50μm。小梗覆盖于全部顶囊，密集而生，属双层小梗系，大小不一，多为（15~20）μm×（5~6）μm。分生孢子着生在小梗上，呈链状球形，一般直径为2.5~3μm。多数菌产生菌核，呈乳酪色、淡黄色、淡红色等。产生菌核的菌系分生孢子头较少。有些菌系不产生菌核，但产生的分生孢子头甚多。

本菌在察氏琼脂培养基上菌落生长稍局限，室温培养发育较慢，于24~26℃培养10~14d，菌落直径3~4cm。菌落硫黄色、米黄色至褐色，表面绒状，反面带黄褐色至绿色。通常扁平或略有皱纹，有时或多或少的在边缘形成环带，呈褐色或浅黄色。基质中菌丝无色或具有不同程度的黄色或紫色。微具蘑菇气味。

2. 毒素

赭曲霉毒素（ochratoxin，OA）因其结构不同，又可分为赭曲霉毒素A、B、C三组，A组的毒性较大。产生的适宜基质是玉米、大米和小麦，培养适宜温度是20~30℃，在30℃和水分活度为0.953时产毒最多，在15℃时要求水分活度为0.997。赭曲霉毒素类含7种结构类似的化合物，其中赭曲霉毒素A毒性最大，并且能在食品中自然污染后检出。

赭曲霉毒素是由赭曲霉、硫色曲霉（*A. sulphureus*）、蜂蜜曲霉（*A. melleus*）以及青霉属的鲜绿青霉（*P. viridicatum*）、徘徊青霉（*P. palitans*）和圆弧青霉（*P. rubrum*）等真菌产生的一类毒素。赭曲霉毒素B除了可以由赭曲霉毒素A衍生外，还可由红色青霉（*P. rubrum*）产生，而鲜绿青霉在5~10℃即可产生赭曲霉毒素A。

赭曲霉毒素A纯品为无色结晶，分子式$C_{20}H_{12}O_6NCl$，相对分子质量403。熔点94~96℃，易溶于氯仿、甲醇、乙烷、苯及冰醋酸等有机溶剂，微溶于水。三种赭曲霉毒素A、B、C的差异在于赭曲霉素B是赭曲霉素A的氯原子被氢原子取代，赭曲霉素C是赭曲霉素A的乙酯化合物。已发现的赭曲霉毒素有5种衍生物，依毒性强弱，依次为A、C、B、α、β。赭曲霉毒素是异香豆素环与苯丙氨酸相连接的一种化合物，在异香豆素环上有一个羟基和一个氯原子。赭曲霉毒素A的水解产物α的毒性明显降低，构象关系表明异香豆素环上酚性羟基对赭曲霉毒素A的毒性是至关重要的。在新鲜干燥的粮食和饲料中天然存在的赭曲霉素很少，但在发热霉变的粮食中赭曲霉素的含量会很高，主要是赭曲霉素A。粮食中的产毒菌株在28℃产生的赭曲霉素A含量最高，低于15℃或高于37℃时产生的毒素含量极低。

3. 致病性

赭曲霉毒素具有较强的肾脏毒性和肝脏毒性，还可导致肺部病变。慢性接触可诱发鼠的肝、肾肿瘤。在猪体内赭曲霉毒素A的残留半衰期为4.5d，在肝脏是4.3d。

赭曲霉毒素A污染饲料后可引起丹麦猪和家禽肾炎，呈地方病性，死亡率较高。另外，毒素A还被认为与人的慢性肾病有关，即与巴尔干地方性肾病有关。巴尔干肾病主要发生在前南斯拉夫、罗马尼亚和保加利亚等地区，呈地方性，主要在沿着有山间河沟和溪谷的村庄发生，某些地区的死亡率高达22%，在多发地区居住10~15年以上的人易患该病。猪食用赭曲霉毒素A后，肾脏病变、肾功能改变、病理变化与巴尔干肾病极其相似，而且流行地区的食品中赭曲霉毒素A的含量高于非流行地区。

4. 检验

赭曲霉毒素的检验参考GB 5009.96—2016《食品安全国家标准　食品中赭曲霉毒素A的测定》，或者GB 4789.16—2016《食品安全国家标准　食品微生物学检验　常见产毒霉菌的形态学鉴定》进行。

（三）黄绿青霉及黄绿青霉素中毒

黄绿青霉（*Penicillium citreo-viride*）又名毒青霉（*P. toxicarum*），最初是从黄变米中分离出来的，稻米水分含量在14.6%时，最适于黄绿青霉生长繁殖，并使米霉变发黄。黄绿青霉素（citreoviridin）能引起人和动物的肝肿瘤，中枢神经麻痹和贫血。

1. 病原特性

本菌分生孢子梗自紧贴于基质表面的菌丝生出，壁光滑，一般为（50～100）μm×（1.6～2.2）μm，有时也可从基质上产生，较长，可达150μm。帚状枝大多数为单轮生，偶尔有一、二次分枝，（9～12）μm×（2.2～2.8）μm。小梗密集成簇，有8～12个。分生孢子呈球形，直径2.2～2.8μm，壁薄，光滑或近于光滑。黏成链时，具有明显的孢隔，链长可达50μm以上。

黄绿青霉属单轮青霉组，斜卧青霉系。本菌在察氏培养基上生长局限，菌落表面皱褶呈纽扣状，有的中央凸起或凹陷，由柔韧的菌丝组成绒毯状，边缘逐渐变薄。淡黄灰色，仅微具绿色，表面绒状或稍现絮状，营养菌丝细，带黄色。渗出液很少或没有，反面及培养基呈现亮黄色。大部分菌株呈明显的柠檬黄色乃至黄绿色，约经14d后变成浊灰色。

2. 毒素

黄绿青霉的代谢产物为黄绿青霉素，该毒素是一种很强的神经毒素。黄绿青霉毒素主要由黄绿青霉、赭鲑色青霉、垫状青霉和瘿青霉等产生。黄绿青霉毒素纯品为橙黄色星芒状集合结晶体，分子式$C_{23}H_{30}O$，相对分子质量402，熔点107～110℃。易溶于乙醇、乙醚、苯、三氯甲烷和丙酮中，不溶于水和乙烷。紫外线照射2h，大部分毒素被破坏，此毒素耐热，加热至270℃时才能失去毒性，在紫外线下呈黄色荧光，有特殊臭味。

3. 致病性

黄绿青霉素主要损害神经系统。黄绿青霉素黄变米的乙醇提取物可使动物急性中毒，典型症状是上行性进行性神经麻痹，其他症状包括呕吐、痉挛和呼吸系统紊乱，进一步发展为心血管系统损害、肌肉麻痹、体温下降，进而演变为呼吸系统紊乱导致的呼吸困难和昏迷，重者可引起死亡。

4. 检验

黄绿青霉的检验参考GB 4789.16—2016《食品安全国家标准　食品微生物学检验　常见产毒霉菌的形态学鉴定》和GB 4789.15—2016《食品安全国家标准　食品微生物学检验　霉菌和酵母计数》，或者中华人民共和国出入境检验检疫行业标准SN/T 1514—2005《进出口粮谷中橘青霉、黄绿青霉、岛青霉检验方法》进行。

（四）镰刀菌和镰刀菌毒素中毒

镰刀菌属种类多，分布广，从平原到珠穆朗玛峰的高山，从海洋到高空，从植物到动物均可检出本菌属的菌株。其中许多可引起农作物的病变，如引起小麦、水稻、玉米和蔬菜等病害及各种作物的病原菌。有些寄生在植物上，如粮食及饲料，使其霉变，并产生毒素，人和动物食用后发生中毒。

镰刀菌引起的人和家畜中毒症比较常见，早在19世纪末，俄国和日本就已开展了研究。1882年俄国的远东地区曾发生由镰刀菌霉变的谷物而引起人和动物中毒，称为“醉谷病”。在1913年和第二次世界大战末期前后，西伯利亚地区发生因谷物被拟枝孢镰刀菌和梨孢镰刀菌浸染而产生毒素，致使人食后发生皮肤出血、粒细胞缺乏、坏死性咽炎、骨髓再生障碍等病症。中毒死亡率可达50%~60%，称为食物中毒性白细胞缺乏症（alimentary toxic aleukia，ATA）。

1. 病原特性

镰刀菌属在马铃薯-葡萄糖琼脂或察氏培养基上气生菌丝发达，高达0.5~1.0cm，较低的为0.3~0.5cm，或者气生菌丝稀疏，甚至完全无气生菌丝。由营养菌丝组成的集团组织称为子座。通常子座上生长分生孢子梗座，分生孢子梗座产生大量分生孢子时，黏聚成的黏团被称为黏孢团。

孢子的形态是分类的依据之一。分生孢子有两种类型，即大分生孢子和小分生孢子。大分生孢子由气生菌丝或分生孢子座产生，或产生在黏孢团中，形态多种多样，有镰刀形、线形、纺锤形、披针形、柱形、腊肠形、蠕虫形、鳝鱼形等。顶细胞形态不一，呈短喙形、锥形、钩形、线形、柱形等。大分生孢子为多细胞、多隔。小分生孢子生于分枝和不分枝的分生孢子梗上，小分生孢子的形态也不一样，呈卵形、梨形、椭圆形、圆形、纺锤形等，一般是单细胞，少数有1~3个隔。通常小分生孢子的量比大分生孢子多。

气生菌丝、黏孢团、子座、菌核可呈现各种颜色，基底也可被染成各种颜色。菌丝与大分生孢子上有时有厚垣孢子，厚垣孢子间生或顶生，单个或多个成串，或呈结节状。有时生于大分生孢子的孢室中，无色或有色，光滑或粗糙。有些镰刀菌具有有性繁殖器官，即产生闭囊壳，其内含有子囊及8个子囊孢子。子囊壳产生于子座上，子囊壳卵圆形或圆形，深蓝色至黑紫色，粗糙或光滑，子囊孢子椭圆形、梭形或新月形，无隔或可有3个隔，无色。

2. 毒素

镰刀菌毒素主要通过霉变的粮食和饲料导致人和动物患病。由于镰刀菌在自然界中的分布广泛，且产毒菌株与产生的毒素种类繁多，对人和动物危害较大，是优先研究的霉菌毒素之一。镰刀菌属引起人和动物中毒是由其产生的毒素作用的结果。

镰刀菌毒素是由镰刀菌属及个别其他菌属产生的有毒代谢产物的总称。主要分为单端孢霉烯族化合物（又称单端孢霉毒素类）（trichothecenes）、玉米赤霉烯酮（zearalenone）、串珠镰刀菌素（moniliformin）、伏马毒素（fumonisin）及丁烯酸内酯（butenolide）等毒素。常引起人和动物中毒的毒素有：玉米赤霉烯酮、T-2毒素、镰刀菌烯酮-X、雪腐镰刀菌烯酮、新茄病镰刀菌烯醇和丁烯酸内酯等。

（1）单端孢霉毒素　单端孢霉烯族化合物是由雪腐镰刀菌、禾谷镰刀菌、梨孢镰刀菌、拟枝孢镰刀菌等多种菌产生的一类生物活性和化学结构相似的毒素。它是引起人畜中毒最常见的一类镰刀菌毒素。此类毒素包括40多种真菌毒素（表5-4），化学组成上均含有C、H、O三种元素，且均具有倍半萜烯（sesquiterpene）结构，又称为12,13-环氧单端孢霉素（12,13-epoxytrichothecenes），12,13-环氧基结构是此类毒素毒性的化学结构基础。

表5-4　单端孢霉素类的化学结构

型别	毒素名称	R1	R2	R3	R4	R5
A型	T-2毒素	OH	OAC	OAC	H	$(CH_3)_2CHCH_2OCO$
	HT-2毒素	OH	OH	OAC	H	$(CH_3)_2CHCH_2OCO$
	二醋酸藨草镰刀菌烯醇	OH	OAC	OAC	H	H
	新茄病镰刀菌烯醇	OH	OAC	OAC	H	OH

续表

型别	毒素名称	R1	R2	R3	R4	R5
B 型	雪腐镰刀菌烯醇	OH	OH	OH	OH	=O
	镰刀菌烯醇-X	OH	OAC	OH	OH	=O
	二醋酰雪腐镰刀菌烯醇	OH	OAC	OAC	OH	=O

单端孢霉毒素化学性质稳定，一般能溶于中等极性的有机溶剂，微溶于水。在实验室条件下长期保存不变，在烹调过程中不易破坏。根据环上 R1 至 R5 上的取代基不同，分为若干不同的毒素，有 A、B、C、D 四型，主要分为 A 型和 B 型两种。

①A 型毒素：主要有 T-2 毒素、HT-2 毒素、二醋酸藨草镰刀菌烯醇和新茄病镰刀菌烯醇。

a. T-2 毒素。最初是从带菌玉米中分离出来的，产生该毒素的真菌有三线镰刀菌、拟枝孢镰刀菌、梨孢镰刀菌、半裸镰刀菌、木贼镰刀菌及黄色镰刀菌等。T-2 毒素的纯品为白色针状结晶体，分子式 $C_{24}H_{34}O_9$，熔点 151～152℃。T-2 毒素对大鼠腹腔注射的 LD_{50} 为 3.8mg/kg (bw)，染毒后的实验动物可引起呕吐反应。T-2 毒素可引起血液中白细胞的减少，现已证实为食物中毒性白细胞缺乏症（ATA）的病原物质。其毒性作用机制是抑制多聚核糖体合成蛋白质的起始阶段。T-2 毒素引起猫急性中毒的症状主要表现为呕吐、腹泻、厌食、后肢共济失调等，慢性中毒主要表现为白细胞减少。尸检可见骨髓、小肠、脾和淋巴结等部位有广泛的细胞损伤，脑脊膜出血，肺出血以及肾小管空泡性降解等。此外，T-2 毒素还可引起皮肤坏死和口腔损伤。

b. 二醋酸藨草镰刀菌烯醇（DAS）。产生 DAS 的菌主要有草镰刀菌和木贼镰刀菌。该毒素与 T-2 毒素有许多相似之处，如损害实验动物的骨髓等造血器官，白细胞持续减少，心肌退变出血等。此外，它还可使脑与中枢神经细胞变性，淋巴结、睾丸与胸腺受损害。发生胃肠炎、眼和体腔水肿以及动物抗体减少等。

c. 新茄病镰刀菌烯醇。由茄病镰刀菌、梨孢镰刀菌、拟枝孢镰刀菌、燕麦镰刀菌及黄色镰刀菌等产生。新茄镰刀菌烯醇的熔点为 171～172℃，小鼠腹腔注射 LD_{50} 为 14.5mg/kg(bw)。有报道称，这种毒素能引起马、骡和驴等动物中毒，中毒后发生痉挛、狂躁、呼吸障碍及脑出血等症状。

②B 型毒素：主要有雪腐镰刀菌烯醇、脱氧雪腐镰刀菌烯醇及镰刀菌烯酮-X。

a. 脱氧雪腐镰刀菌烯醇（DON）。也称为致呕毒素（vomitoxin），能产生该毒素的镰刀菌有禾谷镰刀菌、黄色镰刀菌和雪腐镰刀菌等。该毒素对动物的急性毒性属于剧毒或中等毒性。DON 是赤霉病的病原物质，其毒性作用主要是致呕吐。DON 对皮肤的坏死作用小于其他单端孢霉烯族化合物。多数研究证明，DON 有明显的胚胎毒性和一定的致畸和致突变作用，其致癌作用尚无报道。肾脏可能是 DON 排泄的主要途径之一，DON 在体内有一定的蓄积作用，但无特异的靶器官。

b. 雪腐镰刀菌烯醇和镰刀菌烯酮-X。雪腐镰刀菌烯醇可由雪腐镰刀菌、单隔镰刀菌产生，镰刀菌烯酮可由单隔镰刀菌、雪腐镰刀菌、水生镰刀菌、尖孢镰刀菌等产生。雪腐镰刀菌烯醇为白色长方形结晶，相对分子质量 312.3，熔点 222～223℃。易溶于水、甲醇、氯仿和二氯甲烷，不溶于己烷和正戊烷。此毒素可引起人的恶心、呕吐、疲倦、头痛。引起大鼠与小鼠的体重下降，肌肉张力下降与腹泻。此外还有与二醋酸藨草镰刀菌烯醇相似的作用，如骨髓与中枢神经损害、脑毛细血管扩张以及脑膜、肠道和肺出血等。雪腐镰刀烯醇对小鼠的腹腔注射 LD_{50} 为 4.1mg/kg（bw），镰刀烯酮-X 对小鼠腹腔注射的 LD_{50} 为 3.4mg/kg（bw）。

单端孢霉素类在食品卫生学上的意义比较重要。它可以引起食物中毒性白细胞缺乏症，也被认定为赤霉病麦中毒的病原物质。此外，它还和某些地方病以及原因不明的中毒有关。单端孢霉素类涉及的产毒菌甚多，产毒条件复杂，所以在食品中出现的机会较多，急性毒性较强。现在此类毒素和黄曲霉毒素一样，是最危险的食品污染物。

单端孢霉烯族真菌毒素一般用免疫亲和-荧光柱法、色谱柱分离测定、薄层色谱法进行检测。T-2 毒素是单端孢霉烯族真菌毒素中一个具有代表性的毒素。T-2 毒素的检测方法有薄层色谱法、气相色谱法、酶联免疫吸附法、免疫亲和柱-荧光计法。

（2）玉米赤霉烯酮　玉米赤霉烯酮（zearalenone，ZEN）可由多种菌产生，如禾谷菌、黄色镰刀菌、粉红镰刀菌、串珠镰刀菌、三线镰刀菌、茄病镰刀菌、木贼镰刀菌、尖孢镰刀菌等。

玉米赤霉烯酮的纯品为一种白色结晶，化学名称为 6-(10-羟基-6 氧基-1-十一碳烯基) β-雷锁酸-u-内酯［6-（10-hydroxy-b-oxo-1-undecenyl）β-resorcylic acid-u-lactone］。相对分子质量 318，熔点 164~165℃。不溶于水，溶于碱性水溶液、乙醚、苯、二氯甲烷、乙腈和乙醇，微溶于石油醚。

玉米赤霉烯酮可使畜、禽和啮齿类动物发生雌性激素亢进症。在性未成熟的雌猫和雌性幼鼠可引起子宫肥大和阴道肿胀以及乳腺隆突，但长期食用可使卵巢萎缩；在雄猪可引起乳房突起。此外还可引起牛不孕与流产和孕猪流产，与雌酮相比，其活力较弱，约为雌酮的 1/1000（皮下注射）和 1/100（经口）。

玉米赤霉烯酮具有较强的生殖毒性和致畸作用，可引起雌性动物发生雌流毒亢进症，导致动物不孕或流产。如果人食用了含赤霉烯酮的面粉也可引起中枢神经系统的中毒症状，如恶心、发冷、头疼、精神抑郁、共济失调等。ZEN 由口进入血液，7d 后可在尿中检出。

玉米赤霉烯酮的测定方法有免疫亲和柱-荧光计法、薄层色谱法、气相色谱法、高效液相色谱法等。

（3）丁烯酸内酯　丁烯酸内酯（butenolide）为棒状结晶，相对分子质量 138，熔点 113~118℃。易溶于水，微溶于二氯甲烷和氯仿。在碱性水溶液中极易水解。

产生丁烯酸内酯的菌主要有三线镰刀菌、雪腐镰刀菌、木贼镰刀菌、拟枝孢镰刀菌和梨孢镰刀菌、粉红镰刀菌、砖红镰刀菌和半裸镰刀菌等。三线镰刀菌在沙氏加麦芽糖液体培养基上，3℃暗处培养 20~30 周，或 15℃暗处培养 8 周，可产生三种毒素，其中丁烯酸内酯最多。可用二氯甲烷提取，去除溶媒后即得结晶。

此毒素主要引起牛烂蹄病，牛吃了受三线镰刀菌污染的牧草而得此病。这种牧草俗称酥油草（学名为苇状羊草，*Festuca arundinacea*），故此病也称为酥油草烂蹄症。丁烯酸内酯是血液毒，对家兔、小鼠和牛有毒性。由于此物为五圆环内酯，故不能排除具有致癌作用的可能。本品除对家兔涂皮有明显反应外，小鼠经口 LD_{50} 为 275mg/kg(bw)。

丁烯酸内酯的简易测定法是将产毒菌株培养物经二氯甲烷提取，在薄板上层析，遇硫酸呈蓝荧光，喷以 2，4-二硝基苯肼呈黄色。

（4）伏马毒素　1988 年，有学者从串珠镰刀菌 MRC826 培养物中分离出一组新的水溶性代谢产物，命名为伏马素。在短期促癌生物分析试验中，伏马毒素 B_1（fumonisin B_1，FB_1）表现出促癌活性，能明显诱发肝脏γ-谷胱甘肽转移酶呈阳性。说明 FB_1 对大鼠的促癌作用与毒性作用密切相关。FB_1 引起的病理改变表现为进行性肝炎样毒性。随喂养时间的延长，大鼠的肝炎病变进行性加重。

FB_1 污染粮食作物的情况比较严重，从意大利、西班牙、波兰和法国等地的玉米、高粱、小麦和大麦中均分离到数种镰刀菌，如表 5-5 所示。

表 5-5　世界部分国家或地区玉米及其制品中 FB_1 污染情况

品种	国家或地区	阳性样品数/总样品数	FB_1 含量/（mg/kg）
玉米	加拿大、美国	324/729	0.08~37.9
	阿根廷、乌拉圭、巴西	126/138	0.17~27.05
	奥地利、克罗地亚、意大利、匈牙利、德国、波兰、捷克、瑞士、英国、意大利	248/714	0.007~250
	贝宁、肯尼亚、马拉维、莫桑比克、津巴布韦、坦桑尼亚、赞比亚、南非	199/260	0.02~117.5
	中国、印度尼西亚、泰国、菲律宾、尼泊尔	361/614	0.01~155
	澳大利亚	67/70	0.3~40.6
玉米粉、粗玉米粉	加拿大、美国	73/87	0.05~6.23
	博茨瓦纳、埃及、肯尼亚、南非、赞比亚、津巴布韦	73/90	0.05~3.63
	中国、印度、日本、泰国、越南	44/53	0.06~2.6
各种玉米食品	美国	66/162	0.004~1.21
	秘鲁、委内瑞拉、乌拉圭	5/17	0.07~0.66
	捷克、法国、德国、荷兰、意大利、西班牙、瑞典、瑞士、英国	167/437	0.008~6.1
	博茨瓦纳	8/17	0.03~0.35
	日本、中国台湾	52/199	0.07~2.39
玉米粉、碱处理玉米粒	秘鲁、委内瑞拉	5/17	0.07~0.66
	乌拉圭、美国得克萨斯州-墨西哥边界	63/77	0.15~0.31
玉米粥、粗玉米、粗面粉	奥地利、保加利亚、意大利、西班牙、法国、德国、荷兰、捷克、瑞士、英国	181/258	0.008~16
面筋	中国、印度、日本、泰国、越南	44/53	0.06~2.6
玉米饲料	美国	586/684	0.1~330
进口玉米	德国、荷兰、瑞士	143/165	0.02~70
玉米粉	新西兰	0/12	

用 MRC826 的产毒培养物喂饲马，脑部病理学检查发现受试马有明显的肝病样改变和延髓质水肿。给马静脉注射 FB_1 出现明显的神经症状，包括精神紧张、偏向一侧的蹒跚、震颤、共济失调、行动迟缓、下嘴唇和舌轻度瘫痪等。FB_1 对大鼠具有肝脏毒性，并且在较低浓度时对大鼠具有肾皮质损伤作用。最易受伏马菌污染的粮食是玉米，其中对人体毒副作用最大的是 FB_1。

伏马毒素的检测方法主要有免疫亲和柱-荧光法、免疫亲柱-HLPC 法、毛细管电泳法、液相色谱/质谱法。

（5）镰刀菌素 C　从串珠镰刀菌的培养物中分离出一种具有致突变作用的有毒物质，命名为镰刀菌素 C（fusarin C）。镰刀菌素 C 不耐热，在 100℃下不稳定，在高 pH 条件下迅速降解。

该毒素的分子式为 $C_{24}H_{29}O_7$，与其结构相似的还有镰刀菌素 A 和 D。镰刀菌素 C 是一种具有高度致突变作用的物质，其致突变性质与 AFB_1 和杂色曲霉素相似，而镰刀菌素 A 和 D 不具有致突变性。用镰刀菌素 C 处理裸鼠食管上皮细胞后有细胞恶性转化的特征出现，可以在无表皮生长因子的选择性培养基和半固体琼脂上生长形成细胞集落，导致染色体数量增加，致癌基因 c-myc 和 v-erb-B 的表达增强。

镰刀菌及其毒素的种类众多，依据检测目标物的不同，其检测方法与检测标准参考不同的国家、地方或行业的检测标准。主要参考 GB 5009. 240—2016《食品安全国家标准　食品中伏马毒素的测定》，GB 5009. 111—2016《食品安全国家标准　食品中脱氧雪腐镰刀菌烯醇及其乙酰化衍生物的测定》和 GB 5009. 209—2016《食品安全国家标准　食品中玉米赤霉烯酮的测定》等进行。

第四节　有毒动植物食物（组织）中毒

一、有毒动物食物（组织）中毒

有毒动物食物（组织）中毒由食入含生物（组织）毒素的食品所引起。某些动植物含有天然毒素成分，如河豚中毒；外来污染和存放或处理不当，产生有毒物质，如蜂蜜中毒、鱼类组胺中毒；过量食入某些食品，如动物肝脏中毒、动物三腺中毒等，这些组织是动物的解毒器官，有积累毒性物质的特性，含毒性物质比其他器官组织多，这些均属于生物毒性食物中毒。世界上有毒鱼类约有 600 余种，我国有 170 种左右。

（一）河豚中毒

河豚中毒主要发生于日本、中国和东南亚地区，我国所产河豚 40 多种，均属于豚形目（Tetrodontiformes）。我国的河豚中毒多由豹纹东方豚和弓斑东方豚所引起。东方豚内脏所含毒素的量，因部位及季节而有差异，河豚的卵巢、睾丸、鱼子和肝脏毒性最强，其次为肾脏、血液、眼睛、鳃和皮肤，鱼死后，内脏毒素溶入体液并逐渐渗入肌肉内，使肌肉具有毒性。每年春季为河豚卵巢发育期，其毒性最强。6～7 月产卵后，毒性减弱。河豚毒素有河豚素、河豚酸、河豚卵巢毒素及河豚肝脏毒素。一个体重 70kg 的人可被 0. 5mg 河豚卵巢毒素毒死。河豚毒素易溶于稀乙酸中，对热稳定，220℃以上才被分解，盐腌和日晒也不被破坏；在 pH 7 以上和 pH 3 以下时不稳定，有胃酶存在时，0. 2%～0. 5%盐酸中 8h 可被破坏，煮沸 2h 则毒性减半。100℃ 4h、115℃ 3h、120℃ 20~60min，200℃以上10min可使毒素全部破坏；河豚毒素也可被碱类分解破坏。河豚毒素的毒性单位为毒力单位，指的是1mL原液或1g原料所能杀死小白鼠的克数，又称小鼠单位。对人的最小致死量约为20万小鼠单位，含毒力200小鼠单位以下的河豚组织不能使人致死，毒力为100~200小鼠单位者为弱毒，2万小鼠单位者为剧毒。豹纹东方豚产卵期卵巢毒素的毒力为2万~4万小鼠单位，肝脏毒力可高达10万小鼠单位。

河豚毒素中毒的特点为发病急速而剧烈，潜伏期10min~3h，先感觉手指、唇和舌刺痛，然后出现恶心、呕吐、腹泻等胃肠道症状，并有四肢无力、发冷，口唇、指尖和肢端麻痹，有眩晕，重者瞳孔及角膜反射消失，四肢肌肉麻痹，以致身体摇摆、共济失调，甚至全身麻痹、瘫痪。以后言语不清、紫绀、血压和体温下降。呼吸先迟缓浅表，后渐困难，以致呼吸麻痹，最后死于呼吸衰竭。河豚毒素中毒尚无特效药物，多对症治疗。

（二）鱼类组胺中毒

组胺中毒是一种过敏性食物中毒。不新鲜的鱼含一定数量的组胺，组胺是鱼体中游离组氨酸在组氨酸脱羧酶的催化下，发生脱羧反应形成的。容易形成组胺的鱼类有：鲐鱼、青花鱼、鲐巴鱼、青占鱼、蓝圆参、竹夹鱼、扁舵鲣、鲔鱼、金枪鱼、沙丁鱼等。这些鱼几乎都有青皮红肉的特点。人类组胺中毒与鱼肉中组胺含量以及鱼肉的食用量有关，有研究认为，100g鱼肉中组胺含量为100~150mg可引起轻度中毒，150~400mg可引起重度中毒。鱼类食品中组胺的最大允许含量，我国建议为100mg/100g。

组胺中毒主要是由于组胺使毛细血管扩张和支气管收缩所致，临床特点为发病快、症状轻、恢复快，潜伏期为数分钟至数小时。主要表现为颜面部、胸部以及全身皮肤潮红和眼结膜充血等。同时还有头痛、头晕、心悸、胸闷、呼吸频数和血压下降。体温一般不升高，多在1~2d内恢复。可用抗组胺药物治疗或对症处理。

在鱼类产、贮、运、销各个环节进行冷藏，不吃腐败变质的鱼类和加强鱼类的检验，有利于防止组胺中毒的发生。

（三）贝类中毒

贝类中毒实际上是由于食用一些体内存在藻类毒素的贝类引起。贝类中毒与藻类生长地区、季节有关。主要为甲藻类，特别是一些属于膝沟藻科的藻类，麻痹性贝类中毒与“赤潮”有关。藻类是一种单细胞低等植物，体内含有叶绿素、叶黄素和胡萝卜素等物质，通过光合作用吸收二氧化碳和盐作为养料而生长。藻的种类很多，为了生存，会产生一些使食藻类动物毒化的次级代谢产物——化学毒素，通过水产品食物链引起食物中毒，也可以引起鱼、虾、贝类动物死亡。藻类毒素可引起麻痹性中毒（PSP）、腹泻性贝毒中毒（DSP）、神经毒性贝毒中毒（NSP）、记忆缺失性贝毒中毒（ASP）、肝毒素及其他毒素中毒等。除了能引起急性毒性外，有些毒素还能引起致癌性，对人类和水产动物的健康是一个极大威胁，特别是近些年来，全球变暖，“赤潮”和“水华”泛滥，藻类大量繁殖，产毒藻类对水源和海产品的食品安全影响越来越大。

引起食物中毒的藻类毒素PSP主要包括石房蛤毒素、膝沟藻毒素、新石房蛤毒素、西加鱼毒素等；DSP主要包括鳍藻毒素1-4型、大田软海绵酸、虾夷贝毒素等；NSP与PSP基本一致，还包括短裸甲藻毒素、半短裸甲藻毒素、雨腥藻毒素；记忆缺失性毒素如硅藻毒素（软骨藻酸)；致癌性毒素如微囊藻毒素、大田软海绵酸；肝毒素如泥筒孢藻毒素或简胞毒素、微囊藻毒素等；氨代螺旋酸贝类毒素也能引起 DSP 症状。这些藻类毒素为非蛋白质性物质，有一些藻类毒素毒性强，耐热，有些为脂溶性，能耐高温处理，一般烹调温度难以破坏，食品安全意义重大。例如，石房蛤毒素（saxitoxin），该毒素属神经毒素，为小分子化合物毒素，易溶于水、耐热、胃肠道易吸收。其毒性很强，小鼠经腹腔的 LD_{50} 为 5~10μg/kg（bw），可以阻断神经和骨骼肌细胞间神经冲动的传导。石房蛤毒素的计量单位是小鼠单位（M. U），即在 15min 内能将体重 20g 小鼠致死的毒素量，相当于纯品 0. 18μg。石房蛤毒素对人经口的中毒量为 3000~5000 小鼠单位，对人经口致死量为 0. 54~0. 90mg。

贝类中毒的潜伏期为数分钟至数小时，初期唇、舌、指尖麻木，继而腿、臂、颈部麻木，然后运动失调。伴有头痛、头晕、恶心和呕吐。随病程发展，呼吸困难加重，严重者在 2~24h 内因呼吸麻痹而死亡。贝类中毒的预防措施是在贝类生长的水域进行藻类显微镜检查，发现有大量有毒藻类存在时应予以报警；或者是对水产品和水域中藻类毒素进行液-质联谱监测，并提出预警报告。美国 FDA 规定，石房蛤毒素在新鲜、冷冻和制罐贝类中的最高允许量为 400 小鼠单位或 80μg/100g，加拿大规定罐头原料的贝类毒素含量不得超过 160μg/100g。由于贝类毒素主要积聚于内脏，因此有的国家规定要去除内脏才能出售，有的国家规定仅贝类的白色肌肉可供食用。

（四）动物内分泌腺食物中毒

内分泌腺食物中毒主要是指动物的甲状腺、胆、肾上腺、肝脏等引起的食物中毒。

1. 甲状腺中毒

食用未摘除甲状腺的肉或误将制药用甲状腺当肉食用，可引起中毒。一般猪、牛、羊的新鲜甲状腺分别为 10. 8g、18g、3. 6g 左右。造成甲状腺食物中毒的是其所含的甲状腺素，理化性质较稳定，加热到 600℃才被破坏，一般的烹调方法不能将其除去。一次摄入大量甲状腺后，体内甲状腺素显著增加，组织细胞氧化速度增高，代谢加快，引起糖、脂肪、蛋白质代谢严重紊乱，基础代谢率极度增高，导致神经体液调节失调。据报道，食入 1. 8g 新鲜甲状腺（折合干粉为 0. 36g）即可引起中毒。甲状腺中毒的潜伏期为 12~24h，表现为头昏、头痛、心悸、烦躁、抽搐、恶心、呕吐、多汗，有的还见腹泻和皮肤出血。病程 2~3d，发病率为 70%~90%，病死率为 0. 16%。

2. 肾上腺中毒

见于大量摄入肾上腺时，肾上腺素浓度超过生理浓度，引起水、盐、糖、蛋白质、脂肪的代谢紊乱，出现肾上腺皮质功能亢进症。肾上腺中毒的潜伏期为 15~30min，表现为头晕、恶心、呕吐、心窝痛、腹泻，严重者瞳孔散大、颜面苍白。

3. 肝脏和胆中毒

某些动物的肝脏或胆也可引起食物中毒，如狼、狗、海豹、北极熊、鲨鱼等动物的肝脏及草鱼、鲤鱼、青鱼、鲢鱼、鳙鱼等的胆可以引起食物中毒。动物肝脏中毒是其所含的大量维生素 A 引起的，表现为头痛、皮肤潮红、恶心、呕吐、腹部不适、食欲不振等症状，之后有脱皮现象，一般可自愈。动物胆中毒是由于胆汁毒素引起的，潜伏期为 5~12h，最短为 0. 5h，初期表现为恶心、呕吐、腹痛、腹泻等，之后出现黄疸、少尿、蛋白尿等肝肾损害症状，重度中毒出现循环系统及神经系统症状，因中毒性休克及昏迷而死亡。症状的轻重与摄入量有关。因此，在加工鱼类时要注意取出鱼胆。

还有禽类的腔上囊（尾部）、海螺的部分组织等食用过量都能引起中毒。海螺尾部的部分组织还具有迷幻性中毒作用，所以在食海螺时尽量不吃其尾部组织。

二、有毒植物性食物中毒

（一）毒蕈中毒

无毒蘑菇可供食用，鲜美可口、营养丰富，有些还兼有药用价值。蘑菇实际上是大型真菌，我国有可食蕈300余种，毒蕈80多种，其中含剧毒素的有10多种。常因误食而中毒，多散发于高温多雨季节，是食品安全中死亡人数较多的一类中毒之一。

1. 中毒原因

由于某些毒蕈的外形与无毒蕈极其相似，非常不易鉴别，常因误食而引起中毒。毒蕈的种类较多，其主要有毒成分为毒蕈碱、毒蕈溶血素、毒肽、毒伞肽及引起精神症状的毒素等。因食入毒蕈所含的毒素种类和含量不同，且患者体质、饮食习惯也不一样，故毒蕈中毒的症状也比较复杂，临床表现各异。我国所见的毒蕈分布范围很广，以毒性很强的红色捕蝇蕈及白帽蕈为多见，误食者死亡率甚高。部分毒蘑菇经高热烹调后可解毒，但也有10余种剧毒蘑菇不能用一般方法破坏其毒性。

2. 毒素与中毒特征

一种毒蕈可含多种毒素，多种毒蕈也可含有同一种毒素。毒素的形成和含量常受环境影响。中毒程度与毒蕈种类、进食量、加工方法及个体差异有关。根据毒素成分，中毒类型可分为四种。

（1）胃肠炎型　可能由类树脂物质，如胍啶或毒蕈酸等毒素引起。潜伏期10min~6h，表现为恶心、剧烈呕吐、腹痛、腹泻等。病程短，预后良好。

（2）神经精神型　引起中毒的毒素有毒蝇碱、蟾蜍素和幻觉原等。潜伏期6~12h。中毒症状除有胃肠炎外，主要有神经兴奋、精神错乱和抑制。也可有多汗、流涎、脉缓、瞳孔缩小等。病程短，无后遗症。

（3）溶血型　由鹿蕈素、马鞍蕈毒等毒素引起，潜伏期6~12h，除急性胃肠炎症状外，可有贫血、黄疸、血尿、肝脾肿大等溶血症状。严重者可致死亡。

（4）肝肾损害型　主要由毒伞七肽、毒伞十肽等引起。毒素耐热、耐干燥，一般烹调加工不能破坏。毒素损害肝细胞核和肝细胞内质网，对肾也有损害。潜伏期6h至数天，病程较长，临床经过可分为六期：潜伏期、胃肠炎期、假愈期、内脏损害期、精神症状期、恢复期。该型中毒病情凶险，如不及时积极治疗，病死率甚高。

3. 预防

蘑菇种类繁多，一些食用菇味道鲜美，受到各地人们的喜爱，很多地方人们有采食蘑菇的习惯。民间有各种鉴别毒蘑菇的方法，但总的看来这些方法并不可靠。最有效的毒蘑菇鉴别方法是形态学鉴定，但这种鉴定方法普通群众难以掌握。所以，不要自行采摘、食用野菇。也不要在移动商贩处购买干的或新鲜的蘑菇。通过制作毒蘑菇图谱，进行广泛的宣传教育，提高普通人群对毒蘑菇的鉴别能力，采后需要有经验的人给予鉴别，预防毒蘑菇中毒。

（二）马铃薯中毒

马铃薯（*solanum tubersum*）俗称土豆（potato）、山药蛋、洋山芋等，致毒成分为茄碱，又称马铃薯毒素，是一种弱碱性的苷生物碱，又名龙葵苷。

1. 中毒原因

马铃薯中毒主要是因其含马铃薯素而引起的。马铃薯全株各部含马铃薯素的量不同：绿叶中含 0.25%，芽内含 0.5%，花内含 0.7%，马铃薯皮内含 0.01%，而成熟的块根内只含 0.004%，但若保存不好引起发芽或皮肉变绿时，含马铃薯素的量会显著增加，发芽的马铃薯中可增加到 0.08%，芽内则可高达 4.76%。新鲜的茎、叶含马铃薯素的量以开花至结有绿果期最高，而干燥的茎、叶无毒。发霉或腐烂的马铃薯，含毒量可增加，同时含有一种腐败毒，也有毒害作用。

2. 中毒特点及临床症状

（1）毒性及中毒特点　该毒素可溶于水，遇醋酸极易分解，高热煮透也可破坏其毒性，因而只有吃了未经妥善处理的发芽马铃薯或不成熟马铃薯才易中毒。龙葵苷对胃肠道黏膜有较强的刺激性及腐蚀性，对中枢神经系统有麻痹作用，尤其对呼吸中枢及运动中枢作用明显。此外，对红细胞有溶解作用，可致溶血。其病理变化主要为急性肺水肿，其次为胃肠炎及肺、肝、心肌和肾脏皮质水肿等。一般在食后数十分钟至数小时发病。先有咽喉及口内刺痒或灼热感，继而有恶心、呕吐、腹痛、腹泻等症状。轻者 1~2d 自愈；重者因剧烈呕吐而致失水及电解质紊乱，血压下降；严重中毒者昏迷及抽搐，最后因呼吸中枢麻痹而导致死亡。

（2）临床特点　先有上腹部烧灼感和疼痛，继之咽喉干，恶心、呕吐、腹痛、腹泻，甚至发热，呼吸困难，惊厥和昏迷，也可引起肠源性青紫症，多因呼吸中枢麻痹而死亡。

3. 预防

在预防中毒方面，加强对马铃薯的贮藏管理，防止发芽是预防中毒的根本保证。禁止食用发芽的，皮肉青紫的马铃薯。少许发芽马铃薯应深挖去除发芽部分，并浸泡 30min 以上，弃去浸泡水，再加水煮透，倒去汤汁才可食用。在煮马铃薯时可加些米醋，因其毒汁遇醋酸可分解，变为无毒。要提醒人们注意发芽及腐烂的马铃薯不能食用。加强宣教，防止误食。

（三）四季豆中毒

四季豆又名菜豆，俗称芸豆，是全国普遍食用的蔬菜。四季豆中毒是因食用四季豆引起的食物中毒。一般四季豆不引起中毒，但食用没有充分加热、彻底熟透的豆角就会中毒。四季豆中毒的病因可能与皂素、植物血球凝集素、胰蛋白酶抑制物有关。

1. 中毒原因

四季豆中毒在食物天然毒素中毒中较常见，一年四季均可发生，以秋季下霜前后较为常见。四季豆引起中毒可能与品种、产地、季节和烹调方法有关。根据中毒实际调查，烹调不当是引起中毒的主要原因，多数为炒煮不够熟透所致。未煮熟的四季豆中含有皂素，皂素对消化道黏膜有强的刺激性；另外，未成熟的四季豆可能含有凝聚素，具有凝血作用。

2. 中毒特点

摄入未煮熟的四季豆，引起中毒的潜伏期为数十分钟，一般不超过 5h，主要为胃肠炎症状，如恶心、呕吐、腹痛和腹泻。呕吐少则数次，多者可达数十次。另有头晕、头痛、胸闷、出冷汗以及心慌，胃部有烧灼感。大部分病人白细胞增高，体温一般正常，病程一般为数小时或 1~2d。可采用必要的对症治疗，预后良好。

3. 预防

家庭预防四季豆中毒的方法非常简单，只要把四季豆煮熟焖透就可以了。每一锅的量不应超过锅容量的一半，用油炒过后，加适量的水，加上锅盖焖 10min 左右，并用铲子不断地翻动四季豆，使它受热均匀。另外，还要注意不买、不吃老四季豆，把四季豆两端和豆荚摘掉，因为这些部位含毒素较多。使四季豆外观失去原有的生绿色，吃起来没有豆腥味，就不会中毒。集体饭堂和餐饮单位禁止购买、烹调、销售四季豆，防止因加工烹调四季豆不当引起的集体性食物中毒事件的发生。

第五节　感染性病原微生物食物中毒

在人类食品中，来自动物源性食品占有重要比例，是人体营养和必需成分的重要来源，往往由于动物在生活过程中感染某些疫病，致使在其肉和产品中带染病原微生物。人们通过生产加工、运输、贮藏、销售、烹调等过程接触到这些病原微生物，或进食了未经彻底加热的带有病原微生物的食品而发生感染，称为食物感染。由于食物感染主要发生在动物性食品，所以又称为肉源性食物感染或食肉感染。发生食物感染的微生物主要是人畜共患疫病病原微生物。也有的在动物源性食品加工、烹调或与患病食用动物接触而造成感染。

一、食物感染性细菌

（一）霍乱弧菌

1. 食品卫生学意义

霍乱弧菌（*Vibrio cholera*）是弧菌属的一个种，是烈性传染病霍乱的病原菌。此菌包括两个生物型：古典生物型（Classical biotype）和埃尔托生物型（Eltor biotype）。这两种型除个别生物学性状稍有不同外，形态和免疫学特性基本相同，在临床病理及流行病学特征上没有本质的差别。自 1817 年以来，全球共发生了七次世界性大流行，前六次病原是古典型霍乱弧菌，第七次病原是埃尔托型霍乱弧菌。至 2009 年 1 月，津巴布韦已经有 6 万人感染霍乱，3100 人死亡。1992 年 10 月在印度东南部又发现了一个引起霍乱流行的新血清型菌株（O139），它引起的霍乱在临床表现及传播方式上与古典型霍乱完全相同，但不能被 O1 群霍乱弧菌诊断血清所凝集，抗 O1 群的抗血清对 O139 菌株无保护性免疫。在水中的存活时间较 O1 群霍乱弧菌长，因而有可能成为引起世界性霍乱流行的新菌株。

霍乱弧菌对人引起的疾病称为霍乱。霍乱是人类传染病，在我国被定为甲类传染病。动物不发生，病人和带菌者是传染源。霍乱弧菌存在于含有一定盐分和有机营养物质的水体、海湾沿岸、江河出海口的海水中。流行病一般发生在 5~11 月，高峰为 7~9 月，但全年均可流行。在人群分布上主要与生活习惯有密切关系，如渔民、流动人口患病率较高。霍乱的传播途径：

（1）经水传播　水是霍乱最主要的传播途径。

（2）食源性传播　食物在生产、运输、加工、贮存和销售中可能被污染的水或被病人、带菌者污染，这些受污染的食物在霍乱的传播甚至暴发中起重要作用，如婚宴或聚餐发生霍乱是食物型霍乱感染的主要形式之一。

（3）经生活必需品接触传播　与病人、带菌者或被该菌污染的物品接触而感染。

（4）经苍蝇等昆虫传播　昆虫将病菌带到食物上，起传播作用。

潜伏期1~2d，短的为数小时至5d，主要表现为头昏、疲倦、腹胀、腹泻，强烈腹泻是霍乱的主要特征。

2. 病原特性

霍乱弧菌菌体弯曲呈弧状或逗点状。新分离到的菌株形态比较典型，经人工培养后失去弧形而呈杆状。取患者米泔水样粪便作涂片镜检，可见菌体排列如"鱼群样"。菌体一端有单根鞭毛和菌毛，运动活泼，呈穿梭状，无荚膜与芽孢。革兰染色阴性。营养要求不高，属兼性厌氧菌，生长温度为16~42℃，最适生长温度37℃，在pH 8.8~9.0的碱性蛋白胨水或平板中生长良好。因其他细菌在此pH下不易生长，故碱性蛋白胨水可作为选择性增殖霍乱弧菌的培养基。在碱性平板上菌落直径为2mm，圆形，光滑，透明。霍乱弧菌是生长最快的细菌之一，在固体培养基上，一般呈无色、圆形、透明、光滑、湿润、扁平或稍凸起、边缘整齐的菌落。根据弧菌O抗原不同，分成Ⅵ个血清群，第Ⅰ群包括霍乱弧菌的两个生物型，如表5-6所示。第Ⅰ群A、B、C三种抗原成分可将霍乱弧菌分为三个血清型：含A、C两种抗原者为原型（又称稻叶型），含A、B两种抗原者为异型（又称小川型），A、B、C三种抗原均有者称中间型（彦岛型）。

表5-6　两种生物型的鉴别抗原构造分型

鉴别试验	O1群霍乱弧菌生物型	
	古典	埃尔托
第Ⅳ组霍乱弧菌噬菌体裂解	+	-（+）
多黏菌素B敏感	+	-（+）
鸡红细胞凝集	-（+）	+（-）
V-P	-	+（-）
溶血	-	+（-）

3. 致病性

霍乱弧菌进入人体小肠后，在细菌定居因子以及黏附因子共同作用下，黏附于肠道上皮，大量繁殖并产生致泻性极强的肠毒素。人类在自然情况下是霍乱弧菌的唯一易感者，主要通过污染水源或食物经口传染。在一定条件下，霍乱弧菌进入小肠后，依靠鞭毛运动，穿过黏膜表面黏液层，可能通过菌毛作用黏附于肠壁上皮细胞上，在肠黏膜表面迅速繁殖，经过短暂的潜伏期后便急骤发病。该菌不侵入肠上皮细胞和肠腺，也不侵入血流，仅在局部繁殖和产生霍乱肠毒素，此毒素作用于肠黏膜上皮细胞与肠腺使肠液过度分泌，从而使患者出现上吐下泻，泻出物呈"米泔水样"并含大量弧菌，此为本病典型的特征。

霍乱弧菌古典生物型对外环境抵抗力较弱，埃尔托生物型抵抗力较强，在河水、井水、海水中可存活1~3周，在鲜鱼、贝壳类食物上存活1~2周。霍乱肠毒素的本质是蛋白质，不耐热，56℃经30min，即可破坏其活性。对蛋白酶敏感而对胰蛋白酶具有抗性。该毒素属外毒素，具有很强的抗原性。

霍乱肠毒素由A和B两个亚单位组成，A亚单位又分为A1和A2两个肽链，两者依靠二硫键连接。A亚单位为毒性单位，其中A1肽链具有酶活性，A2肽链与B亚单位结合参与受体介导的内吞作用中的转位作用。B亚单位为结合单位，能特异地识别肠上皮细胞上的受体。1个毒素分子由一个A亚单位和5个B亚单位组成多聚体。霍乱肠毒素作用于肠细胞膜表面受体（由神经节苷脂GM1组成），其B亚单位与受体结合，使毒素分子变构，A单位进入细胞，A1肽链活化，进而激活腺苷环化酶（AC），使三磷酸腺苷（ATP）转化为环磷酸腺苷（cAMP），细胞内cAMP浓度增高，导致肠黏膜细胞分泌功能大为亢进，使大量体液和电解质进入肠腔而发生剧烈吐泻，由于大量脱水和失盐，可发生代谢性酸中毒，血循环衰竭，甚至休克或死亡。

4. 检验

由于霍乱流行迅速，且在流行期间发病率及死亡率均高，危害极大，因此早期迅速和正确的诊断，对治疗和预防本病的蔓延有重大意义。霍乱诊断和霍乱弧菌检验及处理规程主要参考中华人民共和国卫生行业标准WS 289—2008《霍乱诊断标准》，中华人民共和国出入境检验检疫行业标准SN/T 1297—2003《国境口岸霍乱疫情监测规程》、SN/T 1239—2003《国境口岸霍乱检测规程》、SN/T 1022—2010《进出口食品中霍乱弧菌检验方法》、SN/T 2332—2009《国境口岸霍乱弧菌的荧光PCR检测方法》、SN/T 2754. 11—2011《出口食品中致病菌环介导恒温扩增（LAMP）检测方法　第11部分：产霍乱毒素的霍乱弧菌》、SN/T 1872—2007《出入境口岸霍乱弧菌多重聚合酶链反应操作规程》、SN/T 1189—2003《入出境霍乱染疫列车卫生处理规程》、SN/T 1284—2003《入出境霍乱染疫船舶卫生处理规程》等标准进行。

（二）单核细胞增生李斯特菌

1. 食品卫生学意义

李斯特菌（*Listeria*）属包括7个种，即单核细胞增生李斯特菌（*L. monocytogenes*）、绵羊李斯特菌（*L. ivanovii*）、威尔斯李斯特菌（*L. welshimeri*）、赛林格李斯特菌（*L. seeligeri*）、无害李斯特菌（*L. innocua*）、格氏李斯特菌（*L. grayi*）、默氏李斯特菌（*L. murrayi*）。其中，前两种有致病性，但仅有单核细胞增生李斯特菌可引起人的疾病。李斯特菌属的代表种为单核细胞生李斯特菌，该菌是人和动物李斯特菌病的病原体，为人兽共患病病原体，也是致死性食物源性条件致病菌。怀孕妇女、新生儿、老年人和免疫力低下者易感染此病。人和家畜感染后主要表现为脑膜炎、败血症和流产，家禽和啮齿动物表现为坏死性肝炎和心肌炎。

单核细胞增生李斯特菌（以下简称单增李斯特菌）广泛分布于自然界，在土壤、健康带菌者、动物的粪便、江河水、污水、蔬菜、青贮饲料及多种食品中均有分离出该菌的报道，患病动物和带菌动物是本菌的主要传染源，患病动物的粪尿、精液以及眼、鼻、生殖道的分泌液都含有本菌。一旦污染到食品上，当人们接触和食入，即可发生感染。一般认为，单增李斯特菌传播给人的主要途径，是通过从水源到厨房的食物链中任何一个环节上的食品原料污染。人主要通过进食软奶酪、未充分加热的鸡肉、未再次加热的热狗、鲜牛乳、巴氏消毒乳、冰淇淋、生牛排、羊排、卷心菜沙拉、芹菜、番茄、法式馅饼、冻猪舌等而感染，85%～90%的病例是由被污染的食品引起的。单增李斯特菌在4～6℃低温下能够繁殖，一般冷藏食品不能保证其安全性。

消毒牛乳污染率为21%，肉制品为30%，国内冰糕、雪糕中检出率为17.39%，家禽为15%，水产品为4%~8%。销售、食品从业人员也可能是传染源，人粪便分离率为0.6%~1.6%，人群中短期带菌者占70%。虽然单增李斯特菌食物中毒或感染的事件发生的较少，但其致死率较高，平均达33.3%。2006年，法国因食物感染单增李斯特菌引起200人感染，67例死亡。2023年11月20日，美国疾病控制和预防中心发布公告，截至11月17日，美国已有7个州报告了11例李斯特菌感染病例，其中10人入院治疗，1人死亡。

自然发病在家畜以绵羊、猪、家兔的报道较多，牛、山羊次之，马、犬、猫很少；在家禽中，以鸡、火鸡、鹅较多，鸭较少。许多野兽、野禽、啮齿动物特别是鼠类都易感染，且常为本菌的贮存宿主。

2. 病原特性

革兰染色阳性，老龄培养物呈阴性。形态与培养时间有关，37℃培养3~6h，菌体主要呈杆状，随后则以球形为主；3~5d的培养物形成6~20μm的丝状，不产生芽孢。室温（20~25℃）时为4根鞭毛的周毛菌，运动活泼，呈特殊的滚动式。37℃时只有较少的鞭毛或1根鞭毛，运动缓慢。将细菌接种于半固体琼脂培养基，置于室温孵育，由于动力强，细菌自穿刺接种线向四周弥漫性生长，在离琼脂表面数毫米处出现一个倒伞形的“脐”状生长区，是本菌的特征之一。

本菌为需氧和兼性厌氧菌，在22~37℃均能生长良好，生长温度范围是1~45℃，在4℃中也能生长。根据此特性，可将污染众多杂菌的标本置于4℃进行冷增菌，有利于本菌的分离。营养要求不高，普通培养基上均可生长，如加入少许葡萄糖、血液、肝浸出物则生长更好，最适pH 7.0~7.2。在血液琼脂上形成表面光滑、透明圆形的小菌落。绵羊血琼脂平板上菌落周围有狭窄的β溶血环。在肝汤琼脂上形成圆形、光滑、透明的小菌落。在血清肉汤中，光滑型菌落均匀混浊，粗糙型菌落颗粒状生长。在含有0.1%亚碲酸钾培养基上，菌落较小，呈黑色，边缘发绿。

李斯特菌属具有菌体抗原和鞭毛抗原，菌体抗原以Ⅰ、Ⅱ、Ⅲ、…、Ⅻ表示，鞭毛抗原以A、B、C、D表示。不同的菌体抗原及鞭毛抗原组合成16个血清变种。单核细胞增生李斯特菌具有12个血清变种：1/2a、1/2b、3a、3b、3c、4a、4ab、4b、4c、4d、4e和7。其中人和动物感染的李氏杆菌病90%以上是由1/2a、1/2b、4b三种血清型所引起，其他的血清型经常可以从污染的食物中分离到。

3. 致病性

（1）致病作用　单核细胞增生李斯特菌引起的疾病可分为腹泻型和侵袭型两种，腹泻型主要表现为腹泻、腹痛及发热；侵袭型可引起脑膜炎、大脑炎、败血症、心内膜炎、流产、脓肿或局部性的损伤等，且许多病症已证实是致死性的。免疫系统有缺陷的婴儿易出现败血症、脑膜炎等。孕妇可流产、死胎或婴儿健康不良，幸存的婴儿也易患脑膜炎，少数病人仅表现流感样症状。家畜主要出现脑膜炎、败血症和妊畜流产。家禽和啮齿动物则出现坏死性肝炎和心肌炎，有的还出现单核细胞增多。

（2）致病机制　目前，单核细胞增生李斯特菌致病机制的研究相对较多。无害李斯特菌（*L. innocua*）和单核细胞增生李斯特菌的基因组序列完成测序。李斯特菌的感染模式主要通过肠道感染，从肠道进入后第一侵害的靶器官为肝脏。在肝中李斯特菌能大量繁殖，直到细胞免疫反应强烈后才停止。最常见的传播媒介是食品，作为经常刺激的抗原，身体中经常有抗李斯特菌的记忆细胞，而对于免疫能力低下的患者，李斯特菌长期存在于肝中，造成菌血症，导致侵入第二个靶器官——脑或怀孕的生殖道，直到引起临床疾病。单核细胞增生李斯特菌和绵羊李斯特菌（*L. ivanovii*）是专性巨噬细胞内寄生，并可侵袭各种吞噬细胞，如上皮细胞，直接扩散进入临近细胞，完成一个侵袭过程。这个过程包括从吞噬泡中逃逸—快速在胞浆内繁殖—诱导肌动蛋白运动—直接扩散到临近细胞，然后再启动另一个循环。

李斯特菌的抗原成分和致病性之间有相互联系。最明显的例子是 *L. ivanovii* 血清型 5 能在所有反刍兽中见到，尤其是羊。在这些动物中，血清型 5 菌株引起产期感染，而不是脑炎，最典型例子是羊的李斯特菌感染表现。进一步证据是人和动物超过 90% 的病例是由 1/2a、1/2b、4a、4b 型引起的，但菌株 1/2（1/2a、1/2b、1/2c）主要见于污染的食品中。在人的病例中，血清型 4b 常发生于胎儿，但与怀孕没有任何关系。在绵羊，单增李斯特菌感染具有两种临床表现形式，脑膜脑炎和流产，一般不会同时发生。

从分子流行病学角度和血清学分组情况看，李斯特菌可大致分成三个组。

第一组（血清型 1/2b、4b）：包含所有食源性分离株，人和动物流行株；

第二组（血清型 1/2a、1/2c、3a）：包含人和动物分离株，但不包含食源性分离株；

第三组（血清型 4a）：包含动物分离株。

宿主的易感性在李斯特菌病中起到重要作用，许多病例中都存在 T 细胞介导的免疫学生理或病理缺陷。从这可以判断李斯特菌属条件致病菌之类。最危险人群是怀孕妇女和新生儿，老弱（55~60 岁或更老），免疫缺陷患者。绝大多数病例（>75%）发生在成年非怀孕者中。

李斯特菌通过肠道屏蔽，通过淋巴、血液到肠系膜淋巴结、脾、肝，被肝、脾中的巨噬细胞快速地从血流中清除掉，大约 90% 的菌体聚集在肝中，主要是被窦状隙中的库普弗细胞捕获，大多数菌体被这些细胞杀死。并不是所有的李斯特菌都能被破坏，也有的在体内器官中生长、繁殖。从肝细胞到肝细胞直接胞内感染方式导致感染病灶的形成。李斯特菌扩散进肝实质未经过免疫系统的体液效应，这就能解释在李斯特菌免疫中抗体为什么不起主要作用。

4. 检验

单核细胞增生李斯特菌检验主要参考 GB 4789. 30—2016《食品安全国家标准　食品微生物学检验　单核细胞增生李斯特氏菌检验》、GB/T 22429—2008《食品中沙门氏菌、肠出血性大肠埃希氏菌 O157 及单核细胞增生李斯特氏菌的快速筛选检验　酶联免疫法》进行。

（三）布鲁氏菌

1. 食品卫生学意义

布鲁氏菌（*Brucella*）也称布氏杆菌，是人畜共患传染性布鲁氏菌病（brucellosis）的病原菌。该病又被称为地中海弛张热，马耳他热，波浪热或波状热，是由布氏杆菌引起的人畜共患性传染病，其临床特点为长期发热、多汗、关节痛、早产、不孕、睾丸炎及肝脾肿大等。牛、羊、猪等动物最易感染，引起母畜传染性流产。患病牲畜是布氏杆菌病的唯一传染源，人类接触带菌动物或食用病畜产品及其乳制品，均可被感染。布氏杆菌病广泛分布于世界各地。我国部分地区曾有流行，布氏杆菌也曾是失能性生物战剂之一。布氏杆菌属分为羊、牛、猪、鼠、绵羊及犬布氏杆菌 6 个种，20 个生物型。我国流行的主要是羊（*B. melitensis*）、牛（*B. bovis*）、猪（*B. suis*）3 种布氏杆菌，其中以羊种布氏杆菌病最为多见。病原体可通过病人的尿及乳汁排出，但人传染人的病例极其罕见。动物传染人的途径有：①经皮肤黏膜传染，与病畜密切接触的饲养、屠宰、挤乳等从业人员由于未采取必要的个人防护，皮肤或黏膜直接与病原体接触引起传染；②经食物传染，人食入带有病菌而未煮熟的肉、乳或乳类制品时，可经消化道传染。病菌也可通过污染的手、食具等间接污染食物而侵入人体。该病全年都有病例发生，而人群发病高峰则往往在动物发病1个月左右后出现。习近平总书记在党的二十大报告中强调，要“有效遏制重大传染性疾病传播”。为深入学习贯彻党的二十大精神，切实筑牢口岸检疫防线，必须坚持人病兽防、关口前移，从源头前端阻断布鲁氏菌病的传播路径。

2. 病原特性

布氏杆菌为球形、卵圆形或球杆形，大小为0.6~2.5μm。布氏杆菌的形态易受环境因素的影响，在机体中和新鲜培养物中多表现为球形，而在机体外，尤其是在陈旧培养物中，可见到较多的杆状形态。在菌体形态上，光滑型和粗糙型不易分辨。布氏杆菌没有鞭毛，不形成芽孢。可被所有碱性染料着色，革兰染色阴性，吉姆萨染色呈紫色。柯氏染色法对鉴别具有重要意义。

布氏杆菌为需氧菌，在严格厌氧条件下不生长。能在弱酸或弱碱性培养基上生长繁殖，适宜的pH 6.6~7.4。生长温度为20~40℃，适宜温度为37℃。本菌生长对营养要求较高，但即使在良好培养条件下生长仍较缓慢，在不良环境，如抗生素的影响下，本菌易发生变异。

布氏杆菌有A、M和G三种抗原成分，G为共同抗原，一般牛源菌株以A抗原为主，A与M之比为20∶1；羊源菌株以M为主，M与A之比为20∶1；猪源菌株A与M之比为2∶1。制备单价A、M抗原可用其鉴定菌种。本菌致病力与各型菌新陈代谢过程中的酶系统，如透明质酸酶、尿素酶、过氧化氢酶、琥珀酸脱氢酶及细胞色素氧化酶有关。细菌死亡或裂解后释放的内毒素是致病的重要物质。

布氏杆菌在自然环境中生命力较强，在病畜的分泌物、排泄物及死畜的脏器中能生存4个月左右，在食品中约生存2个月。加热60℃或日光下曝晒10~20min可杀死此菌，对常用化学消毒剂较敏感。对消毒剂的抵抗力不强，20g/L苯酚、来苏儿、氢氧化钠溶液或1g/L氯化汞，可于1h内杀死本菌。50g/L新鲜石灰乳2h或1%~2%福尔马林3h可将其杀死。5g/L氯己定或0.1g/L度米芬、消毒净或新洁尔灭，5min内即可杀死本菌。

3. 致病性

病菌自皮肤或黏膜侵入人体，随淋巴液到达淋巴结，被吞噬细胞吞噬。如吞噬细胞未能将菌杀灭，则细菌在细胞内生长繁殖，形成局部原发病灶。此阶段有人称为淋巴源性迁徙阶段，相当于潜伏期。细菌在吞噬细胞内大量繁殖导致吞噬细胞破裂，随之大量细菌进入淋巴液和血循环形成菌血症。在血液里细菌又被血流中的吞噬细胞吞噬，并随血流带至全身，在肝、脾、淋巴结、骨髓等处的单核-吞噬细胞系统内繁殖，形成多发性病灶。当病灶内释放出来的细菌，超过了吞噬细胞的吞噬能力时，则在细胞外血流中生长、繁殖，临床呈现明显的败血症。在机体各因素的作用下，有些遭破坏死亡，释放出内毒素及菌体其他成分，在临床上不仅有菌血症、败血症，而且还有毒血症的表现。目前认为，内毒素在致病理损伤、临床症状方面起着重要作用。机体免疫功能正常时，通过细胞免疫及体液免疫清除病菌而获痊愈。如果免疫功能不健全或感染的菌量大、毒力强，则部分细菌逃脱免疫，又可被吞噬细胞吞噬带入各组织器官形成新感染灶，称为多发性病灶阶段。经一定时期后，感染病灶的细菌生长繁殖再次入血，导致疾病复发，所造成的组织病理损伤广泛，临床表现也就多样化，如此反复成为慢性感染。

本病病理变化广泛，受损组织不仅包括肝、脾、骨髓、淋巴结，而且还累及骨、关节、血管、神经、内分泌系统及生殖系统；不仅损伤间质细胞，而且还损伤器官的实质细胞。其中以单核-吞噬细胞系统的病变最为显著。病灶的主要病理变化：①主要见于肝、脾、淋巴结、心、肾等处以浆液性炎性渗出，夹杂少许细胞坏死；②淋巴、单核-吞噬细胞增生，疾病早期尤显著。常呈弥漫性，稍后常伴纤维细胞增殖；③病灶里可见由上皮样细胞、巨噬细胞及淋巴细胞、浆细胞组成的肉芽肿。肉芽肿进一步发生纤维化，最后造成组织器官硬化。三种病理改变可循急性期向慢性期依次交替发生和发展。如肝脏，急性期内可见浆液性炎症，同时伴实质细胞变性、坏死；随后转变为增殖性炎症，在肝小叶内形成类上皮样肉芽肿，进而纤维组织增生，出现混合型或萎缩型肝硬化。

4. 检验

布鲁氏菌病诊断与检测主要参考 GB/T 18646—2018《动物布鲁氏菌病诊断技术》，中华人民共和国出入境检验检疫行业标准 SN/T 3306. 5—2013《国境口岸环介导恒温扩增（LAMP）检测方法　第 5 部分：布鲁氏菌》、SN/T 3565—2013《国境口岸布鲁氏菌上转发光检测方法》等进行。

5. 预防措施

积极防御、系统治理，有效控制传染源、阻断传播途径、提高抗病能力，不断健全完善布鲁氏菌病防治体制机制，夯实基层防疫体系，提升风险防范和综合防治能力，有计划地控制、净化和消灭布鲁氏菌病，维护畜牧业生产安全、公共卫生安全和国家生物安全。基本原则包括：①实施专项防控；②推进区域化管理；③强化牛羊调运监管；④加强乳畜风险监测；⑤加强联防联控。

二、食品传播性病毒

（一）概述

与细菌和真菌相比，人们对食品中病毒的情况了解较少，可能污染食品的病毒见表 5-7。从病毒在食品和环境中分布发生的频率看，胃肠炎病毒最常见于贝类食品中。甲壳类动物不能浓缩病毒，但贝类通过其对食物的筛滤作用可以浓缩进入其体内的病毒。当 I 型脊髓灰质炎病毒存在于水中时，蓝蟹会被感染，但是并不能浓缩这种病毒。人工感染脊髓灰质炎病毒到牡蛎，于冷藏条件保存 30~90d 后，病毒存活率为 10%~13%。当水中病毒浓度低于 0. 01PFU/mL 时，牡蛎和蛤类不太可能吸收这些病毒，通过分离可检出每只贝中含 1. 5~2. 0PFU 病毒。

表 5-7　可能导致食品污染的人肠道病毒

病毒科类	病毒种型	所致病症
小核糖核酸病毒	脊髓灰质炎病毒 1-3 型	脊髓灰质炎、运动障碍
	柯萨奇病毒 A1-24 型	脑炎、肌炎等
	柯萨奇病毒 B1-6 型	脑炎、肌炎等
	ECHO 病毒 B1-6 型	脑炎、肌炎等
	肠病毒 68-71	呼吸道、消化道疾病
	A 型肝炎病毒	肝炎等

续表

病毒科类	病毒种型	所致病症
呼肠孤病毒	呼肠孤病毒 1-3 型	呼吸道和胃肠炎症
	轮状病毒	呼吸道和胃肠炎症
细小病毒	人胃肠道病毒	消化道疾病
乳头多瘤空泡病毒	人 BK 和 JC 病毒	致癌等
腺病毒	人腺病毒 1-33 型	胃肠炎等

大肠菌群数难以反映食品中病毒的污染状况。因此，细菌学卫生指标不能作为病毒的参考指标。

病毒在食品中的存活能力表现各异。肠病毒在绞碎牛肉中于 23℃或 24℃下可存活 8d，存活状态不受污染细菌生长的影响。在自然状态下，在蔬菜中均未发现活病毒，而水产品如贝壳类较多见病毒污染。猪瘟病毒和非洲猪瘟病毒在肉类加工制品中的存活状况不一样，在腌肉罐头、香肠中未检出病毒，但在猪肉被腌制后检出该病毒，而在加热后则不能检出。在香肠原料肉中添加腌制调料和发酵菌种，发酵 30d 后，发酵菌种全部死亡，猪瘟病毒却能存活。在肉加热 93℃时，猪瘟病毒立即被杀死，感染淋巴组织的口蹄疫病毒在加热 90℃、15min 能存活，但加热 30min 后死亡。水产品在煮熟后，污染的一般病毒均能被杀死，偶有个别能检出，在炖煮、油炸、烘烤或蒸煮的牡蛎中可发现一种脊髓灰质炎病毒。烘烤较轻的汉堡包（内部温度 60℃），可分离出肠道病毒。总的来说，食品中病毒的存在或污染是相当少的。

（二）诺瓦克病毒

1. 食品卫生学意义

诺瓦克病毒（Norwalk virus，诺如病毒 Noroviruses，NV）感染的患者、隐性感染者及健康携带者均可作为传染源。主要传播途径是粪-口传播。原发场所包括学校、家庭、旅游区、医院、食堂、军队等，食用被病毒污染的食物如牡蛎、冰、鸡蛋、色拉及水等最常引起暴发性胃肠炎流行。生吃贝类食物是导致诺瓦克病毒胃肠炎暴发流行的最常见原因。1987—1992 年，在日本九州地区暴发的急性诺瓦克病毒胃肠炎中，有 4 次被证实与生食牡蛎密切相关。2009 年 4 月日本新潟县一家老年人保健院发生诺瓦克病毒集体感染事件，共有 45 人感染病毒，其中 2 名老年女性死亡。人-人接触传播、空气传播也是诺瓦克病毒和诺瓦克病毒传播的途径，后者可由患者周围的人吸入含病毒的微粒（患者排出的呕吐物在空气中蒸发）而传播。暴发期间经常发生最初病例接触被污染的媒介物（食物或水）引起，而第二、第三代病例由人对人传染引起。1996 年 1 月至 2000 年 11 月间，美国 CDC 指出诺瓦克病毒胃肠炎暴发 348 起，经食物传染的占 39%，人与人接触传染的占 12%，经水传染的占 3%，还有 18% 不能与特定传染方式相联系，28% 无资料。在美国每年约有 2300 万人感染该病毒，占腹泻病人的 40%。易感人群中，诺瓦克病毒多侵袭成年人和较大年龄的儿童，具有症状较轻、自限性、易引起暴发和无明显季节性等特点。

我国未见有诺瓦克病毒急性胃肠炎暴发流行的报道，但 1996 年和 1997 年分别在北京和太原开展的人群血清标本中的诺瓦克病毒特异性 IgG 抗体检测表明，北京市诺瓦克病毒抗体总检出率为 88.8% 以上，2007 年初发现有病例报道。太原市总检出率在 78.6% 以上。1998—2002 年在福州地区用 RT-PCR 方法对 288 份腹泻患者粪便标本诺瓦克病毒病原检测显示，诺瓦克病毒基因组Ⅰ的阳性率为 11.1%，主要是 7 岁以上儿童及成人；诺瓦克病毒基因组Ⅱ的阳性率为 28.8%，主要是 6 月龄至 3 岁婴幼儿。

各种诺瓦克病毒胃肠炎临床表现与轮状病毒相似。潜伏期 24~48h，可短至 18h，长至 72h。起病突然，主要症状为发热、恶心、呕吐、腹部痉挛性疼痛及腹泻。大便为稀水便或水样便，无黏液脓血，2h 内 4~8 次大便，持续 12~60h，一般 48h。儿童一般呕吐多见，而年长者腹泻症状更严重。可伴有头痛、肌痛、咽痛，偶见眼睛不适等症状，预后较好。对儿童及病情较重者，需住院补液、对症治疗。

2. 病原特征

1972 年，学者在美国诺瓦克镇暴发的一次急性胃肠炎患者的粪便中发现一种直径约为 27nm 的病毒样颗粒，将其命名为诺瓦克病毒。此后，世界各地陆续从胃肠炎患者粪便中分离出多种形态与之相似，但抗原性略有差异的病毒样颗粒，均以发现地点命名，如：美国的 Hawaii virus（HV）、Snow Mountain virus（SMV），英国的 Taunton virus、Southampton virus（SV），日本的 SRSV 1-9 等，统称为诺瓦克病毒（Norwalk-like viruses，NLVs），诺瓦克病毒是这组病毒的原型株。1993 年通过分析其核酸序列，将诺瓦克病毒归属于杯状病毒科（Calici virus）。诺瓦克病毒成员庞杂，目前，已对其 100 多个分离株进行了基因测序。

3. 检测

诺瓦克病毒检验可参考中华人民共和国出入境检验检疫行业标准 SN/T 2626—2010《国境口岸诺如病毒检测方法》、SN/T 4055—2014《贝类中诺如病毒检测方法　普通 RT-PCR 方法和实时荧光 RT-PCR 方法》、SN/T 3841—2014《出口贝类中诺如病毒和星状病毒的快速检测　反转录-环介导恒温核酸扩增（RT-LAMP）法》等进行。

（三）轮状病毒

1. 食品卫生学意义

人轮状病毒（rotavirus，RV）最早在 1973 年由学者从澳大利亚腹泻儿童肠活检上皮细胞内发现，形状如轮，故命名为“轮状病毒”。

轮状病毒（RV）性肠炎是波及全球的一种常见疾病，主要发生在婴幼儿，同时可以引起成人腹泻，发病高峰在秋季，故又名“婴幼儿秋季腹泻”。2002 年报道，全世界每年因轮状病毒感染导致约 1.25 亿婴幼儿腹泻和 90 万婴幼儿死亡，其中大多数发生在发展中国家，如在越南每年因轮状病毒引起儿童死亡人数为 2700~5400 人，而在美国每年因轮状病毒引起儿童死亡人数为 20~40 人，并由此给全球带来巨大的疾病负担。1981 年在美国科罗拉多州发生了一起团体饮水感染事件，128 人有 44% 患病，其中多数为成人。至今尚无特效治疗药物。

人类轮状病毒感染常见于 6~24 个月的婴幼儿，成人也有暴发流行病例。除粪-口传播外，还可经呼吸道空气传播，在呼吸道分泌物中测得特异性抗体。受感染的从业人员在食品操作时可以污染食品，不经过进一步烹调的食品或即食品（ready-to-eat），如沙拉、水果均可造成感染。病毒侵入小肠细胞绒毛，潜伏期 2~4d。病毒在胞浆内增殖，受损细胞可脱落至肠腔而释放大量病毒，并随粪便排出。感染后血液中很快出现特异性 IgM、IgG 抗体，肠道局部出现分泌型 IgA，可中和病毒，对同型病毒感染有作用。一般病例的病程为 3~5d，可完全恢复。隐性感染产生特异性抗体。由于病毒流行株在各个地区以及不同时期都会发生变化，具有多变性。

2. 病原特征

轮状病毒归类于呼肠孤病毒科，轮状病毒属。病毒体的核心为双股 RNA，由 11 个不连续的 RNA 节段组成，纯化的病毒在电子显微镜下呈球状，具有双层衣壳，每层衣壳呈二十面体对称，其中内膜衣壳子粒围绕中心呈放射状排列，类似辐条状，病毒外形类似车轮。病毒颗粒在大便样品和细胞培养中以两种形式存在，一种是含有完整外壳的实心光滑型颗粒，70~75nm，另一种是不含外壳仅含有内壳的粗糙型颗粒，50~60nm，具双层衣壳的实心病毒颗粒具有传染性。轮状病毒在环境中相当稳定，在蒸汽浴样品中都曾检测到病毒颗粒，处理细菌和寄生虫的普通卫生措施似乎对轮状病毒没有效果。在轮状病毒外衣壳上具有型特异性抗原，在内衣壳上具有共同抗原。根据病毒 RNA 各节段在聚丙烯酰胺凝胶电泳中移动距离的差别，可将人轮状病毒至少分为四个血清型，引起人类腹泻的主要是 A 型和 B 型。

3. 检测

轮状病毒检测可参考中华人民共和国出入境检验检疫行业标准 SN/T 1720—2006《出入境口岸轮状病毒感染监测规程》、SN/T 2520—2010《贝类中 A 群轮状病毒检测方法　普通 PCR 和实时荧光 PCR 方法》等进行。

（四）肠道腺病毒

1. 食品卫生学意义

肠腺病毒胃肠炎是肠腺病毒（enteric adenovirus）感染最常见的病症，肠腺病毒是婴幼儿腹泻的重要病原体。在世界各地报道的儿童腹泻病例中，肠腺病毒占 2%~22%，仅次于轮状病毒，占病毒腹泻病原第 2 位。潜伏期较其他病毒性腹泻稍长，临床症状也较轻。通过人与人的接触传播，也可经粪—口途径及呼吸道传播。本病无明显季节性，夏秋季略多，可呈暴发流行。临床表现为较重的腹泻，稀水样便，每日 3~30 次不等。常有呼吸道症状，如咽炎、鼻炎、咳嗽等，发热及呕吐较轻，可有不同程度的脱水症，病程 8~12d。多数患儿病后 5~7 个月内对蔗糖不耐受，并伴有吸收不良。引起感染的食品多为水产品中的贝类。食品中的检出率还不清楚。肠腺病毒腹泻（enteric adenovirus diarrhea）腺病毒是一大群能在呼吸道、眼、消化道、尿道及膀胱等引起疾病的病毒。可根据其病毒结构多肽、血凝特性、DNA 同源性等分为 A~F 6 个亚属，47 个血清型。

2. 病原特征

能引起人类腹泻者仅为 F 组的 40 和 41 型血清型，主要感染两岁以下儿童，外形与普通腺病毒相同，为直径 70~100nm 的双链 DNA 病毒，末端有重复序列，为二十面体对称无包膜的病毒。病毒表面衣壳由 252 个亚单位组成，其中 240 个为六邻体，12 个为五邻体，每个五邻体上由底部向外延伸一个末端为球形的纤突。腺病毒科由两个属组成，其中禽腺病毒属仅包括致禽类疾病的腺病毒，而哺乳动物腺病毒属包括人、猴、牛、马、猪等 47 个型，分为 6 个亚属。型特异抗原主要由六邻体及纤突上末端“球体”部分决定，亚属根据腺病毒血凝性不同而划分。

3. 检测

目前未见到相应的国家、地方及行业的检测标准，诊断主要依据电镜直接查找病毒。新的诊断方法是从粪便抽提病毒 DNA，进一步利用探针杂交或序列分析来判断是否有病毒遗传物质的存在。另已发展针对腺病毒 40 及 41 型的单克隆抗体，建立了对粪便进行免疫检测的方法。免疫电镜检测粪便中肠腺病毒颗粒或用免疫荧光法等检测粪便中肠腺病毒抗原。

（五）甲型肝炎病毒

1. 食品卫生学意义

甲型病毒（hepatitis A virus，HAV）性肝炎简称甲型肝炎，是由甲型肝炎病毒引起的一种肠道传染病。是全世界较为普遍的由病毒引起的肝炎感染，我国为高发区。现在，该病已经可通过安全有效的免疫注射来预防。甲型肝炎病毒是一种攻击肝的病毒，急性发病有发烧、怕冷、食欲下降、无力、肝肿大及肝功能异常。大部分人没有症状，只有少数人出现黄疸，一般不转为慢性和病原携带状态。甲肝病人从潜伏末期至发病后 10d 传染性最大。甲肝一般发生于儿童和青少年，在成人中较少见。甲型肝炎病的传染源是甲型肝炎病人及病毒携带者。HAV 主要随粪便排出，但在血液、唾液、胆汁和十二指肠液也可查出。其中无黄疸型肝炎患者容易漏诊或误诊，是重要的传染源，具有重要的流行病学意义。除病人外，还有亚临床感染，其无症状或有较轻微病状，转氨酶轻度升高，血清中可查出抗 HAV IgM，粪便中可检出 HAAg 或 HAV 颗粒，也是不可忽视的较重要的传染源。例如，感染儿童的粪便通常是在社区中彼此传染的根源。

甲肝的流行主要是人与人接触传播，污染的食品和饮水，尤其贝壳类水产品，可造成较大流行。主要是通过粪-口途径，经日常生活接触、污染饮水或食物而传播。甲型肝炎病毒可在牡蛎中存活 2 个月以上。美国在 1973 年、1974 年、1975 年分别发生了 5、6 和 3 起感染事件，其感染人数为 425 人、282 人、173 人，色拉、三明治和挂糖衣面包圈是病毒的载体。上海市 1989 年初暴发的 30 余万人的甲型肝炎，由毛蚶引起。该病毒经粪-口途径进入消化道后，先在肠上皮和局部淋巴结细胞内繁殖，然后进入血液形成病毒血症，经血液循环到达其靶器官——肝细胞中定居繁殖，引起肝功能异常。

2. 病原特征

甲型肝炎病毒为单股正链 RNA 病毒，是一种小核糖核酸病毒，直径约 27nm、呈二十面立体对称的球形颗粒，有空心和实心两种颗粒，无囊膜。1982 年国际病毒分类委员会曾将其分类为微小 RNA 病毒科肠病毒 72 型。

肠道病毒（enterovirus）群属 RNA 病毒类的小 RNA 病毒科（Picornaviridae），包括脊髓灰质炎病毒（poliomyelitis virus，PV）、柯萨奇病毒（coxsackie virus）、埃可病毒（enteric cytopathic human orphan virus，ECHO virus）、甲型肝炎病毒以及 1968 年以来新发现的肠道病毒 68~72 型（从 68 型开始新鉴定的型别统称为肠道病毒，不再划入柯萨奇病毒或埃可病毒）。肠道病毒主要通过粪便传染，细胞的内吞是病毒进入的一个主要方式，复制主要发生在呼吸道和消化道组织中。2008 年以来，由肠道病毒 71 型为主的肠道病毒引起的手足口病近几年在我国广泛蔓延，主要因为饮食、饮水及环境卫生等造成。2009 年 3 月全国通过传染病网络直报系统报告的手足口病病例是 54713 例，死亡 31 例。

3. 检测

甲型肝炎病毒检测可参考 GB/T 22287—2008《贝类中甲型肝炎病毒检测方法 普通 RT-PCR 方法和实时荧光 RT-PCR 方法》进行。

（六）脊髓灰质炎病毒

1. 食品卫生学意义

脊髓灰质炎病毒（poliomyelitis virus，PV）能够浸染中枢神经系统引起急性传染病，多见于儿童，因脊髓前角运动神经受损而造成肌肉迟缓性麻痹，又称为小儿麻痹症。该病流行于全世界，曾严重威胁人类健康。20 世纪初期，在世界各地大多数呈零星发病状态，很少见大范围的流行。二次世界大战后，欧美国家常有此病流行。1955 年成功研制注射用脊髓灰质炎灭活疫苗（IPV），1961 年有学者制备了口服脊髓灰质炎灭活疫苗（OPV），标志着人类在克服脊髓灰质炎方面取得重大进展。

骨髓灰质炎一年四季均可发生，但多在夏、秋季流行。一般以散发为多，带毒粪便污染水源可引起暴发流行。引起流行的病毒以Ⅰ型居多。潜伏期通常为 7~14d，最短 2d，最长 35d。在临床症状出现前后病人均具有传染性。海蟹、贻贝中都可检测到该病毒，在海蟹中每克组织可达 10000 个空斑单位。Ⅰ、Ⅱ、Ⅲ型在牡蛎中都能见到，毛蚶中可检出Ⅰ、Ⅱ型；在去壳的冰冻牡蛎中污染有Ⅰ型。在冰冻牡蛎中脊髓灰质炎病毒可活存 30~90d，在于-20℃贮藏的虾仁中可存活 300 余天，在蟹体内可延长其生存期。据报道，四种常见的加工方法，即蒸汽、干炸、烘烤和炖煮加热后，牡蛎中脊髓灰质炎病毒仍有 7%~13% 存活。牡蛎中Ⅰ型脊髓灰质炎病毒对 γ 射线有较高的抵抗力，如果要灭活 90% 以上至少需要 4000Gy。

2. 病原特征

脊髓灰质炎病毒属微小 RNA 肠道病毒，呈球形，直径 24~30nm，无包膜，衣壳呈二十面体对称。可以由细胞膜上的小孔直接浸染细胞。其病毒基因为单股正链 RNA，长约 7.5kb。病毒衣壳由 VP1、VP2、VP3、VP4 共 4 种多肽组成，暴露于病毒衣壳表面的主要是 VP1，其次是 VP2 和 VP3，VP4 在衣壳的内部与 RNA 相连接。VP1 是病毒与宿主细胞受体相结合的部位，也是中和抗体的主要结合点。VP4 在维持病毒构型中起到重要的作用，但与中和试验无关。已知脊髓灰质炎病毒有 3 个血清型，预防接种时，三型疫苗均需应用。

脊髓灰质炎病毒仅能在灵长类动物细胞中增殖，常用猴肾、人胚肾及人羊膜细胞等进行体外培养。病毒在胞浆中增殖后出现典型的溶细胞型病变，细胞变圆、坏死、脱落，病毒粒子从溶解的细胞中大量释放。非灵长类动物细胞膜表面由于缺少脊髓灰质炎病毒的受体，因而对该病毒不易感。应用 ELISA 或补体结合试验可以将脊髓灰质炎病毒分成三个血清型。所有型别的脊髓灰质炎病毒都具有两个不同的抗原，即 D（dense）抗原和 C（coreles）抗原，电镜下观察，D 抗原具有病毒的 RNA，是完整的病毒颗粒，又称 N（native）抗原。C 抗原不含 RNA，是 D 型颗粒经 56℃灭活后，RNA 释放出来所形成的无核酸空心衣壳，故又称 H（heated）抗原。不同型病毒之间的 C 抗原可能发生交叉反应，但 D 抗原无交叉反应发生。用中和试验可把脊髓灰质炎病毒分成 3 个抗原型：1 型称为 Brunhild 型；2 型为 Lansing 型；3 型为 Leon 型。三型之间无交叉反应。

脊髓灰质炎在任何年龄都可以发病，但主要的得病群体是 3 岁以下的儿童，所占比例超过 50%。脊髓灰质炎最终多数导致终生瘫痪，严重时病人可因窒息致死。人类是脊髓灰质炎病毒的唯一宿主，这是因为在人细胞膜表面有一种受体，与病毒衣壳上的结构蛋白 VP1 具有特异的亲和力，使病毒得以吸附到细胞上。受病毒感染后，绝大多数人（90%～95%）呈隐性感染，而显性感染者也多为轻症感染（4%～8%），只有少数病人（1%～2%）发生神经系统感染，引起严重的症状和后果。通过患者的粪便或口腔分泌物传染。病毒感染首先从口进入，在咽、肠等部位繁殖，随后进入血液，侵犯中枢神经系统，沿着神经纤维扩散。病毒破坏神经细胞，且不能再生，从而使其控制的肌肉失去正常功能。而腿部肌肉比手臂肌肉更容易受到影响。有时病毒对神经系统的破坏影响到了躯干和胸部、腹部肌肉的正常功能，会导致四肢瘫痪。严重时病毒攻击脑干神经细胞，使病人呼吸困难，无法正常说话和吞咽。脊髓灰质炎典型的临床经过依次为潜伏期、前驱期、瘫痪前期、瘫痪期、恢复期和残留麻痹六个阶段。

3. 检测

脊髓灰质炎病毒检测可参考中华人民共和国出入境检验检疫行业标准 SN/T 2530—2010《贝类、果蔬和水样中脊髓灰质炎病毒检测方法　普通 RT-PCR 方法和实时荧光 RT-PCR 方法》进行。

（七）柯萨奇病毒

1. 食品卫生学意义

柯萨奇病毒（coxsackie virus）通过粪、口途径感染后，多数人不呈现明显症状，呈隐性感染，只有极少数人发病。该病毒对热敏感，50℃能迅速灭活病毒，低温条件下可较长期存活，对环境的抵抗力较强。1983 年在天津发生由柯萨奇病毒 A_{16} 引起的手足口病，5 个月发生 7000 余例。1986 年再一次暴发，感染者粪便中可排出大量的病毒。在自来水中可存活 2～168d，土壤中存活 2～130d，在牡蛎中存活超过 90d，水也是常见传播途径之一。有报道，柯萨奇病毒 B_2 污染水源导致疾病流行。可分成 A、B 两组，A 组病毒大约有 24 个血清型，B 型有 6 个血清型，牡蛎中有 6 个血清型，即 $CoxB_2$、$CoxB_3$、$CoxB_4$、$CoxA_{18}$、$CoxA_{13}$、$CoxA_3$，蚝中有一个血清型 $CoxA_{18}$。柯萨奇病毒以引起病毒性心肌炎为主，同时还可引起疱疹性咽峡炎、急性淋巴性或结节性咽炎、无菌性脑膜炎、麻痹症、皮疹、手足口病、婴幼儿肺炎、普通感冒、肝炎、婴儿腹泻、急性出血性结膜炎等多种疾病。

2. 病原特征

具有小 RNA 病毒的基本性状，病毒呈球形，多为 28nm，一般 17～30nm，病毒核衣壳呈二十面立体对称，无胞膜，由 60 个蛋白质亚单位构成，每个亚单位由 VP1、VP2、VP3 和 VP4 共 4 个多肽形成。单股 RNA 可分为 A、B 两组。柯萨奇病毒为肠道病毒属，其基因结构具有小 RNA 病毒科的共同特征，可分为衣壳蛋白基因区，无性繁殖功能区和非编码区，其 5′末端即位于衣壳蛋白基因外的碱基序列同其他小 RNA 病毒具有较高的交叉性。柯萨奇病毒 A_{13}、A_{18} 和 A_{21} 型的细胞受体是 ICAM-1（ibpercellular adhesion molecule-1）。柯萨奇病毒 B_1～B_6 型的细胞受体是 CAR（coxsackievirus-adenovirus receptor）。柯萨奇病毒 A_{21}、B_1、B_3 和 B_5 型的第二细胞受体是 CD55 和 DAF（decay accelerating factor）。柯萨奇病毒 A_9 型一般以 $\alpha v\beta_3$ 和 $\alpha v\beta_6$ibpegrin 为第一受体，$\beta_2$microglobulin（β_2m）为第二受体。其主要致病性见表 5-8。

3. 检测

柯萨奇病毒检测可参考中华人民共和国出入境检验检疫行业标准 SN/T 2532—2010《贝类和水样中柯萨奇病毒检测方法　普通 RT-PCR 方法和实时荧光 RT-PCR 方法》进行。

表 5-8　　柯萨奇病毒感染引起的主要临床症状

主要临床症状	组别	主要型别	主要临床症状	组别	主要型别
无菌性脑膜炎	A	2、4~7、9、10、12、16	急性上感	A	2、10、21、24
	B	所有型别		B	2~5
麻痹疾病	A	4、7、9	疱疹性咽峡炎	A	1~6、8~10、16、21、22
	B	3、4、5	手足口病	A	16
流行性胸痛	A	4、6、8、9、10	心肌炎	B	2~5
	B	1、2、3、4、5	心包炎	B	1~5

第六节　化学性食物中毒

有毒化学物质中毒包括重金属、非金属、农药、亚硝酸盐和其他各种化学物质引起的食物中毒。毒物来源主要是污染、混入和误食。

一、砷化合物中毒

1. 中毒原因

砷（arsenic，As）具有灰、黄、黑色三种同素异形体，其中灰砷具有金属性，质脆而硬。砷在常温下缓慢氧化，加热则迅速氧化生成三氧化二砷（arsenic trioxide）。三氧化二砷又名亚砷酐，俗称砒霜，易升华（193℃）。在砷矿的开采、冶炼、砷化合物的制造和使用等过程中均存在职业性接触。曾用作外用中药、抗癌药物、杀鼠药、杀虫剂。自服或误服砷化合物时，常发生急性砷中毒。若土壤或水源中含砷量过高（>0.1mg/L），可使当地居民发生地方性砷中毒。中国贵州、湖南部分地区曾因使用含高砷的煤取暖和做饭引起慢性砷中毒。食品加工时所使用的原料或添加剂中含砷量过高，如使用含砷超标的色素、盐酸、碱等加工助剂，或含砷杀虫剂混入食物，如农药喷洒果树和蔬菜，都可引起砷中毒。

2. 中毒特点

（1）潜伏期　1~2h，也可短至15~30min，长达4~5h。

（2）症状体征

①急性胃肠炎：最早出现，表现为恶心、呕吐、腹绞痛、腹泻（水样或米汤样，有时混有血）。严重者导致脱水、电解质紊乱、酸中毒、休克等。

②休克：常于中毒24h内发生，表现为烦躁不安、四肢厥冷、出汗、脉细速、血压下降等。

③神经系统损伤：表现为头痛、头昏，严重者发生急性中毒性脑病，表现为兴奋、躁动、谵妄、抽搐、昏迷等。中毒后1~3周，可发生周围神经病，表现为四肢麻木、刺痛、无力、痛觉过敏或痛觉减退或消失、肌无力、肌萎缩、跟腱反射减退或消失。

④中毒性肝病：表现为肝大、黄疸、肝区疼痛等。

⑤中毒性肾病：表现为少尿、无尿等。

⑥中毒性心肌损伤：表现为心悸、气短、心动过速、心律失常等。

⑦其他：中毒后2~3周，发生贫血、粒细胞减少、血小板减少，数周后可发生脱发、指甲变形、手足掌面过度角化、指（趾）甲出现白色横纹（mess纹）等。

3. 检测

砷的检测可参考GB/T 23372—2009《食品中无机砷的测定 液相色谱-电感耦合等离子体质谱法》、GB 5009.11—2024《食品安全国家标准 食品中总砷及无机砷的测定》、GB/T 13025.13—2012《制盐工业通用试验方法 砷的测定》等进行。

二、亚硝酸盐中毒

亚硝酸盐食物中毒指食用了含硝酸盐及亚硝酸盐的蔬菜或误食亚硝酸盐后引起的一种高铁血红蛋白血症，也称肠源性青紫症。常见的亚硝酸盐有亚硝酸钠和亚硝酸钾。蔬菜中常含有较多的硝酸盐，特别是当大量施用含硝酸盐的化肥或土壤中缺钼时，可增加植物中的硝酸盐含量。因误食亚硝酸盐而引起的中毒。也可因胃肠功能紊乱时，胃肠道内硝酸盐还原菌大量繁殖，食入富含硝酸盐的蔬菜，则硝酸盐在体内还原成亚硝酸盐，引起亚硝酸盐中毒，称为肠原性青紫症，多见于儿童。亚硝酸盐中毒量为0.2~0.5g，致死量为3g。

1. 中毒原因

（1）新鲜的叶菜类 如菠菜、芹菜、大白菜、小白菜、圆白菜、生菜、韭菜、甜菜、菜花、萝卜叶、灰菜、芥菜等含有硝酸盐，但一般摄入量并无碍，如大量摄入后，在肠道内由于硝酸盐还原菌的作用也可转化为亚硝酸盐。新鲜蔬菜煮熟后若存置过久，或不新鲜蔬菜中，亚硝酸盐的含量会明显增高。

（2）刚腌不久的蔬菜（暴腌菜） 含有大量亚硝酸盐，尤其是加盐量少于12%、气温高于20℃的情况下，可使菜中亚硝酸盐含量增加，第7~8d达高峰，一般于腌后20d降至最低。

（3）苦井水 含较多的硝酸盐，当用该水煮粥或食物，再在不洁的锅内放置过夜后，则硝酸盐在细菌作用下可还原成亚硝酸盐。

（4）食用蔬菜过多 大量硝酸盐进入肠道，对于患有胃肠功能紊乱、贫血、蛔虫症等消化功能欠佳的儿童，肠道内细菌可将硝酸盐转化为亚硝酸盐，且由于形成过多、过快而来不及分解，结果大量亚硝酸盐进入血液导致中毒。

（5）腌肉制品 加入过量硝酸盐或亚硝酸盐。

（6）误将亚硝酸盐当作食盐应用。

2. 中毒特点

（1）潜伏期 误食纯亚硝酸盐引起的中毒，潜伏期一般为10~15min；大量食入蔬菜或未腌透菜类者，潜伏期一般为1~3h，个别长达20h后发病。

（2）症状体征 有头痛、头晕、无力、胸闷、气短、嗜睡、心悸、恶心、呕吐、腹痛、腹泻等症状，同时口唇、指甲及全身皮肤和黏膜发绀等。严重者可有心率减慢、心律不齐、昏迷和惊厥等症状，常因呼吸循环衰竭而死亡。

3. 检测

亚硝酸盐的检验可参考GB 5009.33—2016《食品安全国家标准 食品中亚硝酸盐与硝酸盐的测定》和GB 7493—1987《水质 亚硝酸盐氮的测定 分光光度法》进行。

三、有机磷农药中毒

有机磷农药中毒是指有机磷类农药包括农业用药甲拌磷（3911）、内吸磷（1059）、对硫磷（1605）、敌敌畏、乐果、敌百虫、马拉硫磷（4049）等误服误用、经呼吸道吸入或直接皮肤接触等途径进入体内而引起的相应的临床症状。

1. 中毒原因

（1）生产中毒　在生产过程中引起中毒的主要原因是在药物制造加工过程中保护措施不严密，导致化学物直接接触皮肤或经呼吸道吸入引起。

（2）使用中毒　在使用过程中，施药人员喷洒时，药物沾染皮肤或经衣物间接触沾染皮肤，吸入空气中杀虫药物等所致，配药浓度过高或手直接接触药物原液也可引起中毒。

（3）生活性中毒　在日常生活中，急性中毒主要由于误服、故意吞服或不慎饮用药物污染的水源及食物。也有滥用有机磷类药物治疗皮肤病引起中毒。

2. 中毒特点

（1）急性中毒　根据农药品种及浓度，吸收途径及机体状况而有所差异。口服中毒一般10min~2h发病，吸入约30min，经皮肤吸收多在2~6h后发病。各种途径吸收致中毒的表现基本相似，但首发症状可有所不同。如经皮肤吸收为主时常先出现多汗、流涎、烦躁不安等；经口吸入中毒时常先出现恶心、呕吐、腹痛等症状；呼吸道吸入引起中毒时视物模糊及呼吸困难等症状可较快发生。

根据中毒发生部位不同而引起各类症状如下。

①毒蕈碱样症状：食欲减退、恶心、呕吐、腹痛、腹泻、流涎、多汗、视物模糊、瞳孔缩小、呼吸道分泌物增加、支气管痉挛、呼吸困难、肺水肿。

②烟碱样症状：肌束颤动、肌力减退、肌痉挛、呼吸肌麻痹。

③中枢神经系统症状：头痛、头晕、倦怠、乏力、失眠或嗜睡、烦躁、意识模糊、语言不清、谵妄、抽搐、昏迷、呼吸中枢抑制致呼吸停止。

④植物神经系统症状：血压升高、心率加快，病情加重时出现心率减慢、心律失常。

中毒分级如下。

①轻度中毒：有头晕、头痛、恶心、呕吐、多汗、胸闷、视物模糊、无力等症状，瞳孔可能缩小。全血胆碱酯酶活性一般为50%~70%。

②中度中毒：上述症状加重，尚有肌束颤动、瞳孔缩小、轻度呼吸困难、流涎、腹痛、腹泻、步态蹒跚、意识不清或模糊。全血胆碱酯酶活性一般在30%~50%。

③重度中毒：除上述症状外，尚有肺水肿、昏迷、呼吸麻痹或脑水肿。全血胆碱酯酶活性一般在30%以下。

④迟发性猝死：在乐果、敌百虫等严重中毒恢复期，可发生突然死亡。常发生于中毒后3~15d。多见于口服中毒者。

（2）中间型综合征　倍硫磷、乐果、久效磷、敌敌畏、甲胺磷等重度中毒后24~96h及复能药物用量不足的患者，出现以肢体近端肌肉、屈颈肌、脑神经运动支配的肌肉和呼吸肌无力为主的临床表现，包括抬头、肩外展、屈髋和睁眼困难，眼球活动受限，复视，面部表情肌运动受限，声音嘶哑，吞咽和咀嚼困难，可因呼吸肌麻痹而死亡。

（3）迟发性周围神经病　表现为甲胺磷、丙胺磷、丙氟磷、对硫磷、马拉硫磷、伊皮恩、乐果、敌敌畏、敌百虫、丙胺氟磷等中毒病情恢复后2~3周出现，主要表现为四肢感觉-运动型多发性神经病，以累及肢体末端为主。目前认为与胆碱酯酶活性抑制无直接关系。

（4）局部损害　有些有机磷类药物接触皮肤后可出现过敏性皮炎，皮肤水疱或剥脱性皮炎；污染眼部时可出现结膜充血和瞳孔缩小。

3. 检测

有机磷农药的检测可参考 GB/T 5009. 145—2003《植物性食品中有机磷和氨基甲酸酯类农药多种残留的测定》、GB 5009. 161—2003《动物性食品中有机磷农药多组分残留量的测定》、GB/T 5009. 199—2003《蔬菜中有机磷和氨基甲酸酯类农药残留量的快速检测》、GB/T 5009. 20—2003《食品中有机磷农药残留量的测定》、GB/T 18626—2002《肉中有机磷及氨基甲酸酯农药残留量的简易检验方法　酶抑制法》等进行。

四、其他化学性食物中毒

属于化学性食物中毒的原因可能很多，如其他农药、猪肉或猪肝中的瘦肉精等，污染重金属的食品，锑中毒、钡盐中毒、氟化物中毒、酸败油中毒、甲醇中毒等。发生中毒的原因主要有：①在食品生产、加工、运输、贮存、销售过程中污染食品；②环境中的化学污染物通过食物链和生物富集作用而转移到作为食品的动植物体内；③某些污染物通过溶解、机械转移、附着而污染食品；④加工烹调不合理，如烟熏火烤造成苯并［a］芘的污染；⑤有些污染物在食品加工或贮存过程中，在适宜条件下形成亚硝胺；⑥误食用农药拌过的粮种，误将钡盐当明矾使用；⑦生产操作事故，或选用原料不当，使化学毒物混入食品，如日本的森永乳粉事件等。化学毒物中毒的发生多属偶然，但后果严重，故应加强宣教，防止食品污染和误食。

思考题

1. 食源性疾病按性质可分为哪几类？
2. 常见的细菌性食物中毒有哪些？
3. 真菌霉素按重要性及危害性如何排序？
4. 各种有毒动物食物（组织）中毒的症状是什么？
5. 有哪些典型的有毒植物性食物中毒？
6. 微生物食物中毒的途径有哪些？
7. 化学性食物中毒的种类及各种类的典型症状是什么？
8. 发生化学性食物中毒的原因有哪些？

第六章

06

食品安全监督管理

本章学习目标

1. 了解食品安全监督管理的概念及体制。
2. 了解食品安全与卫生的相关法规与标准体系。
3. 了解食品市场准入制度。

第一节　食品安全监督管理体系

一、概念、特征及管理体制

（一）食品安全监督管理体系的概念

食品安全监督管理体系是指与食品链相关的组织（包括生产、加工、包装、运输、销售的企业和团体）以良好生产规范（GMP）和卫生标准操作程序（SSOP）为基础，以 CAC《HACCP 体系及其应用准则》（即食品安全控制体系）为核心，融入组织所需的管理要素，将消费者食用安全作为关注焦点的管理体制和行为。

党的二十大报告中指出“提高公共安全治理水平。坚持安全第一、预防为主，建立大安全大应急框架，完善公共安全体系，推动公共安全治理模式向事前预防转型”，并提出“强化食品药品安全监管”。食品安全不仅直接威胁到消费者的健康，影响其消费信心，而且还直接或间接影响到食品生产、制造、运输和销售组织或其他组织的声誉；甚至还影响到食品主管机构或政府的公信度。因此，对从事食品生产、加工、贮运或供应食品的所有组织而言，食品安全的要求是第一位的。由于在食品链的任何环节都可能引入食品安全危害因子，且食品本身和加工过程的复杂性，导致影响食品安全的因素众多，因而通过食品链的所有参与者共同努力，并在食品链上建立有效的沟通，才可能充分地预防和控制食品安全危害。

2015 年修订的《食品安全法》提出，食品安全工作实行预防为主、风险管理、全程控制、社会共治，建立科学、严格的监督管理制度。为了加强食品安全监督管理，保障公众身体健康和生命安全，2022 年 10 月 8 日，国家市场监管总局发布的《食品相关产品质量安全监督管理暂行办法》于 2023 年 3 月 1 日起施行。

ISO 22000《食品安全管理体系要求》于 2005 年 9 月 1 日由国际标准化组织颁布实施，这是ISO继ISO 9000、ISO 14000标准后推出的又一管理体系国际标准。建立在GMP、SSOP和HACCP基础上的ISO 22000标准，首次提出针对整个食品供应链进行全程监管的食品安全管理体系要求，是对各国现行的食品安全管理标准和法规的整合，是在食品贸易领域得到广泛认可的国际标准，也是食品链内的各类组织包括饲料生产者、初级生产者及食品制造者、运输和仓储经营者，直至零售分包商和餐饮经营者对食品安全自我控制的最有效手段之一，同时也适用于食品链内的其他辅料生产供应组织，如设备、包装材料、清洁剂、添加剂及配料生产商。ISO 22000标准和HACCP体系都是一种食品安全风险管理工具，能使实施者合理地识别对企业产品实现过程中的显著危害的控制，以生产过程监控为主；而ISO 22000不仅包含了HACCP体系的全部内容，并将其融入企业的整个食品安全管理活动中，控制产品实现过程中对食品安全造成影响的所有危害、体系要求完整、逻辑性强。在企业中建立和实施ISO 22000食品安全管理体系，可以帮助企业加强食品安全管理，满足食品卫生安全法规的要求。

ISO 22000《食品安全管理体系要求》还强调食品链中的组织应证实其有能力控制食品安全危害，确保其提供给消费者的食品是安全的。使组织能够：

（1）策划、实施、运行、保持和更新食品安全管理体系，确保提供的产品按预期用途对消费者是安全的。

（2）证实其符合食品的安全使用法规要求。

（3）评价和评估顾客要求，并证实其符合双方商定的、与食品安全有关的顾客要求，以增强顾客满意程度。

（4）与供方、顾客及食品链中的其他相关方在食品安全方面进行有效沟通。

（5）确保符合其声明的食品安全方针。

（6）证实符合其他相关的要求。

（7）按照本准则，寻求由外部组织对其食品安全管理体系的认证，或进行符合性自我评价，或自我声明。

（二）食品安全监督管理体系的特征

1. 食品安全监督管理原则

食品安全监督管理的总的要求是：正确、合法、及时。要在监督管理的全过程中遵循四个原则，即预防为主，实事求是，依法行政，坚持社会效益第一。ISO 22000《食品安全管理体系要求》标准提出并遵循了食品安全管理原则，将消费者食用安全作为建立与实施食品安全管理体系的关注焦点，重点强调对食品链中影响食品安全的危害进行过程、系统化和可追溯性的控制，最终产品的检验仅是辅助或验证的手段。标准根据食品危害的产生机制，系统地规定了对危害进行识别、评估、预防、控制、监控及评价的标准，并对HACCP前提计划、HACCP计划和HACCP后续计划的制定与实施做出了明确规定。

食品安全管理有如下原则：①以消费者食用为关注焦点；②实现管理承诺和全员参与；③建立食品卫生基础；④应用HACCP原理；⑤针对特定产品和特定危害；⑥依靠科学依据；⑦采用过程方法；⑧实施系统化和可追溯性管理；⑨在食品链中保持组织内外的必要沟通；⑩在信息分析的基础上实现体系的更新和持续跟进。

2. 食品安全监督管理体系的关键要素

为了确保整个食品链直至最终消费的食品安全，ISO 22000《食品安全管理体系要求》规定了食品安全管理体系的要求。该体系结合了普遍认同的关键要素：相互沟通、体系管理、前提方案，以及 HACCP 原理。

为了确保食品链每个环节所有相关的食品危害均得到识别和充分控制，整个食品链中各组织的沟通必不可少。因此，组织与其在食品链中的上游和下游的组织之间均需要进行沟通。尤其对于已确定的危害和采取的控制措施，应与顾客和供方进行沟通，这将有助于明确顾客和供方的要求。

（三）食品安全监督管理体制

食品安全监督管理法律体系由以下具有不同法律效力层次的规范性文件构成：食品卫生法律、食品卫生法规、食品安全规章、食品安全标准和其他规范性文件。食品安全监管主体应当遵循我国颁布的所有食品安全法律法规。

建立权责分明，高效运转、协调一致的食品安全监管体制是提升食品安全控制水平的基础。2013 年 3 月 14 日，第十二届全国人民代表大会第一次会议通过了《国务院机构改革和职能转变方案》，组建国家食品药品监督管理总局，标志着我国食品安全监管体制由分段监管变革到统一监管，结束了食品安全监管一直以来“九龙治水”的局面。2018 年 3 月 13 日，第十三届全国人民代表大会第一次会议审议通过了《国务院机构改革方案》，组建国家市场监督管理总局，不再保留国家食品药品监督管理总局，进一步保证了食品安全监管机构的权责明确和高效运转。食品安全监管必须以事实为依据，以法律为准绳。

1. 餐饮业的监督与管理

作为食品链的末端，餐饮业是保证消费者健康的最后一道“关卡”，所以餐饮业一直是食品安全监管的重点环节。其内容包括：餐饮业建筑设计及设施的预防性卫生监督经营许可审查；从业人员的食品卫生知识培训；生产经营重点环节的卫生管理；应用 HACCP 方法进行监督管理。此外，为了加强对近年来快速发展的网络餐饮服务的安全监督管理，国家市场监督管理总局对原国家食品药品监督管理总局发布的《网络餐饮服务食品安全监督管理办法》进行了修订，为进一步规范利用互联网提供餐饮服务并对其监督管理提供依据。

2. 街头食品的监督与管理

街头食品存在一些卫生问题主要是由于缺乏必要的加工、经营和卫生设施，突出表现为缺乏足够的饮用水源。具体表现为：加工和经营过程中存在较多的不卫生行为；各类食品混放，货、款不分，餐具不清洗、不消毒，使用不清洁的原料；受环境污染严重，以微生物污染最为突出，其次是寄生虫污染，滥用食品添加剂或其他非食用化学物质；从业人员文化和卫生素质低；存在相当多的非法经营者；经营地点分散，流动性强，管理难度较大，许多为无证摊贩等。

因此，针对上述问题，采取相应的措施加强监督和管理，一直以来是地方政府加强街头摊贩食品安全监管的重点内容。

3. 保健食品的监督与管理

保健食品是特殊食品，必须按照有关行政法规、技术法规和审批程序进行申报。对其监督与管理的重点包括：生产监督、生产许可、生产过程（符合 GMP 要求）、市场监督（功效成分检测、功能验证、查禁违法入药行为、标签和说明书有否虚假、夸大的功效宣传）。新实施的《食品安全法》强调国家对保健食品实行严格监管，保健食品的标签、说明书不得涉及疾病预防、治疗功能，内容应当真实，与注册或者备案的内容相一致，载明适宜人群、不适宜人群、功效成分或者标志性成分及其含量等，并声明“本品不能代替药物”。

4. 辐照食品的监督与管理

20 世纪 80 年代，我国正式批准了辐照食品，制定了若干有关辐照食品的法规和安全标准。然而，1996 年颁布的《辐照食品卫生管理办法》已经废止，目前尚无辐照食品的安全监管法律。《辐照食品卫生管理办法》规定，新研制的辐照食品品种，需逐级上报，待卫生部审核批准后发给批准文号。辐照食品的加工必须按照规定的工艺进行，并按照食品卫生标准进行检验，否则不得出厂和销售。我国辐照食品的种类和数量逐渐增加，目前已经批准了 6 大类食品允许进行辐照，包括谷物豆制品类、干果果脯类、熟畜禽肉类、冷冻包装畜禽肉类、香辛料类、新鲜水果蔬菜类。按照 GB 7718—2011《食品安全国家标准　预包装食品标签通则》的规定，辐照食品或配料应进行明确标示。

二、 HACCP

（一） HACCP 的概念

HACCP 即危害分析与关键控制点，是英文 hazard analysis and critical control point 首写字母的缩写。它是一种以食品安全预防为基础的，简便、合理、专业性很强的，先进的食品安全质量控制体系，由食品的危害分析（hazard analysis，HA）和关键控制点（critical control points，CCPs）两部分组成。CAC 在国际标准《食品卫生通则》（CAC/RCP-1-1997）中对 HACCP 的定义是：鉴别、评价和控制对食品安全至关重要的危害的一种体系。通过对主要的食品危害，如微生物、化学和物理污染的控制，食品工业可以更好地向消费者提供消费方面的安全保证，降低了食品生产过程中的危害，从而提高人民的健康水平。

（二） HACCP 体系的特点

HACCP 的基本理念是：食品生产的食品链（自原料生长、加工、包装、贮存、运输直至消费）的各个环节和过程，即从农场到餐桌，都有可能存在生物的、化学的及物理的危害因素，因此应对整个食品生产链中危害存在的可能性及可能造成危害的程度进行系统而全面的分析，确定相应的预防措施及必要的控制点，实施程序化的控制，以便将危害预防、消除或降至消费者可以接受的水平。

作为科学的预防性的食品安全卫生预防控制体系，HACCP 具有以下特点。

1. 预防性

HACCP 是一种控制危害的预防性体系，而不是反应性体系。传统的现场检查只能反映检查当时的情况，而 HACCP 可以将精力集中到加工过程中最易发生安全危害的环节上，通过审查工厂的监控和纠正记录，查看发生在工厂中的所有事情，使食品质量和安全控制更加有效。

2. 相关性

HACCP 不是一个孤立的体系，必须建立在已有的良好操作规范（GMP）和卫生标准操作程序（SSOP）的基础之上。

3. 针对性

主要针对食品的安全卫生，每个 HACCP 计划都反映了某种食品加工方法的专一特性，其重点在于预防危害进入食品。

4. 实用性

HACCP 体系作为食品安全控制方法已被世界各国的官方所接受，并被用来强制执行，虽然 HACCP 不是零风险体系，不能完全保证消灭所有的危害，但 HACCP 可用于尽量减少食品安全危害的风险，达到一个可接受的水平。

5. 动态性

HACCP 中的关键控制点随产品、生产条件等因素改变而改变，企业如果出现设备、检测仪器、人员等的变化，都可能导致 HACCP 计划的改变。

6. 经济性

设立关键控制点控制食品的安全卫生，降低了食品安全卫生的检测成本，同以往的食品安全控制体系比较，具有较高的经济效益和社会效益。

（三） HACCP 体系的基本原理

HACCP 是对食品加工、运输以至销售整个过程中的各种危害进行分析和控制，从而保证食品达到安全水平，它是一个系统的、连续性的食品卫生预防和控制方法。以 HACCP 为基础的食品安全体系，是以 HACCP 的七个原理为基础的。HACCP 理论是在不断发展和完善的。1999 年，国际食品法典委员会在《食品卫生通则》附录《危害分析和关键控制点（HACCP）体系应用准则》中，确定 HACCP 的 7 个原理如下。

1. 进行危害分析并确定预防措施

危害分析与预防控制措施是 HACCP 原理的基础，也是建立 HACCP 计划的第一步。先要找出与品种原料有关和与加工过程有关的可能危及产品安全的潜在危害，然后确定这些潜在危害中可能发生的显著危害，并对每种显著危害制定预防措施。

2. 确定关键控制点

关键控制点是能进行有效控制危害的加工点、步骤或程序，通过关键控制点来预防危害、消除危害及将危害降低到可接受的水平。需要注意的是，尽管每个显著危害都必须加以控制，但是不是每个引入或产生危害的点都是关键控制点，有些控制点可以通过前提计划来控制如 GMP 和 SSOP 来控制。实际操作中，应根据危害的风险性和严重性仔细地圈定关键控制点。关键控制点必须满足两层意思：一是这个点在某个食品生产过程中，能对生物、化学或物理的危害起到控制作用；二是这一个点失控将导致不可接受的健康危险，或者说是这个显著危害只有在这一个点才能控制，而以后无法控制。

3. 确定与各 CCP 相关的关键限值

确定了关键控制点，就知道了需要控制什么危害，但是还需要明确将危害控制到什么程度才能确保产品的安全，即针对每个控制点确立关键限值（Critical Limits，CL）。关键限值指标为一个或多个必须有效的规定量，若这个关键限值中的任何一个失控，则 CCP 失控，并存在一个潜在的危害。关键限值的选择必须具备科学性和可操作性。在实际生产中常使用一些物理的指标如时间、温度、厚度、大小等和化学的指标如水分活度、pH、食盐浓度及有效氯等，而不宜使用费时费力且难以控制的微生物学指标。此外，确立关键限制时通常应考虑包括被加工产品的内在因素和外部加工工序两方面的要求。为确定关键控制点的关键限值，应从科学刊物、法律性标准、专家以及通过科学研究等方式全面收集各种信息，从中确定操作过程中 CCP

的关键限值。在实际工作中，还应制定比关键限值更为严格的标准操作限值（Operating Limits，OL），可以在出现偏离关键限值迹象而又没有发生时，调整措施使关键控制点处于受控状态，而不需要采取纠偏措施。所有限值数据、资料应存档，以作为 HACCP 计划的支持性文件。

4. 关键控制点的监控（M）

按照制定的计划进行观察或测量来判定一个 CCP 是否处于受控状态，并真实准确地进行记录，用于以后的验证。监控程序必须包括监控对象、监控方法、监控频率和监控人员等内容。

监控的目的包括记录加工操作过程，使关键限值在安全范围之内；确定 CCP 是否在受控状态或偏离 CL，进而采取纠偏措施；通过监控证明产品是在 HACCP 体系要求下生产，也为将来的官方审核验证提供必需的材料。

5. 确立经监控认为关键控制点有失控时，应采取纠偏措施

当监控表明，若出现偏离关键限值或不符合关键限值的情况，应采取相应的纠偏程序或行动。如有可能，纠偏措施一般应在 HACCP 计划中提前决定。纠偏措施一般包括两步，第一步纠正或消除发生偏离 CL 的原因，重新加工控制；第二步确定在偏离期间生产的产品，并决定如何处理。采取纠偏措施涉及产品的处理情况时，应加以记录。

6. 建立有效的记录保存程序

建立科学完整的记录体系是保证 HACCP 体系成功运转的关键。记录的保存程序包括记录的内容和保存期限。记录内容包括：何时、何地、何物、何人负责、为何发生等，保持记录的种类包括 CCP 监控控制记录、采取纠偏措施记录、验证记录以及 HACCP 计划及支持性材料等；保存期间有如下规定：对于冷藏食品，一般至少保存 1 年；对于冷冻或货架期稳定的商品应至少保存 2 年；对于其他说明的加工设备、加工工艺等研究报告结果至少保存 2 年。另外，记录的复核也是验证程序的重要部分，包括监控记录及审核、纠偏记录及审核、验证记录及审核。

7. 建立验证程序

验证指的是除了监控以外，用来确定 HACCP 体系是否按照 HACCP 计划运转或者计划是否需要修改，以及再被确认生效使用的方法、程序、检测及审核手段。验证的内容包括 HACCP 体系的确认、HACCP 体系 CCP 的验证、HACCP 体系的验证以及执法机构执法验证。

（四）HACCP 体系的适用范围

HACCP 体系强调的是对食品“从农田或养殖场到餐桌”整个过程进行安全性管理和监控，是全方位的食品安全预防控制体系，主要包括食品的原料控制和食品加工过程控制。

1. 食品原料中的应用

食品原料安全直接影响到最终食品的质量安全性，很多国家在食品加工方面广泛应用 HACCP 体系，并且把原料生产的种植和养殖环节作为关键控制点，这充分突出了食品原料安全的源头重要性。食品原料安全控制主要涉及农业科技、农业结构调整及农业产业化过程中的原料的种植、养殖以及贮运等问题：一是植物性原料中的化肥、农药残留；二是动物性原料中的抗生素、激素以及有害物质残留；三是病原性生物感染；四是动植物中的毒素和过敏物质；五是新型食品的安全性如转基因食品、辐照食品以及保健食品等。总之，不同的原料有不同的控制体系，根据实际原料生产情况确定 HACCP 关键控制点，确保食品原料的安全性。

2. 食品加工中的应用

（1）水产品加工　HACCP 体系最早应用于水产品加工过程的安全控制，由于水产品含水量高，营养丰富，极易腐败变质，因此水产品的加工、流通和贮存过程中的安全管理控制尤为重要。

（2）饮料及乳制品加工　在果汁、冷饮及乳制品等液态制品的生产中，除了对原料进行控制外，也要加强空瓶的清洗、车间环境的卫生管理、添加剂的加入以及有害微生物的污染控制等生产环节的安全管理控制。

（3）罐头食品　罐头的灭菌是商业性灭菌，需要考虑到产品的色、香、味和形，空罐加工、罐头杀菌、封罐以及成品的检验等都是关键控制点。

（4）发酵食品加工　在现代发酵产业过程控制中，防止杂菌的污染是 HACCP 关键控制点，杂菌的污染将严重影响到发酵产品的产量和品质，甚至发酵的失败。现代发酵产业如酸奶和酒类的生产已经采用 HACCP 体系控制生产菌的生产和产品的安全，并取得良好的安全控制效果。

（5）油炸食品加工　对油炸食品而言，油的质量控制、油炸温度和时间的控制以及包装材料的选择等都是 HACCP 控制食品质量安全的关键控制点。

（6）焙烤食品加工　焙烤食品经过高温加工过程，生物危害性降低，但是在焙烤食品加工过程中，由于产品加工呈现多样性以及新工艺的引入，在焙烤食品加工中引入 HACCP 体系进行产品质量安全控制也是非常重要的。

（7）冷冻食品加工　冷冻产品再生产过程中需要特别关注食源性致病菌如单核细胞增生李斯特菌等的污染，运用 HACCP 体系控制冷冻食品安全，避免大规模食品中毒事件发生。

（8）食品添加剂的加工　食品添加剂在食品工业中占据重要位置，没有食品添加剂就没有现代食品工业。但是添加剂的使用方法和使用剂量等与食品安全密切相关，绝对不能盲目使用。因此，食品添加剂的生产和使用过程中实施 HACCP 体系是确保食品安全的基础和前提。

三、GMP 和 SSOP

（一）GMP

1. GMP 的概念

良好操作规范，又称良好生产规范，是为了保障食品质量与安全而制定的贯穿食品生产全过程的一系列措施、方法和技术要求，适用于食品、药品等行业。食品 GMP 所规定的内容是食品加工企业必须达到的基本要求，一般由政府制定，要求食品加工企业强制执行。食品 GMP 的主要内容是要求企业按国家有关法规要求，确保原料、人员、实施设备、生产过程、包装运输、质量控制等方面达到卫生质量要求，形成一套可操作的作业规范，帮助企业改善卫生环境，确保食品的质量符合法规要求。

实践证明，GMP 是保证生产出高质量产品的有效工具，CAC 将 GMP 作为实施 HACCP 体系必备的程序之一。实施 GMP 的目标要素在于将人为的差错控制在最低的限度，防止对食品的污染。因此，作为目前国际上获得一致认可的食品安全控制体系，食品 GMP 已经成为食品加工质量控制和安全保障最有效的体系之一。

2. GMP 的主要内容

GMP 标准是由食品生产企业与卫生部门共同制定的，规定了在食品加工、贮藏和分配等各个工序中所要求的操作和管理规范。它要求食品生产企业应具备合理的生产工艺过程，良好的生产设备，正确的生产知识，严格的操作规范以及食品管理体系，即在食品的生产、包装及贮藏和运输过程中相关人员配置、厂房、卫生设施、设备等的设置良好，而且生产过程合理、具备完善的质量管理和严格的监测系统确保食品安全卫生、品质稳定、产品质量符合标准。GMP 的内容包括：

（1）人员　机构的设置，人员的资格，教务培训的开展等。

（2）设计与设施　工厂的选址，周围的环境，生产区与生活区的布局等；厂房及车间配置，厂房建筑，地面与排水，屋顶及天花板，墙壁与门窗，采光、照明设备，供水设施，污水排放设施，废弃物处理设施等。

（3）原料与成品贮存、运输　原料的采购、运输、购进、贮存等；半成品和成品的贮存和运输等。

（4）生产过程　生产操作规程的制定与执行，原、辅料处理，生产作业的卫生要求等。

（5）品质管理　包括质量管理手册的制定与执行，原材料的品质管理，专业检验设备管理，加工中的品质管理，包装材料和标志的管理，成品的品质管理，贮存、运输的管理，售后意见处理及成品回收以及记录的处理程序等。

（6）卫生管理　包括卫生制度、环境卫生、厂房卫生、害虫的灭除和控制、生产设备卫生、辅助设施卫生、人员卫生及健康管理等。

3. 实施 GMP 对食品质量控制的意义

（1）提高食品质量与安全，保护消费者利益　GMP 对原料进厂到成品以及成品的贮运、销售等各个环节均提出了具体的控制措施、技术要求和相应的检测方法及程序，有力地保证了食品质量。

（2）促进食品企业质量管理的科学化和规范化　我国的食品 GMP 标准具有强制性和普遍实用性，食品企业贯彻实施 GMP 将会极大地完善自身的质量管理系统，规范生产行为，保证产品质量。

（3）有利于提高食品企业的竞争力　GMP 为食品生产提供一套必须遵循的组合标准，将会大力提高食品的质量，从而带来良好的市场信誉和经济效益，这样必然会提高企业的形象和声誉，提高市场竞争力。

（4）有利于行政部门对食品企业进行监督检查　对食品企业进行 GMP 监督检查，可使食品卫生监督管理工作更具科学性和针对性，提高对食品企业的监督检查水平。

（5）便于食品的国际贸易　GMP 作为先进的质量管理系统已被世界上许多国家采纳，GMP 是衡量一个企业质量管理优劣的重要依据。因此，食品企业实施 GMP，将会极大地提高产品在国际贸易中的竞争力。

（二）SSOP

1. SSOP 的概念

SSOP 中文意思为“卫生标准操作程序”。SSOP 是食品加工工厂为了保证达到 GMP 所规定要求，确保加工过程中消除不良的因素，使其加工的食品符合卫生要求而制定的内部作业指导性文件，用于指导食品生产加工过程中如何实施清洗、消毒和卫生保持。SSOP 的正确制定和有效执行，对控制危害是非常有价值的。企业可根据法规和自身需要建立文件化的 SSOP。

2. SSOP 的主要内容

食品生产企业应根据 GMP 的要求，结合本企业生产的特点，由 HACCP 小组编制出适合本企业的且形成文件的卫生标准操作程序即 SSOP，SSOP 应包括但不仅限于以下八个方面的卫生控制：

（1）与食品或食品表面接触的水的安全性或生产用冰的安全。

（2）食品接触表面（包括设备、手套和工作服等）的卫生情况和清洁度。

（3）防止不卫生物品对食品、食品包装和其他与食品接触表面的污染及未加工产品和熟制品的交叉污染。

（4）洗手间、消毒设备和厕所设施的卫生保持情况。

（5）防止食品、食品包装材料和食品接触表面掺杂润滑剂、燃料、杀虫剂、清洁剂、消毒剂、冷凝剂及其他化学、物理或生物污染物等外来物的污染。

（6）有毒化学物质的正确标识、贮存和使用。

（7）员工个人卫生的控制，这些卫生条件可能对食品、食品包装材料和食品接触面产生微生物污染。

（8）工厂内昆虫与鼠类的灭除及控制。

对各项目卫生操作，都应记录其操作方式、场所、负责实施人等；另外，还应考虑卫生控制程序的监测方式、记录方式，怎样纠正出现的偏差。程序的目标和频率必须充分保证生产条件和状况达到 GMP 的要求。SSOP 的制定应易于使用和遵守，不能过于详细，也不能放松。过于详细的 SSOP 将达不到预期的目标，因为很难每次都严格执行程序，而且可能被非正式地修改。同样，不够详细的 SSOP 对企业也没有多大用处，因为员工可能不知道该怎样做才能完成任务。

3. 实施 SSOP 的意义

SSOP 的正确制定和有效实施，可以减少 HACCP 计划中的关键控制点数量，使 HACCP 体系将注意力集中在与食品或其生产过程中相关的危害控制上，而不是在生产卫生环节上。但这并不意味着生产卫生控制不重要，实际上，危害是通过 SSOP 和 HACCP 的 CCP 共同予以控制的，没有谁重谁轻之分。

例如，舟山冻虾仁被欧洲一些公司退货，是因为欧洲一些检验部门从部分舟山冻虾仁查出了 2×10^{-9}g 的氯霉素。经调查发现，是一些员工在手工剥虾仁过程中，因为使用含氯霉素的消毒水治疗手部瘙痒，结果将氯霉素带入了冻虾仁。员工手的清洁和消毒方法、频率，应该在 SSOP 中予以明确的制定和控制。出现上述情况的原因，有可能是 SSOP 规定的制度不明确；或者员工没有严格按照 SSOP 的规定去做。因此，SSOP 的失误，同样可以造成不可挽回的损失。

SSOP 必须形成文件，GMP 没有这样的要求。不过 GMP 通常与 SSOP 的程序和工作指导书是密切关联的，GMP 为它们明确了总的规范和要求。

第二节 食品安全法规与标准体系

一、概　述

随着我国社会经济的不断发展，社会大众生活水平显著提升，人们对食品安全的关注度不断提升，同时，未来的食品产业将会进入高速发展时期，然而，随之而来的是大量食品安全问题。食品安全法律制度和相关标准体系，作为保障食品安全的“盾牌”，在依法治国深入推进的今天具有极为深刻的现实意义。近年来，我国大力推进食品安全保障体系建设，对食品安全的监管力度逐渐增强，取得了明显成效。但我国的食品安全法律法规及标准体系还存在不够完善，内容不够全面，一些重要的制度尚未纳入法律调整范围的情况。因此，我国迫切需要与国际接轨，逐步加以完善，保障食品安全法律制度的时效性，全面提升国家食品安全标准化水平，保护国家经济利益，从而增加食品行业的竞争力。

（一）食品安全法规的概念

在我国，食品安全法规是国家政府部门根据宪法和法律，制定的食品行政管理活动的规范性法律文件。

（二）食品安全法规的特点

食品法律法规的制定有以下特点：

（1）权威性　只能由享有立法权的国家机关制定。

（2）职权性　享有立法权的国家机关只能在职权范围内进行立法活动。

（3）综合性　立法活动包括制定、认可、修改、补充或废止食品法律文件等活动。

（4）程序性　立法活动依照法定程序进行。

（三）标准的概念和标准的主要分类

GB/T 20000. 1—2014《标准化工作指南　第 1 部分：标准化和相关活动的通用词汇》对“标准”所下的定义是“通过标准化活动，按照规定的程序经协商一致制定，为各种活动或其结果提供规则、指南或特性，供共同使用和重复使用的一种规范性文件（注：标准宜以科学、技术和经验的综合成果为基础）”。标准可以是文件形式的文本，也可以是实物标准形式，如标准模具、食品标准样品等。

食品安全标准是指：以在一定范围内获得最佳食品安全秩序、促进最佳社会效益为目的，以科学、技术和经验的综合成果为基础，经各有关方协商一致并经一个公认机构批准的，对食品的安全性能规定共同的和重复使用的规则、导则或特性的文件。这里公认的权威机构在我国是中国国家标准化委员会，在国际上是国际标准化组织（ISO），食品方面是国际食品法典委员会（CAC）等。与食品安全相关的标准共划分为八大类：食品安全基础标准（如术语标准等）、食品中有毒有害物质限量标准、与食物接触材料卫生要求标准、食品安全检验检测方法标准、食品安全控制与管理标准、食品安全标签标识标准、特定食品产品标准（有机食品、绿色食品、特殊膳食食品标准）以及其他。

但值得注意的是：WTO 贸易技术壁垒（Technical Barriers to Trade，TBT）协定规定“在涉及国家安全问题、防止欺骗行为、保护人类健康和安全、保护生命和健康以及保护环境等情况下，允许各成员方案实施与国家标准、导则或建议不尽一致的技术法规、标准和合格评定程序”。即 WTO 的《TBT 协议》承认：为了合法目标可以采取技术性贸易保护壁垒。因此，在以后相当长的时间内，技术和安全卫生标准将作为很多国家贸易保护的重要手段。例如，2006 年起日本对从我国进口的蔬菜等实施“肯定列表制度”，为此对我国一些蔬菜出口企业产生了强烈的冲击。据了解，日本对本国同类产品的要求要大大低于“肯定列表制度”中的要求，这就是典型的贸易技术壁垒的案例。

二、食品安全法规体系

（一）国外食品安全法规体系

美国食品安全法规是目前公认的较为完备的法规体系，法规的制定是以危险性分析和科学性为基础，并拥有预防性措施。美国宪法规定了国家食品安全系统由政府的立法、执法和司法三个部门负责。国会和各州政府会议颁布立法部门制定的法规；执法部门包括农业部（USDA）、食品与药物管理局（FDA）、环保署（EPA），各州农业部利用《联邦备忘录》发布法律法规并负责执行和修订，司法部门对强制执法行动、监管工作或一些政策法规产生的争端给出公正的裁决。由美国众议院制定公布的《美国法典》共 50 卷，与食品有关的主要是第 7 卷（农业）、第 9 卷（动物与植物产品）和第 21 卷（食品与药品）。美国食品药品管理局和美国农业部依据有关法规，在科学性和实用性的基础上，负责制定《食品法典》，以指导食品管理机构监控食品服务机构的食品安全状况以及零售业（如餐馆、超市）和疗养院等机构预防食源性疾病。地方、州和联邦的食品法规以《食品法典》为基础。约 100 万家零售食品厂商在其运作中应用《食品法典》。

（二）我国食品安全法律法规体系

1.《食品安全法》

2009 年 2 月 28 日第十一届全国人大常委会第七次会议，通过了《中华人民共和国食品安全法》（以下简称《食品安全法》），自 2009 年 6 月 1 日起施行。2015 年 4 月 24 日第十二届全国人大常委会第十四次会议，通过修订的《食品安全法》，并于 2015 年 10 月 1 日起施行。2018 年 12 月 29 日第十三届全国人民代表大会常务委员会第七次会议，通过第十三届全国人民代表大会常务委员会第七次会议决定对《食品安全法》做出第一次修正，根据 2021 年 4 月 29 日第十三届全国人民代表大会常务委员会第二十八次会议《关于修改〈中华人民共和国道路交通安全法〉等八部法律的决定》，进行第二次修正。

随着经济的发展，人们对食品安全更加重视，食品安全关系到企业的信誉、消费者身体健康和生命安全，也关系到人民群众对政府的信任和国民经济的发展。新食品安全法的颁布实施，使食品安全执法协调运转的长效机制以国家法律的形式固定下来，其主要的内容如下。

（1）建立最严格的全过程的监管制度和法律责任制度，完善统一权威的食品安全监管机构，明确食品药品监管部门的工作，加强对农药、特殊食品等的管理，更加突出预防为主、风险防范。

（2）设置法则确保“重典治乱” 新法注意强化刑事责任追究，大幅提高了罚款额度，并且增设了行政拘留，对重复违法行为加大处罚。对明知从事无证生产经营或者从事非法添加非食用物质等违法行为，仍然为其提供生产经营场所的行为，规定最高处以10万元罚款。此外，新法还增设首负责任制，要求接到消费者赔偿请求的生产经营者应当先行赔付，不得推诿；同时消费者在法定情形下可以要求10倍价款或者3倍损失的惩罚性赔偿金。对网络交易第三方平台提供者未能履行法定义务、食品检验机构出具虚假检验报告、认证机构出具虚假的论证结论，使消费者合法权益受到损害的，应与相关生产经营者承担连带责任。

（3）规定食品安全社会共治 新法明确，行业协会要当好引导者，消费者协会要当好监督者，新闻媒体要当好公益宣传员，对查证属实的举报应当给予举报人奖励，对举报人的相关信息，政府和监管部门要予以保密。

（4）强化互联网食品交易监管 明确网络食品第三方交易平台的一般性义务，即要对入网经营者实名登记，要明确其食品安全管理责任；明确网络食品第三方交易平台的管理义务，即要对依法取得许可证才能经营的食品经营者许可证进行审查。另外，消费者通过网络食品交易第三方平台，购买食品导致其合法权益受到损害的，可以向入网的食品经营者或者食品生产者要求赔偿。

（5）强化企业主体责任 新法要求健全落实企业食品安全管理制度，提出食品生产经营企业应当建立食品安全管理制度，配备专职或者兼职的食品安全管理人员，并加强对其培训和考核。还要强化生产经营过程的风险控制，要求食品生产企业建立并实施原辅料、关键环节、检验检测、运输等风险控制体系。此外，新法还增设了食品安全自查和报告制度，提出食品生产经营者要定期检查评价食品安全状况。

（6）强化地方政府属地管理责任 新修订的《食品安全法》提出县级以上人民政府要将食品安全工作纳入本级国民经济和社会发展规划，将食品安全工作经费列入本级政府财政预算。上级人民政府要对下一级人民政府和本级食品安全监管部门的工作做出评议和考核。省级人大或省级人民政府要制定食品生产加工小作坊和食品摊贩等的具体管理办法。

2.《产品质量法》

《中华人民共和国产品质量法》（以下简称《产品质量法》）于1993年2月22日第七届全国人民代表大会常务委员会第三十次会议通过，2000年7月8日第九届全国人民代表大会常务委员会第十六次会议《关于修改〈中华人民共和国产品质量法〉的决定》第一次修正；根据2009年8月27日第十一届全国人民代表大会常务委员会第十次会议《关于修改部分法律的决定》第二次修正；根据2018年12月29日第十三届全国人民代表大会常务委员会第七次会议《关于修改〈中华人民共和国产品质量法〉等五部法律的决定》第三次修正。

《产品质量法》立法宗旨是提高产品质量，保护消费者合法权益，是保护消费者切身利益、管理产品质量的一部重要的法律。其中包含的法律规范十分丰富，从大的方面说，这部法律文件中既有行政法律法规，也有民事法律法规，还有刑事法律法规的内容。《产品质量法》的颁布实施，标志着中国产品质量工作进一步走上了法律管理的道路，对于建立产品质量公平竞争机制，促进社会主义市场经济的发展，具有十分重要的意义，为制裁产品质量的违法行为，提供了强大的法律武器。

《产品质量法》主要包括产品质量监督管理和产品质量责任两个方面的基本内容。在产品质量监督管理方面，法律主要规定了国家关于产品质量监督管理的体制，明确了县级以上人民政府技术监督部门的职能，系统地规定了生产者、经销者的产品质量义务。法律的另一方面是产品质量责任，主要包括行政责任（限期改正、没收产品、没收违法所得、罚款、吊销营业执照等）、民事责任（对产品实行“三包”、造成人身伤亡和财产损失要赔偿）和刑事责任（依据刑法和补充规定，对犯罪者处以有期徒刑、无期徒刑直至死刑）。

3. 其他与食品安全相关的法规

《中华人民共和国标准化法》由中华人民共和国第七届全国人民代表大会常务委员会第五次会议于 1988 年 12 月 29 日通过，自 1989 年 4 月 1 日起施行。修订版由中华人民共和国第十二届全国人民代表大会常务委员会第三十次会议于 2017 年 11 月 4 日修订通过，自 2018 年 1 月 1 日起施行。

该法制定的目的就是发展市场经济，促进技术进步，改进产品质量，提高经济效益，维护国家和人民的利益。它的作用主要是，通过标准化立法，使标准化工作适应我国市场经济的发展和对外经济关系的需要。

《中华人民共和国消费者权益保护法》（以下简称《消费者权益保护法》）于 1993 年 10 月 31 日由第八届全国人民代表大会常务委员会第四次会议通过，根据 2009 年 8 月 27 日第十一届全国人民代表大会常务委员会第十次会议《关于修改部分法律的决定》第一次修正，根据 2013 年 10 月 25 日第十二届全国人民代表大会常务委员会第五次会议《关于修改〈中华人民共和国消费者权益保护法〉的决定》第二次修正。它是调整在保护公民消费权益过程中所产生的社会关系的法律规范的总称。《消费者权益保护法》所称消费者，是指个人生活消费需要购买、使用商品和接受服务的自然人。农民购买、使用直接用于农业生产的生产资料时，参照《消费者权益保护法》执行。经营者为消费者提供其生产、销售的商品或提供服务，适用于《消费者权益保护法》。

三、食品安全标准体系

（一）国际食品安全标准体系

1. CAC

CAC 由 FAO 和 WHO 于 1962 年联合成立。CAC 旨在建立一套食品安全和质量的国际标准、食品加工规范和准则，以保护消费者的健康，并消除国际贸易和不平等的行为。CAC 的组织机构包括执行委员会、秘书处、一般问题委员会、商品委员会、政府间特别工作组和地区协调委员会。

CAC 的主要工作是通过其分委员会和其他分支机构来完成的。负责标准制定的两大组织类别分别是包括食品添加剂、污染物、食品标签、食品卫生、农药兽药残留、进出口检验和认证体系、分析和采样方法等 9 个一般专题委员会和鱼、肉、乳、油脂、水果、蔬菜等 16 个商品委员会。两类委员会分别制定了食品的标准，以“食品法典”的形式向所有成员发布。地区性法典协调委员会负责与本地利益相关的事宜，解决本地区存在的特殊问题。目前已有欧洲、亚洲、非洲、北美及西南太平洋、拉丁美洲和加勒比地区共 7 个地区性法典委员会。

CAC 是 WTO/SPS 协定中指定的 SPS 措施领域的协调组织之一，负责协调各成员在食品安全领域中的技术法规、标准的制定工作。CAC 为成员和国际机构提供了一个交流食品安全和贸易问题的信息论坛，通过制定具有科学基础的食品标准、准则、操作规范和其他相关建议以促进对消费者的保护和食品贸易。其主要职能为：①保护消费者健康和确保公平的食品贸易；②促进国际组织、政府和非政府机构在制定食品标准方面的协调一致；③通过或借助于适当的组织确定优先重点以及开始或指导草案标准的制定工作；④将那些由其他组织制定的国际标准纳入 CAC 标准体系；⑤根据制定情况，在适当审查后修改已发布的标准。

2. ISO

ISO，是一个全球性的非政府组织，是世界上最大的国际标准化专门机构，成立于 1946 年，现有 171 个成员。我国于 2008 年 10 月 16 日继美、德、日、英、法后也正式成为 ISO 常任理事国。2013 年 9 月 20 日，国家质检总局、国家标准委提名中国标准化专家委员会委员，国际钢铁协会副主席、鞍钢集团公司总经理张晓刚成功当选新一届的 ISO 主席，任期自 2015 年 1 月 1 日至 2017 年 12 月 31 日。这是自 1947 年 ISO 成立以来，中国人首次担任这一国际组织的最高领导职务。

ISO 总部设在瑞士的日内瓦，其宗旨是“在全世界范围内促进标准化及有关的活动的发展，以便于国际物资交流和相互服务，并扩大知识、科学、技术和经济领域中的合作”。它的工作领域涉及除了电工、电子标准以外的所有学科，其活动主要是制定国家标准，直辖世界范围内的标准化工作，组织各成员和各技术委员会进行情报交流，以及与其他国际组织合作，共同研究有关标准化问题。

随着消费者对食品安全的要求不断提高，各国纷纷制定了食品安全法规和标准。但是，各国的法规特别是标准繁多且不统一，使食品生产加工企业难以应付，妨碍了国际食品贸易的顺利进行。为了满足各方面的要求，在丹麦标准协会的倡导下，通过 ISO 协调，将相关的国家标准在国际范围内进行整合，于 2005 年 9 月 1 日发布最新国际标准 ISO 22000：2005，该标准既是描述食品安全管理体系要求的使用指导标准，又是可供食品生产、操作和供应的组织认证和注册的依据。

以 HACCP 原理为基础而制定的 ISO 22000 食品安全管理体系标准正是为了弥补以上的不足，在广泛吸收了 ISO 9001 质量管理体系的基本原则和过程方法的基础上而产生的，它是对 HACCP 原理的丰富和完善。ISO 22000 表达了食品安全管理中的共性要求，而不是针对食品链中任何一类组织的特定要求。该标准适用于在食品链中所有希望建立保证食品安全体系的组织，无论其规模、类型和其所提供的产品。它适用于农产品生产厂商、动物饲料生产厂商、食品生产厂商、批发商和零售商。它也适用于与食品有关的设备供应厂商、物流供应商、包装材料供应厂商、农业化学品和食品添加剂供应厂商、涉及食品的服务供应商和餐厅。

（二）中国食品安全标准体系

中国食品安全标准体系始建于 20 世纪 60 年代，历经了初期阶段（20 世纪 60 至 70 年代），发展阶段（20 世纪 80 年代）、调整阶段（20 世纪 90 年代）和巩固发展阶段（20 世纪 90 年代至今）四个阶段。经历 60 多年的发展，中国食品安全标准体系的建设迈上了一个新台阶，目前已初步建立了一个以国家标准为主题，行业标准、地方标准、团体标准、企业标准相互补充，包括通用标准、产品标准、生产经营规范和检验方法四大类，覆盖从原料到餐桌全过程的标准体系。四类标准相互衔接，从不同角度管控食品安全风险。目前我国食品安全标准体系门类齐全，相互配套，与促进中国食品行业发展、提高食品安全水平、保证人民身体健康基本相适应。

1. 国家标准

国家标准是对关系到全国经济、技术发展的标准化对象所制定的标准，它在全国各行业、各地方都适用，如食品工业基础及相关标准、食品安全标准、食品产品标准、食品检验方法标准、食品包装材料及容器标准、食品添加剂标准和标准发布的各类食品卫生规范等。国家标准由国务院标准化行政主管部门发布和统一编号。国家标准一经批准发布实施，与国家标准相重复的行业标准、地方标准即行废止。国家标准的编号由国家标准代号、标准发布顺序和发布的年号组成。国家标准的代号由大写的汉语拼音字母组成，强制性标准的代号为“GB”；推荐性标准的代号为“GB/T”。

2. 行业标准

对于需要在某个行业范围内全国统一的标准化对象所制定的标准称为行业标准。行业标准由国务院有关行政主管部门主持制定和审批发布并报国务院标准化行政主管部门备案。行业标准的编号由行业标准代号、标准顺序号和年号组成。行业标准的代号由国务院标准化行政主管部门备案。行业标准的编号由行业标准代号、标准顺序号和年号组成。行业标准的代号由国务院标准化行政主管部门规定，不同行业的代号各不相同。涉及食品的行业标准主要有商业（SB）、农业（NY）、商检（SN）、轻工（QB）、化工（HG）等。

3. 地方标准

地方标准是由省级政府标准化行政主管部门主持制定和审批发布的标准。地方标准还需报国务院标准化行政主管部门备案。地方标准制定的对象是对没有国家标准和行业标准而又需要在省、自治区、直辖市范围内统一的工业生产的安全、卫生要求。地方标准的编号由地方标准代号、标准顺序号和发布年号组成。地方标准的代号由汉语拼音字母（DB）加上省、自治区、直辖市行政区划代码前两位数字加斜线，组成强制性地方标准代号；推荐性地方代表代号则再加上（T）。

4. 团体标准

团体标准是由团体按照自行规定的标准制定程序制定并发布，供团体成员或社会自愿采用的标准。国家鼓励学会、协会、商会、联合会、产业技术联盟等社会团体协调相关市场主体共同制定满足市场和创新需要的团体标准。

5. 企业标准

企业标准是指由企业制定的产品标准和为企业内需要协调统一的技术要求和管理、工作要求所制定的标准。它由企业法人代表审批发布，由企业法人代表授权的部门统一管理，在本企业范围内适用。企业标准的编号由企业标准代号、标准顺序和发布年号组成。企业标准代号由汉语拼音字母“Q”加斜线再加上企业代号组成。企业代号可用汉语拼音字母或阿拉伯数字或两者兼用，具体办法由当地行政主管部门规定。对于已有的国家标准、行业标准或地方标准的要求的，鼓励企业制定严于国家标准、行业标准或地方标准要求的企业标准，在企业内部适用。食品产品种类繁多，应针对具体产品制定各自的企业标准，企业标准必须遵照有关法律、法规和参照国际、国家强制性标准的规定。从标准的法律级别上来讲，国家标准高于行业标准，行业标准高于地方标准，地方标准高于企业标准。但从标准的内容上来讲却不一定与级别一致，一般来讲企业标准的某些技术指标应严于地方标准、行业标准和国家标准。在食品行业，基础性的安全卫生标准一般均为国家标准，而产品标准多为行业标准和企业标准。但无论哪级标准，其中卫生安全和安全指标必须符合国家标准和国际标准的要求，或者严于国家标准和国际标准的要求。

20世纪80年代以前，中国食品安全标准的数量非常少。改革开放，特别是加入WTO后，食品安全标准的发展呈现突飞猛进的趋势，数量逐年增加。自2009年，我国《食品安全法》颁布实施以来，国家卫健委牵头将原来分散在国家15个部门管理、涉及食品的近5000余项相关标准进行了全面清理，把食用农产品安全标准，食品卫生、规格质量以及行业标准中强制执行内容进行了整合，截至2024年3月，我国已发布食品安全国家标准1610项，包含2万余项指标，涵盖了从农田到餐桌、从生产加工到产品全链条、各环节主要的健康危害因素，保障全人群的饮食安全。

通过与CAC、ISO等国际组织以及美国、欧盟、日本、澳大利亚、加拿大等国家和地区的食品安全标准体系的比较，中国食品安全标准体系的特点主要表现在以下几个方面。

（1）各级相互配合，形成了较为完整的标准体系。

（2）基本满足了食品安全控制与管理的目标和要求。

（3）与国际标准体系基本协调一致。

（4）体现了科学性原则和WTO/SPS协议的原则。

构建食品安全标准体系的总体思路是：以系统科学理论、标准化原理、控制理论和风险分析原则为指导，依据科学合理、完整配套、先进适用、突出重点、创新引进的原则，通过分析食品安全应予以标准化的全部对象、危害因子和关键过程要素，设计食品安全标准体系空间模型；在空间模型的指导下，分析食品安全标准体系的标准需求；根据标准需求，构建与国际接轨、适合国情、层次分明、结构合理的食品安全标准体系总体框架。

第三节　食品生产经营监督管理和食品市场准入制度

一、食品生产监督检验制度

食品是人类赖以生存繁衍和社会发展的首要物质基础，然而近代工业、农业的发展对自然生态环境造成破坏和污染，各种深埋地下的有毒元素被大量散布于人类生活的环境和空气中，同时各种有毒有害化学物质的生产、使用与废弃以及放射性物质、抗生素、农药等又给人类的生存环境特别是食品安全造成新的威胁。为了尽可能避免“病从口入”，就要做好食品安全卫生的监督管理工作。

根据最严谨的标准、最严格的监管、最严厉的处罚、最严肃的问责的“四个最严”要求，必须坚持问题导向和目标导向，强化安全和风险意识，坚决筑牢食品安全防线。我国市场监管部门依法开展监督检查是预防为主、全程控制、风险管理原则的具体落实，有助于食品安全问题早预防、早发现、早整治、早解决。

2015年《食品安全法》修订后，原国家食品药品监管总局出台了《食品生产经营日常监督检查管理办法》，规范食品生产经营日常监督检查工作；2019年，党中央国务院印发《关于深化改革加强食品安全工作的意见》，同年《食品安全法实施条例》修订，均对食品安全工作提出了一系列新任务新要求。为此，国家市场监督管理总局组织对《食品生产经营日常监督检查管理办法》进行了修订，于2021年12月24日发布《食品生产经营监督检查管理办法》（国家市场监督管理总局令第49号），自2022年3月15日起施行。

（一）食品原料

食品原料的质量安全是食品质量安全的前提，农业生产是食品行业的基础和源头，农产品（包括畜牧、渔、林等产品）的质量安全水平不仅直接对消费者的健康产生影响，而且还影响后续加工产品的安全程度，因此农产品是整个食品安全管理链条的关键。加强对农业生产的管理，是食品安全管理的保证。

食品原料的安全主要来自农产品生产环境，随着物质文明的高度发展，人类对环境的过度开发已经对环境造成了严重的危害。在动植物的生长过程中，环境污染物质会进入它们体内并累积，从而对人体产生威胁。生产环境对食品原料生产的影响主要表现在大气、水和土壤3个方面的污染。

1. 大气污染

大气污染物主要来源为矿物燃料燃烧和工业生产，根据大气污染物的化学性质，大体可将常见的大气污染物分为6类：氧化性污染物、还原性污染物、酸性污染物、碱性污染物、有毒有机物和固体颗粒物。大气污染以氟化物污染较为严重，氟化物易溶于水，能在生物体内蓄积，氟化物对植物的毒性比二氧化硫还要大数百倍，并且氟化物被植物吸收后能在食物链中转移和积累，继而对人体构成危害。氟在人体内蓄积引起的典型疾病为氟斑牙和氟骨症等。

二噁英是一类多氯代三环芳香化合物。它是一种在工业上没有用处的副产物，二噁英与其衍生化合物的毒性各有不同，另外此类化合物因为具有脂溶性，会积聚在动物脂肪组织及植物的某些部位。自然界的微生物和水解作用对二噁英的分子结构影响较小，因此，环境中的二噁英很难自然降解消除。它包括210种化合物。它的毒性很强，是砒霜的900倍，大部分具有致癌、致畸、致突变的作用，有"世纪之毒"之称，万分之一克甚至亿分之一克的二噁英就会给健康带来严重的危害。有关资料表明，0.1g的二噁英就能致数十人死亡，或致上千只禽类死亡。另外，二噁英化学结构稳定、亲脂性高又不易生物降解，因而具有很高的环境滞留性，其污染暴发可能有跨时代的效应。二噁英也可以被人的胃肠道吸收，然后在肝脏、脂肪、皮肤或肌肉中蓄积，并引起严重的皮肤病，还会殃及胎儿。1997年WHO将其列为人类一级致癌物。接触高浓度二噁英的人群患癌的比率可达1∶1000，而一般人群患癌的比率是1∶100000。经动物实验表明，二噁英同族物质中的2,3,7,8-四氯二苯并二噁英毒性最强，远强于黄曲霉素和氰化钾的毒性，其毒性比氰化钾强100倍，许多化学性质仍未被完全确定，而且它在750℃以上的高温下才会快速分解。因此，如果人体受到污染就极难分解排除，只有减少摄入量，才能避免累积效应。

环境中的粉尘、飘尘、沥青烟雾和酸雨等对食品安全也有极大的影响。沥青烟雾污染的农作物通常要经过处理才能食用，而酸雨则会使土壤酸化，使土壤中的镉、铜、铅等有害金属元素变成可溶性化合物，进入植物体内，危害人体健康。

2. 水污染

水是自然界一切生命起源的前提条件和生命过程基础。它不仅是食品的组成部分、食品原料生长过程中不可或缺的基础物质，也是进行物质转换的前提条件。若水被污染就会影响食品的质量和品质，根据污染物的不同可分为化学性污染、物理性污染和生物性污染三大类。

物理性污染指被水生生物吸附或生物链富集后进入食品加工链中，造成食品原料某些指标超过规定的含量而引起危害，也可能直接影响食品原料的可食用性或加工特性。

化学性污染常表现为水中重金属的严重污染。重金属对水生生物的毒性不仅表现在重金属本身，而且重金属可以在微生物作用下转化为毒性更大的金属化合物，如汞的甲基化。另外，从环境中摄入的重金属经过生物链后会在生物体内富集，通过食物链进入人体，造成慢性中毒，如汞会引起全身中毒。镉是人体非必需元素，是毒性很大的一种重金属。镉主要在肾脏内蓄积，会引起泌尿系统的功能变化。

生物性污染主要是指存在于水中的细菌、病毒以及寄生原虫和蠕虫等病原体。例如，海水中的微生物主要为细菌，海水鱼体表面常有无色杆菌属、黄杆菌属及假单胞菌属的细菌存在，常会引起鱼体腐败。海水中有些细菌是鱼类的病原菌，有些则能引起食物中毒，如副溶血性弧菌。所以，一般采取定期检测水中的细菌总数、大肠杆菌、病毒等来确保水的卫生性和安全性；检测水中发光细菌和藻类可判断水质变化情况及可能存在的隐患。

3. 土壤

土壤污染主要有物理污染、化学污染和生物污染。主要的污染来自放射性污染，农用化学品的不当应用，化肥、农药和覆盖塑料等技术措施的不合理使用，重金属、有机污染物和残留农药污染等。土壤是人类农业生产的基地，是地球陆地生态系统的基础。土壤污染不仅能严重危害植物，造成农业减产，而且有些还可能危害人体健康。

重金属对土壤的污染是不容忽视的，它在土壤中累积的初期是不易为人们察觉和关注的，危害一旦表现出来就难以彻底清除。据测定，镉在土壤中的运动性很小，加之磷肥施用期限长，有可能在土壤中不断积累。就我国目前磷肥资源、施用情况看，一般不足以引起严重的镉污染，即施用我国生产的磷肥基本可靠，但长期使用磷肥却可以使土壤中镉含量有所增加，从而产生一定的潜在危害。一般土壤的重金属污染，并不是单一元素发生而是几种重金属元素同时污染造成，而且重金属在复合污染条件下对植物的毒害要比单一元素严重复杂得多。例如，铜、铅、镉、锌的单一污染或复合污染对白菜种子的发芽与根系伸长均有抑制作用，但复合污染产生明显协同作用，对白菜根系伸长的抑制效应阈值明显降低。

4. 其他

食品原料的其他问题也会引起安全问题，比如食品原料的新鲜度、成熟度等。

（二）食品加工

大多数食品加工可以提高食品的安全性，比如牛乳巴氏杀菌、豆奶煮沸过程可以使蛋白酶抑制失活等。但是由于食品加工不当引起的食品安全问题也是个社会热点问题。食品加工问题一般有食品添加剂滥用及非法添加物使用、细菌污染等。

1. 食品添加物

（1）食品添加剂　为改善食品品质和色、香、味，以及为防腐、保鲜和加工工艺的需要而加入食品中的人工合成或者天然物质。食品用香料、胶基糖果中基础剂物质、食品工业用加工助剂也包括在内。现代工业化的食品工业，在食品生产工程中很难做到不使用任何添加剂，从某种意义上说，没有食品添加剂就没有现代食品工业。

由于管理的缺陷和部分从业人员安全知识的缺乏，对于食品添加剂的用量不能控制，导致食品加工产品存在食品添加剂超标的情况。比如有些加工厂由于缺乏必要的食品安全知识而大量使用防腐剂；为降低生产成本超标使用高倍甜味剂，而甜味剂和防腐剂的超标使用有可能致癌。

(2) 非法添加物　曾经一些企业为了追求更多的利益，不顾法律的威严和良心的谴责而去添加一些非法添加物，比如用苏丹红生产咸鸭蛋、三鹿乳粉事件。造假、制假是严重的刑事犯罪行为，对于这种犯罪行为，刑法是一种非常有效的控制手段，但最好的控制办法，还是“良心”的教育和道德的教育。

2. 细菌的污染

细菌污染的食品以动物性食品为主，其中，猪肉类及其制品居首位，其次为禽肉、鱼、乳、蛋等，植物源性食物，如米糕等，易出现金黄色葡萄球菌、蜡样芽孢菌引起的食物中毒。

细菌污染的原因主要有：①食品在生产加工过程中受到致病菌的污染，这些污染主要来源于：有些动物生前带菌、食品生产加工作业人员卫生状况不良、生产环境卫生状况不良；②被致病菌污染的食品未经烧熟煮透；③被致病菌污染的食品在适宜细菌生长繁殖的条件下贮存到一定时间或贮存时间过长，造成致病菌大量生长繁殖或产生毒素；④生熟食品发生交叉污染或烧熟煮透的食品发生二次污染，这些污染也包括来自食品加工器具及容器具等的污染。

（三）食品包装

食品包装是现代食品工业的最后一道工序，它起着保护、宣传和方便食品贮存、运输、销售的重要作用。在一定程度上，食品包装已经成为食品中不可分割的重要组成部分，对食品质量产生直接或间接的影响。然而，我国包装现在面临的形势却不容乐观。国家已经把食品包装列入质量监管的6类产品并进行重点监管。

由于包装而引起的食品安全问题主要有以下几个原因。①包装材料问题：一些小型企业或家庭作坊利用工业级包装材料甚至再生原料制作食品包装，特别是塑料制品，利用垃圾站收捡的废旧塑料垃圾、农用薄膜、医院废弃物等回收加工，未经消毒处理，就作为食品包装物投入市场。这些再生塑料虽然在加工过程中经高温加热，但其中的增塑剂、稳定剂和甲醛等有害物质却不能完全除去，用这种塑料制品包装直接入口的食品，会对人体健康造成严重的后果，长期使用将引起慢性中毒甚至致癌；②违规添加各种原料或助剂：为了降低成本，在生产包装袋时超标添加助剂。食品温度较高或微波炉加热时，有害物质就会溶解在食物中，长期摄入会导致消化不良、肝系统病变等，甚至患上胆结石等疾病，如果其中含有工业石蜡，甚至可能患癌；③印刷：油墨中苯类溶剂及重金属残留的问题也会导致食品安全问题。

（四）食品生产经营监督检查管理制度

为加强和规范对食品生产经营活动的监督检查，督促食品生产经营者落实主体责任，《食品生产经营监督检查管理办法》（以下简称《办法》）强化监管部门监管责任，构建检查体系，确定检查要点，充实检查内容，明确检查要求，严格落实食品生产经营主体责任，切实把全面从严贯穿于食品安全工作始终，该《办法》包括共7章55条内容，主要管理制度体现在以下几个方面。

1. 强调风险管理原则，科学治理食品安全问题

要求按照风险等级对食品生产经营者实行分级管理。县级以上地方市场监督管理部门按照国家市场监督管理总局的规定，根据风险管理的原则，结合食品生产经营者的食品类别、业态

规模、风险控制能力、信用状况、监督检查等情况，将食品生产经营者的风险等级从低到高分为A级风险、B级风险、C级风险、D级风险4个等级。市场监督管理部门应当对特殊食品生产者，风险等级为C级、D级的食品生产者，风险等级为D级的食品经营者以及中央厨房、集体用餐配送单位等高风险食品生产经营者实施重点监督检查，并可以根据实际情况增加日常监督检查频次。市场监督管理部门可以根据工作需要，对通过食品安全抽样检验等发现问题线索的食品生产经营者实施飞行检查，对特殊食品、高风险大宗消费食品生产企业和大型食品经营企业等的质量管理体系运行情况实施体系检查。

2. 明晰监督管理部门职责，夯实管理责任制

国家市场监督管理总局负责监督指导全国食品生产经营监督检查工作，可以根据需要组织开展监督检查。省级市场监督管理部门负责监督指导本行政区域内食品生产经营监督检查工作，重点组织和协调对产品风险高、影响区域广的食品生产经营者的监督检查。设区的市级、县级市场监督管理部门负责本行政区域内食品生产经营监督检查工作。市级市场监督管理部门可以结合本行政区域食品生产经营者规模、风险、分布等实际情况，按照本级人民政府要求，划分本行政区域监督检查事权，确保监督检查覆盖本行政区域所有食品生产经营者。上级市场监督管理部门可以定期或者不定期组织对下级市场监督管理部门的监督检查工作进行监督指导。上级市场监督管理部门发现下级市场监督管理部门的监督检查工作不符合法律法规和《办法》规定要求的，应当根据需要督促其再次组织监督检查或者自行组织监督检查。

3. 构建监督检查要点表制度，细化监管工作内容

国家市场监督管理总局根据法律、法规、规章和食品安全标准等有关规定，制定国家食品生产经营监督检查要点表，明确监督检查的主要内容。按照风险管理的原则，检查要点表分为一般项目和重点项目。省级市场监督管理部门可以按照国家食品生产经营监督检查要点表，结合实际细化，制定本行政区域食品生产经营监督检查要点表。省级市场监督管理部门针对食品生产经营新业态、新技术、新模式，补充制定相应的食品生产经营监督检查要点，并在出台后30日内向国家市场监督管理总局报告。

4. 明确不同环节的监督检查内容和要点

①食品生产环节监督检查要点：应当包括食品生产者资质、生产环境条件、进货查验、生产过程控制、产品检验、贮存及交付控制、不合格食品管理和食品召回、标签和说明书、食品安全自查、从业人员管理、信息记录和追溯、食品安全事故处置等情况。特殊食品生产环节监督检查要点还应当包括注册备案要求执行、生产质量管理体系运行、原辅料管理等情况。保健食品生产环节的监督检查要点还应当包括原料前处理等情况。委托生产食品、食品添加剂的，委托方、受托方应当遵守法律、法规、食品安全标准以及合同的约定，并将委托生产的食品品种、委托期限、委托方对受托方生产行为的监督等情况予以单独记录，留档备查。市场监督管理部门应当将上述委托生产情况作为监督检查的重点。食品销售环节监督检查要点内容。

②食品销售环节监督检查要点：应当包括食品销售者资质、一般规定执行、禁止性规定执行、经营场所环境卫生、经营过程控制、进货查验、食品贮存、食品召回、温度控制及记录、过期及其他不符合食品安全标准食品处置、标签和说明书、食品安全自查、从业人员管理、食品安全事故处置、进口食品销售、食用农产品销售、网络食品销售等情况。

③餐饮服务环节监督检查要点：应当包括餐饮服务提供者资质、从业人员健康管理、原料控制、加工制作过程、食品添加剂使用管理、场所和设备设施清洁维护、餐饮具清洗消毒、食

品安全事故处置等情况。餐饮服务环节的监督检查应当强化学校等集中用餐单位供餐的食品安全要求。

5. 构建食品链全流程监督检查程序

县级以上地方市场监督管理部门应当按照本级人民政府食品安全年度监督管理计划，综合考虑食品类别、企业规模、管理水平、食品安全状况、风险等级、信用档案记录等因素，编制年度监督检查计划。每 2 年进行 1 次覆盖全部检查要点的监督检查，市场监督管理部门组织实施监督检查应当由 2 名以上监督检查人员参加，检查人员可进入食品生产经营等场所实施现场检查；对被检查单位生产经营的食品进行抽样检验；查阅、复制有关合同、票据、账簿以及其他有关资料；查封、扣押有证据证明不符合食品安全标准或者有证据证明存在安全隐患以及用于违法生产经营的食品、工具和设备；查封违法从事食品生产经营活动的场所；法律法规规定的其他措施。根据需要，依照食品安全抽样检验管理有关规定，可以对被检查单位生产经营的原料、半成品、成品等进行抽样检验。市场监督管理部门实施监督检查时，可以依法对企业食品安全管理人员随机进行监督抽查考核并公布考核情况。抽查考核不合格的，应当督促企业限期整改，并及时安排补考。检查人员认为食品生产经营者涉嫌违法违规的相关证据可能灭失或者以后难以取得的，可以依法采取证据保全或者行政强制措施，并执行市场监管行政处罚程序相关规定。

6. 构建监督检查分类制度

落实党中央国务院要求，将飞行检查、体系检查的监督检查方式纳入法治轨道，并分别明确了日常监督检查、飞行检查、体系检查的具体含义。日常监督检查是指市级、县级市场监督管理部门按照年度食品生产经营监督检查计划，对本行政区域内食品生产经营者开展的常规性检查。飞行检查是指市场监督管理部门根据监督管理工作需要以及问题线索等，对食品生产经营者依法开展的不预先告知的监督检查。体系检查是指市场监督管理部门以风险防控为导向，对特殊食品、高风险大宗食品生产企业和大型食品经营企业等的质量管理体系执行情况依法开展的系统性监督检查。市场监督管理部门可以根据工作需要，对通过食品安全抽样检验等发现问题线索的食品生产经营者实施飞行检查，对特殊食品、高风险大宗消费食品生产企业和大型食品经营企业等的质量管理体系运行情况实施体系检查。

二、食品市场准入制度

构建高水平社会主义市场经济体制，构建全国统一大市场，深化要素市场化改革，完善市场准入制度。市场准入是指允许货物、劳务与资本参与市场的程度，对于产品的市场准入，一般是允许市场的主体（产品的生产者与销售者）和客体（产品）进入市场的程度。食品市场准入制度就是为保证食品的质量安全，允许具备规定条件的生产者进行生产经营活动、具备规定条件的食品进行生产销售的监管制度，它是一项行政许可制度。

1. 食品市场准入制度

主要包括三个方面内容。

（1）对食品生产加工企业实现生产许可证管理　实行生产许可证管理是指对食品生产加工企业的环境条件、生产设备、加工工艺过程、原材料把关、执行产品标准、人员资质、贮运条件、检测能力、质量管理制度和包装要求等条件进行审查，并对其产品进行抽样检验。对符合条件且产品经全部项目检验合格的企业，颁发食品质量安全生产许可证，允许其从事食品生产加工。已获得出入境检验检疫机构颁发的《出口食品厂卫生注册证》的企业，其生产加工的食品在国内销售的，以及获得HACCP认证的企业，在申办食品质量安全许可证时可以简化或免于工厂生产必备条件审查。

（2）对食品出厂实行强制检验　其具体条件有三个：一是那些取得食品质量安全生产许可证并经质量技术监督部门核准，具有产品出厂检验能力的企业，可以实施自行检验其出厂的食品，实行自行检验的企业，应当定期将样品送到指定的法定检验机构进行定期检验；二是已经取得食品质量安全生产许可证，但不具备产品出厂检验能力的企业，按照就近方便的原则，委托指定的法定检验机构进行食品出厂检验；三是承担食品检验工作的检验机构，必须具备法定资格和条件，经省级以上（含省级）质量技术监督部门审查核准，由国家质检总局统一公布承担食品检验工作的检验机构名录。

（3）实施食品质量安全市场准入标志管理　2015年8月31日，国家食品药品监督管理总局令第16号《食品生产许可管理办法》规定，新获证及换证食品生产者，应当在食品包装或者标签上标注新的食品生产许可证编号，不再标注“QS”（质量安全，英文名称Quality Safety）标志。取消“QS”标志的同时，食品生产许可证编号将被印上食品包装。编号由“SC”和14位阿拉伯数字组成，载明的事项更多。原国家质检总局统一制定食品质量安全市场准入标志的式样和使用办法。2022年10月，国家市场监督管理总局修订发布了《食品生产许可审查通则（2022版）》，该通则是落实《食品生产许可管理办法》、规范许可审查工作、统一许可审查标准的重要技术规范文件，通则全面总结食品生产许可工作，针对各地食品生产许可审查工作出现的新问题，按照食品安全法律法规的新要求进行修改完善，进一步简化了食品生产许可审查工作的程序，严格了食品生产许可审查工作要求，夯实了生产者食品安全保障能力。

2. 食品质量安全市场准入的条件

不同食品的生产加工企业，保证产品质量必备条件的具体要求不同，在相应的食品生产许可证实施细则中都做出了详细的规定。

（1）环境　食品生产加工企业必须具备保证产品质量的环境条件，主要包括食品生产企业周围不得有有害气体、放射性物质和扩散污染源，不得有昆虫大量滋生的潜在场所；生产车间、库房等各项设施应根据生产工艺卫生要求和原材料贮存等特点，设置相应的防蚊蝇、防昆虫侵入、隐藏和滋生的有效措施，避免危及食品质量安全。

（2）生产设备　食品生产加工企业必须具备保证产品质量的生产设备、工艺装备和相关辅助设备，具有与保证产品质量相适应的原材料、处理、加工、贮存等的厂房和场所。虽然生产不同的产品需要的生产设备不同，但企业必须具备保证产品质量的生产设备、工艺装备等基本条件。

（3）原材料要求　食品生产加工企业必须具备保证产品质量的原材料要求。虽然食品生产加工企业生产的食品有所不同，使用的原材料、添加剂等有所不同，但均应无毒、无害、符合相应的强制性国家标准、行业标准及有关规定。例如，制作食品用水必须符合国家规定的城乡生活饮用水卫生标准，使用的添加剂、洗涤剂、消毒剂必须符合国家有关法律、法规的规定和标准的要求。食品生产企业不得使用过期、失效、变质、污秽不洁或者非食用的原材料生产加工食品。例如，生产大米不能使用已发霉变质的稻谷为原料进行加工生产。又如，在食用植物油的生产中，严禁使用混有非食用植物的油料和油脂为原料加工生产食用植物油。

（4）加工工艺及过程　食品加工工艺流程设置应当科学、合理。生产加工过程应当严格、规范，采取必要的措施防止生食品与熟食品、原料与半成品或成品的交叉污染。加工工艺和生产过程是影响食品质量安全的重要环节，工艺流程控制不当会对食品质量安全造成重大影响。

（5）产品标准要求　食品生产加工企业必须按照合法有效的产品标准组织生产，不得无标准生产。食品质量必须符合相应的强制性标准以及企业明示采用的标准和各项质量要求。需要特别指出的是，对于强制性国家标准，企业必须执行，企业采用的企业标准不允许低于强制性国家标准的要求，且应在质量技术监督部门进行备案，否则，该企业标准无效；对于具体的产品其执行的标准有所不同，生产小麦粉要符合 GB/T 1355—2021《小麦粉》的要求，小麦粉中使用的添加剂及添加量则必须符合 GB 2760—2024《食品添加剂使用卫生标准》的要求；生产大米要符合 GB 1354—2018《大米》的要求。

（6）人员要求　在食品生产加工企业中，因工作岗位不同，所负责任的不同，对各类人员的基本要求也有所不同。对于企业法定代表人和主要管理人员要求其必须了解与食品质量安全相关的法律知识，明确应负的责任和义务；对于企业的生产技术人员，则要求其必须具有与食品生产相适应的专业技术知识；对于生产操作人员，上岗前应经过技术（技能）培训，并持证上岗；对于质量检验人员，应当参加培训，经考核合格取得规定的资格，能够胜任岗位工作的要求。从事食品生产加工的人员，特别是生产操作人员必须身体健康，无传染疾病，保持良好的个人卫生。

（7）产品贮运要求　企业应采取必要措施以保证产品在其贮存、运输的过程中质量不发生劣变。食品生产加工企业生产的成品必须存放在专用成品库内。用于贮存、运输和装卸食品的包装、工具、设备必须无毒、无害，符合有关的卫生要求，保持清洁，防止食品污染。在运输时不得将成品与污染物同车运输。

（8）检验能力　食品生产加工企业应当具有与所生产产品相适应的质量检验和计量检测手段。例如，生产酱油的企业应具备酱油标准中规定的检验项目的检验能力。对于不具备出厂检验能力的企业，必须委托符合法定资格的检验机构进行产品出厂检验。企业的计量器具、检验和检测仪器属于强制鉴定范围的，必须经法定计量鉴定技术机构鉴定合格并在有效期内方可使用。

（9）质量管理要求　食品生产加工企业应当建立健全产品质量管理制度，在质量管理制度中明确规定对质量有影响的部门、人员的质量职责和权限以及相互关系，规定检验部门、检验人员能独立行使的职权。在企业制定的产品质量管理制度中应有相应的考核办法，并严格实施。企业应实施从原材料进厂的进货验收到产品出厂的检验把关的全过程质量管理，严格实施岗位质量规范、质量责任以及相应的考核办法，不符合要求的原材料不准使用，不合格的产品严禁出厂，实行质量否决权。

（10）产品包装标识　包装是指在运输、贮存、销售等流通过程中，为保护产品，方便运输，促进销售，按一定技术方法而采用的容器、材料及辅助物的总称。不同的产品其包装要求也不尽相同，例如食用植物油的包装容器，要求应采用无毒、耐油的材料制成。用于食品包装的材料如布袋、纸箱、玻璃容器、塑料制品等，必须清洁、无毒、无害，符合国家法律法规的规定，并符合相应的强制性标准要求。

食品标签的内容必须真实，符合国家法律法规的规定，并符合相应产品（标签）标准的要求，标明产品名称、厂名、厂址、配料表、净含量、生产日期或保质期、产品标准代号和顺序号等。裸装食品在其出厂的大包装上使用的标签，也应当符合上述规定。

出厂的食品必须在最小销售单元的食品包装上标注食品生产许可证编号，并加印（贴）食品市场准入标志。

思考题

1. 食品卫生监督管理体系的概念是什么？
2. 食品卫生监督管理体系有哪些特征？
3. 食品安全管理的原则是什么？
4. CAC 确定的 HACCP 体系的基本原理是什么？
5. SSOP 的主要内容包括哪些？
6. 国内外食品安全标准体系有何异同？
7. 食品安全法规有哪些特点？
8. 结合生活实例说明建立和完善食品市场准入制度的重要性。

第七章

07

食品安全性评价体系

本章学习目标

1. 了解食品安全性评价的相关术语。
2. 了解危害性分析的相关概念。
3. 掌握食品安全性毒理学评价的原则及程序。

第一节 食品安全性评价概述

一、食品安全性评价的概念

食品安全性评价是运用毒理学动物实验结果，并结合流行病学的调查资料来阐明食品中某种特定物质的毒性及潜在危害、对人体健康的影响性质和强度，预测人类接触后的安全程度。随着社会的发展，人类生存环境中物质的种类和数量正大量增加。这些物质可能通过各种途径进入食品，被人类食用后，有的可能会对机体造成伤害。基于此，追求食品安全的绝对性是不符合实际情况的，但研究的重点必须立足于对食品及食物中的特定物质进行科学、客观的安全性评价，确定其产生危害的水平，并以此制定该物质在食品中的限量标准，保证消费者机体健康。

（一）毒性

毒性（toxicity）是指一种物质对机体造成损害的能力。毒性较高的物质只要相对较小的剂量，即可对人体造成损害。物质毒性的高低仅具有相对意义，当达到一定的数量，任何物质对机体都具有不同程度的毒性危害作用。此外，还与物质本身的理化性质，与机体接触的途径、剂量和频率等因素有关。

（二）外源化学物

外源化学物（xenobiotics）又称“外源生物活性物质”，是在人类生活的外界环境中存在，可能与机体接触并进入机体，在体内呈现一定的生物学作用的一些化学物质。

（三）剂量

剂量（dose）可指与机体接触的外来化合物的数量，被吸收进入机体的数量或在靶器官作用部位或体液中的浓度或含量。由于内剂量不易测定，所以一般剂量的概念是指给予机体的外来化合物或与机体接触的数量。

致死量（lethal dose）即可以造成机体死亡的剂量。绝对致死量（LD_{100}）系指能造成一群个体全部死亡的最低剂量。由于个体差异，使群体100%死亡的剂量变化大，因此很少使用LD_{100}来描述一种物质的毒性。

半数致死量（LD_{50}）系指能引起一群个体50%死亡所需的剂量，也称致死剂量。LD_{50}越小，表示外来化合物的毒性越强。

（四）效应和反应

1. 效应

效应是指一定剂量的外来化合物与机体接触后可引起的生物学变化。这种变化的程度用记数或计量单位表示，如若干个、毫克等。

2. 反应

反应是指一定剂量的外来化合物与机体接触后，呈现某种效应并达到一定程度的比率，或者产生效应的个体数在某一群体中所占的比率，一般以%或比值表示。

3. 剂量-反应关系

剂量-反应关系，是指不同剂量的毒物与其引起的效应发生率之间的关系。如果某种毒物引起机体出现某种损害作用，一般就存在明确的剂量-反应关系（过敏反应例外）。剂量-反应关系可用曲线来表示，即以表示反应的百分率比值为纵坐标，以剂量为横坐标绘制散点图所得的曲线，主要有直线型、抛物线型、S状曲线型等几种。在生物机体内，直线关系较少出现，仅在某些体外实验中，在一定的剂量范围内存在，如将抛物线型的剂量换成对数值，则呈直线；S状曲线是在低剂量范围内，随着剂量增加反应强度增高较为缓慢，在反应率为50%左右，斜率最大，剂量略有变动，反应即有较大增减；但当剂量继续增加时，反应强度增高又趋缓慢。S状曲线在剂量与反应关系中较为常见。

（五）损害作用

当机体间断或连续地接触一定剂量的外来化合物后，引起机体功能容量的降低或对额外应激状态代偿能力的损伤、机体维持体内稳定能力降低以及对其他外界不利因素影响的易感性增高。以损害作用来描述物质毒性的概念主要有：

1. 最大无作用剂量

即在一定时间内，一种外来化合物按一定方式或途径与机体接触，根据现今的认识水平，用最灵敏的试验方法和观察指标，也未能观察到任何对机体损害作用的主要依据。以此为基础可制定一种外来化合物的每日允许摄入量（ADI）和最高允许浓度（MAC）。

2. 最小有作用剂量或称阈值剂量或阈浓度

即在一定时间内，一种外来化合物按一定方式或途径与机体接触，能使某项观察指标开始出现异常变化或使机体开始出现损害作用所需的最低剂量。

在理论上，最大无作用剂量和最小有作用剂量应该相差甚微，但由于对损害作用的观察指标受观测方法灵敏度的限制，只有两种剂量差别达到一定的程度，才能明显地观察到损害作用程度的不同。所以最大无作用剂量和最小有作用剂量之间仍然有一定的差距。

当外来化合物与机体接触的时间、方式或途径和观察指标发生改变时，最大无作用剂量和最小有作用剂量也将随之改变。所以表示一种外来化合物的最大无作用剂量和最小有作用剂量时，必须说明实验动物的物种品系、接触方式或途径、接触持续时间和观察指标。

3. 每日允许摄入量

每日允许摄入量（ADI）指允许正常成人每日由外环境摄入体内特定外源化学物的总量。在此剂量下，终生每日摄入该外源化学物，不会对人体健康造成任何可测量出的健康危害，单位用 mg/kg(bw) 表示。

4. 最高允许浓度

在劳动环境中，最高允许浓度（MAC）是指车间内工人工作地点的空气中某种外源化学物不可超越的浓度。在此浓度下，工人长期从事生产劳动，不致引起任何急性或慢性的职业危害。在生活环境中，MAC 是指对大气、水体、土壤等介质中有毒物质浓度的限量标准。接触人群中最敏感的个体即使暴露或终生接触该水平的外源化学物，不会对其本人或后代产生有害影响。由于接触的具体条件及人群的不同，即使是同一外源化学物，它在生活或生产环境中的 MAC 也不相同。

5. 阈限值

阈限值（TLV）为美国政府工业卫生学家委员会（ACGIH）推荐的生产车间空气中有害物质的职业接触限值。为绝大多数工人每天反复接触不致引起损害作用的浓度。由于个体敏感性的差异，在此浓度下排除少数工人出现不适、既往疾病恶化，甚至罹患职业病。

6. 参考剂量

参考剂量（RfD）由美国环境保护局（EPA）首先提出，用于非致癌物质的危险度评价。RfD 为环境介质（空气、水、土壤、食品等）中外源化学物的日平均接触剂量的估计值。人群（包括敏感亚群）在终生接触该剂量水平外源化学物的条件下，预期一生中发生非致痛或非致突变有害效应的危险度可低至不能检出的程度。

二、食品安全性评价的目的与意义

食品安全性评价主要是阐明某种食品是否可以安全食用，食品中有关危害成分或物质的毒性及其风险大小，利用足够的毒理学资料确认物质的安全剂量，通过风险评估进行风险控制。食品安全问题是关系到人民健康和国计民生的重大问题，而食品安全性评价则是针对某种食品的食用安全性展开的评价，是保障食品安全和国民健康的重要基础和前提。随着食品工业的发展，食品种类和制作工艺技术日益丰富，特别是新的物质如转基因食品、食品添加剂、保健食品、新食品原料、食品用的容器和包装材料等的不断涌现可能带来新的食品安全性问题，对这些食品进行科学的安全性评价，从而为国民提供健康、安全和营养的食品一直是包括我国在内的各国政府努力的目标。鉴于食品安全评价在保障食品安全性和消费者健康中的重要性，我国政府历来十分重视食品安全性评价的工作，在政府的大力支持下，在全国各卫生研究机构的努力下，进一步制定并完善了新食品原料、食品添加剂、保健食品、转基因食品的相关管理法规，出台了对这些不同食品开展安全性毒理学评价的标准和技术规范，发展了食品及转基因食品安全性评价的新方法和新技术，使得我国整体安全性评价水平无论从检验设备、人员素质，还是检验的技术水平等方面均有显著的提高，并逐渐与国际接轨，对保障食品安全和确保食品食用安全性提供了有力保证。食品安全性评价在食品安全性研究、监控和管理上具有重要的意义。

《食品安全法》中明确规定，食品安全风险监测结果表明可能存在食品安全隐患的，县级以上人民政府卫生行政部门应当及时将相关信息通报同级食品安全监督管理等部门，并报告本级人民政府和上级人民政府卫生行政部门。食品安全监督管理等部门应当组织开展进一步调查。由此可见，食品安全性评价在食品安全性研究、监控和管理上具有重要的意义。长久以来，我国食品质量安全的监管基础是食品安全的立法、相关部门的具体实施以及不安全食品的消除。但对于这些传统的食品质量监管方法而言，它缺乏一定的预防作用，使食品的质量容易出现问题，并无法得到及时、有效的控制。从这一点上讲，我国应该建立降低食源性疾病暴发和食品质量安全评价的新方案，还要结合相应的技术，加强与食品相关的微生物、化学等危险因素的评价，有效地确定食品的质量安全，使我国特有的食品质量安全评价的体系能够构建起来，并在今后的实践中得到不断改进和完善。

三、食品安全性评价原理

为了研究食品污染因素的性质和作用，检测其在食品中的含量水平，控制食品质量，确保食品安全和人体健康，需要对食品进行安全性评价。食品安全性评价主要是阐明某种食品是否可以安全食用，食品中有关危害成分或物质的毒性及其风险大小，利用毒理学资料确认该物质的安全剂量，以便通过风险评估进行风险控制。

现代食品安全性评价除了必须进行传统的毒理学评价外，还需要进行人体研究、残留量研究、暴露量研究、膳食结构和摄入风险性评价研究等。需要强调的是，食品安全性评价工作是一个新兴的领域，对其评价方法仍然在不断研究、完善之中。

（一）毒物在体内的生物转运与转化

毒物与机体接触后，一般都经过吸收、分布、代谢和排泄过程。毒物由与机体接触部位进入血液的过程为吸收；然后由血液分散到全身组织细胞中即为分布；在组织细胞内经酶催化发生化学结构和性质变化的过程，称为生物转化或代谢转化；在代谢过程中可能形成新的衍生物以及分解产物，即为代谢物。最后毒物及其代谢物通过排泄过程离开机体。在吸收、分布和排泄过程中，以物理学为主，而且具有类似的机制，故统称为生物转运；代谢过程称为生物转化。掌握外源化学物在体内的生物转运和生物转化过程，可有助于了解其生物学作用以及毒性作用。

1. 食品毒物的分布与蓄积

（1）分布　外来化学物通过吸收进入血液或其他体液后，转运到全身组织细胞的过程称为分布。化学物在机体各部位的分布是不均匀的。根据化学物与器官亲和力的大小和组织血流量的差异，可选择性地分布到某些器官。在分布的开始阶段，器官和组织内化学物的分布，主要取决于器官和组织的血液供应量。但随着时间的延长，化学物在器官中的分布则越来越受组织本身的“吸收”特性的影响，即按化学物与器官的亲和力大小，选择性地分布在某些器官，这就是毒理学中的再分布过程。

（2）蓄积

①蓄积作用：化学物在体内的蓄积作用有两种方式，一般提及蓄积作用，往往是指物质蓄积。

物质蓄积指长期反复接触某化学物时，如果吸收速度超过消除速度（包括化学物的降解和排泄），就会出现该化学物在体内逐渐增多的现象。

功能蓄积也称损伤蓄积，指有些化学物在体内代谢和排出速度快，但引起的损伤恢复慢，在第一次造成的损伤尚未恢复之前又造成第二、第三次损伤，这种残留损伤的累积称为功能蓄积。

②储存库：化学物蓄积时，体内主要有 4 种储存库，即血浆蛋白储存库，肝、肾储存库，脂肪储存库和骨骼储存库。化学物对这些蓄积地点的作用，可有也可无。一般储存库对急性中毒具有保护作用，可减缓化学物到达毒害靶作用点的量；另一方面，储存库中的化学物与血浆中游离化学物保持动态平衡，当机体停止接触时，或机体内解毒或排出时，血浆中化学物减少，此时储存库即释放化学物，成为二次污染源。在慢性接触化学物时，无论是对于直接提高毒作用点的化学物浓度，使其达到毒作用水平，或是间接通过储存库提供化学物来达到毒作用水平，都是慢性中毒的一个重要条件。

2. 食品毒物的排泄

排泄是化学物及其代谢产物向机体外转运的过程。毒物经过转化和排泄，可使有机体内部的毒物浓度降低。

（1）经肾脏排出　肾脏是毒物的主要排泄器官，它接受心排血量的 25%，其中绝大部分要经肾小球滤过。此外，血浆中未与蛋白质结合的游离化学物或其代谢物还可经肾小管细胞主动转运和简单扩散的机制排出。毒物与蛋白质的结合并不阻碍这种主动运输的分泌。每一种毒物都有其相应的主动运输系统。例如，有机酸毒物主要通过尿酸的分泌系统排出，有机碱则经分泌胆碱和组胺的系统排出。

（2）经肝脏排泄　肝脏有利于排泄由胃肠道吸收的外来化学物，因为在消化过程，胃肠道血液先流经肝脏再到达大循环。由于肝脏是主要的生物转化器官，其代谢物可直接排入胆汁，一些外来化学物就可经此途径进入小肠，而不必等待代谢物进入血液循环才经肾排出。毒物经胆汁分泌是次要的排泄途径，是因为胆汁的形成速度远低于尿液的形成速度。

（3）经肺排出　在体温条件下主要以气态存在的物质，基本上由肺排出。挥发性液体常与气态保持平衡，因此这类物质也由肺排出，并决定于其在肺泡中的分压。个别物质可在体内转化成挥发性物质，如硒在体内可转化成二甲硒，而经肺排出。

（4）其他排泄途径　此外，通过消化系统、乳腺、汗腺、脑脊液、皮肤、唾液及毛发也可排出部分毒物。外来化学物通过以上各种途径排出体外以后，除残留损害外，不能继续发挥毒作用，因此可将排出看成是一种解毒方式。但从另一角度看，化学物经某些途径排出时，可能对局部组织产生毒作用。如镉、汞可损害近端肾小管；汞由唾液腺排出可引起口腔炎；β-萘胺经代谢转化后经尿路排出而致膀胱癌等。

3. 食品毒物的生物转化

生物转化是机体对外源化学物处置的重要环节，是机体维持稳定的主要机制。一般情况下，外源化学物经代谢转化后，极性增强，形成水溶性更强的化合物，使其易于体内排泄。同时也形成一些毒性较低的代谢物，使毒性降低。

代谢反应过程分为两相，如图 7-1 所示，氧化、还原和水解为Ⅰ相反应，与某些内源性物质结合过程为Ⅱ相反应。通过Ⅰ相反应，使毒物的分子暴露或增加功能基团，例如—OH、$—NH_2$、—SH 或—CH，通常仅导致水溶性少量的增加。Ⅱ相反应包括葡萄糖醛酸化、硫酸化、乙酰化、甲基化，与谷胱甘肽结合以及氨基酸结合，如甘氨酸、牛磺酸和谷氨酸。这些反应的辅助因素，与外源Ⅰ相反应化学物的功能基团产生反应，功能基团可能是外源化学物原有组分，也可以是经Ⅰ相反应引入或暴露的。大多数Ⅱ相反应可导致外源化学物的溶性增强，加速其排泄。

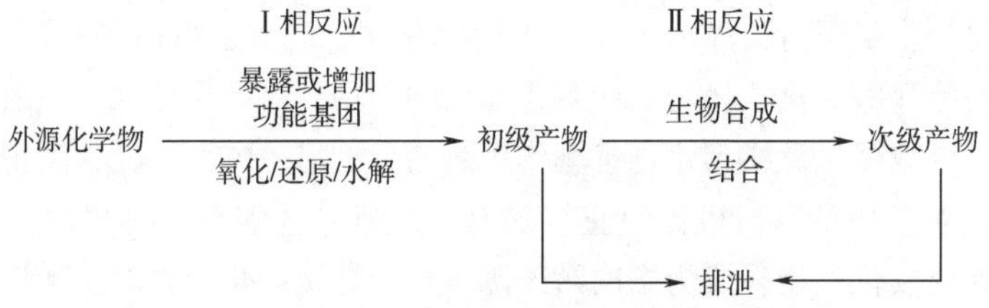

图 7-1　Ⅰ相反应和Ⅱ相反应

外源化学物生物转化的另一个结果是改变其毒效学性质。大多数情况是生物转化终止了药物的药效作用或降低了外源化学物的毒性，但对有的毒物却可使毒性增强，甚至产生致癌、致突变和致畸效应，又称代谢活化或生物活化。

经过代谢活化生成的活性代谢产物可分为四类。

①生成亲电子剂：常见的有苯并［a］芘的代谢活化。

②生成自由基：如百草枯、硝化呋喃妥英经催化还原，四氯化碳还原脱卤，醌经单电子还原，生成自由基等。

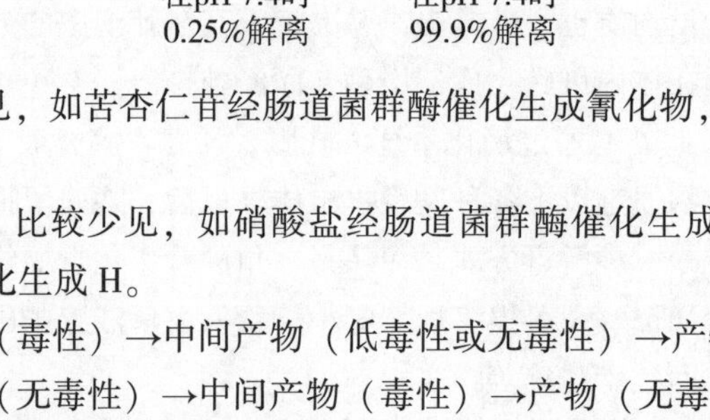

③生成亲和剂：少见，如苦杏仁苷经肠道菌群酶催化生成氰化物，二卤甲烷经氧化脱卤生成一氧化碳。

④生成氧化还原剂：比较少见，如硝酸盐经肠道菌群酶催化生成亚硝酸盐，还原酶催化 Cr^{6+} 生成 Cr^{5+}，Cr^{5+} 再催化生成 H。

代谢解毒：化学物（毒性）→中间产物（低毒性或无毒性）→产物（无毒性）。

代谢活化：化学物（无毒性）→中间产物（毒性）→产物（无毒性）。

（二）毒物毒作用的影响因素及机制

1. 毒作用影响因素

前述生物转运和生物转化都是外来化学物毒作用的决定因素。因此，凡是能在质或量方面影响这两个过程的因素，都是在一定程度上影响化学物毒作用的因素。毒物作用的强弱受多种因素影响。除剂量因素外，毒物的毒性、选择性、生物个体的差异和环境因素等都与其作用有密切关系。

（1）毒物的毒性 理化特性是毒物毒性的基础。物理性可决定毒物的化学活性，而化学结构既可决定其化学反应特点，又可决定其物理特性。化学物的物理特性可能影响吸收与剂量，从而影响毒性大小或靶器官的选择。

①化学物的化学结构与活性：化学物的化学结构是决定毒性的重要物质基础，因而找出化学结构与活性关系的规律，有利于对化学物毒性作用的估计和预测。同时，还可按照人们的要求去生产高效低毒的化学物。化学结构与毒作用性质取决于化学物的化学结构，直接影响其在体内可能参与和干扰的生化过程，因而决定其毒作用性质。

化学结构与毒性大小的关系是一个相当复杂的问题。虽然已做了大量的研究，但目前仅找到一些相对而有限的规律，现举例说明如下。

a. 同系物的碳原子数。烷、醇、酮等碳氢化合物与同系物相比，碳原子数越多，则毒性越大（甲醇与甲醛除外）。但当碳原子数超过一定限度时（7~9 个）、毒性反而迅速下降。

b. 基团的位置。基团的位置不同也可能影响毒性，带两个基团的苯环，大多数情况下是邻位的毒性大于对位，例如，α-氨基酚的毒性大于β-氨基酚。

c. 卤代烷烃类卤素数。此类物质对肝脏的毒性随着卤素数的增多而增强。反之，毒性则减弱。

d. 分子饱和度。分子中不饱和键增加时，其毒性也增加。例如，二碳烃类的麻醉作用的强弱顺序是乙炔>乙烯>乙烷。

在分析结构与活性的关系时，应注意分子的整体性，尤其是其中产生特定效应的关键结构以及其他基团或组分对毒性大小或毒作用性质的影响。

②化学物的物理特性与毒作用特性：化学物的物理特性在一定程度上影响其毒作用特性。例如，化学物的溶解度影响其吸收部位和在体内的分布，因而影响其靶器官，但化学物的物理特性更多的是因影响吸收、分布、蓄积而影响毒性大小。

a. 溶解度。对于水溶性化学物，化学物在水中的溶解度直接影响其毒性大小，溶解度越大，毒性越大。而对于脂溶性化学物，脂溶性物质易在脂肪中蓄积，侵犯神经系统。

b. 分散度。气溶胶的分散度不仅和它进入呼吸道的深度和溶解度有关，而且还影响它的化学活性。

c. 挥发度。液态物质的挥发度以在空气中饱和蒸汽浓度来表示。液态化学物的挥发度越大，在空气中可能达到的浓度越大，于是通过呼吸道吸收引起中毒的危险性越大。

（2）生物体差异 毒性效应的出现是外来化学物与机体相互作用的结果，因此，生物体内环境的许多因素都可能影响化学物的毒性。

①物种、品系与个体感受性差异：生物体的差异表现在动物种属间和个体间两方面。毒物的毒性在不同动物种属间（包括动物与人之间）常有较大差异。

②性别、激素和妊娠：有些毒物的毒性作用，有明显的性别差异。如一定剂量的氯仿，雌鼠可以耐受，而对雄鼠可引起死亡。

③病理状况：毒性作用的个体差异往往与病理状况有密切关系。如患贫血时对铅，患肝脏病对四氯化碳，患肾脏病对砷，都更易中毒。

④年龄：年龄对毒物的敏感性也有影响，如新生动物的中枢神经系统对兴奋剂不敏感，而对抑制剂却很敏感。

（3）环境因素　任何化学物都是在一定条件下才显示其毒性。环境中存在的化学因素与物理因素都可能使化学物的作用条件发生改变，机体所受损害也可能有差异。环境温度、湿度、气压和噪声等物理因素与毒物有联合作用。如高温环境可增强氯酚的毒性；氯化氢、氟化氢等在高湿环境中，其刺激性明显增强。

（4）营养　由种种原因造成的营养不良，可加剧毒物的毒性反应。例如，缺乏蛋白质可加剧黄曲霉毒素对肝脏的损害，这可能是由于肝脏的解毒能力降低所致。

上述因素都是影响毒物作用的重要条件。但是决定一种毒物所产生的危害大小的是毒物的剂量和染毒方式，有些毒物毒性虽大，若剂量很小，实际危害性不大。有些毒物的急性毒性虽然不强，但污染环境的范围广，如食品中残留的农药、添加剂或混入水和大气中的毒物，其危害性将更严重。

2. 毒性作用机制

化学物可通过各种途径对生物体的结构和功能产生不同程度的毒副作用。毒物作用的机制也复杂多样，最直接的作用途径是可以通过不同代谢反应而作用于机体重要部位，例如，当化学物沉积在肾小管时阻断尿的形成，其毒性主要通过传递这一途径引起。稍微复杂的途径是通过损伤细胞的功能而引起毒性。例如，河豚毒素进入生物体后，直接作用于运动神经元的钠离子通道。阻断信号传递，抑制运动神经元的活动，最终导致骨骼肌麻痹，细胞所具备的修复功能一般难以阻止这类毒物的作用。

复杂的毒性机制可涉及多个层次和步骤：毒物先被传送到靶部位，与靶部位相互作用而结合，引起细胞功能和结构的紊乱，后者进一步引发细胞或分子水平的修复活动。当毒物引起的靶分子结构变化或功能紊乱超过修复能力或修复本身发生障碍时，即产生毒性效应。组织坏死、癌症或纤维化等毒性效应都是通过多种途径发展而成的。

对于外来化学物在体内的病理生理作用，可分为两个层次来分析：分别是对靶器官的选择作用和对细胞的损伤作用。

（1）对靶器官的选择作用　吸收进入血循环的外来化学物，往往攻击某一特定器官发挥其毒作用。这种对靶器官的选择性决定于：①血流供应量；②器官的位置与功能；③代谢转化能力及其活化解毒系统平衡；④存在特定的酶或生化过程；⑤存在特殊的摄入系统；⑥对损伤的脆弱性与转化程度；⑦能否与大分子结合；⑧修复能力。

（2）对细胞的损伤机制　对细胞的损伤可能是可逆或不可逆的。由可逆发展成为不可逆的转折临界点尚不完全清楚。但在这一过程中发生的事件顺序，按目前的理解可分为初级、次级和三级事件。

初级事件是指化学物或其活性代谢物直接作用所出现的最早损害。主要的初级事件有：①脂质过氧化；②巯基状态的改变；③与大分子共价结合；④酶抑制；⑤缺血。有时可能同时出现几种初级事件，并可能相互关联。有时则仅单独出现一种初级事件。

次级事件是继发于初级事件之后出现的细胞改变。一个细胞受损后的次级事件可能同时有几种生物化学和形态结构方面的改变，是由于初级事件引起细胞失去控制或代偿的结果。主要的次级事件有：①膜的结构及其通透性改变；②线粒体损伤与功能抑制；③细胞骨架改变；④Ca^{2+}稳态紊乱；⑤ATP 及其他辅因子耗竭；⑥内质网损伤；⑦溶酶体不稳定；⑧DNA 损伤和

聚 ADP^-核糖基化作用；⑨激发细胞凋亡。

这些事件有时可能是初级事件，但在多数情况下，继发于初级事件或另一次级事件。三级事件是指接触毒物后最终可观察到的表现。有时可几种表现同时发生或相继发生。主要的三级事件有：①脂肪变性；②大泡形成；③水样变性；④凋亡；⑤坏死。除凋亡和坏死事件是不可逆的，其他事件都是可逆的。

3. 一般毒性作用

外源化学物在一定剂量、一定接触时间和接触方式下对实验动物产生的综合毒效应称为一般毒性作用，又称基础毒性。一般毒性作用根据接触毒物的时间长短又可分为急性毒性作用、亚慢性毒性作用和慢性毒性作用。

（1）急性毒性作用　急性毒性是指人或实验动物一次或在 24h 之内多次接触（染毒）外源化学物之后，在短期内所发生的毒性效应，包括引起死亡效应。其研究的目的主要是探求化学物的致死剂量，以初步评估其对人类可能产生的危险性。再者是模拟出该化学物的剂量-反应关系，为其他毒性试验打下选择染毒剂量的基础。实验动物接触外源化学物所引发的急性毒性效应出现的快慢和毒性反应的强度，因外源化学物的性质（主要为化学结构与理化性质）和染毒剂量的大小不同而有很大差别。

（2）蓄积作用　外源化学物进入机体后，可经代谢转化以代谢产物或者以未经代谢转化的原形母体化学物排出体外。但当化学物反复多次染毒，且化学物进入机体的速度或总量超过代谢转化的速度与排出机体的速度或总量时，化学物或其代谢产物就可能在机体内逐渐增加并驻留于某些部位的现象称为化学物的蓄积作用。一般认为蓄积作用包含两个内容，一是当多次、反复外源化学物对实验动物染毒一定时间后，若能用化学方法测得机体内存在该化学物母体或其代谢产物（例如重金属铅、汞、锰等，又如 DDT 的代谢物），就称为物质蓄积；二是当测定不出该物质（如某些有机溶剂、有机磷化合物等）而又有慢性中毒症状时，称为功能蓄积，也是多次接触化学物所引起的机体损害累积现象。

（3）亚慢性毒性作用　亚慢性毒性是指机体（人或实验动物）连续多日接触化学物较大剂量所发生的毒性效应。但是“较大剂量”应小于急性中毒的致死剂量。此定义中的“连续多日”，目前一般是指连续染毒 3 个月。其研究目的：第一是为慢性毒性研究作选择剂量准备，即计算出亚慢性毒性的阈剂量或和无作用剂量；第二是为慢性毒性研究毒性反应观察指标作筛选（观察和化验指标选择应依化学物的结构特征，依循有关国家安全性评价程序要求而定）；第三是根据化学物中毒症状和化验检查分析该化学物可能的靶部位；第四是研究急救治疗措施和治疗药物筛选。

（4）慢性毒性作用　慢性毒性是指以低剂量外源化学物长期给实验动物染毒，观察化学物对实验动物机体的毒性损伤效应。多数发病缓慢而不明显，逐渐加重的过程较长。其研究目的是研究确定受试化学物的毒性下限，即当长期接触该化学物之后引起可察觉的中毒最轻微症状（或反应）的剂量、阈剂量和无作用剂量，依此进行受试化学物的危险度评估和为制定人接触该化学物的安全限量提供毒理学依据。

在毒理学实验中，按照染毒次数或期限可分为急性或慢性（长期）染毒试验、亚急性、亚慢性染毒试验。亚急性染毒的期限常为数天至 1 个月，亚慢性染毒常为 1~3 个月，慢性染毒在半年以上直至终生。不同国家和地区对亚急性、亚慢性和慢性染毒的染毒期限要求不同，在应用不同化学物的情况下，注意事项也不尽相同。

4. 致突变作用（点突变和染色体突变）

外源化学物及其他环境因素能引起细胞核中遗传物质发生变化，而且这种变化随同细胞分裂过程而传递的过程称为致突变作用。突变是致突变作用的结果，其中包括基因突变和染色体畸变。基因突变是指一个或几个 DNA 碱基对的改变，又称点突变。而染色体畸变是指染色体数目及结构的改变。

（1）基因突变　基因突变从结构上看是 DNA 序列的改变。可能仅涉及单个密码子，其中通常是一对碱基的改变，称为点突变。点突变可分为碱基置换和移码。也可能涉及一个或几个密码子的整码突变，甚至跨越两个或多个基因的片段核苷酸序列的改变，即片段突变。

（2）染色体畸变　染色体畸变是染色体或染色单体断裂所致。当断端不发生重接或虽重接而不在原处，即可发生染色体结构改变。如果畸变只涉及两条染色单体中的一条，则称为染色单体型畸变，否则称为染色体型畸变。断裂作用的关键是诱发 DNA 链断裂。大多数化学断裂剂像紫外线一样只能诱发 DNA 单链断裂，故称拟紫外线断裂剂。少数化学断裂剂能像电离辐射那样诱发 DNA 双链断裂，发生染色体型畸变，故称拟放射线性断裂剂。产生何种畸变，取决于损伤发生在 DNA 复制前，还是复制后。如果少数化学物质或电离辐射在 DNA 复制前处理，可诱导染色体型畸变，如果在 DNA 复制后处理，则可诱导染色单体型畸变。此外，还有裂隙和断裂、环状染色体等染色体结构异常的类型。

5. 致癌作用

致癌作用是指环境中有害因素引起或增进正常细胞发生恶性转化并发展为肿瘤的过程。肿瘤是一种常见病、多发病，因其在人类死因构成中占比较大的比重，人们对于化学致癌的研究日益关注。化学致癌物是指凡是能引起动物和人类肿瘤、增加其发病率和死亡率的化合物。化学致癌作用是化学致癌物在人体内引起肿瘤的过程。

6. 化学致畸与发育毒性

畸胎俗称怪胎。20 世纪 30~40 年代，人们发现外界因素可诱发哺乳动物产生畸胎。最先发现母体营养缺乏（维生素 A 和维生素 B_2 缺乏）是致畸因素，以后陆续发现氮芥、激素、烷化剂、缺氧和 X 射线等化学和物理因素，可诱发哺乳动物产生畸胎。但外界环境因素诱发人类产生畸胎这一问题，直到 1961 年证实孕妇服用沙利度胺导致出现大量短肢畸形才得到重视。

化学致畸仅仅是发育毒性的一个方面。这里的发育主要指出生前和出生后早期（哺乳期）。当然发育还一直延续至幼儿和儿童时期，在某些方面甚至延续至成年为止。近年已把实验研究的注意力从化学致畸扩展至发育毒性。

某些化合物具有干扰胚胎的发育过程、影响正常发育的作用，即为发育毒性。指在到达成体之前诱发的任何有害影响，包括在胚期和胎期诱发或显示的影响，以及在出生后诱发或显示的影响。

第二节　危害性分析

一、危害性分析的相关概念

CAC 对食品安全的危害分析内容定义如下。

危害，指可能对人体健康产生不良后果的物理性、化学性或生物性因素或状态，食品中具有的危害通常称为食源性危害。

危险性，指食品中的危害发生的可能性以及产生的后果。

危险性分析，指由三个相互关联的部分组成的过程，即危险性评估、危险性管理和危险性信息交流。

危险性评估，指对人体接触食源性危害而产生的已知或潜在的对健康不良作用的科学评价，它由以下步骤组成：危害鉴定、危害特征的描述、暴露评估和危险性特征的描述。危害鉴定是指确认某种或某一类食品中存在可能危害人体健康的生物、化学或物理的因素；危害特征描述则要对上述危害进行定性或定量的评价，对于化学危害和数据充分的生物、物理危害因素一般要进行剂量-反应关系的评价；暴露评估对通过食品和其他媒介摄入的各类危害因素进行定性或定量的评估；危险性特征描述在以上三个步骤的基础上，对既定人群中存在的已知或潜在的危害发生的可能性和严重程度进行定性或定量的估计。

危险性管理是根据风险评估的结果，同时考虑社会、经济等方面的有关因素，对各种管理措施的方案进行权衡，并且在需要时加以选择和实施。风险管理的首要目标是通过选择和实施适当的措施，尽可能有效地控制食品风险，从而保障公众健康。危险性管理可以分为四个部分：危险性评价、危险性管理选择评价、执行危险管理决定、监控和评述。

危险性信息交流指在危险性评估者、危险性管理者和其他有关团体之间交流有关危险性的信息情报和意见的相互作用过程。交流的内容包括贯穿危险性分析全过程的危害、危险及其相关因素与认识，还包括对危险性评估决定的解释与危险性管理决策的依据。危险性信息交流的过程应当是全方位的，涉及食品安全的各个环节，交流的过程应充分透明公开。通过危险性信息交流，可以使管理者获得管理决策的科学依据，使消费者更加了解食品安全管理决策的过程，使食品生产者增强食品安全的意识。

二、危险性评估

（一）食品中化学污染因素的危险性评估

化学物的危险性评估主要针对污染物、有意加入的化学物和天然存在的毒素，包括食品添加剂、农药残留、其他农业用化学品、兽药残留、不同来源的化学污染物以及天然毒素（如霉菌毒素和鱼贝类毒素）。但微生物中细菌毒素（如蜡样芽孢杆菌毒素）不包括在内。

1. 危害鉴定

危害鉴定，又称为危害的认定或危害的识别，属于定性危险性评估的范畴。危害鉴定的目的在于确定人体摄入化学物的潜在不良作用，这种不良作用产生的可能性，以及产生了这种不良作用的确定性和不确定性，并对这种不良作用进行分类和分级。危害识别不是对暴露人群的危险性进行定量的外推，而是对暴露人群发生不良作用的可能性作定性的评价。

由于资料不足，在进行危害的认定时常采用证据加权的方法，可能是进行毒性分级，以便于管理。此法需要来源于适当的数据库、经同行专家评审的文献及诸如企业界未发表的研究报告等科学资料进行充分的评议。此方法对不同研究的重视程度顺序如下：流行病学研究、动物毒理学研究、体外试验以及最后的定量结构-反应关系。

（1）流行病学研究　如果能够从临床和流行病学研究上获得数据，在危害鉴定和其他步骤中也应当充分利用。然而，对于大多数化学物来说，临床和流行病学资料是难以得到的。此外，阴性的流行病学资料难以在危险性评估方面进行解释，因为大部分流行病学研究的统计学力度不足以发现人群中低暴露水平的作用。风险管理决策不应过于依赖流行病学研究，如果等到阳性资料出现，表明不良效应已经发生，此时已经延误了危害鉴定。评估采用的流行病学研究必须按照公认的标准程序进行。

危害识别一般以动物和体外试验的资料为依据，因为流行病学研究费用昂贵，而且提供的数据很少。

（2）动物试验　用于风险评估的绝大多数毒理学数据来自动物试验，这就要求这些动物试验必须遵循标准化试验程序。联合国经济合作发展组织（OECD）、美国环境保护局（EPA）曾制定了化学品的危险性评价程序，我国也以国家标准形式制定了 GB 15193. 1—2014《食品安全国家标准　食品安全性毒理学评价程序》。无论采用哪种程序，所有试验必须实施良好实验室规范（GLP）和标准化质量保证/质量控制（QA/QC）方案。

长期（慢性）动物试验数据至关重要，包括肿瘤、生殖、发育毒性作用、神经毒性作用、免疫毒性作用等。短期（急性）毒理学试验资料也是有用的，如急性毒性的分级是以 LD_{50} 数值的大小为依据的。动物试验应当有助于毒理学作用范围的确定。对于人体必需微量元素（如铜、锌、铁），应该收集需要量与毒性之间关系的资料。动物试验的设计应考虑到找出无可见作用剂量水平（no observed effect level，NOEL）、无可见不良作用剂量水平（no observed adverse effect level，NOAEL）或者临界剂量，即应根据这些终点来选择剂量。在试验中应选择较高剂量以尽可能减少产生假阴性。

动物试验还可以提供作用机制、染毒剂量、剂量-效应关系以及毒物代谢动力学和毒效学等研究资料，确定化学物对人体健康可能引起的潜在不良效应。

（3）短期试验研究与体外试验　由于短期试验既快速且费用不高，因此用来探测化学物质是否具有潜在致癌性，或引导支持从动物试验或流行病学调查的结果是非常有价值的。可以用体外试验资料补充作用机制的资料，例如遗传毒性试验，增加对毒作用机制和毒物代谢动力学和毒效学的了解。这些试验必须遵循良好实验室规范或其他广泛接受的程序。然而，体外试验的数据不能作为预测对人体危险性的唯一资料来源。

（4）结构-活性关系　研究结构-活性关系有利于健康危害认定的加权分析。在对化学物（如多环芳烃类、多氯联苯类和四氯苯丙二噁英）进行评价时，此类化学物的一种或多种有足够的毒理学资料，可以采用毒物当量的方法来预测人类摄入该类化学物中其他化学物对健康的危害。

（5）对致癌物质的识别与分类　危害物的识别中，最难的是如何确定致癌物。500 多万种现存的化合物中，真正做过动物试验、有数据者不超过 1 万种；约有 1000 多种会引起某种动物致癌，而其中又确证会引起人类癌症的，还不到 30 种。致癌的分类法是根据各种动物试验及流行病学观察的结果来评估的。因为物种之间代谢功能相差甚大，有的化学物只对某种动物有致癌性，对其他动物并不致癌。多种动物在多次试验中皆可致癌，但没有流行病学证据，或只有相当有限的临床观察者将之归类为“有充分证据的可疑致癌物”。鉴于不能拿人类做试验，以及缺乏流行病学的数据，将这些已充分证明会导致动物致癌的物质视同“有可能导致人类癌症”。

2. 危害特征的描述

危害特征的描述是定量危险性评估的开始，其核心是剂量-反应关系的评估。外源性化学物，包括食品添加剂、农药、兽药和污染物，在食品中的含量往往很低，通常为微量(mg/kg)，甚至更低。而在动物毒理学试验中，为了达到一定的敏感度常常使用的剂量又很高，这取决于化学物的自身毒性，一般为百万分之几千。为了与人体摄入水平相比较，需要把动物试验数据经过处理外推到低得多的剂量。因此人体健康风险评估多数都是基于动物试验的毒理资料。所以，在无阈值剂量的假设之下，用高于人的环境暴露浓度的动物试验剂量，由高至低的外推是必需也是可行的。

(1) 剂量-反应关系的评估　剂量-反应关系的评估就是确定化学物的摄入量与不良健康效应的强度与频率，包括剂量-效应关系和剂量-反应关系。剂量-效应关系是指不同剂量的外源性化学物与其在个体或群体中所表现的量效应大小的关系；剂量-反应关系则指不同剂量的外源性化学物与其在群体中所引起的质效应发生率之间的关系。剂量一般取决于化学物摄入量(即浓度、进食量与接触时间的乘积)。为了与人体摄入量水平相比较，需要把动物试验数据外推到比动物试验低得多的剂量，也就是在所研究的剂量-反应关系的评估曲线之外。这种从高剂量到低剂量的外推过程在量和质上皆存在不确定性，危害的性质或许会随剂量变化而发生改变或完全消失。如果动物与人体的反应在本质上是一致的，则所选的剂量-反应模型可能有误。即使在同一剂量时，人体与动物的药代动力学作用也可能有所不同，而且剂量不同，代谢方式存在不同的可能性更大，如高剂量化学物会使其正常解毒、代谢途径饱和，而产生在低剂量时不会有的毒作用。因此，毒理学家必须考虑在将高剂量的不良作用外推到低剂量时，这些与剂量有关的变化存在哪些潜在影响。

动物与人体的毒理学剂量也可能存在不同。一般使用“mg/kg（bw）”作为单位进行种属间的度量。近年来，美国提出度量单位“mg/kg（bw）”应该乘以3/4的系数。检测人体和动物靶器官中的组织浓度和消除速率可以取得理想的度量系数，血中化学物的水平也接近这种理想方法。在无法获得充分证据时，使用种属间的通用系数可以作为主要依据。

(2) 遗传毒性与非遗传毒性致癌物　毒理学家对化学物的不良健康效应存在阈值的认识比较一致，但遗传毒性致癌物例外。这种认识可追溯到20世纪40年代，当时便已认识到癌症的发生有可能源于某一种体细胞的突变。由少数几个分子甚至一个分子的突变就有可能诱发人体或动物的癌症。因此，从这一致癌理论出发，致癌物就没有安全剂量。

近年来，已逐步能够区别各种致癌物，并确定有一类非遗传毒性致癌物，即本身不能诱发突变，但是它可作用于被其他致癌物或某些物理化学因素启动的细胞致癌过程的后期。相反地，大部分致癌物通过诱发体细胞基因突变而活化致癌基因和/或灭活抑癌基因，因此可以将遗传毒性致癌物定义为能直接或间接地引起靶细胞遗传改变的化学物。遗传毒性致癌物的主要作用靶是遗传物质，而非遗传毒性致癌物作用于非遗传位点，从而促进靶细胞增殖和/或持续性的靶位点功能亢进/衰竭。大量的报告详细说明遗传毒性和非遗传毒性致癌物均存在种属间致癌效应的差别。

许多国家的食品卫生界权威机构认定遗传毒性和非遗传毒性致癌物是不同的。在原则上，非遗传毒性致癌物能够用阈值方法进行管理，如可观察的无作用剂量水平-安全系数法。要证明某一物质属于遗传毒性致癌物，往往需要提供致癌作用机制的科学资料。

(3) 阈值法　由动物毒理学试验获得的NOEL或NOAEL乘以合适的安全系数就得到安全阈值水平，即每日允许摄入量（ADI）。ADI提供的信息是：如果按ADI或以下的量摄入某一化学物，则对健康没有明显的风险性。这种计算的理论依据是人体与实验动物存在着合理可比的阈剂量值。但是，实验动物与人体存在种属差别。人的敏感性或许较高，遗传特性的差异更大，并且膳食习惯更为不同。鉴于此，FAO/WHO 食品添加剂专家委员会（JECFA）采用安全系数以克服此类不确定性。通常动物长期毒性试验资料的安全系数为 100，这包括人与实验动物种属差别的 10 倍和人群个体差异的 10 倍。当然，理论上有可能某些个体的敏感程度超出了安全系数的范围。不同国家的卫生机构有时采用不同的安全系数。当科学资料数量有限或制定暂行每日允许摄入量时，JECFA 采用更大的安全系数，其他卫生机构按效应的强度和可逆性来调整 ADI。即使如此，采用安全系数并不能够保证每一个个体的绝对安全。ADI 的差异构成了一个重要的风险管理问题。

（4）非阈值法　对于遗传毒性致癌物，一般不能用 NOEL 乘以安全系数的方法来制定允许摄入量，因为即使在最低摄入量时仍然有致癌危险性，即一次受到致癌物的攻击造成遗传物质的突变就有可能致癌，按此理解遗传毒性致癌物就不存在阈值。但致癌物零阈值的概念在现实管理中是难以实行的，而可接受危险性的概念就成为人们的共识。因此，对遗传毒性致癌物的管理有两种办法：一是禁止商业化的生产和使用该种化学物；二是制定一个极低而可忽略不计、对健康影响甚微或者社会可以接受的化学物的危险性水平，这一办法的实施就要求对致癌物进行定量危险性评估。评估用的数据仍然来自高剂量动物实验，而高剂量时的剂量-反应关系可能与低剂量时的剂量-反应关系完全不同。为此，人们提出各种各样的外推数学模型，目前有 6 种常用的模型，对动物试验中所用的高剂量区域拟合较好，但不同模型对人暴露的低剂量区域的结果差别较大，而且不同数学方程预测化学物的致癌能力的结果也有较大差别。目前的模型大多数是以统计学为基础，利用实验性肿瘤发生率与剂量，几乎没有其他生物学资料。没有一个模型可以超出试验室范围的验证，因而也没有对高剂量毒性、促细胞增殖或 DNA 修复等作用进行校正。基于这样一种原因，目前的线性模型被认为是对风险性的保守估计。用线性模型作出的危险性特征描述一般以“合理的上限”或“最坏估计量”等文字表述，这被许多管理机构所认可，因为他们无法预测人体真正或极可能发生的风险。许多国家试图改变传统的线性外推法，以非线性模型代替。非线性模型可以部分克服线性模型所固有的保守性，采用这种方法的一个很重要的步骤就是，制定一个可接受的风险水平。美国 FAD、EPA 选用百万分之一（10^{-6}）作为一个可接受风险水平，它被认为代表一种不显著的风险水平。选择可接受的危险性水平取决于每个国家危险性管理者的决策。

3. 暴露评估

对于食品添加剂、农药和兽药残留以及污染物等危害物暴露评估的目的在于求得某危害物的剂量、暴露频率、时间长短、途径及范围等。暴露评估主要是根据膳食调查和各种食品中化学物质暴露水平调查的数据进行的，通过计算可以得到人体对于该种化学物质的暴露量。进行暴露评估需要有相应的食品消费量和这些食品中相关化学物质浓度两方面的资料。膳食摄入量评估一般可以采用三种方法：总膳食研究、个别食品的选择性研究和双膳食研究。

食品添加剂、农药和兽药残留的膳食摄入量可根据规定的使用范围和使用量来估计。最简单的情况是，食品中某一添加剂含量保持恒定，原则上以最高使用量计算摄入量。但在许多情况下，食品中的量在食用前就发生了变化，因此，食品中食品添加剂、农药和兽药残留的实际水平远远低于最大允许量。因为仅有部分庄稼或家畜、家禽使用了农药和兽药，食品中或食品表面有时完全没有农药和兽药残留，食品中添加剂含量的数据可以从制造商那里取得，计算膳食污染物暴露量需要知道它们在食品中的分布情况，只有通过敏感度高和可靠的分析方法对有代表性的食物进行分析才会得到。

膳食中食品添加剂、农药和兽药的理论摄入量必须低于相应的ADI。通常，实际摄入量远远低于ADI。确定污染物的限量会遇到一些特殊的问题，通常在数据不足时制定暂行摄入限量。污染物水平偶尔会比暂行摄入限量高。在此情况下，限量水平往往根据经济和/或技术方面而定。

根据测定的食品中化学物含量进行暴露评估时，必须要有可靠的膳食摄入量资料。评估化学物的摄入量时，不仅要求居民食物消费的平均数，而且应该有不同人群的食物消费资料，特别是敏感人群的资料。另外，必须注重膳食摄入量资料的可比性，特别是世界上不同地区的主食消费情况。一般认为，饮食中加工食品所占的比率较高的居民摄入较多的食品添加剂。

4. 危险性特征描述

危险性特征描述的结果是对人体摄入化学物对健康产生不良效应的可能性进行估计，它是危害鉴定、危害特征描述和摄入量评估的综合结果。

对于化学物质风险评估，如果是有阈值的化学物，则对人群危险性可以采用摄入量与ADI(或其他测量值）比较作为危险性特征的描述。如果所评价的物质的摄入量比ADI小，则对人体健康产生不良作用的可能性为零。即安全限值（MOS）= ADI/暴露量。若MOS = 1，该危害物对食品安全影响的风险是可以接受的；若MOS>1，该危害物对食品安全影响的风险超过了可以接受的限度，应当采取适当的风险管理措施。

如果所评价的化学物质没有阈值，对人群的危险性是摄入量和危害程度的综合结果。食品添加剂以及农药和兽药残留采用固定的危险性水平是比较切合实际的，因为假如估计的危险性超过了规定的可接受水平，就可以禁止这些化学物的使用。但是，污染物比较容易超过所制定的可接受水平。

在风险描述时必须说明风险评估过程中每一步所涉及的不确定性。风险描述中的不确定性综合反映了前几个阶段评价中的不确定性。将动物试验的结果外推到人可能产生两种类型的不确定性：动物试验结果外推到人时的不确定性，人体对某种化学物质的特异易感性未必能在实验动物上发现。在实际工作中依靠专家判断和额外的人体研究来克服各种不确定性。人体试验可以在产品上市前或产品上市后进行。

（二）食品中生物性污染因素的危险性评估

与公众健康有关的生物性危害包括致病性细菌、霉菌、病毒、寄生虫、藻类和它们产生的某些毒素。目前全球食品安全最显著的危害是致病性细菌。微生物危害一般通过两种机制导致人类疾病：第一种作用模式是产生毒素出现症状；第二种作用模式是宿主进食具有感染性的活病原体而产生病理学反应。在前一种情况下很容易界定一个阈值，这时某种生物危害物的定量风险评估成为可能。然而，当考虑到来自致病性细菌的危害时，定性风险评估可能是唯一可行的方法。目前，对于生物性危害进行定量评估是非常困难的。食品中微生物病原体可以繁殖，也可以死亡，其生物学相互作用是很复杂的；进入食物链的原料受到污染的程度可因很多因素影响而发生改变；动物品系和环境也影响病原体的致病性；宿主和病原体的变异也非常大。这些不确定性将使定量评估变得不可行。对此，将来需要做进一步的研究，以使评估更加精确以及可以进行定量评估。目前的数据主要是针对细菌的危险性评估，并且是定性的危险性特征描述。就生物因素而言，由于目前尚未有一套较为统一的科学的风险评估方法，因此一般认为，食品中的生物危害应该完全消除或者降低到一个可接受的水平，CAC 认为 HACCP 体系是迄今为止控制食源性危害最经济有效的手段。HACCP 体系确定具体的危害，并制定控制这些危害的预防措施。在制定具体的 HACCP 计划时，必须确定所有潜在的危害，而将这些危害消除或者降低到可接受的水平是生产安全食品的关键。然而，确定哪些潜在危害是必须控制的，这需要进行包括以风险为基础的危害评估。这种危害评估将找出一系列显著性危害，并应当在 HACCP 计划中得到反映。

三、危险性管理

食品安全危险性管理是依据危险性评估的结果，为保护消费者健康，促进食品贸易，同时考虑社会、经济等方面的因素，权衡管理决策方案，并在必要时选择和实施适当的预防控制措施的过程。其结果是提出一系列食品安全管理的法规、标准、禁用或限用某种特定物质等措施。

（一）危险性管理的主要内容

危险性管理分为 4 个方面，即危险性评价、危险性管理选择评估、执行危险性管理决定、监控和审查。

1. 危险性评价

危险性评价的基本内容包括确认食品安全问题、确定危险性概况、对危害的风险评估和危险性管理的优先性进行排序、对危险性评估结果的审议、制定危险性评估政策和管理决定。

2. 危险性管理选择评估

危险性管理选择评估包括确定有效的管理方案，做出最终的管理决定。

3. 执行危险性管理决定

执行危险性管理决定即制定和实施控制措施，包括制定最高限量、制定食品标签标准、实施公众教育计划、通过使用替代物质和改善生产规范以减少某些化学物质的使用等。

4. 监控和审查

监控和审查是指对实施的有效性进行评估，在必要时对危险性管理或评估进行审查、补充和修改，以确保食品安全目标的实现。

为促进国际食品公平贸易，保证食品安全，1962 年 FAO 和 WHO 建立 CAC，CAC 制定的食品法典是防止人类免受食源性危害和保护人类健康的统一要求。虽然在技术上食品法典是非强制性的，但在国际食品贸易争端中是作为食品安全的仲裁标准。食品法典是保证食品安全的最低要求，CAC 成员可以采取高于食品法典的保护措施，但应该利用危险性评估技术提供适当依据，并确保危险性管理决策的透明度。

CAC 的决策过程所需要的科学技术信息由独立的专家委员会提出，包括负责食品添加剂、化学污染物和兽药残留的 WHO/FAO 食品添加剂专家联合委员会（JECFA），针对农药残留的 WHO/FAO 农药残留联席会议（JMPR）和针对微生物危害的 WHO/FAO 微生物危险性评估专家联席会议（JEMRA）。CAC 系统的危险性分析由许多部门执行，其领域如下。

（1）食品添加剂　由 JECFA 提出某一食品添加剂的 ADI，食品添加剂与污染物食品法典委员会（CCFAC）批准此食品添加剂在食品中的使用范围和最大使用量。CCFAC 将食品添加剂从单个食品向覆盖各种食品的食品添加剂通用标准（GSFA）发展。在制定食品添加剂使用量的单个食品标准时极少考虑添加剂总摄入量的可能，而 GSFA 则要考虑总摄入量的评估。

(2) 化学污染物 主要包括工业和环境污染物（如重金属、不易降解的多氯联苯和二噁英等）和天然存在的毒素（如霉菌毒素）。危险性分析结果以暂定每周耐受量（PTWI）或暂定每日最大耐受量（PMTDI）估计值表示，类似于 ADI 的对健康不构成危险性的每日允许摄入量。然而，ADI 是食品添加剂因技术需要而设置的一个可接受值，污染物采用“可耐受”而不是“可接受”，强调食品中不可避免摄入污染物的允许量。如果污染物存在蓄积过程，采用 PTWI；对于没有蓄积性的砷、锡、苯乙烯等，则采用 PMTDI。这些数据是以 NOEAL 及安全系数为基础的。对于如黄曲霉毒素等遗传毒性致癌物，JECFA 不提出 PTWI 或 PMTDI，而是采用尽可能减少到实际可达到合理的最低水平（ALARA），即在不丢弃该食物或不对主要食物供应造成严重影响的情况下，不可能再减低的污染物水平。CCFAC 会同 CAC 的有关产品委员会设定食品中化学污染物的最高限量。GEMS/Food 和其他国家级机构进行的污染物摄入量评估是 CAC 制定最高限量的依据。目前，CCFAC 已经按危险性评估和危险性管理的原则制定了污染物及其毒素通用标准（GSCTF）。

(3) 农药残留 JMPR 根据农药残留毒理学评价的结果会制定出 ADI，此外，根据良好农业规范（GAP）下的农药残留水平，也会制定某些产品中农药最大残留量（Maximum Residue Limit，MRL）的建议值。GEMS/Food 根据 MRL 和全球膳食模型估计理论每日最大摄入量（TMDI），并与 ADI 进行比较。如果 TMDI 超过 ADI，可以用校正因子（如考虑可食部分与加工过程中残留的改变）来计算估计每月最大摄入量（EMDI）。因为前面的计算扩大了摄入量，GEMS/Food 也收集农药实际摄入量数据。农药残留法典委员会（CCPR）使用各种方法计算摄入量，这是因为初始估计值大于 ADI，并不代表一定存在问题，根据农药监测和国家食品消费数据计算的摄入量更加精确。CCPR 对 JMPR 提出的 ADI 和 MRL 进行审议，并对 MRL 进行修改。

(4) 兽药残留 JECFA 对兽药做出毒理学评价，如同食品添加剂一样以 NOEAL 制定 ADI。但由于抗生素类作用于肠道菌群，一般以抗菌活性水平作为 ADI 的终点指标。JEFCA 通过对可食用的肉、乳等动物性食品估计兽药残留的可能摄入量，并与 ADI 比较；同时提出与兽药使用良好规范（GPVD）相一致的 MRL。与食品添加剂和污染物不同，兽药残留有专门的兽药残留法典委员会（CCRVDF），其任务是正式推荐 MRL。

(5) 生物因素 CAC 刚开始对生物因素（细菌、病毒、寄生虫等）作系统的危害性分析，对主要的 JEMRA 采用个案进行研究，主要集中于沙门氏菌和单核细胞增生李斯特菌。比如食品卫生法典委员会（CCFA）评价了李斯特菌在食品中的检出情况。CCFA 使用国际食品微生物法典委员会（ICMSF）定性危险性描述。此外，肉类卫生法典委员会（CCMH）对肉类食品进行危险性分析，提出卫生标准和卫生规范。对于有关微生物的危险性管理信息，FAO/WHO 已经建立一个相应的专家委员会 JEMRA 开展定量危险性的结论。

（二）食品安全危险性管理规则

在做出食品安全危险性管理决定时，须遵循以下规则。

①在危险性管理决策中应当首先考虑人体健康安全的需要。

②危险性管理的决策和执行应当透明。

③危险性管理决策应当考虑危险性评估结果的不确定度，决策者不能以科学上的不确定性

和变异性作为不针对某种食品危险性采取行动的借口。

④在危险性管理过程的所有方面，都应当与消费者和其他有关团体进行充分的相互交流。

⑤危险性管理应当是一个动态的过程，要及时而又充分重视在评估和审查之后产生的所有新的资料数据和案例，并加以修订和改进。

四、食品安全形势

保障食品安全是建设健康中国、增进人民福祉的重要内容，是以人民为中心发展思想的具体体现。党的二十大报告中指出“着力推动高质量发展”“突出保障和改善民生”，食品安全作为关乎社会稳定、关乎百姓健康的民生工程，国家从制度、法制、人员配备等方面制定了多项食品安全保障措施。但同时，必须清醒认识到，我国面临一些问题和困难。一是存在源头污染问题。一些地方工业“三废”违规排放导致农业生产环境污染、农业投入品使用不当、非法添加和制假售假等部分问题依然存在，农药兽药残留和添加剂滥用仍然存在。二是食品产业基础薄弱。食品生产经营企业多、小、散，全国获得许可证的食品生产经营企业中，大部分为10人以下小企业；部分企业缺少诚信观念和质量安全意识，部分主体责任尚未完全落实；互联网食品销售迅猛增长带来了新的风险和挑战。三是少数食品安全标准与其他国家和国际食品法典标准存在差距。部分食品安全标准基础研究有待更新，科学性和实用性有待提高，部分农药兽药残留等相关标准较少、部分检验方法不配套。四是监管能力还需继续完善。少数监管体制机制需完善，部分法规制度需进一步健全，监管队伍特别是专业技术人员短缺，打击食品安全犯罪的专业力量不足，监管手段、技术支撑等需加强，风险监测和评估技术水平需要进一步提升。

但党的十八大以来，我国对食品安全的重视程度之高、法治建设之快、政策措施之严、改革力度之大前所未有，食品安全工作不断取得了新进展、开创了新局面，取得了显著成效。卫生健康部门承担的食品安全工作有很强的专业性和技术性，从风险的识别、到风险的评估、再到标准的制定和风险交流，贯穿了食品安全治理全过程，发挥了专业性、基础性和引领性作用。近年来，国家卫生健康委始终以“四个最严”为基本遵循，积极落实“最严谨的标准”要求，实施国民营养计划和健康中国之合理膳食行动，全力守好人民群众“舌尖上的营养与安全”。

一是致力于深化食品安全标准体系建设。截至目前，我国建立了一套较为完善的食品安全标准体系，覆盖了从农田到餐桌全链条，规范了从过程到产品全环节，保护了从一般到特殊全人群，标准体系框架已与国际接轨。

二是致力于构建监测精准高效、评估科学权威的食品安全监测评估体系。建立了国家风险监测数据库、中国居民食物消费量数据库、毒理学数据库、食源性疾病溯源和关联性分析系统，绘就了重点食品污染和食源性疾病“风险地图”，基本摸清了我国污染物、中国居民食物消费水平和食源性疾病分布状况。构建了风险评估国家参数、模型方法、技术指南、信息平台，开展了百余种食品污染物和添加剂风险评估，持续强化食品安全风险管控的科学支撑。

三是致力于让人民群众吃得营养健康。组织推进国民营养计划和健康中国合理膳食行动，成立营养健康指导委员会和专家委员会，组建健康中国合理膳食行动工作组，建设营养健康食堂和餐厅，推进科普宣教常态化，组织开展全民营养周和“5·20”中国学生营养日主题宣传活动，推动科普宣教进家庭、进社区、进学校、进乡村，指导不同人群掌握合理膳食、防控慢性病、健康生活方式等知识和技能，促进营养健康理念深入人心。

四是致力于助力经济社会高质量发展。依法依规组织开展“三新食品”审评和“食药物质”目录管理，在守好人民群众饮食安全底线的同时，助力食品产业和传统医药振兴发展。

五是致力于严防食品安全风险与疫情防控风险叠加。同时，通过食品营养指导支持，提升公众健康状态，提高群体免疫力。

第三节　食品安全性毒理学评价

一、我国食品安全性毒理学检验的法规依据

依据《食品安全法》的有关规定，对于食品及其原料、食品添加剂、辐照食品以及食品污染物，应按照GB 15193.1—2014《食品安全国家标准　食品安全性毒理学评价程序》进行评价，包括受试物的要求、试验内容、不同受试物选择毒性试验的原则、试验目的和结果判定、进行食品安全性评价时需要考虑的因素等内容；对于新食品原料、食品相关产品新品种，除符合上述标准外，还应符合《新食品原料申报与受理规定》《食品相关产品新品种申报与受理规定》的要求。农药、兽药残留的毒理学试验，按照《农药登记毒理学试验方法》《兽药临床前毒理学评价试验指导原则》进行评价。

二、安全性毒理学评价程序的原则

在实际工作中，对一种外来化合物进行毒性试验时，还须对各种毒性试验方法按一定顺序进行，即先进行某项试验，再进行另一项试验，才能做到在最短的时间内，以最经济的办法，取得最可靠的结果。首先需要了解受试物生产使用的意义、理化性质、纯度及所获样品的代表性。对受试物的基本要求是能代表人体进食的样品。受试物必须是符合既定的生产工艺和配方的规格化产品。受试物纯度应与实际使用的相同，在需要检测高纯度受试物及其可能存在的杂质的毒性或进行特殊试验时，可选用纯品，或以纯品和杂质分别进行毒性检测。对受试物的用途、理化性质、纯度、所获样品的代表性以及与受试物类似的或有关物质的毒性等信息要进行充分的了解和分析，以便合理设计毒理学试验、选择试验项目和试验剂量。其次需要估计人体的可能摄入量，如每人每日的平均摄入受试物数量或可能摄入情况和数量，某些人群的最高摄入量等，就可以根据动物试验的结果评价受试物对人体的可能危害程度。如果动物试验的无作用水平比较大，而最高摄入量很小，即摄入量远远小于无作用水平，这些受试物就可能被允许使用。因此，在实际工作中采取分阶段进行的原则。即试验周期短、成本低、预测价值高的试验先安排。投产之前或登记之前，必须进行第一、第二阶段的试验。凡属我国首创、产量较大、使用面广、接触机会较多、化学结构提示可能有慢性毒性和/或致癌作用者，必须进行第四阶段的试验。

三、安全性毒理学评价程序的基本内容

食品安全性评价内容包括以下四个方面。

（1）审查配方　如果用于食品或接触食品的是一种由许多化学物质组成的复合成分，必

须对配方中每一种物质进行逐个的审查。已进行过毒性试验而被确认可以使用于食品的物质，方可在配方中保留。若试验结果表明该物质有明显的毒性物质，则须将该物质从配方中删除。在配方审查中，还要注意的是各种化学物质所起的协同作用。

（2）审查生产工艺　从生产工艺流程线审查可推测是否有中间体或副产物产生，因为中间体或副产物的毒性有时比合成后物质的毒性更高，所以应加以控制相应的生产环节。生产工艺审查还应包括是否有从生产设备将污染物带到产品中去的可能。

（3）卫生检测　卫生检测项目和指标是根据配方及生产工艺经过审查后确定的。检验方法一般按照国家有关标准执行。特殊项目或无国家标准方法的，再选择适用于企业及基层的方法，但应考虑检验方法的灵敏、准确及可行性等方面的因素。

（4）毒理试验　毒理试验是食品安全性评价中很重要的部分。通过毒理试验可制定出食品添加剂使用限量标准和食品中污染物及其有毒有害物质的允许含量标准，并为评价目前迅速开拓发展的新食物资源、新的食品加工、生产等方法提供科学依据。依据食品安全性评价结果，制定相应的食品卫生标准。

2010 年起，卫生部按照《食品安全法》和国务院关于食品安全标准清理工作的要求，组织了对 GB 15193 系列标准的修订，标准修订以保证食品安全、确保公众身体健康为宗旨，在老版食品安全性毒理学评价程序和方法的基础上，借鉴和采纳国际先进并且成熟的方法，同时充分考虑我国食品毒理学评价发展现状，兼顾标准的科学性、合理性、协调性。

我国的食品毒理学标准体系由 26 项标准构成，包括 1 项食品安全性毒理学评价程序、1 项食品毒理学实验室操作规范、1 项健康指导值的制定、1 项受试物处理方法、1 项“三致”物质处理方法、1 项病理学检查技术要求和 20 项具体的食品毒理学试验方法标准（如急性经口毒性试验、遗传毒性试验、致畸试验、生殖毒性试验、毒物动力学试验、慢性毒性试验、致癌试验等）。

新标准参照国际常用的试验组合，推荐了两种遗传毒性试验组合：一是细菌回复突变试验、哺乳动物红细胞微核试验或哺乳动物骨髓细胞染色体畸变试验、小鼠精原细胞或精母细胞染色体畸变试验或啮齿类动物显性致死试验的组合；二是细菌回复突变试验、哺乳动物红细胞微核试验或哺乳动物骨髓细胞染色体畸变试验、体外哺乳类细胞染色体畸变试验或体外哺乳类细胞 TK 基因突变试验的组合。备选试验为果蝇伴性隐性致死试验、体外哺乳类细胞 DNA 损伤修复（非程序性 DNA 合成）试验、体外哺乳类细胞 HGPRT 基因突变试验。

四、急性毒性试验

急性毒性试验是指一次性给予或 24h 内多次给予受试物后，在短时间内观察动物所产生的毒性反应，包括致死的和非致死的指标参数，致死剂量常用半数致死剂量 LD_{50} 来表示。

LD_{50} 指受试动物经口一次或在 24h 内多次染毒后，能使受试动物有半数（50%）死亡的剂量，单位为 mg/kg。LD_{50} 是衡量化学物质急性毒性大小的基本数据，其倒数作为表示在类似实验条件下不同化学物质毒性强弱的参数。但 LD_{50} 不能反映受试物对人类长期和慢性的危害，特别是对急性毒性小的致癌物质无法进行评价，必要时进行 7d 喂养试验。

（一）试验目的及方法

了解受试物的急性毒性强度、性质和可能的靶器官，测定 LD_{50}，为进一步进行毒性试验的剂量和毒性观察指标的选择提供依据，并根据 LD_{50} 进行急性毒性剂量分级。

1. 受试物的处理

受试物应溶解或悬浮于适宜的介质中。一般采用水或食用植物油作溶剂，可以考虑用羧甲基纤维素、明胶、淀粉等配成混悬液；不能配制成混悬液时，可配制成其他形式（如糊状物等）；必要时可采用二甲基亚砜，但不能采用具有明显毒性的有机化学溶剂，如采用有毒性的溶剂应单设溶剂对照组观察。

2. 受试物的给予

（1）途径　经口。

（2）试验前空腹　动物应隔夜空腹（一般禁食 16h 左右，不限制饮水）。

（3）容量　各剂量组的灌胃容量相同［mL/kg（bw）］，小鼠常用容量为 0.4mL/20g（bw）；大鼠常用容量为 2.0mL/200g（bw）。

（4）方式　一般一次性给予受试物。也可一日内多次给予（每次间隔 4~6h，24h 内不超过 3 次，尽可能达到最大剂量，合并作为一次剂量计算）。

3. 实验动物

急性毒性试验一般分别用两种性别的成年小鼠和/或大鼠作为受试动物。小鼠体重为 18~22g，大鼠体重为 180~220g。如对受试物的毒性已有所了解，还应选择对其敏感的动物进行试验，如对黄曲霉素选择雏鸭，对氰化物选择鸟类。动物购买后应适应环境 3~5d。

（二）试验项目

（1）用霍恩法、概率单位法或寇氏法，测定经口半数致死量（LD_{50}）。若剂量达 10g/kg 体重仍不引起动物死亡，则不必测定半数致死量。

（2）必要时进行 7d 喂养试验。

（三）结果判定

（1）如 LD_{50} 或 7d 喂养试验的最小有作用剂量小于人的可能摄入量的 10 倍者，则放弃，不再继续试验。

（2）如大于 10 倍者，可进入下一阶段试验。为慎重起见，凡 LD_{50} 在 10 倍左右时，应进行重复试验，或用另一种方法进行验证。

五、遗传毒性试验

遗传毒性试验是指用于检测通过不同机制直接或间接诱导遗传学损伤的受试物的体外和体内试验，这些试验能检出 DNA 损伤及其损伤的固定。

传统致畸试验是指应用实验动物鉴定外来化合物致畸性的标准试验。通过致畸试验可检测受试物导致胚胎死亡、结构畸形及生长迟缓等毒作用。

（一）试验目的及方法

遗传毒性试验的目的是了解受试物的遗传毒性以及筛查受试物的潜在致癌作用和细胞致突变性。遗传毒性试验需在细菌致突变试验、小鼠骨髓微核率测定或骨髓细胞染色体畸变分析、小鼠精子畸形分析和睾丸染色体畸变分析等多项备选试验中选择四项进行，试验的组合必须采用原核细胞和真核细胞、生殖细胞与体细胞、体内和体外试验相结合的原则。致畸试验是了解受试物对胎仔是否具有致畸作用。对只需进行第一、第二阶段毒性试验的受试物进行短期喂养试验，目的是在急性毒性试验的基础上，通过30d短期喂养试验，进一步了解其毒性作用，并可初步估计最大无作用剂量。

遗传毒性试验的组合必须考虑原核细胞和真核细胞、生殖细胞与体细胞、体内和体外试验相结合的原则：

（1）细菌致突变试验鼠伤寒沙门氏菌/哺乳动物微粒体酶试验（Ames试验）为首选项目，必要时可另选或加选其他试验。

（2）小鼠骨髓微核率测定或骨髓细胞染色体畸变分析。

（3）小鼠精子畸形分析和睾丸染色体畸变分析。

（4）其他备选遗传毒性试验V79/HGPRT基因突变试验、显性致死试验、果蝇伴性隐性致死试验、程序外DNA修复合成（UDS）试验。

（5）传统致畸试验。

（6）短期喂养试验（30d喂养试验）。如受试物需进行亚慢性毒性试验、慢性毒性试验（包括致癌试验）者，可不进行本试验。

（二）结果判定

遗传毒性试验的四项试验中如其中三项试验为阳性，则表示该受试物很可能具有遗传毒性作用和致癌作用，一般应放弃该受试物应用于食品，无须进行其他项目的毒理学试验。如其中两项试验为阳性，而且短期喂养试验显示该受试物具有显著的毒性作用，一般应放弃该受试物用于食品；如短期喂养试验显示有可疑的毒性作用，则经初步评价后，根据受试物的重要性和可能摄入量等，综合权衡利弊再作出决定。如其中一项试验为阳性，则再选择其他两项遗传毒性试验；如再选的两项试验均为阳性，则无论短期喂养试验和传统致畸试验是否显示有毒性与致畸作用，均应放弃该受试物用于食品；如有一项为阳性，而在短期喂养试验和传统致畸试验中未见有明显毒性与致畸作用，则可进入下一阶段毒性试验。如四项试验均为阴性，则可进入下一阶段毒性试验。

六、28d经口毒性试验

（一）试验目的及方法

在急性毒性试验的基础上，进一步了解受试物毒作用性质、剂量-反应关系和可能的靶器官，得到28d经口未观察到有害作用剂量，初步评价受试物的安全性，并为下一步较长期毒性和慢性毒性试验剂量、观察指标、毒性终点的选择提供依据。

1. 受试物

受试物应使用原始样品，若不能使用原始样品，应按照受试物处理原则对受试物进行适当处理。将受试物掺入饲料、饮用水或灌胃给予。

2. 实验动物

（1）动物选择　实验动物的选择应符合GB 14922—2022《实验动物　微生物、寄生虫学等级及监测》的有关规定。选择已有资料证明对受试物敏感的物种和品系，一般啮齿类动物首选大鼠，非啮齿类动物首选犬（通常选用比格犬）。大鼠周龄推荐不超过6周，体重50~100g。试验开始时每个性别动物体重的差异不应超过平均体重的±20%。每组动物数不少于20只，雌雄各半；若计划试验结束做恢复期的观察，应增加动物数（对照和高剂量增加卫星组，每组10只，雌雄各半）。犬应选用4~6个月幼犬，试验开始时每个性别动物体重差异不应超过平均体重的±20%，每组动物数不少于8只，雌雄各半；若计划试验结束做恢复期的观察，应增加动物数（对照和高剂量增加卫星组，每组4只，雌雄各半）。对照组动物性别和数量应与受试物组相同。

（2）动物准备 试验前大鼠在实验动物房至少应进行3~5d（犬7~14d）环境适应和检疫观察。

（3）动物饲养 实验动物饲养条件应符合GB 14925—2023《实验动物 环境及设施》，饮用水应符合GB 5749—2022《生活饮用水卫生标准》，饲料应符合GB 14924.3—2010《实验动物 配合饲料营养成分》的有关规定。

试验期间动物自由饮水和摄食，推荐单笼饲养，大鼠也可按组分性别分笼群饲，每笼动物数（一般不超过3只）应满足实验动物最低需要的空间，以不影响动物自由活动和观察动物的体征为宜。试验期间每组动物非试验因素死亡率应小于10%，濒死动物应尽可能进行血液生化指标检测、大体解剖以及病理组织学检查，每组生物标本损失率应小于10%。

3. 剂量

（1）分组 试验至少设3个受试物剂量组，1个阴性（溶媒）对照组，必要时增设未处理对照组。若试验结束做恢复期观察，对照和高剂量需增设卫星组。对照组除不给受试物外，其余处理均同受试物剂量组。

（2）剂量设计

①原则上高剂量应使部分动物出现比较明显的毒性反应，但不引起死亡；低剂量不宜出现任何观察到毒效应（相当于NOAEL），且高于人的实际接触水平；中剂量介于两者之间，可出现轻度的毒性效应，以得出最小有害作用剂量（lowest observed adverse effect level，LOAEL）。一般递减剂量的组间距以2~4倍为宜，如受试物剂量总跨度过大，可加设剂量组。试验剂量的设计参考急性毒性LD_{50}；剂量和人体实际摄入量进行。

②能求出LD_{50}的受试物，以LD_{50}的10%~25%作28d经口毒性试验的最高剂量组，此LD_{50}比例的选择主要参考LD_{50}剂量-反应曲线的斜率。然后在此剂量下设几个剂量组，最低剂量组至少是人体预期摄入量的3倍。

③求不出LD_{50}的受试物，试验剂量应尽可能涵盖人体预期摄入量100倍的剂量，在不影响动物摄食及营养平衡前提下应尽量提高高剂量组的剂量。对于人体拟摄入量较大的受试物，高剂量组也可以按最大给予量设计。

（二）结果判定

对只需要进行急性毒性、遗传毒性和28d经口毒性试验受试物，若试验未发现有明显毒性作用，综合其他各项试验结果可做出初步评价；若试验中发现有明显毒性作用，尤其是有剂量-反应关系时，则考虑进行进一步的毒性试验。

七、 90d 经口毒性试验

（一）试验目的

观察受试物以不同剂量水平经较长期喂养后对实验动物的毒作用性质、剂量-反应关系和靶器官，得到 90d 经口未观察到有害作用剂量，为慢性毒性试验剂量选择和初步制定人群安全接触限量标准提供科学依据。

1. 受试物

受试物应使用原始样品，若不能使用原始样品，应按照受试物处理原则对受试物进行适当处理。将受试物掺入饲料、饮用水或灌胃给予。

2. 实验动物

（1）动物选择　实验动物的选择应符合 GB 14922—2022《实验动物　微生物、寄生虫学等级及监测》的有关规定。选择已有资料证明对受试物敏感的动物物种和品系，一般啮齿类动物首选大鼠，非啮齿类动物首选犬（通常选用比格犬）。大鼠周龄推荐不超过 6 周，体重 50~100g。试验开始时每个性别动物体重差异不应超过平均体重的±20%，每组动物数不少于 20 只，雌雄各半；若计划试验中期观察或试验结束做恢复期的观察，应增加动物数（对照和高剂量增加卫星组，每组 10 只，雌雄各半）。犬通常选用4~6 个月的幼犬，一般不超过9 个月，试验开始时每个性别动物体重差异不应超过平均体重的±20%，每组动物数不少于 8 只，雌雄各半；若计划试验中间尸检或试验结束做恢复期的观察，应增加动物数（对照和高剂量增加卫星组，每组 4 只，雌雄各半）。对照组动物性别和数量应与受试动物组相同。

（2）动物准备　试验前大鼠在实验动物房至少应进行 3~5d（大 7~14d）环境适应和检疫观察。

（3）动物饲养　实验动物饲养条件应符合 GB 14925—2023《实验动物　环境及设施》，饮用水应符合 GB 5749—2022《生活饮用水卫生标准》，饲料应符合 GB 14924. 3—2010《实验动物　配合饲料营养成分》的有关规定。

试验期间动物自由饮水和摄食，动物推荐单笼饲养，大鼠也可按组分性别分笼群饲，每笼动物数（一般不超过 3 只）应满足实验动物最低需要的空间，以不影响动物自由活动和观察动物的体征为宜。试验期间每组动物非试验因素死亡率应小于 10%，濒死动物应尽可能进行血液生化指标检测、大体解剖以及病理组织学检查，每组生物标本损失率应小于 10%。

3. 剂量

（1）分组　试验至少设 3 个受试物剂量组，1 个阴性（溶媒）对照组，必要时增设未处理对照组。若试验中期需要观察血液生化指标、尸检或试验结束做恢复期观察对照和高剂量需增设卫星组。对照组除不给受试物外，其余处理均同受试物剂量组。

（2）剂量设计

①原则上高剂量应使部分动物出现比较明显的毒性反应，但不引起死亡；低剂量不宜出现任何观察到毒效应（相当于 NOAEL），且高于人的实际接触水平：中剂量介于两者之间，可出现轻度的毒性效应，以得出 NOAEL 和/或 LOAEL。一般递减剂量的组间距以 2~4 倍为宜．如受试物剂量总跨度过大可加设剂量组。试验剂量的设计参考急性毒性 LD_{50} 剂量、28d 经口毒性试验剂量和人体推荐摄入量进行。

②能求出 LD_{50} 的受试物，以 28d 经口毒性试验的 NOAEL 或 LOAEL 作为 90d 经口毒性试验的最高剂量组；或以 LD_{50} 的 5%~15% 作最高剂量组，此 LD_{50} 比例的选择主要参考 LD_{50} 剂量反应曲线的斜率。然后在此剂量下设几个剂量组，最低剂量组至少是人体推荐摄入量的 3 倍。

③求不出 LD_{50} 的受试物，试验剂量应尽可能涵盖人体预期摄入量 100 倍的剂量，在不影响动物摄食及营养平衡前提下应尽量提高高剂量组的剂量，对于人体推荐摄入量较大的受试物，高剂量组也可以按最大给予量设计。

（二）结果判定

根据试验所得的未观察到有害作用剂量进行评价，原则是：未观察到有害作用剂量小于或等于人的推荐（可能）摄入量的 100 倍表示毒性较强，应放弃该受试物用于食品；未观察到有害作用剂量大于 100 倍而小于 300 倍者，应进行慢性毒性试验；未观察到有害作用剂量大于或等于 300 倍者则不必进行慢性毒性试验，可进行安全性评价。

八、致畸试验

（一）试验目的

了解受试物是否具有致畸作用和发育毒性，并可得到致畸作用和发育毒性的未观察到有害作用剂量。

1. 受试物

受试物应使用原始样品，若不能使用原始样品，应按照受试物处理原则对受试物进行适当处理。

2. 实验动物

（1）动物种、系选择　实验动物的选择应符合 GB 14922—2022《实验动物　微生物、寄生虫学等级及监测》有关规定。啮齿类首选大鼠，非啮齿类首选家兔。若选用其他物种应给出理由。选用健康、性成熟的雄性动物和未经交配的雌性动物，试验开始时动物体重的差异不应超过平均体重的±20%。所用动物应注明种类、品系、性别、体重和周龄。

（2）动物性别和数量　性成熟雄性和雌性动物通常按 1∶1 或 1∶2 比例合笼交配，如果 5d 内未交配，应更换雄鼠。为了获得足够的胎仔来评价其致畸作用，大鼠每个量水平的怀孕动物数不少于 16 只，家兔每个剂量水平怀孕动物数不少于 12 只。

（3）动物准备　试验前动物在实验动物房至少应进行了 3~5d 环境适应和检疫观察。

（4）动物饲养　实验动物饲养条件应符合 GB 14925—2023《实验动物　环境及设施》，饮用水应符合 GB 5749—2022《生活饮用水卫生标准》，饲料应符合 GB 14924. 3—2010《实验动物　配合饲料营养成分》的有关规定。试验期间动物自由饮水和摄食，妊娠动物应单笼饲养。

3. 剂量

试验至少设 3 个剂量组，同时设溶媒对照组，溶媒对照组除不给受试物外，其余处理均同剂量组。必要时设阳性对照组，常用经口给予的阳性对照物及参考剂量敌枯双（0. 5~1. 0mg/kg 体重）、五氯酚钠（30mg/kg 体重）、阿司匹林（250~300mg/kg 体重）及维生素 A（7500~13000μg/kg 体重视黄醇当量）等，或者用环磷酰胺（15mg/kg 体重）于孕第 12 天腹腔注射 1 次。曾用阳性物开展过致畸试验、并在所用实验动物种系有阳性结果发现，试验可略去设置阳性对照组。

高剂量组原则上应使部分动物出现某些发育毒性和/或母体毒性，如体重轻度减轻等，但不引起死亡或严重疾病，如果母体动物有死亡发生，应不超过母体动物数量的10%。低剂量组不应出现任何观察到的母体毒性或发育毒性作用。建议递减剂量系列的组间距2~4倍比较合适。当组间差距较大时（如超过10倍）加设一个试验组。

试验剂量的设计参考急性毒性试验剂量、28d经口毒性试验、90d经口毒性试验剂量和人体实际摄入量进行。对于能求出LD_{50}的受试物，根据LD_{50}和剂量-反应关系曲线斜率设计高剂量组的剂量。对于求不出LD_{50}的受试物，如果28d或90d经口毒性试验未观察到有害作用，以最大未观察到有害作用剂量作为高剂量；如果28d或90d经口试验观察到有害作用，以最小观察到有害作用剂量为高剂量组，以下设2个剂量组。设置剂量水平时还应参考受试物的其他毒理学资料。

（二）结果判定

根据试验结果评价受试物是不是实验动物的致畸物。若致畸试验结果阳性则不再继续进行生殖毒性试验和生殖发育毒性试验。在致畸试验中观察到的其他发育毒性，应结合28d和/或90d经口毒性试验结果进行评价。

九、生殖毒性试验和生殖发育毒性试验

（一）试验目的

了解受试物对实验动物繁殖及对子代的发育毒性，如性腺功能、发情周期、交配行次、妊娠、分娩、哺乳和断乳以及子代的生长发育等。得到受试物的未观察到有害作用剂量水平，为初步制定人群安全接触限量标准提供科学依据。

1. 受试物

生殖毒性试验的受试物应能充分代表临床研究受试物或上市药品。

2. 实验动物

首选啮齿类动物为大鼠。在胚胎-胎仔发育毒性研究中，一般还需要采用第二种哺乳动物，家兔为优先选用的非啮齿类动物。

3. 给药

（1）剂量选择　至少应设3个剂量组，必要时可增加剂量组。

①高剂量：应出现一些轻微的母体毒性反应，或为最大给药量/最大耐受量。

②低剂量：应为生殖毒性方面的“未观察到不良反应的剂量”（NOAEL）。

（2）给药途径　给药途径应与临床拟用途径一致（不用腹腔注射途径，因腹腔注射会对胎儿及子宫产生直接影响）。

（二）结果判定

根据试验所得的未观察到有害作用剂量进行评价，原则是：未观察到有害作用剂量小于或等于人的推荐（可能）摄入量的100倍表示毒性较强，应放弃该受试物用于食品。未观察到有害作用剂量大于100倍而小于300倍者，应进行慢性毒性试验。未观察到有害作用剂量大于或

等于300倍者则不必进行慢性毒性试验，可进行安全性评价。

十、毒物动力学试验

（一）试验目的

了解受试物在体内的吸收、分布和排泄速度等相关信息；为选择慢性毒性试验的合适实验动物种、系提供依据；了解代谢产物的形成情况。

1. 受试物的基本信息

应提供受试物的名称、CAS号、批号、来源、纯度、性状、理化性质、储存条件及配制方法等有关资料。

2. 实验动物

（1）动物种、系的选择　实验动物的选择应符合GB 14922—2022《实验动物　微生物、寄生虫学等级及监测》的有关规定。尽可能选用与其他毒理学试验相同的种、系，并能出现受试物的典型毒作用的动物。一般首选大鼠，周龄一般为6~12周，但若有证据证明其代谢途径与人类接近，应选择相应的动物。一般应选用年轻、健康的成年动物。选用啮齿类动物时，试验开始时动物体重的差异不应超过平均体重的±20%。选择其他动物应说明其理由。

（2）性别和数量　对实验动物的性别不作特殊规定，如毒理学研究表明毒性有明显的性别差异时，应设不同的性别组。一般情况下，雌性动物应选用未产过仔和非妊娠的；每一试验组不应少于5只动物，在非啮齿类动物的试验中，动物数量可酌情减少。

（3）动物饲养　试验前动物在实验动物房至少应进行3~5d环境适应和检疫观察。实验动物饲养条件应符合GB 14925—2023《实验动物　环境及设施》，饮用水应符合GB 5749—2022《生活饮用水卫生标准》，饲料应符合GB 14924.3—2010《实验动物　配合饲料营养成分》的有关规定。

3. 剂量

试验中至少需要选用两个剂量水平，每个剂量水平应使其受试物或受试物的代谢产物足以在排泄物中测出。剂量设置时应充分考虑现有的毒理学资料所提供的信息。如果缺乏相应的毒理学资料，则高剂量水平应低于LD_{50}，或低于急性毒性剂量范围的较低值。低剂量水平应该是高剂量水平的一部分。

如果试验中仅设置一个剂量水平，该剂量理论上应使其受试物或受试物的代谢产物足以在排泄物中测出，并不产生明显的毒性，同时应提供合理的理由说明不设置两个剂量水平的原因。

（二）结果判定

根据试验结果，对受试物进入机体的途径、吸收速率和程度，受试物及其代谢产物在脏器、组织和体液中的分布特征，生物转化的速率和程度，主要代谢产物的生物转化通路，排泄的途径、速率和能力，受试物及其代谢产物在体内蓄积的可能性、程度和持续时间作出评价。结合相关学科的知识对各种毒物动力学参数进行毒理学意义的评价。

十一、慢性毒性试验和致癌试验

慢性毒性是指人或者实验动物长期反复接触低剂量的化学物所引起的毒效应。慢性毒性试验是指以低剂量的化学物长期与实验动物接触，观察其对实验动物是否产生毒性的实验，包括致癌试验。慢性毒性试验实际上是包括致癌试验的终生试验。

（一）目的

了解经长期接触受试物后出现的毒性作用以及致癌作用；确定未观察到有害作用剂量，为受试物能否应用于食品的最终评价和制定健康指导值提供依据。

（二）试验项目

将 2 年慢性毒性试验和致癌试验结合成一个动物试验进行。用两种性别的大鼠或小鼠作为实验动物。

（三）结果判定

慢性毒性试验得出最大无作用剂量（以 mg/kg 体重计），如果该值：

（1）小于或等于人的可能摄入量的 50 倍者，表示毒性较强，应予放弃。

（2）大于 50 倍而小于 100 倍者，需由有关专家共同评议。

（3）大于或等于 100 倍者，则可考虑允许使用于食品，并制定日许量。如在任何一个剂量发现有致癌作用，且有剂量-反应关系，则需由有关专家共同评议，以做出评价。

（四）进行食品安全性评价时需要考虑的因素

1. 试验指标的统计学意义和生物学意义

在分析试验组与对照组指标统计学上的差异显著性时，应根据其有无剂量-反应关系、同类指标横向比较与本实验室的历史性对照值范围比较的原则来综合考虑指标差异有无生物学意义。此外，如在受试物组发现某种肿瘤发生率增高，即使在统计学上与对照组比较差异无显著性，仍要加以关注。

2. 生理作用与毒性作用

对实验中某些指标的异常改变，在结果分析评价时要注意区分是生理学表现还是受试物的毒性作用。

3. 人的最大可能摄入量

应考虑给予受试物量过大时，可能影响营养素摄入量及其生物利用率，从而导致动物某些毒理学表现，而非受试物的毒性作用所致。

4. 时间-毒性效应关系

对由受试物引起的毒性效应进行分析评价时，要考虑在同一剂量水平下毒性效应随时间的变化情况。

5. 人的可能摄入量

除一般人群的摄入量外，还应考虑特殊和敏感人群（如儿童、孕妇及高摄入量人群）。对孕妇、乳母或儿童食用的食品，应特别注意其胚胎毒性或生殖发育毒性、神经毒性和免疫毒性。

6. 人体资料

由于存在着动物与人之间的种属差异，在评价食品的安全性时，应尽可能收集人群接触受试物后的反应资料，如职业性接触和意外事故接触等。志愿受试者的体内代谢资料对于将动物试验结果推论到人具有很重要的意义。在确保安全的条件下，可以考虑遵照有关规定进行人体试食试验。

7. 动物毒性试验和体外试验资料

该程序所列的各项动物毒性试验和体外试验系统虽然仍有待完善，却是目前水平下所得到的最重要的资料，也是进行评价的主要依据，在试验得到阳性结果，而且结果的判定涉及受试物能否应用于食品时，需要考虑结果的重复性和剂量-反应关系。

8. 安全系数

由动物毒性试验结果推论到人时，鉴于动物、人的种属和个体之间的生物学差异，一般采用安全系数的方法，以确保对人的安全性。安全系数通常为100倍，但可根据受试物的理化性质、毒性大小、代谢特点、接触的人群范围和人的可能摄入量、食品中的使用量及使用范围等因素，综合考虑增大或减小安全系数。

9. 代谢试验的资料

代谢研究是对化学物质进行毒理学评价的一个重要方面，因为不同化学物质、剂量大小在代谢方面的差别往往对毒性作用影响很大。在毒性试验中，原则上应尽量使用与人具有相同代谢途径和模式的动物种系来进行试验。研究受试物在实验动物和人体内吸收、分布、排泄和生物转化方面的差别，对于将动物试验结果比较正确地推论到人具有重要意义。

10. 综合评价

在进行最后评价时，必须综合考虑受试物的理化性质、毒性大小、代谢特点、蓄积性、接触的人群范围、食品中的使用量与使用范围、人的可能摄入量等因素，在受试物可能对人体健康造成的危害以及其可能的有益作用之间进行权衡。评价的依据不仅是科学试验的结果，而且与当时的科学水平、技术条件以及社会因素有关。因此，随着时间的推移，很可能结论也不同，随着情况的不断改变，科学技术的进步和研究工作的不断深入，有必要对已通过评价的化学物质进行重新评价，得出新的结论。对于已在食品中应用了相当长时间的物质，对接触人群进行流行病学调查具有重大意义，但往往难以获得剂量-反应关系方面的可靠资料；对于新的受试物质，则只能依靠动物试验和其他试验研究资料。然而，即使有了完整和详尽的动物试验资料和一部分人类接触者的流行病学研究资料，由于人类的种族和个体差异，也很难作出能保证每个人都安全的评价。所谓绝对的安全实际上是不存在的。根据上述材料，进行最终评价时，应全面权衡和考虑实际可能，从确保发挥该受试物的最大效益，以及对人体健康和环境造成最小危害的前提下作出结论。

（五）致癌试验结果判定的原则

根据致癌试验所得的肿瘤发生率、潜伏期和多发性等进行致癌试验结果判定的原则是（凡符合下列情况之一，可认为致癌试验结果阳性。若存在剂量-反应关系，则判断阳性更可靠）：

①肿瘤只发生在试验组动物，对照组中无肿瘤发生。

②试验组与对照组动物均发生肿瘤，但试验组发生率高。

③试验组动物中多发性肿瘤明显，对照组中无多发性肿瘤，或只是少数动物有多发性肿瘤。

④试验组与对照组动物肿瘤发生率虽无明显差异，但试验组中发生时间较早。

十二、食品安全性毒理学评价试验的选用原则

根据 GB 15193.1—2014《食品安全国家标准　食品安全性毒理学评价程序》：对不同受试物选择毒性试验的原则如下。

凡属我国首创的物质，特别是化学结构提示有潜在慢性毒性、遗传毒性或致癌性或该受试物产量大、使用范围广、人体摄入量大，应进行系统的毒性试验，包括急性经口毒性试验、遗传毒性试验、90d 经口毒性试验、致畸试验、生殖发育毒性试验、毒物动力学试验、慢性毒性试验和致癌试验（或慢性毒性和致癌合并试验）。

凡属与已知物质（指经过安全性评价并允许使用者）的化学结构基本相同的衍生物或类似物，或在部分国家和地区有安全食用历史的物质，则可先进行急性经口毒性试验、遗传毒性试验、90d 经口毒性试验和致畸试验，根据试验结果判定是否需进行毒物动力学试验、生殖毒性试验、慢性毒性试验和致癌试验等。

凡属已知的或在多个国家有食用历史的物质，同时申请单位又有资料证明申报受试物的质量规格与国外产品一致，则可先进行急性经口毒性试验、遗传毒性试验和 28d 经口毒性试验，根据试验结果判断是否进行进一步的毒性试验。

食品添加剂、新食品原料、食品相关产品、农药残留和兽药残留的安全性毒理学评价试验的选择，具体如下。

1. 食品添加剂

（1）香料

①凡属 WHO 已建议批准使用或已制定日容许摄入量者，以及香料生产者协会（FEMA）、欧洲理事会（COE）和国际香料工业组织（LOFI）四个国际组织中的两个或两个以上允许使用的，一般不需要进行试验。

②凡属资料不全或只有一个国际组织批准的先进行急性毒性试验和遗传毒性试验组合中的一项，经初步评价后，再决定是否需进行进一步试验。

③凡属尚无资料可查、国际组织未允许使用的，先进行急性毒性试验、遗传毒性试验和 28d 经口毒性试验，经初步评价后，决定是否需进行进一步试验。

④凡属用动植物可食部分提取的单一高纯度天然香料，如其化学结构及有关资料并未提示具有不安全性的，一般不要求进行毒性试验。

（2）酶制剂

①由具有长期安全食用历史的传统动物和植物可食部分生产的酶制剂，WHO 已公布日容许摄入量或不需规定日容许摄入量者或多个国家批准使用的，在提供相关证明材料的基础上，一般不要求进行毒理学试验。

②对于其他来源的酶制剂，凡属毒理学资料比较完整，WHO 已公布日容许摄入量或不需规定日容许摄入量者或多个国家批准使用，如果质量规格与国际质量规格标准一致，则要求进行急性经口毒性试验和遗传毒性试验。如果质量规格标准不一致，则需增加 28d 经口毒性试验，根据试验结果考虑是否进行其他相关毒理学试验。

③对其他来源的酶制剂，凡属新品种的，需要先进行急性经口毒性试验、遗传毒性试验、90d经口毒性试验和致畸试验，经初步评价后，决定是否需进行进一步试验。凡属一个国家批准使用，WHO未公布日容许摄入量或资料不完整的，进行急性经口毒性试验、遗传毒性试验和28d经口毒性试验，根据试验结果判定是否需要进一步的试验。

④通过转基因方法生产的酶制剂按照国家对转基因管理的有关规定执行。

（3）其他食品添加剂

①凡属毒理学资料比较完整，WHO已公布日容许摄入量或不需规定日容许摄入量者或多个国家批准使用，如果质量规格与国际质量规格标准一致，则要求进行急性经口毒性试验和遗传毒性试验。如果质量规格标准不一致，则需增加28d经口毒性试验，根据试验结果考虑是否进行其他相关毒理学试验。

②凡属一个国家批准使用，WHO未公布日容许摄入量或资料不完整的，则可先进行急性经口毒性试验、遗传毒性试验、28d经口毒性试验和致畸试验，根据试验结果判定是否需要进一步的试验。

③对于由动植物或微生物制取的单一组分、高纯度的食品添加剂，凡属新品种的，需要先进行急性经日毒性试验、遗传毒性试验、90d经口毒性试验和致畸试验，经初步评价后，决定是否需进行进一步试验。凡属国外有一个国际组织或国家已批准使用的，则进行急性经口毒性试验、遗传毒性试验和28d经口毒性试验，经初步评价后，决定是否需进行进一步试验。

2. 新食品原料

按照《新食品原料申报与受理规定》（国卫食品发〔2013〕23号）进行评价。

3. 食品相关产品

按照《食品相关产品新品种申报与受理规定》（卫监督发〔2011〕49号）进行评价。

4. 农药残留

按照GB/T 15670—2017《农药登记毒理学试验方法》系列标准进行评价。

5. 兽药残留

按照GB 31650—2019《食品安全国家标准　食品中兽药最大残留量》进行评价。

十三、毒理学安全性检验在危险性评估中的作用

人类社会的发展和科学技术的进步，正在使人类的食物生产与消费活动经历巨大的变化，与人类历史上任何时期相比，一方面是现代饮食水平与健康水平普遍提高，反映了食品安全性状况有较大的甚至是质的改善；另一方面则是人类食物链环节增多和食物结构复杂化，又增添了新的饮食风险和不确定因素。危险性评估是WTO和CAC强调的用于制定食品安全控制措施的必要技术手段，是政府制定食品安全法规、标准和政策的主要基础，也是实施危险管理措施的主要依据，因此目前国际上对食品的安全性评价均采用危险性评估原则。危险性评估包括危害识别、危害特征描述、摄入量评估和危险性特征描述，而通过毒理学安全性检测对这些有害因素进行危害认定及特征描述，确定剂量效应关系，是对这些食品中有害因素进行危险性评估的基础。因此，食品毒理学检验是危险性评估的第一步，是对食品安全实施危险性评估和安全性评价的基础。

第四节　有关食品安全性评价的政策与要求

2019年，国家层面出台《健康中国行动（2019—2030年）》，为进一步推进健康中国建设规划新的“施工图”。我国着力强化风险监测评估能力，同时深入推进环境污染防治。我国建立了国家、省、市、县四级食品污染和有害因素监测、食源性疾病监测两大监测网络以及国家食品安全风险评估体系；食品污染和有害因素监测已覆盖99%的县区，食源性疾病监测已覆盖7万余家各级医疗机构。2022年，国家卫生健康委发布的《食品安全标准与监测评估“十四五”规划》中对“十四五”时期我国食品安全标准、监测评估与国民营养工作的发展目标、保障措施等做出系统设计和具体部署。该规划以习近平新时代中国特色社会主义思想为指导，对“十四五”时期食品安全标准与监测评估工作总体要求、基本原则、发展目标、主要任务、保障措施作出系统设计和具体部署。该规划提出，“十四五”期间，要以提升卫生健康系统基层食品安全风险防范能力为重点，发挥好食品安全标准与风险监测评估工作在“预防为主、风险管理、全程控制、社会共治”的食品安全治理体系中的基础性作用，通过营造有利环境，加强效果评价评估等四方面措施，确保规划各项任务落实和目标实现。

思考题

1. 食品安全性评价的概念是什么？
2. 什么是最大无作用剂量？有何作用？
3. 食品毒物有哪些排泄途径？
4. 代谢活化生成的活性代谢产物有哪些？
5. 哪些因素会影响毒物的毒性作用？
6. 一般毒性作用分为哪几类？分类依据是什么？
7. 食品安全危险性管理应遵循哪些原则？
8. 安全性毒理学评价程序的基本内容包括什么？

第八章

08

食品安全风险分析

本章学习目标

1. 掌握食品安全风险分析的概念。
2. 了解食品安全风险分析的相关术语。
3. 了解食品安全风险分析的具体内容。

第一节 概 述

党的二十大报告中指出，“推进健康中国建设”，“把保障人民健康放在优先发展的战略位置”。食品安全关系人民群众身体健康和生命安全，关系到中华民族的未来。这是党中央着眼党和国家事业全局，对食品安全工作做出的重要部署，凸显出食品安全工作是实现中国式现代化的重要保障。确保食品安全是民生工程、民心工程，是各级各部门义不容辞之责，要把食品安全监管抓在手里，把群众饮食安全放在心里。食品安全风险分析通过风险评估、风险管理和风险情况交流等工作发现食品安全问题，选择适合的风险管理措施以降低食品安全风险，做好食品安全的前站工作，确保人民的身体健康和生命安全。

一、风险分析的概念

1. 风险分析

“风险”一词最初来源于西班牙语，原指“没有航海地图而出海”的意思。其本身没有“不安全、危险”的负面意义，还含有“冒险（风险）挑战”的正面意义。1986 年当乌尔里希·贝克首次提出“风险社会”理论之后，“风险”一词就被赋予更多含义，进而引申出了“风险规制”的理念。风险规制是风险事实确定和风险管控措施制定的过程。在食品安全领域中，美食与风险便是相伴相随的一对矛盾体。例如，剧毒的河豚肝脏与鲜美的鱼肉如窗纸一般一碰即破，过多摄入食盐会导致高血压或者促使癌症的发作，对高能量物质的追求则是导致高血脂疾病的罪魁祸首。即使按照食物的正确摄取方法而食用该食物，同样还是会存在损害健康的可能性，而这种可能性也就是所谓的“风险”。因此，“零风险”食品的零存在现象，使得如何在食品安全行政中引入风险规制手法，在多大程度上允许风险的存在，如何将风险最小化等问题已经成为食品安全行政中最需要解决的核心问题。

风险分析是一种以现有的信息确定特定的事件出现的可能性，及其可能产生后果程度大小的系统方法。简而言之，风险分析就是对风险评估后，进而根据风险程度来采取相应的风险管理措施去控制或者降低风险，并且在风险评估和风险管理的全过程中保证风险相关各方保持良好的风险交流状态，即，风险是可以通过运用风险分析原理进行控制的。风险分析是当今食品安全管理最显著的进展之一，是国际社会目前普遍遵循的原则之一，《食品安全法》也已经将食品安全风险分析纳入法律的范畴。

随经济发展和国民生活水平提高，食品安全问题越来越引起重视，各国纷纷采取措施保障食品卫生和消费者的安全。而随着经济全球化和贸易发展，食品安全已经超越国界，衍生为一个全球性问题，因此有必要建立一种全新的国际食品安全宏观管理模式，以保护消费者的健康并促进公平贸易。食品安全风险分析是近年来国际上出现的保证食品安全的一种新的模式，同时也是一种正蓬勃崛起和发展的新兴学科，食品安全风险分析的根本目的在于保护消费者的健康和促进公平的食品贸易。规范开展食品安全风险分析，建立以风险分析为基础的标准安全标准基础数据，推行科学的食品安全管理模式，基于风险分析制定食品安全标准，已逐渐成为国际标准化组织和各国食品安全标准工作的重点。

2. 食品安全风险分析

食品安全风险，就是由食品中危害物产生的对人类健康不良作用的可能性及强度。食品安全风险分析主要包括三部分内容：风险评估、风险管理和风险情况交流。即利用风险评估选择适合的风险管理措施以降低风险，同时，通过风险交流达到社会各界的认同或使得风险管理措施更加完善，而风险评估是食品安全风险分析的核心内容。

风险分析在食品安全领域得到公认和应用，首先得益于国际机构及国际组织不懈的努力及大力推动。1991 年，FAO、WHO 和关贸总协定（GATT）联合召开了“食品标准、食品中的化学物质与食品贸易会议”，建议相关国际法典委员会及所属技术咨询委员会在制定决定时应基于适当的科学原则并遵循风险评估的决定。1991 年举行的 CAC 第 19 次大会同意采纳这一工作程序。随后在 1993 年，CAC 第 20 次大会针对有关“CAC 及其下属和顾问机构实施风险评估的程序”的议题进行了讨论，提出在 CAC 框架下，各分委员会及其专家咨询机构（如食品添加剂联合专家委员会和农药残留联席会议）应在各自的化学品安全性评估中采纳风险分析的方法。1994 年，第 41 届 CAC 执行委员会会议建议 FAO 与 WHO 就风险分析问题联合召开会议。根据这一建议，1995 年 3 月，在日内瓦 WHO 总部召开了 FAO/WHO 联合专家咨询会议，会议最终形成了一份题为“风险分析在食品标准问题上的应用”的报告。1997 年 1 月，FAO/WHO 联合专家咨询会议在罗马 FAO 总部召开，会议提交了题为“风险管理与食品安全”的报告，该报告规定了风险管理的框架和基本原理。1998 年 2 月，在罗马召开了 FAO/WHO 联合专家咨询会议，会议提交了题为“风险情况交流在食品标准和安全问题上的应用”的报告，对风险情况交流的要素和原则进行了规定，同时对进行有效风险情况交流的障碍和策略进行了讨论。CAC 于 1997 年正式决定采用与食品安全有关的风险分析术语的基本定义，并把它们包含在新的 CAC 工作程序手册中。至此，有关食品安全风险分析原理的基本理论框架已经形成。经过 20 多年的发展和应用，风险分析为食品安全监管者提供了制定有效决策所需的大量信息和依据，提高了国家食品安全水平，改善了公众健康状况。

3. 国际组织的食品安全风险分析及其应用

世界贸易组织认可的与食品相关的国际标准组织，主要有 FAO/WHO/CAC、国际植物保护公约（IPPC）、国际兽医局（OIE）、ISO 四大标准组织，其中 CAC 在风险分析及其应用研究方面取得了实质性的进展。

CAC 是以保障消费者的健康和确保食品贸易公平为宗旨的一个制定国际食品标准的政府间组织。自创建以来，包括中国在内的 189 个成员加入该组织，覆盖全球 99%的人口。

CAC 下设秘书处、执行委员会、6 个地区协调委员会，21 个专业委员会（包括 10 个综合主题委员会、11 个商品委员会）和 1 个政府间特别工作组。它通过建立国际协调的食品标准体系，保护消费者健康，促进公平贸易。

在风险分析领域，CAC 总结了 30 多年的工作经验，将“风险分析”的概念引入食品安全管理中，并将之系统化和理论化，成为指导食品法典工作和食品标准制定的重要原则和方法。CAC 食品安全风险分析发展现状和趋势对国际食品安全领域的影响举足轻重。

（1）食品安全风险分析理论框架　FAO/WHO/GATT 于 1991 年在意大利罗马召开的“食品标准、食品中化学物质及食品贸易”会议，通过了食品法典各分委员会及顾问组织“在食品安全评价时继续以适当的科学原则为基础并进行风险评估”的决议，第 19 次 CAC 大会采纳该项决议。1993 年在第 20 次 CAC 会议上，针对有关“CAC 及其下属和顾问机构实施风险评估的程序”的议题进行了讨论，提出在 CAC 框架下，各分委员会及其专家咨询机构，如食品添加剂联合专家委员会和农药残留联合专家委员会，应在各自领域的化学物质安全性评估中采纳风险分析方法。1995 年、1997 年和 1999 年，FAO/WHO 连续召开了有关“风险分析在食品标准中的应用”“风险管理与食品安全”以及“风险交流在食品标准和安全问题上的应用”的专家咨询会议，提出了风险分析的定义、框架及三个要素（风险评估、风险管理、风险交流）的应用原则。通过十几年间的一系列会议和咨询报告，CAC 建立起一套较为完整的风险分析理论体系。

（2）风险分析原则和标准　CAC 于 2003 年将风险分析纳入《食品法典程序手册》中。《食品法典程序手册》第十九版明确说明：法典应用的风险分析应当应用一致；公开、透明和文件记录；按照“科学在法典决策过程中的作用和考虑其他因素范围的原则声明”和“食品安全危险性评估作用的相关原则声明”进行；根据最新搜集的科学数据酌情评价和审查。第二十八版提出“将兽药最大残留限量外推到一个或多个物种的方法”的风险分析原则。

危险性评估原则应为：

①确定危险性评估政策应成为危险性管理的一项特定工作。

②危险性评估政策应由危险性管理人员在危险性评估之前与危险性评估者和所有其他有关方面协商确定。这一程序旨在确保危险性评估系统全面、无偏见和透明。

③公开、独立地选拔评估专家，危险性管理者给予危险性评估者的授权应当尽可能明确。

④如有必要，危险性管理者应要求危险性评估者评估不同的危险性管理备选方案可能使危险性发生的变化。在评估的每一阶段考虑并记录确定因素、不确定因素和假设，可以是定性的或定量的。

⑤评估的结论（包括对危险性的预测）尽可能以稳定、有效、易于理解的形式报告给危险性管理者及其他评估者、相关团体，以便他们进行评议。

这些原则为在风险分析的基础上制定食品法典标准和相关文本提供了方法和准则。CAC 致力于制定具体的有关风险分析应用于标准制定中的指导性文件，以供各成员使用，敦促各成员采用统一标准的制标原则，促进有关食品安全措施的协调一致。CAC 制定的风险分析原则和指南包括风险分析通用原则、各类危害物的风险评估原则与指南、生物技术食品风险分析原则及方法、风险分析在标准中的应用原则与指南等，构建了食品安全风险分析标准体系。

（3）风险分析在食品法典标准制定中的应用　根据 WTO/SPS 和 TBT 协议的规定，各成员在发生食品贸易争端时，可以在 WTO 争端解决机构中进行解决，但必须以 CAC 的标准或风险分析的结论为依据。WTO 规定了 CAC 的标准要以科学理论为基础，采用风险分析的原则进行制定。

食品法典标准作为全球性的法规文件，其制定原则建立在风险分析的基础上，充分体现了 WTO/SPS 和 TBT 协议的规定要求，在此原则下制定出的标准、准则和推荐规程得到了世界各国的认可和遵守。

CAC 各分委员会积极将风险分析原则应用于各自领域的食品法典标准制定中，制定了一系列的风险分析在标准制定中的应用原则和指南。如 2002 年制定的《微生物风险评估在食品安全标准及相关文件中应用和指南》《食品中化学物暴露评估指南》，为食品中微生物和化学物暴露评估提供方法和准则。食品添加剂及污染物法典委员会（CCFAC）、农药残留法典委员会（CCPR）在其标准制定过程中也正在积极开展风险分析的应用。CAC 与 CCFAC、食品添加剂联合专家委员会（JECFA）在标准制定过程中，就风险分析活动进行明确分工，协作完成。CCFAC 进行添加剂污染物和农药残留危害的初步风险评价，制定风险评估政策；JECFA 和 JMPR 进行添加剂污染物和农药残留的风险评估；CCFAC 根据其评估结果进行标准的制定，保证了标准的科学合理。

在 CAC 颁布的《微生物风险评估在食品安全标准制定中应用原则和指南》中，将食源性风险的管理框架分为初步风险管理活动、风险管理策略评估、执行风险管理决定、监控和审查四个相互关联的步骤，绘制了详细的风险分析操作流程，用于指导食品安全标准的制定。

CAC 文件《风险交流在食品标准和安全问题上的应用》中，提出了将风险交流原则贯穿于食品法典标准制定的各个阶段的原则和步骤，旨在保证各利益相关团体在标准制定过程中进行充分的交流和磋商，提高食品标准的科学、透明、协调性，得到社会各界的认同。

CAC 指导各组织和成员开展了大量食品安全基础数据的研究。

①食品添加剂和污染物领域：目前由 JECFA 提出某一食品添加剂的 ADI，食品添加剂与污染物食品法典委员会（CCFAC）批准此食品添加剂在食品中的使用范围和最大使用量。目前，CCFAC 正在将食品添加剂从单个食品向覆盖各种食品的食品添加剂通用标准（GSFA）发展。在制定食品添加剂使用量的单个食品标准时，极少考虑添加剂总摄入量的可能，而 GSFA 要重点考虑总摄入量的评估。

GSFA 目前开展的研究主要涉及：关于“污染物与毒素暴露量评估方法及原则”，预防粮食中霉菌污染的操作规范，黄曲霉毒素 M_1 限量制定过程的基础性数据研究，关于制定有害元素限量的考虑，开展对海产品（鱼、甲壳类、软体动物）、果汁、奶油、糖等中镉、铅等限量基础性数据研究等。例如，2006 年 6 月 JECFA 67 次会议提出，考虑到“即使铝化合物在低于先前标准的剂量下，仍可能会影响实验动物的生殖系统和发育中的神经系统，因此将相关标准水平降低 7 倍”，“设定暂定每周耐受摄入量（PTWI）水平为 1mg/kg 体重”。这次重大修改对不少国家和地区的管理部门都有较大影响。其后 2011 年 6 月的 74 次会议，在根据最新数据将铝的 PTWI 水平调整为 2mg/kg，并声明这个水平适用于食物中所有含铝物质。自 1987 年第 30 次会议以来，JECFA 委员会先后在 33 次会议、37 次会议、67 次会议、74 次会议上均做过相应修订。该工作对食品安全风险分析和政策制定工作的顺利开展具有重要意义。

②农药残留领域：CCPR 是 CAC 下属的 10 个综合主题委员会之一。CCPR 制定的农药残留限量法典标准几乎涉及所有种植、养殖农产品及其加工制品，经 CAC 审议通过后，成为被

WTO 认可的涉及农药残留问题的国际农产品及食品贸易的仲裁依据，对全球农产品及食品贸易产生着重大的影响。其职责是：制定具体单项食品或一组食品中农药残留最高限量 MRLs；为保护人类健康，制定某些动物饲料中的农药残留制定最高限量 MRLs；制定优先考虑的农药名单，以便 FAO/WHO 农药残留专家联席会议进行评价；对确定食品和饲料中农药残留的抽样和分析方法进行审议；制定具体单项食品或一组食品中含有在化学或其他方面类似于农药的环境和工业污染物的最高限量 MRLs；审议其他涉及农药残留的食品和饲料安全事宜等。

主要开展的工作：关于农药残留和 MRL，关于最高再残留限量（EMRL），关于制定 MRL 所需的“膳食暴露”估算的问题。

③食品中兽药残留领域：CAC 体系中的国际食品法典兽药残留委员会（CCRVDF）制定了国际兽药使用管理规范（Recommended International Code of Practice for the Control of the Use of Veterinary Drugs），其认可的兽药（veterinary drug）是指为治疗、预防，或诊断目的，或为改变生理机能或行为而用于食品动物的化学物质。

主要开展的工作：讨论良好兽医规范在建立 MRL 中的作用，首次同意使用兽药使用中的良好规范（GPVD）定义，开始考虑加工过程对残留的影响。准备起草 CCRVDF 的风险分析原则和有关方法问题，请各成员及相关国际组织提供评论及信息。例如，抗生素耐药性问题，CCRVDF 强调此事重要性，CI 组织观察员也强调抗生素耐药性问题在保护消费者健康方面的重要性，决定停止将抗生素用作活体生长促进剂；重视 WHO 有关抗生素耐药性污染物导则的工作。

兽药残留分析方法方面，在制定相应取样与分析方法标准的基础上，针对特定兽药残留检测工作中的问题进行具体化规范。例如，2021 年，CCRVDF 第 25 届会议中明确提出制定伊维菌素、齐帕特罗等有关兽药品种 MRL，MRL 从一种靶动物外推到其他动物的 MRL 及 MRLs 数据库建立等。

④营养与特殊膳食领域：CAC 营养与特殊膳食委员会（CCNFSDU）工作涉及食品营养领域中蛋白质、维生素、矿物质、脂肪、糖等的含量等方面研究。从食品类别区分，涉及婴幼儿配方食品、特殊医用食品、运动食品和饮料、高能量食品和饮料、各种保健食品等。

主要开展的工作：食品安全基础性数据研究。

⑤生物因素领域：CAC 对生物性因素，如细菌、病毒、寄生虫等做系统的危险性分析。JEMRA 应 CAC、FAO 和 WHO 及其成员要求开展食品微生物风险评估的具体工作。2011 年，国际食品微生物标准委员会 ICMSF 出版了《食品加工过程的微生物控制原理与实践-食品中的微生物（第八卷）》，对 18 大类不同食品中的微生物危害及其潜在风险进行了系统分析，并按食品类别及加工工艺特点提出了应该加以控制的主要致病菌种类、限量要求及相应的关键控制点等。2022 年 2 月，CAC 发布《食源性疾病抗菌剂耐药性标准纲要》，以支持相关国家应对食源性疾病抗菌剂耐药性（AMR）问题。

二、风险分析相关术语

风险分析是一个不断发展完善的理论体系，根据 CAC 工作程序手册，现将公认的与食品安全风险分析有关的术语定义介绍如下。风险分析的主要内容如图 8-1 所示。

（1）危害（hazard） 食品中存在的可能产生健康不良影响的某种生物性、化学性或物理性物质或条件。

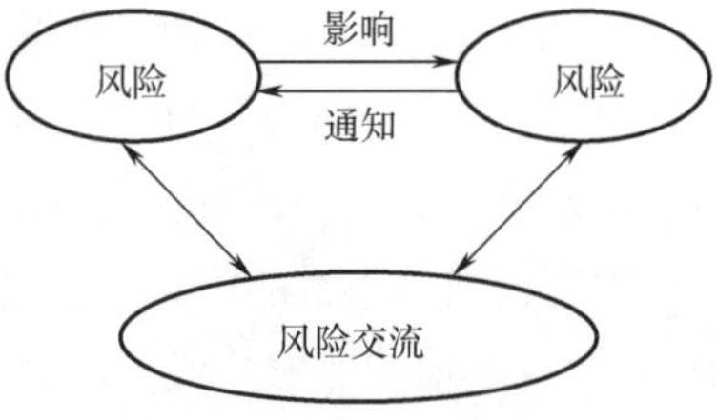

图 8-1　风险分析主要内容

（2）风险（risk）　一种健康不良效果的可能性以及这种效果严重程度的函数，这种效果通常是由食品中的一种危害所引起的。

（3）风险分析（risk analysis）　包含三个部分的一个全过程，即风险评估、风险管理和风险情况交流。

（4）风险评估（risk assessment）　是一个建立在科学基础上的包含下列步骤的过程：危害识别，危害描述，暴露评估，风险描述。

（5）危害识别（hazard identification）　对可能在食品或食品体系中存在的，能够对健康产生副作用的生物、化学和物理的致病因子进行鉴定。

（6）危害特征描述（hazard characterization）　对与食品中潜在危害有关的健康副作用的性质进行的定性和（或）定量评价。对化学因素应进行剂量-反应评估。对生物或物理因素，如数据可得到时，应进行剂量-反应评估。

（7）剂量-反应评估（dose-response assessment）　确定某种化学、生物或物理因素的暴露水平（剂量）与相应的健康不良效果的严重程度和（或）发生频度（反应）之间的关系。

（8）暴露评估（exposure assessment）　对经由食品摄入及其他来源暴露的生物性、化学性和物理性物质进行的定性和（或）定量评估。

（9）风险描述（risk characterization）　根据危害识别、危害描述和暴露评估，对某一给定人群的已知或潜在健康不良效果的发生可能性和严重程度进行定性和（或）定量的估计，其中包括伴随的不确定性。

（10）风险管理（risk management）　根据风险评估的结果，对备选政策进行权衡，并且在需要时选择和实施适当的控制选择，包括规章管理措施的过程。

（11）风险情况交流（risk communication）　在风险评估人员、风险管理人员、消费者和其他有关的团体之间就与风险有关的信息和意见进行相互交流。

（12）食品安全目标（FSO）　食用时，食品中的某种危害可提供或促进适当保护水平（ALOP）的最大允许频率和（或）浓度。

（13）执行标准（PC）　应用一种或几种控制措施，控制食品中有害因素的发生频率和浓度，以满足执行目标和食品安全目标的要求。

（14）执行目标（PO）　食用前能提供或达到某项食品安全目标（FAO）或适当保护程度（ALOP），在食物链某个特定阶段，食品中某种危害的最大允许频率和（或）浓度。

（15）风险分析相关英文缩略语　食品安全风险分析工作顺利开展、完成需要多个相关部门共同参与和支持，为了便于读者对照查阅，现将相关部门英文缩略语与释义总结如下，详见表 8-1。专业名词详见表 8-2。

表 8-1　　风险分析相关部门英文缩略语

名词	缩写	全称
国际食品法典委员会	CAC	Codex Alimentarius Commission
食品添加剂和污染物法典委员会	CCFAC	Codex Committee on Food Additives and Contaminants
肉类卫生法典委员会	CCMH	Codex Committee on Meat Hygiene
营养与特殊膳食委员会	CCNFSDU	Codex Committee on Nutrition and Foods for Special Dietary Uses
农药残留法典委员会	CCPR	Codex Committee on Pesticide Residues
兽药残留法典委员会	CCRVDF	Codex Committee on Residues of Veterinary Drugs in Foods
欧盟食品安全局	EFSA	European Food Safety Authority
联合国粮农组织	FAO	Food and Agriculture Organization
美国食品药物管理局	FDA	Food and Drug Administration
美国食品安全检验局	FSIS	Food Safety and Inspection Service
关税及贸易总协定	GATT	General Agreement on Tariffs and Trade
全球食品污染物监测规划	GEMS/Food	Global Environment Monitoring System-Food Contamination Monitoring and Assessment Programme
食品添加剂联合专家委员会	JECFA	Joint FAO/WHO Expert Committee on Food Additives
微生物危险性评估专家联席会议	JEMRA	Expert Meetings on Microbiological Risk Assessment
农药残留专家联席会议	JMPR	Joint FAO/WHO Meeting on Pesticide Residues
卫生与植物卫生检疫协定	SPS	Agreement on the Application of Sanitary and Phytosanitary Measures
美国农业部	USDA	U. S. Department of Agriculture
世界卫生组织	WHO	World Health Organization
世界贸易组织	WTO	The World Trade Organization

表 8-2　　风险分析相关专业名词英文缩略语

名词	缩写	全称
日允许摄入量	ADI	acceptable daily intake
合理的达到最低剂量水平原则	ALARA	as low as reasonably achievable
基准剂量	BMD	benchmark dose
估计日最大摄入量	EMDI	estimated maximum daily intake
最大再残留限量	EMRL	extraneous maximum residue limit
良好农业规范	GAP	good agricultural practice

续表

名词	缩写	全称
UNEP/FAO/WHO 食品污染和监控程序	GEMs/Food	joint UNE/F1A/WHO food contamination and monitoring programme
食品良好卫生规范	GHP	good hygienic practice
良好实验室规范	GLP	good laboratory practice
良好操作规范	GMP	good manufacture practice
良好兽药使用规范	GPVD	good practice in the use of veterinary drags
污染物通用法典标准	GSC	general standard for contaminants
食品添加剂通用法典标准	GSFA	general standard for food additives
危害分析关键控制点	HACCP	hazard analysis critical control point
最低可见不良作用剂量水平	LOAEL	lowest observed adverse effect level
检测低限	LOD	limit of determination
最低可见作用剂量水平	LOEL	lowest observed effect level
最低定量限	LOQ	limit of quantification
最大限量	ML	maximum limit
安全限值	MOS	margin of Safety
最大残留限量	MRL	maximum residue limit
最大耐受剂量	MTD	maximum tolerated dose
无可见不良作用剂量水平	NOAEL	no observed adverse effect level
无可见作用剂量水平	NOEL	no observed effect level
暂定每日最大耐受摄入量	PMTDI	provisional maximum tolerable daily intake
暂定每日耐受摄入量	PTDI	provisional tolerated daily intake
暂定每周耐受摄入量	PTWI	provisional tolerated weekly intake
质量保证	QA	quality assurance
质量控制	QC	quality control
推荐每日允许摄入量	RDA	recommended daily allowance
推荐每日摄入量	RDI	recommended daily intake
参考剂量	RfD	reference dose
卫生标准操作程序	SSOP	sanitation standard operation procedures
贸易技术壁垒协议	TBT	agreement on technical barriers to trade
每日耐受摄入量	TDI	tolerated daily intake
理论每日最大摄入量	TMDI	theoretical maximum daily intake

食品安全风险分析是食品安全保障体系中一门重要学科，与食品危害相关的风险评估和风险管理的理论基础日趋完善，如何分清“危害”（hazard）与“风险”（risk）的差别是食品安全风险分析的前提。危害是存在于食品或食品用材料中的具有损害健康潜能的生物、化学或物理的因素；而风险是指对于由食品危害对暴露人群的健康造成不良影响的可能性和严重性进行评估。减少危害可能针对的只是某种食品，对于如何降低与消费者健康相关的风险，对于制定食品安全的系统措施方面至关重要。

第二节　风险评估具体内容

一、风险评估

风险评估的过程分为四个阶段：危害识别、危害描述、暴露评估以及风险描述，如图 8-2 所示。危害识别采用的是定性方法，其余三步可以采用定性方法，但为了评估结果更加准确可靠，危害描述、暴露评估和风险描述最好采用定量方法。

1. 危害识别

危害识别，又称为危害确定或危害鉴定，目的在于确定人体摄入污染物的潜在不良效应，对这种不良效应进行分类、分级。危害识别作为一种定性的分析过程，危害可以由相关数据资料进行鉴定。危害的信息可以从科学文献以及食品工业、政府机构和相关国际组织的数据库中获得，也可以通过向专家咨询得到。相关的信息包括以下领域的数据：临床研究，流行病研究与监视，实验室动物研究，对微生物习性、食物链中微生物与生存环境间的相互作用的考察，对类似微生物及其生存环境的研究。对于化学因素（包括食品添加剂、农药残留、兽药残留、污染物和天然毒素），危害识别主要是确定某种物质的毒性和可能产生的不良效果，并对这种物质导致不良效果的固有性质进行鉴定。通常采用流行病学研究、动物毒理学研究、体外试验和结构-活性关系和“证据力”（weight-of-evidence）等方式和方法完成。对微生物因子来说，危害识别的目的就是确认与食品安全相关的微生物和微生物毒素。

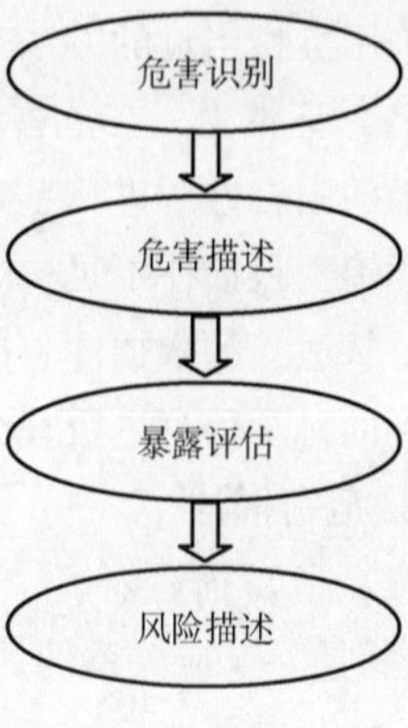

图 8-2　风险评估过程

进行危害识别过程因资料的局限性，目前多采用证据加权法。这种方法要求对来源于适当的数据库、同行专家评审的文献及诸如企业界未发表的研究报告等科学资料中得到的信息进行充分评议，并对研究结果或数据给以不同的重视程度，通常按照如下顺序进行排序：流行病学研究、动物毒理学研究、体外试验及剂量-反应关系或结构-活性关系。

（1）流行病学研究　流行病学研究是研究特定人群中疾病、健康状况的分布及其决定因素，并研究防治疾病及促进健康的策略和措施。如果能获得阳性的流行病学研究数据，应当把它们应用于危险性评估中。如果能够从临床研究获得数据，在危害识别及其他步骤中应当充分利用。阳性的流行病学资料和临床资料对于危害识别十分有用，但是由于流行病学研究的费用较高、资料收集难度较大，对于大多数危害的研究而言，提供的数据有限，因此在实际工作中，危害识别一般采用动物和体外试验的资料作为依据。

（2）动物试验　用于风险评估的绝大多数毒理学数据来自动物试验，其中包括急性、遗传毒性、亚慢性和慢性毒性的动物试验，进行过程必须遵循标准化试验程序、实验室良好操作规范（good laboratory practices，GLP）和标准化质量保证/质量控制 QA/QC（quality assurance/quality control）程序。最少数据量应当包含规定的品系数量、两种性别、适当的剂量选择、暴露途径和足够的样本量。动物试验的主要目的在于确定最大无作用剂量、无可见有害作用剂量或者临界剂量。

（3）短期试验研究与体外试验　由于短期试验快速且费用不高，体外试验可以增加对危害作用机制的了解，因此作为探测化学物质是否具有潜在致癌性，或用来支持从动物试验或流行病学调查的结果最合适。体外毒理学研究指的是用培养的微生物或来自动物或人类的细胞组织进行毒性研究。可以用体外试验资料补充作用机制的资料，例如遗传毒性试验。但体外试验的数据不能作为预测对人体危险性的唯一资料来源。

（4）结构-活性关系　结构-活性关系又称构效关系，是指外来化合物的分子结构与其生物活性（药理作用、毒性作用等）之间的关系。通过定量的结构-活性关系研究，对于同一类化学物质（如多环芳烃、多氯联苯、二噁英），可以根据一种或多种化合物已知的毒理学资料，采用毒物当量的方法来预测其他化合物的危害。

（5）证据力　在危害识别过程中，要确定某种物质的毒性，在可能时对这种物质导致不良效果的固有性质进行鉴定，收集那些特定的影响人体健康的特有食物中病原体组合信息，但是，详细资料往往不足，因此最好采用“证据力”方法对危害识别进行完善。“证据力”方法要求对从适当的数据库、同行评审的文献以及可获得的其他来源（如企业界）未发表的研究中得到的科学信息进行充分的评议。

2. 危害描述

（1）危害描述内容　危害描述，又称危害特征描述，其重点在于不良反应的定量表述，核心是剂量-反应关系的评估。危害描述的内容要体现不良影响的严重性和持久性。在危害描述过程中一定要明确被侵害的主体，并尽可能测定侵害的结果。由于食品中所研究的目标化学物质，实际含量很低，而一般毒理学试验的剂量又必须很高，因此在危害描述时需要根据动物试验的结论换算，才能对人类的影响进行估计。为了与人体摄入水平相比，需要把动物实验的数据外推到很低的剂量，这种剂量-反应关系的换算通常存在质和量两方面的不确定性。一般是由毒理学试验获得的数据外推到人，计算人体的 ADI。严格来说，对于食品添加剂、农药和兽药残留，为制定 ADI；对于污染物，为制定暂定每周耐受摄入量（PTWI，针对蓄积性污染物如铅、镉、汞）或暂定每日耐受摄入量（PTDI，针对非蓄积性污染物如砷）；对于营养素，为制定每日推荐摄入量（RDI）。目前，国际上由食品添加剂联合专家委员会制定食品添加剂和兽药残留的 ADI 以及污染物的 PTWI/PTDI，由农药残留专家联席会议制定农药残留的 ADI。

①剂量-反应的评估：剂量-反应关系是建立食品中化学物质安全性的基础。剂量-反应关系的外推剂量一般取决于化学物质摄入量（即浓度、进食量与接触时间的乘积），效应是指最敏感和关键的不良健康状况的变化，而剂量-反应关系的评估就是确定化学物的摄入量与不良健康效应的强度与频率，包括剂量-效应关系和剂量-反应关系。剂量-效应关系是指不同剂量的外源性化学物与其在个体或群体中所表现的量效应大小的关系；剂量-反应关系则指不同剂量的外源性化学物与其在群体中所引起的质效应发生率之间的关系。

剂量-反应关系确定首先要确定对靶器官的毒性以及毒理反应的化学机制，其次要估计NOEL，低于这个剂量，无毒性反应发生。由于食品中所研究的化学物质的实际含量很低，而一般毒理学试验的剂量又必须很高，同一剂量时，药代谢动力学作用有所不同，而且剂量不同，代谢方式也不同。另外，化学物在高剂量或低剂量时的代谢特征也可能不同。因此在进行危害描述时，就需要根据动物试验的结论来对人类的影响进行估计。为了与人体的摄入水平相比，需要把动物试验的数据外推到很低的剂量，这种剂量-反应关系的换算通常存在质和量两方面的不确定性。因此，在将高剂量的不良效应外推到低剂量时，这些与剂量有关的变化所造成的潜在影响就成为毒理学家关注的焦点。

试验获得的NOEL除以合适的安全系数等于安全水平或ADI，如式（8-1）所示。

$$ADI=NOEL\div 安全系数 \tag{8-1}$$

式中，安全系数一般为10~2000，这取决于试验数据的可信度，对食品添加剂一般使用安全系数为100。一个系数10是调整人和动物间的差异，另一个系数10是人群中的毒理反应的差异。

②遗传毒性和非遗传毒性致癌物：对于遗传毒性和非遗传毒性这一概念，最早的认识是癌症的发生有可能源于某一种体细胞的突变。毒理学家对化学物的不良健康效应存在阈值的认识比较一致，但遗传毒性致癌物例外。大量的报告详细说明遗传毒性和非遗传毒性致癌物均存在种属间致癌效应的差别。理论上，几个分子，甚至单个分子引起突变，在动物或人体内持续而最终发展成为肿瘤，通过这种机制致癌的物质是没有安全剂量的，近年来，已经逐步能够区别遗传毒性致癌物和非遗传毒性致癌物，并确定有一类非遗传毒性致癌物，即本身不能诱发突变，但是它可作用于被其他致癌物或某些物理化学因素启动的细胞的致癌过程的后期，相反的，其他致癌物由于通过诱发体细胞基因突变而活化肿瘤基因和或灭活抑瘤基因。因此，遗传毒性致癌物被定义为能够引起靶细胞直接和间接基因改变的化学物质，然而遗传毒性致癌物的主要作用靶位是基因，而非遗传毒性致癌物作用在非遗传位点，导致强化细胞增殖或在靶位上维持机能亢进或机能不良。大量的研究数据说明遗传毒性致癌物与非遗传毒性敛癌物之间，存在种属间致癌效应的区别。

世界上许多国家的食品卫生界权威机构认定遗传毒性和非遗传毒性致癌物是不同的。许多国家的食品安全管理机构认定遗传毒性与非遗传毒性致癌物存在不同，即某些非遗传毒性致癌物存在剂量阈值，而遗传毒性致癌物不存在剂量阈值。由于目前对致癌机制的认识不足，致突变性试验筛选致癌物的方法尚不能应用于所有致癌物。原则上，非遗传毒性致癌物可以按阈值方法进行管理，如可观察的无作用剂量水平-安全系数法。要证明某一物质属于遗传毒性致癌物，往往需要提供致癌作用机制的科学资料。

③阈值法：由动物毒理学试验获得的LOAEL或NOAEL除以合适的安全系数就得到安全阈值水平，即ADI。这种计算方式的理论依据是，人体和实验动物存在合理的可比较剂量的阈值。即ADI提供的信息是：如果按其ADI或低于ADI的量摄入某一种化学物，则对健康没有明显的风险。这是由于假定该化学物对人体与实验动物的有害作用存在着合理的阈剂量值。但实验动物与人体存在种属差别，其敏感性和遗传特性也存在差异，并且膳食习惯也不同，鉴于此，安全系数可以克服此类不确定性，弥补人群中的个体差异。通常对动物长期毒性试验资料的安全系数为100。当然，理论上存在某些个体的敏感性程度超出安全系数的范围，因此，当一个化学物的科学数据有限时，原则上采用更大的安全系数，如200。此外，有些国家的卫生

机构按效应的强度和可逆性来调整 ADI。即使如此，采用安全系数并不能够保证每个个体的绝对安全。因此，对于特殊人群如儿童、老人，可以考虑在他们摄入水平的基础上，采用一个特殊的转换系数进行保护。

④非阈值法：非阈值法对于遗传毒性致癌物，一般不能用 NOAEL-安全系数来制定允许摄入量，因为即使在最低摄入量时，仍然有致癌危险性。致癌物零阈值的概念在现实管理中是难以实行的，而可接受风险的概念成为人们的共识。因此，对遗传毒性致癌物的管理办法是，禁止商业化的使用该种化学物；制定一个极低而可忽略不计、对健康影响甚微或者社会能接受的化学物的风险水平。目前的模型大多数以统计学为基础，而不是以生物学为基础进行评估。也就是说，目前的模型仅利用试验性肿瘤的发生率与剂量的数据，几乎没有其他生物学资料。没有一个模型能利用试验验证，也没有对高剂量的毒性、细胞增殖与促癌或 DNA 修复等作用进行修正。由此认为，当前在实践中使用的线性模型是对危险性的保守性估计，用线性模型做出的风险特征描述一般以“合理的上限”或“最坏估计量”等字眼表述。许多管理机构已经认识到它们无法预测人群接近真正的风险。非线性模型可以部分克服线性模型所固有的保守性，采用它的先决条件就是制定可接受的风险水平。选择可接受的危险性水平取决于每个国家危险性管理者的决策，美国 FDA 和 EPA 选用百万分之一（10^{-6}）作为界限，这代表了科学界和管理者的共识。

（2）微生物危害描述中的注意事项　风险特征描述是微生物风险评估的四个步骤之一，是在危害识别、危害特征描述和暴露评估的基础上评价人群已知的或潜在健康不良影响的发生概率和严重程度。包括以风险评价的形式进行风险评估的结果，风险的描述，并为食品安全管理提供最有效的科学依据。摄入含微生物或其毒素的食品可能会造成副作用，提供有关副作用的严重性和持续时间的定量、定性的描述。如果数据充分，则应进行剂量-反应评估。危害特征描述中，有几个重要的方面需要考虑。它们不仅与微生物有关，也与作为寄主的人有关。同微生物相关的有以下重要的方面：微生物有无繁殖再生能力；微生物毒性和传染性会根据它与寄主和环境的相互作用而发生变化；基因物质的传递导致了抗药能力和毒性的传递；微生物可以通过间接传染或第三方传染而扩散；从接触病菌到临床症状的出现可能有很大的延迟；微生物可能在特定的寄主中长期存活，造成不断的微生物排泄和将传染扩散的危险；在特定情形下，即使是少量的某些微生物也可能造成严重的副作用；食品的属性有可能改变微生物的致病基因，如食品中过高的脂肪含量。同寄主相关的有以下重要的方面：基因因素，如人体白细胞抗原（HIA）的类型；由于生理功能屏障的瓦解而导致更加严重的免疫力脆弱；特定寄主的特性，如年龄、怀孕、营养、健康和医疗状况；同时发生的其他感染；免疫力状况和病史；全体人群的特性，如全体人群的免疫力、医疗水平以及对微生物的抵抗力。

危害特征描述所期待得到的特点是建立起理想的剂量-反应关系。在建立剂量-反应关系时，应考虑到不同的方面，如感染或疾病。当不存在一个已知的剂量-反应关系时，风险评估工具（如专家的意见）可以用于判断描述危害特征所必要的各种因素。

3. 暴露评估

CAC 对暴露评估的定义是“对通过食品和其他相关的来源暴露的生物、化学和物理等危害因子可能的摄入量的定性和/或定量评价”。当摄入途径为食物时，称为膳食暴露评估。膳食暴露评估是关联食物消费量数据与食品中化学物浓度数据的桥梁，通过比较膳食暴露评估结果与相应的食品化学物健康指导值，确定化学物的危害程度。暴露评估涉及的两个重要参数为食品中危害物的含量和膳食摄入量。暴露评估要考虑膳食中特定危害因子的存在和浓度、消费模式、摄入含有特定危害因子的问题食品和含有高含量特定危害因子食品的可能性等。通常暴露评估提供估算的摄入/暴露范围（如平均消费量和高消费量）和特定的消费人群（如孕妇、小孩和成人等）。由于实施卫生与动植物检疫措施协定（WTO/SPS 协定），暴露评估方法的一致性就变得尤为重要。暴露评估应充分考虑到不同膳食模式和潜在的高消费人群。由于人群和亚人群食品消费数据的缺乏，而这又是确保暴露评估一致性的前提，因此，应鼓励政府强化对相关数据的调查并及时更新，以确保风险评估是建立在最新的知识基础之上。

国际上对膳食暴露评估制定了一个通适性的原则，以此来规范和指导膳食暴露评估，保证风险评估结果的一致性和准确性。膳食暴露评估的主要原则包括以下几个方面：明确膳食暴露评估的目的，食品消费量与浓度数据的选择要根据评估目的来选择，同时应确保食品化学物风险评估的一致方法；评估程序旨在为消费者提供相同水平的保护，因此，膳食暴露评估应该不受毒理学终点的严重性、食物中化学物的种类以及关注亚人群等因素影响，坚持采用最佳的数据和方法；国际膳食暴露评估应该提供相当于或优于（营养不良例外）现有国家层面的评估结果；膳食暴露评估应覆盖普通人群以及重点人群。这些重点人群主要是婴儿、儿童、孕妇或老人等脆弱人群或预期与普通人群相比有很大不同暴露量的特殊人群；进行本国膳食暴露评估工作时，国家主管部门采用本国的食品消费量和浓度数据，但可以以国际营养和毒理学数据作为参考；如果国际膳食暴露评估结果超出了健康指导值，则国家主管部门应通过 CAC 或其他技术委员会，或直接向 JMPR 或 JECFA 提交国家的暴露评估资料；如果各个国家对某种化合物的国际膳食暴露评估结果并未超过其相应的健康指导值（或不低于营养参考值），则该化合物在该国家可以认为是安全的。

（1）化学因子暴露评估　暴露评估又称摄入量评估，包括对实际的或预测的人体对危害因子的接触剂量的评估。化学因子暴露评估主要是根据膳食调查和各种食品中化学物质暴露水平调查的数据进行的。包括暴露的强度、频率和时间，暴露途径（如经皮、经口或呼吸道），化学物摄入和摄取速率，跨过界面的量和吸收剂量（内剂量），也就是测定某一化学物进入机体的途径、范围和速率，通过计算，可以得到人体对于该种化学物质的暴露量。进行暴露评估需要有关食品的消费量和这些食品中相关化学物质浓度两方面的资料，一般可以采用总膳食研究、个别食品的选择性研究和双膳食研究进行。因此，进行膳食调查和国家食品污染监测计划是准确进行暴露评估的基础。

①摄入量的评估：对于食品添加剂、农药和兽药残留以及污染物的膳食摄入量的估计，需要有相应的食物消费量与这些食物中要评估的化学物浓度资料。食品添加剂、农药和兽药残留的膳食摄入量可根据规定的使用范围和使用量来估计。最简单的情况是，食品中某一添加剂含量保持恒定，原则上以最高使用量计算摄入量。但在许多情况下，食品中的量在食用前就发生了变化，如食品添加剂（如亚硝酸盐、抗坏血酸等）在食品贮存过程中可能发生降解或与食品发生反应，农药残留在农产品原料加工过程中会降解或蓄积，食品中的兽药残留则受到动物体内代谢动力学、器官分布和停药期的影响。因此，食品中的实际水平可能远远低于最大允许使用量或残留量。因仅有部分农作物或家畜家禽使用农药和兽药，食品中有时甚至可以不含农药或兽药残留。食品添加剂的含量可以从制造商那里获得，而包括农药和兽药残留在内的食品污染物的摄入量则要通过敏感和可靠的分析方法对代表性食品进行分析获得。一般来说，膳食摄入量评估有 3 种方法：总膳食研究、个别食品的选择性研究和双膳食研究。总膳食研究将某

一国家或地区的食物进行聚类，按当地菜谱进行烹调成为能够直接入口的样品，通过化学分析获得整个人群的膳食摄入量。单个食品的选择性研究，是针对某些特殊污染物在典型（或称为代表性）地区选择指示性食品（如猪肾中的镉、玉米和花生中的黄曲霉毒素等）进行研究。双膳食研究则对个体污染物摄入量的变异研究更加有效。WHO 自 1975 年以来开展了全球环境监测系统/食品规划部分（GEMS/Food），制定了膳食中化学污染物和农药摄入量的研究准则。中国预防医学科学院营养与食品卫生研究所作为 WHO 食品污染物监测合作中心（中国），一直承担着 GEMS/Food 在中国的监测任务，进行中国总膳食研究和污染物监测，开展我国食品微生物国家卫生标准的制定工作。

②内部暴露剂量和生物学有效剂量的评估：可以采用生物监测来评估机体中化学物的内暴露量，这包括生物组织或体液（血液、尿液、呼出气、头发、脂肪组织等）中化学物及其代谢物的浓度；人体由于暴露化学物导致的生物效应（如烷基化血红蛋白）；结合于靶分子中化学物及其代谢产物的量。生物标志物（biomarker）不仅整合了所有来源的环境暴露的信息，也反映了诸多因素［包括环境特征、生理处置的遗传学差别、年龄、性别、种族和（或）生活方式等］。对于许多的环境污染物，在暴露和生物效应之间的生物学过程尚不清楚，生物标志物可以提供线索。因此，生物标志物就成为生物监测的关键，而在暴露水平和生物标志物之间建立包括毒物代谢动力学在内的相关性有利于生物标志物的选择。通过改进生物学标志物的灵敏度、特异性和对低剂量暴露的早期有害效应的可预测性，来保护易感人群。在过去十几年中，已经发展的生物标志物主要用来检测损伤 DNA 各种化学物和致癌物的暴露，包括体液中母体化合物及其代谢产物或 DNA/蛋白质（如白蛋白和血红蛋白）加合物的接触指标，并发展了生物学效应标志物，如暴露个体的细胞遗传学改变。已建立生物标志物的有烟草和涉及膳食方面的化学物如黄曲霉毒素、亚硝胺、多环芳烃、芳香胺和杂环胺等。在食品污染物的生物监测中，除了上面这些以 DNA 加合物为主要生物标志物外，还有一些采用了机体负荷水平，如有机氯农药六六六和滴滴涕、多氯联苯和二噁英等环境持久性污染物可以采用体脂中含量来评估。而有机磷农药等可以采用血液胆碱酯酶活性作为接触/效应性生物学标志物。

a. 暴露剂量的分类。

给予剂量，外界将危害物质给予生物体的剂量。

吸收剂量，危害因子通过生物屏障到达血液或其他组织的剂量，吸收剂量=给予剂量×吸收率。

有效剂量，以危害因子（如化学有害物）对生物的伤害程度来表示的剂量。

b. 暴露量评估准则。暴露量评估是一项十分复杂的工作，涉及许多方面，因此制定一个比较科学的评估准则，显得尤其重要。一般地，一个完整的暴露量评估应该包含如下项目：某一危害因子（如化学危害物或其混合物）的基本特性；危害因子污染源；暴露途径及对环境的影响；测定或估计危害因子浓度；暴露人群情况；整体暴露情况分析。总之，进行化学物暴露累积风险评估，首先要对个体化学物毒性机制联合效应（剂量可加，效应可加，交互作用）进行评价，确定待评价的具有共同毒性机制的一组或多组化学物，然后根据可获得数据和评估目的选择合适的方法。多数情况下，因缺少低暴露剂量下化学物间交互作用的相关证据，评估者可采取一种务实的方法，认为化学物间的联合作用是剂量可加的。因当前方法存在一定的局限性和不确定性，如何充分利用可获得的现有数据并识别和弥补数据的不足是累积风险评估的关键问题。

（2）微生物因子暴露评估　对微生物因子来说，暴露量评估基于食品被某种因子或其毒素污染的潜在的程度，以及有关的饮食信息。暴露量评估应具体指明相关食品的单位量，例如，在大多数或者所有的急性病例中所占份额的大小。暴露量评估必须考虑的因素包括食品被致病因子污染的频度，以及随时间变化在食品中致病因子的含量水平。这些因素受以下方面的影响：致病因子的特性，食品的微生物生态，食品原料的最初污染（包括对产品的地区差异和季节性差异的考虑），卫生设施水平和加工进程控制，加工工艺，包装材料，食品的贮存和销售，以及任何食用前的处理（如对食品的烹饪）。研究者认为评估中必须考虑的另一因素是食用方式，这与社会经济和文化背景、种族特点、季节性、年龄差异、地区差异，以及消费者的个人喜好有关。还需要考虑的其他因素包括作为污染源的食品加工者的角色，对产品的直接接触量，突变的时间/温度条件的潜在影响。暴露量评估了在各种水平的不确定性下，微生物致病菌或微生物毒素的含量水平，以及在食用时它们出现的可能性。可以根据以下因素将食品定性地分类：食品原料会不会被污染，食品会不会支持致病菌的生长，对食品的处理会不会造成致病菌的潜伏性，食品受不受加热工艺的限制，以及微生物的生存、繁殖、生长和死亡受加工包装、贮藏环境（包括贮藏环境的温度、相对湿度、气体成分）的影响。其他相关因素包括：pH，水分含量，水的活性，抗菌物质的存在，以及竞争的微生物区系。预测食品微生物学是暴露量评估的有用工具。

4. 风险描述

风险描述是危害识别、危害特征描述和摄入量评估的综合结果，即对所摄入的危害物质对人群健康产生不良作用的可能性估计。它提供了对在特定人群中发生副作用的可能性和副作用的严重性的定量、定性评价，也包括对与这些评价相关的不确定性的描述。这些评价可以通过与独立的流行病例数据的比较来评价。

（1）化学因子风险描述　对于有阈值的化学危害物，其对人群构成的风险可以根据摄入量与 ADI（或其他测量值）比较作为风险描述。如果所评价的物质的摄入量比 ADI 小，则对人体健康产生不良作用的可能性为零。如式（8-2）所示：

$$\text{安全限值（MOS）} = \frac{\text{ADI}}{\text{暴露量}} \tag{8-2}$$

若 MOS=1，该危害物对食品安全影响的风险是可以接受的；若 MOS>1，该危害物对食品安全影响的风险超过了可以接受的限度，应当采取适当的风险管理措施。对于无阈值的化学危害物，对人群的风险是摄入量和危害程度的综合结果，即食品安全风险=摄入量×危害程度。

风险描述需要说明风险评估过程中每一步所涉及的不确定性。将动物试验的结果外推到人，可能产生两种类型的不确定性：

①动物试验结果外推到人时的不确定性。例如，喂养丁基羟基茴香醚的大鼠发生前胃肿瘤和甜味素引发小鼠神经毒性作用可能并不适用于人。

②人体对某种化学物质的特异易感性未必能在实验动物上发现。例如，人对谷氨酸盐的过敏反应。在实际工作中，这些不确定性可以通过专家判断和进行额外的试验，特别是人体试验，加以克服。

（2）生物因子风险描述　与公众健康有关的生物性危害包括致病细菌、病毒、蠕虫、原生动物、藻类和它们产生的某些毒素。目前，全球最显著的食品安全危害是致病性细菌。对微生物危害来说，暴露评估基于食品被致病性细菌污染的潜在程度，以及有关的饮食信息。暴露评估必须考虑的因素包括被致病性细菌污染的可能性，食品原料的最初污染程度，卫生设施水平和加工过程控制，加工工艺，包装材料，食品的贮存和销售，食用方式以及食品中竞争微生物对致病菌生长的影响。微生物致病菌的含量水平是动态变化的。如果在食品加工中采用适当的温度-时间条件控制，致病菌的含量可维持在较低水平。但在特定条件下，如食品贮藏温度不合适或与其他食品交叉污染，其含量会明显增加。因此，暴露评估应该描述食品从生产到食用的整个途径，能够预测可能与食品的接触方式，尽可能反映出整个过程对食品的影响。

预测微生物学是暴露评估的一个有用的工具。通过建立数学模型来描述不同环境条件下微生物生长、存活及失活的变化，从而对致病菌在整个暴露过程中的变化进行预测，并最终估计出各个阶段及食品食用时致病菌的浓度水平。然后将这一结果输入到剂量-反应模式中，描述致病菌在消费时在食品中的分布及消费过程中的消费量。由于在食品“从农场到餐桌”的过程中，环境因素存在很大的变化，将各种因素均合并在评估模型中进行分析，可以帮助评估者找到从生产到消费过程中影响风险的主要因素，从而能更有效地控制危险性环节。

就生物因素总体而言，目前尚未形成一套较为统一的科学的风险评估方法，因此一般认为，食品中的生物危害应该完全消除或者降低到一个直接接受的水平，CAC 认为危害分析和关键控制点 HACCP 体系是迄今为止控制食源性生物危害最为经济有效的手段。HACCP 体系确定具体的危害，并制订控制这些危害的预防措施。在制订具体的 HACCP 计划时，必须确定所有潜在的危害，这就需要包括建立在风险概念基础之上的危害评估。这种危害评估将找出一系列显著性危害，并在 HACCP 计划中得到反映。

风险评估必须在透明的条件下使用翔实的科学资料，同时，采用科学的方法对这些资料加以分析。但由于某些不可抗因素的存在，这些所需的科学信息并不是总能得到的，研究所得的结论一般都伴随着一定的不确定度。为了保证风险评估的有用性，应尽量将不确定度降到最低。

（3）以邻苯二甲酸酯类物质为例的危害性描述　按照分子组成及结构，邻苯二甲酸酯类物质包括邻苯二甲酸二（2-乙基己基）酯（DEHP）、邻苯二甲酸二丁酯（DBP）、邻苯二甲酸苄基丁酯（BBP）、邻苯二甲酸二异壬酯（DINP）、邻苯二甲酸二异癸酯（DIDP）、邻苯二甲酸二辛酯（DNOP）等 16 种物质。经商业化调查，DEHP、DBP、BBP 等物质的应用相对比较普遍。邻苯二甲酸酯类物质的危害性主要是以下两个方面。

①生物致癌、致畸性：邻苯二甲酸酯类物质是一类环境雌激素，美国国家癌症研究所对 DOP、DEHP 的致癌性进行了生物鉴定，认为 DOP 和 DEHP 是大鼠和小鼠的致癌物，能使啮类动物的肝脏致癌。对于 DEHP 是否对人类产生致癌作用，目前有许多不同观点，但国际癌症研究所（IARC）根据 DEHP 为过氧化物酶体增殖剂（PP），已将其列为人类可疑的促癌剂，美国环保署（EPA）也将 DEHP 列为 B2 类致癌物质。

②生殖发育毒性：欧洲化学品管理署已明确把 DBP、BBP 两种邻苯二甲酸酯类物质列入高关注物质（SVHC）来管理，其定性标准是该类物质具有高的生殖毒性（第 2 类）。研究表明邻苯二甲酸酯类增塑剂是一种具有生殖毒性和发育毒性的环境雌激素，可通过消化系统、呼吸系统及皮肤接触等途径进入人体。生殖毒性机制主要是与睾丸间质细胞、支持细胞、生殖细胞等作用，干扰雄激素合成。越来越多的权威科学家和国际研究小组已认定，过去几十年来男性精子数量持续减少、生育能力下降与吸收的邻苯二甲酸酯越来越多有关。欧盟一科研小组研究表明，DEHP 可能引起磷酸戊糖旁路代谢，加速引起睾丸内还原型酰胺腺嘌呤二核苷酸磷酸

(NADPH) 缺乏，导致睾酮合成障碍，从而影响生精过程的正常进行。另外，DEHP 主要通过影响胎盘脂质及锌代谢影响胚胎发育，研究发现，DBP 的代谢产物 MBP 对大鼠具有胚胎毒作用，导致胚胎生长缓慢。

二、风险管理

1. 风险管理内容

风险管理是根据风险评估的结果，同时考虑社会、经济等方面的有关因素，对各种管理措施的方案进行权衡，并且在需要时加以选择和实施。食品风险管理的主要目标是通过选择和实施适当的政策、措施，尽可能有效地控制这些风险，从而保障公众健康。在风险评价中必须确定某个具体食品安全问题的风险管理目标。食品管理不存在绝对的安全，不存在零风险的食品，其目标就是要根据当时的社会经济发展水平，结合降低风险所需要的成本，以及产生的效益来综合考虑制定管理目标。因此，对于同一个食品安全问题，不同的国家和地区往往选择的风险管理目标是不同的。风险管理目标只要达到一个当时情况下的“风险可接受的水平”即可。在制定风险管理措施时，管理者首先要了解风险评估过程所确定的风险特征。风险评估与风险管理在功能上要分开。风险评估是由科研机构来完成的，而风险管理则是由政府管理部门来实施。这是 CAC 食品法典准则所倡导的，也是目前国际上在食品安全风险分析方面的一个重要的发展趋势。

风险管理包括风险管理选择评估、执行管理决定及管理措施监控和审查三个过程。风险管理选择评估的基本内容包括确认农产品质量安全问题（如制定最高限量、制定食品标签标准)、描述风险概况、就风险评估和风险管理的优先性对危害进行排序、为进行风险评估制定风险评估政策（如通过使用其他物质或者改善农业或生产规范以减少某些化学物质的使用)、决定进行风险评估及风险评估结果的审议。风险管理选择评估的程序包括确定现有的管理选项、选择最优管理选项及最终的管理决策。执行管理决定指风险管理措施的采纳及实施。执行管理决定之后，应当对控制措施的有效性进行监控，以确保食品安全目标（Food Safety Objective，FSO）的实现。所有可能受到风险管理决定影响的有关团体都应当有机会参与风险管理的过程。他们可能包括（但不应仅限于）消费者组织、食品工业和贸易的代表、教育和研究机构以及管理机构。他们可以以各种形式进行协商，包括参加公共会议、在公开文件中发表评论等。在风险管理政策制定的每个阶段，都应当吸收有关团体参加。

2. 风险管理原则

①风险管理应当采用一个具有结构化的方法，它包括风险管理选择评估、执行管理决定以及监控和审查。在某些特定情况下，并不是所有都必须包括在风险管理活动过程中。

②在风险管理决策中，首先应当考虑保护人体健康，对风险的可接受水平应主要根据对人体健康的考虑决定，同时应避免风险水平上随意性的和不合理的差别，在某些风险管理情况下，尤其是决定将采取的措施时，应适当考虑其他因素（如经济、技术、社会习俗等)，应当保持清楚和明确。

③风险管理的决策和执行应当透明，风险管理应当包含风险管理过程（包括决策）所有方面的鉴定和系统文件，从而保证决策和执行的理由对所有有关团体是透明的。

④风险评估政策的决定应当作为一个特殊的组成部分包括在风险管理中，政策作为价值判断和政策选择的制定准则，这些准则将在风险评估的特定决定点上应用，因此风险评估前需与

风险评估人员共同制定，进而制定风险评估政策，因为这是进行风险分析实际工作的第一步。

⑤风险管理应当通过保持风险管理和风险评估二者功能的分离，确保风险评估过程的科学完整性，减少风险评估和风险管理之间的利益冲突，同时，鉴于风险分析是一个循环反复的过程，风险管理人员和风险评估人员之间的相互作用在实际应用中是至关重要的。

⑥风险管理决策应当考虑风险评估结果的不确定性，风险估计应该将不确定性量化，并且以易于理解的形式提交给风险管理人员，以便他们在决策时能充分考虑不确定性的范围。例如，风险估计如果很不确定，风险管理决策将更加保守。

⑦在风险管理过程的所有方面，都应当包括与消费者和其他有关团体进行清楚的相互交流，在所有有关团体之间进行持续的相互交流是风险管理过程的一个组成部分，风险情况交流不仅是信息传播，更重要的是有效管理至关重要的风险信息和意见，进而决策的过程。

⑧风险管理应当是一个考虑在风险管理决策的评价和审查中所有新产生资料的连续过程。应用风险管理决定后，为确定其在实现食品安全目标方面的有效性，还应对决定进行定期评价。为进行有效的审查，监控和其他活动可能是必需的。

三、风险情况交流

风险情况交流是食品安全风险分析过程中三大组成部分之一，是联系风险分析过程中利益相关方的纽带。食品安全风险交流是风险评估者、风险管理者及社会相关团体、公众之间各个方面的信息交流。

随着公众对食品安全的关注日益增强，国际贸易的竞争日益激烈，对风险交流提出了更多的要求，无论是科学工作作者、管理者还是公众等有关各方进行相互对话，用清楚、全面的词句解释食品中各种危害所带来的风险的严重性和程度，使公众感到可靠和值得信任。这就要求风险交流者认识和克服目前知识中的不足以及风险评估中的不确定性所带来的障碍，同时要及时掌握国际动态，与国际组织及各进出口食品贸易相关国家进行信息交流。

为确保风险管理政策能够将风险降低到最低限度，在风险分析的全过程中，相互交流起着十分重要的作用。风险交流是贯穿风险分析整个过程的信息和观点的相互交流的过程，食品安全风险交流包括国际组织、政府机构、企业、消费者和消费者组织、学术界和科研机构以及媒体之间各个方面的信息交流。通过风险交流，可以使有关团体，就食品及相关问题的知识、态度、估价、实践、理解交流信息，对所研究特定问题提高认识，增加选择和执行风险管理决定时的透明度，为理解和执行风险管理决定打下基础，从而改善风险分析过程的整体效果和效率。

1. 风险情况交流的目的

风险交流是用来解释如何和为什么作出决定，它明确回应利益相关方及公众提出的任何疑虑，解释为何这些问题被关注，风险交流是一个利益相关方和被影响方反复交流的过程。食品安全风险交流贯穿风险分析的整个进程，风险交流的主要目的是确保所有的信息和观点有效地纳入风险管理的决策过程。风险交流应对风险评估政策和风险评估中的不确定性给出一个清晰的解释，相关的要求如具体的标准、相关文本、后续决策的程序需要明确解释。应指明任何制约因素、不确定性等对风险分析的影响。

（1）通过所有的参与者，在风险分析过程中提高对所研究的特定问题的认识和理解。

（2）在达成和执行风险管理决定时增加一致性和透明度。

（3）为理解建议或执行中的风险管理决定提供坚实的基础。

（4）改善风险分析过程中的整体效果和效率。

（5）制订和实施作为风险管理选项的有效的信息和教育计划。

（6）培养公众对于食品供应安全性的信任和信心。

（7）密切所有参与者的工作关系，相互尊重。

（8）在风险情况交流过程中，促进所有有关团体的适当参与。

（9）就有关团体，对于与食品及相关问题的风险的知识、态度、评价、实践、理解进行信息交流。

2. 风险信息交流的内容

随着食品安全和食品中毒事件的频发和普发，公众越来越关心食品安全相关的风险信息，与消费者有效的风险信息交流显得日益重要必要且迫切。风险信息交流要求适度的表达，并需要对准则、危害、风险、安全等要求和有关食品普遍关心的问题做出反应。风险信息交流公开给公众提供了普通民众和特定人群的风险评估和食品危害识别的专家见解和科学结果。同时还提供了个人和公共部门通过质量和安全系统预防、减少和最小化食品风险的信息。同时，风险信息交流为特定危害的高风险人群，出于保护自身目的而采取何种妥善的应对措施提供了丰富的信息。

风险信息交流的内容包括：危害的性质；有关危害的特点和重要性；危害程度和严重性；情况的紧迫性；暴露的分布；构成显著危险的暴露量；处于危险中的人群的特点和规模；所有受影响的总体受益；以及风险评估的不确定性和风险管理的措施等内容。

公众对风险和利益认知的不同应该予以理解，同样国家和社会群体不同造成的认知不同也应该理解。例如，英国和美国在转基因改良的食品原料上存在明显不同，其中一部分是因为公众对政治家和专家一而再地保证的不信任。调查结果显示，人口统计特征变量对公众信息认知和风险认知存在一定程度的影响，而且，随着食品安全危机的发展，公众的风险认知、信息需求以及再购买意愿会呈现出阶段性特征。另外，在男性和女性之间风险认知也差异显著，一般说来，女性比男性更倾向于认知技术和食品相关危害的风险。社会舆论有助于提高对政府的信任，也就间接地提高了对风险相关的法律框架的信任，如何在风险管理过程中不断增加透明度和提高公众的信任度，将成为有效提高公众参与风险管理的途径之一。

3. 风险交流原则

风险交流原则包括：认识交流对象；专家参与；建立交流的专门技能；确保信息来源可靠；分担责任；确保透明度。

（1）认识交流对象　分析交流对象，了解动机和观点，开放并保持一条持久的交流渠道，有利于倾听多方的意见，也是风险交流的一个重要组成部分。

（2）专家参与　作为风险评估者，科学家必须具备多种专业素质和能力，如解释其评估的结论和科学数据，以及评估其基于假设和主观的判断，以使风险管理者和其他有关各方能清楚地了解其所处风险。风险管理者也必须能够解释风险管理决定做出的步骤和流程。

（3）建立交流的专门技能　成功的风险交流需要有向所有有关各方传达易理解的有用信息的专门技能。风险管理者和技术专家可能没有时间或技能去完成复杂的交流任务，比如对各种各样的交流对象（公众、企业、媒体等）的需求作出答复，且撰写有效信息资料。所以，具有风险交流技能的人员应该尽早地参与进来，专业技能的培养和提高可以通过系统培训和专业实践获得。

（4）确保信息来源可靠　对某一对象，根据危害的性质以及文化、社会和经济状况和其他因素的不同，来源的可靠程度也不同。如果多种来源的消息最终显示是一致的，那么其可靠性就得到加强。决定来源可靠性的因素包括被承认的能力或技能、可信任度、公正性以及无偏性。信任和可靠性必须不断积累以得到提升，否则他们会因缺乏效果或不适当交流而受到破坏或损失。

（5）分担责任　所有参与风险交流的各方，都应了解风险评估的基本原则和支持数据以及作出风险管理决定的政策依据。参与风险交流的各方（如政府、企业、媒体）的各自作用不同，但都对交流的结果负有共同的责任。

（6）确保透明度　为了使公众接受风险分析过程及其结果，要求这个过程必须是透明的。除因为合法原因需保密（比如专利信息或数据），风险分析中的透明度必须体现在其过程的公开性和可供有关各方审议两方面。在风险管理者，公众和有关各方之间进行的有效的双向交流是风险管理的一个必不可少的组成部分，也是确保透明度的关键。

4. 风险交流要素

风险信息交流要素可以从风险本质、利益本质、风险评估不确定性和风险管理建议 4 个方面概括。

（1）风险本质　包括危害的特征和重要性，风险的大小和严重程度，情况的紧迫性，风险的变化趋势，危害暴露的可能性，暴露的分布，能够构成显著风险的暴露量，风险人群的性质和规模，最高风险人群等。

（2）利益本质　包括与每种风险有关的实际或者预期利益，受益者和受益方式，风险和利益的平衡点，利益的大小和重要性，所有受影响人群的全部利益。

（3）风险评估的不确定性　包括评估风险的方法，每种不确定性的重要性，所得资料的缺点或不准确度，估计所依据的假设，估计对假设变化的敏感度，有关风险管理决定的估计变化的效果。

（4）风险管理建议　包括控制或管理风险的行动，可能减少个人风险的个人行动，对选择具体风险管理措施的判断，选择一个特定风险管理选项的理由，特定选择的有效性，特定选择的利益，风险管理的费用和来源，风险管理建议实施的风险持续性，执行风险管理选择后仍然存在的风险。

5. 风险交流的方法和途径

风险交流的方法或途径很多，具体要取决于食品安全问题的性质、涉及利益相关方的数量和性质、社会背景等。CAC 列出了一些被广泛使用的方法或途径，一般的交流方法或途径可分为会议性途径和非会议性途径。会议性包括听证会、公众会议、专题讨论会、针对重点人群的会议、答辩性的会议等；非会议性包括访谈、热线和免费电话、网络、电视广播、展览条幅、科学报告等。

6. 风险情况交流所遇到的障碍

①在风险分析过程中，企业由于商业等方面的原因、政府机构由于某些原因，不愿意交流他们各自掌握的风险情况，造成信息获取方面的障碍，另外，消费者组织和发展中国家在风险分析过程中的参与程度不够。

②由于经费缺乏，目前 CAC 对许多问题无法进行充分的讨论，工作的透明度和效率有所

降低，另外，在制定有关标准时，考虑所谓非科学的“合理因素”造成了风险情况交流中的障碍。

③由于公众对风险的理解、感受性不同，社会特征（包括语言、文化、宗教等因素）的不同，对科学过程缺乏了解，加之信息来源的可信度不同和新闻报道的某些特点，均会造成进行风险情况交流时的障碍。

因此，为了进行有效的风险情况交流，有必要建立一个系统化的方法，包括搜集背景和其他必要的信息、准备和汇编有关风险的通知、进行传播发布、对风险情况交流的效果进行审查和评价。另外，对于不同类型的食品风险问题，应当采取不同的风险情况交流方式。

第三节 各国食品安全风险分析发展历程

一、各国或组织食品安全风险分析发展及现状

（一）美国

1. 食品安全风险分析历史

美国的食品安全得益于美国法律的完备性。首先体现在食品安全制定过程中，根据特定目标来进行，管理机关可以根据管理目标制定相应的条例并给出相应的管理措施，因此，在面对一些新问题和新技术引起的新风险时，根据具体的目标和技术制定出的法律条例，就能表现出很高的灵活度和很强的适应度。其次，美国法律在制定的全过程向公众公开，采取听证会的形式充分吸收和考虑公众的意见，向公众解释政策制定的措施以及措施将如何执行，这样的制定过程保证了公众对政府的信任和政策的有效执行。最后，美国有公正的食品安全问题审判程序，当食品安全部门决策之间出现争端时，可以通过法院调解来保证最终的公正。

美国食品安全监管的有效，根本源自美国政府对食品安全的重视和对公众健康的关注。1997 年 6 月在华盛顿召开了第一次食品安全工作会议，会议通过了总统食品安全计划（President’s Food Safety Initiative），这个计划指明了风险分析在食品安全监管中的重要地位，同年，风险评估联盟（IRAC）成立，通过联盟加强联邦机构间的协调合作与信息交流. 推动风险评估科学研究发展。该计划还号召在所有食品安全监管机构之间建立“机构间风险评估协会”，该机构促进了微生物风险评估的进展，并且推动了关键点控制技术 HACCP 在风险管理中的运用。自此，美国的食品安全法律就更加重视风险防范了。1998 年，总统还签署政令，决定成立总统食品安全顾问委员会，由该委员会负责综合协调各职能部门的工作，制订国家食品安全总体计划和战略，负责食品监管资源的投放并指导食品研究机构的相关工作，该委员会的成立结束了美国过去多方交叉管理的混乱局面。

2. 食品安全风险分析机构设置

美国有两大食品安全管理机构，分别是负责肉类家禽食品安全的农业部（USDA）和负责除肉类家禽以外的食品和进口食品安全的食品与药物监督管理局（FDA）。两大部门下分别设立了食品安全风险分析团队，均具有透明性、团队合作协调性和持续性等特点。其中，透明性要求食品安全风险分析全过程中全员参与，团队性是指成立了来自各领域科学家组成的科研小

组，持续性是指在风险分析的过程是持续反复的过程，需要风险分析全员不断地交流信息。食品安全与应用营养学中心就是下属的一个团队，该机构是里面主要的风险分析的承担者，其活动又通过内部设立的风险评估团队、风险管理团队和风险交流团队组成，这三个团队职能是独立的，但是彼此又是互相联系和作用的。三个团队都有各自的领导，领导之间相互沟通保证了风险分析时间上的一致性和信息上的共享性。同时，内部还设有一名保证风险评估科学性的科学顾问，一名保证风险分析全过程顺畅的风险分析协调员和一名负责经济性和技术性管理的风险管理项目经理。

食品安全检验局（FSIS）是农业部下设的风险分析机构，也由三个功能独立、相互作用的团队组成。在 FSIS 公众健康科学部（OPHS）的风险评估部门负责风险评估和风险交流事宜，并且该部门还下设两个团队，分别为管理事务和暴露模型分部，技术分析和评价分部。FSIS 下设的政策和项目发展部（OPPD）负责风险管理。

3. 食品安全风险分析过程

（1）风险评估过程　美国的食品安全风险分析是全世界的成功典范。首先美国在最早建立了从农田到餐桌的微生物风险评估模型，对蛋制品和牛肉都进行了风险分析。启动风险分析机制第一步是风险评估，风险评估的第一步是危害识别，美国的危害识别依据是美国食品安全风险评估法以及以往风险分析实际经验，法律规定风险评估部门需要对进入市场前存在的所有潜在风险进行监测，对已经进入市场的风险根据经验判断来进行。风险评估的第二步是危害的特征描述，特征描述需要客观的数据作依据，要知道对人体有危害的数据情况，一般是对动物进行试验来获得的，所以这些数据具有一定的参照性，不是绝对准确的数据，美国在进行风险特征描述时，为了尽可能地减少误差，会建立合理的模型，用数学统计方法来定量分析风险评估。风险评估第三步是暴露评估，美国根据急性危害短期的试验，而对慢性危害进行长期的试验。

（2）风险管理过程　美国的风险管理由风险管理团队来进行。美国很好地运用了 HACCP 制度，HACCP 体系作为风险管理工具，能够很好地对危害进行识别和控制。为了减少危害，美国制定了许多严格的操作标准，比如在肉制品的制作过程中，法律规定了严格的生产和制作标准。另外，美国每年都会举行风险管理会议，由所有风险管理机构一起参与，制定以风险评估为基础的检测样本，抽样检测其他食品危害，检测结果作为制定食品安全标准的依据。

（3）风险交流过程　美国立法的透明性保证了美国风险交流的顺利进行，政府机构在制定各种风险分析法律的时候都要征求风险利益相关者的意见，向利益相关者解释法律的制定依据，所以各利益相关者对风险分析的全过程都很了解，在执行风险管理措施的时候障碍就会减少。美国也有一个全球信息交流平台，能够很好地与世界其他食品安全风险分析组织联系，得到其他组织的信息和帮助。

（二）欧盟

1. 食品安全风险分析历史

欧盟作为全世界最大的食品生产商和供应商，面临着诸如疯牛病、口蹄疫、禽流感等疫情的困扰，这些突如其来的危机，不仅关系到每一个成员国居民的生命安全问题，而且也关系到欧盟整个区域的战略安全问题。以前欧盟各成员国之间法律标准差距较大，各成员国之间并没有统一的法律标准，所以彼此在监管的过程之间出现了很多监管冲突或监管空白的现象，不利于整个欧盟区域的稳定性。与此同时，欧盟各成员国之间的食品贸易往来不断增加，不统一的食品安全标准也增加了贸易协调和管理的额外成本。因此，为了有效快速地应对安全危机，统一标准，降低各成员国之间的交易成本，欧盟不断地制定出一系列严谨高效统一的食品安全法律制度，这些制度涵盖了食品从农田到餐桌的各个环节。

欧盟食品安全法的建立是一个不断发展和完善的过程，经历了绿皮书到白皮书到欧盟基本法的三部曲发展历程。1996 年爆发的疯牛病席卷了欧盟食品安全领域，充分暴露了以往法律原则不明，内容零散陈旧等弊端，给欧盟政府提出了挑战性的难题。1997 年，欧盟理事会开始建立统一的欧盟食品安全法，并于当年颁布了名为“欧盟食品法一般原则”的绿皮书即《欧盟食品安全绿皮书》，该书客观地评估了过去法律的成就，也提出了食品安全立法应该建立在风险评估基础上这一要求。2000 年 1 月，欧盟理事会又发布了《欧盟食品安全白皮书》，此书更明确指出必须根据风险分析进行管理，并提出了成立食品安全管理局和加强对食品安全“从田间到餐桌”全过程进行监管的想法，确定食品安全管理局的主要职责是负责食品风险评估和风险交流。《食品安全白皮书》因此可被称为是欧盟食品安全法的蓝本，它不仅奠定了统一食品安全法的基础，也为各成员国制定各自的管理措施指明了原则和方向。2002 年 1 月，欧盟理事会和欧洲议会正式颁布了具有里程碑意义的《一般食品法》，于 2002 年 2 月 21 日正式生效，这是迄今为止欧盟出台的最重要的食品法规，此法为欧盟创造了一个系统有效的食品安全管理框架。

《一般食品法》主要内容如下：

①决定成立欧盟食品安全局（EFSA），机构职责是科学地进行风险评估和风险交流。

②明确了食品风险分析的目的和原则，即为了保护消费者的健康安全和利益，食品安全风险分析必须本着透明、公开、公正的原则。

③建立食品风险分析机制，明确指出风险分析应该由三个相互联系的有机体组成，即风险评估、风险管理和风险交流。

④为了增强消费者的信息，要求各食品安全相关机构和欧盟主要成员国都得参与到这个机制的运行中来，并且得严格地遵循这个法规。

2. 食品安全风险分析机构设置

(1) 评估机构和风险交流机构　欧盟以往的食品监管机构，由成员国代表组成的食品常任委员会、科学专家组成的食品科学委员会和由各利益相关者组成的咨询委员会，虽在一定范围内有效，但是无法抵挡 1996 年疯牛病的暴发，这次事件暴露了欧盟管理机构职能的局限性、科学专家不独立的弊端。为了更加独立科学地对风险进行评估，需要将食品安全风险分析与风险管理独立开来，避免一个机构既当裁判员又当运动员的现象，欧盟食品安全局这个具有独立风险评估的机构应运而生。作为欧盟最强有力的食品安全保证机构，该机构成立于 2000 年 12 月 8 日，有别于美国 FDA，它只负责风险评估和交流，而不制定规章制度，且该机构机制和管理独立，不隶属于任何其他的欧盟管理机构。

欧盟食品安全局具体职责为：①为欧盟委员会和欧盟议会在食品安全法规立法和制定食品安全风险管理政策的过程中提供科学的建议和意见；②在职权范围内向公众公开相关信息；③在危机时刻向欧盟理事会提供帮助；④对动植物和环境的保护给予关注。

(2) 风险管理机构　欧盟食品安全管理机构独立于欧盟食品评估机构，包括欧盟理事会、欧盟议事会、各欧盟成员国、欧盟审计院、欧盟法院、欧盟委员会卫生和消费者保护总司、食品与饲料快速预警系统、欧盟食品链和动物卫生常设委员会和欧盟食品与兽医办公室。其中，欧盟理事会和欧盟食品与兽医办公室是主要的风险管理机构。欧盟委员会根据风险评估结果制定风险管理决策，该决策运用于欧盟各国，作为食品安全风险管理的第一层控制。欧盟食品与兽医办公室负责对各国食品风险管理进行第二层控制。

3. 食品安全风险分析过程

（1）风险评估过程　欧盟食品安全局负责食品安全风险评估的全过程。在评估前，会接收到不同的科学建议请求，确认该请求符合法定的程序和要求后，该请求得到批准，会马上启动评估程序，并在规定的时间内给出评估。评估过程通过公开透明的方式委任欧盟科学委员会或某个科学小组开展科学研究，并把科学研究的结果及时向风险建议请求的相关机构通报和沟通，在研究过程中，数据收集尤为重要，必须收集足够准确的信息来分析比较，收集的信息包括生物性危害的信息、农药、残留物等污染信息和食品消费时个人暴露的风险信息。对相关数据收集研究分析后，可以系统地分析和识别潜在的风险，并将最后判断的结果以正式的书面形式向风险建议请求方或者其他国家发布。

（2）风险交流过程　风险交流是在风险评估者、风险管理者、相关团体和消费者之间进行的信息交流。

①盟食品安全局会在第一时间将食品安全的风险评估情况，及时与消费者进行公开的交流，同时相关的风险管理机构也是最快地把科学的食品安全风险理措施和实施效果告知于消费者。

②欧盟食品安全分析机构自身的各组织之间也会不断地交流信息，评估机构在评估前会征询管理机构的意见，并且尽量多地从其他机构处获得信息和数据，风险管理机构也会根据风险评估机构给出的信息进行科学有效的风险管理。

③欧盟各主要成员国建立了风险交流联盟，欧盟成员国中任何一个国家如果发现食品安全风险问题，都可以第一时间将信息发布在一个名为“快速警报系统”的电子信息平台上。

（三）日本

1. 食品安全风险分析历史

2001 年和 2002 年，日本相继发生了疯牛病事件和牛肉原产地错误标签等多起事故，日本国民对政府食品安全监管体制的不满极度高涨。为了应对食品安全问题，日本政府根据国内和国际食品安全形势发展需求，早期就运用了食品安全风险分析。为应对疯牛病的治理，日本首先成立了“疯牛病问题调查研究委员会”，并指出了日本现行食品安全行政体制存在的问题，希望食品监管能够以消费者的安全和健康作为首要的标准，并建议导入食品安全风险分析这一方法，希望通过风险评估、风险管理和风险沟通重新对食品领域进行洗牌。该机构还希望建立一个专门独立的风险评估机构，这些提议极大促进日本的食品安全法的颁布实施。

2003 年 5 月 23 日，日本颁布了新食品安全法，具体内容如下：确认了食品安全的原则是保护消费者安全至上，并且科学评估过程是从农田到餐桌的全过程监控。确立了风险分析的流程，确立了风险评估、风险管理和风险沟通等基本方针。在政策实施前要进行风险评估，风险管理应该根据风险评估的结果做出，且全过程贯之风险交流。日本《食品安全基本法》具有重大的历史意义，指明了以风险为标准进行管理的思路，风险管理也为日后管理奠定了基础。

2. 食品安全风险分析机构设置

《食品安全基本法》以风险分析为基础，确立了新的食品安全行政。该法规定：成立隶属于内阁府的食品安全委员会。从事食品安全风险评估；厚生劳动省和农林水产省负责食品安全风险管理；风险交流由上述三个机构紧密联合实行，综合性的风险交流经营由食品安全委员会负责。

（1）食品安全委员会　食品安全委员会主要实施食品安全风险评估、风险信息沟通与公开、紧急事态对应。风险评估作为食品安全委员会主要职能，大体上以风险管理机构提交的评估请求或者食品安全委员会自身指定的评估请来实施。根据对此类风险评估的评估结果，食品安全委员向首相及具备风险管理职能的备省负责人提出政策建议，以确保食品安全措施的实施。食品安全委员会的最高决策机构由 7 名公认“能不受他人左右”的食品安全方面的资深委员组成专家组成，下设由 250 人构成的各种专业调查小组，包括主要负责实施计划编制的“计划编制专门调查小组”，主要负责风险交流的监测的“风险交流专门调查小组”，主要负责紧急事件的应急措施的“突发事件应急专门调查小组”，以及根据食品添加剂、农药、微生物等不同危害因素设置了 14 个专门调查 4 小组。

（2）厚生劳动省　根据新法律，负责风险管理的厚生劳动省和农林水产省做了大幅度的机构调整。厚生劳动省将原医药局改组为医药食品局，下辖的食品保健部改组为食品安全部，下设企划情报科、基准审查科、监视安全科。食品安全部的主要负责：食品在加工和流通环节的质量安全监管；制定食品中农药、兽药最高残留限量标准和加工食品卫生安全标准；对进口农产品和食品安全检查；核准食品加工企业的经营许可；食物中毒事件的调查处理以及发布食品安全信息等。

（3）农林水产省　农林水产省成立了消费安全局。下设消费安全政策、农产安全管理、卫生管理、植物防疫、标识规格、总务等 6 个科，以及 1 名消费者信息官。消费安全局的主要负责：国内生鲜农产品及其粗加工产品在生产环节的质量安全管理；农药、兽药、化肥、饲料等农业投入品在生产、销售与使用环节的监管；进口动植物检疫国产和进口粮食的质量安全性检查；国内农产品品质、认证和标识的监管；农产品加工环节中推广 HACCP 方法；流通环节中批发市场、屠宰场的设施建设；农产品质量安全信息的搜集、沟通等。

3. 食品安全风险分析过程

日本《食品安全基本法》11～13 条规定，制定与实施食品安全政策的基本方针是采用风险分析手段。

第一，风险评估。《食品安全基本法》要求，在制定食品安全政策时，应对食品本身含有或加入食品中影响人体健康的生物学、化学、物理上的因素和状态，进行影响人体健康的评估。需紧急防止、抑制对人身健康产生不良影响而不能事前进行食品影响健康评价的，也应对时候及时进行食品影响健康评估，不得延误。

第二，风险管理。为了防止、抑制摄取食品对人体健康产生不良影响，应考虑国民饮食生活状况等因素，并根据风险评估的结果，制定食品安全政策。

第三，风险信息沟通。为了反映国民对制定政策的意见，并确保其制定过程的公正性和透明性，政府在制定食品安全政策时，应采取必要措施，向国民提供相关政策信息，为其提供陈述意见的机会，并促进相关单位、人员相互之间交换信息和意见。

（四）国外食品安全风险分析体系启示

1. 国外食品安全风险分析体系特点

国外食品安全风险分析体系的运行均具备如下特点：①风险评估与风险管理职能分工明确；②风险分析的法律基础坚实；③运行机制与工作制度相得益彰。

2. 对建立中国食品安全风险分析制度的启示

①重视食品安全风险分析工作，及时开展相关工作；②把风险评估和风险管理职能分开，促使工作的程序化；③加大风险管理决策的透明度，加强风险交流工作。

二、中国食品安全风险分析发展及现状

1. 我国食品安全风险分析发展历程

食品安全风险分析在世界各国均得到了很好的发展和应用。作为 CAC 的主要成员，中国政府重视食品安全风险分析工作并取得了显著成效。2001 年，我国最早研究食品安全的学者认为，食品风险分析作为一种新的国际食品安全宏观管理模式，能够最大限度地利用现有的资源，保证食品行业的安全性和有效性，值得广泛普及运用。国际上针对食品安全性问题最有效的管理方法是食品安全风险分析理论，不仅是科学方法论，还是一整套科学的宏观管理模式和风险评价体系，推广应用该管理模式，能够保证贸易公平，能够为制定各种标准奠定基础。2007 年，中国工程院院士陈君石呼吁我国应该尽快建立食品安全风险分析框架，促进政府官员、新闻媒体和消费者都能科学地认识风险和规避安全问题，而且对构建和谐社会也有极大的帮助。在众多学者的呼吁倡导和政府的重视践行下，我国于 2009 年通过的《食品安全法》中首次提出建立食品安全风险监测与评估制度，食品安全风险分析工作逐渐步入正轨。

中国在食品安全管理方面最初应用风险分析是在 20 世纪 90 年代中后期。《农业转基因安全评价管理办法》规定，对人类、动植物、微生物和生态环境构成的危害进行风险评估和分析。《兽药注册办法》规定，农业部对申请进口注册的兽药进行风险分析，经风险分析存在安全风险的，不予注册。《农产品质量安全法》将风险评估作为标准制定的重要依据。

2002 年，农业部畜牧兽医局成立“动物疫病风险评估小组”，根据中国动物防疫、动物及动物产品对外贸易情况，按世界动物卫生组织有关规定，对中国尚未发生的 A 类、B 类动物疫病进行风险评估和风险分析。农业部也专门成立了农业转基因生物安全评价专家委员会，对农业转基因植物、动物和微生物开展风险评估和安全评价。新修订的 GB 2763—2021《食品安全国家标准　食品中农药最大残留限量》和 GB 2762—2017《食品安全国家标准　食品中污染物限量》较大程度地引用了 CAC 标准的风险评估数据。兽药典也大幅度采用 CAC 标准的风险评估数据。

但总体分析，我国食品安全风险分析的发展相对滞后，大多数食品安全标准未经过严格的风险分析。其他国家食品安全规制中风险分析的应用经验对我国的启示是：①风险评估、风险管理和风险信息交流三要素间职能分离，各要素内部职能整合；②专门机构负责，职责分工明确；③风险交流充分高效，风险评估与管理透明度强；④基础数据全面充分，风险预警快速及时。

我国食品安全风险分析工作的重点是加强有害因子的风险评价，建立有效的风险交流体系，进一步明确责任主体。食品安全风险分析框架共分为三个部分。第一部分是食品安全风险

评估，不应该受政治、经济、文化的影响，工作是完全透明的，由科学家独立承担。第二部分是食品安全风险管理，建立在风险评估的基础上，政府根据风险评估，从当时当地各种实际条件出发，作出科学的决策。第三部分是食品安全风险信息交流，这种交流在政府官员与科学家之间，科学家与媒体、消费者之间双向进行。三部分合起来，是一个系统的有机整体。建立起了这个框架，就能把食品安全工作纳入科学管理的轨道。

2001 年，我国公布了《出入境检验检疫风险预警及快速反应管理规定》。

2003 年，中国农科院质量标准与检测技术研究所成立了风险分析研究室。

2006 年 4 月，我国颁布了《中华人民共和国农产品质量安全法》，历经 2018 年、2022 年两次修订，规定要对农产品质量的潜在害进行风险分析和评估。

2007 年，国家质检总局提出了“快速预警与快速反应系统”（RARSFS）。RARSFS 设计了不同的数据采集模式，并将逐步建立数据接口，实现各地数据快速采集、入库。

2008 年 10 月，全国人大常委会对《食品安全法》草案做出了八项修改意见，其中一项要求强化食品安全风险监测和评估。

2009 年 2 月，实施的《食品安全法》加入了食品安全风险评估措施，将建立食品安全风险评估机制摆上了各级政府和有关部门的议事日程。

2011 年 4 月，卫生部食品安全综合协调与卫生监督局局长苏志在北京举行的国际食品安全论坛上表示，中国目前已经建立食品安全风险评估中心。

2018 年，《食品安全法》修订，第十四条规定：国家建立食品安全风险监测制度，对食源性疾病、食品污染以及食品中的有害因素进行监测。第十七条规定：国家建立食品安全风险评估制度，运用科学方法，根据食品安全风险监测信息、科学数据以及有关信息，对食品、食品添加剂、食品相关产品中生物性、化学性和物理性危害因素进行风险评估。

2019 年，教育部颁布《学校食品安全与营养健康管理规定》。

2021 年 11 月，国家卫生健康委印发《食品安全风险评估管理规定》。

2. 我国开展食品安全风险分析的必要性

我国已经加入 WTO，在食品安全管理方面只有与国际接轨，运用风险分析的手段，才可能在保护我国食品国际贸易、保护消费者健康方面不被动，进而有所作为，需要开展食品安全风险分析。

（1）风险分析是国际组织力促在国际贸易中应用的主要原则之一　SPS 多边协定签约后，建立在风险分析基础上的 CAC 标准的性质发生了实质性的变化，由原来的推荐性标准演变为国际社会广泛接受和普遍采用的食品安全管理措施，成为国际食品贸易中变相的强制性标准，这就意味着在食品法典框架下制定所有的食品安全标准时都要应用风险分析原理。FAO 制定了有害生物风险分析准则。OIE 作为 WTO 授权的国际贸易中动物卫生国际标准的制定组织，也将风险评估纳入法典框架，制定了进口风险分析准则，并明确规定了贸易伙伴所要求的最低卫生保证，促进动物和动物产品的国际贸易，避免因国际交流而传播动物疫病的危险。

（2）开展风险评估是当前国际上实现食品安全全过程监管的科学方法　食品安全需要全过程监管，开展风险评估是当前国际上推崇采用的科学方法。在从农田到餐桌的漫长过程中，有许多影响食品安全的因素需要控制，非常有必要建立以风险评估为决策依据、以风险管理为工作方式的食品安全科学管理模式。

（3）开展农产品质量安全风险评估，是应对农业国际化和经济全球化的根本途径　作为农业大国，我国农产品对外贸易面临国内出口受阻和国外大量涌入的双重压力，特别是近年来我国农产品贸易出现总体呈逆差态势，同时国际贸易争端不断升级，究其根源我国对国际贸易规则的掌握和运用还有待提升，尤其是对世界贸易组织 TBT、SPS 协议对风险评估规定的应用能力还不适应。因此，采用风险评估技术是目前应对技术性贸易措施最有效的方法

（4）开展农产品质量安全风险评估工作是提升公众消费信心的客观要求　农产品质量安全事件的发生，会直接导致人民群众消费信心下降，进而危及整个产业链条。例如，2008 年的三聚氰胺奶粉事件，因事先缺乏对三聚氰胺的风险评估和预警预报，致使中国乳品行业受到致命打击。该事件也重创中国制造商品信誉，多个国家禁止了中国乳制品进口。开展风险评估工作，变事后监管为事前预防，可有效提升公众的消费信心，促进产业安全良性发展。

因此，风险分析是制定食品安全政策，解决一切食品安全事件的总模式，同时可指导设计进出口检验体系、食品放行或退货标准、提供制定有效管理策略的信息，以及根据食品危害类别全面分配食品安全管理资源。

3. 我国食品安全风险分析的法律责任

由于我国刚开始建立食品安全风险分析制度，尚未建立食品安全风险分析的法律责任制度。在《食品安全法》中仅对未经食品安全性评估以及医疗机构未依法报告有关疾病信息的法律责任作了简单规定。根据《食品安全法》第一百二十四条的规定，利用新的食品原料从事食品生产或者从事食品添加剂新品种、食品相关产品新品种生产，未经过安全性评估的，尚不构成犯罪的，由县级以上人民政府食品安全监督管理部门没收违法所得和违法生产经营的食品、食品添加剂，并可以没收用于违法生产经营的工具、设备、原料等物品；违法生产经营的食品、食品添加剂货值金额不足一万元的，并处五万元以上十万元以下罚款；货值金额一万元以上的，并处货值金额十倍以上二十倍以下罚款；情节严重的，吊销许可证。

根据《食品安全法》第一百二十九条的规定，进口尚无食品安全国家标准的食品，未提交所执行的标准并经国务院卫生行政部门审查，或者进口利用新的食品原料生产的食品或者进口食品添加剂新品种、食品相关产品新品种，未通过安全性评估，由出入境检验检疫机构依照《食品安全法》第一百二十四条的规定给予处罚。

4. 我国食品安全风险分析与预警制度的建设

建立食品安全风险分析与预警制度的目的都在于改变食品安全事故发生后或媒体曝光后才采取措施的情况。从源头抓起，注重防范，未雨绸缪。在食品安全风险分析与预警制度建设方面，多数国家都强调对风险的全面防范与管理，并充分保障公众对食品安全状况的知情权。2007 年，北京、上海等城市首先发布了针对食品安全事件的应急预案，将突发食品安全事件按照危害程度、扩散范围、产生的社会影响，以及应急需要调动的资源，由高到低划分为特大、重大、较大、一般四个级别，并依次对应发布红、橙、黄、蓝四种颜色预警信息。预警信息包括突发食品安全事件的类别、预警级别、起始时间、可能影响范围、警示事项、应当采取的措施和发布机关等。在此基础上，2007 年 12 月，由卫生部发布的《新资源食品管理办法》正式实施。该《办法》提出通过组建危险性专家队伍以及时收集、分析食品危害情况，开展危险性评估，并发布预警。

2011 年，在企业评价、组织研讨和专家解读的基础上，食品行业提出了企业食品安全战略的“七星体系”——健康引领、组织完备、原料品控、工艺严格、员工自律、渠道管控和诚信负责。以“七星体系”为纲发起成立的“中国食品健康七星公约联盟”是由食品行业相

关专家、企业自愿组成的全国性、行业性、不以营利为目的非政府联盟，集政府、行业组织、食品安全专家、企业、媒体及公众力量于一体，旨在践行最大化的社会价值创造，以保障最大化的食品安全，从而促进中国食品行业的整体发展。加入七星公约联盟的会员要承担义务，最大化地保障食品安全，面向消费者推动食品安全科普教育公益活动，以提高消费者的食品安全辨别水平，从而提高中国食品安全企业的整体素质。此外，还要联合行业组织和专家开展有关食品安全的评审、评价工作，开展食品安全的学术研究和交流，表彰先进的单位会员，总结推广成功经验，并且推广食品安全先进技术，引领整个行业的技术发展。

2012 年，下发《国务院关于加强食品安全工作的决定》，并明确指出食品安全是重大的民生问题，关系人民群众身体健康和生命安全，关系社会和谐稳定。党中央、国务院对此高度重视，制定实施了一系列政策措施。各地区、各部门认真抓好贯彻落实，不断加大工作力度，食品安全形势总体上是稳定的。

2019 年 5 月，国务院发布《关于深化改革加强食品安全工作的意见》，其基本原则中指出要牢固树立风险防范意识，强化风险监测、风险评估和供应链管理，提高风险发现与处置能力。坚持“产”出来和“管”出来两手抓，落实生产经营者主体责任，最大限度消除不安全风险。对中国食品安全风险评估与管理工作提出了具体的工作目标：

第十条，严把食品加工质量安全关。实行生产企业食品安全风险分级管理，在日常监督检查全覆盖基础上，对一般风险企业实施按比例“双随机”抽查，对高风险企业实施重点检查，对问题线索企业实施飞行检查，督促企业生产过程持续合规。加强保健食品等特殊食品监管。将体系检查从婴幼儿配方乳粉逐步扩大到高风险大宗消费食品，着力解决生产过程不合规、非法添加、超范围超限量使用食品添加剂等问题。

第三十条，加强技术支撑能力建设。推进国家级、省级食品安全专业技术机构能力建设，提升食品安全标准、监测、评估、监管、应急等工作水平。根据标准分类加快建设 7 个食品安全风险评估与标准研制重点实验室。健全以国家级检验机构为龙头，省级检验机构为骨干，市县两级检验机构为基础的食品和农产品质量安全检验检测体系，打造国际一流的国家检验检测平台，落实各级食品和农产品检验机构能力和装备配备标准。严格检验机构资质认定管理、跟踪评价和能力验证，发展社会检验力量。

第三十四条，加强风险交流。主动发布权威信息，及时开展风险解读，鼓励研究机构、高校、协会、媒体等参与食品安全风险交流，科学解疑释惑。鼓励企业通过新闻媒体、网络平台等方式直接回应消费者咨询。建立谣言抓取、识别、分析、处置智能化平台，依法坚决打击造谣传谣、欺诈和虚假宣传行为。

第三十八条，实施风险评估和标准制定专项行动。系统开展食物消费量调查、总膳食研究、毒理学研究等基础性工作，完善风险评估基础数据库。加强食源性疾病、食品中有害物质、环境污染物、食品相关产品等风险监测，系统开展食品中主要危害因素的风险评估，建立更加适用于我国居民的健康指导值。按照最严谨要求和现阶段实际，制订实施计划，加快推进内外销食品标准互补和协调，促进国民健康公平。

食品安全风险监测是指系统和持续收集食源性疾病、食品污染、食品中有害因素等相关数据信息，并应用医学、卫生学原理和方法进行监测。

食品安全风险评估，是指对食品、食品添加剂，食品中生物性、化学性和物理性危害因素对人体健康可能造成的不良影响所进行的科学评估，具体包括危害识别、危害特征描述、暴露评估、风险特征描述四个阶段。

健全风险监测评估体系。加强监测资源的统筹利用，进一步增设监测点，扩大监测范围、指标和样本量，提高食品安全监测水平和能力。统一制定实施国家食品安全风险监测计划，规范监测数据报送、分析和通报等工作程序，健全食品安全风险监测体系。加强食用农产品质量安全风险监测和例行监测。建立健全食源性疾病监测网络和报告体系。严格监测质量控制，完善数据报送网络，实现数据共享。加强监测数据分析判断，提高发现食品安全风险隐患的能力。完善风险评估制度，强化食品和食用农产品的风险评估，充分发挥其对食品安全监管的支撑作用。建立健全食品安全风险预警制度，加强风险预警相关基础建设，确保预警渠道畅通，努力提高预警能力，科学开展风险交流和预警。

按照中央的部署，各级党委政府持续开展食品安全风险治理，取得了效果。以农业农村部2023年第一次国家农产品质量安全例行监测为例，抽检范围涵盖31个省份的108个大中城市的818个蔬菜水果生产基地、452辆蔬菜和水果运输车、292个屠宰场、164个养殖场、616辆（个）水产品运输车和暂养池、592个农产品批发（农贸）市场。结果显示，抽检的蔬菜、水果、畜禽产品和水产品等4大类产品96个品种130项参数7575个样品，总体合格率为97.5%。但同时我国食品安全形势依然较为复杂，一些影响食品安全的深层次问题和矛盾还没有根本解决。

5. 当前我国食品安全风险面临的挑战

（1）源头治理具有长期性复杂性　工业化发展对生态环境造成了破坏，有些甚至是难确以逆转的历史性破坏，这些都可能影响食品安全。此外，农业生产中化肥、农药等化学投入品的高强度施用，使得农产品与食品安全风险治理具有持久性、复杂性、隐蔽性特点，治理起来难度较大。比如，由于农药残留具有难以溶解、不易挥发的特征，现实中农产品质量安全例行监测中所检测到的禁限用农药残留，有可能是10年甚至更久之前就残留于土壤之中的。

（2）生产经营组织转型任务艰巨　多年来，我国食品生产与加工企业的组织形态虽然在转型中发生了积极的变化，但以“小、散、低”为主的格局并没有发生根本性改观。中国食品工业协会发布，2023年规模以上食品工业企业数量占全国规模以上工业企业数量的8.4%。食品生产供应主体多是技术手段缺乏的小微型生产与加工企业，这也成为食品安全事件的多发地带。

（3）人源性风险治理难度较大　分散化小农户仍然是农产品生产的基本主体，其出于改善生活水平的迫切需要，不同程度地存在不规范的农产品生产经营行为。此外，由于我国食品工业的基数大、产业链长、触点多，加之部分商贩诚信和道德缺失，且法律制裁与经济处罚不到位，在“破窗效应”的影响下，存在超范围、超限量地使用食品添加剂、非法添加化学物质与制假售假的状况。

（4）多重风险相互渗透　受产业结构调整与气候环境、自然灾害等多种因素的影响，近年来我国农产品与食品进口规模不断扩大，加剧了农产品与食品对国际贸易的依赖程度，进一步拉长了食品产业链，给安全监管提出了新的挑战。农产品生产新技术、食品加工新工艺在为消费者提供新食品体验的同时，也伴随着潜在的新风险、新问题。同时，不法食品生产者通过使用新技术，也衍生出一系列隐蔽性较强的食品安全风险。

（5）部门监管的协同协作仍需加强　我国的食品安全监管体制在探索中逐步优化，但分段监管导致的权力分割问题没有得到很好解决，食品监管权、责在各部门间仍不够明晰，从而导致监管职能缺位、越位、交叉和重叠等现象时有发生。同时，由于治理能力不充分，导致食品安全风险监测、预警与评估滞后，难以有效治理食品安全风险。

(6) 食品供给和安全质量不平衡　首先是地区间的不平衡，发达地区的食品质量安全状况明显好于欠发达地区；其次是城市与农村间的不平衡，特别是随着城市食品安全监管力度的加大与城市消费者食品安全意识的不断提高，致使假冒伪劣、过期食品以及被城市市场拒之门外的食品中有部分流向农村，给农村食品安全风险治理带来了难题。再次是不同食品种类间的不平衡。统计数据表明，2016年，我国蛋制品、乳制品、速冻食品、茶叶及相关制品、婴幼儿配方食品、糖果制品等合格率均超过98%以上，而糕点、方便食品、冷冻饮品、饼干、水果制品、水产品等15类食品合格率相对偏低，低于全部食品总体水平。

6. 开展食品安全风险分析的建议和措施

(1) 高度重视对食品安全风险的评估及管理　食品安全风险评估的实质是应用科学手段检验食品中是否含有（或潜在）对人类健康不利的因素，分析这些可能带来风险的因素的社会与自然特征及性质，并对它们的影响范围、时间、人群和程度进行分析。美国的《总统食品安全行动计划》以及各国为控制食品安全所采取的各种措施，如广泛推行的HACCP等，就是通过强调对食品安全的风险评估，以实现食品安全目标的有效的风险分析及管理工具。

(2) 加强对整个食物链食品安全的迅速、高效、综合管理　强调关于食品安全的系统性、协调性以及预警系统技术的应用，对食物链所有环节加强关注，把质量安全过程控制理念贯穿其中。预警技术的应用方面，美国危险性预警系统主要是通过食品和饲料中某些成分的控制来实现，如通过对某些反刍动物蛋白饲料的禁令来预防疯牛病（BSE）的传入。此外，基于互联网技术和资源，加强食品安全风险分析，提高预警速度和效率。

(3) 强调食品安全管理的公开性和透明度　依法保证对食品安全的科学分析与信息交流咨询体系的建立并保持独立性，提高信息搜集的客观性、准确性，实现有效的风险交流，保证管理决策的透明性、有效件。其他国家的成功实践经验表明，通过增强食品安全管理的公开性和透明度，合理引入社会公众的参与，可使相关制度更加完善、管理更为有效，同时也能增强公众对食品安全管理的信心。

(4) 健全食品安全风险分析的法律法规　食品安全风险分析应该获得法律支持，才能得以实现。在相关法律中应增加食品安全风险分析的有关内容，设立从“农田到餐桌”各级政府、各环节、各方面的职责权利的科学的、统一的、有效的法律规范，解决监管执法部门职能交叉、监管链条不严密和执法空白。

(5) 借鉴国际应用风险分析的先进经验，构建适合我国国情的食品安全风险分析体系　我国作为WTO成员，应遵循国际组织相关规定，积极进行国际交流，及时了解并学习其他国家的先进经验，逐步建立、完善适合我国国情的食品安全风险分析体系。例如，进口风险分析是对进口动物和动物产品某种疫病传人的概率及其危害（风险）进行评估、管理和交流的方法和过程。在WTO的SPS委员会下，由各成员对各项检疫检验争端进行双边磋商，甚至WTO争端解决机构在审理三大SPS争端解决案例时，也需要以诉讼双方所提供的风险评估数据为审判依据。当WTO成员间进行双边磋商时，实行进口限制措施的成员必须在其他成员要求下提供风险评估数据，诉诸争端解决机制解决时，仍是以风险评估作为胜败诉的审判依据。随着我国养殖业迅速发展和国际贸易的快速增加，国际、国内动物防疫形势越来越严峻，完善我国进口风险分析运作机制成为当前迫切需要解决的问题。

（6）制定食品安全风险分析的规划　从我国迫切需要风险评估提供技术支撑的农产品质量安全问题为出发点，提高我国农产品质量安全风险分析能力水平为目标，提出工作计划和规划；引进消化和创新研究农产品质量安全风险评估核心技术，构建并优化农产品质量安全风险评估技术体系；对目前政府和公众高度关注的重要农产品中的污染物开展相应的风险评估工作，为政府管理决策咨询提供技术指导。

（7）实施风险评估和风险管理职能分离机制　风险评估不仅是风险分析的核心，也是进行风险管理的科学依据。为保障风险评估的科学性、客观性、透明度和有效性，风险分析水平先进的国家大都将风险评估与风险管理职能分开，成立专门的风险评估机构，遵循内外一致的原则进行风险评估，同时协调与国际组织，尤其是国内涉及食品安全的各行政机构的信息收集、交换和整合工作。CAC 风险分析工作原则强调，风险评估和风险管理应职能分离，以避免风险评估者和风险管理者的只能混淆。在食品法典框架下，风险评估是由联合专家委员会负责，而风险管理是由各食品法典委员会负责。新西兰农林部（MAF）下设的生物安全局（BA），加拿大食品检验署（CFIA）下设的动物卫生与生产局（AHPD），美国兽医局（VS）下设的流行病学和动物卫生中心（CEAH），欧盟的欧盟食品安全局等都是风险评估机构。风险评估机构作为科学咨询机构而非决策机关存在。如欧盟食品安全局不受欧盟委员会、欧盟其他的机构和成员国的管理机构的管辖，独立开展工作。日本于疯牛病事件后成立了食品安全委员会，独立于行政管理机构厚生劳动省和农林水产省，独立进行风险评估和风险交流的实施。

风险评估是一个科学过程，由科学家独立完成，可以受政府委托，但不应受政治、经济、文化的影响。比如，丙烯酰胺是一种可能的致癌物，风险评估就是要评价它的致癌性有多大。结果出来后，监管者再据此确定对丙烯酰胺的监管手段，如停止销售含丙烯酰胺的食品或对丙烯酰胺的含量作出严格规定等，这就是风险管理。

风险管理是由政府完成的，风险管理必须依靠风险评估的结果，但是会受政治、经济、文化的影响。虽然风险评估的结果是一定的，但是根据经济发展状况、各国进出口的需要，在风险评估基础上的风险管理各国却各有不同。风险管理是一个决策过程，每个国家可以制定相应的政策保护自己的消费者、生产经营者，但必须建立在风险评估的基础上。国际食品法典委员会所制定的标准，也是建立在风险评估基础上的。

（8）以风险分析为基础，建立科学的食品安全标准化体系　根据 SPS 协定，各成员应根据风险分析的结果，确定本国适当的卫生和植物卫生措施保护水平，再根据保护水平，制定相应的质量安全标准水平。在质量安全标准制定过程中，可以结合我国实际，不断优化食品安全危害因素检测体系，广泛开展食品安全危害因素检测和调查研究，其次通过长期风险分析对食物链各环节的食源性危害进行评估，充分考虑不同人群（如年轻人、老人、婴儿、病人等）的危害因素接触水平和每日耐受量等食品毒理学因素，及时制定和更新食品标准中的最大用量和限量标准。而对于农药和兽药残留限量标准的制定，受生物学因素的影响，风险分析的定量化难度较大，可根据我国流行病学调查和研究基础，参照国际标准来制定。在此过程中，通过接受国际组织的信息和技术援助，克服我国自身研究水平的不足，从理论与实践上，促进和提高我国标准制定的工作水平和质量标准水平。

由中国标准化研究院食品与农业所承担的原国家质检总局科研项目“食品安全风险分析在食品标准制定中的应用研究”及“食品微生物风险分析及重要标准研究”提出了开展食品安全风险分析的一般原则、食品安全风险分析在食品安全标准制定中应用的原则和指南、食品微生物风险分析标准，这将进一步规范我国食品安全风险分析，加强食品安全风险分析在标准中的应用，提高我国食品安全标准总体水平，进而保护消费者健康利益，合理合法地设置或抵御以农产品安全性为由的贸易技术壁垒，促进我国食品对外贸易的发展。

（9）建立科学、统一的食品安全检测体系 食品安全检验检测是食品安全风险管理的重要手段之一，它为食品安全风险管理提供重要的技术支持和管理政策依据。我国食品安全检验检测体系的基础框架虽然已经形成，但是食品安全检验检测机制、设施、技术力量和手段等仍需持续完善。我国必须建立科学、统一的食品安全检测体系，强化技术监管，加强食品安全风险管理。通过监测收集一批与中国农产品质量安全相关的分析数据，根据中国农产品质量安全预警体系，适时公告-批捕风险危害因子和对应的产品，提请公众关注和警觉，政府部门也要采取相应的防范措施，以正确引导生产消费，增强消费信心。

食品安全风险分析的理论与实践不断发展和完善。目前，食品领域风险呈现隐蔽性、交叉性、叠加性、高发性、放大性、跨界性、关联性、流动性、渗透性、传导性等许多新特点，有效防范化解食品安全风险，需要居安思危，统筹兼顾，科学安排，精准施策。贯彻落实党的二十大精神，食品安全监管工作人员要科学认识并正确把握风险与安全、安全与发展的辩证关系，始终从安全与风险的对立统一关系中把握风险管理的本质和要义，让风险管理始终贯穿于食品生产经营的全过程，让精准监管始终走在风险挑战的前面。应根据国内实际情况，以食品安全风险分析为基础建立我国的食品安全管理体制，进一步保障食品安全，促进对外贸易积极发展。

思考题

1. 风险分析的概念是什么？
2. 风险交流要素可以概括为哪几个方面？
3. 进行风险情况交流有什么目的？
4. 食品安全风险分析的核心内容是什么？
5. CAC 各组织和成员对哪些领域食品安全基础数据做了研究？
6. 在食品安全风险分析中，“危害”（hazard）与“风险”（risk）有何区别？
7. 进行危害识别的动物试验时应遵循哪些规范和原则？
8. 如何更好地与消费者进行食品安全风险信息的交流？

第九章

09

食品卫生检验

本章学习目标

1. 了解食品卫生检验的必要性和重要性。
2. 掌握食品污染物检测的传统方法和新型检测方法。
3. 熟悉食品污染物检测的国家标准。

第一节　食品卫生检验概述

随着社会经济的发展和生活水平的提高，食品无论从数量还是种类上都比以往有了极大的发展。但是在食品行业快速发展的今天，国内外食品都出现了质量参差不齐的现象。例如 2013 年新西兰蛋白粉的肉毒杆菌毒素污染事件，2017 年英国三大咖啡连锁店冰块细菌超标事件、2022 年我国老坛酸菜事件、2022 年美国婴儿配方奶粉有关的克罗诺杆菌污染事件等。基于食品安全事件频发的现象，各国政府对食品安全和卫生越来越重视。

按照污染物的性质进行分类，可以将食品中的污染物分为物理性污染物、化学性污染物和生物性污染物。除了上述三种常见的污染物之外，新食品原料、新的食品原辅料及包装材料以及新的食品加工方式的出现，使食品在生产、加工、贮藏、运输、销售甚至消费的环节，都会存在食品安全隐患。此外，还有一些非法经营、牟取暴利的生产者和经营者，在食品的生产过程中滥用添加剂或添加一些有害物质，以此来增加食品的色、香、味，提高消费者对食品的接受程度。党的二十大报告将食品安全纳入国家安全体系，将食品安全纳入国家安全体系，强调要“强化食品药品安全监管”，并进一步强化食品安全治理，守护好人民群众“舌尖上的安全”。为了保障食品安全、实现食品安全与卫生的全程监管，防止污染物通过食品影响人体健康，需要对食品生产过程中的每一个环节进行卫生检验和控制，尽早发现食品中存在的危害因素或潜在的风险，以此保障食品质量安全、维护公共卫生、保证消费者身体健康。在保障食品安全和卫生的管理过程中，食品检测技术具有重要意义。

食品检验是研究和评定食品质量及其变化的一门学科，它依据物理、化学、生物化学的一些基本理论和各种技术，按照制定的技术标准，如国际、国家食品卫生/安全标准，对食品原料、辅助材料、半成品、成品及副产品的质量进行检验，以确保产品质量合格。食品检验的内容包括对食品的感官检测，食品中营养成分、添加剂、有害物质等方面的检测。食品检测的重点在于积极预防消除并降低食品存在的安全隐患。经过食品检测发现隐患后，还需要快速有效的采取应对措施。只有这样才能真正体现食品安全的作用，确保食品从农田到餐桌的安全与卫生。食品卫生检测的任务就是将大量现代的检测标准以及检测技术引入食品安全与卫生的监督管理体系中，同时积极开展对食品中有害物质、食品添加剂、农药兽药残留以及真菌毒素等方面的检测和控制研究。尽早发现食品中存在的或者潜在的危害因素，以此保证食品安全，维护公共卫生，保障人民群众身体健康。

《食品安全法》第五十二条明确规定："食品、食品添加剂、食品相关产品的生产者，应当按照食品安全标准对所生产的食品、食品添加剂、食品相关产品进行检验，检验合格后方可出厂或者销售"。检验是确保食品安全的重要手段，企业通过对出厂食品进行检验，及时发现不合格产品。防止不合格产品流入社会损害消费者健康，同时也可以及时了解食品生产安全控制措施上存在的问题，及时排查原因并采取改进措施，这既是对消费者健康负责，也是对食品生产企业自身的品牌和信誉负责。此外，我国还建立了强大的食品安全与卫生监管体系，中国政府坚持从源头狠抓食品质量安全，完善监管的基本环节和制度，强化食品监管措施。为了保障食品的安全与卫生，我国政府树立了全程监督管理的理念，坚持以防为主、源头治理的工作思路，形成了"全国统一领导，地方政府负责，部门指导协调，各方联合行动"的监管工作格局。

传统的卫生检验技术包括理化性质检验（密度法、折光法、黏度法、电化学分析法、电位分析法、紫外分光光度法等）和微生物检验（菌落总数测定、大肠菌群检测、致病菌检验等），随着国家对食品安全的重视程度不断提高，消费者对食品卫生的意识也在不断加强，卫生检测技术在食品行业的地位也有所提高，包括气相色谱仪（gas chromatograph，GC）、高效液相色谱仪（high performance liquid chromatograph，HPLC）、高效液相色谱-质谱联用仪（high performance liquid chromatograph-mass spectrometer）、气相色谱-质谱联用仪（gas chromatography-mass spectrometer）在内的很多大型分析仪器应运而生。随着科学技术的逐渐发展，食品卫生检测技术也在不断完善，并且检测人员和消费者对于检测技术也提出了更高的要求，不仅要求高分辨率和高灵敏度的高效仪器，而且要求检测过程需要快速、精准。免疫学技术（酶免疫技术、荧光免疫技术、放射免疫技术、免疫组织化学技术等）、分子生物学技术（PCR检测技术、变性梯度凝胶电泳技术、双链构象多态分析技术等）、快速检测技术（基因芯片技术和生物传感器检测技术等）等分析技术已经在食品卫生检验方面展示出巨大的应用潜力。本章主要介绍食品中有毒污染物、食品添加剂、农药和兽药残留以及真菌毒素的检测技术和方法。

第二节　食品中有毒污染物检验分析

一、多环芳烃化合物

多环芳烃化合物（polycyclic aromatic hydrocarbons，PAHs）是指两个以上苯环以稠环形式相连的化合物，大多是无色、白色或淡黄色的固体。食品中的PAHs污染主要来源于是食品加工过程，包括食品的烟熏、烘干和烹饪过程。国际食品法典已规定了加工（如烟熏、烘干）及高温烹调（烧烤、煎炸）食品的PAHs限值，如在个别的烟熏鱼和肉制品中的PAHs限值为200μg/kg。

食品中通常含有 4 种主要的多环芳烃：即苯并［a］蒽（BaA）、䓛（Chr）、苯并荧蒽（BbF）和苯并［a］芘（3，4-苯并芘，BaP），BaP 属于致癌物（第 1 组），另外 3 种属于可能致癌物（第 2 组）。苯并［a］芘对人类和动物来说是一种很强的致癌物质，最初发现其可导致皮肤癌，后经深入研究发现对机体各脏器如肺、肝、食道、胃肠等均可致癌。苯并［a］芘还可以通过胎盘影响子代，可能造成胚胎的畸形、死亡，导致新生幼儿的免疫功能下降等。如果食物中苯并［a］芘含量较高，即使在食用后的短时间内无不良反应，但仍会在人体内长时间的潜伏，埋下隐患。由于苯并［a］芘致癌性强，检测灵敏度高，因此被作为检测多环芳烃的指标化合物。由于 PAHs 化合物的毒性，应严格控制其在食品中的含量。因此，食品中 PAH 的检测十分重要。对食品中 PAHs 的分析也包括两个步骤：提取、纯化和分析、检测。

（一）样品提取与纯化

多环芳烃化合物是一类非极性物质，可以使用多种有机溶剂（如氯仿、石油醚、醇类、丙酮、苯等）进行提取。目前，提取 PAH 的主要方法有超声波提取、微波辅助萃取法、超临界流体萃取和索式提取等方式。通过有机溶剂提取到的 PAH 物质中可能还含有一定量的非芳烃杂质，这些杂质可能干扰 PAH 的定量检测。因此，对于提取到的试样，可以根据 PAH 具有的两个特点（脂溶性和芳香性）进行浓缩或纯化。

（二）样品分析与检测

通过提取和纯化得到的样品需要借助仪器进行分析和检测。目前，多环芳烃化合物的检测方法包括荧光分析法、高效液相色谱法、气相色谱法、气相色谱-质谱联用分析法和酶联免疫分析法等。

1. 荧光分析法

GB/T 5750.8—2023《生活饮用水标准检验方法　第 8 部分：有机物指标》确定以纸层析-荧光分光光度法测定生活饮用水及其水源水中的苯并［a］芘。检测原理为：以环己烷为萃取剂，以活性氧化铝为吸附剂，用苯进行洗脱，浓缩后用乙酰化滤纸进行分离层析，在紫外照射下苯并芘显现蓝紫色的荧光斑点，之后用丙酮来洗脱，洗脱液的荧光强度越强表明苯并［a］芘的含量越高，由此来进行定量测定。还可以利用二阶导数-同步荧光法检测高脂肪食品中的苯并［a］芘，当回收率为 85%～95%时，该方法的检测限为 0.05μg/kg。同步荧光技术能克服散射光干扰、改善光谱重叠，对图谱进行导数处理也较好地消除了背景的干扰和各组分峰的堆叠，这些技术使荧光分析法得到了更好的应用。

2. 高效液相色谱法

多环芳烃化合物的常规检测方法为高效液相色谱法。目前我国检测动植物油中苯并［a］芘主要采用 GB 5009.27—2016《食品安全国家标准　食品中苯并（a）芘的测定》中规定的反相高效液相色谱法。首先选取合适的液体作为流动相，采用高压输液系统，将流动相泵入装有固定相的色谱柱，在柱内各成分被分开，然后在检测器中实施检测，目的是完成样品的分析。对辣条中的多环芳烃进行测定时，可以采用乙腈提取、分散式固相萃取净化的方式，使用高效液相色谱-二极管阵列检测器-荧光检测器可以检验到辣条中存在的 16 种多环芳烃。采用高效液相色谱法对腊肉中苯并［a］芘的含量进行测定，样品以正己烷溶剂提取，过固相萃取柱，通过高效液相色谱法检测样品含量在该色谱条件下苯并芘的标曲线性 $R^2>0.9999$，在洗脱液中加入 0.5mL 乙腈氮吹，回收率为 87.86%～90.20%，苯并［a］芘的检出限为 0.2μg/kg，定量限为 0.5μg/kg。此外，还可以采用液相萃取-反相高效液相色谱法联用测定植物油中的苯并［a］芘，采用固相萃取-高效液相色谱法测定方便面和植物油中的苯并［a］芘，但采用高效液相色谱法对食品中苯并［a］芘进行测定时存在操作烦琐、耗时、对技术要求较高等问题。

3. 气相色谱-质谱联用分析法

气相色谱法具有高效性、高灵敏性、高选择性以及样品用量少的优点。虽然气相色谱是分析复杂样品的强有力的工具，但由于 PAHs 中的物质大多具有较高的沸点，所以气相色谱法一般难以单独应用于 PAHs 的检测。而质谱法分析则是将不同分子电离成不同质荷比的带电粒子，在外部电磁场的作用下，根据带电粒子质荷比的不同实现不同物质之间的分离。将气相色谱与质谱通过接口相互连接，混合物先用气相色谱分离进入质谱检测，从而能够快速简便的实现对复杂化合物的分离和检测。

气相色谱-三重串联四级杆质谱法（GC-MS/MS）可以用于检测山茶油中的苯并［a］芘。样品称量后加入同位素内标，采用 DB5-MS 毛细管柱分离。该方法结合了气相色谱-质谱联用法和液相色谱串联三重四级杆质谱法的优点，实现了山茶油中苯并［a］芘的准确、灵敏检测。

4. 酶联免疫分析法

免疫分析法是利用抗原抗体之间的特性结合来测定分析特定物质的方法。该方法的特性较强并且准确度较高。免疫分析法的原理是抗原结合体所形成的可逆性反应。该方法无论是在分析方面还是在筛选方面都能保持极高的检测效率，主要优势在于特异性强、准确度高，且分析通量大。

酶联免疫吸附测定（ELISA）是理想的多环芳烃残留分析方法之一。采用 ELISA 方法和 HPLC 方法同时测定水中的 PAH，并将测定结果进行了对比结果显示，采用 HPLC 方法测定的水中主要含有 2 环和 3 环的 PAHs 物质（萘、苊、芴、菲、蒽），也包含芘和荧蒽这些化合物。采用 ELISA 方法没有发现假阴性的样品（即测定质量浓度<0.2μg/L），但是存在 18%的假阳性样品（即测定质量浓度>0.2μg/L）。免疫法对待测样品的处理要求较低，使用设备和操作比较简单，与传统方法相比。该方法的灵敏度较高。更适合于快速检查核对大批量样品的初筛，但通过上述分析可知，其重现性和准确性不及高效液相色谱等传统检测方法。

二、杂环胺类化合物

杂环胺类化合物（heterocyclic aromatic amines，HAAs）是一类由 C、H、N 组成的化合物。在烹调富含蛋白质的食物时，蛋白质的降解产物——色氨酸和谷氨酸形成一组多环芳胺化合物，如色胺热解产物（Trp-p-1 和 Trp-p-2）和谷胺热解产物（Glu-p-l）。研究发现，色胺和谷胺的热解产物对大鼠和小鼠均有致突变性。HAAs 根据化学结构可分为氨基-咪唑-氮杂芳烃（amino-imidazo-azaarenes，AIAs）与氨基-咔啉类（amino-carbolines，ACs）两大类。根据结构差异分类，AIAs 包括喹啉类、喹喔啉类、吡啶类和呋喃吡啶类。ACs 可分为 α-咔琳类、β-咔啉类、γ-咔啉类和 ζ-咔啉类。

通常杂环胺的生成量是以 ng/g 为单位进行计量的，但长期摄入会对人体健康造成巨大威胁。杂环胺的代谢分为解毒和活化，首先发生的是Ⅰ相代谢，进入体内的杂环胺经过细胞色素 P450（cytochrome P450，CYP450）酶催化发生羟基化反应，随后发生Ⅱ相代谢，即葡萄糖醛酸转移酶（glucuronyl transferase，UGTs）和磺基转移酶（sulfotransferase，SULTs）催化反应产生的芳香环羟基化产物和部分环外氨基羟基化产物，和葡萄糖醛酸或磺酸形成解毒物质，最后经粪便或尿液排出体外；另一部分的环外氨基羟基化产物通过氮乙酰转移酶（*N*-acetyltransferase，NATs）或磺基转移酶发生催化酯化，形成的活化产物会进一步异裂生成亲电子的芳基氮离子中间物，易与大分子物质（如蛋白质、DNA 等）进一步反应形成加合物，最终产生致癌活性。杂环胺的致癌性已经通过许多动物试验进行了研究，各种研究结果表明，杂环胺的致癌作用是通过在代谢过程中与 DNA 加合形成加合物所致，长期摄入过度加工的氮源食品能够诱导特定部位癌变，与结肠癌、乳腺癌、胃癌、肺癌和前列腺癌等的风险之间存在高度相关性。油煎、炭烤等直接接触明火的烹调方法会产生较多的杂环胺，其原因是此种情况下食物表面的水分快速大量的蒸发从而产生褐变效应，受到多环芳烃的污染。相对的通过间接加热方式加工肉制品如蒸、焖、煮、微波处理等，杂环胺含量大大减小。

（一）样品提取与纯化

基于复杂的食品基质以及 HAAs 在食品中的痕量存在的特性，为避免基质干扰和准确定量，在检测前需要对 HAAs 进行分离富集，提取和纯化 HAAs 的常用方法如下。

1. 固相萃取

固相萃取（solid-phase extraction，SPE）是利用固体吸附剂将液体样品中的目标化合物吸附，与样品的基体和干扰化合物分离，然后再用洗脱液洗脱或加热解吸附，达到分离和富集目标化合物的目的。SPE 是一种利用特异性吸附和有机溶剂脱附的有效的样品前处理方法，具有消耗有机试剂少、节约成本、能高效去除杂质等特点，但在使用时需根据目标物的特性，选取合适的吸附填料。可以使用 SPE 作为肉制品中 HAAs 的净化方法，先利用有机试剂初步提取 HAAs，再用以硅藻土、二氧化硅和 C_{18} 作为填料的萃取小柱进行纯化。经过 SPE 净化后，目标物受到样品基质的干扰较小。目前，用 SPE 净化 HAAs 的技术已逐渐发展为常用方法。

2. 固相微萃取

固相微萃取（solid-phase microextraction，SPME）是在固相萃取的技术中摒弃了特异性吸附材料的填充和有机溶剂洗脱的技术，它具有集采样、萃取、浓缩和进样为一体的显著优势。SPME 方法最大的优点是在对待测物进行分析的过程中能同时进行萃取和浓缩。用丙烯酰胺改性氧化石墨烯，改性后的氧化石墨烯具有较好的稳定性和分散性，将其用作固相微萃取的材料，结合高效液相色谱，开发了可以检测 IQ 等 6 种杂环胺的检测方法。该方法主要检测炸鱼、炸鸡中的杂环胺，方法检测限为 0.7ng/L，样品添加回收率为 65.9%～118%。

3. 液液萃取

液液萃取（liquid-liquid extraction，LLE）利用物质在两种互不相溶（或微溶）的溶剂中溶解度或分配系数的不同，使物质从一种溶剂内转移到另外一种溶剂中。经过反复多次萃取，将绝大部分的化合物提取出来。因此，LLE 是依据相似相溶的原理用有机试剂萃取杂环胺。一般来讲，热加工肉制品中的杂环胺通常采用氢氧化钠、盐酸、水等无机溶剂或丙酮、甲醇、乙酸乙酯、二氯甲烷等有机溶剂进行萃取。样品经不同的溶液均质处理后，所用的萃取液也各不相同。例如，样品若是在甲醇、丙酮或乙酸乙酯等有机溶液中均质处理，则用盐酸作为提取液进行萃取。利用微波辅助和 LLE 方法，结合高效液相色谱，建立了汉堡中的三种极性杂环胺的检测方法，样品添加回收率为 90%～105%。采用甲醇处理反刍动物肉样品，再利用加压加速溶剂萃取器成功萃取样品中的 HA，最后通过超高效液相色谱-质谱法对杂环胺进行检测分析。

该方法的缺点在于耗时长，有机试剂消耗大。

4. 分散液相微萃取

分散液相微萃取（dispersive liquid-liquid microextraction，DLLME）是一种较新的液相微萃取技术，方法操作简单，在水相样品基质中加入微升级的萃取剂和毫升级的分散剂，用以形成水/分散剂/萃取剂的乳浊液体系，再经离心分离后即可吸取萃取层直接进样分析。此法相当于“多重”悬滴液相微萃取法，因为添加了分散剂，可以大幅减少萃取剂的用量和显著提高萃取平衡的效率。DLLME 相当于小型的液液萃取技术，萃取剂在分散剂的作用下形成微小的液滴，均匀分散在样品提取液中，从而使待测物转移到萃取液中。利用 DLLME 技术，结合高效液相色谱，可以测定炸鸡中的 4 种杂环胺，该方法的检测限为 2.9~4.0ng/g，线性范围为 5~500ng/g，样品添加回收率为 90%~97%。

（二）样品分析与检测

随着科学技术的不断发展进步，HAAs 的仪器检测手段越来越多。目前，热加工肉制品中杂环胺的分析检测最常用的方法有气相色谱、气相色谱-质谱、高效液相色谱、液相色谱-质谱联用及其他检测方法。

许多研究学者对食品中杂环胺的检测技术展开了大量研究。研究结果表明，采用 GC-MS 法可以检测烤猪肉中 HAAs 的含量，该方法的定量限为 0.03~0.31μg/kg，相对回收率为 73.5%~120.5%，精密度为 0.54%~5.02%。利用 LC-MS 方法可以测定鱼类加工品中的 12 种 HA 物质，样品经有机溶剂提取，固相萃取小柱净化，梯度洗脱，电喷雾离子源正离子模式下检测，内标法定量，这种方法的平均回收率为 42.98%~125.00%，相对标准偏差为 1.49%~9.88%，方法检测限可达 0.3~1.0μg/kg。炒咖啡中 HAAs 的测定可以采取固相萃取-高效液相色谱仪-荧光检测器检测方法，样品经乙酸乙酯提取，Bond Elut PRS 固相萃取柱净化，最后经高效液相色谱检测，结果表明，方法的检出限和定量限分别为 0.21~0.51μg/kg 和 0.38~0.93μg/kg，方法的加标回收率为 40%~56%。

三、*N*-亚硝基化合物

N-亚硝基化合物是一类含有 N—NO 基的化合物，根据化学式的不同，可将 *N*-亚硝基化合物分为 *N*-亚硝胺和 *N*-亚硝酰胺两类。由于食品中含有丰富的蛋白质、脂肪以及人体必需的氨基酸，这些营养物质在腌制、烘焙、油煎、油炸等加工过程后，其内部会产生一定数量的 *N*-亚硝基类化合物。

亚硝酸盐存在于许多食品中，是一类典型 *N*-亚硝基化合物，其主要来源有两种，第一种是在食品加工过程中，食品中存在的硝酸盐被还原，生成亚硝酸盐。第二种是因为亚硝酸盐具有抗氧化及抗菌的特性被作为食品添加剂应用于香肠等肉制品的加工过程中。亚硝酸盐具有较高的毒性，单次摄入 0.3g 以上的亚硝酸盐剂则会引起中毒，一旦发生亚硝酸盐中毒后，会产生一系列的生理症状。当血红蛋白的 1/5 转变为高铁血红蛋白时，中毒者会表现为指尖、面部、嘴唇发绀。若中毒程度较严重，则会发生反应迟钝，嗜睡，精神萎靡不振或意识丧失等现象。重度的亚硝酸盐中毒则会导致中毒者心率加快、呼吸衰竭，甚至死亡。另外还会存在间接致癌、致畸和致突变等风险。此外，由于亚硝酸盐的外观与白糖、食盐等白色粉末状食品非常相似，日常生活中也会存在由于误服亚硝酸盐而引起中毒的现象。食品中 *N*-亚硝基化合物的

含量一般为 μg/kg 水平，并且食品基质十分复杂，故在检测时首先需要对待测样品进行制备（提取、分离、纯化），以达到仪器检测的要求。

（一）样品提取

N-亚硝基化合物的提取主要由物质的理化性质决定。该化合物在中性或弱碱性溶液中溶解度较小，而在醚类、醇类等极性有机溶剂中的溶解度较大，所以通常使用极性有机溶剂将该类物质从样品中提取出来。提取过程中需加入中性或碱性的盐类使其达到饱和状态，并利用盐析效应提高萃取效率。当对挥发性亚硝胺进行提取时，由于该类物质分子量较小并且具有挥发性，因此可以采用直接蒸馏的方式进行提取、分离，然后对分离出的物质进行纯化，即可用于检测。

1. 蒸馏法

蒸馏分离的原理是指利用液体混合物中各组分挥发度的差别，使液体混合物部分汽化并随之使蒸汽部分冷凝，从而实现其所含组分的分离。蒸馏法通常用于挥发性亚硝胺的提取。*N*-亚硝基化合物在极性有机相比水相介质中的分配系数大，因此可以使用极性有机溶剂从样品中提取该类物质。但是由于不过样品的形态和分析物的含量不同，因此操作方法会略有差异。固体的粮食及土壤等粉状物质，一般是在改良的索氏脂肪提取器内，使用有机溶剂进行萃取；蔬菜类样品和缓冲液、萃取溶剂搅拌均匀，放置过夜后用高速组织捣碎机搅碎，过滤，然后得到有机层进行干燥浓缩；对于饮料酒样品来说，先加入乙醇使其含量提高到 55% 左右后，加入足够量的无水高氯酸镁，使样品饱和后再加 10g 左右的无水高氯酸镁，然后降温后用 400mL 二氯甲烷萃取；低浓度的水样，先用活性炭等物质吸附浓缩，然后进行索氏提取。

2. 消煮法

消煮法就是利用加热使得 *N*-亚硝基化合物充分溶解于极性溶剂中，然后过滤分离得到有机溶剂提取液，经过干燥、浓缩后上机测定，主要适用于固体样品。

（二）样品测定

随着检测方法和仪器的不断更新，对 *N*-亚硝基化合物的测定方法也不断完善。根据分析方式的原理不同，可以将测定方法分为如下几种：紫外-可见光光度法、气相色谱法、液相色谱法、薄层色谱法、气相色谱-质谱联用法和胶束电动毛细管色谱法等。

1. 紫外-可见分光光度法

紫外分光光度法可以直接测定 *N*-亚硝基化合物的含量。*N*-亚硝胺在紫外光谱下有两个吸收峰：在 340nm 有一个较弱的吸收峰，在 230nm 处有一个较强的吸收峰。另外，*N*-亚硝基化合物可以进行光反应，在紫外照射时，*N*-亚硝胺光解并转变为相应的肿胺和亚硝酸根，可以利用后者进行分光光度法测定，从而可间接测定出 *N*-亚硝胺的量。

2. 气相色谱法

气相色谱法是利用气体作流动相的色层分离分析方法，在石油化工、医药卫生、环境监测、生物化学、食品检测等领域都得到了广泛的应用。其优点在于分辨率较高，分析速度较快，并且样品用量少，检测灵敏度高。在对 *N*-亚硝胺类化合物进行检测时，使用的检测器有氢火焰离子化检测器（FID）、电子捕获检测器（ECD）、氮磷检测器（NPD）等。

利用气相色谱-FID 检测器可以对熟肉制品中的挥发性 *N*-亚硝胺进行测定。用气相色谱-

FID 检测器检测 N-亚硝基二乙胺，在 1~10μg/mL 范围内呈良好的线性（R=0.999），平均回收率为 85%，检出限为 0.8μg/mL。用带有 NPD 的气相色谱测定了市售如皋火腿中的 3 种挥发性 N-亚硝胺、N-二甲基亚硝胺（NDMA）、N-二乙基亚硝胺（NDEA）和 N-吡咯烷亚硝铵（NPYR），检测结果显示，市售如皋火腿中 NPYR 的含量最多，检出率为 100%，其次为 NDEA，检出率为 95%，NDMA 含量最低，检出率为 85%。

3. 高效液相色谱法

高效液相色谱除了具有气相色谱的高效、灵敏、选择性强等优点外，还可以测定非挥发性亚硝胺。采用高效液相测定 N-亚硝基化合物时，要把这类物通过化学反应或光学反应分解成胺类物质和亚硝根离子，然后选择不同的衍生化试剂进行衍生，再由不同的检测器进行测定。

可以使用氢溴酸-乙酸溶液使 N-亚硝胺化学分解为胺类物质和亚硝根离子，对相应的胺类物质进行丹璜酰氯化，然后过柱子并用荧光检测器进行测定，此分析方法对 N-亚硝基吗啉和 N-亚硝基二乙胺的检测极限分别为 8pg 和 75pg。可以过柱后采用紫外线来破坏亚硝胺的 N—NO 键，从而得到相应的胺类物质，再利用过氧二硫酸盐光氧化二价钌联吡啶，得到三价的钌联吡啶，此物与胺类物质产生电化学发光，再利用化学发光检测器来测定 N-亚硝基化合物，此方法的线性范围为 0.13~500μg/L，对于 N-亚硝基哌啶烷和 N-亚硝基吡咯烷的检出限分别为 0.03μg/L 和 0.76μg/L，该方法具有简单、自动化程度高、灵敏度好和分析速度快的特点。

4. 胶束电动毛细管色谱法

胶束电动毛细管色谱法是近年来迅速发展的一种分析方法，它结合了高效液相色谱和毛细管电泳的优点，具有高柱效、高选择性、分析速度快、样品用量少、自动化程度较高的特点，适合于对组分复杂的样品进行分析，在 N-亚硝基化合物分析的应用中也取得了良好的效果。

将固相萃取技术和胶束电动毛细管色谱法相结合，可以对香肠中的 N-亚硝胺进行测定。还可以利用 N-亚硝胺光解后的产物，即相应的胺类物质和 4-氯-7-硝基-2,1,3-苯并杂噁二唑（NBD-Cl）发生衍生化反应，然后采用胶束电动毛细管色谱法进行分离，并用激光诱导荧光检测器进行检测，该方法对 N-亚硝基吡咯烷的检测限可达到 9×10^{-9}。

四、与食品中有毒污染物相关的国家标准

保障食品安全是建设健康中国、增进人民福祉的重要内容，是以人民为中心发展思想的具体体现，而食品安全标准化则是保障我国食品安全的重要措施。根据现行的《食品安全法》，食品安全标准是强制执行的标准，除了《食品安全法》之外，国家还制定了一系列食品安全国家标准，用于严格控制食品中有毒污染物的含量。现将食品中常见的多环芳烃化合物、杂环胺类化合物和 N-亚硝基化合物的国内检测标准进行总结，见表 9-1~表 9-3。

表 9-1　食品中常见多环芳烃化合物检测的国内标准

标准名称	标准号	检测方法	标准类别
食品安全国家标准　食品中多环芳烃的测定	GB 5009.265—2021	气相色谱-质谱法 液相色谱法	国家标准
动植物油脂 多环芳烃的测定	GB/T 24893—2010	高效液相色谱法	国家标准
植物油中多环芳烃的测定　气相色谱-质谱法	GB/T 23213—2008	气相色谱-质谱法	国家标准

续表

标准名称	标准号	检测方法	标准类别
烟熏及烧烤肉制品中 24 种多环芳烃的测定　气相色谱-质谱法	T/CQCAA 0010—2022	气相色谱-质谱法	团体标准
水产品中 16 种多环芳烃的测定　气相色谱-质谱法	SC/T 3042—2008	气相色谱-质谱法	行业标准
高效液相色谱法测定水中多环芳烃类化合物	SL 465—2009	高效液相色谱法	行业标准
水质　多环芳烃的测定　液液萃取和固相萃取高效液相色谱法	HJ 478—2009	液液萃取和固相萃取 高效液相色谱法	其他国内标准
食品接触材料　木制品类　食品模拟物中多环芳烃的测定	SN/T 2203—2021	高效液相色谱法 气相色谱-质谱联用法	行业标准
食品接触材料　塑料　食品模拟物中多环芳烃的测定　高效液相色谱法	SN/T 2279—2009	高效液相色谱法	行业标准
出口食品中多环芳烃类污染物检测方法　气相色谱-质谱法	SN/T 4000—2014	气相色谱-质谱法	行业标准
食品接触材料　蜡　食品模拟物中多环芳烃的测定	SN/T 2202—2008	高效液相色谱法 气相色谱-质谱联用法	行业标准

表 9-2　食品中常见杂环胺类化合物检测的国内标准

标准名称	标准号	检测方法	标准类别
食品安全国家标准　高温烹调食品中杂环胺类物质的测定	GB 5009. 243—2016	液相色谱-质谱联用法	国家标准
水质　吡啶的测定　气相色谱法	GB/T 14672—1993	气相色谱法	国家标准

表 9-3　食品中常见 *N*-亚硝基化合物检测的国内标准

标准名称	标准号	检测方法	标准类别
食品安全国家标准　食品中 *N*-亚硝胺类化合物的测定	GB 5009. 26—2023	气相色谱-质谱法 气相色谱-热能分析仪法	国家标准
食品安全国家标准　食品中亚硝酸盐与硝酸盐的测定	GB 5009. 33—2016	离子色谱法 分光光度法	国家标准
饮用水中 *N*-二甲基亚硝胺、二氯乙腈、二溴乙腈水质标准	T/SAWP 0001—2020	固相萃取毛细管气相色谱-化学电离源质谱法 固相萃取液相色谱-质谱联用法 液液萃取气相色谱-电子捕获检测法	团体标准

续表

标准名称	标准号	检测方法	标准类别
食糖中亚硝酸盐的测定	QB/T 5013—2016	离子色谱法 分光光度法	行业标准
婴儿奶嘴中迁移的*N*-亚硝胺含量测定方法　气相色谱-质谱法	SN/T 4451—2016	气相色谱-质谱法	行业标准
水质　亚硝胺类化合物的测定　气相色谱法	HJ 809—2016	气相色谱法	行业标准
食品中亚硝酸盐的快速检测　盐酸萘乙二胺法	KJ 201704	盐酸萘乙二胺法	行业标准
水质　亚硝酸盐氮的测定　气相分子吸收光谱法	HJ/T 197—2005	气相分子吸收光谱法	行业标准

第三节　食品添加剂检验分析

随着我国经济的发展和科技的不断进步，食品工业得到了突飞猛进的发展，食品添加剂在食品工业发展的作用是不可磨灭的，但食品行业的发展也使添加剂的使用量不断增加，而滥用食品添加剂或者向食品中添加一些非法添加物质会导致食品安全问题。很多消费者甚至无法正确认识食品添加剂在食品中起到的作用，普遍认为添加剂的使用严重影响了食品安全。因此，需要使用现代分析技术检测食品中添加剂的含量，以此保障食品安全和消费者的身体健康。本节内容总结了食品添加剂的几种检测技术。

一、常用于食品添加剂的检测技术

1. 紫外-可见光分光光度法

紫外-可见分光光度计可以广泛应用于食品中具有荧光反应的添加剂，经常采用紫外可见分光光度计进行检测的添加剂为亚硝酸盐，并且取得了比较理想的检测效果。随着科技的进步和计算机技术的不断发展，紫外可见分光光度法，逐渐与计算机检测技术相融合。该方法不仅可以确保检测过程的智能化，并且还可以提高检测的精密程度，此外，计算机检测技术的应用可以更直观地读取检测数据，极大提高了食品添加剂的检测效率。还可以采用紫外分光光度法，在224nm波长下对碳酸饮料中的苯甲酸钠含量进行测定。测定结果表明，该方式的灵敏度较高，加标回收率较高，分析速度较快。但是在检测过程当中会受到一些添加剂特性的限制，对于无法出现荧光反应的食品添加剂，就不能用这种方法进行检测，需要检测员进行二次检测。进行二次检测的过程中不会受到荧光反应的限制，因此二次检测会比紫外可见分光光度计的检测方法更加准确。

2. 气相色谱法

采用气相色谱法对食品中的添加剂进行检测时，操作方便，并且仪器的灵敏性较高，因此在添加剂的检测过程中应用也较为广泛。但在应用过程中，该方法存在一定的局限性，更适用于低沸点、易挥发的物质，对高沸点的添加剂如着色剂等则分离效果差。甜蜜素在酸性介质中会与亚硝酸盐反应，生成环己醇亚硝酸酯，氢火焰检测器可对其进行检测，准确地获取其具体含量。同时，这种检测技术对山梨酸和苯甲酸等防腐剂的检测也十分准确。

3. 高效液相色谱法

在实验室对食品添加剂进行检测时，高效液相色谱法是常用的一种检测方法，通常被用于着色剂的检测。在实际应用中，液相色谱法主要对液体食品中的着色剂进行检测，如牛乳、饮料、果蔬汁等。在对着色剂进行检测之前，需要按照要求将样品进行相应处理。如果样品基质比较简单（如酒精或碳酸饮料等），一般选择将检测样品直接浸入水中进行溶解，随后调整溶液 pH 至合适范围，定容和过滤膜后便可上机对样品进行测定。如果待测样品的机制比较复杂（如果汁等），需要借助聚酰胺吸附法对样品进行有效处理。此外，还可以使用液相色谱法对食品中的抗氧化剂和山梨酸苯甲酸等防腐剂进行检测。

4. 离子色谱法检测技术

离子色谱法（ion chromatography，IC）是利用离子交换原理，连续对共存的多种阴离子或阳离子进行分离、定性和定量的方法。相比于液相色谱法检测技术，离子色谱法的灵敏度更高，而且检测的范围更广、具有更强的选择性。应用离子色谱法进行食品添加剂的检测时，无论外界环境如何，都可以进行准确且快速的检测，受周围环境影响较小。离子色谱法对于检验食品中的硝酸盐和亚硝酸盐含量有着十分重要的作用，且检测结果准确。在对肉制品进行生产加工的过程中，硝酸钠和亚硝酸钠的运用概率比较大。硝酸钠和亚硝酸钠对于改善肉制品的色泽有十分重要的作用。离子色谱法检测技术不仅可以直接省略提纯步骤，还可以实现在较高浓度下对较低浓度的食品进行快速检测。离子色谱法检测硝酸钠和亚硝酸钠的原理是使用镉柱还原法，获取食品中这两种添加剂的具体含量，并对其进行控制，从而保证被检测食品的质量安全。

离子色谱法在检测三聚磷酸盐检测方面的应用范围较广。三聚磷酸盐可以避免食品出现脱色，保障食品鲜香度与水分，在罐头、果汁或熟食中比较常见。采用离子色谱法进行检测时，能够获得该添加剂分布图谱以此判断其添加量。通过检测形成离子色谱柱，借助 1.5mL/min 流速的氢氧化钠梯度淋洗，可以准确检测出样品中三聚磷酸盐含量。

三聚氰胺是一种三嗪类含氮杂环有机化合物，三聚氰胺分子中含氮量达 66.7%，曾有不法企业将其添加到牛乳、乳制品中，造成粗蛋白质虚高的假象，不仅对乳制品、养殖业等产业产生不利影响，若人类或动物长期摄入三聚氰胺，则会造成生殖、泌尿系统的损害及肾结石，并可进一步诱发膀胱癌。在对这类非法添加物质进行检测时，通常采用苦味酸、液相色谱-质谱联用及 HPLC 法等方法。但若产品中三聚氰胺含量较小时，则无法准确识别。此种情况下可采用离子色谱分析方法检测该非法添加物的含量，可以首先利用 HAC 沉淀蛋白质，随后应用离子色谱仪测定其含量。该检测方法具有非常强的灵敏性而且能够获得更加准确的结果，操作流程简单，因而适用于对蛋白类食品中三聚氰胺的检测。另外，离子色谱法还可快速检测出小龙虾中草酸含量、豆芽制品中硼酸的含量、面粉制品中溴酸盐含量、白酒中甜蜜素或乳制品中硫氰酸盐等成分的含量。相较于传统化学检测方法，离子色谱法可缩短检测周期，快速高效获得检测结果，利于食品安全监管部门采取有效措施预防食品安全事故发生。

5. 表面增强拉曼光谱

拉曼光谱和红外光谱一样同属于分子振动光谱，可以反映分子的特征结构。但是拉曼散射效应是个非常弱的过程，其散射光强度为入射光强度的 $10^{-6} \sim 10^{-9}$，极大地限制了拉曼光谱的应用和发展，要对表面吸附物种进行拉曼光谱研究，几乎都要利用某种增强效应。1974 年，学者对光滑银电极表面进行粗糙化处理后，首次获得吸附在银电极表面上单分子层吡啶分子的高质量的拉曼光谱。随后，又有学者通过系统的实验和计算发现吸附在粗糙银表面上的每个吡啶分子的拉曼散射信号与溶液相中的吡啶的拉曼散射信号相比，增强约 6 个数量级，指出这是一种与粗糙表面相关的表面增强效应，被称为表面增强拉曼光谱（surface-enhanced Raman spectroscopy，SERS）效应。

SERS 技术在食品防腐剂检测领域已开启一定的基础研究，并在保障食品安全中发挥越来越大的作用。实验室基本可以通过自建的拉曼光谱系统，以饮料、水、酒等简单的食品基质为对象，结合偏最小二乘回归、一元或多元线性回归分析方法建立防腐剂的预测模型，可确定橙味饮料中山梨酸钾在 1648.4cm^{-1}，1389.3cm^{-1}，1161.8cm^{-1} 处及碳酸饮料中苯甲酸钠在 1007cm^{-1}，843.5cm^{-1}，1605cm^{-1} 处的表面增强特征拉曼位移，以均方根误差（root mean）、校正集相关系数为参考指标比较分析，多元线性回归分析方法更具优势误差小精密度高并具有较好的重复性；在 843.5cm^{-1}，1605cm^{-1}处建立的模型验证集相关系数达 0.9603。同时，通过研究不同的活性增强基底，摸索不同活性增强基底与拉曼光谱之间的增强机制，检测食品中微量山梨酸钾和苯甲酸钠，用偏最小二乘回归方法进行分析，可达到满意的浓度预测性能，表明表面增强拉曼光谱技术完全可以实现饮料中防腐剂的快速定性及定量分析。

6. 磁性固相萃取技术

磁性固相萃取（magnetic-solid phase extraction，M-SPE）是 21 世纪在分离富集领域的革命性技术。M-SPE 在液-固相色谱理论的基础上展开的研究，是以磁性或可磁化的材料作为吸附剂的一种分散固相萃取技术。相较常规固相萃取填料相比，M-SPE 不需要像传统的固相萃取法那样被装入萃取柱，只需要在萃取容器外施加磁力，不需要离心或过滤就能快速实现相分离，这也使得样品制备简单、易操作。只需要使用少量的吸附剂和较短的平衡时间就能实现低浓度的微量萃取，具有非常高的萃取能力和萃取效率。磁性固相萃取技术被广泛用于合成新型磁性吸附材料，进而对食品的添加物或残留物进行分析测定。

碳纳米材料凭借自身具有的优势，如比表面积高、热稳定性强等特点，常被作为一种理想状态的吸附萃取剂与 MSPE 结合应用。有学者采用 Fe_3O_4@GO 纳米复合材料作为磁性吸附剂已成功应用于橙汁、巧克力和糖果等真实样品中香兰素、反式肉桂酸、肉桂酸甲酯、肉桂酸乙酯和肉桂酸苄酯等香精的测定。石墨烯作为磁性纳米材料的独特之处在于具有超大的表面积和平坦的结构，然而由于其高疏水性，石墨烯通常倾向于形成不可逆的附聚物。由 2D 石墨烯片转变为 3D 石墨烯是解决聚集现象的好办法，3D 石墨烯-Fe_3O_4（3D-G-Fe_3O_4）纳米颗粒被用于食品中咖啡因的提取测定。除石墨烯表面修饰的磁性纳米材料之外，碳纳米管也常被用于样品前处理过程中。与其他的吸附材料相比，碳纳米管具有较强的疏水性能，且具有较大的比表面积和较多的吸附位点，对于不同类型的食品添加剂有着不同的吸附位点，且吸附能力强，化学性质也趋于稳定。有学者制备了单壁碳纳米管包覆的四氧化三铁（Fe_3O_4/CNTs）磁性复合纳米粒子，对牛乳中的香精香料进行吸附萃取，检出限达 10μg/L，回收率达 92% 以上。利用该类磁性复合材料可快速简便地对食品中的合成色素以及香精香料进行高效萃取。

二、与食品添加剂相关的国家标准

食品添加剂的使用涉及食品的安全生产、产品质量、标签标注等问题。我国针对食品添加剂的规范使用已经制定了很多标准，现将食品中常见添加剂和非法添加物质的国内标准进行总结，见表 9-4。

表 9-4　　食品中常见添加剂和非法添加物质的国内标准

标准名称	标准号	检测方法	标准类别
食品安全国家标准　食品添加剂　山梨酸钾	GB 1886. 39—2015	紫外分光光度法	国家标准
食品安全国家标准　食品添加剂　山梨酸	GB 1886. 186—2016	紫外-可见分光光度法	国家标准
食品安全国家标准　食品添加剂　苯甲酸钠	GB 1886. 184—2016	液相色谱法	国家标准
食品安全国家标准　食品添加剂　苯甲酸	GB 1886. 183—2016	液相色谱法 气相色谱法	国家标准
食品安全国家标准　食品添加剂　焦糖色	GB 1886. 64—2015	分光光度法 气相色谱法	国家标准
食品安全国家标准　食品添加剂　柠檬黄	GB 4481. 1—2010	三氯化钛滴定法（仲裁法） 分光光度比色法	国家标准
食品安全国家标准　食品添加剂　辣椒红	GB 1886. 34—2015	分光光度法	国家标准
食品安全国家标准　食品添加剂　日落黄	GB 6227. 1—2010	三氯化钛滴定法（仲裁法） 分光光度比色法	国家标准
食品安全国家标准　食品中合成着色剂的测定	GB 5009. 35—2023	高效液相色谱法	国家标准
食品安全国家标准　食品添加剂　木糖醇	GB 1886. 234—2016	气相色谱法 液相色谱法	国家标准
食品安全国家标准　食品添加剂　三氯蔗糖	GB 25531—2010	高效液相色谱法	国家标准
食品安全国家标准　食品添加剂　环己基氨基磺酸钠（又名甜蜜素）	GB 1886. 37—2015	分光光度法	国家标准
食品安全国家标准　食品添加剂　麦芽糖醇和麦芽糖醇液	GB 28307—2012	高效液相色谱法	国家标准
食品安全国家标准　食品添加剂　卡拉胶	GB 1886. 169—2016	红外吸收光谱法	国家标准
食品安全国家标准　食品添加剂　单，双甘油脂肪酸酯	GB 1886. 65—2015	气相色谱法	国家标准
食品安全国家标准　食品添加剂　果胶	GB 25533—2010	气相色谱法	国家标准

续表

标准名称	标准号	检测方法	标准类别
食品安全国家标准　食品添加剂　甘油	GB 29950—2013	比色法	国家标准
食品安全国家标准　食品添加剂　乳酸钙	GB 1886.21—2016	滴定法	国家标准
食品安全国家标准　食品添加剂　二丁基羟基甲苯(BHT)	GB 1900—2010	砷斑法	国家标准
食品安全国家标准　食品添加剂　抗坏血酸棕榈酸酯	GB 1886.230—2016	碘量法	国家标准
食品安全国家标准　食品中9种抗氧化剂的测定	GB 5009.32—2016	高效液相色谱法 液相色谱-质谱联用法 气相色谱质谱法 气相色谱法 比色法	国家标准
食品安全国家标准　食品添加剂　丁基羟基茴香醚（BHA)	GB 1886.12—2015	气相色谱法	国家标准
食品安全国家标准　食品添加剂　硬脂酸钙	GB 1886.102—2016	滴定法	国家标准
食品安全国家标准　食品中植酸的测定	GB 5009.153—2016	分光光度法	国家标准
食品安全国家标准　食品添加剂　柠檬酸	GB 1886.235—2016	卡尔·费休法 比浊法	国家标准
食品安全国家标准　食品中抗坏血酸的测定	GB 5009.86—2016	高效液相色谱法 荧光法 2,6-二氯靛酚滴定法	国家标准
食品安全国家标准　食品添加剂　二氧化硫	GB 1886.213—2016	差减法 滴定法	国家标准
食品安全国家标准　食品添加剂　焦亚硫酸钠	GB 1886.7—2015	滴定法	国家标准
食品安全国家标准　食品添加剂　亚硫酸钠	GB 1886.8—2015	分光光度法 比浊法	国家标准
食品安全国家标准　食品添加剂　低亚硫酸钠	GB 1886.46—2015	目视比色法 原子吸收分光光度法	国家标准
小麦粉与大米粉及其制品中甲醛次硫酸氢钠含量的测定	GB/T 21126—2007	高效液相色谱法	国家标准

续表

标准名称	标准号	检测方法	标准类别
食品安全国家标准　动物性食品中环丙氨嗪及代谢物三聚氰胺多残留的测定　超高效液相色谱-串联质谱法	GB 29704—2013	超高效液相色谱-质谱联用法	国家标准
原料乳中三聚氰胺快速检测　液相色谱法	GB/T 22400—2008	液相色谱法	国家标准
食品中苏丹红染料的检测方法　高效液相色谱法	GB/T 19681—2005	高效液相色谱法	国家标准
葡萄酒中 7 种甜味剂的测定　液相色谱-串联质谱法	T/NAIA 0142—2022	液相色谱-质谱联用法	团体标准
化学试剂 硬脂酸钙	T/CSTM 00076—2019	滴定法 比浊法	团体标准
食品中二氧化硫的测定　蒸馏-电感耦合等离子体发射光谱法	T/ZACA 022—2020	蒸馏-电感耦合等离子体发射光谱法	团体标准
辣椒制品中苏丹红Ⅰ的快速检测　胶体金免疫层析法	KJ 201801	胶体金免疫层析法	其他国内标准
出口食品中多种防腐剂的测定方法	SN/T 3545—2013	气相色谱法	行业标准
出口乳及乳制品中苯甲酸、山梨酸、对羟基苯甲酸酯类防腐剂的测定　高效液相色谱法	SN/T 4262—2015	高效液相色谱法	行业标准
出口食品中六种合成甜味剂的检测方法　液相色谱-质谱/质谱法	SN/T 3538—2013	液相色谱-质谱联用法	行业标准
出口油脂中抗氧化剂的测定　高效液相色谱法	SN/T 1050—2014	高效液相色谱法	行业标准
出口食品中多种抗氧化剂的测定	SN/T 3849—2014	高效液相色谱法 液相色谱-质谱联用法	行业标准
出口保健食品中多类非法添加物的测定　液相色谱-质谱/质谱法	SN/T 5357—2021	液相色谱-质谱联用法	行业标准

第四节　食品中农药兽药残留分析

一、食品的农药兽药残留及检验分析

1. 农药残留

我国是农业大国，2021 年我国粮食产量高达 68284.75 万 t。近年来，农产品的对外贸易在我国国民经济中也显示出非常重要的地位。但农药残留量较高的问题影响了农产品在我国市场以及国际市场的销售，农药残留已经成为阻碍我国农业发展的一大问题。农药是在农业生产中用于保护农作物、林果及其产品免受病菌、害虫和杂草的危害，以及调节植物生长发育的所用药剂的统称。而农药在使用过程中，若超量、超范围或不规范使用则会导致农药在食品或者农副产品表面残留。早期使用的农药滴滴涕在防治顽固性能力害虫方面取得了良好的效果，成为当时作物防病防虫的有效途径。滴滴涕的成功应用加速了农药在农业生产方面的应用。但长期使用后，人们逐渐发现，滴滴涕等农药很难被生物降解，并且会造成其在食物链和环境中的逐渐积累，甚至会导致其在人体中长期残留，威胁生态环境系统和人类健康。

随着农药的种类和数量逐渐增加，在农业生产中会出现滥用农药的现象，如大量使用农药或不规范使用农药等。这不仅造成了环境和生态系统的破坏，同时也导致了害虫的抗药性增加，这种现象又迫使农民不得不通过提高农药使用量的方式保证农作物产量，久而久之，形成了害虫、农药、农作物和人体健康之间的恶性循环。

目前，我国允许使用的大部分农药都属于有机合成农药，这类农药大多数都是脂溶性的，很容易残留在食品中。由于农药引起的人类健康问题多数为慢性中毒的过程，在短时间内很难出现相应症状，因此也比较容易被人们忽略。如果消费者长期食用农药残留量比较高的食品，会导致农药在人体内蓄积量不断增加，严重时会损害消费者的神经系统、内分泌系统、肝脏肾脏等脏器以及生殖系统等。更加严重者，还会出现致畸、致癌、致突变的现象。为了进一步加强食品中农药残留的监督管理工作，逐渐健全农产品生长过程中农药的规范使用机制，防止农药污染食品和环境，需要大力开展食品中农药的卫生检测工作。

2017 年，山东省寿光地区曝光了从沈阳市购进的毒葱叶毒死农民饲养的 127 只羊的事件。该事件是因为从沈阳进购的大葱使用了国家严令禁止的高毒农药，甲拌磷造成大葱中甲拌磷含量超标，由此引起羊吃了毒葱叶集体中毒死亡的事件。甲拌磷俗称“3911”，是高毒农药，毒性极高。该事件不仅反映出当时农产品安全生产形势严峻，同时也反映出食品卫生检测不严格。对农产品安全方面的管理必须采取严格严肃的管理处理措施，推进农产品安全生产问题和食用安全问题的有效解决。

2. 兽药残留

我国畜牧业一直处于稳步发展阶段，畜牧业产品的产量和消费者的人均消费程度都呈现明显的上升趋势，另外，畜禽类产品的对外贸易在我国国民经济中也处于重要地位。但近些年我国也经常出现动物性食品安全问题，究其原因，兽药残留成为影响动物性食品安全的主要因素之一。

2022 年 2 月，我国发生一起由兽药残留引起的查处事件：四川某超市因经营兽药残留含量超过食品安全标准限量的泥鳅且购进时未做进货查验记录，被成都市温江区市场监督管理局处以罚款 5.5 万元，没收违法所得 568.44 元。2022 年 8 月，上海市浦东新区市场监督管理局在对产品进行抽检时发现：某公司的猪里脊肉、猪五花肉、猪夹心肉和猪腿肉四种产品普遍存在恩诺沙星超标的问题，上述四种产品检测出的恩诺沙星含量分别为 436μg/kg，411μg/kg，381μg/kg，383μg/kg。残留量已经超出规定的 3～4 倍。恩诺沙星，又名恩氟奎林羧酸，为化学合成广谱抑菌剂，在预防和治疗畜禽的细菌性感染及支原体病方面有良好效果。不过，根据 GB 31650—2019《食品安全国家标准　食品中兽药最大残留限量》规定，恩诺沙星在猪肉中的最大残留量为 100μg/kg。如果长期摄入喹诺酮类药物超标的动物性食品，可引起轻度胃肠道刺激或不适，头痛、头晕、睡眠不良等症状，大剂量或长期摄入还可能引起肝损害。

兽药广泛使用于畜牧业动物的各个生长阶段。在动物的养殖过程中，会存在感染疾病的现象，在该情况下合理使用兽药，可以达到预防及治疗疾病的作用。但若不正当或过量使用药物，则会导致药物无法完全排出体外，或无法及时排出体外的现象。激素类药物的使用可以缩短动物的生长周期，也可以增加动物体重，因此一些非法商贩或养殖人员为了获取更大的利益，会使用激素类药物对动物进行饲喂。随着养殖规模的不断扩大，集约化大型养殖场的数量也逐渐增多。为了防止流感或瘟疫对动物造成大规模损伤，养殖人员会对动物使用抗疫病药物或抗生素类药物，以此来防止或阻断病毒的传播。上述不合理使用兽药的情况会增加动物体内的药物残留，或者是药物在动体内堆积，无法及时排出。

动物体内残留的药物除了会对食品安全造成影响外，还会对人体产生一些病态反应、过敏反应及耐药性等危害。很多兽药残留在人体积累都会影响到人体安全。例如，呋喃唑酮的长期积累，会引起出血综合征；磺胺类药物的长期积累会破坏造血系统，造成贫血症；硝基呋喃类药物的积累会导致急性中毒。人体在摄入过多含有激素类药物残留的动物肉品时，会影响人体的正常发育。例如，长期食用含有己烯雌酚残留的食品，人体的激素平衡会遭受破坏，对于发育时期的青少年来说，会出现性早熟现象，或出现男性女性化、乳腺癌等疾病，目前全球都已禁止该类药物的使用。经常食用含有抗生素类药物残留的动物源食品，会导致人体出现耐药性，而当此类药物进入人体后，会给人体治疗带来困难。此外，动物在食用和注射兽药后，其药物会以代谢产物的形式排出，而这些代谢产物中的绝大多数药物可对周边环境（水体或土壤）产生影响，长期低剂量的抗菌药物排到环境中，造成微生物的耐药性增强。进入环境中的兽药在动、植物体内富集，最终危害人体健康。

3. 农兽药残留的检验分析

虽然农药和兽药的使用可以在一定程度上推动农业和畜牧业增产增收，但如果没有按照国家标准去规范使用，则容易造成由农药和兽药引发的食品安全问题，此外还会间接导致土壤和水体等自然环境污染。种植的庄稼或养殖的畜禽长期生活在被污染的自然环境中，会导致有毒有害物质在生物体内蓄积。长此以往，通过食物链的作用也会对人体的生命安全造成威胁。此外，兽药的不正当使用也会直接威胁动物的生命健康。针对上述情况，需要对食品中农药和兽药的残留量进行有效分析。针对农药和兽药的残留问题，必须全面落实“四个最严”要求，切实解决食用农产品领域禁限用药物违法使用、常规农兽药残留超标等问题，公安部部署全国公安机关依法严厉打击食用农产品种养殖屠宰环节非法使用禁限用药物及“瘦肉精”等非法添加物等危害食用农产品安全犯罪活动，全链条维护使用农产品质量，保障人民群众“舌尖上的安全”。

对食品中农药和兽药残留量进行检测分析通常包括样品前处理和目标物测定两个步骤。样品前处理主要是利用合适的技术将样品中的非目标物去除，把目标物从样品中分离出来的过程。目标物的测定主要是选择合适的检测方法，对前处理后的目标物质进行检测的过程。

二、农兽药残留前处理方法

1. 液液萃取法

液液萃取法是传统的样品萃取方法之一，已经被广泛应用在食品中农药和兽药残留检测的前处理方法中。液液萃取法是利用混合物中各组分在两种互不相溶的溶剂中分配系数的不同而达到分离目的的方法。该萃取方法具有处理能力大、分离效果好、回收率高、可连续操作以及易于自动控制等优点，但同时也存在许多缺点：操作烦琐，费时；需要耗费大量的有机溶剂，导致高成本和对环境的污染；难以从水中提取高水溶性物质等。因此，微波辅助萃取（microwave-assisted extraction，MAE）、超声辅助萃取（ultrasound-assisted extraction，UAE）、超临界流体萃取（supercritical fluid extraction，SFE）等萃取方式应运而生。

2. 固相萃取法

固相萃取是从20世纪80年代中期开始发展起来的一项样品前处理技术，是在食品农药和兽药残留分析中应用最广泛的样品前处理方法。主要用于样品的分离，纯化和富集。主要目的在于降低样品基质干扰，提高检测灵敏度。固相萃取法的萃取剂是固体，其工作原理是基于水样中欲测组分与共存干扰组分在固相萃取剂上作用力强弱不同，使它们彼此分离。为了保证分析物的有效吸附，不同类型的吸附剂常被用来净化和富集食品中的农药和兽药残留，其中 C_{18} 是最常用的填充材料。近年来，一些新型的填充材料逐渐被发现，例如多壁碳纳米管等。

固相萃取的优点表现为：可同时完成样品富集与净化，大大提高检测灵敏度；比液液萃取更快，更节省溶剂，可自动化批量处理；重现性好。该方法的缺点在于：使用进口固相萃取小柱成本较高；需要专业人员协助进行方法开发。但是固相萃取柱会造成某些成分与吸附剂不可逆的结合，同时存在一些记忆效应和吸附剂孔道易堵塞等问题。上述缺陷使其应用范围受到限制。随着新型吸附剂的不断涌现，SPE在农药残留分析中的应用将更为广阔。氨基、氟罗里硅土和氧化硅是农药残留检测前处理中常用的固相萃取小柱。将SPE与液相色谱-串联质谱联用，可以对蔬菜和水果中的乙胺嘧啶、吡虫啉、噻氯啉和噻虫嗪4种新烟碱类农药残留进行测定。4种农药的平均回收率为74.5%~105%，相对标准偏差（RSD）均小于10%。将SPE与高效液相色谱联用，可以对水果中的氯吡脲进行测定，对萃取溶剂、pH和溶剂解析时间等条件进行优化后，对氯吡脲的富集倍数可达到214。

3. 微波辅助萃取法

微波辅助萃取又称微波萃取，是一种非常具有发展潜力的较新的萃取技术，即用微波能加热与样品相接触的溶剂，将所需化合物从样品基体中分离出来并进入溶剂，是在传统萃取工艺的基础上强化传热、传质的一个过程。通过微波强化，其萃取速度、萃取效率及萃取质量均比常规方法好得多，因此在萃取和分离天然产物方面的应用中发展迅速。

传统热萃取是以热传导、热辐射等方式由外向里进行，即能量首先无规则地传递给萃取剂，再由萃取剂扩散进基体物质，然后从基体中溶解或夹带出多种成分出来，即遵循加热—渗透进基体—溶解或夹带—渗透出来的模式，因此萃取的选择性较差；而微波萃取是通过离子迁移和偶极子转动两种方式里外同时加热，能对体系中的不同组分进行选择性加热，使目标组分直接从基体中分离的萃取过程。与传统的萃取技术相比，MAE 技术最突出的优点在于溶剂用量少，快速，可同时测定多个样品；有利于萃取热不稳定的物质，萃取效率高，设备简单，操作容易。将 SPE 与气相色谱法联用，可以检测多氯联苯和有机氯农药的残留。该方法多氯联苯和有机氯农药的检出限分别在 0.008~0.044ng/g 和 0.029~0.273ng/g，各组分线性相关系数均大于 0.996，加标回收率为 72%~131%，RSD 为 2%~16%。

4. 超声波辅助萃取

超声波辅助萃取也称为超声波萃取，是指使用超声波萃取机，利用超声波辐射压强产生的强烈空化应效应、机械振动、扰动效应、高的加速度、乳化、扩散、击碎和搅拌作用等多级效应，增大物质分子运动频率和速度，增加溶剂穿透力，从而加速目标成分进入溶剂，促进提取进行的成熟萃取技术。UAE 以其提取温度低、提取率高、提取时间短的独特优势被具有创新意识者应用于中药材和各种动植物有效含量的提取，是替代传统剪切工艺方法实现高效、节能、环保式提取的现代技术手段。利用超声波技术来强化提取分离过程，可有效提高提取分离率，缩短提取时间、节约成本，甚至还可以提高产品的质量和产量。但该方法在超声过程中会导致溶液温度升高，使热不稳定农药分解，从而影响回收率。

以体积比 1∶3 的丙酮-二氯甲烷作为提取剂，使用 UAE 联合气相色谱-火焰光度分析的方法，可以对敌敌畏、乐果等 7 种有机磷农药残留进行提取，该方法的回收率为 97.4%~122%，RSD 为 0.255%~1.206%，检出限为 0.0001~0.0005μg/kg。UAE 与气相色谱联用还可以对青椒中 5 种有机磷农药残留进行检测，通过响应面法优化萃取条件后，目标农药回收率为 78.6%~93.6%，RSD 为 2.1%~5.2%。将 UAE 和液相色谱法结合起来，建立了土壤中 7 种杀菌剂的残留分析方法，该方法在 0.005~10μg/g 范围内线性关系良好，$R>0.9955$，7 种目标化合物平均回收率为 61.1%~87.8%，检出限为 1.5~6ng/g。

5. 超临界流体萃取

超临界流体萃取是一种将超临界流体作为萃取剂，把一种成分（萃取物）从混合物（基质）中分离出来的技术。CO_2 是最常用的超临界流体。SFE 是近代化工分离中出现的高新技术，将传统的蒸馏和有机溶剂萃取相结合，利用超临界流体的溶解能力与其密度密切相关，通过改变压力或温度使超临界流体的密度大幅改变。在超临界状态下，将超临界流体与待分离的物质接触，使其有选择性地依次把极性大小、沸点高低和相对分子质量大小不同的成分萃取出来。

超临界流体萃取技术在农药残留的提取中具有得天独厚的优势。根据众多学者的研究发现，样品前处理简单、萃取时间短、提取效率高、提取结果准确度高、重现性好等优点将会极大程度地推动其在农药残留分析中的应用，超临界流体萃取的结果重现性和提取准确度也远远好于其他方法。此外，还可以运用 SFE 技术来实现对杀虫剂结合残留的萃取。尽管目前超临界流体萃取技术已经成为农药残留研究中的热点，但是还存在一些缺点。首先仪器价格昂贵是制约该技术推广应用的主要原因；其次就是常用仪器的限流管比较容易堵塞，当实验品的水分过大或提取物中有些成分黏度过高或聚合能力较强时，往往会将毛细管堵塞，严重时甚至使限流管报废，限制了对部分样品的提取；再次就是由于通常所使用的超临界流体是极性较弱的 CO_2，对于极性较强物质的萃取不很理想，因此需要大量的实验来确定流体的种类及两种或三种以上流体的配比，同时还需要夹带剂的配合使用来成功实现对靶标物质的萃取。SFE 技术越来越多地和多种方法联用，将 SFE 和分析仪器 GC、MS 联用，对动物组织中的有机磷农药、氨基甲酸酯类农药进行分析，得到了很好的结果。采用 CO_2 作为萃取剂，通过 SFE 可以将有机磷类农药和番茄红素以及类胡萝卜素从番茄样品中提取出来。

三、农药兽药残留的检测方法

（一）色谱检测技术

1. 气相色谱法及气相色谱-质谱联用技术

气相色谱法是目前测定食品中农药和兽药残留时使用最多的一种方法。气相色谱法用到的检测器有很多种，包括电子捕获检测器（ECD）、火焰离子化检测器（FID）、氮磷检测器（NPD）和质谱检测器（MSD）等。在农药的检测中，ECD 适用于有机氯农药和拟除虫菊酯类农药的检测；FID 对含硫、磷的有机化合物具有较高灵敏度和选择性；NPD 是测定有机磷及氨基甲酸酯等农药的常用检测器；MSD 是通用型检测器，它不仅能根据色谱峰保留时间进行定性，而且还可以提供质谱图、特征碎片离子峰的准确质量、碎片离子峰丰度比，同位素离子峰等信息。

随着我国科学技术的快速发展，气相色谱-质谱法和气相色谱-串联质谱法的应用越来越广泛。气相色谱法的最大优点是有很强的分离能力，通过对色谱进行优化，可以一次性分离出多种农药。串联质谱法的最大优点是能够对农药进行准确定性，而且有很强的干扰能力，这样在检测基质比较复杂的食品农药残留情况时，可以选择串联质谱法把基质成分干扰排除，从而提高食品中农药残留分析的准确性。该技术已经成为多农药残留检测的最重要的方法，GB 23200.8—2016《食品安全国家标准　水果和蔬菜中 500 种农药及相关化学品残留量的测定　气相色谱-质谱法》采用气相色谱-质谱联用技术实现了果蔬中近 500 多种农药和相关化学品残留的测定。而且在此技术的基础上还衍生了多种检测方式。其中一种比较新型的检测方法为气相色谱-电子轰击离子源-质谱法，通过这种方式可对 100 多种农药残留情况进行分析。国家标准中规定水产品中的辛基酚、双酚 A、雌酮和雌三醇等残留量的检测可以采用此技术。此外，采用此种方法也可精准地检测动物源食品中的兽药残留和兴奋剂的药性。

2. 液相色谱法及液相色谱-质谱联用技术

高效液相色谱法是一种很好的分离手段，常被用来分析高沸点（如双吡啶除草剂）和热不稳定的农药（如氨基甲酸酯类农药）。高效液相色谱也多和质谱检测器串联使用，串联使用后的优点表现为：经济环保、安全高效，抗干扰能力强。与气相色谱相比，液相色谱的流动相参与分离机制，因此对流动相的组成、比例及 pH 进行灵活调节，往往可以获得很好的分离效果。相关研究部门通过分析 52 种不适合使用气相色谱法检测的农药的代谢物，发现液相色谱-串联质谱法可以有效弥补气相色谱法的不足，解决气相色谱法不能检测的农药问题。液相色谱-串联质谱法适用于检测理化性质比较特殊的农药以及典型基质农药，比如农药极性特别强而且热稳定性差，很难挥发的磺酰脲类和苯氧羧酸类等。

国家标准规定家禽可食性组织中的乙氧酰胺苯甲酯残留量检测采用高效液相色谱法。液相色谱法对猪肉中 7 种氟喹诺酮类药物进行了检测，其中以氟喹诺酮类为主的药物在 3.5min 内能实现基线的分离，而待测成分与峰面积在 0.2～50.0μg/mL 呈较好的线性关系，检测限为 2.5～4.6ng/mL。还可以采用液相色谱法对四环素、氟喹诺酮残留进行分析。

（二）光谱检测技术

1. 红外光谱法

红外吸收光谱法简称红外光谱法。当一定频率（能量）的红外光照射分子时，如果分子中某个基团的振动频率和外界红外辐射频率一致时，光的能量通过分子偶极矩的变化而传递给分子，这个基团就吸收一定频率的红外光，产生振动跃迁。将分子吸收红外光的情况用仪器记录就得到该试样的红外吸收光谱图，利用光谱图中吸收峰的波长、强度和形状来判断分子中的基团，对分子进行结构分析。红外光谱法是以每种分子的组成与结构作为基础的独特红外吸收光谱，并将其作为分析依据，对分子结构实现鉴定的分析技术。

红外光谱法具有检测操作简单、对蔬菜无损伤、成本低等优点，能够较好弥补传统检测手段的缺陷。该方法在农药和兽药残留检测中应用的优点非常突出，其分子振动中会产生非常强的频率，可以提供大量的分子信息，在农药分析结构测定中发挥突出作用。将这种方法与其他的测定方法结合使用，可以获得精确的检测结果。然而，这类技术的图谱解析方法比较复杂，需要大量的定量分析。

2. 拉曼光谱法

拉曼光谱法是一种借助光子与介质分子之间产生非弹性碰撞获取散射光谱，从而研究物质微观结构的光谱技术。相较于常规的光谱法，拉曼光谱法能够进一步实现信号的强化处理，切实解决以往光谱在表面痕量分析时存在的灵敏度不佳的问题。尽管拉曼光谱对样品需求量少且特异性高，对于水的信号干扰不灵敏，能够以非破坏的形式提供待测物质的丰富的分子信息，但拉曼光谱初期由于光源不佳、光谱强度低，从而导致拉曼光谱检测灵敏度较差，信号收集时间较长，使得拉曼光谱技术没有得到普及。近年来，随着激光光源、新型探测器、高性能计算机和显微技术的进步很大程度上助推了拉曼光谱在农药残留检测方面的广泛应用。采用两亲性聚合物聚氨酯银纳米颗粒作为亚稳态纳米粒子增强拉曼光谱的基体，能有效改善农药残留检测的灵敏度。

表面增强拉曼光谱技术是20世纪下半叶新兴的检测技术，SERS技术具有灵敏、快速、便携和准确等优势，也被广泛应用于环境监测、食品监督、和药品检验等领域。近年来，国内外学者在采用SERS检测食品中农药残留方面已开展了广泛的研究。有学者建立了一种以银纳米溶胶为SERS基底，以吡啶为内标物，基于SERS技术的测定水稻中三环唑残留的超灵敏方法，该方法的检出限为0.002mg/L，SERS技术在3个实际的水稻样本中检测三环唑，误差分别为：0.0008mg/kg，0.0246mg/kg和0.0013mg/kg，与之对应的HPLC检测值的误差分别为：0.0028mg/kg，0.0129mg/kg和0.0304mg/kg，该方法的相对标准差为3.63%~4.64%。

（三）快速检测技术

由于传统的色谱技术检测时间较长，并且耗费成本较高，不能对食品中农药和兽药残留进行快速的检测，从而难以实现对农产品和畜禽类产品的实时管理。为了更高效地检测食品中的农药残留量，快速检测技术方面的研究越来越受到重视。目前，使用较多的农药和兽药残留量的快速检测技术有：免疫分析法、活体检测法、酶抑制法、传感器与芯片技术等。

1. 免疫分析法

酶联免疫法是一种常用的免疫分析方法，该方法已被用作果蔬农药残留快速检测，将样本中的抗原附着在表面在其表面涂上匹配的抗体，使其能与抗原结合。这种抗体与酶有关，加入一种含有酶底物的物质，随后的反应产生可检测的信号，最常见的是底物中的颜色变化。酶联免疫法的检测成本非常低，而且试剂可以长时间地保留，在农药和兽药检测环节中，具有专一性，并且灵敏度可以得到保障，通过定性和定量检测的方式，使用设备的成本比较低，在样本量较大的农药残留检测中广泛应用。

2. 活体检测法

活体检测技术是利用活体生物对食品中农药残留量进行评估的一种技术。通常可以采用发光细菌或者敏感家蝇作为活体生物来评估食品中农药残留量。采用发光细菌作为检测活体时，农药与细菌发生反应后细菌本身的发光度会大幅降低，则可依据细菌的发光状况评价食品中农药的残留量。用待测样品对敏感家蝇进行投喂时，可根据家蝇的死亡率来估测食品中的农药残留量。但活体检测方法的定性及定量性能相对较差，并且只对少数农药品种有效。因此采用活体检测对食品中农药残留量进行测定的方法具有较大的局限性。

3. 酶抑制法

酶抑制法是利用酶的功能基团受到某种物质的影响，而导致酶活力降低或丧失作用的现象进行检测的方法。

利用有机磷和氨基甲酸酯类农药对动物体内乙酰胆碱酶（AChE）具有抑制作用的原理，在乙酰胆碱酯酶及其底物（乙酰胆碱）的共存体系中加入农产品样品提取液（样品中含有水），如果样品中不含有有机磷或氨基甲酸酯类农药，酶的活性就不被抑制，乙酰胆碱就会被酶水解，水解产物与加入的显色剂反应就会产生颜色；反之，如果试样提取液中含有一定量的有机磷或氨基甲酸酯类农药，酶的活性就被抑制，试样中加入的底物就不能被酶水解，从而不显色。用目测颜色的变化或分光光度计测定吸光度，计算出抑制率，就可以判断出样品中农药残留的情况。

农药速测卡也是基于酶抑制法的原理制作。速测卡以滤纸作为载体，白纸片上载有乙酰胆碱酶和基质，红纸片载有显色剂。当空白样品加于白纸片上，在酶作用下，乙酰胆碱与水发生水解，水解产物与显色剂反应产生颜色。当含有有机磷和氨基甲酸酯类农药样品加于白纸片上时，抑制了乙酰胆碱酶的活性，使这种酶不能被水解，从而无显色反应。

酶抑制法具有操作简单、检测效率高、对前处理要求较低等优点，即使检测人员技术水平有限，也能快速掌握操作技巧，并在短时间内获取测试结果；其缺点在于只能检测对 AChE 具有抑制作用的有机磷和氨基甲酸酯类农药，对其他类型农药造成的污染无法检出，而且方法的灵敏度比较低，如对伏杀磷、水胺硫磷、涕灭威有时还有假阳性。

4. 传感器与芯片技术

传感器技术主要指生物传感器技术，即将酶、适配体作为感受器的识别元件，以此将检测时出现的化学信号传递到信号转换器，并生成可以测量的物理信号，从而完成待测物的准确检测与分析。以电化学免疫传感器作为研究对象可以检测毒死蜱农药的残留量，可以保证检测限在 0.01μg/mL，而回收率则保持在 95% 以上，检测时间不超过 1h，同时传感器在经过再生处理后可以实现二次使用，因此经济性良好。但该方法同样存在一定的局限性，即生物材料容易出现失活现象，且重现性较差。而芯片技术则是指微流控芯片技术，该方法可以实现样品制备、分析环节的高度集成，利用分析系统进行农药兽药残留状况的判断，微流控芯片技术的成本低廉，具有极高的灵敏度，可以实现检测技术的便捷化发展。

四、与食品中农药兽药残留相关的国家标准

我国对食品中农药和兽药残留实行严格的管理制度。农兽药残留标准，包括最高残留限量（MRLs）及其检测方法标准是农产品质量安全标准的重要组成部分。目前，我国的农兽药残留标准已基本覆盖我国大宗农产品和常规农兽药品种，现将常用标准进行总结，见表 9-5、表 9-6。

表 9-5　　食品中常见农药残留检测的国内标准

标准名称	标准号	检测方法	标准类别
食品安全国家标准　水果和蔬菜中 500 种农药及相关化学品残留量的测定	GB 23200. 8—2016	气相色谱-质谱法	国家标准
食品安全国家标准　植物源性食品中 208 种农药及其代谢物残留量的测定　气相色谱-质谱联用法	GB 23200. 113—2018	气相色谱-质谱联用法	国家标准
食品安全国家标准　食品中有机磷农药残留量的测定　气相色谱-质谱法	GB 23200. 93—2016	气相色谱-质谱法	国家标准
食品安全国家标准　食品中涕灭砜威、吡唑醚菌酯、嘧菌酯等 65 种农药残留量的测定　液相色谱-质谱/质谱法	GB 23200. 34—2016	液相色谱-质谱联用法	国家标准
食品安全国家标准　乳及乳制品中多种有机氯农药残留量的测定　气相色谱-质谱/质谱法	GB 23200. 86—2016	气相色谱-质谱联用法	国家标准
食品安全国家标准　乳及乳制品中多种拟除虫菊酯　农药残留量的测定　气相色谱-质谱法	GB 23200. 85—2016	气相色谱-质谱法	国家标准
食品安全国家标准　食品中吡啶类农药残留量的测定　液相色谱-质谱/质谱法	GB 23200. 50—2016	液相色谱-质谱联用法	国家标准
食品安全国家标准　乳及乳制品中多种氨基甲酸酯类农药残留量的测定　液相色谱-质谱法	GB 23200. 90—2016	液相色谱-质谱法	国家标准
食品安全国家标准　食品中苯酰胺类农药残留量的测定　气相色谱-质谱法	GB 23200. 72—2016	气相色谱-质谱法	国家标准
肉中有机磷及氨基甲酸酯农药残留量的简易检验方法　酶抑制法	GB/T 18626—2002	酶抑制法	国家标准

续表

标准名称	标准号	检测方法	标准类别
食品安全国家标准　果蔬汁和果酒中512种农药及相关化学品残留量的测定	GB 23200. 14—2016	液相色谱-质谱法	国家标准
食品安全国家标准　茶叶中9种有机杂环类农药残留量的检测方法	GB 23200. 26—2016	气相色谱-质谱法	国家标准
水质　六六六、滴滴涕的测定	GB/T 7492-1987	气相色谱法	国家标准
肉与肉制品　六六六、滴滴涕残留量测定	GB/T 9695. 10—2008	气相色谱法	国家标准
动物性食品中有机氯农药和拟除虫菊酯农药多组分残留量的测定	GB/T 5009. 162—2008	气相色谱-质谱法	国家标准
出口水果中六六六、滴滴涕、艾氏剂、狄氏剂、七氯残留量测定　气相色谱法	SN/T 0159—2012	气相色谱法	行业标准

表9-6　　食品中常见兽药残留检测的国内标准

标准名称	标准号	检测方法	标准类别
动物源性食品中四环素类兽药残留量检测方法　液相色谱-质谱/质谱法与高效液相色谱法	GB/T 21317—2007	液相色谱-质谱联用法 高效液相色谱法	国家标准
河豚鱼、鳗鱼中林可霉素、竹桃霉素、红霉素、替米考星、泰乐菌素、螺旋霉素、吉他霉素、交沙霉素残留量的测定　液相色谱-串联质谱法	GB/T 22964—2008	液相色谱-质谱联用法	国家标准
奶粉和牛奶中链霉素、双氢链霉素和卡那霉素残留量的测定　液相色谱-串联质谱法	GB/T 22969—2008	液相色谱-质谱联用法	国家标准
河豚鱼和鳗鱼中链霉素、双氢链霉素和卡那霉素残留量的测定　液相色谱-串联质谱法	GB/T 22954—2008	液相色谱-质谱联用法	国家标准
食品安全国家标准　猪、鸡可食性组织中泰万菌素和3-乙酰泰乐菌素残留量的测定　液相色谱-串联质谱法	GB 31613. 2—2021	液相色谱-质谱联用法	国家标准
畜禽肉中林可霉素、竹桃霉素、红霉素、替米考星、泰乐菌素、克林霉素、螺旋霉素、吉它霉素、交沙霉素残留量的测定　液相色谱-串联质谱法	GB/T 20762—2006	液相色谱-质谱联用法	国家标准

续表

标准名称	标准号	检测方法	标准类别
蜂蜜中泰乐菌素残留量测定方法　酶联免疫法	GB/T 18932.27—2005	酶联免疫法	国家标准
动物性食品中林可霉素、克林霉素和大观霉素多残留的测定　气相色谱质谱法	GB 29685—2013	气相色谱-质谱法	国家标准
食品安全国家标准　水产品中诺氟沙星、环丙沙星、恩诺沙星、氧氟沙星、噁喹酸、氟甲喹残留量的测定　高效液相色谱法	GB 31656.3—2021	高效液相色谱法	国家标准
动物源食品中恩诺沙星残留检测　酶联免疫吸附法	农业部 1025 号公告-25—2008	酶联免疫吸附法	其他国内标准
牛奶中替米考星残留量测定　高效液相色谱法	农业部 958 号公告-1—2007	高效液相色谱法	其他国内标准
动物性食品中替米考星残留检测　高效液相色谱法	农业部 1025 号公告-10—2008	高效液相色谱法	其他国内标准

第五节　食品中真菌毒素残留分析

真菌毒素是真菌在生长繁殖过程中产生的有毒代谢物。研究结果显示，2009—2013 年，我国每年有 3100 多万 hm^2 粮食在生产、储存、运输过程中被真菌污染，约占粮食总产量的 6.2%。粮食、饲料及农产品被真菌毒素污染已成为世界各国高度关注的食品安全热点问题。除了真菌毒素对粮食、饲料及农产品等造成的严重污染之外，真菌毒素较高的毒性也是导致其备受关注的主要原因。

截至目前，已有超过 400 多种具有不同化学结构的真菌毒素被鉴定出，其中，在公共卫生及食品安全领域最引人关注的真菌毒素包括黄曲霉毒素、赭曲霉毒素、玉米赤霉烯酮、伏马菌素、脱氧雪腐镰刀菌烯醇等。真菌毒素对人体造成的危害是由于毒素暴露而引发的急性疾病或慢性疾病所引起，若动物或人食用了被真菌毒素污染的粮食，则会出现生长减慢、免疫功能下降、抵抗力变差等情况，严重时会直接损伤脏器、肾脏等组织器官，还会影响神经系统和造血系统的功能性。

许多国家、国际组织和机构对食品中真菌毒素的限量制定了严格的规范标准。我国在 2017 年最新发布的 GB 2761—2017《食品安全国家标准　食品中真菌毒素限量》中明确规定了食品中 AFB_1、AFM_1、DON、PAT、OTA 及 ZEN 的限量指标。比如，在谷物及其制品中 OTA、ZEN 和 DON 的最大含量水平分别限定为 5μg/kg、60μg/kg 和 1000μg/kg。此外，美国 FDA 建议谷物中的 AFB_1 含量不得高于 20μg/kg；欧盟也规定未加工谷物中 OTA 的最大可接受水平为 5μg/kg。这些限量标准对于各国保障食品安全具有重要的指导意义。食品加工企业和执法部门可以根据这些标准对食品中的真菌毒素含量进行检测，以此评估食品被真菌毒素污染的情况。

同时，各种灵敏可靠的检测方法和产品装备也亟须开发，以满足精准、灵敏和快速检测食品中真菌毒素的需要。真菌毒素的传统检测方法主要包括：薄层色谱法、酶联免疫吸附法、高效液相色谱法、气相色谱法、气-质联用、液-质联用等。

一、真菌毒素的传统检测方法

目前，传统的真菌毒素检测方法主要包括色谱法和免疫分析法。

（一）色谱法

传统的真菌毒素检测方法为色谱法，主要包括高效液相色谱法、液相色谱-质谱法、薄层色谱法（thin layer chromatography，TLC）。

色谱法虽然可以实现对多种真菌毒素的定性和定量分析，同时具有灵敏度高、分析准确、多组分同时检测等优点，但该方法通常需要大型精密仪器，且样品前处理复杂、建立分析方法耗时、需要专业人员操作，因此不能满足大批量样品的快速检测需求。

1. 薄层色谱法

薄层色谱法是将适宜的固定相涂布于玻璃板、塑料或铝基片上，成一均匀薄层。待点样、展开后，根据比移值（R_f）与适宜的对照物按同法所得的色谱图的比移值作对比，用以进行样品的鉴别、杂质检查或含量测定的方法。TLC作为最早应用于检测真菌毒素的方法，同时也是我国国家标准方法中检测农产品真菌毒素含量的重要方法。由于大多数真菌毒素的水溶性较差，在样品的提取过程中多用中小极性有机溶剂提取，还常常用到混合溶剂调整提取溶剂的极性。TLC是基于不同真菌毒素对不同提取液的溶解度不同设计的，选用合适的提取液对样品进行提取，经过不同的色谱柱进行柱层析净化，在展开剂作用下使净化后的物质在薄层板上分层展开实现分离，根据真菌毒素的荧光特性将样品中的荧光强度与标准品进行比较，从而确定样品中真菌毒素的含量。有学者根据TLC检测了58个水果样品中的棒曲霉毒素（patulin，PAT），结果显示在58个水果样本中12个样本含有PAT，检测质量浓度为0.13~2.98mg/L。还可以采用TLC硅胶60F-254预制板进行色谱分离，使用体积比6：3：1的甲苯-乙酸乙酯-甲酸作为流动相，测定紫外366~400nm处的荧光，以此来判断小麦中是否存在DON。

TLC具有成本低，对固相、展开剂的选择自由度大，参数调节多样化等优点，同时还可以满足多种真菌毒素同时检测的现实需要。缺点是样品预处理复杂烦琐、有机溶剂消耗量大、灵敏度较低且重现性较差，主要用于农产品中真菌毒素的定性分析。

2. 高效液相色谱法

高效液相色谱法是目前检测真菌毒素的常规方法。该方法的基本原理是根据不同真菌毒素分子的理化性质差异，选择合适的有机溶剂对样品中的真菌毒素进行提取和净化，采用高压进样系统将极性不同的单一溶剂或不同比例的混合溶剂在色谱柱中进行组分分离，借助真菌毒素自身或其衍生物的荧光特性，采用标准曲线法对真菌毒素含量进行定量。可以根据真菌毒素不同的理化性质选择不同的检测器，目前，常用于真菌毒素的检测器有荧光检测器、紫外检测器和二极管阵列检测器。可以通过HPLC和FLD相结合，对猪肉中的OTA进行检测。该方法基于分子印迹固相萃取柱对OTA进行提取和净化，检测限和定量限分别为0.003μg/kg和0.001μg/kg。还可以使用HPLC和柱后衍生化的方法同时检测谷物中的9种真菌毒素。溶剂使用体积分数80%丙酮水溶液，通过HPLC结合FLD进行定量检测。该方法对9种真菌毒素的检测限和定量限分别为0.02~5.55μg/kg和0.07~16.70μg/kg，RSD为1.0%~5.6%。HPLC具有灵敏性高、样品回收简便、色谱柱可多次重复使用的优点。然而该方法仪器昂贵、要求有熟练的操作人员、样品预处理较为复杂等限制了HPLC在现场即时分析检测中的使用。

（二）免疫分析法

与色谱方法相比，免疫学方法无需昂贵的仪器和复杂的前处理步骤，整个检测过程更为快速和简便，同时具有特异性强、灵敏度高的特点，可以实现大量样本的检测，已有商业试剂盒和试纸条投入使用。但在复杂基质中假阳性、假阴性结果不能完全避免，且抗原抗体不易制备、易变性，贮存条件苛刻等，在真菌毒素的检测中受到限制。

1. 酶联免疫吸附法

酶联免疫吸附法的基本原理是酶分子与抗体或抗抗体分子共价结合，这种结合不会改变抗体的免疫学特性，也不影响酶的生物学活性。这种酶标记抗体可与吸附在固相载体上的抗原或抗体发生特异性结合。滴加底物溶液后，底物可在酶作用下使其所含的供氢体由无色的还原型变成有色的氧化型，出现颜色反应。因此，可通过底物的颜色反应来判定有无相应的免疫反应，颜色反应的深浅与标本中相应抗体或抗原的量呈正比。上述显色反应可以通过ELISA检测仪进行定量测定，该方法具有较高的特异性和敏感性。

可以使用ELISA方法检测AFB_1对食品的污染程度。该方法是在羊驼天然纳米抗体库中分离出对AFB_1有反应活性的纳米抗体，结果表明该方法对AFB_1的检测限为1μg/mL，为农产品中监测AFB_1污染情况提供了一种快速简便的新方法。还可以采用直接竞争ELISA法检测饲料中DON含量。

ELISA具有特异性强、灵敏度高、成本低廉、操作简便、可以实现快速检测等优点。但由于蛋白抗体易变性，重现性较差，而且真菌毒素大多为小分子化合物，不能产生免疫反应，导致其抗体制备相对复杂。在实际操作过程中，固相载体的包被和各个体之间很难达到一致，而且酶的稳定性差，所以ELISA容易出现假阳性检测结果，因此被经常作为初步筛查手段用于现场检测筛查。

2. 胶体金免疫层析法

胶体金免疫层析法（colloidal gold immune chromate graphic assay，GICA）是将胶体金标记技术与抗原抗体的免疫性反应相结合的分析检测方法。检测原理是将具有特异性的抗原（或抗体）固定在硝酸纤维膜一端，胶体金标记试剂吸附在结合垫上，在样本垫上加入待测样品后，真菌毒素通过毛细作用在层析膜上向前移动，与结合垫上的胶体金标记试剂相互反应，反应物继续移动至固定的抗原（或抗体）区域时，反应物与抗原（或抗体）发生特异性反应而被截留，聚集在检测带上。由于样品中真菌毒素的不同呈现出不同的颜色，可通过肉眼观察到显色结果。

已经有学者建立了GICA同时检测玉米中多种FB的方法。该方法对FB_1的检测限为11.24ng/mL，检测范围为11.24~199.03ng/mL。而且该试纸条与FB_2和FB_3有较好的交叉反应，可用于同时检测玉米中的FB_1、FB_2和FB_3。另有学者建立了基于GICA检测AFB_1的新方法，该方法对AFB_1的检测限为0.1ng/mL，且该方法可在15min之内通过肉眼观察来判定结果。

胶体金免疫层析法具有快速、灵敏、简便、特异性好等优点。但是基于抗原抗体的免疫反应，GICA具有抗体制作成本高，重复性差等缺点。同时，胶体金溶液的稳定性较差，存放时间短，渗透能力差，上述缺点使得 GICA 的应用受到了一定的限制。

现如今的食品行业和监管机构对食品安全检测技术的需求日益提高，如果能开发快速、简单、灵敏、低成本和高通量的检测手段，并实现同时检测多种真菌毒素，对保障食品安全具有重要的意义。随着生物技术和纳米技术的快速发展，各种真菌毒素的新型检测技术应运而生，如生物传感器技术、适配体技术、分子印迹技术。

二、真菌毒素新型检测方法

（一）生物传感器技术

生物传感器法是利用生化识别元件对分析物进行特异性识别的一种方法，具有特异性好、灵敏度高、简单快速、检测成本低等特点，适用于微型化和集成化以及可实时在线监测，是检测复杂样品中的痕量真菌毒素的良好选择。其检测原理是待测物质经过分子识别作用与分子识别元件（生物活性材料）特异性结合，发生化学反应，所产生的生物学信息通过相应信号转换为光信号或电信号，最后经电子测量仪的放大、处理和输出，实现对待测物浓度的检测分析。近年来，随着纳米技术的发展，各种类型的生物传感器被广泛应用于真菌毒素检测领域中。

1. 基于侧流层析试纸条的便携式生物传感器

侧流层析试纸条（lateral flow strips，LFSs）是以条状纤维层析材料为固相，借助毛细作用使样品在层析材料上进行移动，并通过直接显色的标记物或酶促显色反应在短时间内获得直观检测结果的检测方法。与传统的检测方法相比，基于 LFSs 的检测方法具有特异性强、成本低、易操作、不需要大型仪器设备等优点，同时也是目前报道最多、应用最广的现场检测方法。基于 LFSs 的检测方法有三类信号输出方式：通过颜色变化判定目标分析物的比色检测方法；通过荧光信号的变化判定目标分析物的荧光检测方法；通过磁信号变化判定目标分析物的检测方法。

比色 LFSs 可以根据其检测线颜色的变化实现目标分析物的可视化检测，因此在真菌毒素分析领域中得到了广泛的应用。金纳米颗粒（Au nanoparticles，AuNPs）在 LFSs 上大量聚集时会产生红色或粉色的斑点，可实现目标物的定性或半定量的检测，被广泛地应用于真菌毒素的检测中。

2. 基于微流控芯片的便携式生物传感器

在众多的便携式生物传感器构建当中，微流控芯片也是近年来备受青睐的便携式检测的理想工具。微流控芯片技术是把生物、化学、医学分析过程的样品制备、反应、分离、检测等基本操作单元集成到一块微米尺度的芯片上，自动完成分析全过程的微型生物化学分析系统，已被广泛应用于便携式快速检测中。

已经有学者利用 DNA 水凝胶和微流控芯片构建了便携式生物传感器，实现了对 AFB1 的检测。具体方法为：用两条聚丙烯酰胺-DNA 链和 AFB_1 适配体构建成 DNA 水凝胶，在其腔体装载铂纳米颗粒（platinum nanoparticles，PtNPs）。加入含有 AFB_1 的样品液后，AFB_1 与适配体特异性结合使适配体构象变化，导致水凝胶迅速瓦解，释放出 PtNPs，将上清液加入微流控芯片中，PtNPs 催化 H_2O_2 分解生成 O_2，通过气体驱动芯片中的红色墨水移动，通过测量红色墨水移动的距离计算出样品中 AFB_1 的浓度。用该方法对啤酒中 AFB_1 进行检测，检出限为 1.77nmol/L。

3. 光电化学生物传感器

光电化学生物传感器由于独特的优势，已经得到了广泛的研究和应用。但是电化学工作站和光源的需求限制了便携式光电化学生物传感器的发展。有学者开发了一种便携式太阳能驱动的光电化学可视化生物传感器用于检测玉米汁中 OTA，该生物传感器是在一个小的铟锡氧化物电极上制作的，它分为两个模块，一个是检测模块，另一个是参考模块，每个模块由两个区域组成，分别为光电传感区域和视觉区域。光电传感区域采用 3D 石墨烯水凝胶纳米复合材料构建，视觉区域采用电致变色材料普鲁士蓝构建。当 OTA 质量浓度变化时将导致电子迁移量变化从而引起视觉区域颜色变化，通过这两个模块上的视觉区域的色度比得到检测物的质量浓度。线性检出范围为 1～500ng/mL，检出限为 0.29ng/mL。该传感器由于其高精度和便携性，将为生物分析、食品检测等领域的研究带来光明的前景。

（二）核酸适配体技术

核酸适配体简称适配体，是通过指数富集配体系统进化技术（systematic evolution of ligands by exponential enrichment，SELEX），从人工合成的文库中筛选得到的寡核苷酸链，长度一般在 10～100 个碱基。适配体可通过独特的二级和三级结构，特异性地与靶标结合，具有靶标范围广、亲和力高、免疫原性小和方便修饰等优点。近些年在食品安全与卫生领域，基于光学适配体传感器的真菌毒素检测方法方面的报道越来越多，包括荧光法、比色法、表面增强拉曼光谱法、化学发光法和电化学发光法。

1. 荧光法

适配体的荧光检测方法主要是基于荧光共振能量转移（fluorescence resonance energy transfer，FRET）的原理。根据荧光响应模式不同，适配体的荧光方法主要分为“开-关”型和比率型。“开-关”型荧光法又分为两种，一种是体系的荧光强度随着靶标浓度的增加而降低，另一种是体系的荧光强度随靶标浓度的增加而增强，这两者都是基于荧光变化的数值与靶标浓度之间的关系，实现对靶标的定量检测。荧光法因其操作简便、响应快、灵敏度高、可即时检测等优点，可根据目标物添加前后荧光信号的变化，对食品中真菌毒素进行定量检测。

2. 比色法

比色法检测真菌毒素具有操作简单、不需要额外的精密仪器就能观察检测体系颜色变化的特点。研究发现，OTA 的存在打开了发夹结构并促进杂交链式反应的开始，导致大量 DNA 过氧化物模拟酶的释放并增强了比色的信号强度，实现了在 0.01～0.32nmol/L 范围内对 OTA 的检测。还可以利用 DNA 过氧化物模拟酶催化含 H_2O_2 的 3,3,5,5-四甲基联苯胺（TMB）变色这一特性，用它修饰核酸适配体作为指示探针，实现了 AFB_1 的灵敏检测。除了 DNA 过氧化物模拟酶，纳米酶也因其具有较高的氧化酶和过氧化物酶类活性、较低的生产成本和更可控的尺寸而被用作天然酶的替代品，用于辅助适配体的比色法检测食品中的真菌毒素。

3. 表面增强拉曼光谱法

SERS 是一种表面敏感技术，通过电磁增强和化学增强机制，增强吸附在贵金属纳米结构表面（如金、银粒子）分子原有的拉曼信号。已经有学者成功合成了具有拉曼增强效应的核壳型金纳米三角形（GNTs），并用适配体修饰后组装成 GNTs-DTNB@Ag-DTNB 作为检测 AFB_1 的拉曼探针，结果显示检测限为 0.54 pg/mL。开发灵敏度高、稳定性好的新型高性能 SERS 基底，将 SERS 与荧光法、化学发光法等其他技术相结合，以提高对复杂 SERS 底物和样品的检测性能，是今后 SERS 的主要发展趋势。

4. 化学发光法

化学发光是在不引入外部光源情况下，由于发光试剂的氧化而产生的发光现象。因此，它可以避免光源产生的背景干扰，在整个检测过程中保持较高的精确度。化学发光方法有着灵敏度高、线性动态范围宽、仪器简单、成本低和反应迅速等优点。有学者已经基于化学发光共振能量转移原理（CRET）构建了一种检测 OTA 的化学发光适体传感器。在加入血红素和目标 OTA 后，淬灭基团 Dabcyl 标记的适配体发生了构象变化，使得淬灭基团接近 G-四链体-血红素复合物从而催化鲁米诺-过氧化氢反应。最后，Dabcyl 与鲁米诺之间发生 CRET 导致化学发光信号被淬灭。在 0.1~100ng/mL 范围内，化学发光信号的变化值与 OTA 浓度呈线性关系，实现了对 OTA 的定量检测。

5. 电化学发光法

电化学发光法通过结合电化学和化学发光的优势，以及适配体的特异性和亲和力，在各个领域受到越来越多的关注。电化学发光法具有许多优势，例如高灵敏度和稳定性、良好的可控性、背景信号低、显著的多功能性和动态范围等。以鲁米诺功能化银纳米颗粒修饰的氧化石墨烯（GO-L-AgNPs）为传感器探针，金纳米粒子包被的磁性材料与适配体相连作为分离富集元件（Apt-GMNPs），构建一种新型的 AFM1 电化学发光传感器，检测限为 0.01ng/mL。

（三）分子印迹技术

分子印迹聚合物（molecularly imprinted polymer，MIP）是一种对特定靶分子具有高亲和力的合成材料，它可以识别蛋白质、红细胞、病毒及毒素等物质。功能单体围绕模板分子自组装后，在过量的交联剂存在下聚合形成固体材料，去除模板就会产生形状和功能都与原始模板互补的空洞。与天然抗体相比，MIP 具有更好的结合性和选择性，此外，MIP 耐高温、高压和酸碱，可回收，易于贮存，已被广泛应用于环境污染物分析、食品质量与安全、生物样品分离与富集等多个领域。分子印迹技术（molecular imprinting technology，MIT），即利用 MIP 模拟酶-底物或抗体-抗原之间的相互作用，对印迹分子（也称模板分子）进行专一识别的技术。通俗地讲，即定制具有特异性识别“钥匙（模板）”的能力的“人工锁”的技术。

有学者选用印迹蛋白作为竞争性 ELISA 中的识别元件检测小麦中 ZEN 残留量，并讨论了使用不同的蛋白质生成针对检测的影响，结果显示灵敏度与市售 ELISA 试剂盒的灵敏度相当。还可以应用具有大量单个微毛细管的软玻璃管作为生物印迹载体，使用透射光谱中光谱带的移动来进行表面改性的监测，进而对谷物中 ZEN 进行定量。

MIP 有许多合成方法，其方法的选择取决于 MIP 的大小、应用领域等，其中最为常用的是非共价键相互作用。现已经建立了一种基于三联吡啶钌掺杂硅纳米颗粒结合 MIP 的电化学发光传感器，运用电化学发光技术以及印记技术检测玉米样品中的 OTA，其检出限为 0.027pg/mL。以 MIL-101 为载体，以香豆素-3-羧酸为 ZEN 的模板，甲基丙烯酸为功能性单体，乙二醇二甲基丙烯酸酯羟基丙烯酸甲基乙酯为交联剂，可以制备 MIP 用于谷物样品中 ZEN 的检测。

MIP 是一项有前景的识别原件，在检测方面有很大的创新空间，但是因其缺少天然生物识别分子的柔性结构，在一定程度上影响了其亲和力与灵敏度，从而限制了其在实际生产中的应用。

三、与食品中真菌毒素相关的国家标准

目前，全世界每年约有 1/4 的粮食受到真菌毒素的污染，真菌毒素在其生长发育过程中会产生有毒代谢物，严重威胁着人们的生命健康。因此，对食品中的主要真菌毒素进行检测分析具有极其重要的现实意义。我国已经对真菌毒素建立了严格的限量规定和检测方法，现将食品中常见真菌毒素的国内检测标准进行总结，见表 9-7。

表 9-7　　食品中常见真菌毒素检测的国内标准

标准名称	标准号	检测方法	标准类别
食品安全国家标准　食品中黄曲霉毒素 B 族和 G 族的测定	GB 5009. 22—2016	同位素稀释液相色谱-串联质谱法 高效液相色谱-柱前衍生法 高效液相色谱-柱后衍生法 酶联免疫吸附筛查法 薄层色谱法	国家标准
食品安全国家标准　食品中黄曲霉毒素 M 族的测定	GB 5009. 24—2016	同位素稀释液相色谱-串联质谱法 高效液相色谱法 酶联免疫吸附筛查法	国家标准
食品安全国家标准　食品中赭曲霉毒素 A 的测定	GB 5009. 96—2016	免疫亲和层析净化液相色谱法 离子交换固相萃取柱净化高效液相色谱法 免疫亲和层析净化液相色谱-串联质谱法 酶联免疫吸附测定法 薄层色谱测定法	国家标准
食品安全国家标准　食品中伏马毒素的测定	GB 5009. 240—2016	柱后衍生液相色谱法 液相色谱-串联质谱联用法 柱前衍生液相色谱法	国家标准
食品安全国家标准　食品中玉米赤霉烯酮的测定	GB 5009. 209—2016	液相色谱法 荧光光度法 液相色谱-质谱法	国家标准
食品安全国家标准　食品中展青霉素的测定	GB 5009. 185—2016	同位素稀释-液相色谱串联质谱法 高效液相色谱法	国家标准
粮油检验　主要谷物中 16 种真菌毒素的测定　液相色谱-串联质谱法	LS/T 6133—2018	液相色谱-串联质谱法	行业标准
粮油检验 粮食中黄曲霉毒素 B1 测定　胶体金快速定量法	LS/T 6111—2015	胶体金快速定量法	行业标准

思考题

1. 多环芳烃化合物的检测方法有哪几种？
2. 长期摄入杂环胺会对身体健康造成哪些危害？如何从复杂的食物基质中提取和纯化杂环胺？
3. 食品添加剂的常用检测方法有哪几种？
4. 采用气相色谱法对食品添加剂进行检测的优缺点分别有哪些？
5. 通常采用什么方法进行农兽药残留的前处理？
6. 农药残留的快速检测技术有哪些？
7. 可以采用哪些免疫分析方法对真菌毒素进行检测？
8. 利用生物传感器技术对真菌毒素进行检测的工作原理是什么？

参考文献

[1] 柳增善，卢士英，崔树森．人畜共患病学［M］．北京：科学出版社，2014.
[2] 柳增善，任洪林，张守印．动物检疫检验学［M］．北京：科学出版社，2012.
[3] 柳增善．食品病原微生物学［M］．北京：科学出版社，2015.
[4] 柳增善．兽医公共卫生学［M］．北京：科学出版社，2016.
[5] 鲁利星．食物链和食物网相关问题的总结［J］．生物学教学，2013，9：60-62.
[6] 沈岿．风险评估的行政法治问题——以食品安全监管领域为例［J］．浙江学刊，2011，3：16-27.
[7] 王静，孙宝国．食品添加剂与食品安全［J］．科学通报，2013，26：2619-2625.
[8] 边荸房，周继勇，廖敏．冠状病毒非结构蛋白的研究进展［J］．中国动物传染病学报，2013，21（4）：67-74.
[9] 耿合员，谭文杰．新近发现的冠状病毒研究进展［J］．病毒学报，2013，29（1）：65-70.
[10] 赵高伟，任晓峰．轮状病毒感染机制及防治的研究进展［J］．世界华人消化杂志，2013，21（1）：60-65.
[11] 张静，常昭瑞，孙军玲，等．我国诺如病毒感染性腹泻流行现状及防制措施建议［J］．疾病监测，2014（7）：6.
[12] 樊胜根，张玉梅．践行大食物观促进全民营养健康和可持续发展的战略选择［J］．农业经济问题，2023（5）：11-21.
[13] 陈萌山，秦朗，程广燕．践行大食物观：中国食物系统转型的挑战、目标与路径［J］．农业经济问题，2023（5）：4-10.
[14] 刘慧丽．食品安全保障体系的建立和完善［J］．食品安全导刊，2022（2）：16-18.
[15] 古毅强．食品安全的影响因素与保障措施探讨［J］．轻工标准与质量，2020（3）：60-61.
[16] 刘金峰．学习贯彻二十大精神，守好食品安全底线、提升营养健康高线——党的二十大学习体会［J］．中国食品卫生杂志，2022，34（6）：1123-1127.
[17] 刘琦，毛燚杰，蔡铭．“专业思政”视阈下思政元素的挖掘与融入路径探索——以食品质量与安全专业为例［J］. 食品与发酵工业，2021，47（9）：343-348.
[18] 丁声俊．大食物观提出的客观依据、深远意义及落实举措［J］．中州学刊，2023（5）：58-66.
[19] 龙文进，樊胜根．基于大食物观的多元化食物供给体系构建研究［J］．农业现代化研究，2023，44（2）：233-243.
[20] 辛业芸．袁隆平：让中国杂交水稻造福世界人民［J］．中国新闻发布（实务版），2022（10）：19-22.
[21] 郑百芹．百姓“舌尖上安全”的捍卫者［J］．共产党员（河北），2022（5）：2.
[22] 欧元军．风险规制领域中科学原则探究——以食品安全标准制定为例［J］．华东经济管

理，2018，6：179-184.

[23] 穆同娜．基于 HACCP 标准建立食品“农田到餐桌”全程危害物质防控技术［J］．食品安全质量检测学报，2021，13：5430-5437.

[24] 闫明磊．简析 CAC 食品卫生通则（2020 版）主要变化［J］．中国食品卫生杂志，2022，3：561-565.

[25] 李华明，李董，徐学万．CAC 框架下食品安全风险交流机制对我国的启示［J］．江苏农业科学，2018，19：392-394.

[26] 唐建生，李菲菲．食品安全危机中公众风险认知和信息需求调查分析［J］．现代财经：天津财经大学学报，2012，6：61-70.

[27] 吴林海，尹世久，陈秀娟，等．从农田到餐桌，如何保证" 舌尖上的安全" ——我国食品安全风险治理及形势分析［J］．中国食品安全治理评论，2018，01：3-10，236-237.

[28] 徐晨．美国食品安全风险分析体系研究及其借鉴［J］．上海食品药品监管情报研究，2013，3：1-4.

[29] 张建新，沈明浩．食品安全概论［M］．郑州：郑州大学出版社，2011.

[30] 王际辉．食品安全学［M］．北京：中国轻工业出版社，2020.

[31] 侯红漫．食品安全学［M］．北京：中国轻工业出版社，2014.

[32] 黄玉坤．食品安全与检测［M］.2 版．北京：中国轻工业出版社，2022.

[33] 王永华．食品分析［M］.3 版．北京：中国轻工业出版社，2017.

[34] 谈丽蓉，古丽加马力·艾萨，迪丽拜尔·吐尔逊，靳奥飞，等．益生菌在降低食品中有毒污染物的作用［J］．食品与发酵工业，2022：1-8.

[35] 王璐，董洁，李菊，等．多环芳烃毒理学及累积暴露风险评估研究进展［J］．中国口岸科学技术，2022,4（9）：31-39.

[36] 董亮，霍丹群，周军，等．微流控芯片在食品安全分析中的应用进展［J］．分析测试学报，2015，34（4）：483-487.

[37] 魏莹，吴之翔．简述着色剂在调味品、食品中的应用［J］．中国调味品，2014，39（5）：126-128.

[38] 李东云．浅谈食品着色剂的发展使用和管理［J］．基层医学论坛，2016，20（9）：1255-1256.

[39] 王钰，宁欢，卢笑雨，等．食品着色剂研究进展［J］．农业科学研究，2019，40（2）：52-56.

[40] 邹倩，杨思静，余秋地，等．护色剂的研究现状及未来发展趋势［J］．农产品加工，2016（13）：62-63，66.

[41] 于俊丰．食品中亚硫酸盐漂白剂快速鉴定方法的研究［J］．科技创新与应用，2012（7）：6.